Word/Excel/PPT 2016商务办公从入门到精通

张倩 编著

清華大学出版社
北京

内 容 简 介

Office 2016 的功能更加强大，操作更为方便，与网络的结合更加紧密。本书从 Office 2016 的基本操作和实际应用入手，全面介绍用户在日常工作中最常用的 Word、Excel 和 PowerPoint 三大办公软件的使用技巧。

全书分为 5 篇，共 26 章。第一篇为 Office 2016 入门篇，介绍 Office 2016 的工作环境和基本操作技巧。第二篇为 Word 2016 篇，介绍了 Word 2016 文本操作、文本和段落格式的设置、文档的美化、页面格式和版式的设置、表格的使用、图文混排和高效办公的技巧。第三篇为 Excel 2016 篇，介绍了 Excel 的基本操作、单元格数据和格式的设置、公式和函数、图表的应用、分析和处理数据以及工作表的打印等知识。第四篇为 PowerPoint 2016 篇，介绍了 PowerPoint 演示文稿的构建、幻灯片中文字的使用、版式的设计、各种媒体对象的应用、动画的制作以及放映管理等知识。第五篇为 Office 2016 之实例篇，通过 3 个商业应用实例介绍了 Office 2016 各组件在商业环境中的应用技巧。

本书内容丰富，可操作性强，具有很强的实用性，同时知识点详尽，方便读者查阅。本书适用于需要学习使用 Office 的初级用户以及希望提高 Office 办公应用能力的中高级用户，也适合大中专院校的学生阅读，可以作为各类办公人员的培训教材使用。对于广大的 Office 爱好者，本书也是一本有实用价值的技巧参考书。

图书在版编目（CIP）数据

Word/Excel/PPT 2016 商务办公从入门到精通/张倩编著. —北京：清华大学出版社，2018（2019.3重印）
ISBN 978-7-302-49303-7

Ⅰ. ①W… Ⅱ. ①张… Ⅲ. ①办公自动化—应用软件 Ⅳ. ①TP317.1

中国版本图书馆 CIP 数据核字（2018）第 004553 号

责任编辑： 夏毓彦
封面设计： 王　翔
责任校对： 闫秀华
责任印制： 董　瑾

出版发行： 清华大学出版社
　网　址： http://www.tup.com.cn，http://www.wqbook.com
　地　址： 北京清华大学学研大厦 A 座　　**邮　编：** 100084
　社 总 机： 010-62770175　　**邮　购：** 010-62786544
　投稿与读者服务： 010-62776969，c-service@tup.tsinghua.edu.cn
　质量反馈： 010-62772015，zhiliang@tup.tsinghua.edu.cn
印 装 者： 三河市铭诚印务有限公司
经　销： 全国新华书店
开　本： 190mm×260mm　　**印　张：** 30.25　　**字　数：** 774 千字
（附光盘 1 张）
版　次： 2018 年 4 月第 1 版　　**印　次：** 2019 年 3 月第 3 次印刷
定　价： 79.00 元

产品编号：075529-01

前　言

Microsoft Office 是一套运行于 Microsoft Windows 系统下的办公套装软件，自从其面世以来就以其功能强大、操作便捷、与 Windows 系统结合密切并且方便协同办公等特点受到广大用户的欢迎，在当前办公自动化软件领域占据了主导地位。

2015 年 9 月，备受关注的新一代 Office 套装软件 Office 2016 终于正式发布。相对于上一版本，该版本在操作风格上与其保持统一，在功能上有了进一步的改进和提高，如增加了智能搜索框以方便用户快速获得需要使用的功能，Excel 中增加了新的图表类型，PowerPoint 中提供了墨迹公式功能方便用户使用手指或手写笔来输入复杂公式。这些新功能的加入无疑使 Office 2016 操作更加方便，真正成为当前网络环境下的办公利器。

作为一款常用的集成办公软件，Office 2016 无疑具有操作简单和容易上手的特点，然而要想真正地掌握它，并能够熟练运用它来解决实际工作中可能遇到的各种繁杂的问题却并非易事。因此，很多读者在面对实际工作中的问题时，往往有无从下手的感觉，急需寻找一本能够给予直接帮助的参考书籍。针对以上这些情况，编者根据多年的实践经验，编写了这本介绍 Office 2016 的 3 大办公组件使用技巧的图书。

本书围绕 Office 2016 三大组件在办公领域的应用，针对办公用户的需要来组织材料并进行讲解，帮助读者快速掌握 Office 2016 在文档编辑、数据处理和内容演示等诸多办公领域的实用操作技巧，对各类操作疑难直接给予具体的技巧方案，以帮助广大办公用户快速实现从遇到困难时的无从下手向手到擒来的转变。

本书特色

1. 内容翔实，全面系统

Office 2016 为用户提供了一个集成办公环境，其应用涉及办公自动化的所有领域。从编辑处理文档的 Word、处理表格的 Excel 到制作演示文稿的 PowerPoint，任何一个组件都是一个功能强大独当一面的软件。它们都具有强大的功能、大量的操作命令和各自的设计制作理念。因此，本书在内容组织上详尽合理，既有基本的操作，也有高端的技巧，涉及软件使用的方方面面，使读者在掌握基本操作的同时更能够实现软件的高端应用。

2. 突出细节，精选技巧

有别于常见的 Office 类书籍，本书是一本专注于具体的技术细节的书籍。本书对软件操作的介绍并没有停留于方案的创建上，而是专注于问题处理的细节，通过一个个细小问题的解决来帮助读者掌握操作的技巧。

3. 目标明确，强调实践

本书面向广大 Office 办公用户，以让读者快速掌握 Office 2016 的操作并解决实际问题为最终目标。全书内容安排合理，系统而全面，真正考虑广大职场人士的实际需要，做到功能性和技巧性的完美结合。同时，技巧实例的设计以读者易于上手为目标，力图使读者在快速学会软件基本使用方法的同时能够掌握办公文档制作的思路和理念。

4．描述直观，标注清晰

为了使读者能够快速掌握各种操作，获得实用技巧，全书采用图片配合文字说明的方式来对知识点进行讲解，操作步骤清晰而完备，保证读者能够轻松顺利地掌握。在介绍具体的操作技巧时，选用常见而且符合实际需求的案例，对操作步骤进行直观标注，使读者对操作过程读得透彻，看得明白，快速掌握技巧的精髓。

本书内容

全书分 5 篇，共 26 章，体系结构和内容安排如下。

第一篇为“Office 2016 之入门篇”，包括第 1 章～第 2 章，介绍了 Office 2016 三大组件的共性：基础操作，其中包括 Office 2016 的工作环境和基本操作技巧。

第二篇为“Office 2016 之 Word 篇”，包括第 3 章～第 9 章，介绍了 Word 2016 的实用操作技巧，包括 Word 文档中的文本操作、文本和段落格式的设置、文档的美化、页面格式和版式的设置、文档中表格的使用、在文档进行图文混排以及 Word 高效办公的技巧。

第三篇为“Office 2016 之 Excel 篇”，包括第 10 章～第 15 章，介绍了 Excel 2016 表格制作和数据处理的有关知识，包括 Excel 的基本操作、单元格数据和格式的设置、公式和函数、数据图表的应用、分析和处理数据以及工作表的打印和输出的技巧。

第四篇为“Office 2016 之 PowerPoint 篇”，包括第 16 章～第 23 章，介绍了 PowerPoint 2016 演示文稿的创建和各类媒体形式的使用技巧，包括构建演示文稿的方法、幻灯片中文字的使用技巧、幻灯片的版式设计、演示文稿中图形和图片的使用方法、演示文稿中的表格和图表的使用方法、演示文稿中声音和视频的使用方法、幻灯片中动画的使用方法以及 PowerPoint 演示文稿的放映管理。

第五篇为“Office 2016 之实例篇”，包括第 24 章～第 26 章，通过 3 个商务应用实例分别展示了 Word、Excel 和 PowerPoint 在商业环境中的应用技巧。

读者对象

- 需要获取 Office 入门知识的零基础学员。
- 初步掌握 Office 的某些操作，但需要进一步提高应用能力的初学者。
- 在工作中需要使用电脑进行办公的各类从业人员。
- 各大中专院校的在校学生和相关授课教师。
- 企业和相关单位的培训班学员。
- 需要寻找一本 Office 操作技巧参考书的 Office 爱好者。

本书由张倩主笔，其他参与创作的还有刘鑫、陈素清、张泽娜、常新峰，林龙、王亚飞、薛燚、王刚、吴贵文、李雷霆，排名不分先后。

配套光盘内容包括本书所有示例源文件、课件以及教学视频。如果光盘有问题，请联系电子邮箱 booksaga@163.com，邮件主题为“三合一光盘”。

编者

2017 年 12 月

目　　录

第 1 篇　Office 2016 之入门篇

第 2 篇　Office 2016 之 Word 篇

第 3 篇 Office 2016 之 Excel 篇

第4篇 Office 2016之PowerPoint篇

第 5 篇 Office 2016 之实例篇

第 1 篇

Office 2016之入门篇

第 1 章 设计 Office 2016 的操作界面

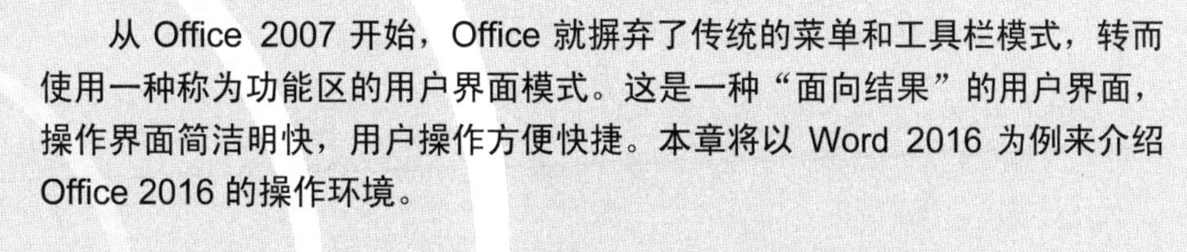

从 Office 2007 开始，Office 就摒弃了传统的菜单和工具栏模式，转而使用一种称为功能区的用户界面模式。这是一种“面向结果”的用户界面，操作界面简洁明快，用户操作方便快捷。本章将以 Word 2016 为例来介绍 Office 2016 的操作环境。

1.1　Office 2016 的操作界面

Office 各个组件的操作界面的组成基本相同，一般包括标题栏、快速访问工具栏、功能区、状态栏和编辑区这几个部分。本节将对 Office 2016 的操作界面进行介绍。

1.1.1　功能区

在 Office 2016 中，功能区是程序窗口上方的一个区域，其相当于一个控制中心，替代了早期版本的菜单和工具栏。功能区实际上是一个命令控制中心，集中了若干围绕特定方案和对象进行组织的选项卡。在选项卡中集成了相关的操作命令控件，这些命令控件被细化为各个组，以便于用户使用。

默认情况下，Office 2016 的功能区中有 8 个选项卡，每个选项卡中放置了代表 Office 执行的一组命令控件。在需要执行某项操作时，可以单击选项卡标签打开选项卡，在组中单击相应的命令按钮进行操作，如图 1.1 所示。

功能区中的命令将按照操作进行分组，在组的右下角会有一个按钮，单击该按钮将能够打开该组对应的命令窗格或对话框。命令窗格或对话框提供了丰富的设置项，用户能够根据需要来进行设置。如打开“剪贴板”窗格，可按照如图 1.2 所示步骤进行操作。

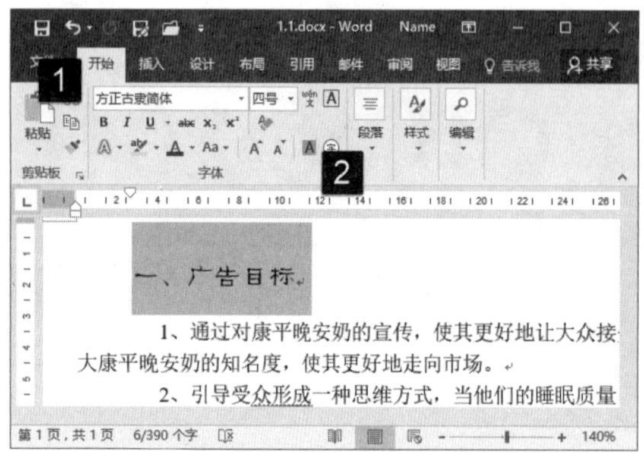

图 1.1　打开选项卡后单击按钮

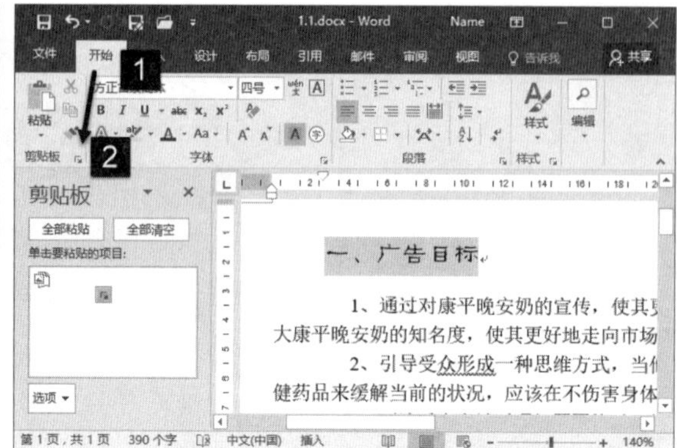

图 1.2　打开“剪贴板”窗格

Office 2016 的功能区中除了默认的选项卡外，还包括只在执行特定任务时才出现的选项卡。一种情况是在需要的时候才出现，其能够对选项对象进行操作。比如，在选择表格、图片或绘制的图形等对象时出现的选项卡，这类选项卡称为上下文选项卡，其中包含了对特定对象进行操作的命令。如图 1.3 所示为选择文档中的图片后获得的上下文选项卡。

当用户切换到某些特殊的创作模式或视图时，将会打开程序选项卡。比如，在为 Word 文档插入页眉时，将打开“设计”选项卡，选项卡中提供了与操作有关的命令，如图 1.4 所示。

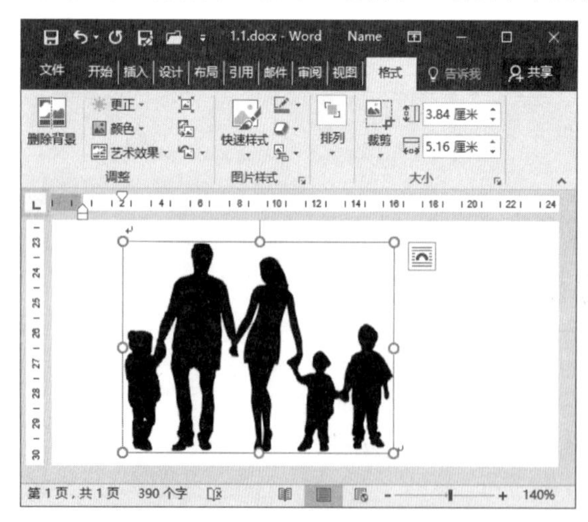

图 1.3　选择图片后获得的上下文选项卡

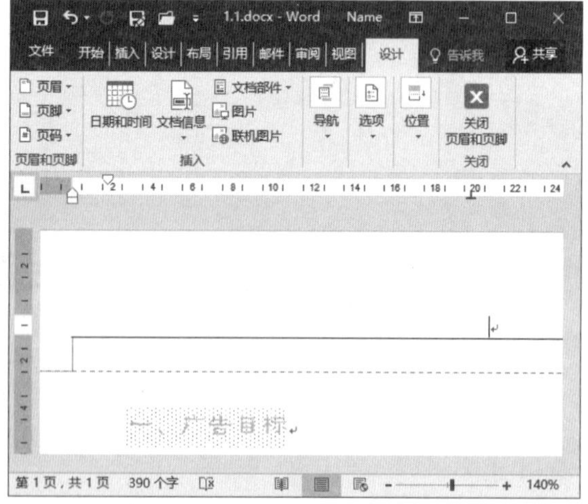

图 1.4　插入页眉时打开的“设计”选项卡

1.1.2　特殊的“文件”窗口

“文件”窗口是 Office 应用程序的一个特殊的窗口，许多与文档有关的全局设置和操作，都需要从这个窗口开始。在 Office 2016 中，单击功能区中的“文件”标签可以打开“文件”窗口，如图 1.5 所示。

“文件”窗口包括 3 个部分，左侧的列表给出相关的操作选项，不同选项窗口中显示内容略有不同。一般情况下，在左侧列表中选择某个选项后，窗口的中间区域将会显示出该类选项的下级操作列表。窗口的右侧区域将显示选择某个选项后的相应信息或该选项的下级操作命令列表，如图 1.6 所示。

图 1.5　单击“文件”标签

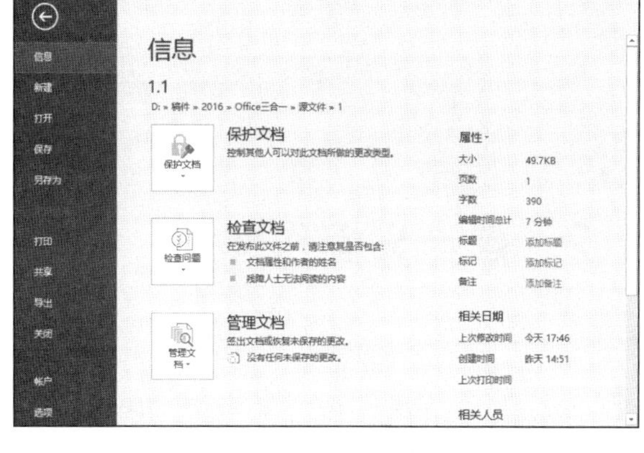

图 1.6　“文件”窗口

如果需要从“文件”窗口返回编辑窗口，可以单击左侧列表上方的“返回”按钮，如图 1.7 所示。

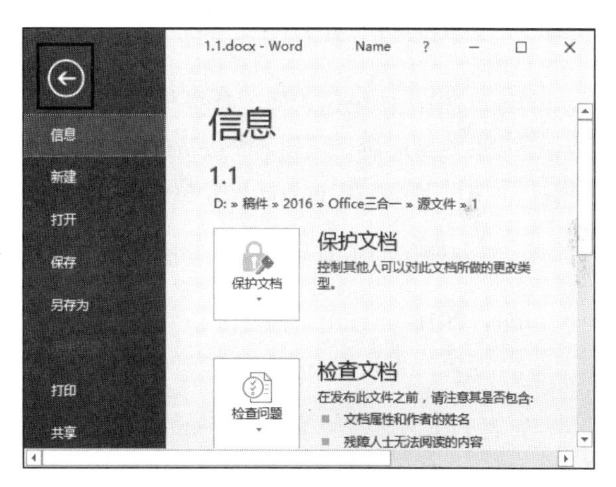

图 1.7　单击“返回”按钮返回编辑窗口

1.1.3　方便的快速访问工具栏

默认情况下，快速访问工具栏位于 Office 2016 程序窗口的左上方，其是一个命令按钮的载体，用于放置各种应用按钮，如图 1.8 所示。一般情况下，在 Office 2016 中进行某项操作需要在打开选项卡后找到相应的命令进行操作。如果将常用的命令按钮放置到快速访问工具中，就可以直接进行操作，从而提高操作效率。

图 1.8　快速访问工具栏

1.1.4　从状态栏中获得信息

状态栏是 Windows 应用程序窗口的标准构件，其位于程序窗口的底部，用于显示相关的信息。Office 的状态栏除了显示相关的信息之外，还放置了某些按钮，用于进行操作，如图 1.9 所示。

图 1.9 所示为 Word 2016 的状态栏，在这个状态栏的左侧依次显示了当前真正编辑的页面的页码、文档包含的总页数、文档中包含的文字数和文档的文字类别。在这个状态栏最右侧显示了当前文档页面的缩放比例。

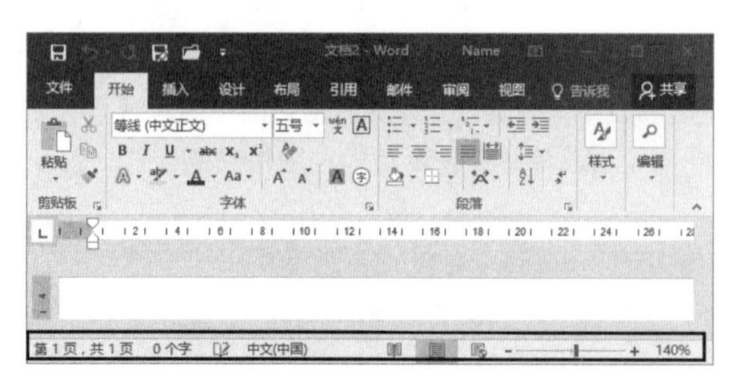

图 1.9　Office 的状态栏

1.2　自定义操作环境

“工欲善其事，必先利其器”，使用 Office 进行文档操作时，要想充分地发挥 Office 的强大功能，提高文档操作的效率，一个方便、熟悉而容易上手的操作界面是必需的。本节将从自定义访问工具栏、功能区、程序窗口的外观和程序窗口元素这 4 个方面来介绍自定义操作环境的技巧。

1.2.1　自定义快速访问工具栏

Office 2016 的快速访问工具栏与以前版本一样，也是位于程序主界面标题栏左侧，其可以放置一些常用的操作命令按钮。快速访问工具栏是一个命令按钮的容器，用于放置命令按钮，以方便操作。下面以 Word 2016 为例来介绍快速访问工具栏的设置方法。

1. 在快速访问工具栏中添加和删除按钮

Office 2016 允许用户向快速访问工具栏中添加常用的命令按钮，同时也允许用户将不需要的按钮从快速访问工具栏中删除，方法如下所示。

（1）单击快速访问工具栏右侧的“自定义快速访问工具栏”按钮，在获得的菜单中选择需要添加到快速访问工具栏中的命令，单击将其勾选，如图 1.10 所示。此时，选择的命令将会被添加到快速访问工具栏中。

（2）在功能区中单击某个标签，打开该选项卡，在需要添加到快速访问工具栏的命令按钮上右击，选择快捷菜单中的“添加到快速访问工具栏”命令，如图 1.11 所示。此时，功能区中的命令按钮将能添加到快速访问工具栏中。

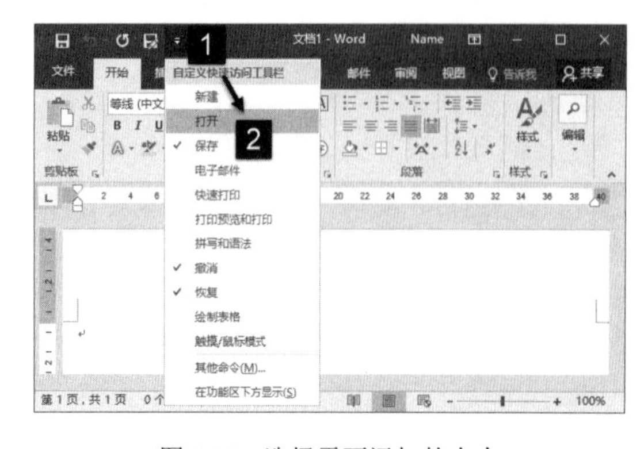

图 1.10　选择需要添加的命令

图 1.11　将功能区中按钮添加到快速访问工具栏中

（3）在快速访问工具栏的某个按钮上右击，选择快捷菜单中的“从快速访问工具栏删除”命令，如图 1.12 所示。此时，选择的命令按钮将从工具栏中删除。

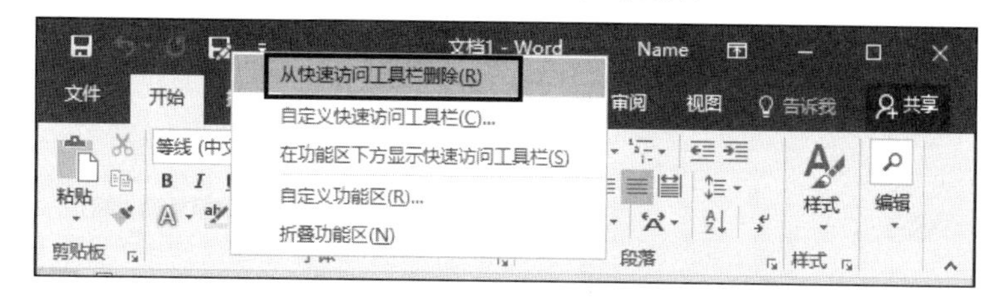

图 1.12　从快速访问工具栏中删除命令按钮

2. 在快速访问工具栏中批量增删命令按钮

在自定义快速访问工具栏时，有时需要将不在功能区中的命令按钮添加到快速访问工具栏中，有时需要同时向快速访问工具栏中添加多个命令按钮，此时可以按照下面的方法来进行操作。

（1）启动 Word 2016，单击“快速访问工具栏”右侧的“自定义快速访问工具栏”按钮，在菜单中选择“其他命令”命令，打开“Word 选项”对话框。在对话框中的“从下列位置选择命令”列表中选择一个需要添加的命令，单击“添加”按钮将其添加到“自定义快速访问工具栏”列表中，如图 1.13 所示。该命令将出现在右侧的列表中，依次向右侧列表中添加其他的命令按钮，在完成命令按钮的添加后单击“确定”按钮，它们将会同时添加到快速访问工具栏中。

图 1.13　添加命令按钮

（2）依次在“自定义快速访问工具栏”列表中选择不需要的命令按钮，单击“删除”按钮将它们从列表中删除，如图 1.14 所示。完成删除操作后单击“确定”按钮关闭对话框，这些从列表中删除的命令按钮也将从快速访问工具栏中消失。

（3）在“自定义快速访问工具栏”列表框中选择某个命令按钮，单击列表框右侧的“上移”按钮或“下移”按钮可以改变命令按钮在列表中的位置，如图 1.15 所示。命令按钮在列表中的位置决定了该按钮在“快速访问工具栏”中的位置。

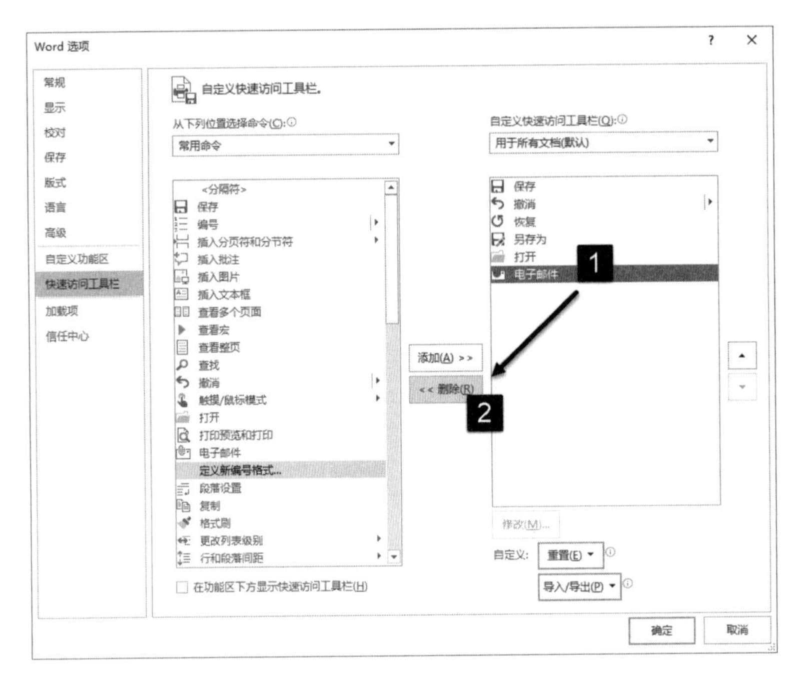

图 1.14　删除命令按钮

“自定义快速访问工具栏”下拉列表中除了“用于所有文档（默认）”选项外，还将列出当前所有打开的文档。通过选择相应的选项，用户可以选择自定义的快速访问工具栏是应用于所有的文档还是只针对某个特别的文档。

图 1.15　更改命令按钮在列表中的位置中

3. 改变快速访问工具栏的位置

默认情况下，Office 2016 的快速访问工具栏位于程序窗口的左上角，但这个位置是允许用户更改的，操作方法如下。

（1）单击快速访问工具栏右侧的“自定义快速工具栏”按钮，在打开的菜单中选择“在功能区下方显示”命令，如图 1.16 所示。“快速访问工具栏”将被放置到功能区的下方。

（2）当快速访问工具栏位于功能区下方时，单击快速访问工具栏右侧的“自定义快速工具栏”按钮，在打开的菜单中选择“在功能区上方显示”命令，如图 1.17 所示。“快速访问工具栏”将被重新放置到功能区的上方。

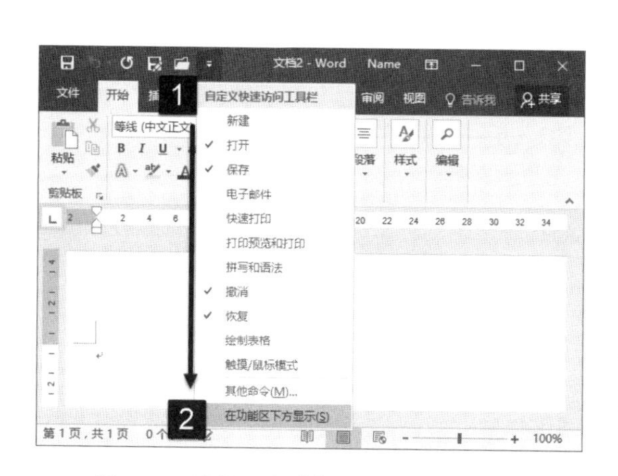

图 1.16　选择“在功能区下方显示”命令

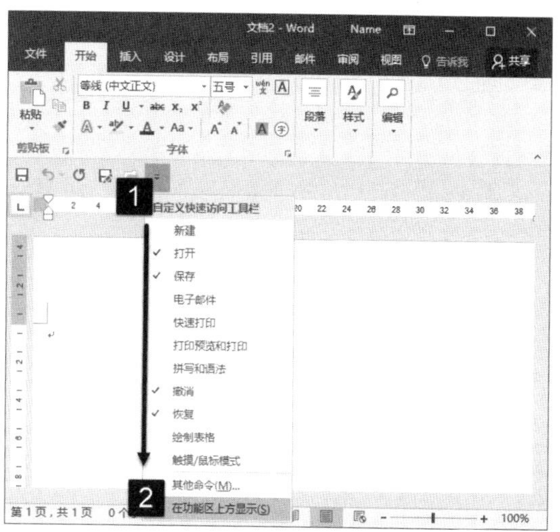

图 1.17　选择“在功能区上方显示”命令

1.2.2　设置功能区

Office 2016 的功能区是 Office 操作的出发点，其中集结了进行操作的各个命令，用户可以根据需要对功能区进行自定义，使操作符合自己的习惯。下面介绍对功能区进行设置的相关技巧。

1. 折叠或显示功能区

功能区位于程序窗口的顶端，能够自动适应窗口大小的改变。实际上，在使用 Office 应用程序时，有时候会觉得功能区在程序窗口中占有了很大的面积，为了获得更大的可视空间，可以将功能区折叠起来。

（1）在功能区的任意一个按钮区域上右击，选择快捷菜单中的“折叠功能区”命令，如图 1.18 所示。此时，在程序界面中将只显示选项卡标签，如图 1.19 所示。

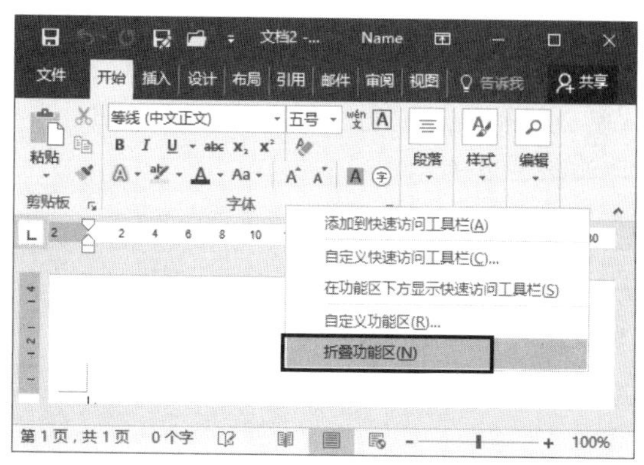

图 1.18　选择“折叠功能区”命令

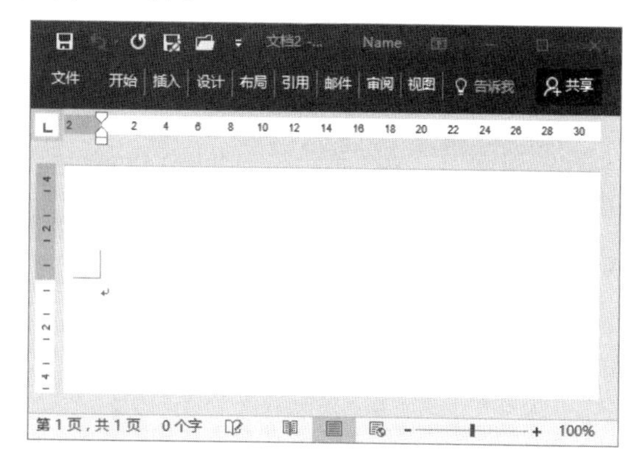

图 1.19　主界面只显示标签

在折叠功能区后，单击窗口中的标签，功能区将重新展开，显示该选项卡的内容，如图 1.20

所示。在折叠后的功能区上右击，在快捷菜单中取消对“折叠功能区”选项的勾选，功能区将能够重新显示，如图 1.21 所示。

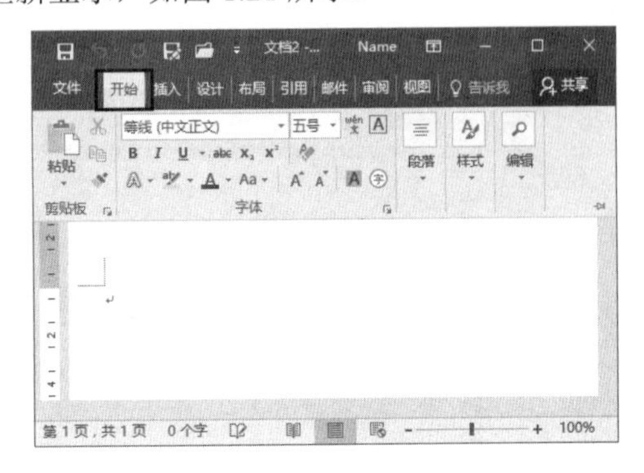

图 1.20　展开选项卡

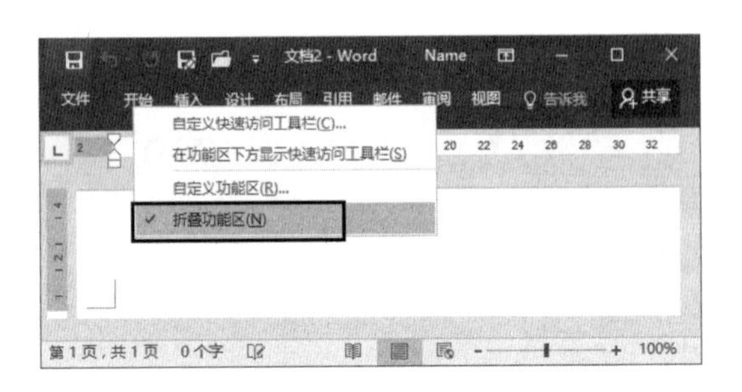

图 1.21　取消对“折叠功能区”的勾选

（2）Office 2016 为快速实现功能区最小化提供了一个“折叠功能区”按钮，该按钮位于功能区的右下角，如图 1.22 所示，单击该按钮能够将功能区快速折叠起来。在隐藏功能区后，单击某个标签，在打开的选项卡中单击右下角的“固定功能区”按钮能够将隐藏的功能区展开，如图 1.23 所示。

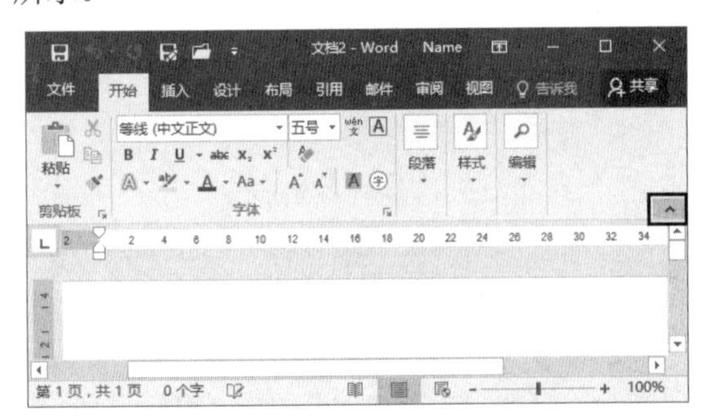

图 1.22　单击“功能区最小化”按钮

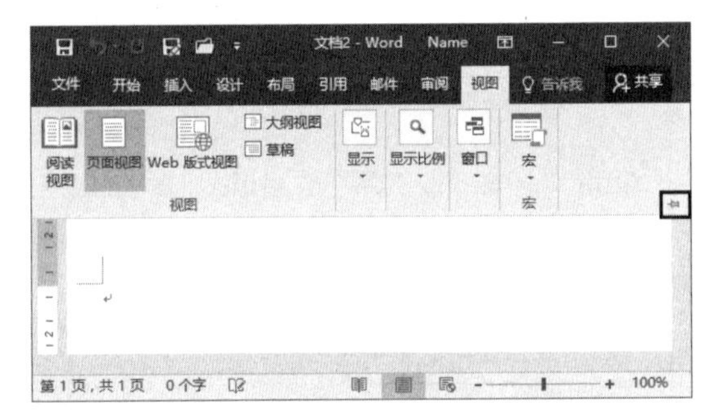

图 1.23　单击“固定功能区”按钮

提　示

在功能区上双击当前打开的选项卡标签将能够折叠功能区。在折叠后的功能区选项卡标签上双击，将能使折叠的功能区重新显示。按 Ctrl+F1 键可以折叠功能区，再次按 Ctrl+F1 键将能使折叠后功能区重新显示。

（3）单击标题栏右侧的“功能区显示选项”按钮，在打开的菜单中选择“自动隐藏功能区”命令，如图 1.24 所示。此时功能区将被隐藏，再次单击屏幕右上方的“功能区选项”按钮，在打开的菜单中选择相应的选项可以恢复功能区的显示，如图 1.25 所示。

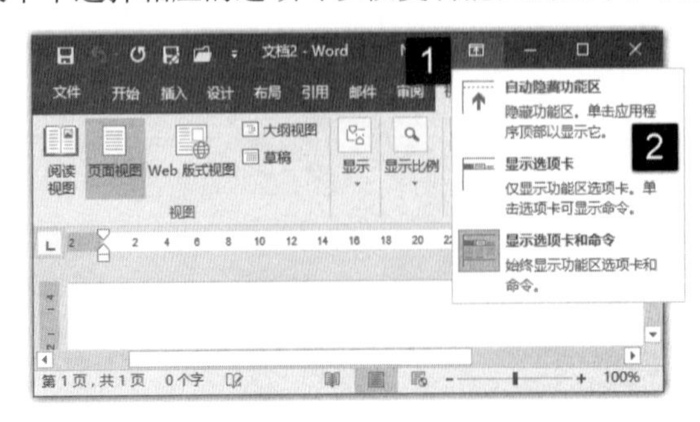

图 1.24　选择“自动隐藏功能区”命令

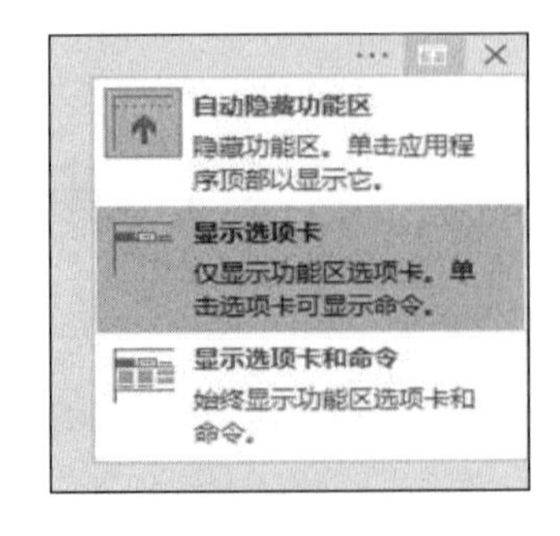

图 1.25　恢复功能区的显示

提 示　单击“功能区选项”按钮，在打开的菜单中选择“显示选项卡”选项将使功能区只显示选项卡标签。如果选择“显示选项卡和命令”选项，则可使功能区解除隐藏，完全显示出来。

2. 设置功能区提示

为了使用户更快地掌握功能区中各个命令按钮的功能，Office 2016 提供了屏幕提示功能。当鼠标放置于功能区的某个按钮上时，系统会给一个提示框，框中显示该按钮有关操作信息，包括按钮名称、快捷键和功能介绍等内容。这个屏幕提示是可以根据需要设置其显示或隐藏的。

01 将鼠标光标放置于功能区的某个按钮上，Office 会给出按钮的功能提示，如图 1.26 所示。单击程序窗口中的“文件”按钮，在“文件”窗口左侧列表中选择“选项”选项，如图 1.27 所示。

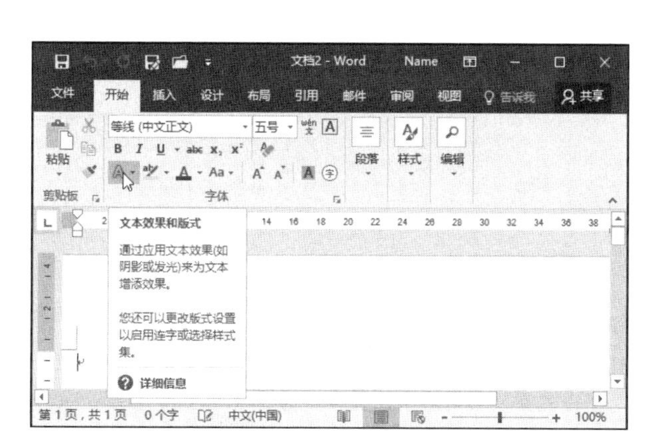

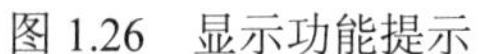

图 1.26　显示功能提示

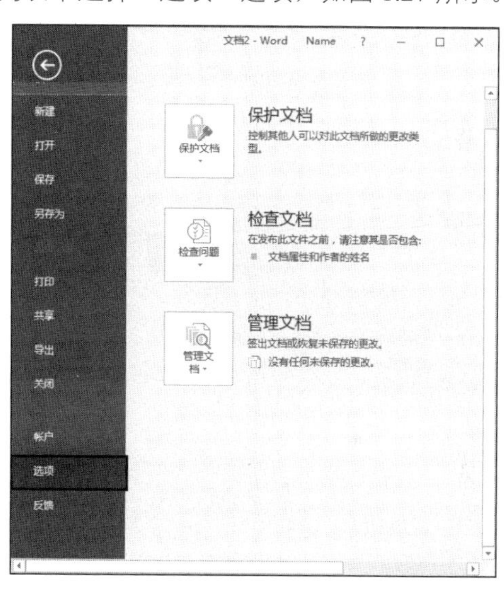

图 1.27　选择“选项”选项

02 此时，将打开“Word 选项”对话框。在对话框中的“屏幕提示样式”下拉列表中选择“不在屏幕提示中显示功能说明”选项，如图 1.28 所示。单击“确定”按钮关闭“Word 选项”对话框，将鼠标放置于功能区按钮上时，提示框将不再显示功能说明，只显示按钮名称和快捷键，如图 1.29 所示。

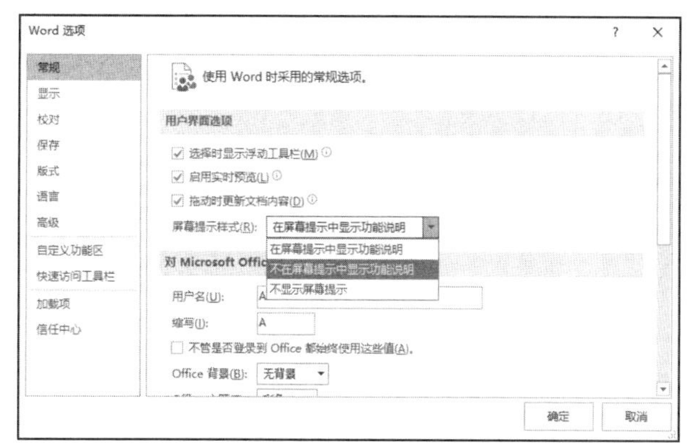

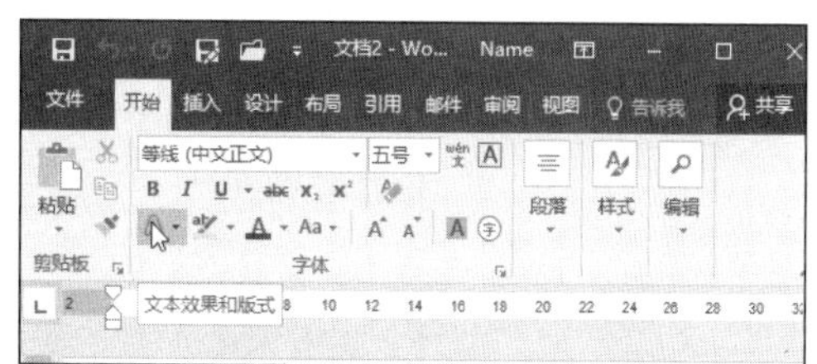

图 1.28　选择“不在屏幕提示中显示功能说明”选项

图 1.29　不显示功能说明

03 如果在“Word 选项”对话框的“屏幕提示样式”下拉列表中选择“不显示屏幕提示”选项，功能区按钮的屏幕提示功能将取消，如图 1.30 所示。

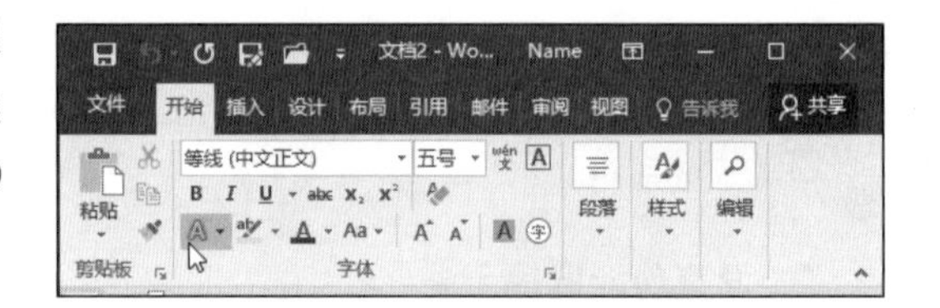

图 1.30　不再显示屏幕提示

3. 向功能区添加命令按钮

默认情况下，并不是所有的命令按钮都出现在选项卡中。如果要使用那些不在功能区选项卡中的命令，就需要首先将它们放置到功能区中，下面介绍具体的操作方法。

01 启动 Word 2016，单击“文件”标签打开“文件”窗口。在左侧列表中选择“选项”选项打开“Word 选项”对话框。在对话框左侧列表中选择“自定义功能区”选项，单击“新建选项卡”按钮创建一个新的自定义选项卡，如图 1.31 所示。

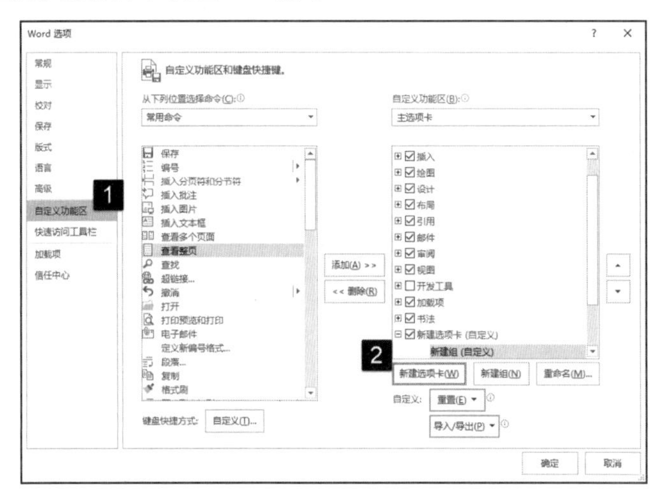

图 1.31　创建自定义选项卡

02 选择“新建选项卡（自定义）”，单击“重命名”按钮打开“重命名”对话框，在“显示名称”文本框中输入文字为选项卡命名，如图 1.32 所示。完成设置后单击“确定”按钮关闭对话框。

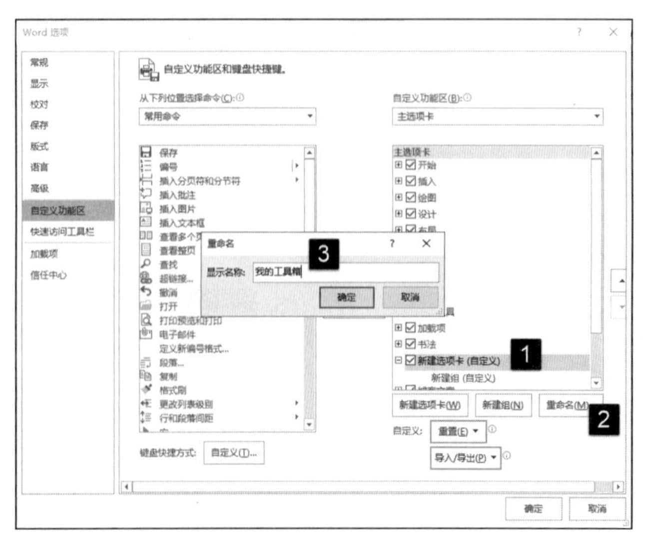

图 1.32　为选项卡命名

03 选择“新建组（自定义）”选项，再次单击“重命名”按钮。在打开的“重命名”对话框的“显示名称”文本框中输入自定义组的名称，如图 1.33 所示。完成设置后单击“确定”按钮关闭对话框。

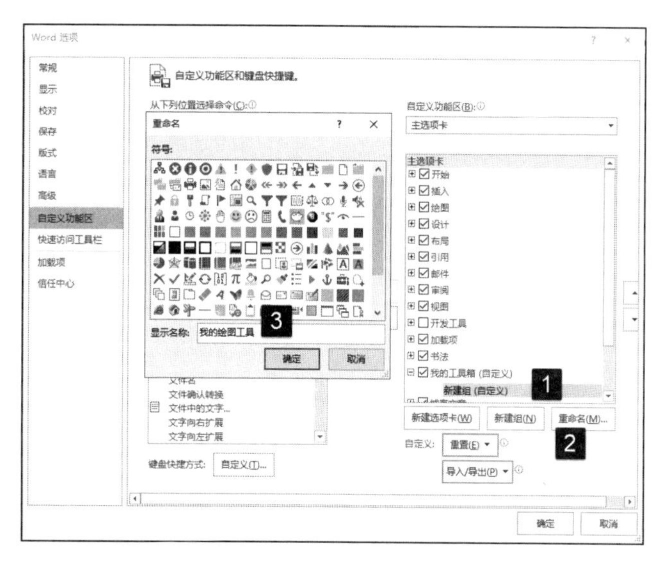

图 1.33 对组命名

04 在“从下列位置选择命令”下拉列表中选择“所有命令”选项，此时其下拉列表显示所有可用的命令，如图 1.34 所示。

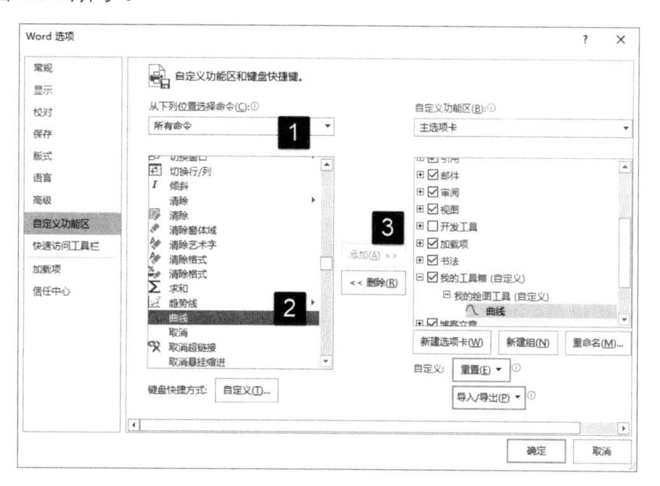

图 1.34 向自定义组中添加命令

05 完成命令添加后单击“确定”按钮关闭对话框。此时功能区中将出现“我的工具箱”选项卡，在该选项卡中将有一个名为“我的绘图工具”的组，组中将列出添加的所有命令，如图 1.35 所示。

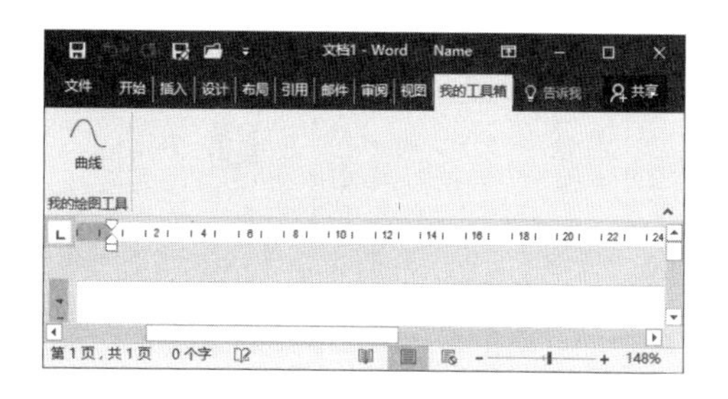

图 1.35 功能区中添加选项卡

提 示

自定义功能区时，命令按钮必需添加到自定义组中。因此，不管是向自定义选项卡还是向功能区中已有的选项卡添加命令，都必须先在该选项卡中创建自定义组。用户添加的命令只能放在这个自定义组中。

06 在“Word 选项”对话框的“自定义功能区”列表中选择一个命令按钮，单击“删除”选项，该命令按钮将从列表中删除，如图 1.36 所示。单击“确定”按钮关闭对话框，命令将从功能区的选项卡中删除。使用相同的方法可以删除功能区中的选项卡和选项卡中的组。

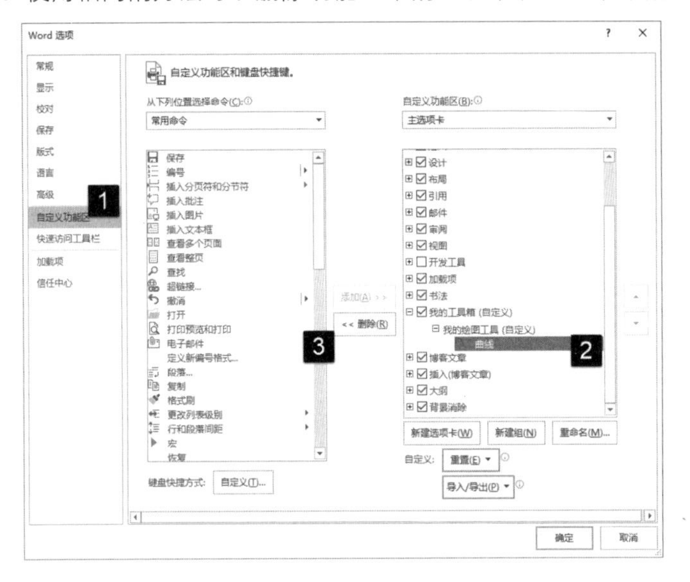

图 1.36　删除按钮选项

4. 在其他计算机上使用熟悉的功能区

设置功能区，使其布局符合自己的操作习惯，这将能够有效地提高操作效率。然而当在其他计算机上使用 Office 2016 时，却不一定是熟悉的那个功能区。如果重新对功能区进行设置，有时会比较麻烦。此时可以借助于配置文件，将熟悉的功能区直接导入到当前 Office 中，从而获得与自己操作习惯一致的操作界面。下面介绍具体的操作方法。

01 打开“Word 选项”对话框，在完成功能区的自定义后，单击 “导入/导出”按钮。在获得的下拉列表中选择“导出所有自定义设置”命令，如图 1.37 所示。

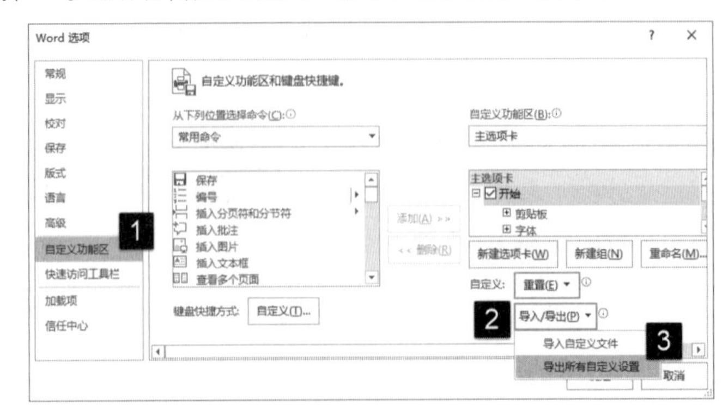

图 1.37　选择“导出所有自定义设置”命令

02 此时将打开“保存文件”对话框，在对话框选择文件保存的磁盘和文件夹，在“文件名”文本框中输入文件名。完成设置后单击“保存”按钮保存文件，如图 1.38 所示。此时，当前功能区和快速访问工具栏的设置将保存在这个配置文件中。

03 在其他计算机上使用 Word 时，在“Word 选项”对话框的“导入/导出”列表中选择“导入自定义文件”，打开“打开”对话框，选择需要导入的配置文件后单击“打开”按钮，如图 1.39 所示。此时在 Word 中可获得相同的功能区和快速访问工具栏。

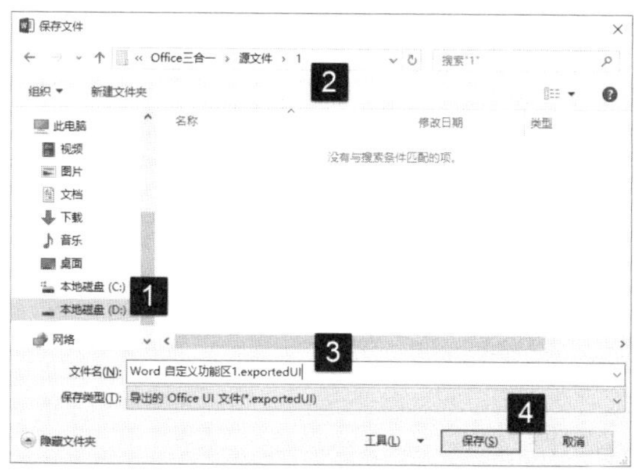

图 1.38　保存配置文件

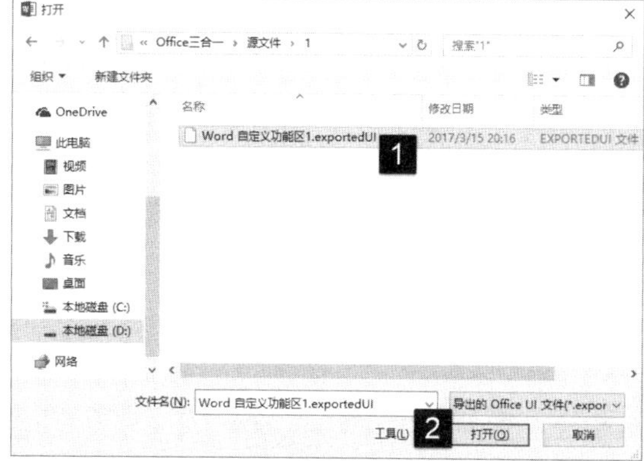

图 1.39　导入配置文件

1.2.3　设置程序窗口的外观

Office 2016 各个应用程序窗口都有默认的外观，如 Word 2016 程序窗口默认的配色方案是蓝色。实际上，用户可以根据需要更改应用程序窗口的颜色和背景图案，从而改变程序窗口的外观。下面介绍具体的操作方法。

01 打开“Word 选项”对话框，在对话框左侧列表中选择“常规”选项。在右侧的“对 Microsoft Office 进行个性化设置”设置栏的“Office 主题”列表中选择相应的选项，如图 1.40 所示。完成设置后单击“确定”按钮关闭对话框，颜色方案应用于程序窗口，如图 1.41 所示。

图 1.40　选择颜色方案

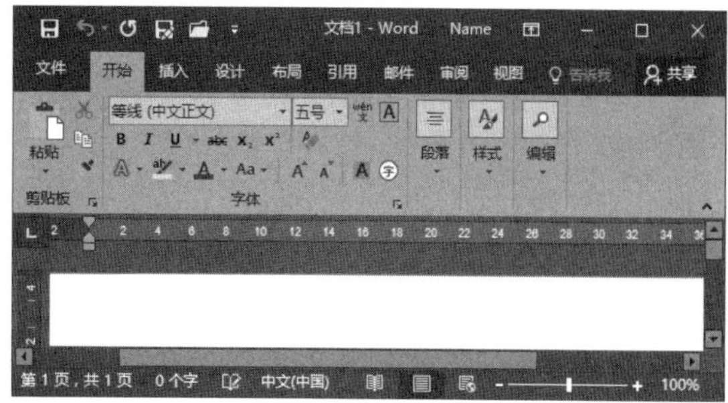

图 1.41　颜色方案应用后的效果

02 在“Word 选项”对话框中打开“Office 背景”列表，在列表中选择相应的选项，如图 1.42 所示。单击“确定”按钮关闭对话框，程序窗口将添加选择的背景图案，如图 1.43 所示。

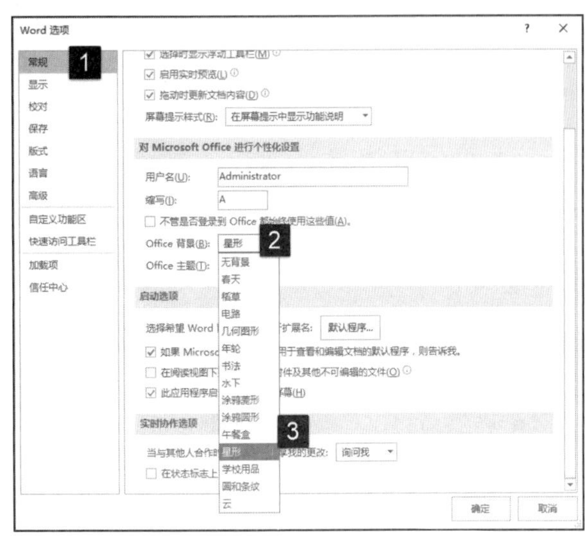

图 1.42　选择背景图案

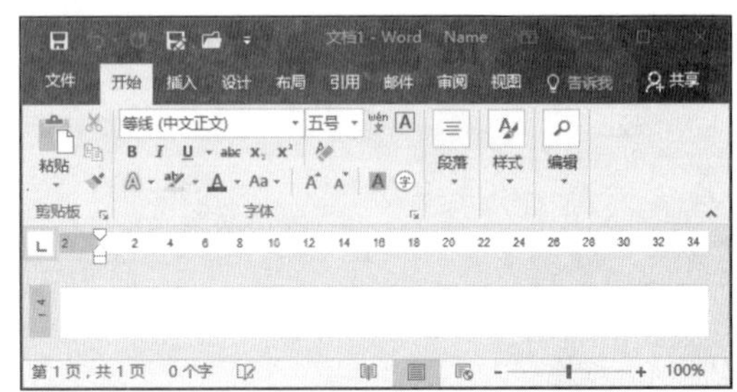

图 1.43　应用背景图案后的效果

1.2.4　设置程序窗口元素

Office 2016 应用程序窗口中的构成元素可以根据需要对其进行设置，使操作更方便，符合用户的个性化要求。

1. 调整任务窗格

Office 2016 很多具体的设置需要在任务窗口中进行，默认情况下任务窗格一般停靠在程序窗口的左侧或右侧。将鼠标指针放置到任务窗格的边框上，拖动鼠标可以调整任务窗格的大小，如图 1.44 所示。将鼠标指针放置到任务窗格的标题栏上，拖动鼠标可以移动任务窗格，将任务窗格放置到屏幕的任意位置，如图 1.45 所示。

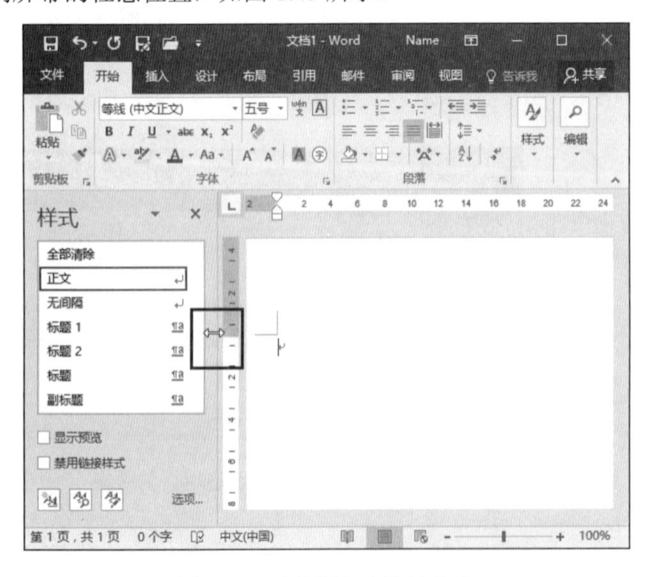

图 1.44　改变任务窗格的大小

图 1.45　移动任务窗格

单击任务窗格上的“任务窗格选项”按钮，在打开的列表中选择“移动”或“大小”选项，同样可以移动任务窗格或调整其大小，如图 1.46 所示。

2. 自定义状态栏

Office 2016 程序窗口下方的状态栏，可以用来显示相关信息。用户可以自定义在这个状态栏中显示哪些信息。右击状态栏，在打开的快捷菜单中勾选相应的选项，则对应信息将能在状态栏中显示，如图 1.47 所示。

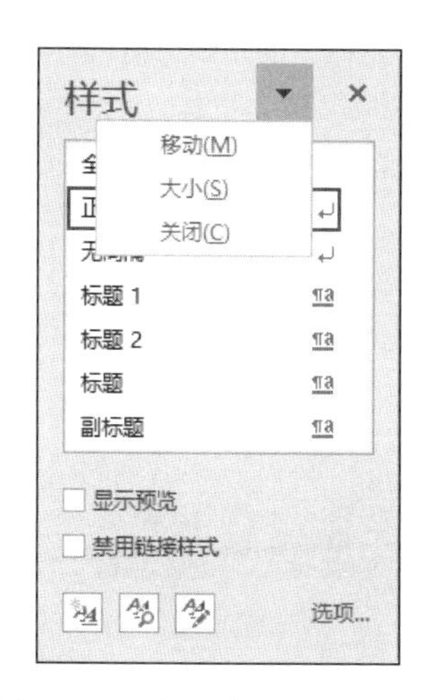

图 1.46 “任务窗格选项”列表

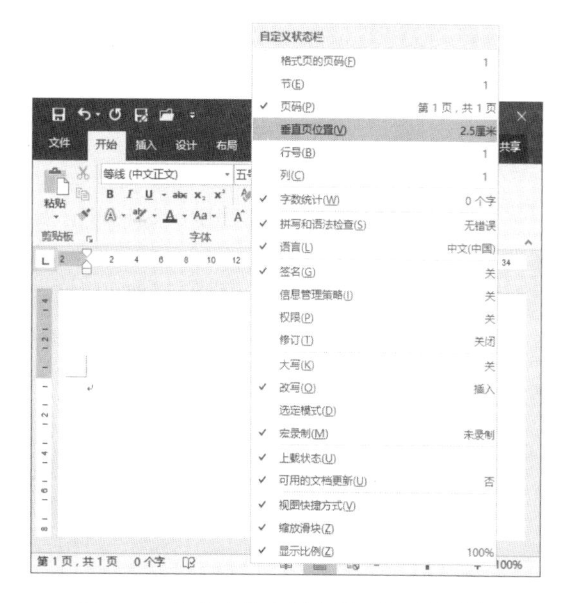

图 1.47 选择在状态栏中需要显示的信息

3. 显示或隐藏浮动工具栏

默认情况下，在选择某个对象后，Office 会在选择对象旁边给出一个浮动工具栏。例如，在 Word 2016 中选择文字，文字旁出现浮动工具栏，如图 1.48 所示。使用这个浮动工具栏，能够快速实现对选择对象的操作。但是有时候，浮动工具栏的出现会干扰编辑工作，此时可以让该工具栏不显示。

打开“Word 选项”对话框，在左侧列表中选择“常规”选项。在对话框右侧的“用户界面选项”设置栏中取消“选择时显示浮动工具栏”复选框的选择，如图 1.49 所示。单击“确定”按钮关闭对话框，选择对象后将不会显示浮动工具栏。如果需要浮动工具栏显示，只要重新勾选上述复选框即可。

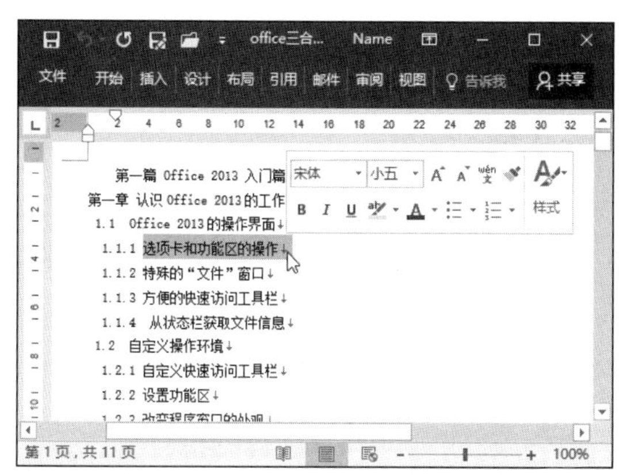

图 1.48 显示浮动工具栏

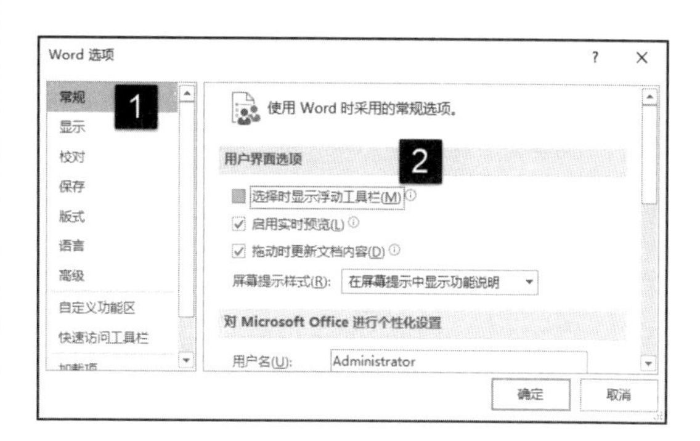

图 1.49 取消“选择时显示浮动工具栏”复选框的勾选

1.3 本章拓展

本节将简单介绍在使用Office 2016时如何使用按键来提高操作效率以及获取Office帮助的方法。

1.3.1 快捷的操作按键

大家都知道，在对文档进行操作时，最快捷的方式是使用快捷键。Office应用程序内置了大量的快捷键，操作起来是非常方便的。但是，正是因为快捷键多，要记住它们并非易事。即使是记住了，时间长了也容易忘记。在Office 2016中，如果忘记了某个操作的快捷键，可以使用下面的方法来进行查询。

在程序窗口中按Alt键，功能区中将显示打开各个选项卡对应的快捷键，同时也会显示快速访问工具栏中的命令按钮对应的快捷键，如图1.50所示。比如“开始”选项卡旁显示字母H，只需要按Alt+H键就可以打开“开始”选项卡。

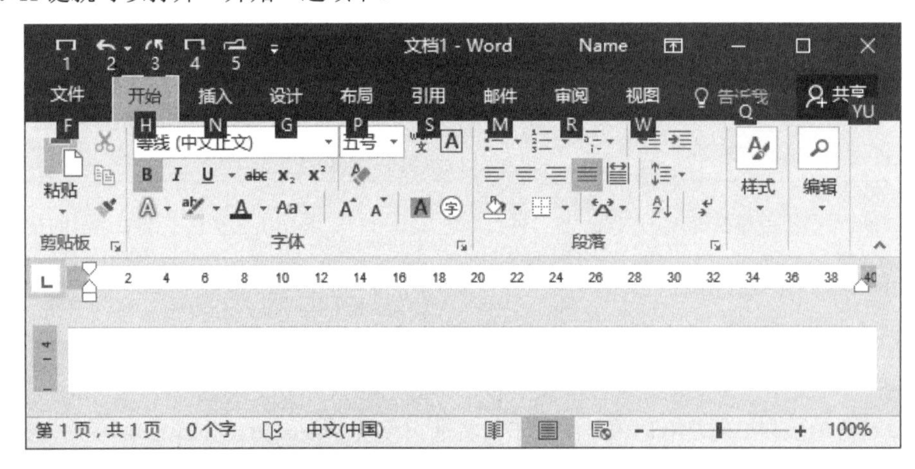

图1.50　打开选项卡的快捷键

按Alt键后再按H键，功能区中将显示“开始”选项卡中各个命令按钮对应的快捷键，如图1.51所示。此时只需要按命令按钮旁对应的按键，就可以对选择对象应用该命令。

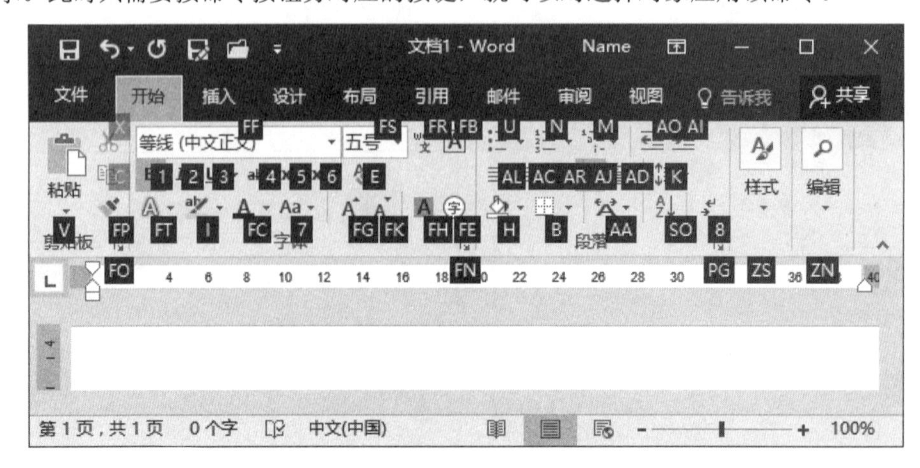

图1.51　显示命令按钮的快捷键

1.3.2 获取 Office 帮助

就像家用电器一样，软件也都有属于它的“说明书”。Office 应用程序也具有这样的说明书，其中包含了大量丰富的官方说明和操作指南，可以帮助用户快速查找相关资源，寻求操作帮助。

在程序窗口中按 F1 键，即可打开帮助窗口，比如，Word 2016 的帮助窗口如图 1.52 所示。这里，列出了“最常用的帮助主题”，单击链接文字即可打开相关的帮助内容，如图 1.53 所示。在对话框的搜索文本框中输入搜索关键字，如图 1.54 所示。单击文本框右侧的搜索按钮，对话框中将列出所示结果，如图 1.55 所示。

图 1.52 “Word 2016 帮助”窗口

图 1.53 显示帮助内容

图 1.54 输入搜索关键字

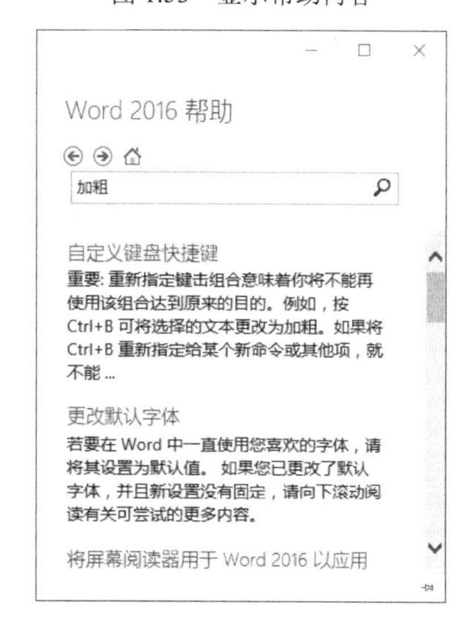

图 1.55 获得搜索结果

第 2 章

Office 2016 的基本操作

Office 2016 应用程序主要包括 Word 2016、Excel 2016 和 PowerPoint 2016 等。对于这 3 个常用的应用程序，它们的操作界面在结构上基本相同，对文档的基本操作也有共通之处。这些操作是实现复杂操作的第一步，是进行各类文档操作的开始。本章将以 Word 2016 为例来介绍 Office 2016 应用程序的共性操作。

2.1 Office 2016 的启动和退出

应用程序的启动是操作的开始，应用程序的退出是工作的结束。下面以当前主流的 Windows 10 操作系统为例来介绍 Office 2016 应用程序的启动和退出技巧。

2.1.1 启动 Office 2016 应用程序

基于 Windows 操作系统的 Office 2016，其启动方式与 Windows 应用程序的启动方式完全一样。下面以启动 Word 2016 为例来介绍 Office 2016 启动的常用方法。

1. 从“开始”菜单启动

对于 Windows 10 操作系统来说，在正确安装 Office 2016 后，安装程序会在“开始”菜单中添加用于启动 Office 2016 的各个应用程序快捷方式。单击 Windows 窗口左下角的“开始”按钮，在打开的列表中选择“所有程序”选项。在列表中单击应用程序快捷方式即可启动应用程序，如图 2.1 所示。

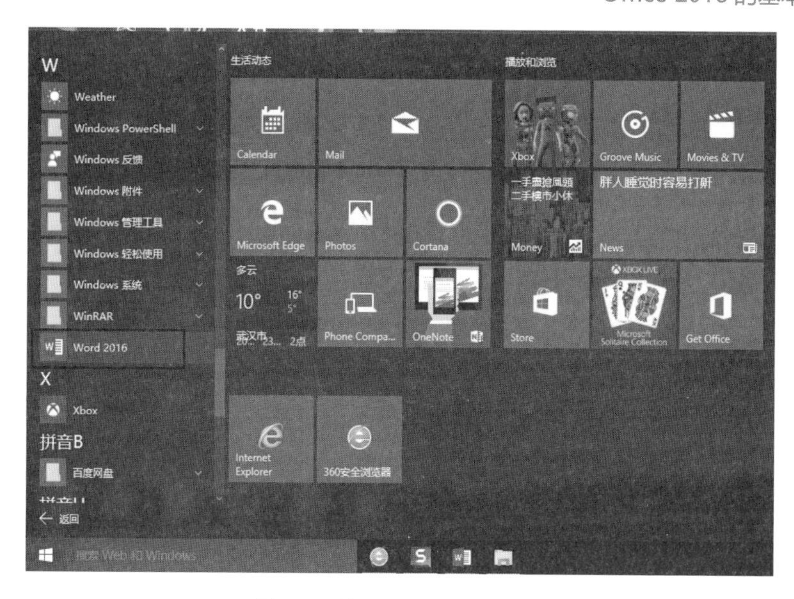

图 2.1　从“开始”菜单启动

对于经常使用的应用程序，Windows 系统会将其加入到“开始”菜单的“最常用”列表中。直接单击列表中的 Office 应用程序图标即可快速启动应用程序，如图 2.2 所示。

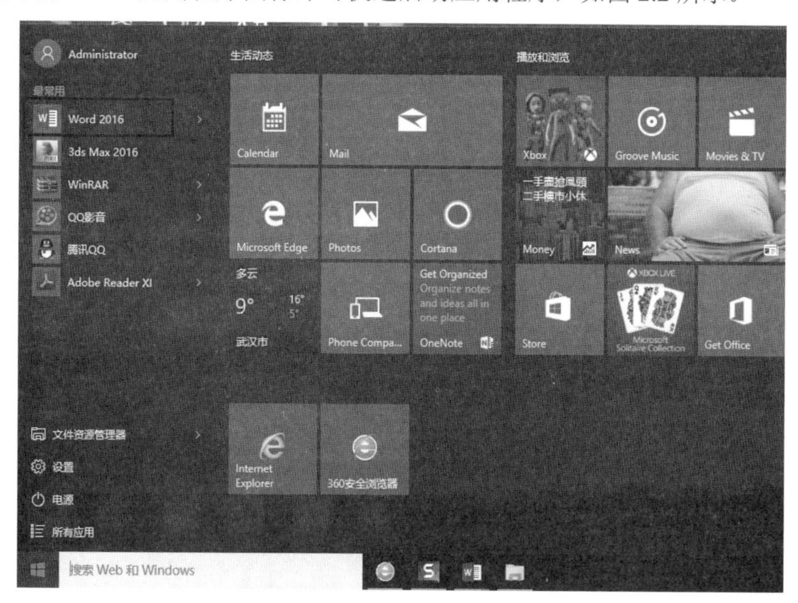

图 2.2　单击“最常用”列表中的应用程序图标

2. 从桌面启动

快捷方式也能完成程序启动和文档的打开，无须知道程序在磁盘上的具体位置。下面以创建 Word 2016 桌面启动快捷方式为例来介绍具体的操作方法。

01 在桌面空白处右击，选择快捷菜单中的“新建”|“快捷方式”命令。此时将打开“创建快捷方式”对话框，单击“浏览”按钮打开“浏览文件或文件夹”对话框，在对话框中找应用程序，如图 2.3 所示。完成选择后单击“确定”按钮关闭“浏览文件或文件夹”对话框。Windows 操作系统中，Office 2016 应用程序所在的文件夹为 C:\Program Files\Microsoft Office\root\Office16。

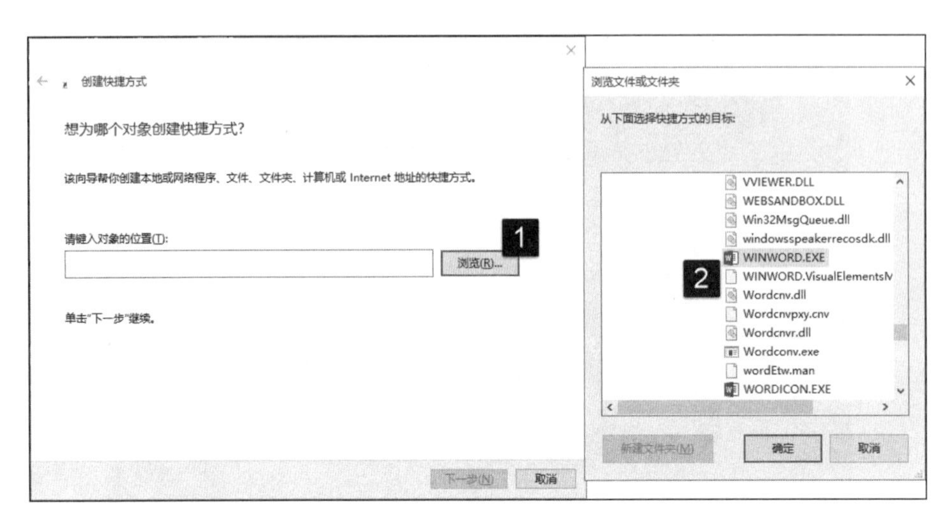

图 2.3　选择应用程序文件

02 在“创建快捷方式”对话框中单击“下一步”按钮进入下一步操作，在“键入该快捷方式的名称”文本框中输入快捷方式名称，单击“完成”按钮完成快捷方式的创建，如图 2.4 所示。

03 此时，在桌面上将会出现一个名为“WORD”的快捷方式，双击该快捷方式图标即可启动 Word，如图 2.5 所示。

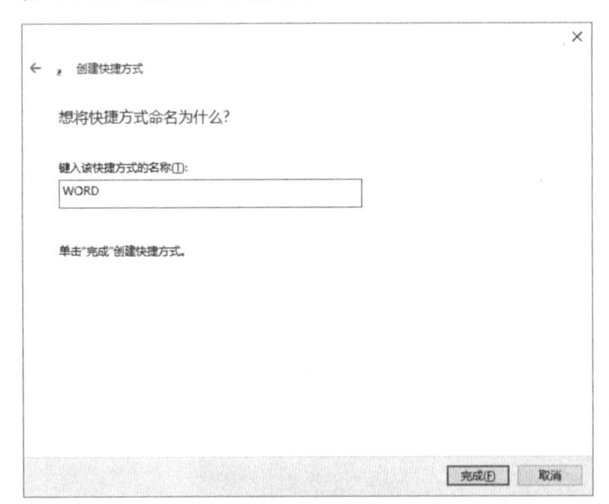

图 2.4　输入快捷方式名称

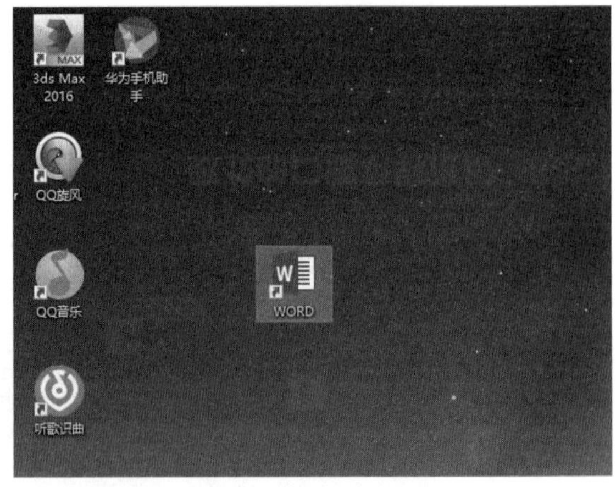

图 2.5　在桌面上创建快捷方式

提　示

在 Windows 操作系统中创建桌面快捷方式的方法很多。例如，可以直接将“开始”|“所有程序”|“Microsoft Office 2013”文件夹中对应的命令拖放到桌面；也可以打开 Windows“资源管理器”，找到 Office 组件的程序文件后右击，选择“发送到”|“桌面快捷方式”命令在桌面上创建启动程序的快捷方式。

3．使用快捷键从桌面快速启动 Office 应用程序

Windows 允许用户为桌面上的快捷方式添加快捷键，通过按键代替双击快速启动应用程序。下面介绍创建快捷键快速启动 Office 应用程序的方法。

01 右击创建的快捷方式，选择快捷菜单中的“属性”命令，打开“属性”对话框。在“快捷方式”选项卡中单击“快捷键”文本框，放置插入点光标，如图 2.6 所示。

02 按键盘上的键，如这里按“W”键。此时系统会自动将快捷键设置为 Ctrl＋Alt＋W，如

图 2.7 所示。单击“确定”按钮关闭对话框，快捷键的设置完成。此时，在 Windows 桌面上，按“Ctrl+Alt+W”键即可启动 Word。

图 2.6　放置插入点光标

图 2.7　设置快捷键

2.1.2　退出 Office 2016 应用程序

在完成操作后，应用程序需要退出。Office 2016 应用程序的退出一般可以采用下面的 2 种方式。

退出 Office 2016 应用程序，只需要关闭其应用程序窗口即可。和所有的 Windows 应用程序一样，用户可以单击程序窗口右上角的“关闭”按钮关闭应用程序窗口。应用程序窗口的关闭，意味着程序的退出，如图 2.8 所示。

打开 Office“文件”窗口，在左侧列表中选择“关闭”选项也可以退出 Office 应用程序，如图 2.9 所示。

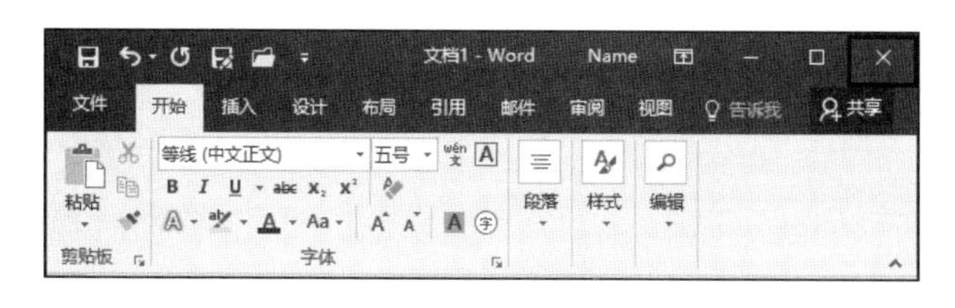

图 2.8　单击“关闭”按钮退出应用程序

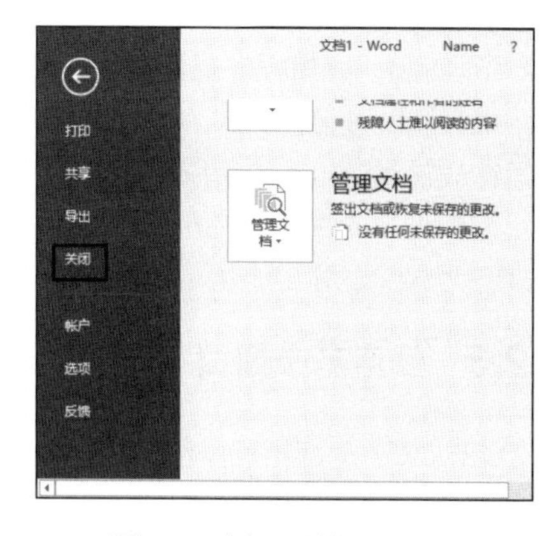

图 2.9　选择“关闭”选项

提　示

在 Office 应用程序窗口处于激活状态时，按 Alt+F4 键也可以关闭该应用程序窗口，退出 Office 应用程序。

2.2 操作 Office 窗口

窗口是 Windows 应用程序的基本元素，程序功能的实现都是在应用程序窗口中进行的。本节将介绍 Office 2016 程序窗口的操作技巧。

2.2.1 操作程序窗口

程序窗口的操作，实际上就是改变程序窗口的状态。在 Office 应用程序窗口右上角有 2 个按钮，可以帮助用户快速调整窗口的状态，如图 2.10 所示。

图 2.10 应用程序窗口左上角的 3 个按钮

单击"最小化"按钮，程序窗口将最小化。单击"最大化"按钮，应用程序窗口将最大化，也就是占据整个屏幕。此时"最大化"按钮将变为"向下还原"按钮，单击该按钮将取消应用程序窗口的最大化，使窗口恢复到开始的大小。

将鼠标指针放置到 Office 应用程序窗口的标题栏上，拖动鼠标，可以移动应用程序窗口在屏幕上的位置，将窗口放置到屏幕的任意位置。在 Windows 10 操作系统中，当窗口处于最大化状态时，拖动窗口可以取消其最大化状态并将其放置到屏幕的任意位置。同时，将非最大化的窗口拖放到屏幕的上方，应用程序窗口将自动最大化。

2.2.2 设置窗口大小比例

当 Office 应用程序窗口处于非最大化状态时，用户可以对窗口的大小进行任意调整。将鼠标指针放置到窗口的边缘或四角处，鼠标光标变为双箭头状，按照箭头的方向拖动鼠标即可调整窗口的大小，如图 2.11 所示。

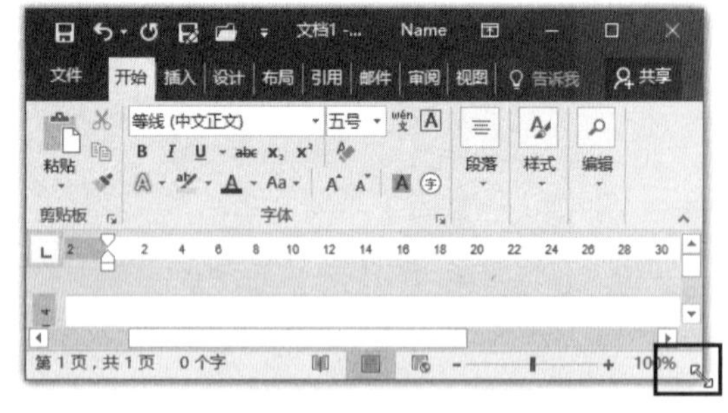

图 2.11 拖动鼠标改变应用程序窗口大小

2.2.3 使用多个窗口

Office 2016 应用程序组件之间可以进行协同办公，因此有时会同时打开多个应用程序窗口，此时就需要进行多窗口操作。

在打开多个应用程序窗口后，如果需要在多个窗口之间切换，可以将鼠标指针移动到要切换的应用程序窗口中，在窗口的任意位置单击，该窗口即可切换为当前窗口。如果所有的应用程序窗口都处于最大化状态，可以借助于状态栏进行切换。

如果需要切换的是多个相同的应用程序窗口，可以在状态栏中单击该应用程序图标，此时可以打开应用程序窗口组，单击需要切换的窗口缩览图即可，如图 2.12 所示。

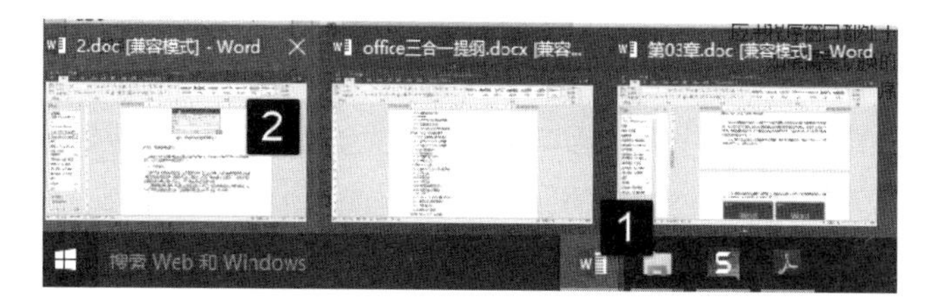

图 2.12　切换应用程序窗口

2.3　操作 Office 文档

文档的操作是应用 Office 的基础，是操作的开始和结束。这里提到的文档是 Office 应用程序生成文件的总称，其操作包括新建、打开和保存等。

2.3.1　新建文档

Office 2016 应用程序在完成某项工作时，首先需要创建新文档。Office 2016 新文档的建立，一般分为下面几种情况。

1．不启动应用程序创建新文档

在没有启动 Office 2016 应用程序的情况下，用户可以使用桌面右键快捷菜单命令在桌面直接创建需要的 Office 文档。同时，在进行文件浏览的过程中，用户同样可以随时创建新的 Office 文档。下面以创建 Word 文档为例来介绍具体的操作方法。

（1）在桌面上右击，在打开的快捷菜单中选择“新建”|“Microsoft Word 文档”命令，此时即可在桌面上创建一个新的 Word 文档。为该文档指定文档名，如图 2.13 所示。双击该文档图标即可打开该文档，用户便可对文档进行编辑。

（2）打开 Windows“资源管理器”窗口，选择需要创建 Office 文档的文件夹后在右侧窗格中右击，在快捷菜单中选择“新建”命令，在其下级菜单中会出现能够创建的 Office 文档选项，单击需要创建的文档命令，如选择“Microsoft Office Word 文档”命令。此时，在选择的文件夹中将会创建一个空白的 Word 文档，该文档的文件名将会突出显示，如图 2.14 所示。输入文档名称后按 Enter 键确认文档的更名操作，双击该文档即可启动 Word 2016 对其进行编辑处理。

图 2.13　输入文档名

图 2.14　在文件夹中创建 Word 文档

2. 在应用程序中创建新文档

在启动了 Office 2016 应用程序后，用户可以创建空白的新文档，也可以根据需要选择 Office 的设计模板来创建文档。下面以 Word 2016 为例来介绍在应用程序中创建文档的方法。

（1）启动 Word 2016，Word 直接打开“开始”窗口，在窗口中选择“空白文档”选项即可创建一个新的空白文档，如图 2.15 所示。

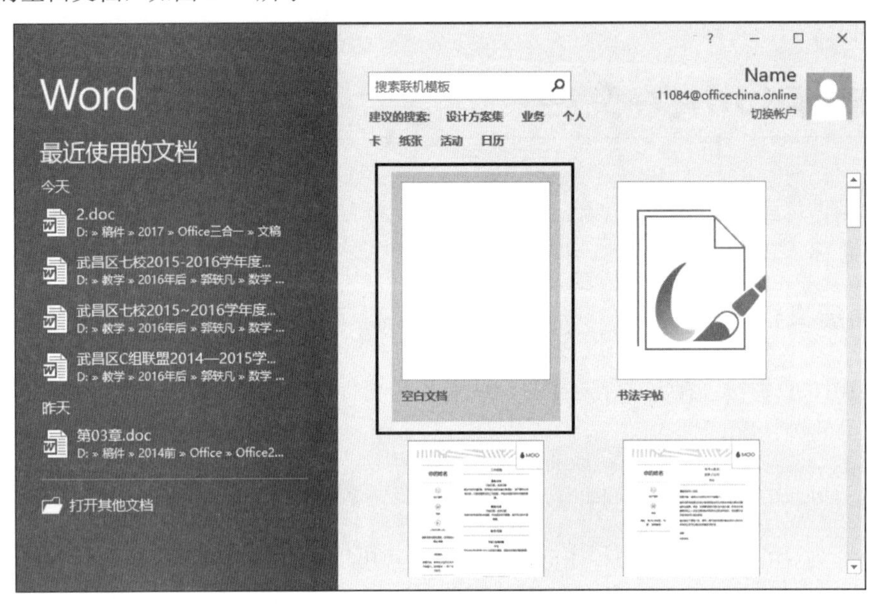

图 2.15 创建空白文档

（2）启动 Word 2016，在“开始”窗口中将列出常用的文档模板，选择需要使用的模板并单击，如图 2.16 所示。此时出现该模板的提示对话框，在对话框中列出模板的使用说明以及缩览图等信息，单击“创建”按钮，如图 2.17 所示。Word 将下载该模板并创建基于该模板的 Word 文档，如图 2.18 所示。

图 2.16 选择需要使用的模板

图 2.17　提示信息

图 2.18　下载模板

3. 在文档编辑状态下创建新文档

在对文档进行编辑时，有时需要创建新文档，最简单的方法就是直接按 Ctrl+N 键来获得新文档。另外，还可以按照下面的方法来进行操作。

01 在进行文档编辑时，打开“文件”窗口。选择窗口左侧列表中的“新建”选项，单击窗口列表中的“空白文档”选项即可创建一个新的空白文档，如图 2.19 所示。

02 在页面中的“建议的搜索”栏中单击相应的选项，如选择“个人”选项，如图 2.20 所示。此时 Word 将搜索可用的模板，在页面右侧的“分类”栏中显示模板的分类列表，页面中间栏中选择模板列表，如图 2.21 所示。选择模板后将显示模板提示信息，单击“创建”按钮即可创建基于该模板的文档，如图 2.22 所示。

图 2.19　新建文档

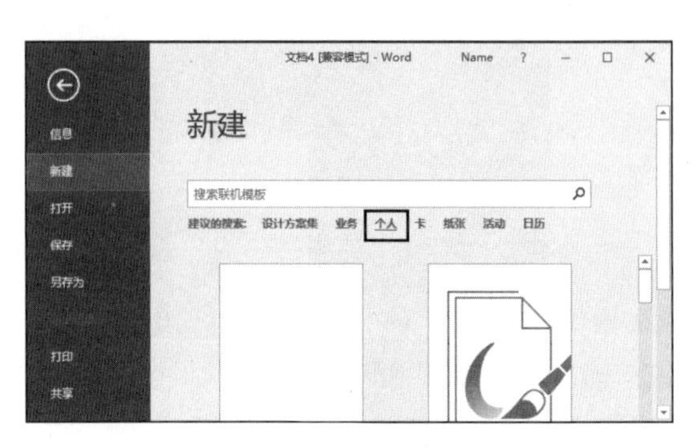

图 2.20　选择“个人”选项

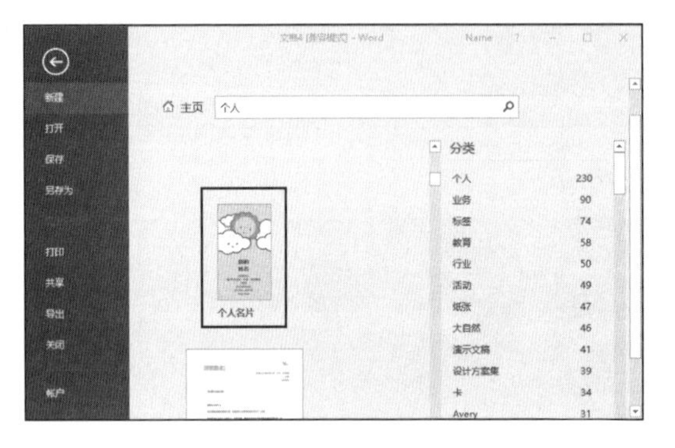

图 2.21　选择模板

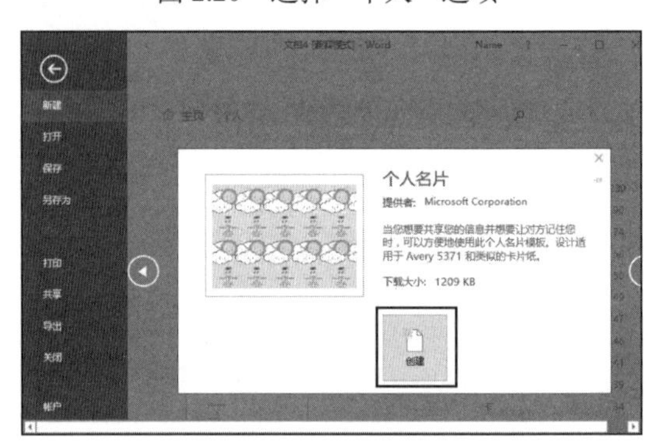

图 2.22　显示模板信息

03 如果在“新建”页面中没有找到需要的模板，可以在搜索框中输入需要的模板名称后单击“开始搜索”按钮⌕，如图 2.23 所示。此时，Word 将进行联机搜索模板，可用的模板将列出来，如图 2.24 所示。

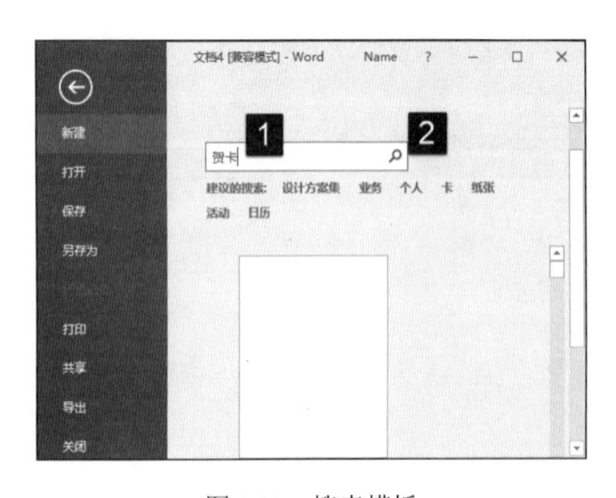

图 2.23　搜索模板

图 2.24　显示搜索结果

2.3.2　打开文档

使用 Office 的一项重要的工作，就是对已有的文档进行编辑修改。要对文档进行编辑修改，首先需要使用 Office 应用程序将文档打开。根据不同的需要，Office 文档有不同的打开方式，下面对文档打开的技巧进行介绍。

1．在资源管理器和文档编辑状态中打开文档

正如前面介绍的，在 Windows 资源管理器中找到需要进行操作的文档后，双击该文档即可使用 Office 应用程序将其打开。在文档编辑状态，如果需要打开另一个文档，可以按照下面的两种方法来进行操作。

方法一：

01 打开“文件”窗口，在左侧列表中选择“打开”选项，在中间的“打开”列表中选择“浏览”选项，如图 2.25 所示。

02 此时将打开“打开”对话框，使用对话框找到需要打开的文件，单击“打开”按钮即可打开该文档，如图 2.26 所示。

图 2.25　选择“浏览”选项

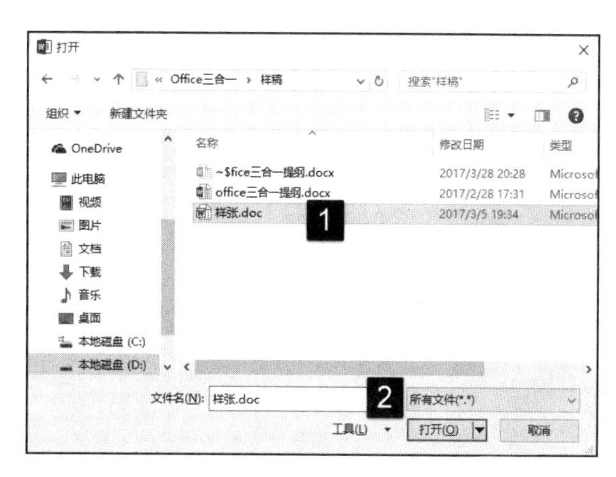

图 2.26　“打开”对话框

方法二：

打开“文件”窗口，在左侧列表中选择“打开”选项，在“打开”列表中选择“这台电脑”选项，在右侧列表中将显示“我的文档”|“文档”文件夹中的文件夹，用户可以直接打开文件夹寻找需要的文档。单击“文档”选项，如图 2.27 所示。此时将打开“打开”对话框，使用该对话框可以选择磁盘上的文件并打开它，如图 2.28 所示。

图 2.27　单击“文档”选项

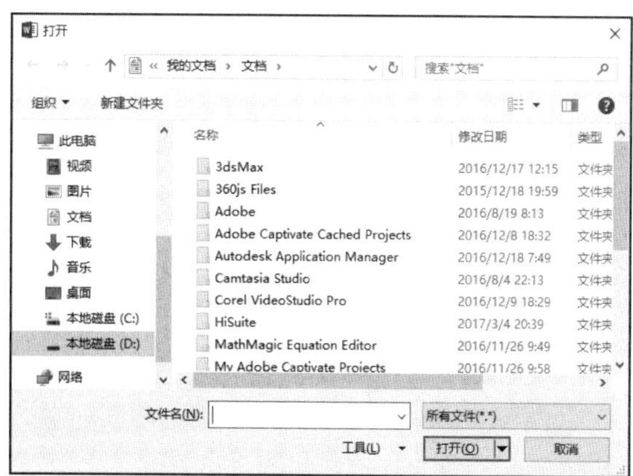

图 2.28　打开“打开”对话框

2. 以副本的方式打开文档

在打开已有文档时，有时需要以副本的方式打开文档。当一个文档以副本的方式打开时，用户对文档的编辑操作将只在副本文档中进行。这样可以有效使用现有文档，提高创建同类文档的效率，同时可以避免误操作造成重要文档的破坏。下面介绍以副本方式打开文档的操作方法。

01 在 Word 2016 中，单击主界面左上角的“文件”标签，在打开的“文件”窗口中选择页面左侧列表中的“打开”选项，在窗口中间的“打开”列表中选择“浏览”选项，如图 2.29 所示。

02 在“打开”对话框中选择需要打开的文件后，单击“打开”按钮上的下三角按钮，在获得菜单中选择“以副本方式打开”命令，如图 2.30 所示。此时文档将以副本形式打开，在标题栏上显示的文档名将自动添加“副本”字样，如图 2.31 所示。

图 2.29　选择“浏览”选项

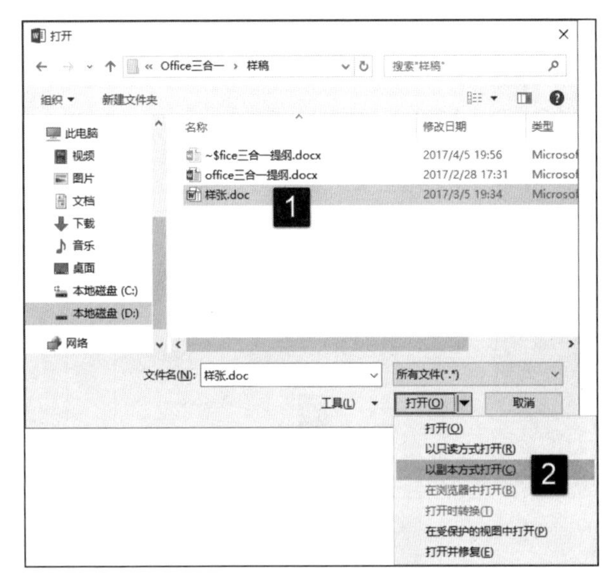

图 2.30　选择“以副本方式打开”命令

图 2.31　标题栏中显示“副本”字样

提　示

在创建文档的一个副本时，Office 会自动将这个副本文件保存在与指定文件相同的文件夹中。同时，Office 会根据指定文件的文件名自动为其命名。

3. 在受保护的视图中打开文档

在使用 Office 2016 时，有时只是为了阅读文档而不希望对文档进行编辑修改，此时为了避免误操作，可以在受保护的视图中查看文档。

01 按照上面介绍的方法打开“打开”对话框，在对话框中选择需要打开的文件，单击“打开”按钮上的下三角按钮，在打开的菜单中选择“在受保护的视图中打开”命令，如图 2.32 所示。

02 文档被打开后将处于受保护视图状态，文档不能进行编辑，只能浏览。单击窗口翻页按钮将能够进行翻页操作，如图 2.33 所示。

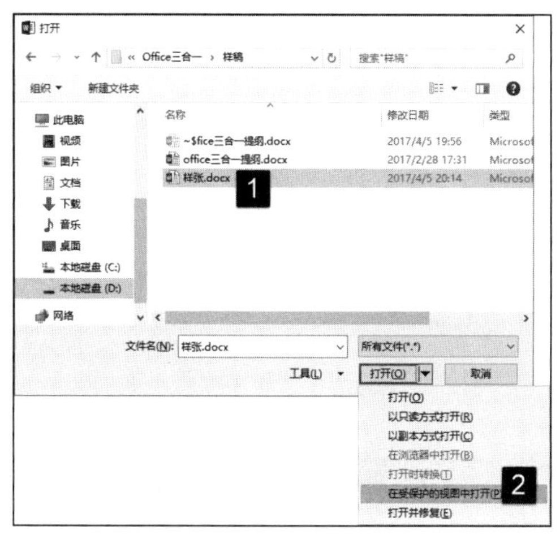

图 2.32　选择“在受保护的视图中打开”命令

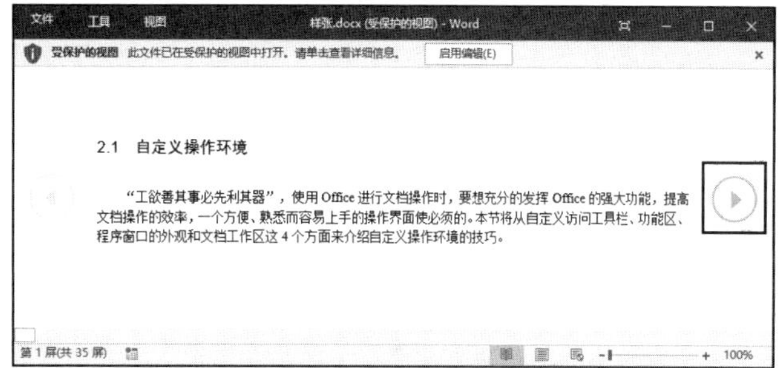

图 2.33　单击翻页按钮翻页

03 使用文档窗口中的“视图”菜单中的命令可以对文档浏览窗口进行设置，如这里选择“视图”|“页面颜色”命令，在打开的下级列表中选择相应的选项可以设置页面的颜色，如图 2.34 所示。选择“视图”|“列宽”命令，在打开的下级列表中选择相应的选项可以对当前页面显示内容的列宽进行设置，如图 2.35 所示。选择“视图”|“布局”命令，在下级列表中选择相应的选项可以改变页面布局，如图 2.36 所示。

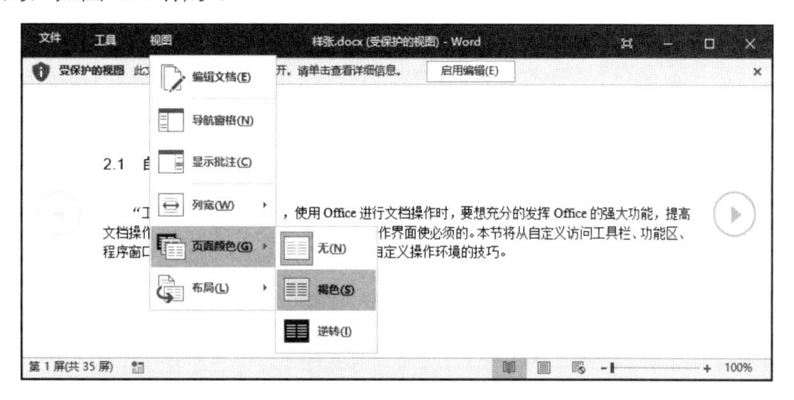

图 2.34　设置页面颜色

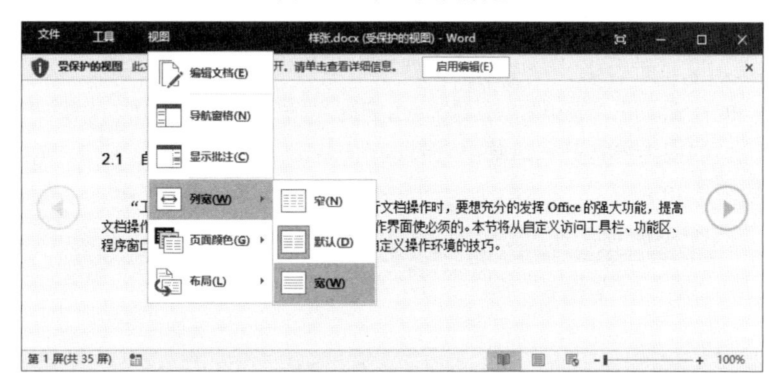

图 2.35　设置列宽

04 在“工具”菜单中选择“查找”命令将打开“导航”窗格，在其中的搜索框中输入文字可以在阅读文档时查找需要的内容，如图 2.37 所示。

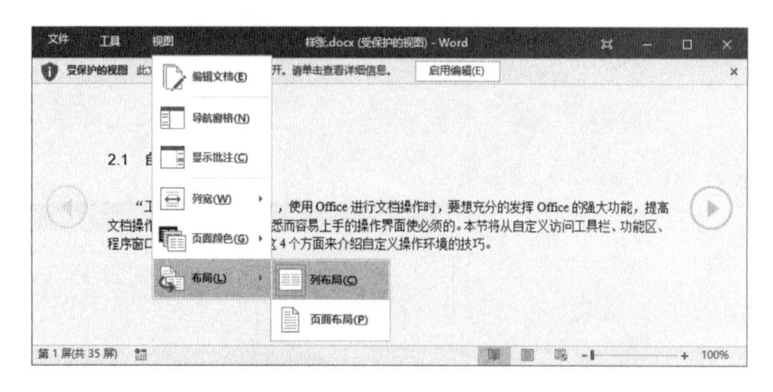

图 2.36　设置页面布局

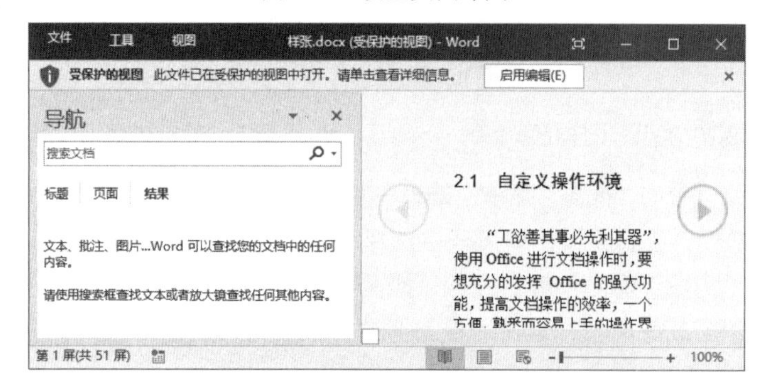

图 2.37　使用“查找”命令打开“导航”窗格

05 单击标题栏右侧的“自动隐藏阅读工具栏”按钮将能够将工具栏隐藏，如图 2.38 所示。再次单击该按钮将取消工具栏的隐藏。

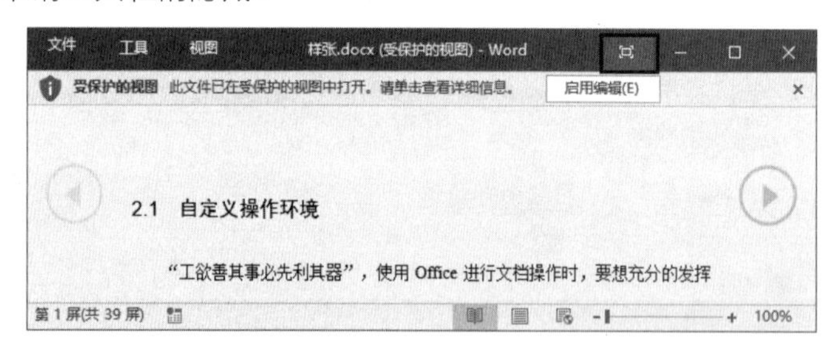

图 2.38　单击“自动隐藏阅读工具栏”按钮隐藏阅读工具栏

06 如果需要对文档进行编辑，可以单击窗口提示栏中的“启用编辑”按钮，如图 2.39 所示。此时将推出受保护的视图，进入普通视图状态，用户即可对文档进行编辑处理。单击工具栏下方的“此文件已在受保护的视图中打开。请单击查看详细信息”超链接将能够在“文件”窗口中查看文档的详细信息，如图 2.40 所示。

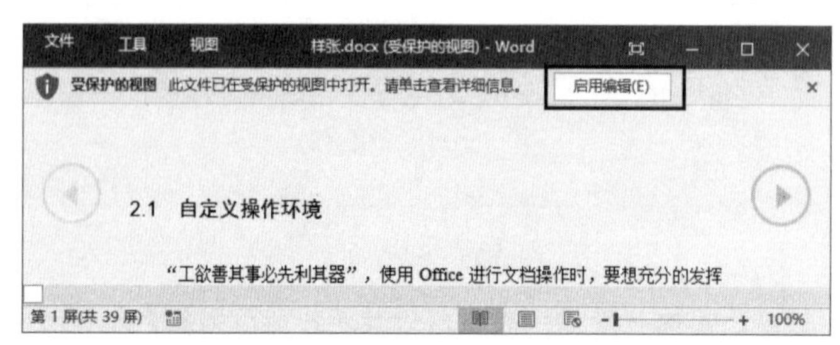

图 2.39　单击“启用编辑”按钮退出受保护的视图

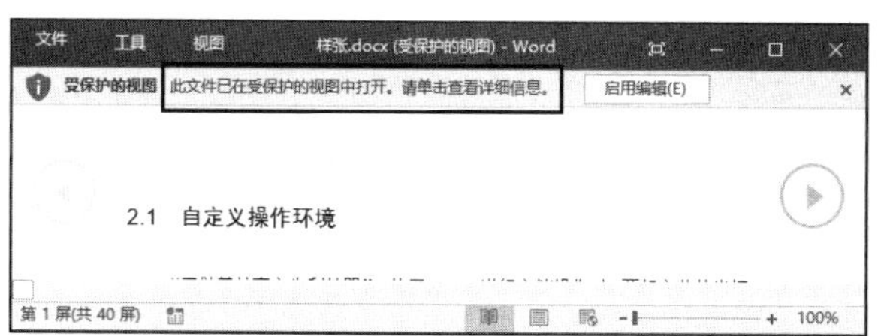

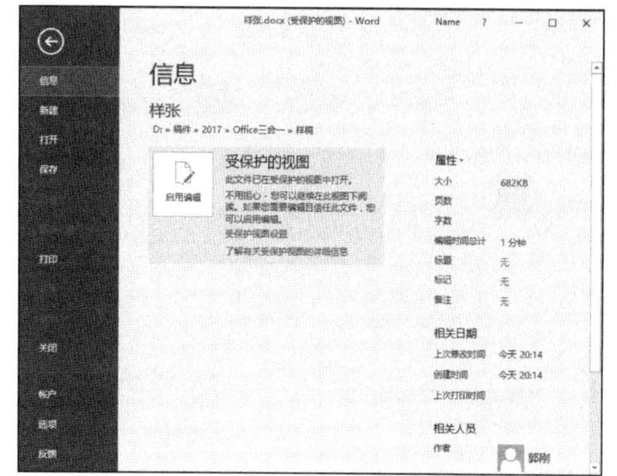

图 2.40 查看文档信息

2.3.3 打开最近编辑的文档

对于最近使用过的文档和文件夹，Office 应用程序都会有所记录，用户可以通过这些记录直接打开需要的文档和文件夹，避免忘掉文档放置的位置而找不到文档的情况发生。

1. 快速打开文档

Office 2016 将最近编辑处理过的文档以列表的形式列出来，用户可以直接查看这个列表并在列表中选择需要打开的文档。这极大地提高了常用文档的打开速度，有效地提高工作效率。

01 打开“文件”窗口，选择“打开”选项。在窗口的右侧列出今天和昨天曾经编辑处理过的文档，如图 2.41 所示。鼠标单击列表中的文档选项即可将其打开。

图 2.41 列出编辑处理过的文档

02 在“文件”窗口中选择“选项”选项打开“Word 选项”对话框，左侧列表中选择“高级”选项，在右侧窗格的“显示”栏的“显示此数目的‘最近使用的文档’”微调框中输入数字，单击“确定”按钮关闭对话框，如图 2.42 所示。此时在“文件”窗口中显示的文档数量将改变，如图 2.43 所示。

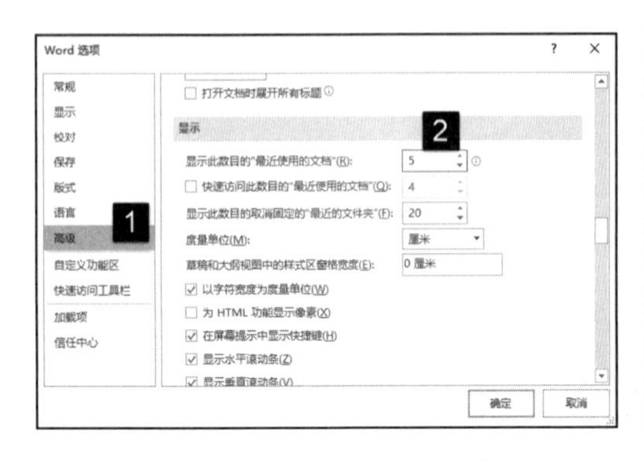

图 2.42　设置显示的文档数

图 2.43　显示的文档数发生改变

03 在列表中的某个选项上右击，选择快捷菜单中的“从列表中删除”命令可以删除该文件选项，如图 2.44 所示。

图 2.44　删除选项

提　示

当最近使用的文档数目超过了设置的值时，新使用的文档将替代列表中旧的文档。在快捷菜单中选择“固定至列表”命令，该文件选项将被固定在列表中，不会被新文档所替代。当然，直接单击文件选项右侧的“将此项目固定到列表”按钮同样可以达到固定文件选项的目的，如图 2.45 所示。

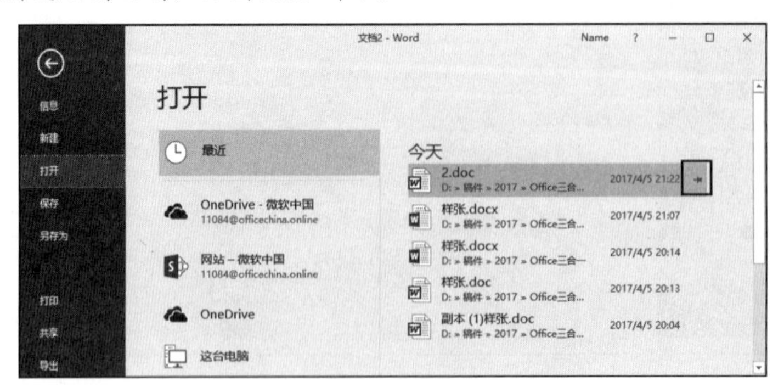

图 2.45　“固定项目至列表”按钮

2. 快速打开文件夹

为了便于文档的管理，编辑处理过的文档一般会放置在专门的文件夹中。Office 应用程序能够记录最近访问过的文件夹，用户能够方便地打开文件夹中的文档。

01 在“文件”窗口中选择“打开”选项后，在“打开”列表中选择“这台电脑”选项，在窗口右侧将显示当前文档所在文件夹中的所有 Office 文档，如图 2.46 所示。用户可以直接选择打开需要的文档。

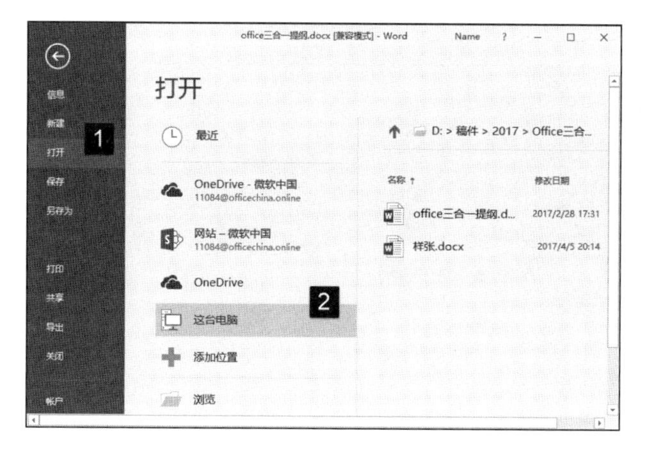

图 2.46　显示当前文档所在文件夹中的文档

02 单击“选择转至上一级”按钮将能够在窗口中打开上一级的文件夹，列表中显示该文件夹中的文件夹和文档，如图 2.47 所示。

图 2.47　返回上一级文件夹

03 单击“选择转至上一级”按钮旁的文件夹选项，将打开“打开”对话框，使用该对话框打开需要的文件夹并寻找需要打开的文档，如图 2.48 所示。

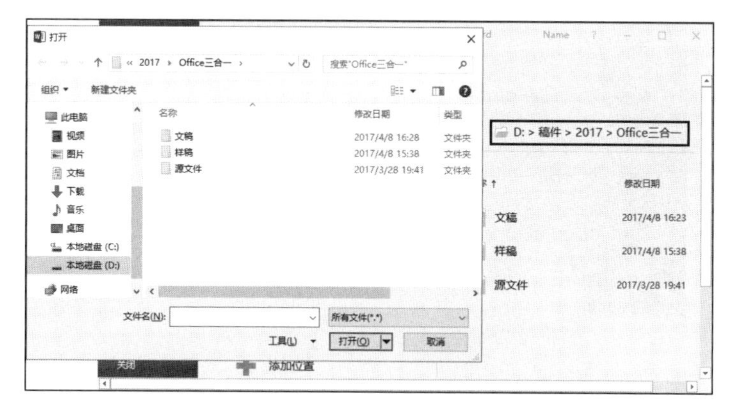

图 2.48　打开“打开”文件夹

如果当前正在编辑处理的文档是没有保存过的文档，则在“文件”窗口中选择“这台电脑”选项后，列表中将列出 Windows 系统中的“我的文档”|“文档”文件夹中包含的文件夹和 Office 文档，如图 2.49 所示。此时，列出文件夹的数目由“Word 选项”对话框中“显示此数目的取消固定的‘最近的文件夹’”后的微调框中输入的数字决定。

图 2.49 列出“文档”文件夹中的文件夹和文档

2.3.4 保存文档

在完成文档的编辑处理后，必须对文档进行保存，否则数据将会丢失，你的工作将变成“无用功”。下面对文档保存的基本操作方法进行介绍。

1. 保存新文档

对于一个还没有进行保存操作的新 Office 文档，可以通过下面的方法来对其进行保存。

（1）在“文件”窗口左侧列表中选择“另存为”选项，用户可以选择文档保存的位置。这里，Office 可以直接将文档保存在云端，也可以保存在本地计算机中。在“另存为”栏中选择“这台电脑”选项，在窗口输入文档名并选择文件格式后，单击“保存”按钮，如图 2.50 所示。文档将保存在默认的“我的文档”|“文档”文件夹中。

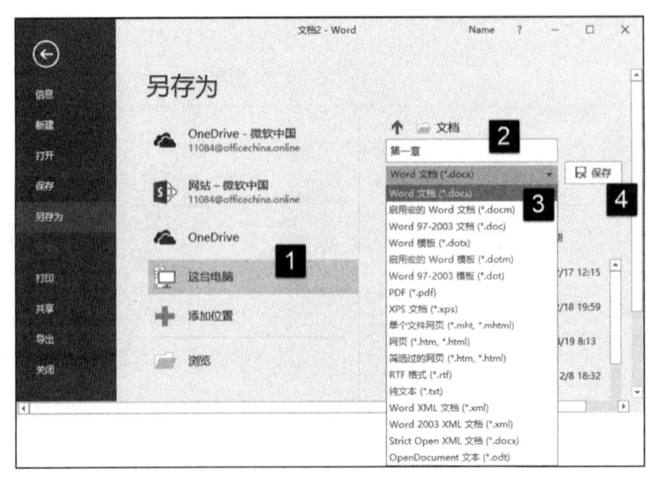

图 2.50 输入文件名并选择文档类型后保存

（2）在“另存为”列表中选择“浏览”选项将打开“另存为”对话框，使用对话框选择文档保存的文件夹，设置文档保存的名称和文件类型。单击“保存”按钮即可完成文档的保存，如图2.51所示。

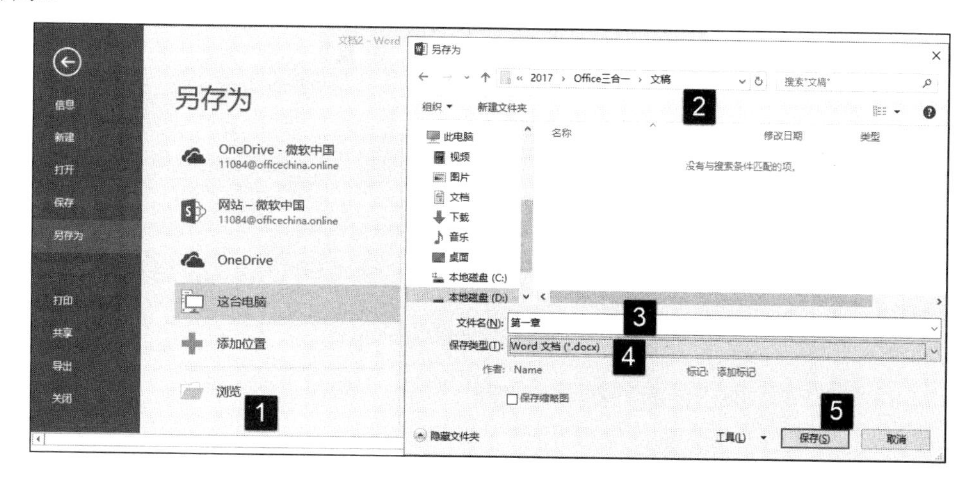

图 2.51　“另存为”对话框

提　示　如果文档是第一次保存，在“文件”窗口左侧列表中选择“保存”选项，将执行与上面介绍相同的操作步骤。在对文档进行处理时，如果选择的是“保存”命令，Office将按照该文档上次保存的方式来对文档进行保存。

2. 已有文档的保存

所谓的已有文档，指的是已经保存过的文档。在对已有文档进行编辑时，如果需要将修改的内容保存在文档中，可以直接按 Ctrl+S 键，文档将直接进行保存操作。对于第一次保存的文档，Office将打开“文件”窗口，用户将只能按照上面介绍的方法来进行保存。

在“文件”窗口中左侧列表中选择“保存”选项，已有文档将直接保存。如果选择“另存为”选项，则可以通过更改文件名后保存来实现文档的换名保存，通过更改文件保存的文件夹将文档保存到其他位置。

默认情况下，Office 应用程序的快速访问工具栏中将放置“保存”按钮，直接单击该按钮可进行保存操作，如图2.52所示。

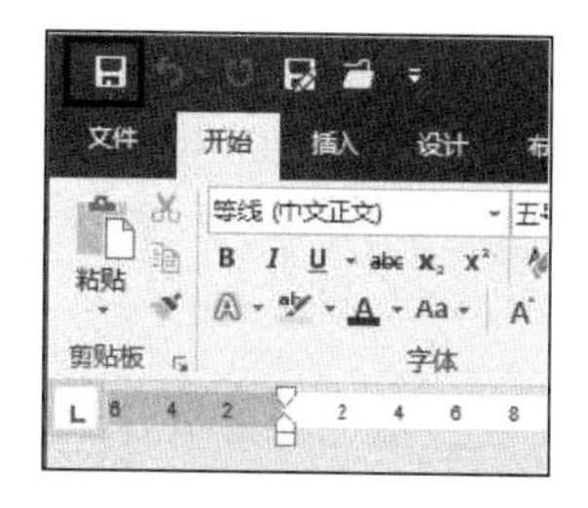

图 2.52　快速访问工具栏中的“保存”按钮

2.3.5　设置文档的保存路径

在默认情况下，Office 2016 均使用默认的文档格式和路径来保存文档，例如，Word 2016 的默认保存格式是扩展名为*.docx 的文档格式，默认保存路径为“D:\我的文档\Documents\”。实际上用户可以更改默认的文档保存格式，并将文档默认的保存位置更改为其他的文件夹。下面将以 Word 为例来介绍更改文档的默认保存格式和保存路径的方法。

01 打开“Word 选项”对话框，在对话框左侧列表中选择“保存”选项。在“将文件保存为此格式”下拉列表中选择文档保存格式，如图2.53所示。

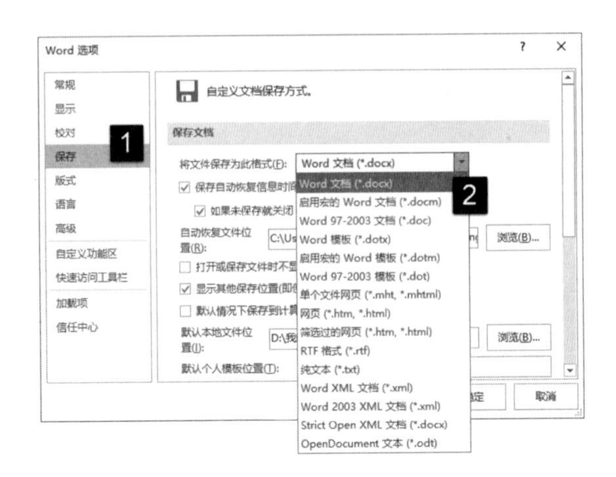

图 2.53 选择文档默认保存格式

02 单击“默认本地文件位置”文本框右侧的“浏览”按钮打开“修改位置”对话框。在对话框中选择保存文档的文件夹，如图 2.54 所示。单击“确定”按钮关闭对话框，文档的默认保存位置被更改。

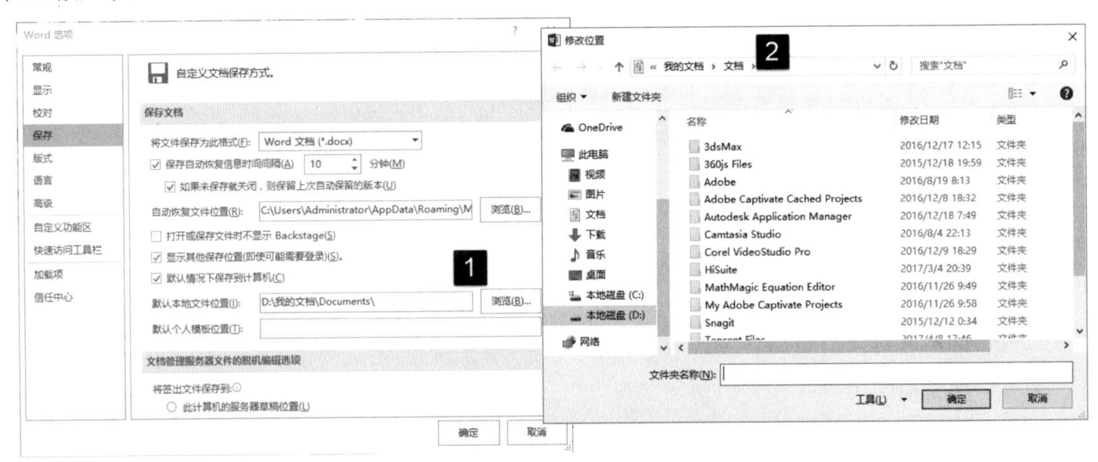

图 2.54 设置文档的默认保存位置

提 示

在 PowerPoint 2016 的“PowerPoint 选项”对话框中没有提供“浏览”按钮来打开“修改位置”对话框以实现对默认文档保存位置的更改，可以直接在文本框中输入完整路径来进行设置。

2.4 本章拓展

对于 Office 2016 的文档操作，下面将介绍一些实用的拓展技巧。

2.4.1 了解文档信息

要了解 Office 文档各种属性信息，既可以在 Office 应用程序的“文件”页面中查看，也可以利用 Windows 的资源管理器来查看文档信息。下面介绍具体的操作方法。

（1）启动 Word 2016，打开文档，打开“文件”窗口。在页面左侧列表中选择 “信息”选项，此时将可以查看文档的属性信息，如图 2.55 所示。

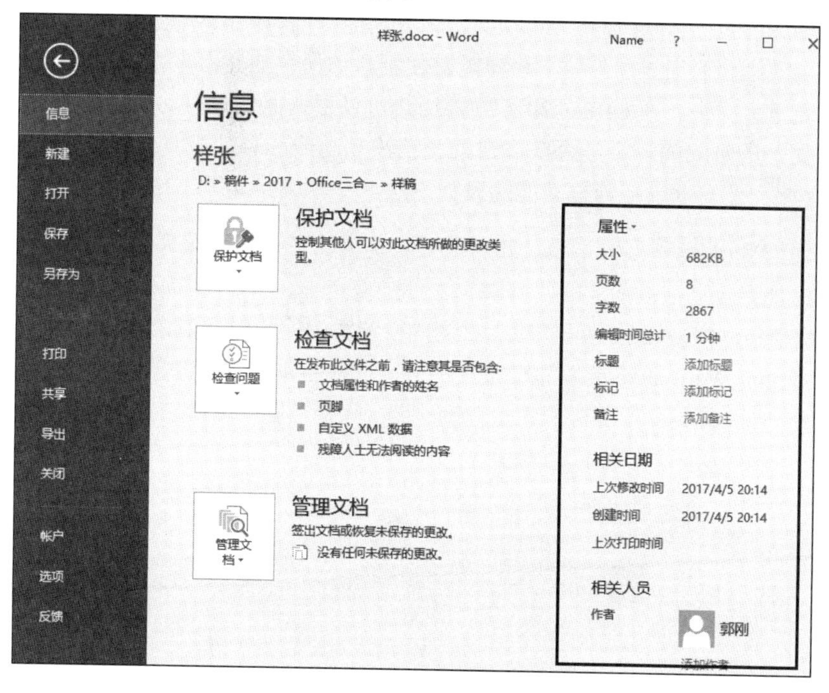

图 2.55　查看文档属性信息

（2）在 Windows 资源管理器中右击需要查看属性信息的文档，选择快捷菜单中的“属性”命令打开“属性”对话框。在对话框的“常规”选项卡中可以查看文档的一般信息，如图 2.56 所示。在“详细信息”选项卡中可以查看文档详细的属性信息，如图 2.57 所示。

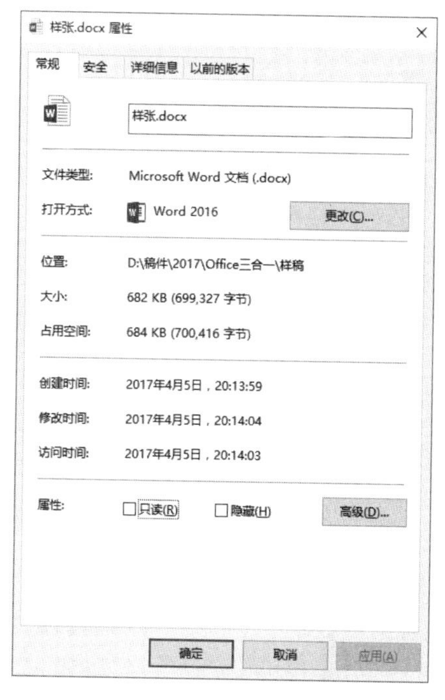

图 2.56　查看文档的一般信息

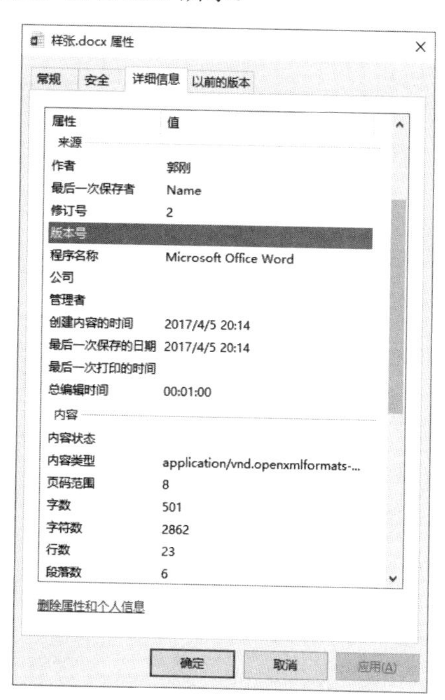

图 2.57　查看文档的详细属性信息

2.4.2 设置文档的自动恢复功能

Word、Excel 和 PowerPoint 都具有自动文档恢复功能，即程序能自动定时保存当前打开的文档。当遇到突然断电或程序崩溃等意外时，程序能够使用自动保存的文档来恢复未来得及保存的文档，从而有效地避免重大损失。在 Office 2016 中，用户可以根据需要对自动恢复功能进行设置，设置包括自动保存文档的时间间隔、是否开启自动文档恢复功能和自动恢复文档的保存位置。下面以 Word 2016 为例来介绍自动文档恢复功能的设置方法。

01 打开“Word 选项”对话框，在对话框左侧列表中选择“保存”选项，在右侧“保存文稿”栏中勾选“保存自动恢复信息时间间隔”左侧的复选框，这样 Office 2016 将开启自动文档保存功能。在“保存自动恢复信息时间间隔”右侧的微调框中输入时间值，时间值以分钟为单位，如图 2.58 所示。这样，Word 2016 会以这个设定的时间间隔自动保存打开的文档。

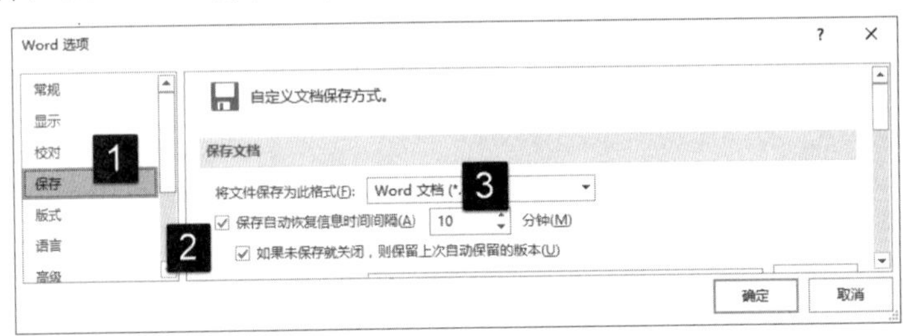

图 2.58　设置自动保存时间间隔

02 单击“自动恢复文件位置”文本框右侧的“浏览”按钮，打开“修改位置”对话框，在对话框中选择自动恢复文件保存的文件夹，如图 2.59 所示。这样，自动修复文件保存的位置将更改为刚才指定的磁盘上的文件夹。

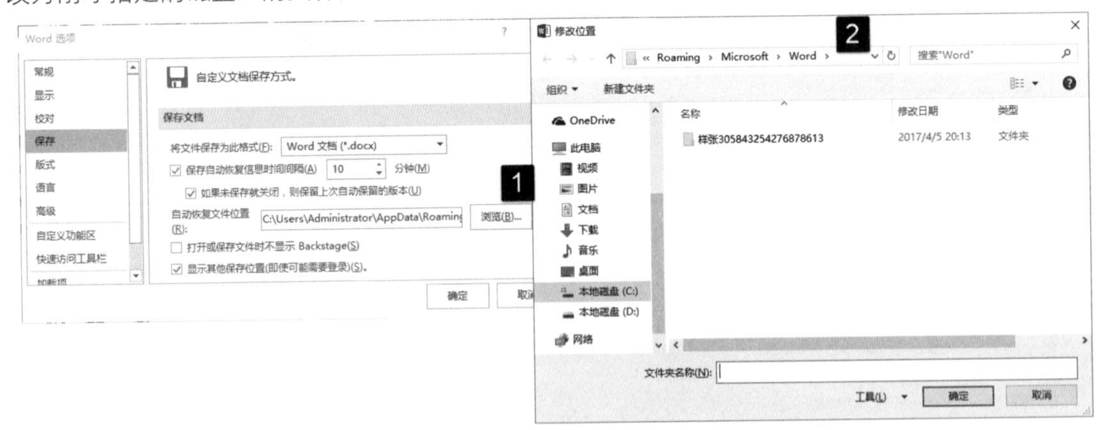

图 2.59　指定自动恢复文件的保存位置

2.4.3 将文档转换为 PDF 文档

PDF 和 XPS 是固定版式的文档格式，可以保留文档格式并支持文件共享。在进行联机查看或打印文档时，文档可以完全保持预期的格式，且文档中的数据不会轻易被更改。此外，PDF 文档格式对于使用专业印刷方法进行复制的文档十分有用。Office 2016 提供了对这 2 种文档的支持，这里将着重介绍将 Office 文档转换为 PDF 文档的操作方法。

（1）启动 Word 2016，打开需要转换为 PDF 文档的 Word 文档。在“文件”窗口中选择“导出”选项命令，在“导出”栏中选择“创建 PDF/XPS 文档”选项，单击右侧窗格中出现的“创建 PDF/XPS”按钮，如图 2.60 所示。

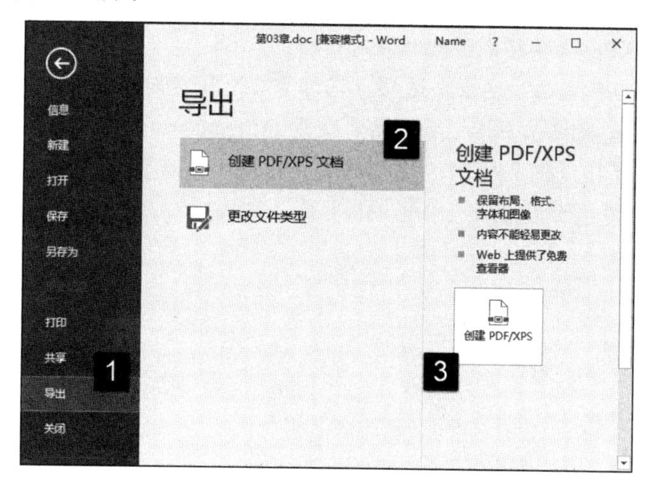

图 2.60　单击“创建 PDF/XPS”按钮

（2）打开“发布为 PDF 或 XPS”对话框，在对话框中选择保存文档的文件夹，在“文件名”文本框中输入文档保存时使用的名称，在“保存类型”下拉列表中选择文档保存的类型。这里默认的文档格式为 PDF 文档格式，如图 2.61 所示。

提　示

在对话框的“优化”栏中，根据需要进行设置。如果需要在保存文档后立即打开该文档，可以勾选“发布后打开文件”复选框。如果文档需要高质量打印，则应选择“标准（联机发布和打印）”单选按钮。如果对文档打印质量要求不高，而且需要文档尽量小，可选择“最小文件大小（联机发布）”单选按钮。

（3）单击“选项”按钮打开“选项”对话框，在对话框中可以对打印的页面范围进行设置，同时可以选择是否应打印标记以及选择输出选项，如图 2.62 所示。

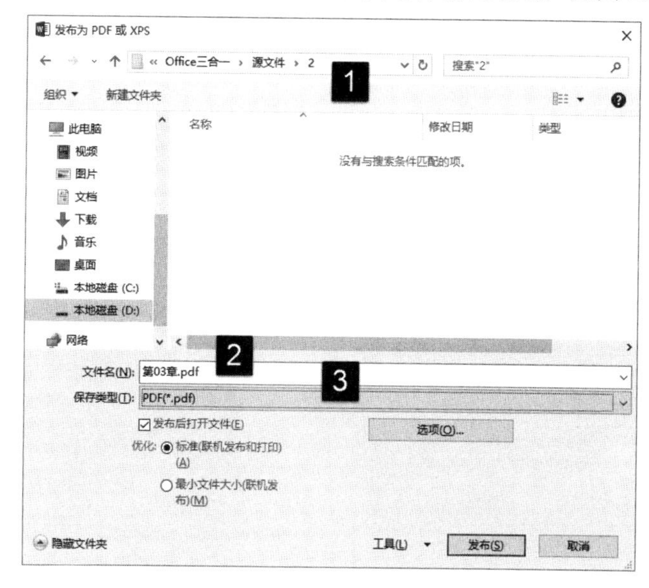

图 2.61　“发布为 PDF 或 XPS”对话框

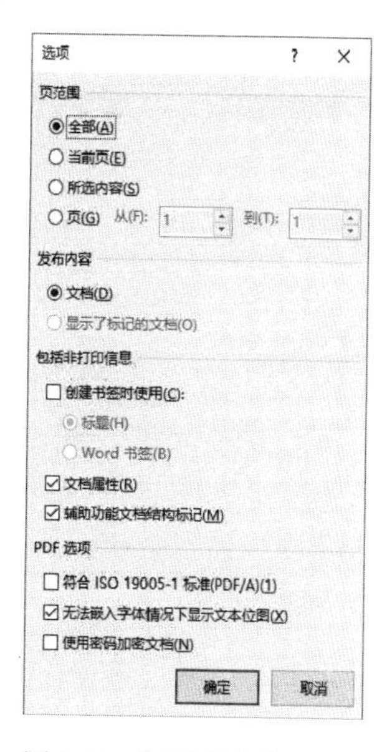

图 2.62　打开“选项”对话框

（4）完成设置后，单击“确定”按钮关闭“选项”对话框。单击“发布”按钮即可将文档保存为 PDF 文档。

提 示

在“文件”菜单中选择“另存为”命令，使用“另存为”对话框可以直接将文档保存为 PDF 或 XPS 文档格式。此时在对话框的“保存类型”下拉列表中将会显示“PDF 文档”和“XPS 文档”这 2 个选项，根据需要选择后即可直接进行文档的保存。文档转换为 PDF 或 XPS 文档后，将无法再使用 Office 2016 应用程序进行编辑修改。另外，Office 2016 直接提供了对 PDF 文档的支持，用户可以直接使用“打开”命令在 Word 中打开 PDF 文档。

第 2 篇

Office 2016之Word篇

第 3 章

Word 文档中的文本操作

文本是 Word 文档的基本元素，Word 文档中处理最多的就是文本。从某种意义上说，文档的创建和编辑实际上就是对文档中的文本进行输入和操作的过程。在创建 Word 时，首先需要输入文本，然后对文本进行各种编辑处理，从而使文本的内容更加完善和美观。本章将介绍 Word 2016 中文本操作的有关知识。

3.1 选择文本

在 Word 中，操作的对象以文本为主。对文本进行操作，首先需要进行选择，也就是指定需要进行操作的对象。下面将介绍 Word 2016 中对文本进行选择的技巧。

3.1.1 快速选择文本

使用 Word 对文档进行编辑处理时，经常需要对部分文本进行编排，此时就需要选择这些文本，一般情况下，选择部分文本可以采用下面的方法来进行操作。

1. 使用鼠标选择文本

通过鼠标拖动来选择需要的文本是 Word 中文本选定的一种最常用的方法。首先在文档中单击，将插入点光标放置到需要选定文本的开始位置，按住鼠标左键移动鼠标，也就是进行鼠标拖动操作。在需要选择的文本的结尾处释放鼠标左键。鼠标覆盖过的文字将被选择，如图 3.1 所示。

将鼠标指针放置到文本中需要选择的词组位置后双击，Word 将自动选择该词组，如图 3.2 所示。

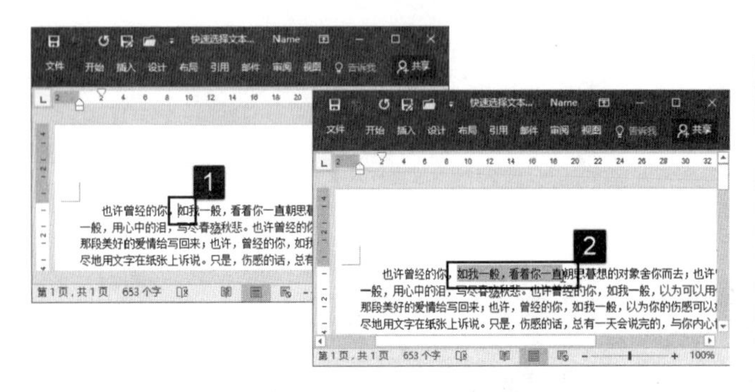

图 3.1　拖动鼠标选择文本

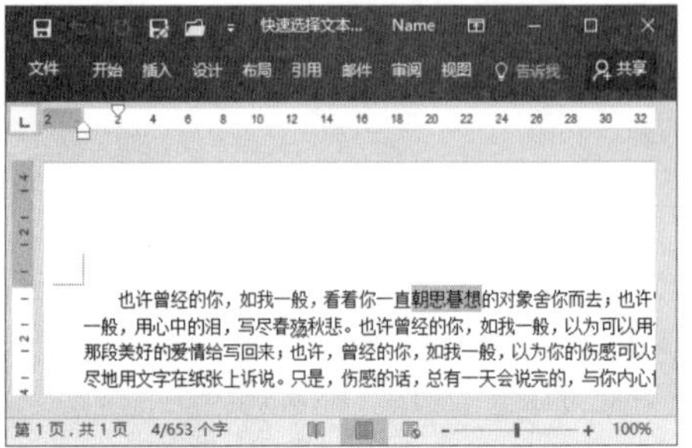

图 3.2　双击选择词组

提　示

当插入点光标放置于词语的中间时，鼠标双击将能够选择整个词语。如果在词语的前面或后面鼠标双击，Word 都将选择该词语。如果插入点光标位于两个词语中间，鼠标双击选择的哪个词语则要看鼠标光标离哪个词语近。

2．使用键盘选择文本

选择任意的文本，除了使用鼠标进行选择之外，还可以使用键盘来进行操作。在 Word 中，按键盘上的四个箭头键可以改变插入点光标在文档中的位置，将方向键与功能键配合使用就可以实现对文本的快速选择。

在文档中放置插入点光标后，按键盘上的 Shift+→键，可以选择插入点光标所在位置右侧的一个字符。按键盘上的 Shift+←键可以选择插入点光标左侧的一个字符。按键盘上的 Shift+↑键可以选择插入点光标到上一行相同位置之间的文本，如图 3.3 所示。反之，按键盘上的 Shift+↓键将可以选择插入点光标到下一行相同位置之间的文本。

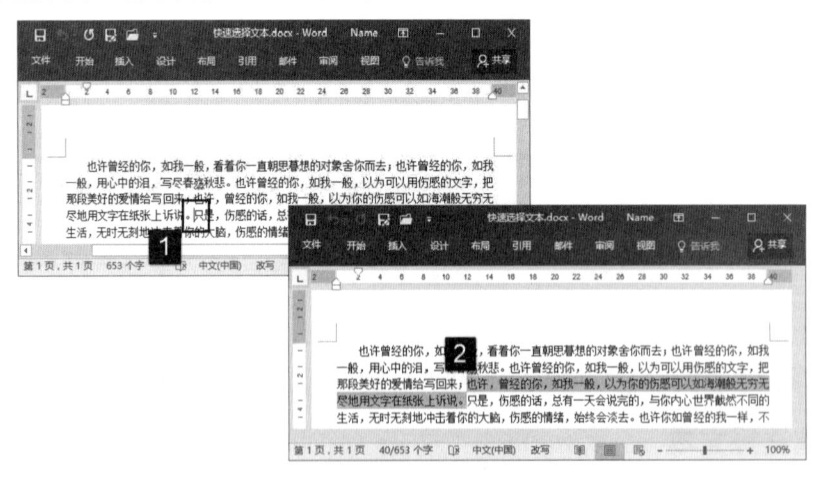

图 3.3　选择插入点光标和上一行相同位置间的字符

在文档中放置插入点光标，按 Ctrl+Shift+→键即可选择光标所在位置右侧的一个词。同样的，按 Ctrl+Shift+←键可以选择光标所在位置左侧的一个词。

3．结合键盘和鼠标来选择文本

在进行文档编辑时，同时使用鼠标和键盘能够实现对文档中特定内容的快速选取。这里，与鼠标配合使用的是键盘上的控制键“Shift”“Ctrl”和“Alt”。

选择第一处需要选择的文本后，按住 Ctrl 键不放，同时使用鼠标拖动的方法依次选择文本。完成选择后释放 Ctrl 键，此时将能够选择不连续的文本，如图 3.4 所示。

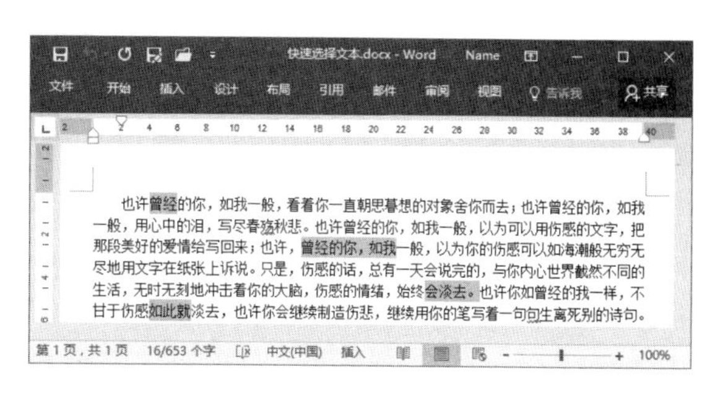

图 3.4　选择不连续的文本

单击将插入点光标放置到文字的前面，使用鼠标上的滚轮或拖动 Word 窗口右侧的垂直滚动条使窗口中显示出需要显示文本的结尾位置。按住 Shift 键后在文本区域结尾处单击，此时 2 个单击点间的文本被选择，如图 3.5 所示。

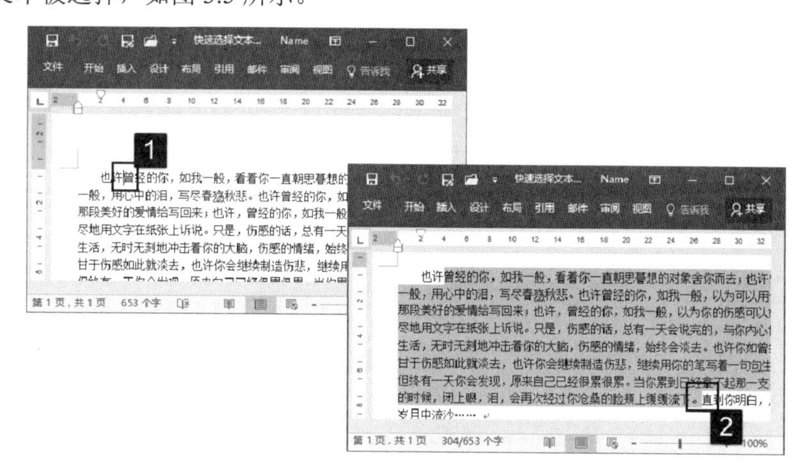

图 3.5　2 个单击点间的文本被选择

如果需要同时选择多个不连续区域的文本，则可以配合 Ctrl 键来进行操作，具体的方法是：首先使用鼠标拖动的方法选择第一个文本区域，然后按键盘上的 Ctrl 键，同时将鼠标指针移动到第 2 块待选文本区域的开头，按鼠标左键不放，移动鼠标指针到文本区域的结尾处，释放鼠标后，2 个区域的文本会同时被选择，如图 3.6 所示。以此类推，多次重复上述操作即可同时选定多个不连续的文本区域。

将鼠标指针放置到需要选定文本区域的开始字符前，按住键盘的 Alt 键后向下拖动鼠标。当鼠标指针移动到文本区域右下角的字符时释放鼠标左键，此时将能够选定一个矩形的文本区域，如图 3.7 所示。按 Alt+Shift 键并拖动鼠标，可以纵向选择文本区域，如图 3.8 所示。

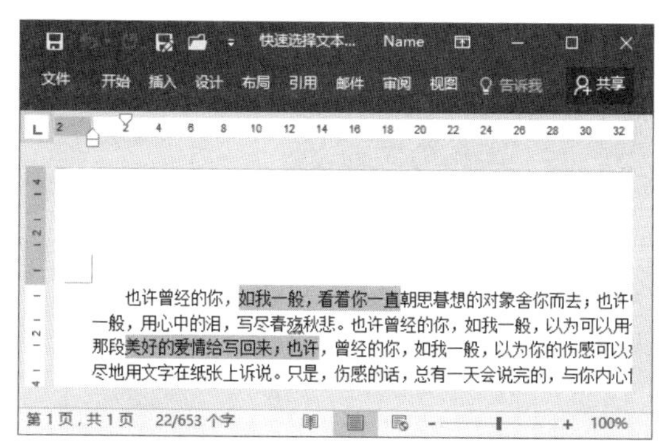

图 3.6　同时选择 2 个非连续区域的文字

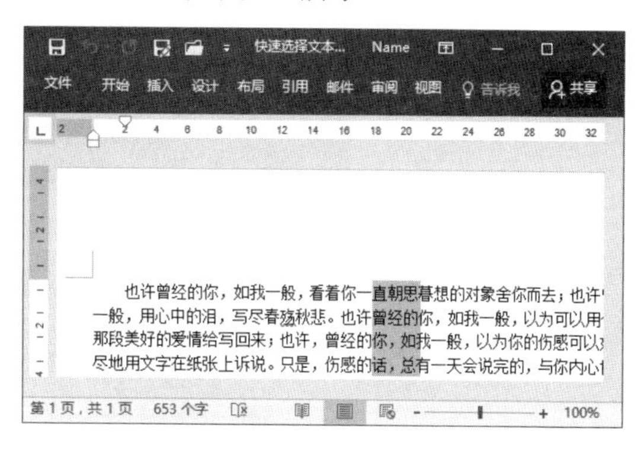

图 3.7　选择矩形文本区域

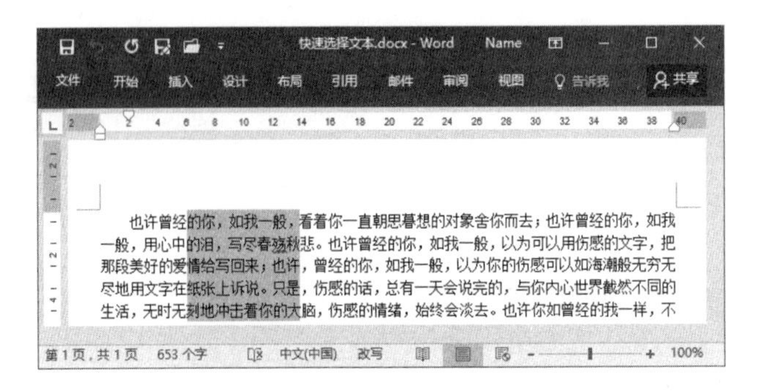

图 3.8　选择纵向区域

3.1.2　选择文档中的行

在对文档进行编辑时，除了需要对特定的文本进行选择之外，有时还需要对特定的行进行选择。选择行可以使用和文本选择相同的方式，可以使用鼠标拖动进行选择，也可以将插入点光标放置到行的起点后在行末尾按 Shift 键单击来进行选择。实际上，行的选择还可以使用下面一些方法来进行操作，以提高效率。

1. 用鼠标进行选择

将鼠标光标放置到文档左侧的空白区域，当鼠标指针变为右向箭头时，单击鼠标即可选择光标所在的这一行，如图 3.9 所示。

如果需要选择连续的行，可以将鼠标光标放置到文档左侧的空白区域，当鼠标指针变为右向箭头时，按鼠标左键拖动鼠标。此时，鼠标指针结果之处所在的行将被选择，如图 3.10 所示。

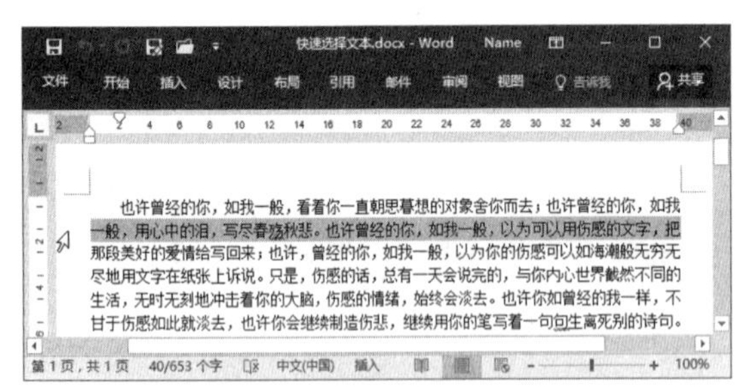

图 3.9　鼠标单击选择行

图 3.10　选择连续的多行

将鼠标指针放置到文档左侧的空白区域，当指针变为右向箭头时，按住 Ctrl 键在文档左侧空白区域依次单击，可以同时选择多个行，如图 3.11 所示。

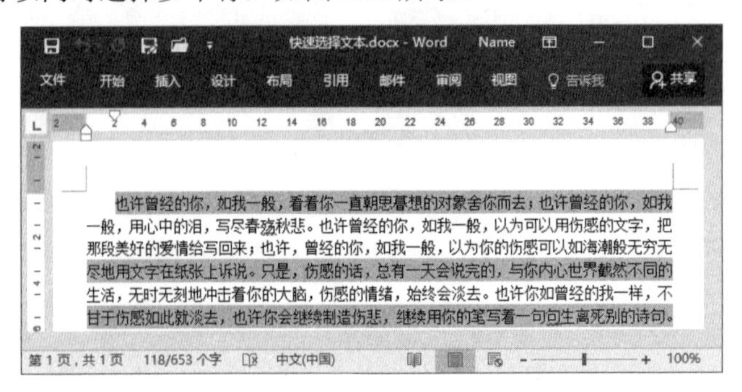

图 3.11　同时选择多个行

2．用键盘进行选择

使用键盘，同样可以快速实现行的选择。将插入点光标放置到需要选择行的第一个字符前面，按 Shift+End 键，插入点光标所在的整行被选择，如图 3.12 所示。同样，将插入点光标放置到一行的末尾处，按 Shift+Home 键同样可以选择整行。

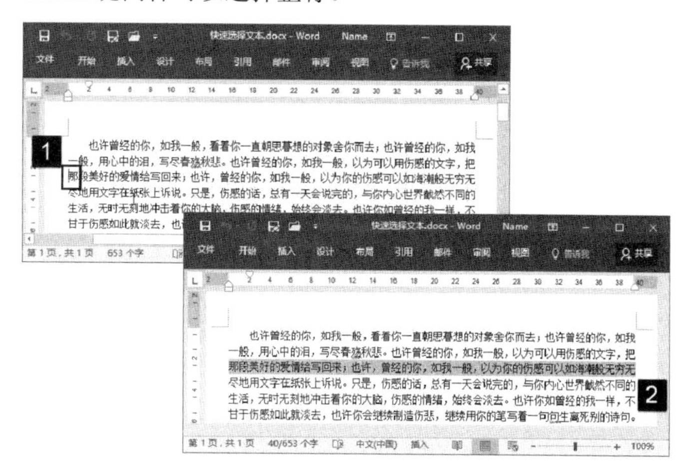

图 3.12　选择整行

3.1.3　选择文档中的段落

段落是文档中多行文字的集合，对段落格式进行设置，首先需要选择段落。同样，段落的选择也可以使用鼠标或键盘来进行操作。

1．用鼠标进行选择

如同前面选择文档中文本一样，使用鼠标拖动的方式可以快速选择需要的段落的文本。将光标放置到段落的任意位置后单击 3 次，整个段落将会被选择，如图 3.13 所示。

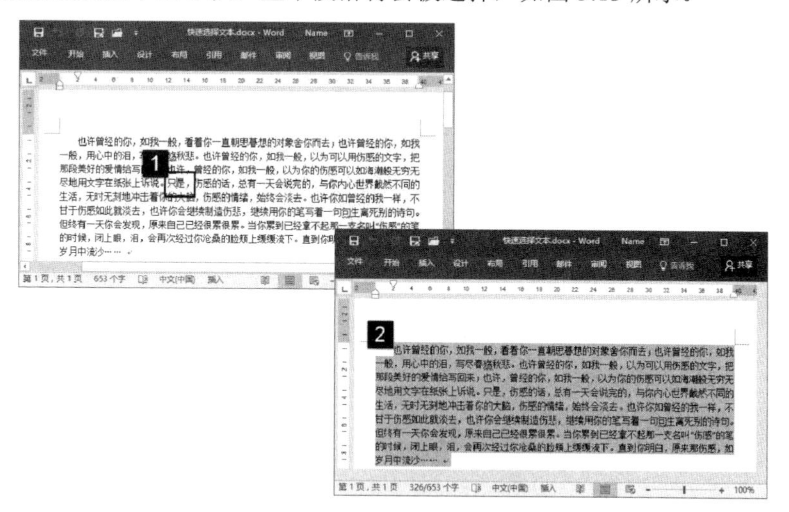

图 3.13　单击 3 次选择整段

将鼠标指针放置到文档左侧区域，然后双击，指针所在段落将被选择，如图 3.14 所示。此时，如果单击 3 次，整个文档将被选择；如果按 Ctrl 键后单击，也可以选择整个文档。

图 3.14　双击选择整个段落

2．用键盘进行选择

在段落中单击放置插入点光标，按 Ctrl+Shift+↓键，从当前插入点光标开始到段落结尾处的文本将被选择，如图 3.15 所示。如果按 Ctrl+Shift+↑键，则从当前插入点光标开始到段落开头的所有文本将被选择。

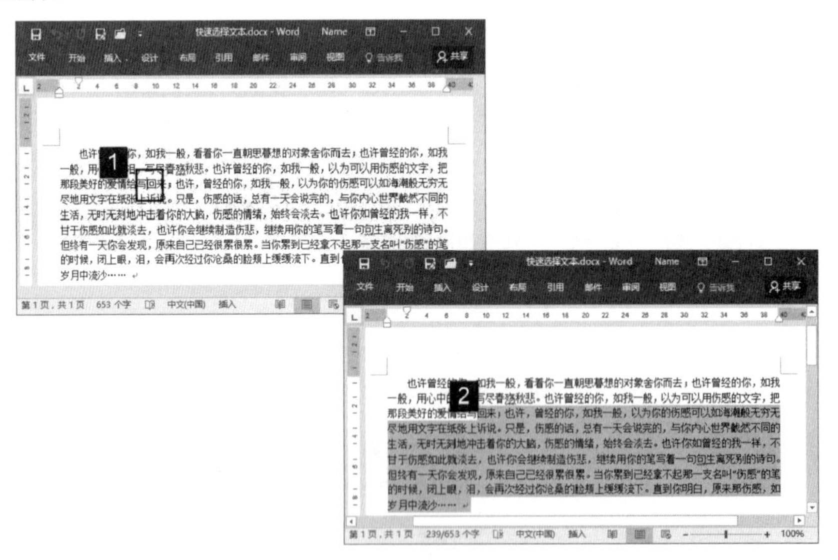

图 3.15　用键盘选择段落文字

3．不选择段落标记

在对段落进行选择时，默认情况下，Word 会自动选择相应的段落标记。选定包含段落标记的段落，可以实现自动复制段落属性。但在进行文档编辑时，有时候选择的段落标记会影响文档的编辑。要解决这个问题，常用的有 2 种方法，下面对它们进行介绍。

（1）启动 Word 2016，打开“Word 选项”对话框，在对话框中选择“高级”选项，在右侧的

“编辑选项”栏中取消对“使用智能段落选择”复选框的勾选，如图 3.16 所示。完成设置后单击“确定”按钮关闭该对话框，此时对段落进行选择时将不再自动选择段落标记。

（2）如果不希望在选择段落后选择段落标记，也可以在选择后按 Shift+←键取消对段落标记的选择，如图 3.17 所示。

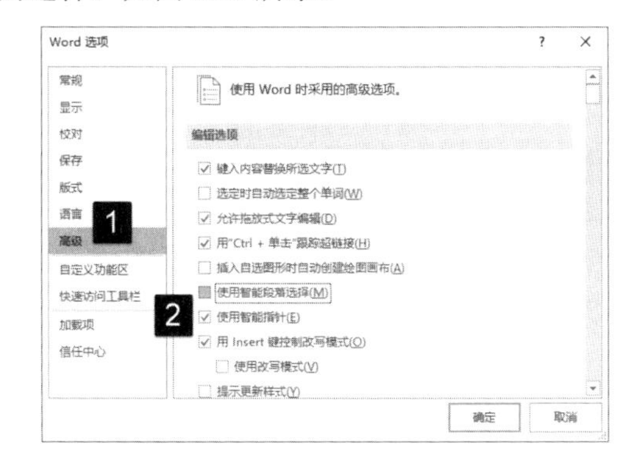

图 3.16　取消对“使用智能段落选择”复选框的勾选

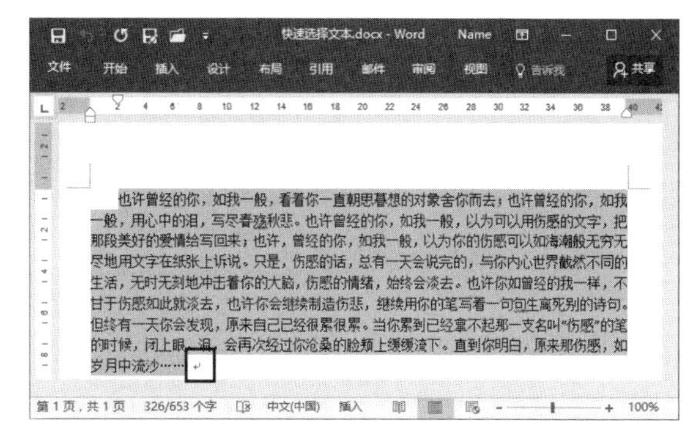

图 3.17　取消对段落标记的选择

3.1.4　使用“扩展式选定”方式快速选择文本

Word 有一个“扩展式选定”功能，当文档处于该状态下时，可以方便地对文档中的文本、行和段落进行选择。“扩展式选定”状态的改变，通过按 F8 键来实现，具体的操作方法如下。

01 在文档中单击插入点光标，处于编辑状态时，按一次 F8 键，文档将进入“扩展式选定”状态。Word 状态栏出现提示文字，如图 3.18 所示。

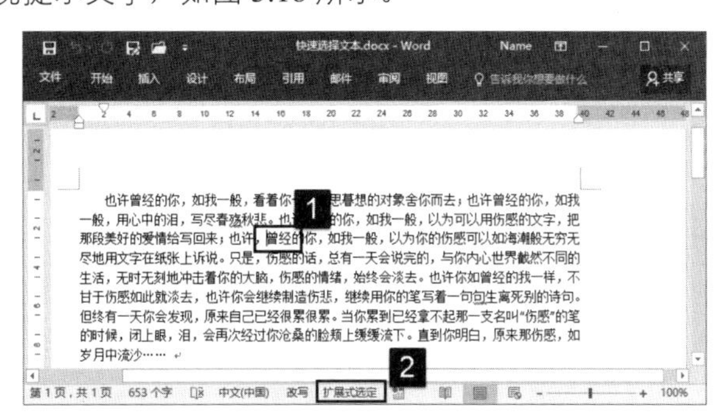

图 3.18　进入“扩展式选定”状态

02 在“扩展式选定”状态下，第二次按 F8 键，插入点光标所在位置的字、词和英文单词将被选择，如图 3.19 所示。第三次按 F8 键，则将选定插入点光标所在处的整个句子，如图 3.20 所示。

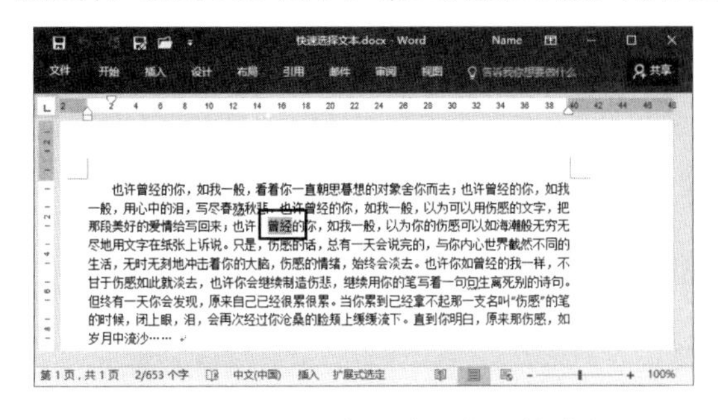

图 3.19　插入点光标所在处的词被选择

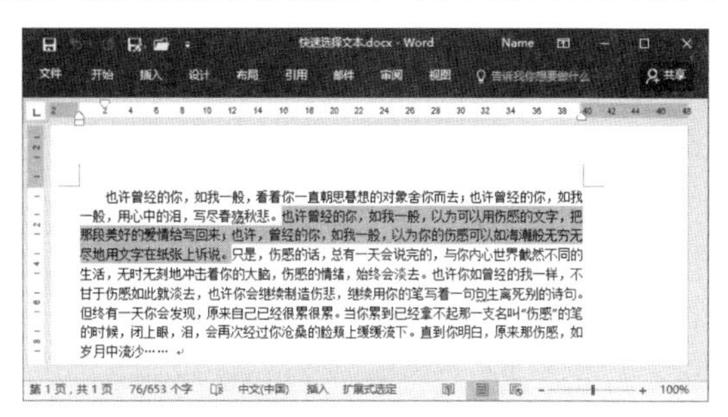

图 3.20　选定整个句子

提 示

这里在按“F8”键时，实际上第一次按键是设置当前鼠标指针的位置为选定文本时的起点，此时 Word 进入了扩展选择状态，按第二次和第三次键不需要紧随第一次按键。要退出这种扩展选择状态，可以按“Esc”键。退出扩展选择状态时，不会取消对文本的选择。

03 如果按 F8 键 4 次，则可以选择插入点光标所在的整个段落，如图 3.21 所示。如果按 F8 键 5 次，则可以选择当前的节。如果按 F8 键 6 次，则将能够选择整个文档。

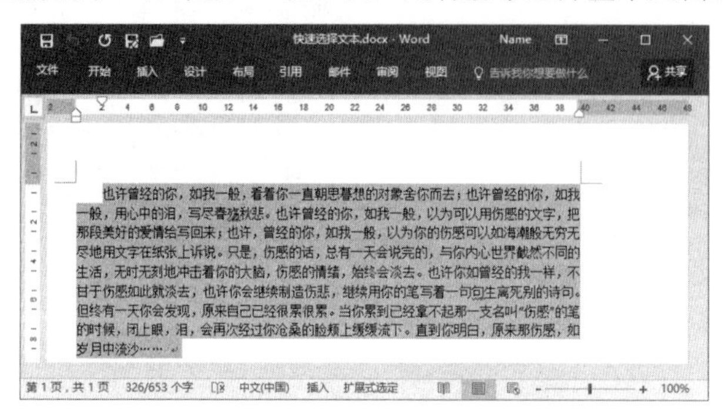

图 3.21 选择当段落

提 示

这里，在选定段落时，如果段落只有一句话，则选中当前节。在选定节时，如果文档没有分节，则选择整个文档。从上面描述可以看出，按“F8”键选择文本时，是按照词→整句→整段→整节→整个文档这个顺序来进行的。如果按“Shift+F8”键，能将上面介绍的系列操作逆操作。

默认情况下，Word 2016 的状态栏不会显示“扩展式选定”状态提示。如果需要经常使用这个功能，可以右击 Word 程序窗口的状态栏，在快捷菜单中勾选“选定模式”选项，如图 3.22 所示。使用“扩展式选定”功能时，状态栏即会出现提示，这样用户就能方便地了解是否已经处于该选择状态了。

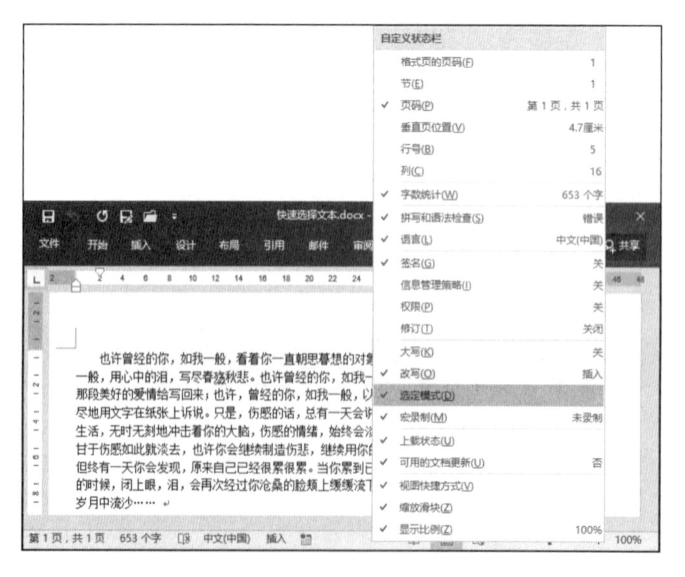

图 3.22 勾选“选定模式”选项

3.2 复制和移动文本

在对文档进行编辑操作时，经常需要将文档中的某部分对象复制或移动到文档的其他位置。对象的复制和移动操作是文档编辑处理的基本操作，灵活应用可以大大提高处理文档的效率。

3.2.1 复制文本

复制操作是文档编辑的一个常见操作，其目的是将选择对象从当前位置原封不动地放置到文档的另一个位置，原位置的对象仍然保留。通俗地说，复制操作就是创建源对象的副本，而源对象不删除。对选择内容进行复制操作，一般使用下面这 3 种方法。

（1）在文档中选择需要复制的内容，在“开始”选项卡的“剪贴板”组中单击“复制”按钮（或按 Ctrl+C 键）复制选择内容，如图 3.23 所示。在文档中单击放置插入点光标，在“剪贴板”组中单击“粘贴”按钮（或按 Ctrl+V 键），选择内容即会被复制到插入点光标处，如图 3.24 所示。

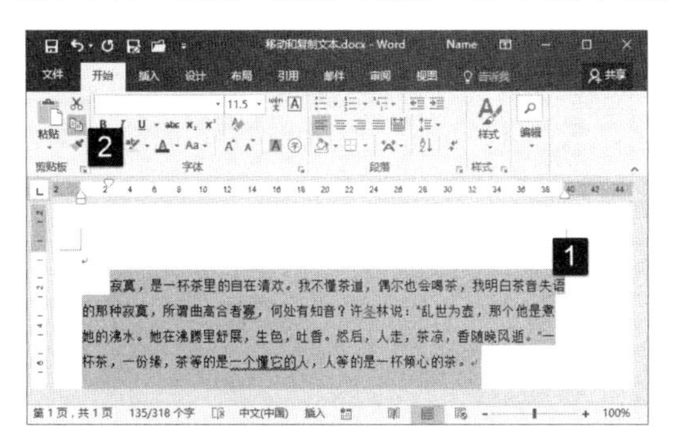

图 3.23　复制选择内容

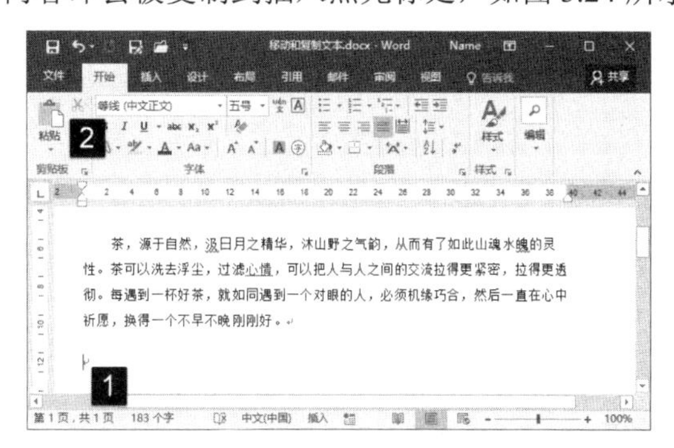

图 3.24　粘贴内容

（2）选择需要复制的文本，将鼠标指针放置到选择的文本上。按右键后移动鼠标指针，此时可以看到一条竖线会随着鼠标指针移动。将这条竖线放置到文本需要的位置，如图 3.25 所示。释放右键，在打开的快捷菜单中选择“复制到此位置”命令，如图 3.26 所示。选择文本即可复制到该位置。

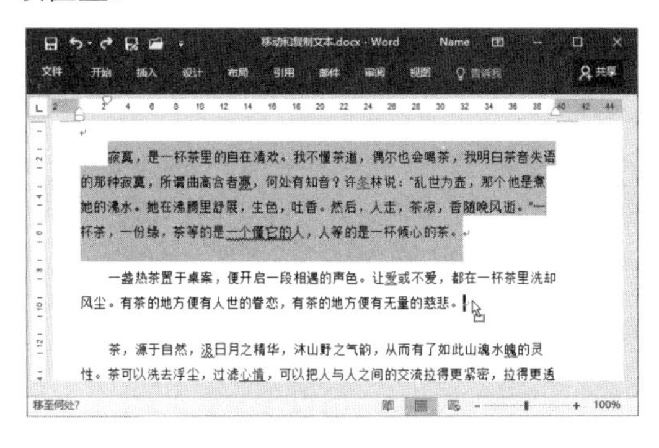

图 3.25　按住右键移动鼠标指针

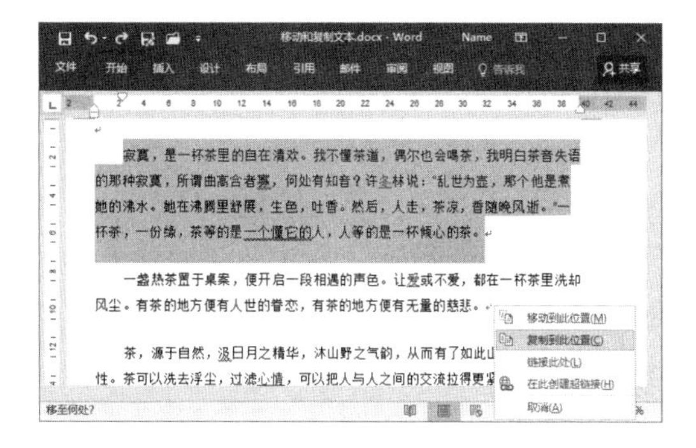

图 3.26　选择“复制到此位置”复制

（3）选择需要复制的文本，将鼠标指针放置到选择文本上后按 Ctrl 键，按左键移动鼠标指针，此时可以看到一条竖线随鼠标指针移动。将竖线移动到需要复制文本的位置后释放左键，选择文本即被复制到该位置，如图 3.27 所示。

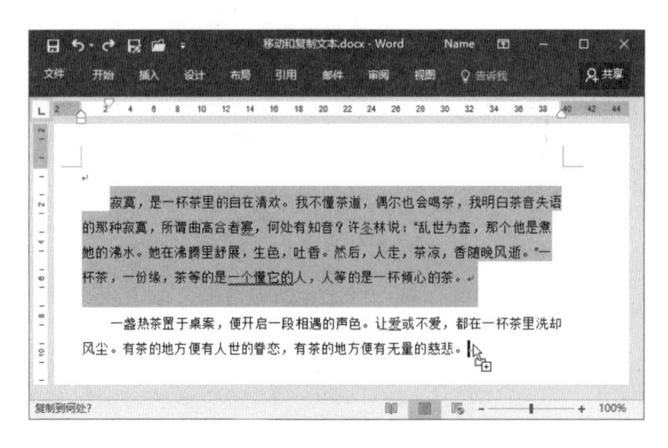

图 3.27　复制文本

3.2.2　移动文本

移动文本是将文本从文档的一个位置复制到另一个位置，同时源文本被删除。移动文本时，可以将文本复制到指定位置后再删除，但这样操作显然效率不高。在 Word 2016 中，对文本的移动，一般可以采用下面的 2 种方法来进行操作。

（1）在文档中选择文本，在“开始”选项卡的“剪贴板”组中单击“剪切”按钮（或按 Ctrl+X 键），如图 3.28 所示。此时选择文本被剪切，即在复制到系统剪贴板内的同时被删除。在文档中单击放置插入点光标，单击“粘贴”按钮（或按 Ctrl+V 键），如图 3.29 所示。剪切的内容即被粘贴到该位置，从而实现了文本的移动。

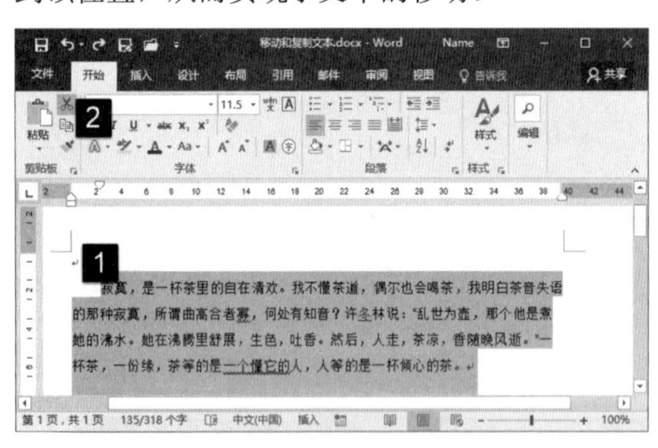

图 3.28　选择文本后单击“剪切”按钮

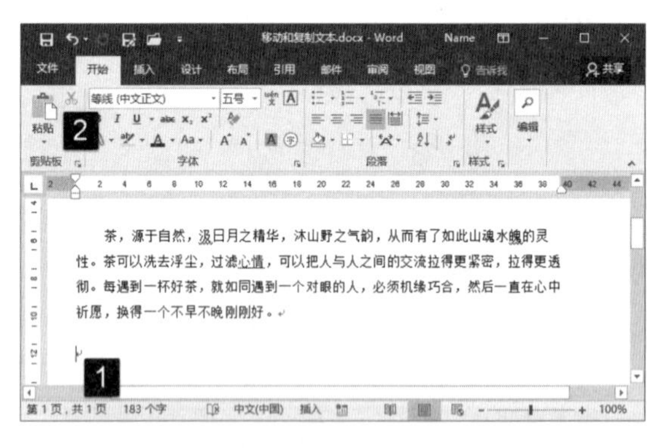

图 3.29　粘贴剪切的内容

（2）在文档中选择需要移动的文本，按住鼠标左键移动鼠标。当鼠标指针移动时，文档中将会有一条竖线跟随移动，如图 3.30 所示。将竖线移动到指定的位置后释放左键，选择文本即被移动到该位置。

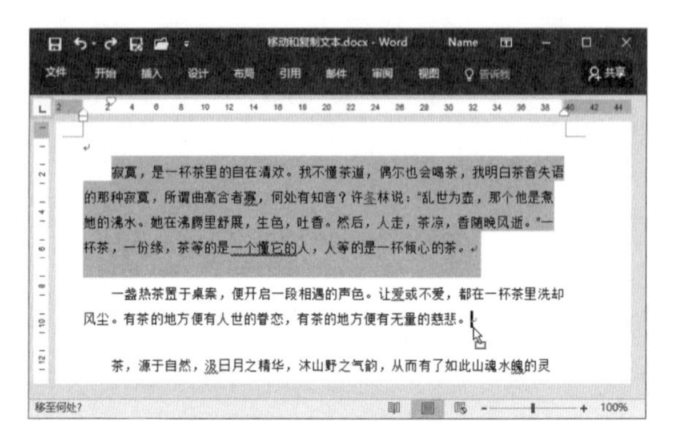

图 3.30　用鼠标移动文本

3.2.3　剪贴板的妙用

剪贴板是计算机中暂时存放内容的区域，Office 2016 为方便使用系统剪贴板，提供了剪贴板工具，在 Word 2016 中就是“剪贴板”窗格。使用“剪贴板”窗格，用户能够一次对多个对象进行复制粘贴操作，也可以对同一个对象多次进行操作。下面将介绍“剪贴板”窗格的使用方法。

1. 剪贴板的基本操作

01 在“开始”选项卡的“剪贴板”组中单击“剪贴板”按钮打开“剪贴板”窗格，如图 3.31 所示。

02 在文档中选择需要剪切的文本后按“Ctrl+C”键执行复制操作，此时复制的对象将按照操作的先后顺序放置于“剪切板”窗格的列表中。这里，后复制的对象将位于先复制对象的上层，如图 3.32 所示。

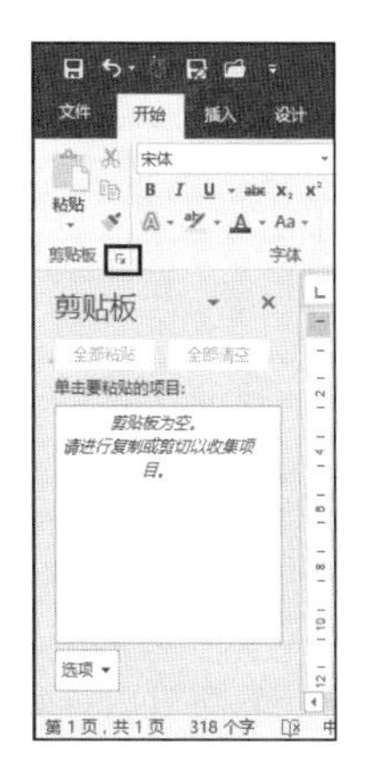

图 3.31　打开“剪贴板”窗格

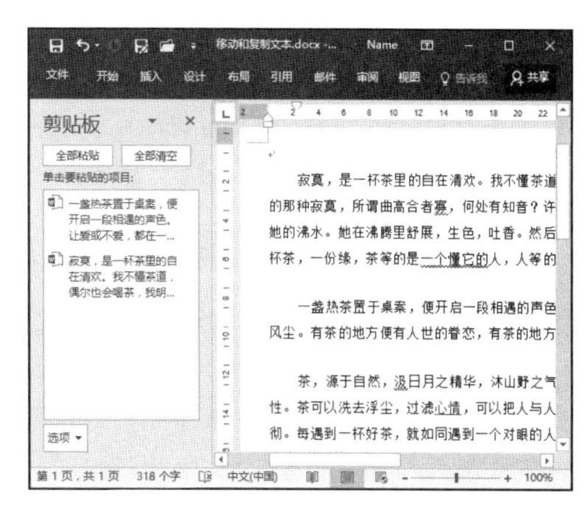

图 3.32　复制对象放置于剪贴板中

03 将插入点光标放置到文档中需要粘贴对象的位置，在“剪贴板”窗格中单击需要粘贴的对象即可将其粘贴到指定位置，如图 3.33 所示。

04 如果“剪贴板”窗格中的对象不再需要使用，可单击被粘贴对象右侧的下三角按钮，选择菜单中的“删除”命令将其从剪贴板中删除，如图 3.34 所示。

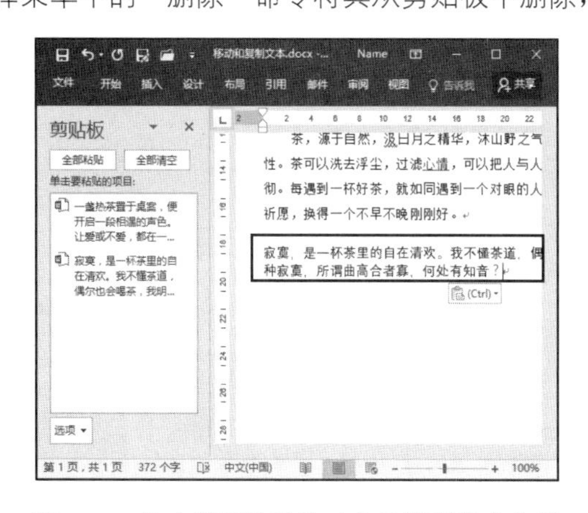

图 3.33　单击需要粘贴的对象粘贴到指定位置

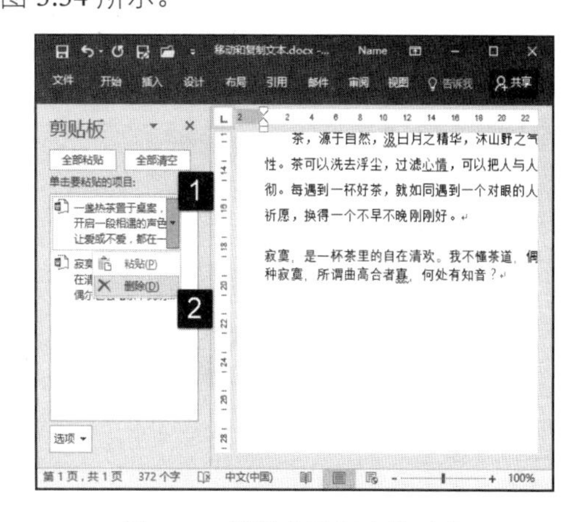

图 3.34　删除剪贴板中的对象

提　示

在“剪贴板”窗格中单击“全部清空”按钮，将会删除剪贴板中所有内容。单击“全部粘贴”按钮，会将剪贴板中所有对象同时粘贴到文档中点光标所在位置。使用鼠标拖动“剪贴板”窗格的标题栏，可以移动窗格的位置，将其放置到屏幕的任意位置，单击窗格右上角的“关闭”按钮×可以关闭“剪贴板”窗格。

2. 让剪贴板窗格自动打开

使用“剪贴板”窗格是对大量对象进行快速复制操作的一种快捷方法，但每次在粘贴前打开“剪贴板”窗格又略显麻烦，如果一直在界面中保留“剪贴板”窗格又会使程序界面显得不够简捷。此时可以通过设置在进行复制和剪切操作时自动打开“剪贴板”窗格。

在“剪贴板”窗格中单击“剪贴板”窗格中的“选项”按钮，在弹出的菜单中选择“自动显示 Office 剪贴板”选项，如图 3.35 所示。此时，当有文本复制或剪切操作时，“剪贴板”窗格将自动打开。

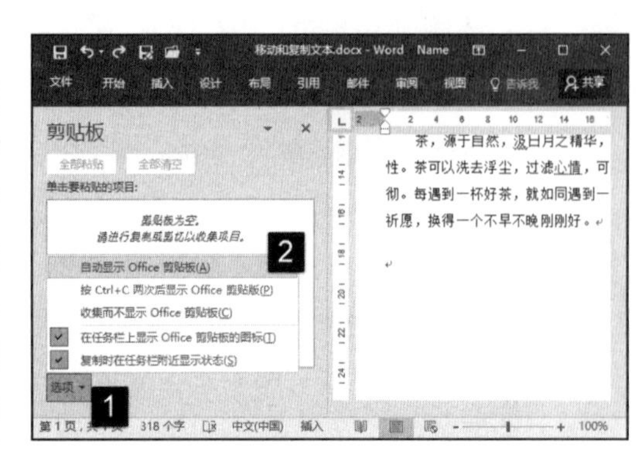

图 3.35　选择“自动显示 Office 剪贴板”命令

提　示

这里，如果选择“按 Ctrl+C 两次后显示 Office 剪贴板”选项，则当按“Ctrl+C”键 2 次后将自动打开“剪贴板”窗格。

3. 在 Windows 任务栏中显示“剪贴板”图标

利用 Office 剪贴板功能，能够快速复制多处不相邻的内容。默认情况下，打开“剪贴板”窗格后，在 Windows 任务栏上将显示剪贴板图标，如图 3.36 所示。这里可以看到，将鼠标指针放置到该图标上时，系统将显示剪贴板中当前对象数和可以放入剪贴板的最大对象数。Office 剪贴板最多能够添加 24 个项目，当添加第 25 个项目时，Office 会自动删除第 1 个项目以保持剪贴板中始终有 24 个项目。

在“剪贴板”窗格中单击“选项”按钮上的下三角按钮，在打开的菜单中取消对“在任务栏上显示 Office 剪贴板图标”选项的勾选，则 Windows 任务栏上将不再显示剪贴板图标，如图 3.37 所示。

图 3.36　在任务栏上显示剪贴板图标

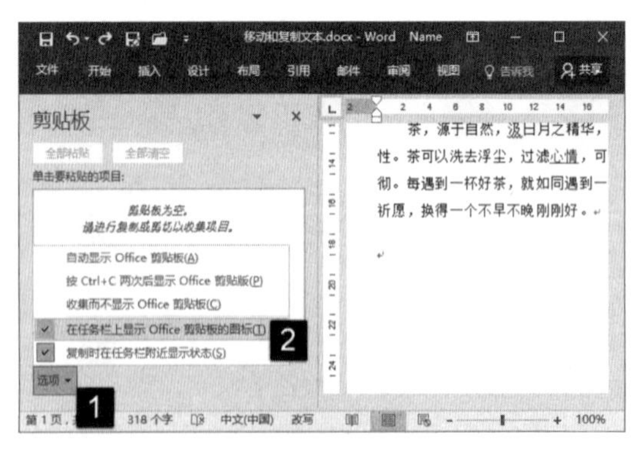

图 3.37　取消对“在任务栏上显示 Office 剪贴板图标”选项的选择

3.3　在文档中输入特殊内容

文字是 Word 文档的基本元素，但 Word 文档中的元素不仅仅局限于文字，还包括各种符号、时间和公式等。本节将介绍如何在 Word 文档中输入特殊内容的方法和技巧。

3.3.1 输入符号和特殊字符

在一些特殊的场合，创建的文档中往往需要输入特殊的字符和符号。在 Word 中，特殊符号和字符的输入并不是一件很难的事情，下面将通过一些具体的实例来介绍 Word 2016 中特殊字符和符号的输入技巧。

1. 在文档中输入生僻字

有时候，需要在文档中输入生僻字，此时可以使用 Word 的输入符号功能来实现这些生僻字的输入。下面介绍具体的操作方法。

01 在功能区中打开“插入”选项卡，单击“符号”组中的“符号”按钮。在列表中列出了常用的符号，选择符号选项即可将其插入到文档中。如果列表中没有需要使用的符号，则可选择“其他符号”命令，如图 3.38 所示。

02 此时将打开“符号”对话框的“符号”选项卡，在“字体”下拉列表中选择“(普通文本)”选项，在“子集”下拉列表中选择需要使用的子集，如这里的“CJK 统一汉字扩充 A”，在对话框的列表中选择需要使用的生僻字，单击“插入”按钮，如图 3.39 所示。此时，选择的生僻字即可插入到文档中。

图 3.38　选择“其他符号”命令

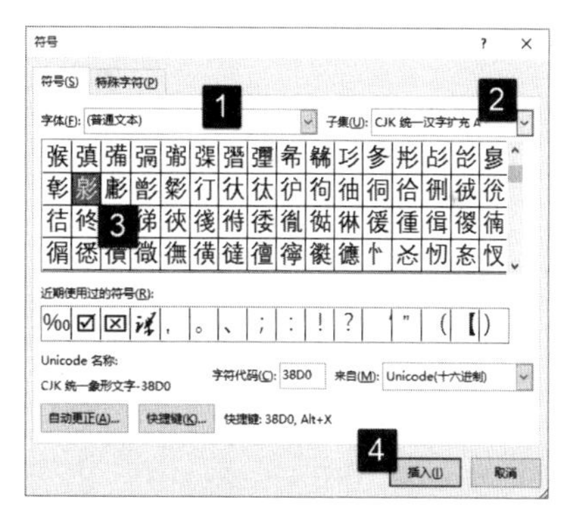

图 3.39　选择需要插入的生僻字

提 示

使用上面的方法输入生僻字最大的困难在于查找需要的文字，下面介绍一个更实用的操作技巧。在文档中输入一个与需要输入的生僻字部首相同、笔画相同或相近的字，在文档中选择该字。打开“符号”对话框，Word 会自动定位到该字，如图 3.40 所示。在该字的周围查找到需要的文字，选择该文字并将其插入到文档即可。

图 3.40　自动找到选择的文字

2．输入西方姓名之间的分隔符

在文档中，有时需要输入国外人士的姓氏，这些姓氏的中间会使用一个黑点“•　”来分隔。这个黑点位于文字的中间，不同于英文状态下的句号。下面介绍在 Word 中输入这个黑点的操作方法。

01 在文档中输入姓氏，将插入点光标放置到需要添加分隔符的位置。在功能区中的“插入”选项卡中单击“符号”按钮，在打开的下拉列表中选择“其他符号”命令，如图 3.41 所示。

02 此时将打开“符号”对话框，在“符号”选项卡的“字体”下拉列表中选择“Wingdings”字体，在对话框的列表中选择符号“ ·”，单击“插入”按钮，则该符号被插入到文档中，如图 3.42 所示。

图 3.41　放置插入点光标并选择“其他符号”命令

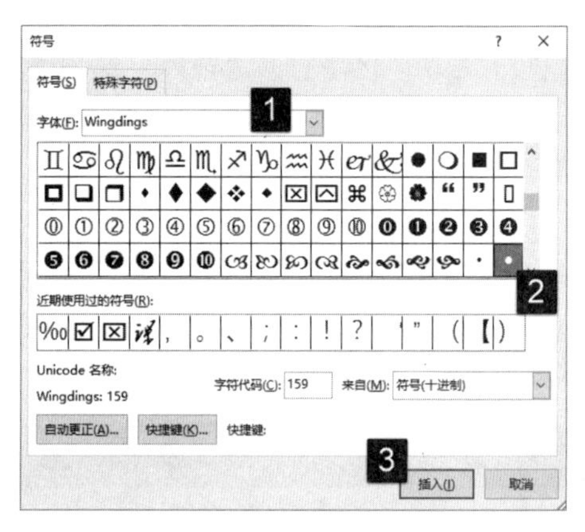

图 3.42　插入分隔符

3．使用快捷键输入特殊符号

在进行文档输入和编辑时，往往需要输入各种特殊的符号，这些符号往往直接使用键盘无法输入。如果使用“符号”对话框来进行插入，操作又略显复杂。实际上，Office 已经为这些常用的特殊符号提供了输入快捷键，直接使用快捷键即可实现这些符号的快速输入。下面介绍一些常见符号的输入快捷键。

01 在一些企业文档中，经常需要输入注册符“®”、版权符“©”和商标符“™”等。按照上面介绍的方法打开“符号”对话框，在对话框中打开“特殊符号”选项卡。在“字符”列表中将能够找到上面提到的 3 个符号，选择符号后单击“插入”按钮即可将选择的符号插入到指定的位置，如图 3.43 所示。这里，也可以从列表中查到这些特殊符号的快捷键，在文档编辑时可以直接按这些快捷键插入符号。例如，按“Ctrl+Alt+C”键即可在插入点光标出插入版权标注。

图 3.43　插入版权符号

02 在 Word 文档中，经常需要使用省略号和破折号，这 2 种符号都无法用键盘直接输入。启动 Word，在中文输入状态下按“Shift+6”键即可输入省略号，按“Shift+_”即可在文档中输入破折号，按“Ctrl+ Alt+.”将能够输入英文省略号，如图 3.44 所示。

03 按“Ctrl+Alt+Shift+？”键，可以在文档中输入反转的问号。按“Ctrl+Alt+Shift+！”键将能够在文档中输入反转的感叹号，如图 3.45 所示。

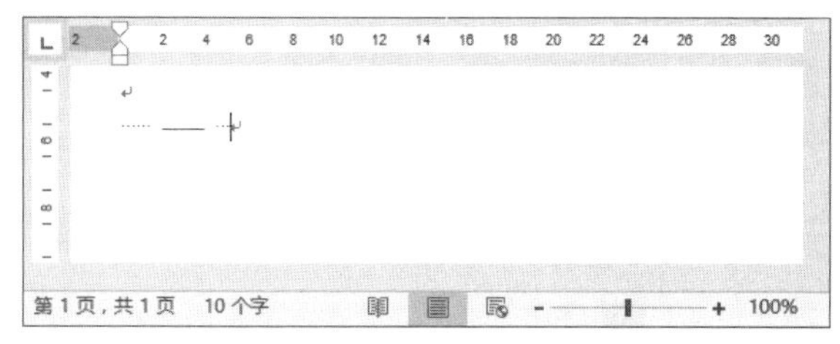

图 3.44 输入省略号和破折号

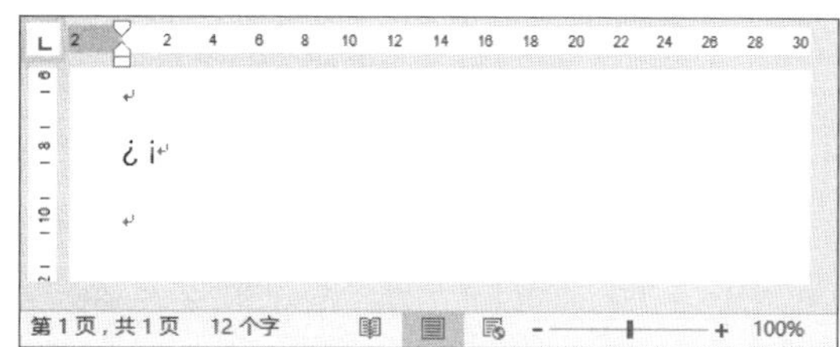

图 3.45 输入反转的问号和感叹号

4. 快速输入重叠词

在文档中，有时需要用到重叠词。重叠词一般分为 2 类，一类是 ABAB 型，如商量商量、研究研究和考虑考虑等；一类是 AABB 类型，如平平安安、斯斯文文和高高兴兴等。一个一个地输入或者采用复制和粘贴的方法都显得不太方便。下面介绍使用快捷键来快速输入这类特殊的重叠词的方法。

01 在文档中输入重叠字的一个词语，如这里输入“商量”这 2 个字，把插入点光标放置到这个词的后面，按 Ctrl+Y 键即可得到“商量商量”这个词，如图 3.46 所示。

02 将插入点光标放置到“平安”这个词的中间，按 Ctrl+Y 键即可得到“平平安安”这个词，如图 3.47 所示。

图 3.46 获得重叠词

图 3.47 得到“轻轻松松”这个词

提 示

在 Office 中，快捷键 Ctrl+Y 的作用是重复上次的操作，因此在输入文字后，插入点光标放置到不同的位置即可获得不同的重叠词。

5. 输入带圈数字

在编写文档时，有时需要插入带圆圈的数字。在 Word 2016 中，使用“符号”对话框可以方便地插入 20 以内的带圈数字，具体操作方法如下所示。

01 打开“符号”对话框，在“子集”下拉列表中选择“带括号的字母数字”选项，在对话框的列表中选择需要插入的数字后单击“插入”按钮。此时，选择的带圈数字被插入到文档中，如图 3.48 所示。

图 3.48　插入带圈数字

02 这里，只能插入 1～10 这 10 个带圈数字，如果需要插入 11～20 这 10 个带圈数字，可以使用字符代码来实现。在“符号”对话框中的“字符代码”文本框中输入数字代码，如 246a，按 Alt+X 键后在该对话框中即会出现带圈数字⑪，如图 3.49 所示。在“字符代码”文本框中选择该带圈数字后，按 Ctrl+C 键复制该字符，在文档中按 Ctrl+V 键将字符粘贴到需要的位置即可。

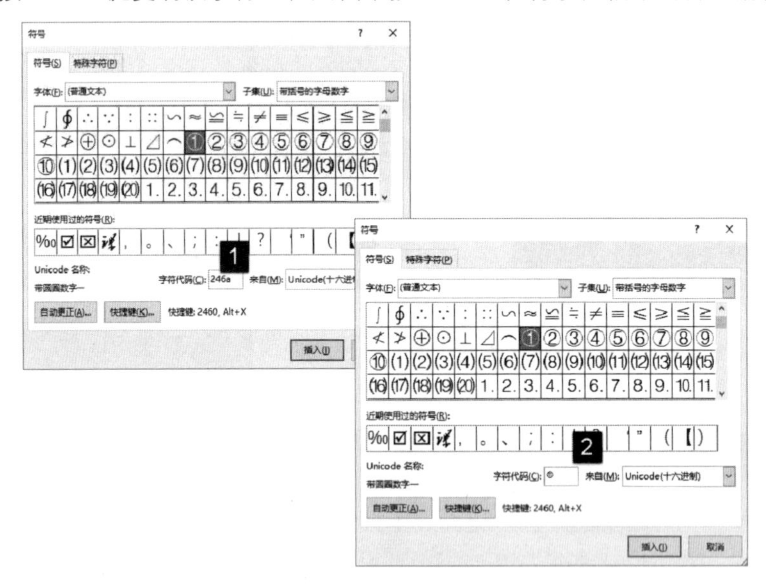

图 3.49　在“字符代码”文本框中出现带圈数字

提　示

11～20 这 10 个带圈数字的代码分别是：11——246a、12——246b、13——246c、14——246d、15——246e、16——246f、17——2470、18——2471、19——2472、20——2473。

6. 输入上下标

在编辑科学类文档时，需要输入上标或下标，有时甚至需要同时为某个字符添加上标和下标。下面将介绍在文档中输入上标和下标的操作方法。

（1）在文档中输入字符“H2”，选择作为下标的数字 2，在“开始”选项卡中单击“下标”按钮，则数字“2”变为字母“H”的下标，如图 3.50 所示。

（2）在文档中输入字符“X4”，选择数字“4”后单击“上标”按钮，数字变为字母的上标，如图 3.51 所示。

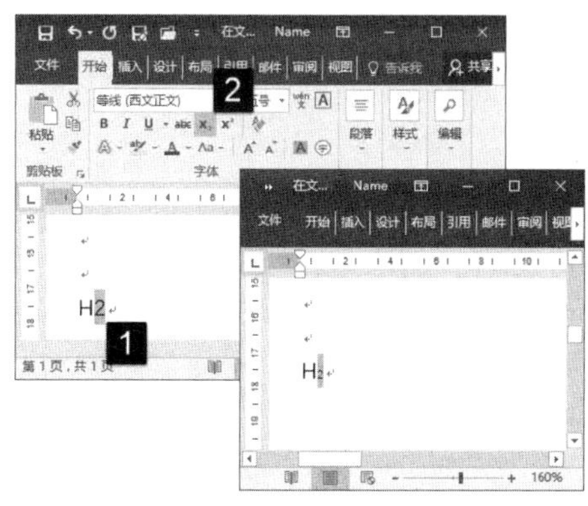

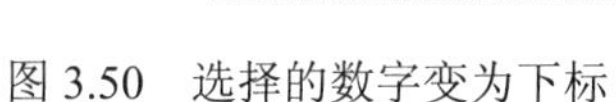

图 3.50　选择的数字变为下标

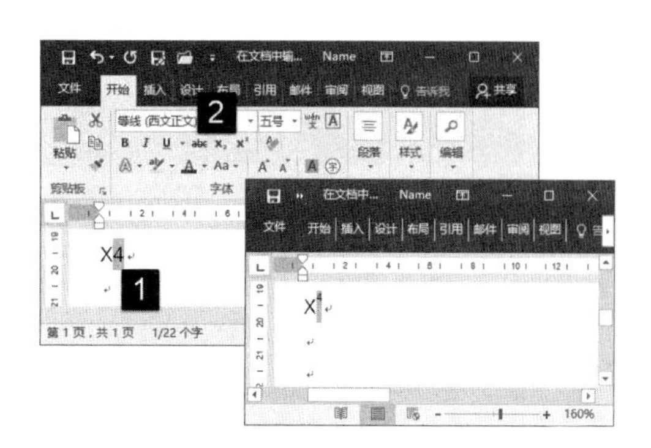

图 3.51　选择的数字变为上标

提　示

在选择文字后，按 Ctrl+ = 键能将其变为下标，按 Ctrl+Shift+ = 键能将其变为上标。

（3）如果需要同时创建上标和下标，可以按照下面的方法来操作。输入字符“R2 4”，选择数字“2 4”，在“开始”选项卡的“段落”组中单击“中文版式”按钮，在打开的下拉列表中选择“双行合一”命令，如图 3.52 所示。此时将打开“双行合一”对话框，这里不需要进行任何设置，直接单击“确定”按钮关闭对话框。此时即可获得上下标效果，如图 3.53 所示。

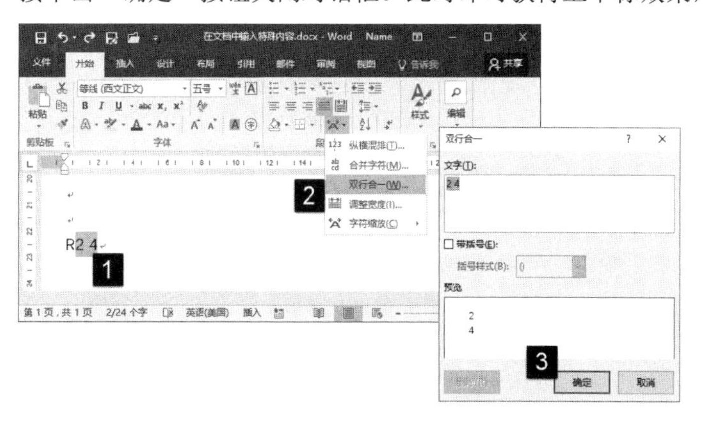

图 3.52　选择“双行合一”命令

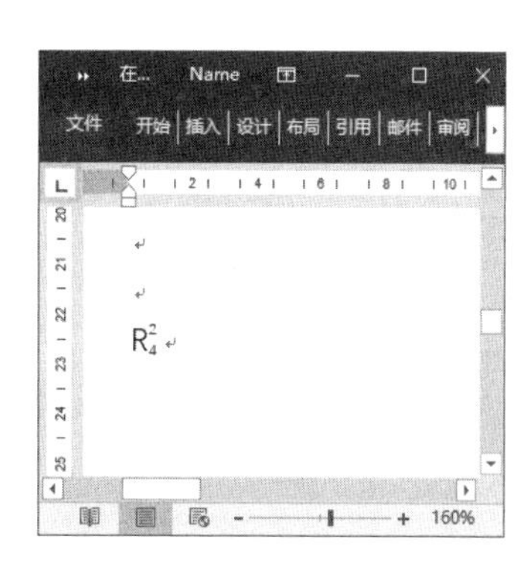

图 3.53　获得同时含有上标和下标的文字效果

注　意

这里，作为上标和下标的字符间必需添加一个空格，否则进行双行合一操作后 2 个字符都将成为下标。

7. 输入拼音文字

对于某些特殊文档，有时需要输入拼音文字。在 Word 中输入拼音文字一般有 2 种方法，下面分别对这 2 种方法进行介绍。

第 1 种方法是直接使用拼音字体，具体的操作方法是：在文档中首先输入需要的文字，选择这些文字后，将这些文字的字体更改为拼音字体即可，如图 3.54 所示。

采用上面这种方法来输入拼音文字是十分方便的，但是添加拼音后汉字字体却是固定，用户无法根据需要自定义。为了能够让其中的汉字的字体符合用户的需要，可以使用 Word 提供的拼音标注功能来为文字添加拼音。

01 在文档中选择需要标注拼音的文字，在“开始”选项卡中单击“字体”组中的“拼音指南”按钮，如图 3.55 所示。

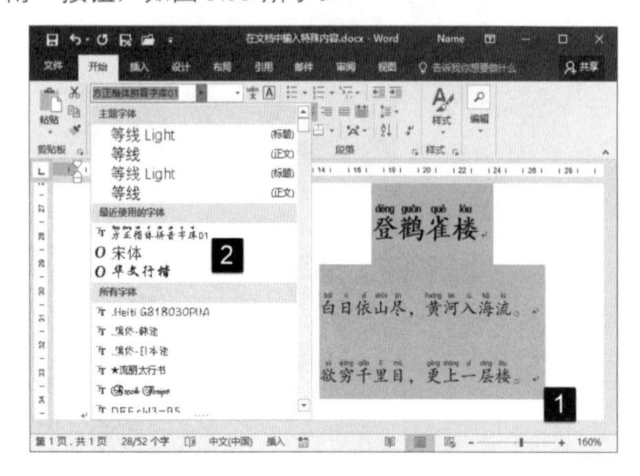

图 3.54 使用拼音字体

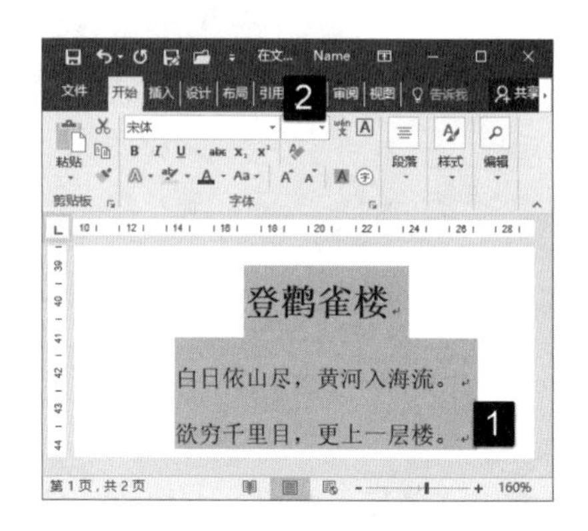

图 3.55 单击“拼音指南”按钮

02 此时将打开“拼音指南”对话框，使用对话框可以对加注的拼音的对齐方式、字体、字号和偏移量进行设置。这里只对拼音的字体进行修改，完成设置后单击“确定”按钮关闭对话框。此时选择文本被添加拼音，如图 3.56 所示。

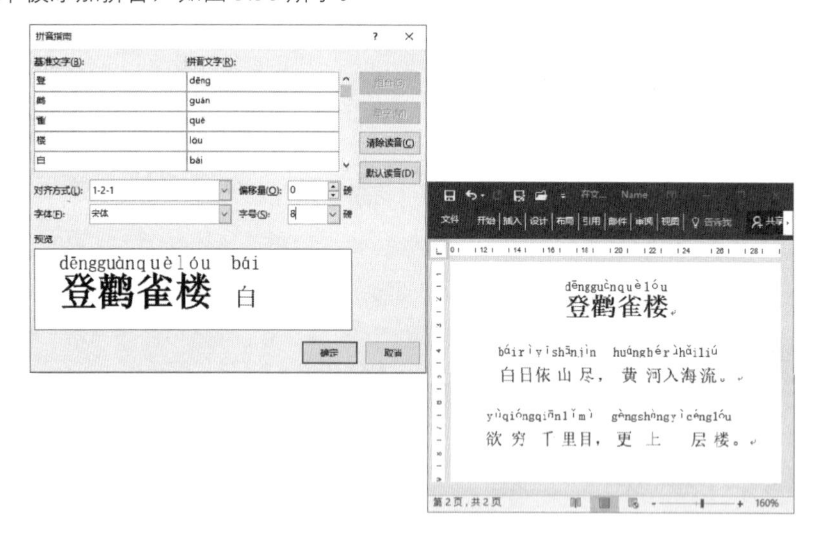

图 3.56 文字加注拼音

提 示

如果不选择文字而直接使用“拼音指南”命令，则 Word 会为插入点光标所在处的词或字添加拼音。另外，Word 的“拼音指南”功能不能自动识别多音字。因此，如果拼音有误，可以在“拼音指南”对话框的文本框中对相应文字进行修改。

3.3.2 输入日期和时间

对于一些特殊文档，如通告、员工档案和员工信息表等，文档中需要插入日期或时间数据。Word 2016 为日期和时间的输入提供了一些贴心的功能，如在文档中输入年份（如“2017 年”）后按 Enter 键，Word 会自动在插入点光标处插入当前的日期，其格式如“2017 年 4 月 17 日星期一”。另外，用户也可以用 Word 的“日期和时间”对话框来自定义日期和时间格式。下面介绍具体的操作方法。

01 将插入点光标放置到需要插入时间的位置，在“插入”选项卡的“文本”组中单击“日期和时间”按钮，如图 3.57 所示。

图 3.57　单击“日期和时间”按钮

02 此时将打开“日期和时间”对话框，在对话框的“可用格式”列表中选择插入的日期或时间格式，单击“确定”按钮关闭对话框。日期或时间将按照选择的格式插入到文档中，如图 3.58 所示。

图 3.58　插入日期或时间

提　示

在“日期和时间”对话框中的“语言（国家/地区）”下拉列表中有“英语（美国）”和“中文（中国）”2 个选项，选择不同的选项将决定不同的时间日期格式。如果勾选“自动更新”复选框，则插入日期和时间到文档后，文档每次打开都将自动更新它们的显示值。在对文档进行编辑时，直接按 Alt+Shift+D 键将能插入系统当前日期，如果按 Alt+Shift+T 键将插入系统当前时间。在“日期和时间”对话框的“可用格式”列表中选择某个格式后，单击“设为默认值”按钮即可将其设置为默认值，使用快捷键时将插入默认格式的时间和日期。

3.3.3　在文档中输入公式

在一些专业性的文档中，需要输入公式。在早期的 Office 中输入公式并不容易，在 Word 2016 中，公式的输入已经变得相当方便，用户可以根据需要快速输入各种复杂的公式。下面介绍在文档中输入公式的常用方法。

1. 输入常用公式

将插入点光标放置到文档中需要插入公式的位置，打开“插入”选项卡，在“符号”组中单击“公式”按钮上的下三角按钮，打开的列表中将列出内置的常用公式，选择相应的选项，公式即可插入到文档中，如图 3.59 所示。

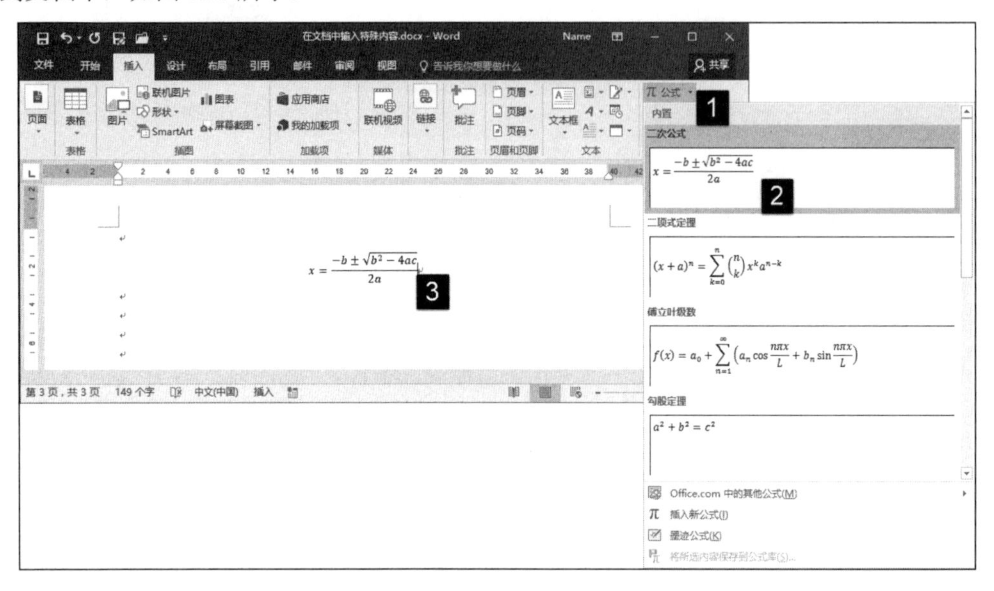

图 3.59　插入公式

如果在“内置”列表中无法找到需要的公式，可以在“公式”列表中选择“Office.com 中的其他公式”选项，此时将打开一个下级列表，在下级列表中寻找需要的公式插入到文档中，如图 3.60 所示。

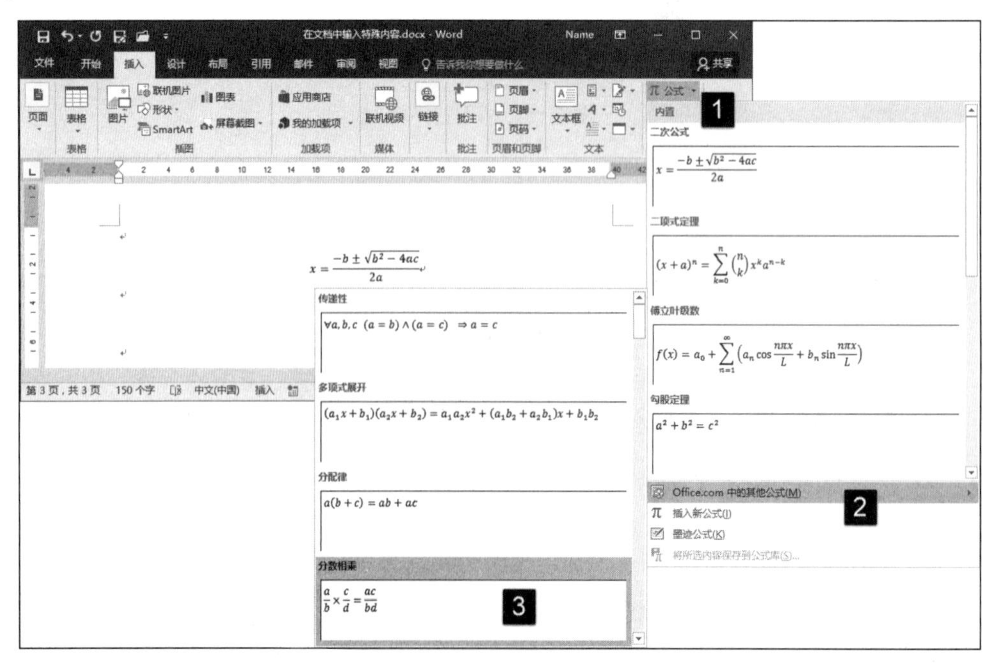

图 3.60　选择“Office.com 中的其他公式”

2. 手写输入公式

如果问一个初学者，是使用键盘输入公式容易还是使用笔在纸上书写公式容易，我想答案肯定是用笔输入要容易。Word 2016 提供了一个“墨迹公式”功能，用户能够使用鼠标或其他的输入方式实现手写输入公式。

在“公式”列表中选择“墨迹公式”选项，如图 3.61 所示。此时将打开“数学输入控件”对话框，在对话框中使“写入”按钮处于按下状态。在对话框中间的输入区域中拖动鼠标书写公式，Word 会自动对书写的内容进行识别并转化为公式。书写完成后单击“插入”按钮，书写的公式即可插入到文档中，如图 3.62 所示。

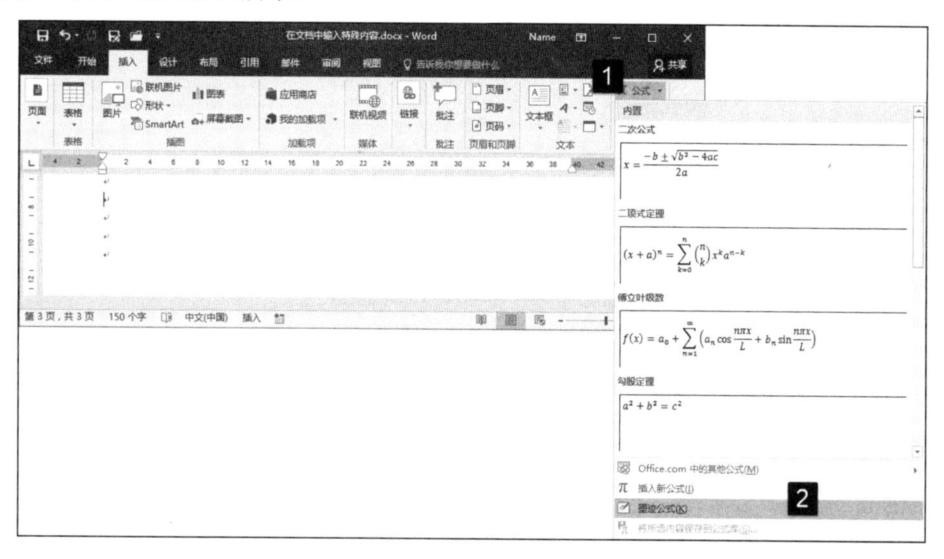

图 3.61　选择“墨迹公式”选项

在手写输入时，如果 Word 对手写输入的字符识别错误，可以单击“清除”按钮。鼠标指针将变为橡皮擦，拖动橡皮擦可以擦除掉错误的字符，如图 3.63 所示。

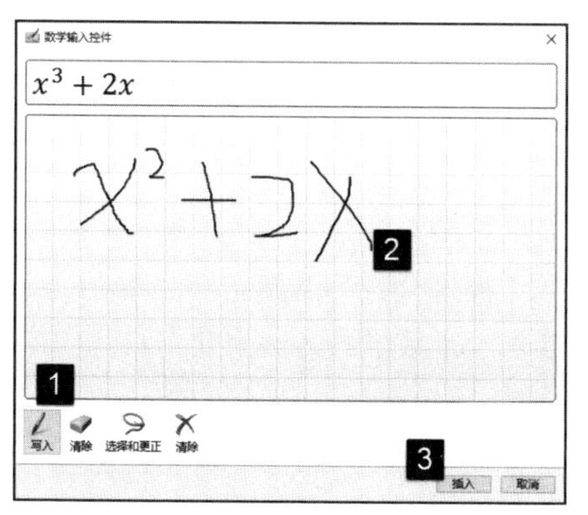

图 3.62　书写公式

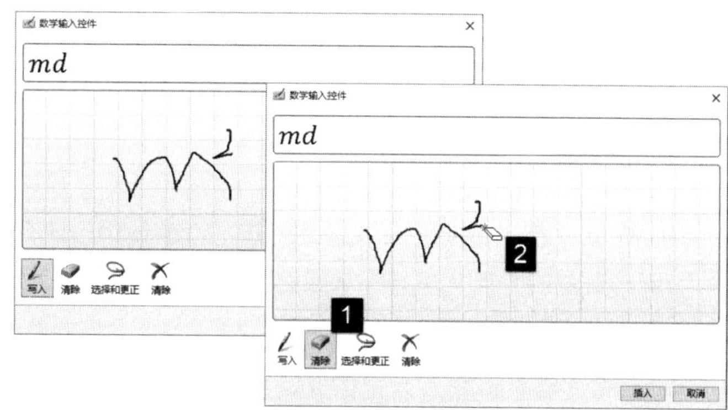

图 3.63　擦除掉错误的字符

在“数字输入控件”对话框中单击“选择和更正”按钮，拖动鼠标绘制一个选择框框选出错的内容。Word 会对框选内容进行识别并给出一个选项列表，选择列表中正确的选项即可更改出错的内容，如图 3.64 所示。

在“数字输入控件”对话框中单击“删除”按钮，输入的所有内容被删除，如图 3.65 所示。

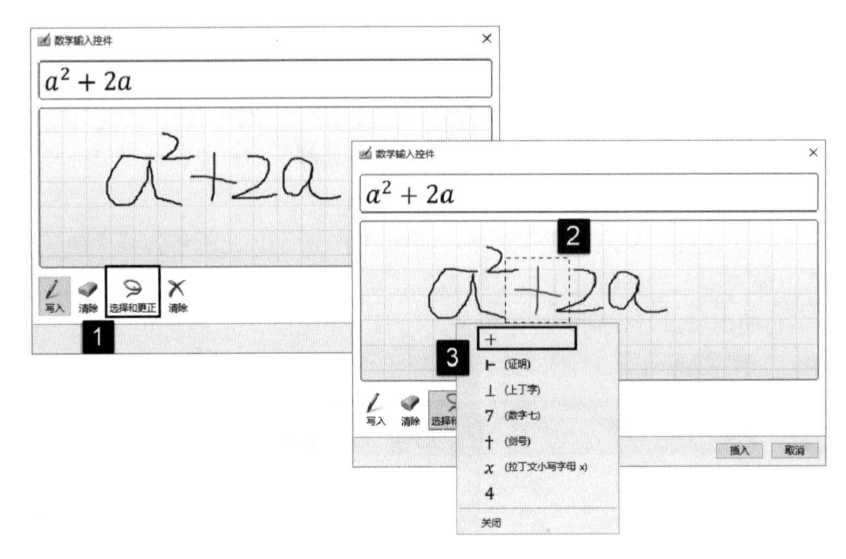

图 3.64　更正输入的内容

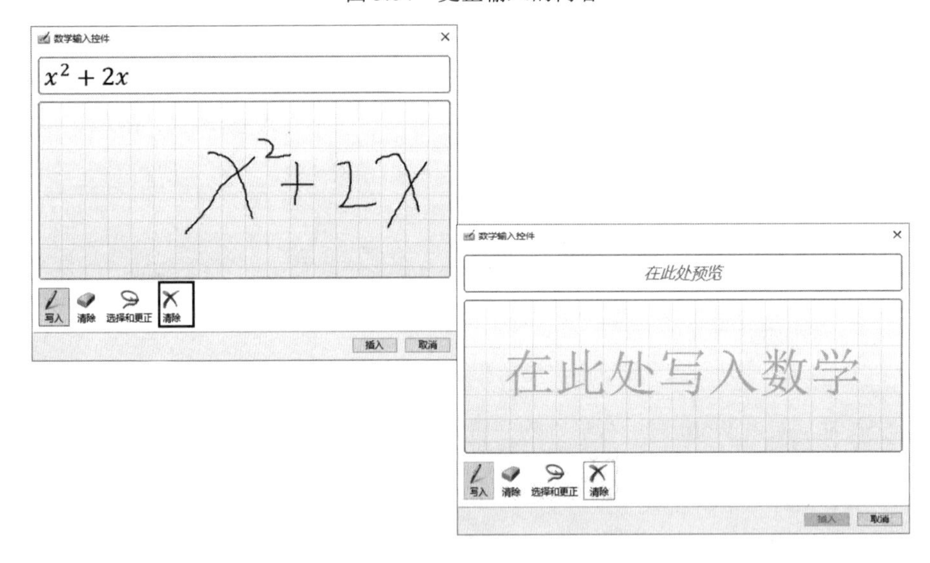

图 3.65　删除输入的所有内容

3. 自定义公式

在 Word 文档中，要输入自定义公式，除了使用上面介绍的“墨迹公式”功能之外，还可以使用 Office 自带的“公式工具”来设计公式。下面以在文档中输入一个数学式为例来介绍具体的操作方法。

01 在文档中将插入点光标放置到需要插入公式的位置，在“公式”列表中选择“插入新公式”选项，如图 3.66 所示。

02 此时文档中将插入公式输入框，同时功能区中将打开“公式工具 设计”选项卡。在公式输入框中可以直接输入字符，如图 3.67 所示。

03 在“设计”选项卡中单击“上下标”按钮，在打开的列表中选择上下标样式，如图 3.68 所示。该样式框插入到当前位置，将插入点光标放置到位于下方的输入框中输入字符 e，按→键选择指数输入框输入需要的代数式，这样就完成了指数式的输入，如图 3.69 所示。

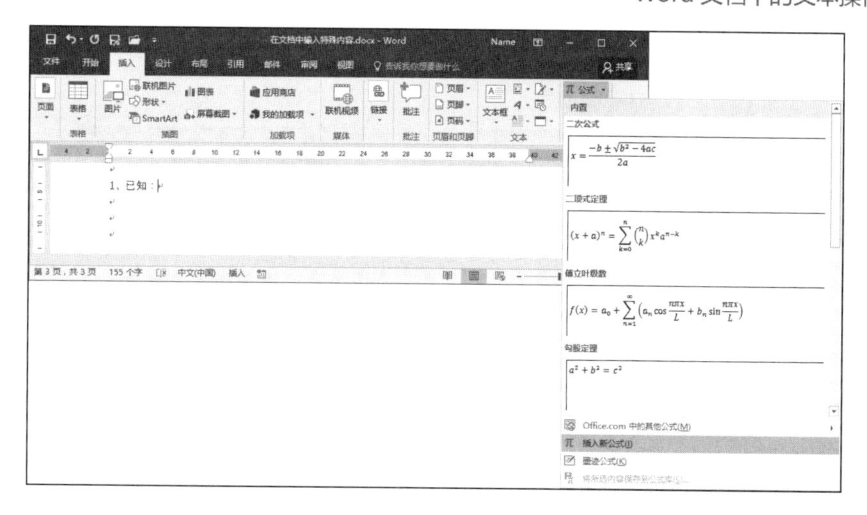

图 3.66　选择“插入新公式”选项

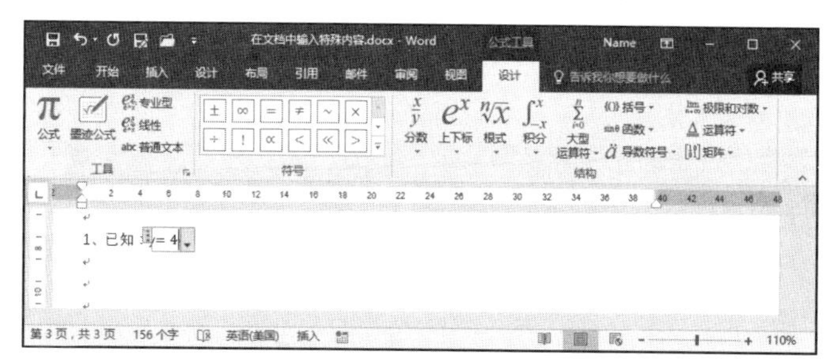

图 3.67　在公式框中输入字符

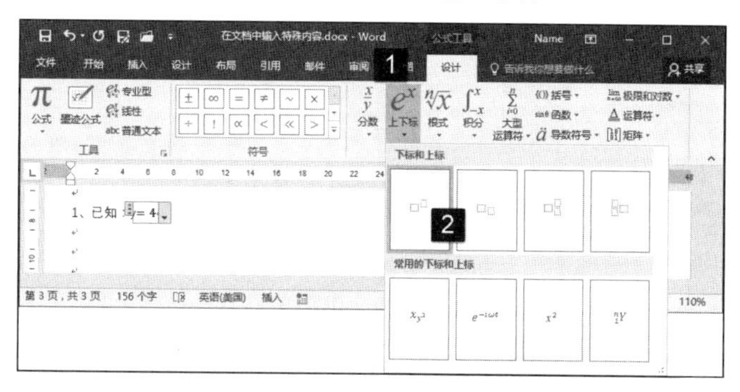

图 3.68　选择上下标样式

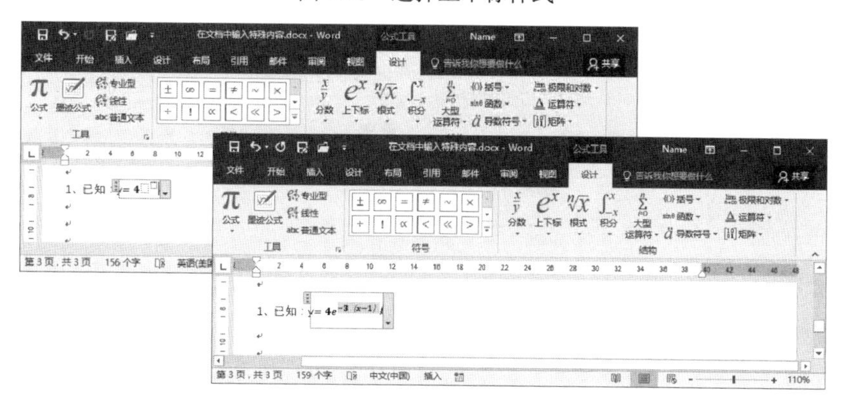

图 3.69　输入指数式

04 按→键将插入点光标移到整个公式的后面，在“符号”列表中选择“加重号运算符”将其插入到公式中，如图 3.70 所示。

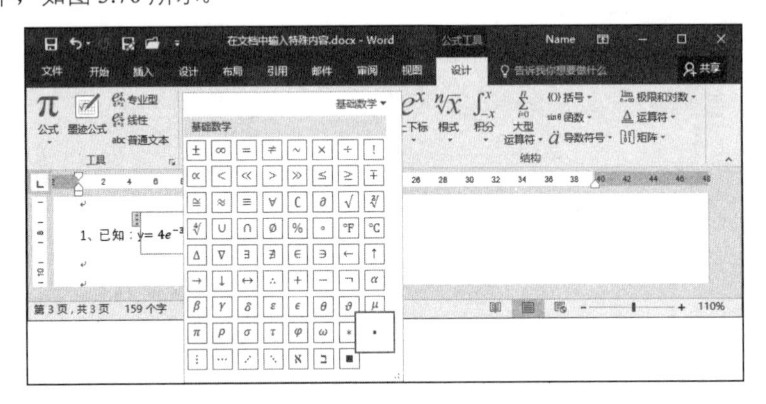

图 3.70　选择“加重号运算符”

05 在公式框中插入括号，如图 3.71 所示。在括号中输入字符后选择插入一个分数，如图 3.72 所示。

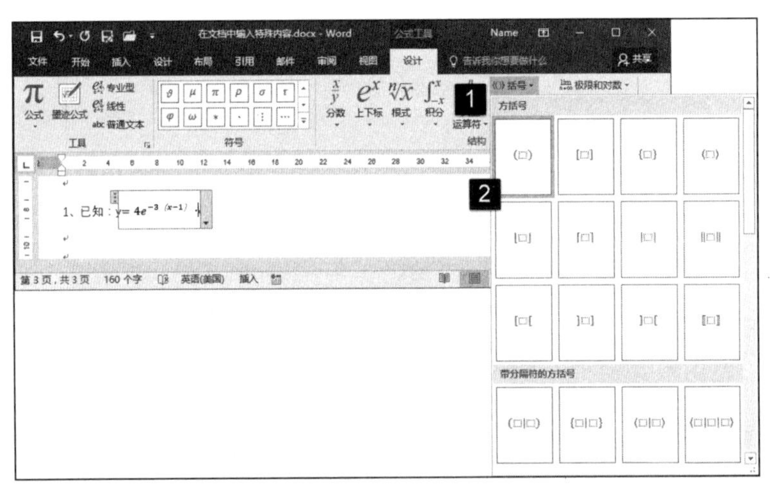

图 3.71　在公式中插入括号

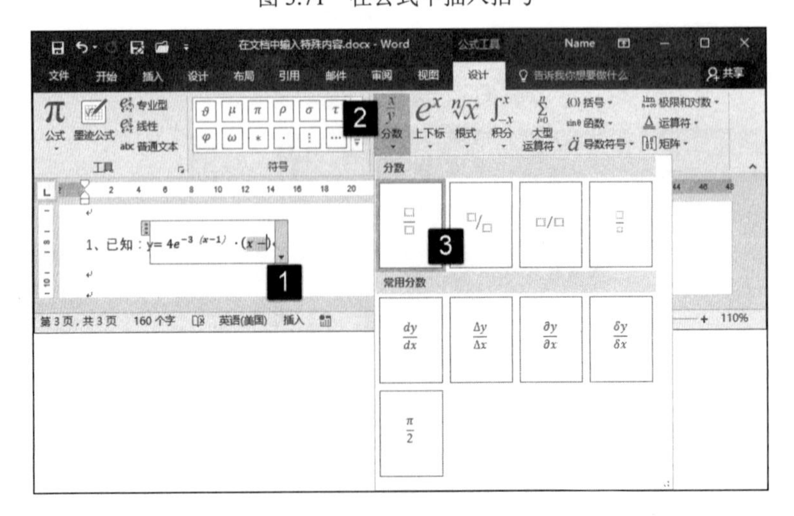

图 3.72　选择插入分数

06 将插入点光标放置到分数的分母输入框中，输入数字 2。按↑键选择分子输入框后选择“带有次数的根式”选项，如图 3.73 所示。依次输入格式的根指数和被开方数，如图 3.74 所示。至此，这个公式输入完成。

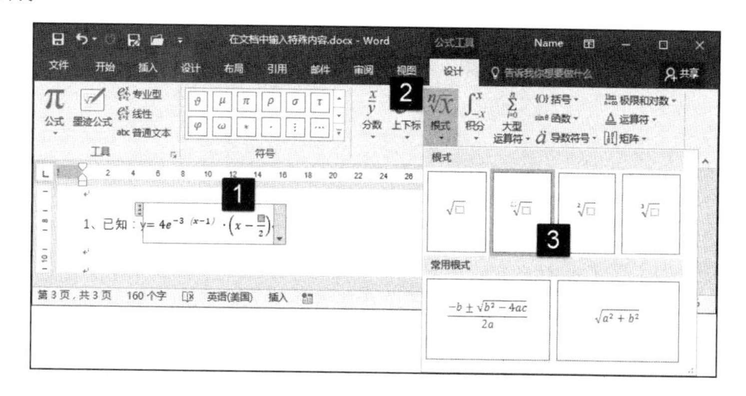

图 3.73　选择“带有次数的根式”

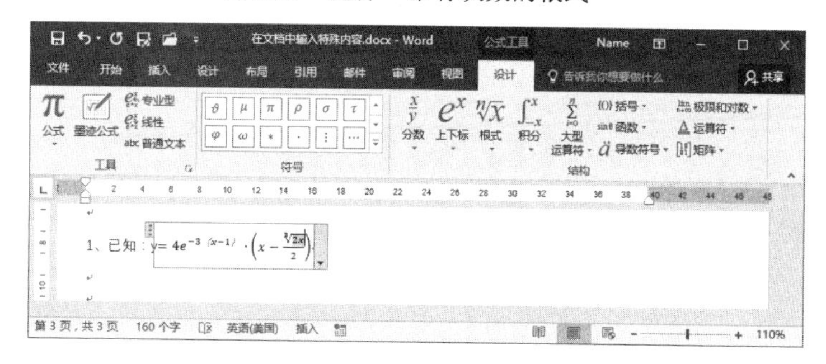

图 3.74　输入根指数和被开方数

4．保存自定义公式

很多时候，一个公式不是仅仅只在当前文档中出现。如果每次需要使用该公式时都输入一次，那么工作效率就很低。实际上，在创建了自定义公式后，可以将其保存起来，在下一次需要使用该公式时直接将其插入文档。

01 在文档中选择插入的公式，单击公式输入框右侧的下三角箭头按钮，在打开的列表中选择“另存为新公式”命令，如图 3.75 所示。

02 此时将打开“新建构建基块”对话框，在对话框的“名称”文本框中输入公式的名称，在“说明”文本框中输入对公式的注释。完成后设置后单击“确定”按钮关闭对话框，如图 3.76 所示。

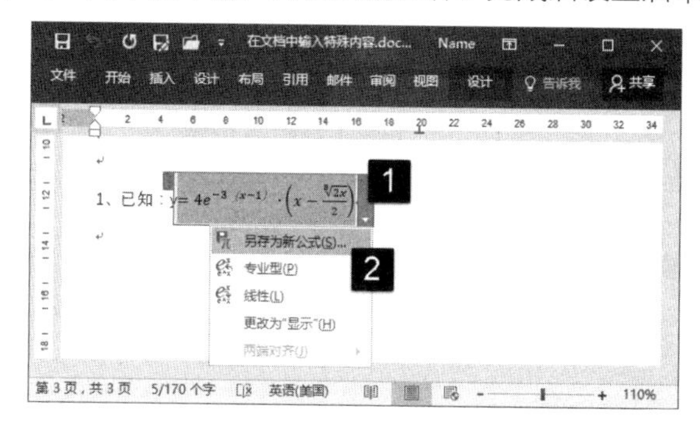

图 3.75　选择“另存为新公式”命令

图 3.76　“新建构建基块”对话框

03 公式被保存后，当需要使用该公式时，可以打开“公式”列表，在列表中将出现保存的定义公式，将鼠标指针放置于公式选项上时可以获得公式的提示信息。单击该选项，公式即可插入到文档中，如图 3.77 所示。

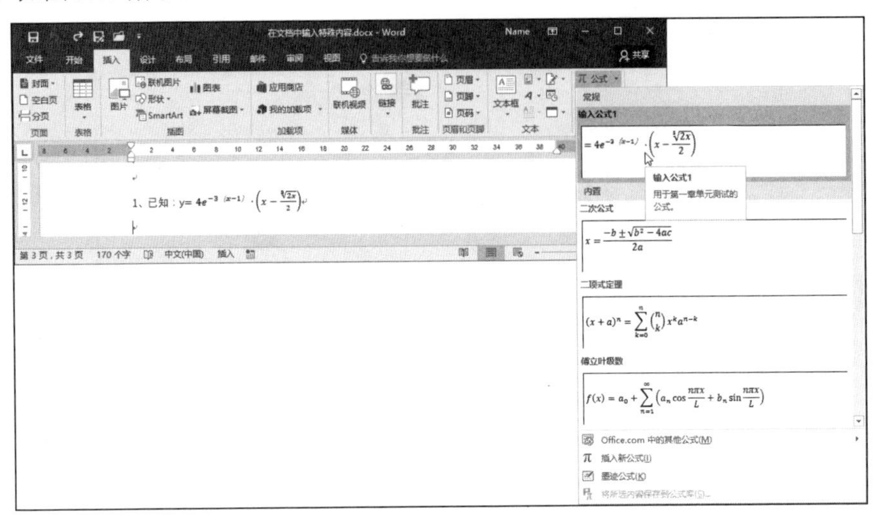

图 3.77　使用自定义公式

04 在“公式”列表中右击自定义公式，选择快捷菜单中的“整理和删除”命令将打开“构建基块管理器”对话框。对话框的“构建基块”列表中列出了“公式”列表中列出的公式，当前的自定义公式处于选择状态。单击“编辑属性”按钮，将打开“修改构建基块”对话框，使用该对话框可以对公式的相关属性进行修改，如图 3.78 所示。单击“删除”按钮将可以从“公式”列表中把选择的公式删除。

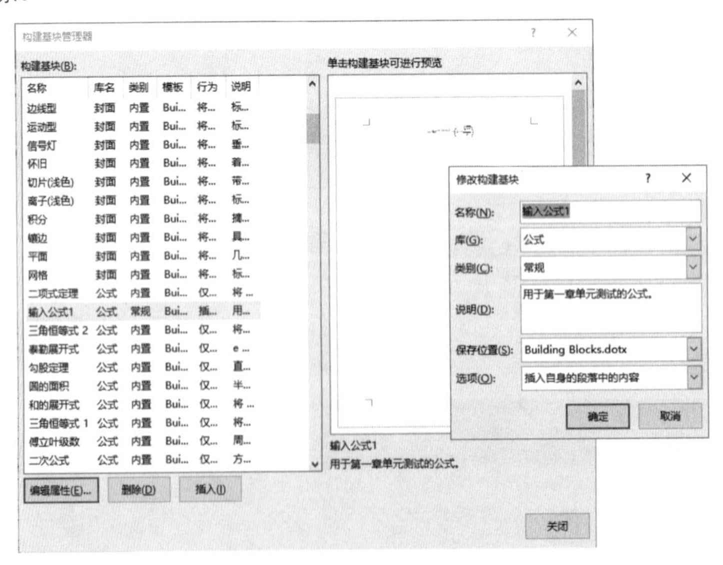

图 3.78　修改自定义公式属性

3.3.4　“自动更正”和“自动图文集”功能的使用

“自动更正”和“自动图文集”是 Word 的 2 个重要功能，巧妙地使用它们能够有效地提高特殊内容的输入效率。下面介绍自动更正和自动图文集在快速输入字符时的使用技巧。

1. 使用“自动更正”功能快速输入常用字符

Word 为输入某些特殊符号而设置了快捷键，但这些设置并不全面。在创建文档时，用户经常会遇到需要反复输入某些字符的情况，如单位名称、客户名或某个电话号码等。此时，用户可以将这些字符添加到自动更正条目中，从而实现这些字符的快速输入。下面介绍具体操作方法。

01 启动 Word ，打开“Word 选项”对话框，选择“校对”选项，单击对话框右侧的“自动更正选项”栏中的“自动更正选项”按钮，如图 3.79 所示。

02 在打开的对话框中选择“自动更正”选项卡，在“替换”文本框中输入实际输入的字符，在“替换为”文本框中输入自动更换后的内容。完成输入后单击“添加”按钮，如图 3.80 所示。此时，设置项被添加到列表中。完成设置后单击“确定”按钮关闭“自动更正”对话框。

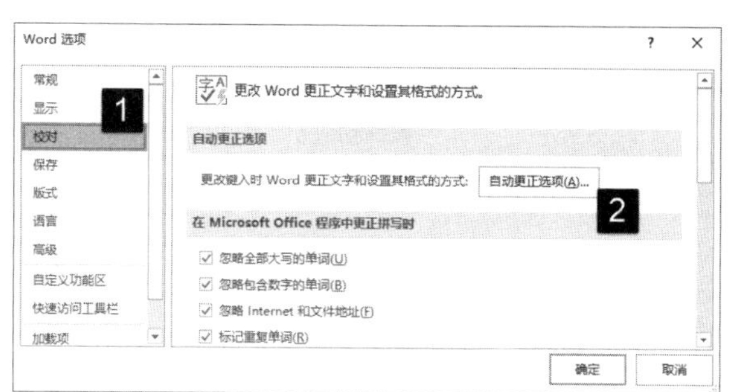

图 3.79　单击“自动更正选项”按钮

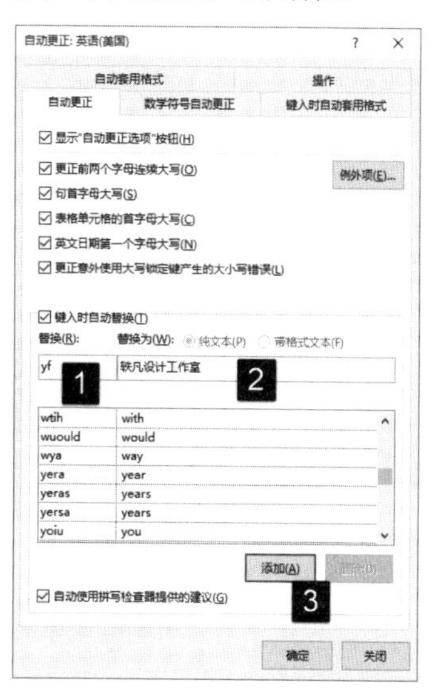

图 3.80　添加自动更正内容

注 意

为了在文档中输入字符后能够被自动更换，这里必须勾选“键入时自动替换”复选框。如果需要，用户还可以对“替换”和“替换为”文本框中的内容进行修改。

03 单击“确定”按钮关闭“Word 选项”对话框，此时在文档中只要输入 yf，Word 会自动将该字符替换为文字“轶凡设计工作室”，从而实现了这段特殊字符的快速输入。

提 示

在输入自动更改中设置的被替换字符后，字符将被自动替换。如果需要输入的是被替换字符本身，可以在字符被替换后按“Ctrl+Z”键取消替换即可。

2. 使用“自动图文集”功能快速输入常用字符

对于经常需要输入的内容，可以使用 Word 的自动图文集功能来实现快速输入。在 Word 2016 中，“自动图文集”按钮被添加到功能区中，在使用该功能前需要首先添加该按钮。下面介绍使用自动图文集来实现常用字符输入的操作方法。

01 启动 Word 2016，在“文件”窗口中选择“选项”命令打开“Word 选项”对话框。在对话框中选择“快速访问工具栏”选项，在“从下列位置选择命令”下拉列表中选择“不在功能区中的命令”选项。此时在其下的列表中将出现所有不在功能区中的命令，选择“自动图文集”选项，单击“添加”按钮将其添加到右侧的列表中。完成设置后单击“确定”按钮关闭“Word 选项”对话框，如图 3.81 所示。

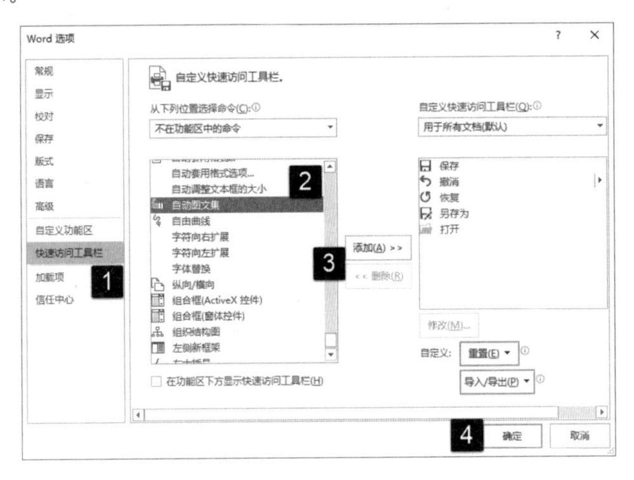

图 3.81　将“自动图文集”按钮添加到快速访问工具栏

02 在文档中选择需要添加到自动图文集中的内容，在快速访问工具栏中单击“自动图文集”按钮。在打开的列表中选择“将所选内容保存到自动图文集库”选项，如图 3.82 所示。

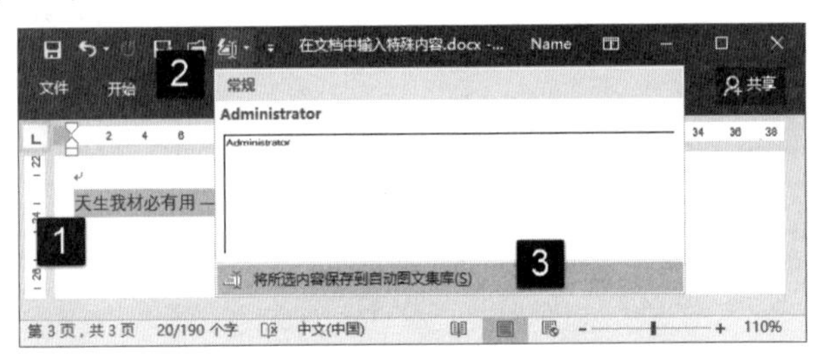

图 3.82　选择“将所选内容保存到自动图文集库”选项

03 此时将打开“新建构建基块”对话框，在对话框的“名称”文本框中输入名称，在“类别”下拉列表中选择“创建新类别”选项，如图 3.83 所示。此时将打开“新建类别”对话框，在对话框的“名称”文本框中输入新类别的名称，完成输入后单击“确定”按钮关闭该对话框，如图 3.84 所示。

04 在“新建构建基块”对话框的“说明”文本框中设置当前项目的注释内容，在“保存位置”下拉列表中选择保存的位置。完成设置后单击“确定”按钮关闭对话框，如图 3.85 所示。

图 3.83　新建构建基块

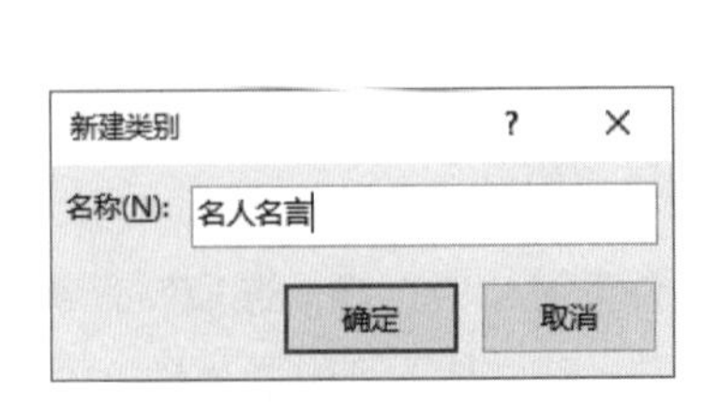

图 3.84　新建类别

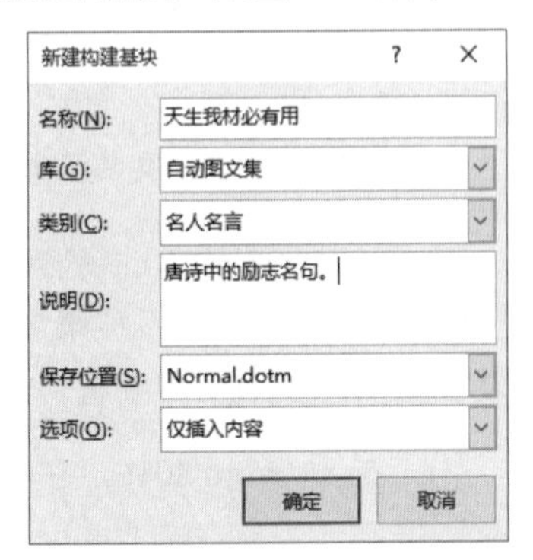

图 3.85　设置说明文字和保存位置

05 在快速访问工具栏中单击“自动图文集”按钮，在打开的列表中将出现刚才创建的新类别，在该类别中将出现刚才添加的词条。将鼠标指针放置在该选项上，将会出现有关的说明。单击该选项，词条将会插入到文档中，如图 3.86 所示。

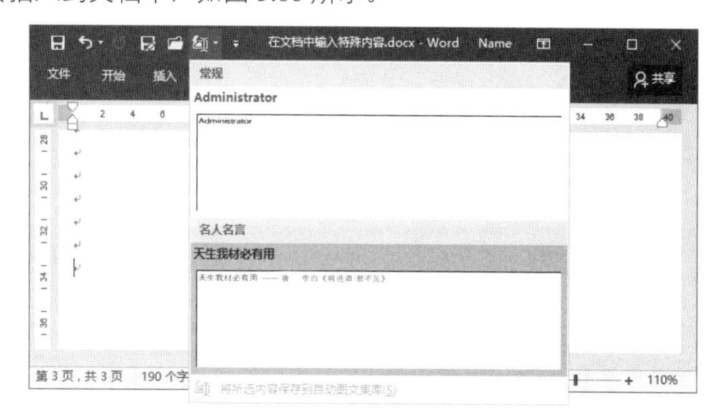

图 3.86　插入词条

3.3.5　文本的插入和改写

在默认情况下，Word 2016 文档中文字是以插入方式输出的。此时在输入文字时，文字将自动按照从左向右的顺序输入。如果需要在文档的某个位置插入文本，在插入状态下，放置插入点光标后直接输入文本，输入文字右侧的文字将随着文字的输入自动后移。

在对文档进行编辑修改时，经常需要将已有的文字替换为另外的文字。一般的方法是，先选择文字，按 Delete 键将其删除，然后再输入文字。实际上，利用 Word 的改写功能，能够一步就完成上述操作，下面介绍具体的方法。

01 将插入点光标放置到需要修改的文字前面，按 Insert 键将输入状态更改为“改写”，此时在状态栏上可以看到当前输入状态提示，如图 3.87 所示。

02 直接输入文字，则插入点光标后的文字被改写为输入的文字，如图 3.88 所示。

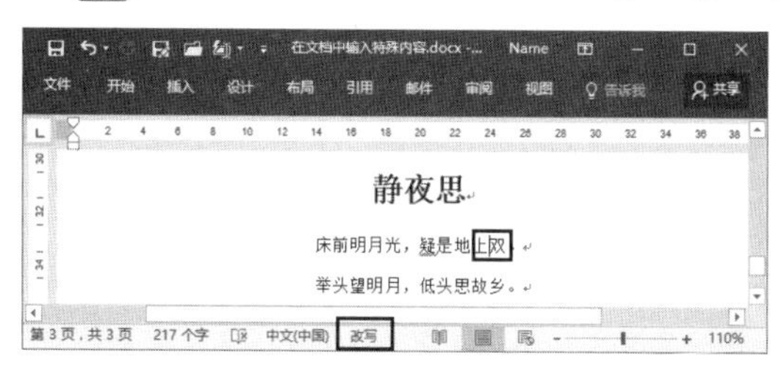

图 3.87　放置插入点光标后更改输入状态

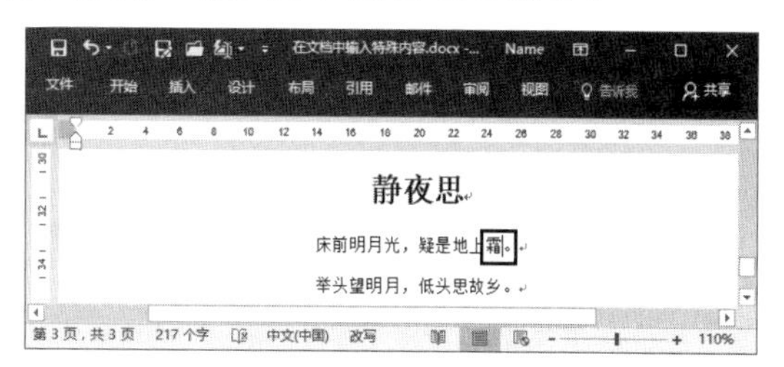

图 3.88　文字被改写

3.4　查找和替换

在对文档进行编辑修改时，有时需要在文档中寻找有关内容。如果文档不大，可以使用人工的方式一行一行地寻找。如果文档很大，这种方法就不是一个好方法了，工作效率低不说，还会出现遗漏的情况。实际上，Office 提供了查找和替换功能，能够帮助用户快速找到需要的内容，并对相关内容进行替换。

3.4.1 方便的“导航”窗格

在对大文档进行编辑时，往往需要在文档中查找某些文字。Word 2013 提供了一个“导航”窗格，使用该窗格能够方便快速地找到需要的文本，并将在文档中定位文本的位置。下面介绍具体的操作方法。

01 启动 Word 2016 并打开文档，在“开始”选项卡的“编辑”组中单击“查找”按钮，如图 3.89 所示。

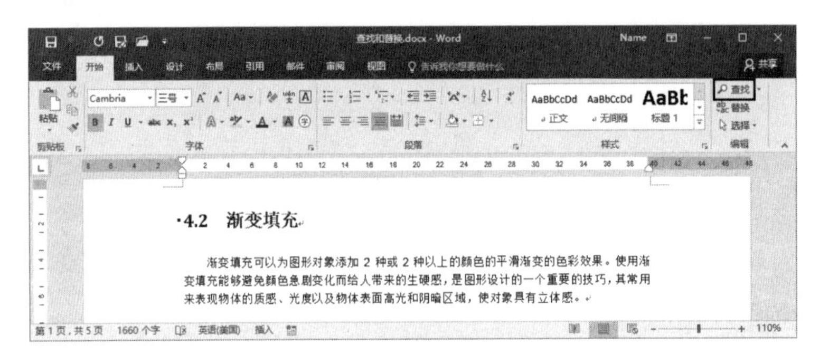

图 3.89　单击“查找”按钮

02 此时将打开“导航”窗格，在窗格的“搜索文档”输入框中输入需要查找的文字，Word 2016 将在“导航”窗口中列出文档中包含查找文字的段落，同时查找文字在文档中将突出显示。在“导航”窗口中单击该段落选项，文档将定位到该段落，如图 3.90 所示。

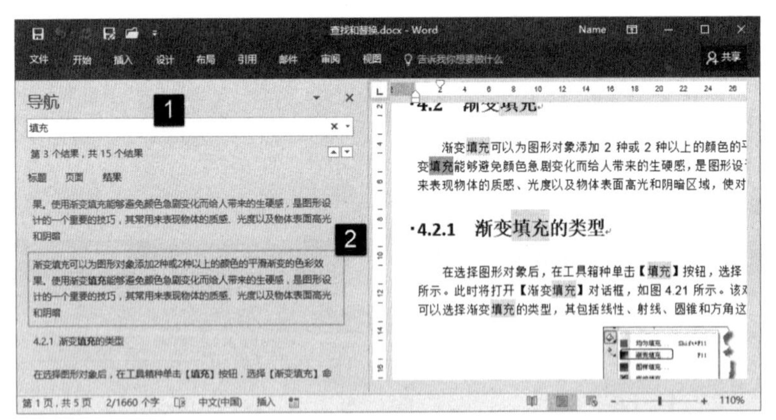

图 3.90　显示查找到的文本

在“导航”窗格中，单击查找结果列表框上的“上一处”按钮▲，将定位到当前查找结果上一个结果。单击“下一处”按钮▼，将能够定位到当前查找结果的下一个结果。在“导航”窗格的“搜索文档”输入框下将显示当前选择的是第几个搜索结果和搜索结果的总数。

03 使用“导航”窗格不仅能够对文本进行查找，还能对文档中的图形、表格和公式等对象进行查找。在“导航”窗格中单击文本框右侧的下三角按钮，此时打开一个下拉菜单，在菜单的“查找”栏中给出了可以查找的对象。例如，选择“图形”命令，Word 将查找文档中插入的图片，并且自动选择文档中的第一张图片，如图 3.91 所示。

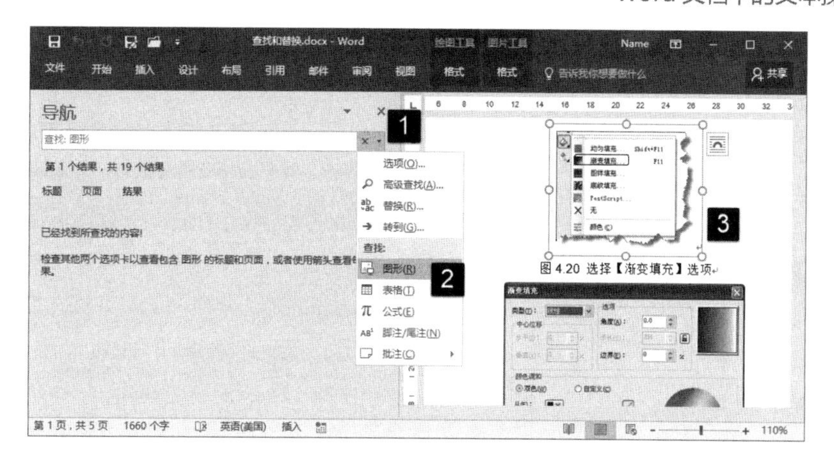

图 3.91　查找文档中的图片

04 在“导航”窗格中单击文本框右侧的下三角按钮，在打开的下拉菜单中选择“选项”命令。此时将打开“‘查找’选项”对话框，在该对话框中勾选相应的选项，可以对查找方式进行设置，如图 3.92 所示。

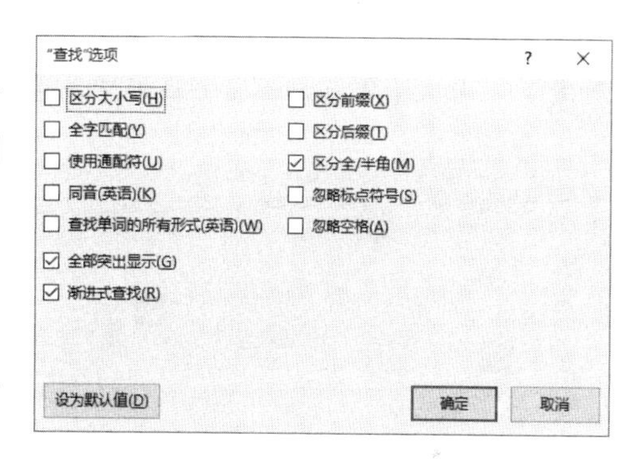

图 3.92　“‘查找’选项”对话框

3.4.2　在 Word 中进行模糊查找

在一篇长文档中，如果用户需要查找某个词，但是却忘掉了该词的完整文字，只是记得部分词语，要找到需要的词语，就需要使用通配符来进行模糊查找。

01 在“开始”选项卡的“编辑”组中单击“查找”按钮上的下三角按钮，在打开的下拉列表中选择“高级查找”选项，如图 3.93 所示。

图 3.93　选择“高级查找”选项

02 此时将打开“查找和替换”对话框，在对话框的“查找”选项卡中选择“使用通配符”复选框。在“查找内容”文本框中输入“*色”，单击“查找下一处”按钮，如图 3.94 所示。在这里，“*”表示的是任意多个字符，因此 Word 查找到的结果是包含文字“色”及其前面的所有文字。文档中查找到的内容将被选择，如图 3.95 所示。

03 在“查找内容”文本框中输入“?色”，单击“查找下一处”按钮，如图 3.96 所示。这里，“?”代表任意的单个字符，有几个“?”就代表有几个字符。因此，这里查找的结果可能是文档中的“彩色”“调色”和“颜色”等，如图 3.97 所示。

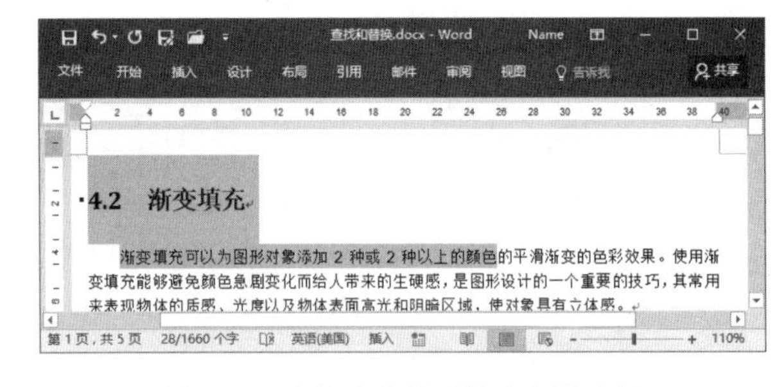

图 3.94 “查找与替换”对话框　　图 3.95 文档中查找到的内容被选择

提 示

这里，选择“使用通配符”复选框后，Word 将允许在查找中使用通配符。此时，“区分大小写”和“全字匹配”复选框将处于灰色不可用状态。

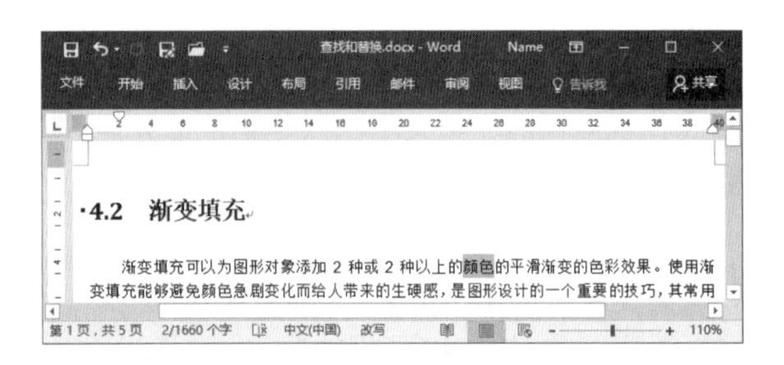

图 3.96 使用“？”来查找　　图 3.97 选择找到的内容

04 在“查找内容”文本框中输入“[颜调]色”，单击“查找下一处”按钮，如图 3.98 所示。这里，“[]”用来指定要查找的字符之一。因此，文档中“颜色”和“调色”都是符合查找条件的文字，如图 3.99 所示。

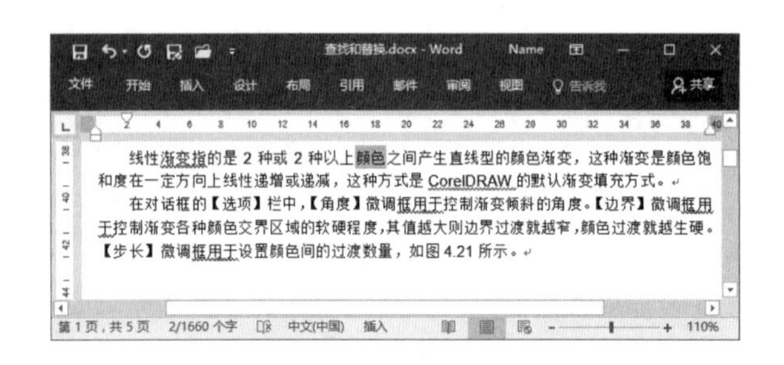

图 3.98 使用“[]”进行查找　　图 3.99 选择查找到的文字

提 示

这里，“查找内容”文本框可以最多输入 255 个字符。当文档处于搜索状态时，可以按 Ctrl+Page Down 键查找下一个搜索内容。在关闭了“查找和替换”对话框后，如果需要查找最近查找过的字符，可以直接按 Shift+F4 键查找下一处的相同字符，连续按这个组合键可以在文档中依次向下查找相同的字符。

3.4.3 替换文本

替换文本就是将文档中查找到的某个字或词，修改为另一个字或词。当文档内容较少时，可以使用人工查找的方式来进行操作。如果文档内容较多，人工查找就不是一个好办法了，此时可以使用 Word 的替换功能来快速进行查找替换，下面通过一个实例来介绍具体的操作方法。

01 打开文档，现在需要将文档中的“现象简便”，更改为“线性渐变”，如图 3.100 所示。

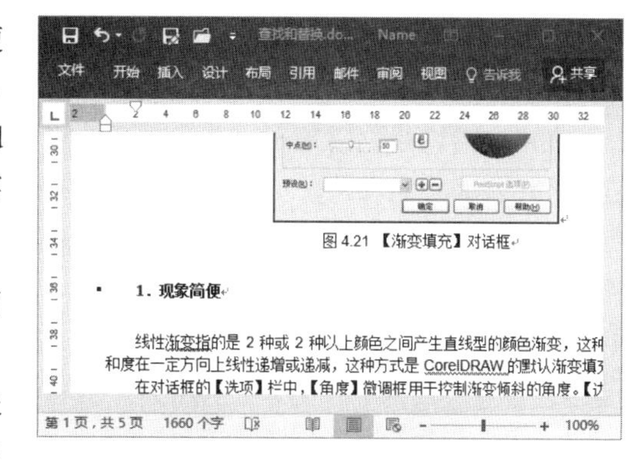

图 3.100 需要替换的文字

02 将插入点光标放置到文档中需要开始进行查找的位置，在“开始”选项卡的“编辑”组中单击“替换”按钮，如图 3.101 所示。

图 3.101 单击“替换”按钮

03 此时将打开“查找和替换”对话框的“替换”选项卡，在“查找内容”文本框中输入需要查找的内容，在“替换为”文本框中输入需要替换为的文字。单击“全部替换”按钮，如图 3.102 所示。文档中与“查找内容”文本框中输入文本相符的文字将自动替换为“替换为”文本框中的文字，如图 3.103 所示。

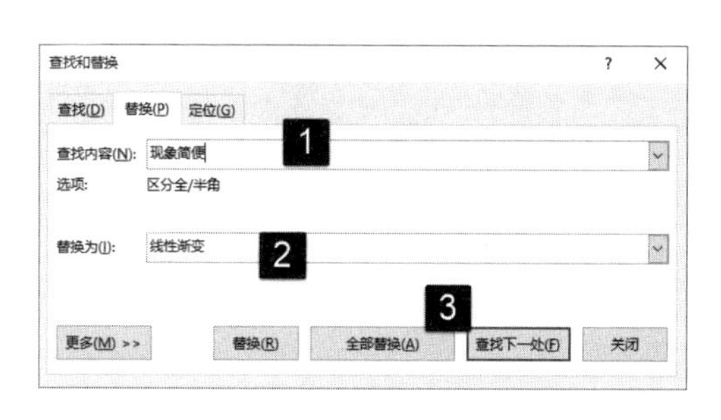

图 3.102 “查找和替换”对话框

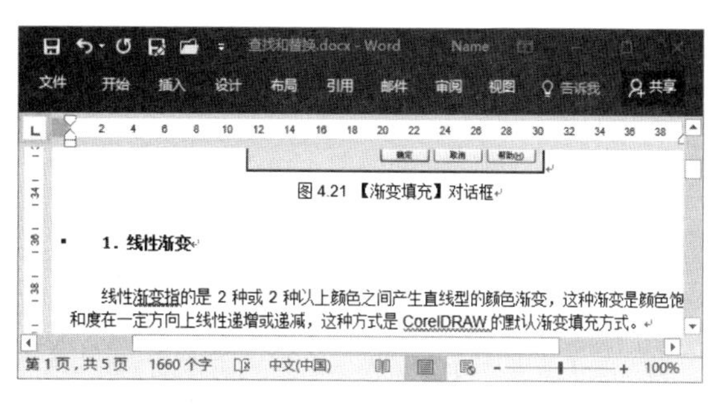

图 3.103 文字自动替换

提 示

这里，如果单击“查找下一处”按钮，文档中第一个相符的文字将被选择，文字不会被自动替换。再次单击“查找下一处”按钮，Word 将从当前位置继续向下查找。单击对话框中的关闭按钮将关闭“查找和替换”对话框。

3.4.4 文档中的特殊替换操作

Word 的替换功能并不是仅仅能够帮助我们快速实现大量文本的自动替换，其还能够对一些特殊对象进行查找和替换，以提高文档编辑处理的效率。下面介绍 2 个灵活应用替换功能的实例。

1. 快速替换文档中所有图片

在对文档进行编辑处理时，有时需要将文档中的图片转换为指定图片，如果一张一张进行替换，则需要花费很多时间。使用 Word 的查找和替换功能，能够快速实现图片的替换。下面介绍具体的操作方法。

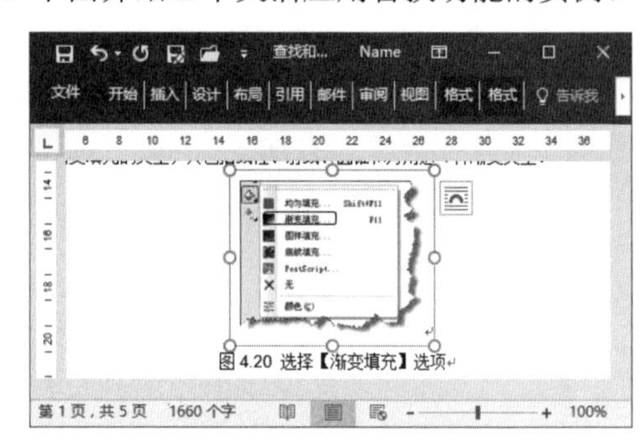

图 3.104　选择图片并复制

01 在文档中选择图片，按 Ctrl+C 键将图片复制到剪贴板中，如图 3.104 所示。

02 打开“查找和替换”对话框的“替换”选项卡，在“查找内容”文本框中输入搜索代码“^g”，指定搜索的对象为图片。在“替换为”文本框中输入代码“^c”，指定替换对象为剪贴板中的对象。在“搜索”下拉列表中选择“向下”选项指定搜索方向。单击“全部替换”按钮，如图 3.105 所示。由于当前位置并非文档的开头，Word 在进行向下查找替换操作后会提示是否从头进行查找，以避免文档中还有漏掉的内容，如图 3.106 所示。如果需要，单击“是”按钮将从开头到当前位置再次进行查找替换操作。

图 3.105　“查找和替换”对话框

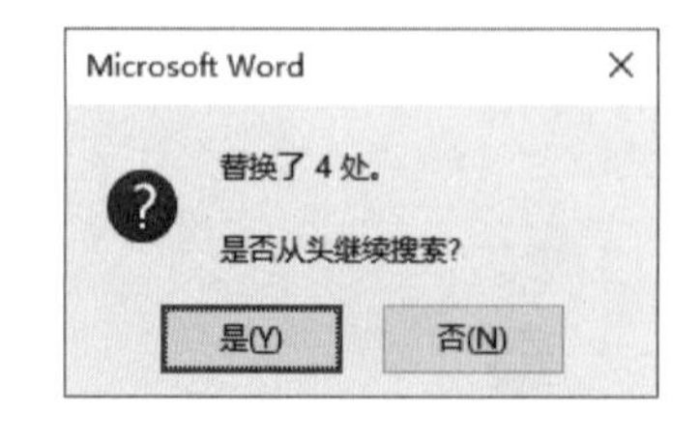

图 3.106　提示是否从头开始

提 示

“搜索”下拉列表框中的选项用于选择查找或替换的方向，其有 3 个选项，它们分别是“向下”“向上”和“全部”。当选择“向上”选项时，Word 将从当前位置向上进行搜索。如果选择“全部”，则 Word 会对整个文档进行搜索。

03 在完成替换操作后，Word 将提示整个替换过程中进行替换的次数，如图 3.107 所示。单击“确定”按钮，文档中所有图片将替换为剪贴板中的图片。

图 3.107　完成操作

2. 快速替换文本格式

Word 的查找和替换功能是强大的，其不仅能够对文本和图片等对象进行替换，还可以进行文字格式的替换，以快速实现大批量文字格式的设置。

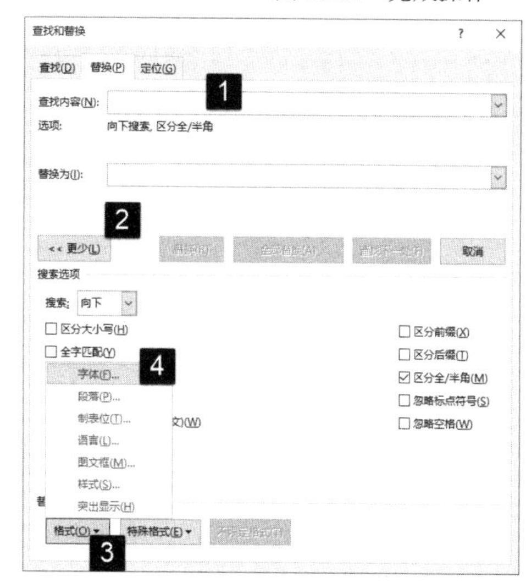

图 3.108　在“格式”列表中选择“字体”选项

01 打开“查找和替换”对话框的“替换”选项卡，在“查找内容”文本框中单击放置插入点光标。单击“更多”按钮在对话框中获得更多的设置项。单击“格式”按钮，在打开的列表中选择“字体”选项，如图 3.108 所示。

02 此时将打开“查找字体”对话框，在对话框的“字体”选项卡中对需要查找的文字样式进行设置。这里，在“中文字体”下拉列表中选择需要查找的字体，在“字形”列表框中选择“加粗”选项，在“字号”列表框中选择“三号”选项。完成设置后单击“确定”按钮关闭对话框，如图 3.109 所示。

03 在“查找和替换”对话框的“替换为”文本框中单击放置插入点光标，再次单击“格式”按钮并选择打开列表中的“字体”命令。此时将打开“替换字体”对话框，在对话框中设置“字体”“字形”和“字号”，并为文字添加下划线。完成设置后，单击“确定”按钮关闭对话框，如图 3.110 所示。

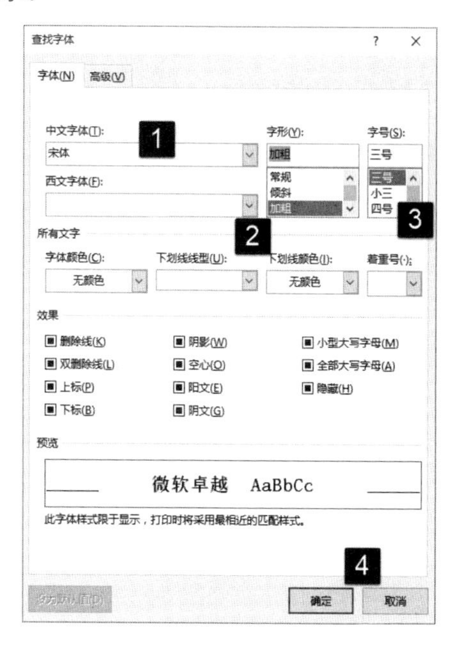

图 3.109　“查找字体”对话框

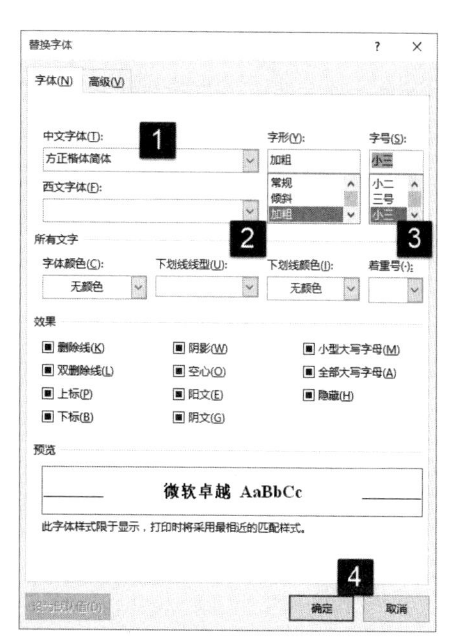

图 3.110　“替换字体”对话框

04 此时，在“查找和替换”对话框中的“查找内容”和“替换为”文本框下将显示出查找和替换的文本格式信息，如图 3.111 所示。单击“全部替换”按钮，Word 将根据设置的文本格式进行查找，并将查找到的文本替换为设置的格式。完成替换后，Word 会给出提示对话框，提示完成替换的个数。单击“确定”按钮关闭该对话框即可完成当前的替换操作。

图 3.111　显示查找格式和替换格式

3.5　本章拓展

本节将介绍与文本操作有关的一些技巧。

3.5.1　使用智能剪切和粘贴

Word 具有智能剪切和粘贴功能，可以设置在粘贴文本时自动调整间距、自动调整表格格式和对齐方式等参数。使用智能剪切和粘贴功能，能够提高文档编辑处理的效率。下面介绍在 Word 中进行设置的方法。

01 启动 Word 2016 中，打开“文件”窗口，在窗口左侧列表中选择“选项”选项打开“Word 选项”对话框。在对话框中选择“高级”选项，在右侧的“剪切、复制和粘贴”栏中勾选“使用智能剪切和粘贴”复选框，开启智能剪切和粘贴功能，然后单击“设置”按钮，如图 3.112 所示。

02 此时将打开“设置”对话框，在对话框的“个人选项”栏中根据需要选择相应的复选框。设置完成后单击“确定”按钮关闭对话框，如图 3.113 所示。单击“确定”按钮关闭“Word 选项”对话框，完成设置。

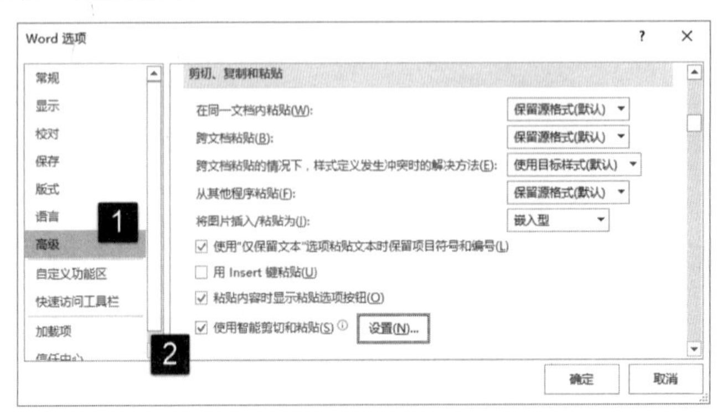

图 3.112　单击“设置”按钮

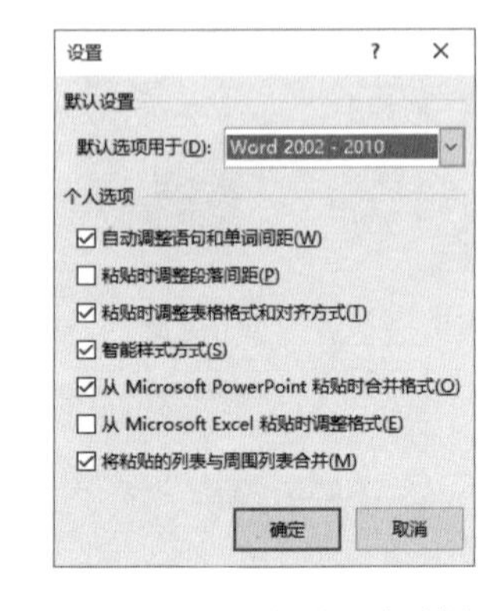

图 3.113　“设置”对话框

3.5.2 快速获得繁体字文档

在实际工作中，有时需要使用繁体字来创建文档，但是对于我们大多数用户来说确实习惯于使用简体字的。此时，可以先创建简体字文档，然后使用 Word 的简繁体字转换功能来获得需要的繁体字文档。下面介绍具体的操作方法。

（1）在文档中选择需要转换为繁体字的文本，在“审阅”选项卡中单击“中文简繁转换”组中的“简转繁”按钮，如图 3.114 所示。此时，选择的文本即被转换为繁体字，如图 3.115 所示。

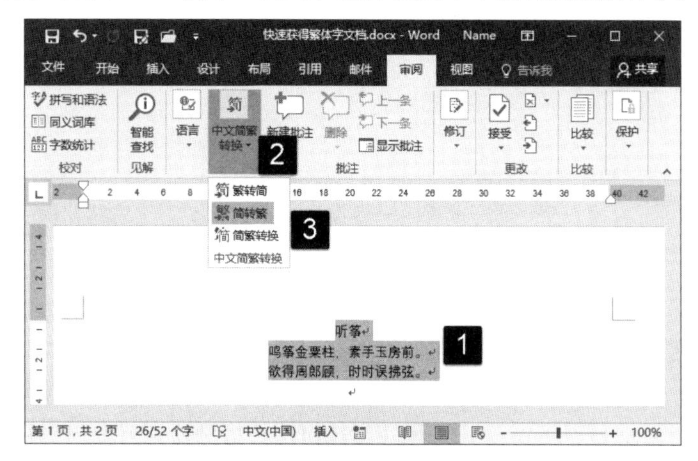

图 3.114　选择“简转繁”命令

提　示

如果在文档中不选择任何的文本，直接单击“审阅”选项卡中的“简转繁”按钮，则全文将由简体转换为繁体。

（2）单击“审阅”选项卡中的“中文简繁转换”按钮，在打开菜单中选择“简繁转换”命令将打开“中文简繁转换”对话框，在对话框中的“转换方向”栏中选择相应的单选按钮确定文本的转换方向，勾选“转换常用词汇”复选框，则可以在简繁词汇间进行转换，如图 3.116 所示。单击“确定”按钮关闭对话框即可按照设置进行简繁转换。

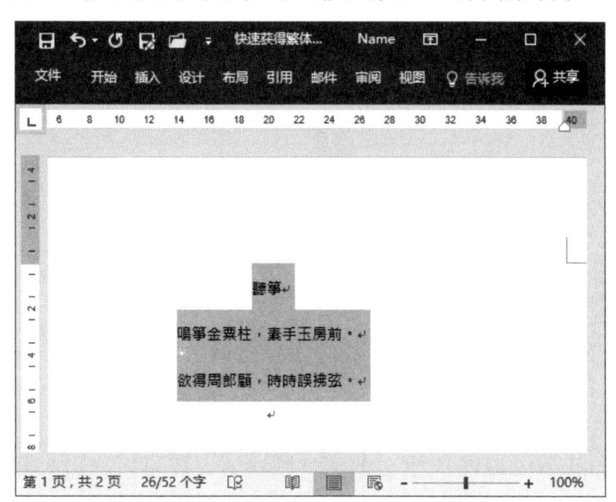

图 3.115　选择文字转换为繁体字

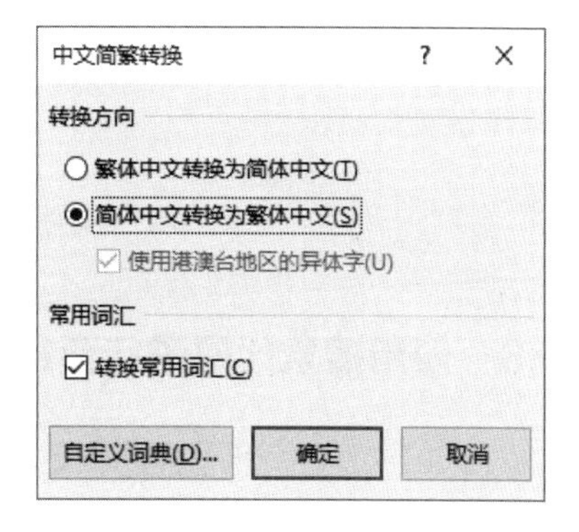

图 3.116　“中文简繁转换”对话框

（3）在“中文简繁转换”对话框中单击“自定义词典”按钮将打开“简体繁体自定义词典”

对话框，使用对话框“编辑”栏中设置项可以对简繁转换的词典进行编辑修改。例如，这里在“转换方向”下拉列表中选择简体繁体转换的方向，在“添加或修改”文本框中输入需要转换的简体词汇，此时在“转换为”文本框中将自动给出对应的繁体词汇。在“词性”下拉列表中选择该词汇的词性，如这里选择“人名”选项。完成编辑后单击“添加”按钮，如图 3.117 所示。此时 Word 将提示词汇添加到词典中，如图 3.118 所示。单击“确定”按钮关闭对话框即可。

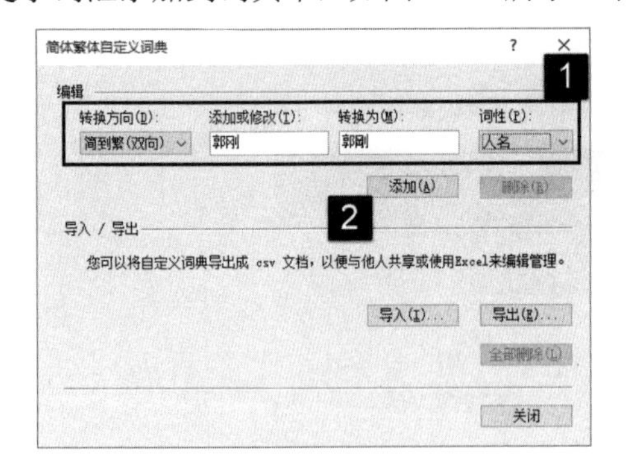

图 3.117　编辑简繁转自定义词典

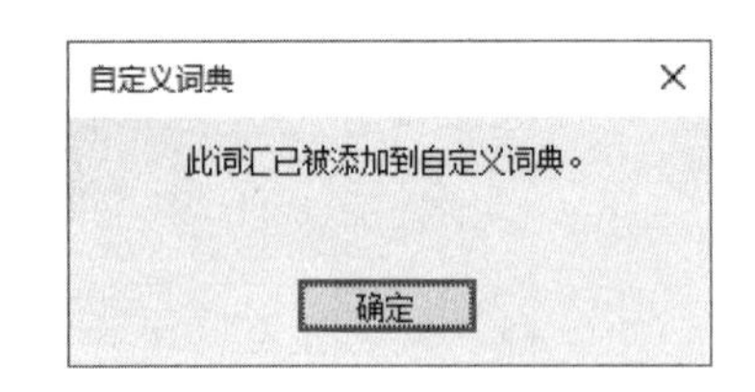

图 3.118　Word 提示对话框

（4）如果需要能在其他 Word 文档中使用当前文档的自定义词典，可以在“简体繁体自定义词典”对话框中单击“导出”按钮打开“另存为”对话框，使用该对话框选择词典保存的路径和词典文件的文件名，如图 3.119 所示。单击“确定”按钮即可将当前词典导出保存。如果需要使用该自定义词典，只需要在“简体繁体自定义词典”对话框中单击“导入”按钮，选择保存的词典文件即可。

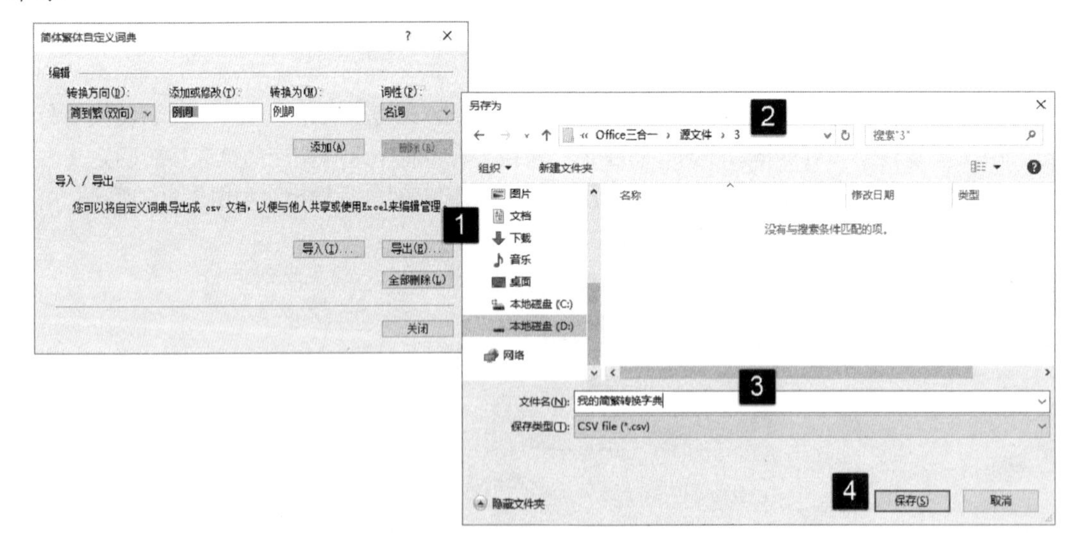

图 3.119　导出自定义词典

3.5.3　使用搜索代码进行查找

Word 2016 的查找和替换功能是强大的，其不仅可以查找文本和特殊格式，还可以通过使用搜索代码查找文档中的特殊对象。使用搜索代码，能够使查找和替换操作更加方便快捷。下面介绍具体的操作方法。

01 打开文档，打开“查找和替换”对话框的“查找”选项卡。在选项卡的“搜索选项”栏中取消“使用通配符”复选框的勾选，在“搜索”下拉列表框中选择搜索范围。在“查找内容”文本框中输入搜索代码“^g”，该代码表示搜索图片。单击“查找下一处”按钮，查找到的图片将被选择，如图 3.120 所示。

图 3.120　使用搜索代码查找图片

02 在“查找内容”文本框中输入“^#.^#.^#”，单击“查找下一处”按钮，此时将能够在文档中查到与其格式一致的数字，如图 3.121 所示。

图 3.121　查找指定格式的数字

提 示

在 Word 中，代码“^#”表示匹配 0 ~ 9 之间的数字，代码“^$”表示任意的字母，代码“^?”表示匹配任意字符。

03 在“查找内容”文本框中输入“^d”，单击“查找下一处”按钮，此时将能够在文档中查找到文档中的域，如图 3.122 所示。

图 3.122　查找文档中的域

提 示

如果记不住哪些常用的搜索代码也没有关系，这里可以将插入点光标放置到“查找内容”文本框中，单击“特殊格式”按钮，在打开的列表中选择相应的选项，则“查找内容”文本框中将插入对应的搜索代码。

第 4 章

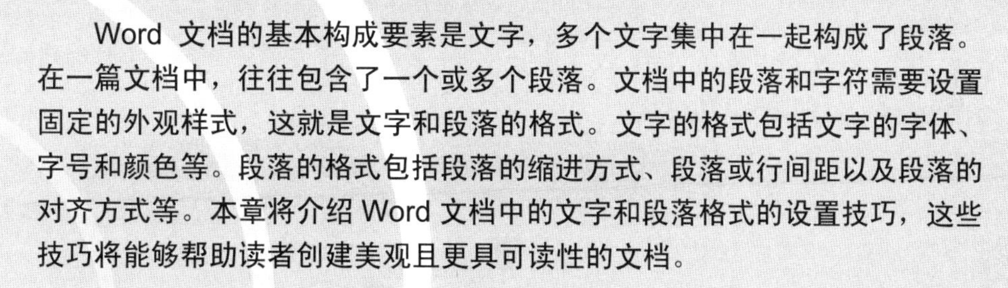

文本和段落格式

Word 文档的基本构成要素是文字，多个文字集中在一起构成了段落。在一篇文档中，往往包含了一个或多个段落。文档中的段落和字符需要设置固定的外观样式，这就是文字和段落的格式。文字的格式包括文字的字体、字号和颜色等。段落的格式包括段落的缩进方式、段落或行间距以及段落的对齐方式等。本章将介绍 Word 文档中的文字和段落格式的设置技巧，这些技巧将能够帮助读者创建美观且更具可读性的文档。

4.1 设置文本格式

在默认情况下，输入文字时，文字会具有默认的格式，但这个格式很多时候不能满足用户的需求。例如，输入的标题和内容在默认情况下格式是一致的，这显然无法起到突出重点内容的目的，也会造成阅读的困难。因此，在对文档进行编辑处理时，设置文本格式是文档处理的基本操作。

4.1.1 基本的文字设置

文档中的文字，具有默认的样式，很多时候为了美化文档，突出文字的功能，让读者更加注意，需要对文字的外观进行设置。文字外观的设置包括设置文字的字体、字号和颜色等。下面对文字的设置技巧进行介绍。

1．设置字体和字号

在默认情况下，Word 2016 使用的文字格式是大小为五号、字体为等线字体。对于用户来说，不同的文档，对文字的大小和字体会有不同的需求。下面介绍在文档中对字体和字号进行设置的常规方法。

（1）启动 Word 2016 并打开文档，在文档中选择需要进行设置的文字，在“开始”选项卡的“字体”组的“字体”中选择相应的选项设置文字字体，在“字号”下拉列表中选择相应的选项设置文字的大小，如图 4.1 所示。

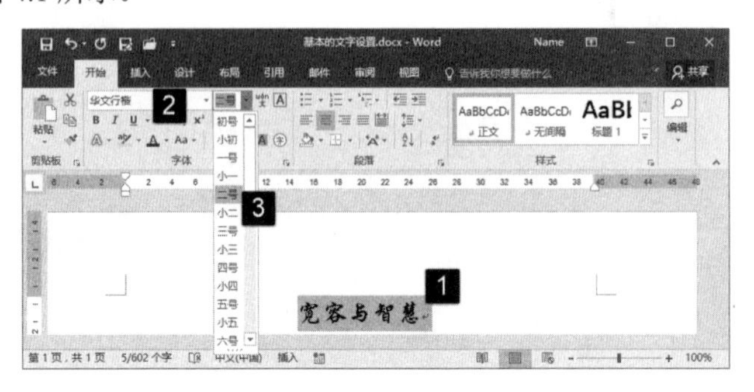

图 4.1 设置选择文字的字体和字号

（2）在文档中选择文字，文字旁会出现一个浮动工具栏，使用该工具栏同样可以设置文字的字体和字号，如图 4.2 所示。

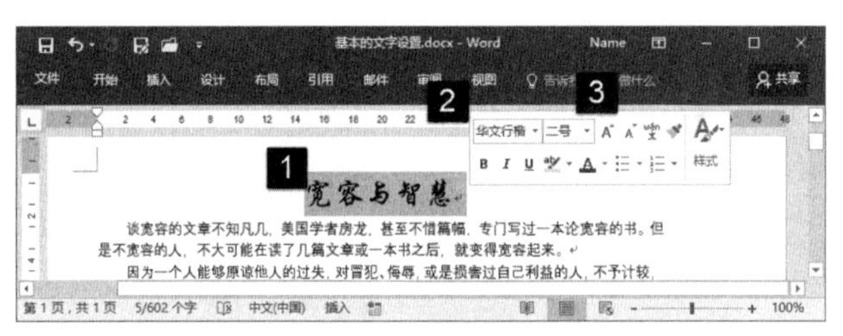

图 4.2 使用浮动工具栏设置文字的字体和字号

2. 设置文字的颜色

默认情况下，文档中文字的颜色都采用黑色。更改文字颜色可以使文字以异于黑色的颜色显示，从而使文字醒目，以获得不同的视觉效果。

01 在文档中选择需要设置的文字，在“开始”选项卡的“字体”组中单击“字体颜色”按钮上的下三角按钮。在打开的列表中选择相应的颜色即可应用于选择的文字，如图 4.3 所示。

02 在“字体颜色”列表中如果没有需要使用的颜色，可以选择其中的“其他颜色”选项打开“颜色”对话框，在对话框的“自定义”选项卡中对颜色进行自定义。完成设置以后单击“确定”按钮关闭对话框，如图 4.4 所示。自定义的颜色即可应用于选择的文字。

图 4.3 设置文字颜色

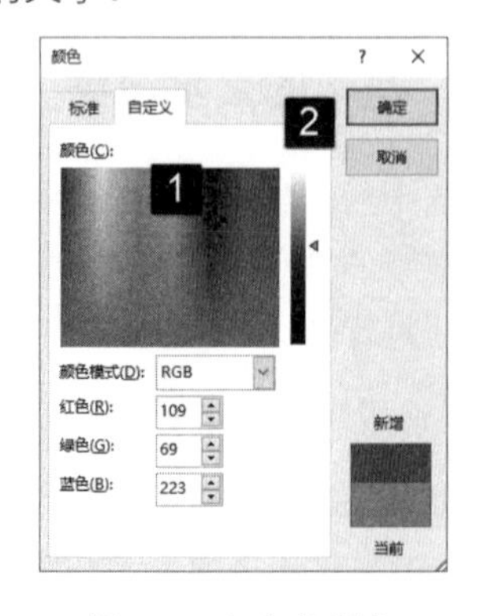

图 4.4 自定义颜色

3．加粗、倾斜和下划线

在 Word 文档中，为了让某些特殊的文字突出和醒目，可以采用让文字加粗、黑体显示、倾斜显示和添加下划线。

01 在文档中选择文字后，在“字体”选项卡的“字体”组中单击“加粗”按钮、“倾斜”按钮和“下划线”按钮可以使文字加粗和倾斜显示，同时为文字添加下划线，如图 4.5 所示。

02 默认情况下，文字添加的下划线是一条直线。单击“下划线”按钮上的下三角按钮，在打开的列表中选择相应的选可以更改下划线的线型，如图 4.6 所示。

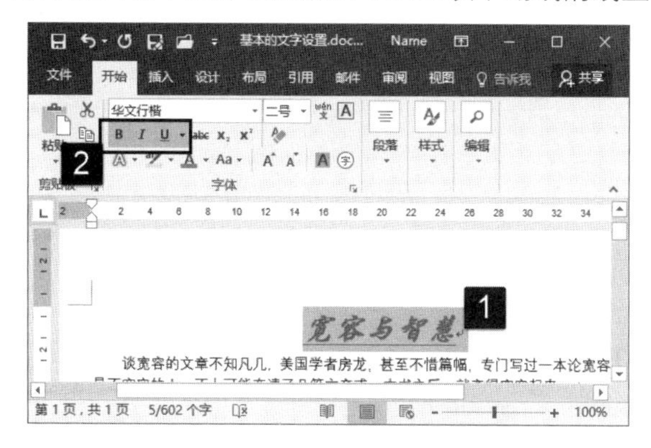

图 4.5　使文字加粗、倾斜并添加下划线

图 4.6　更改下划线的线型

03 在“下划线”列表中选择“其他下划线”选项打开“字体”对话框的“字体”选项卡，在对话框中可以设置下划线的线型和颜色，如图 4.7 所示。

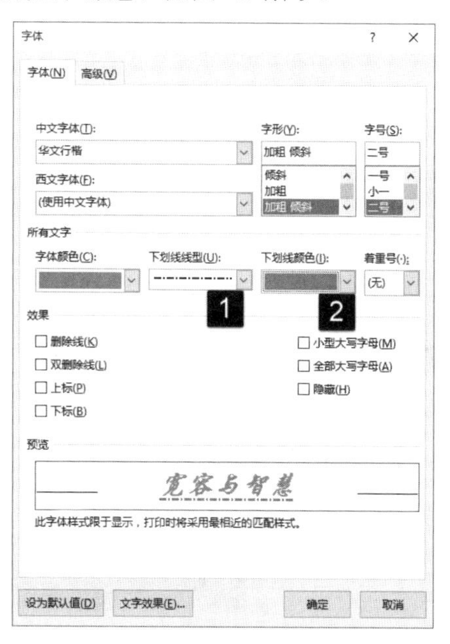

图 4.7　设置下划线的线型和颜色

4．为文字添加边框和底纹

为文字添加边框和底纹，除了可以美化文档之外，还可以使相应的文字引人注目。下面介绍为文字添加边框和底纹的方法。

01 选择文字后在“开始”选项卡的“字体”组中单击“字符边框”按钮，文字被添加边框，如图 4.8 所示。

02 选择文字后在“字体”组中按下“字符底纹”按钮，文字被添加底纹，如图 4.9 所示。

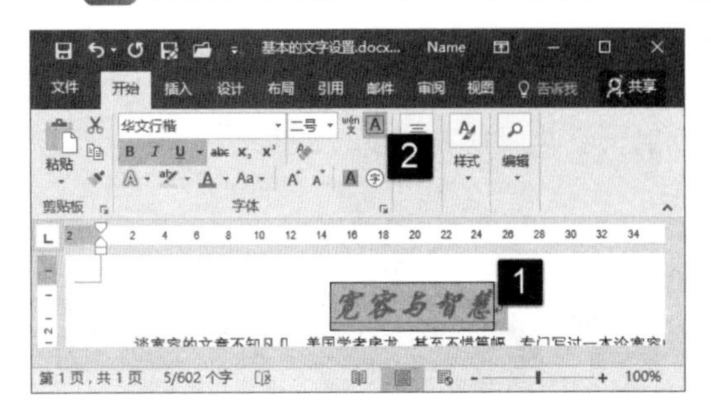

图 4.8　为字符添加边框

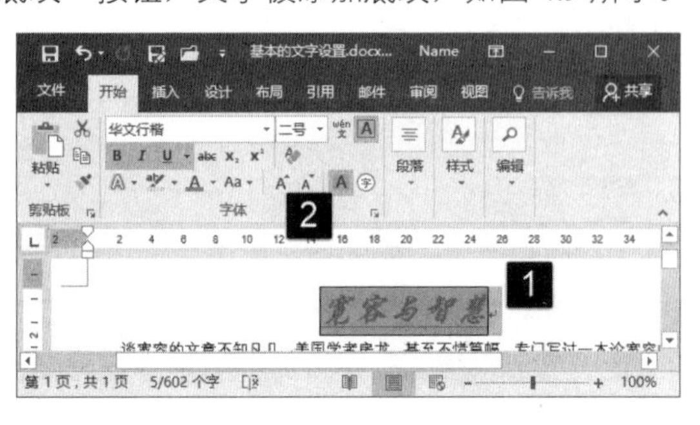

图 4.9　为字符添加底纹

4.1.2　设置字符间距

在对文档进行编辑处理时，有时需要调整文字之间的间隔。调整文字之间的间隔，一种方式是在文字之间添加空格，但操作方式效率较低且无法实现任意的字符间距。实际上，在 Word 中，可以通过直接设置字符间距来调整字符间的距离，将它们的间距任意加宽或紧缩。

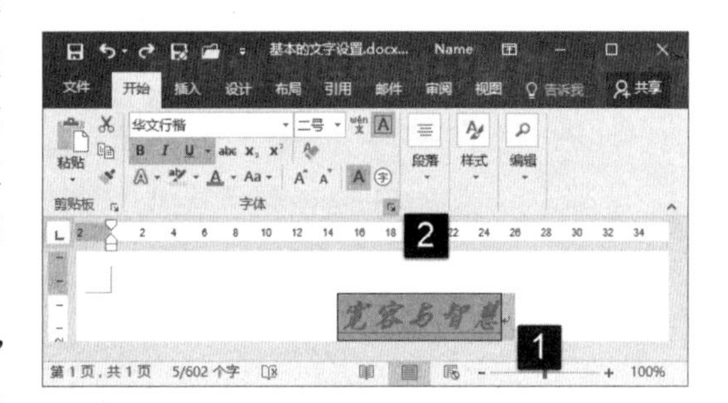

图 4.10　选择文字后单击“字体”按钮

01 选择需要调整字符间距的文字，在“开始”选项卡的“字体”组中单击“字体”按钮，如图 4.10 所示。

02 在打开的“字体”对话框中打开“高级”选项卡，在“间距”下拉列表中选择“加宽”选项，在其后的“磅值”微调框中输入字符间距加宽的数值。完成设置后单击“确定”按钮关闭对话框，如图 4.11 所示。选择文字之间的距离被加宽，如图 4.12 所示。

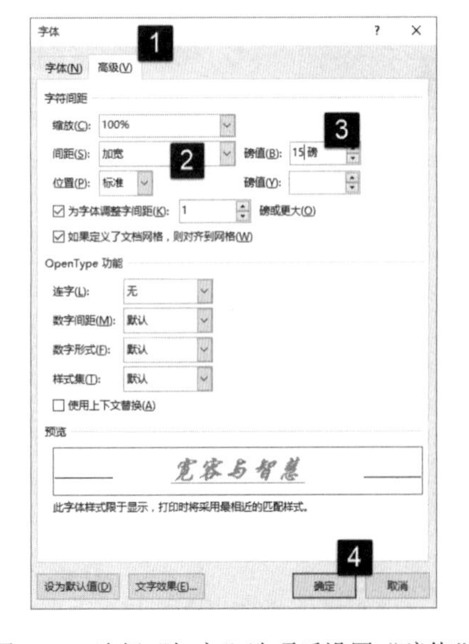

图 4.11　选择“加宽”选项后设置“磅值”

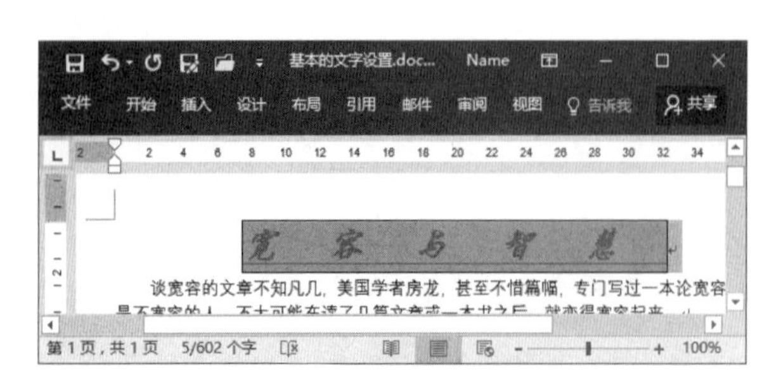

图 4.12　选择文字被加宽

03 如果在“间距”列表中选择“紧缩”选项，在其后的“磅值”微调框中输入数值，如图 4.13 所示。单击“确定”按钮关闭对话框后，文字间距将缩小，如图 4.14 所示。

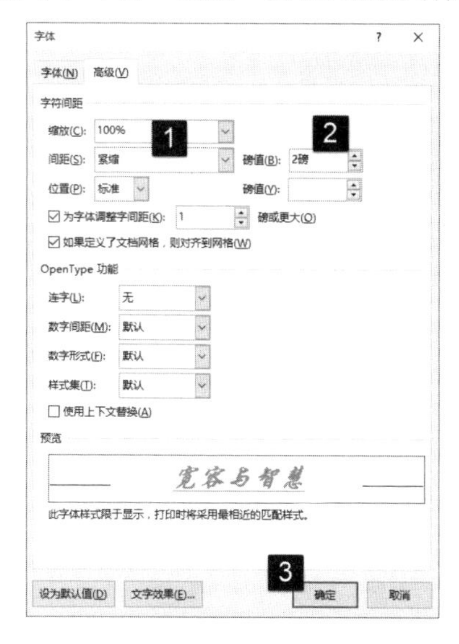

图 4.13　选择“紧缩”选项后输入“磅值”

图 4.14　文字间距缩小

4.2　设置段落格式

一篇文章往往包含了多个段落，为了使其段落层次清晰明了，通常需要为段落设置格式，例如，让标题居中显示，段首文字之间空出 2 个字符。段落格式的设置包括设置段落的对齐方式、段落的缩进方式和段落间距等方面的内容，本节将对这些知识进行介绍。

4.2.1　设置段落对齐方式

设置段落对齐方式实际上是设置段落文本在页面中以一种什么样的方式放置，对齐方式包括左对齐、居中对齐、右对齐、两端对齐和分散对齐。设置对齐方式一般有 2 种方法，一种是使用功能区的功能按钮，一种是使用“段落”对话框来进行设置。

01 选择文字，在“开始”选项卡的“段落”组中单击“居中”按钮，如图 4.15 所示。插入点光标所在段落文字将在页面中居中对齐放置，如图 4.16 所示。

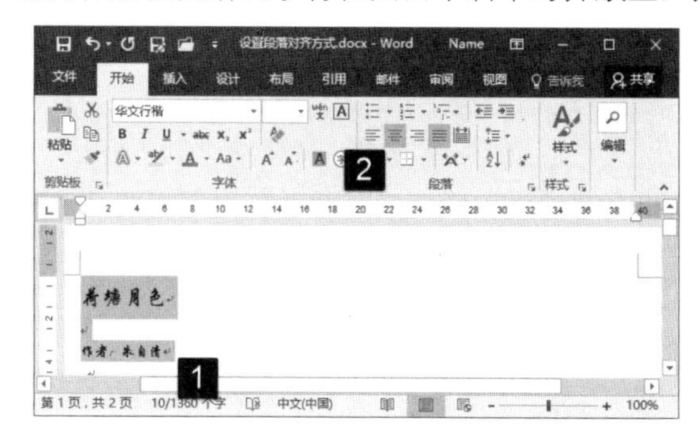

图 4.15　选择文字后单击“居中”按钮

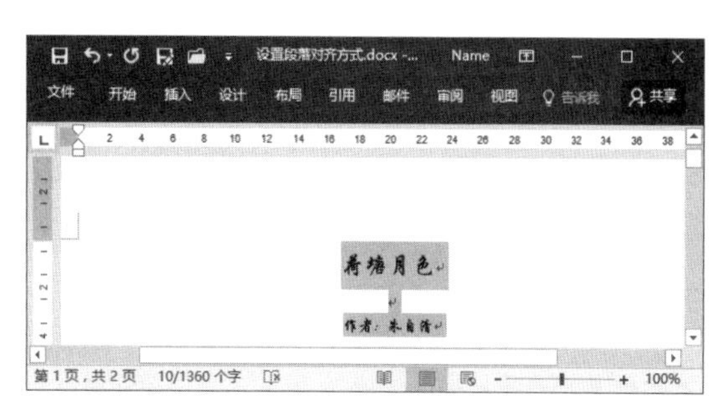

图 4.16　选择文字居中放置

Word 中段落的对齐方式除了居中对齐之外，还包括左对齐、右对齐、两端对齐和分散对齐这几种方式。将鼠标指针放置到按钮上时，将获得操作提示，根据提示读者将了解这些对齐方式所起的作用，同时提示还给出了操作所需要使用的快捷键，如图 4.17 所示。

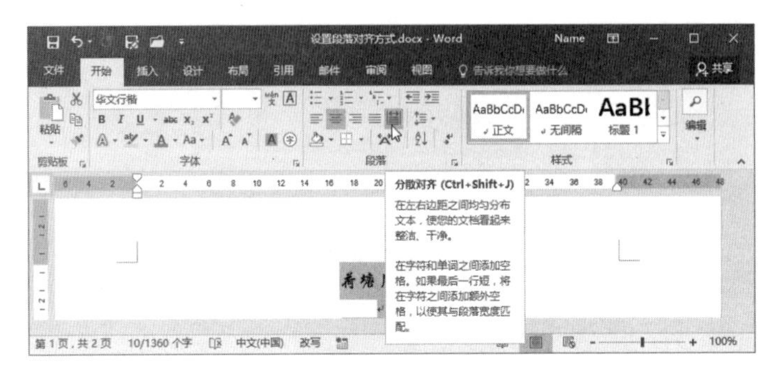

图 4.17　获得对齐方式提示

02 选择文字后在"段落"组中单击"段落"按钮，如图 4.18 所示。此时将打开"段落"对话框的"缩进和间距"选项卡，在"对齐方式"下拉列表中选择相应的选项即可对对齐方式进行设置，如图 4.19 所示。

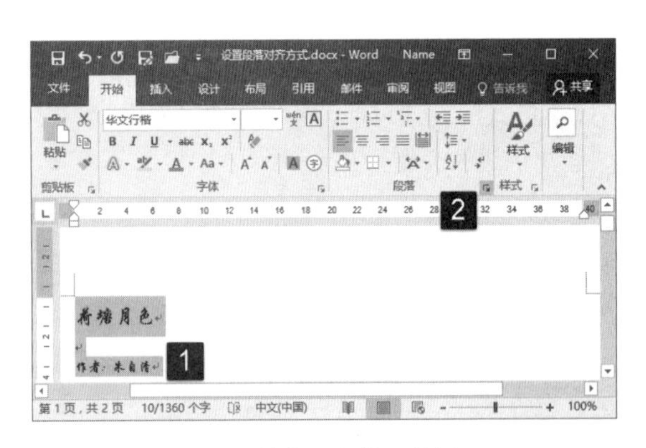

图 4.18　单击"段落"按钮

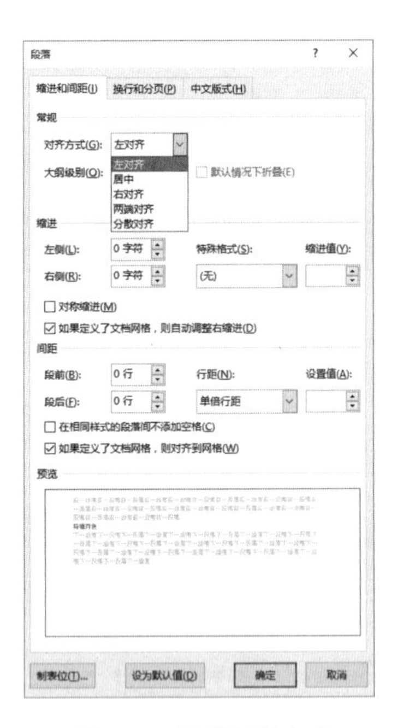

图 4.19　设置对齐方式

4.2.2　设置段落缩进

为了使文档中段落层次分明，可以为段落设置缩进方式，段落的缩进方式分为首行缩进、悬挂缩进、左缩进和右缩进这 4 种。首行缩进是指段落第一行文字的缩进方式，悬挂缩进则正好相反，指的是除了第一行之外的文本的缩进方式。左缩进和右缩进用于确定段落距离页面左右两侧的距离。下面介绍段落缩进的设置方法。

1．使用"段落"对话框设置段落缩进

对文档中段落缩进进行设置，可以使用"段落"对话框来进行设置。使用这种方法进行设置的最大优势是可以通过输入数值来改变缩进量，缩进量的设置比较准确。

01 在文档中选择需要设置缩进的段落文本，单击“开始”选项卡“段落”组中的“段落”按钮，如图 4.20 所示。

02 此时将打开“段落”对话框的“缩进和间距”选项卡，在“特殊格式”下拉列表中选择“首行缩进”选项，在右侧的“缩进值”微调框中输入缩进值。完成设置单击“确定”按钮关闭对话框，如图 4.21 所示。选择段落将按照设置缩进，如图 4.22 所示。

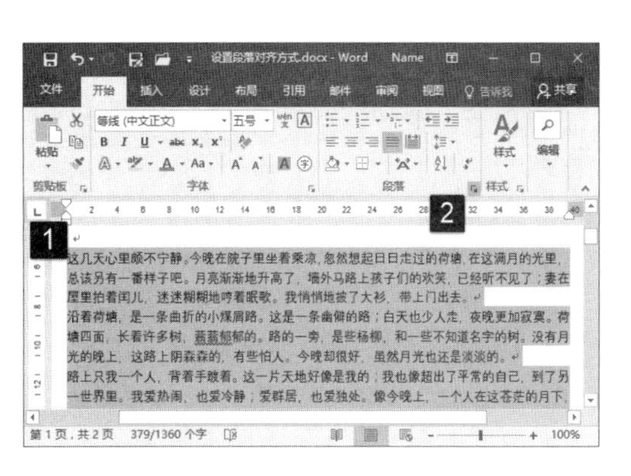

图 4.20　选择段落文本后单击“段落”按钮

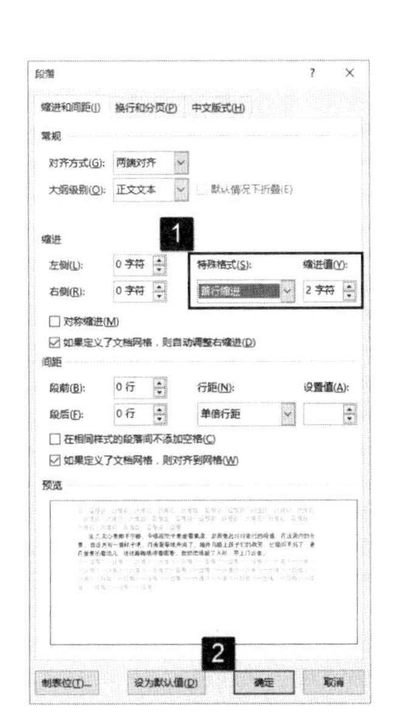

图 4.21　设置首行缩进

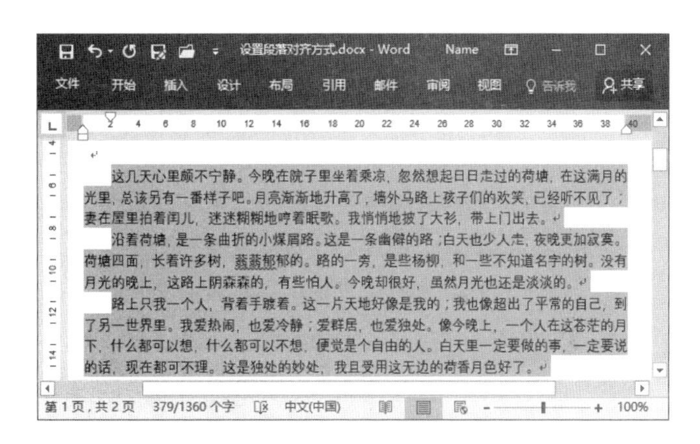

图 4.22　设置首行缩进后效果

03 如果在“特殊格式”下拉列表中选择“悬挂缩进”选项并设置“缩进值”，如图 4.23 所示。完成设置后的段落效果如图 4.24 所示。

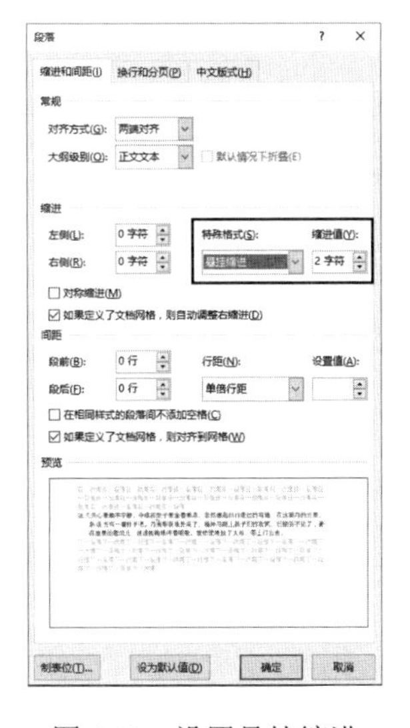

图 4.23　设置悬挂缩进

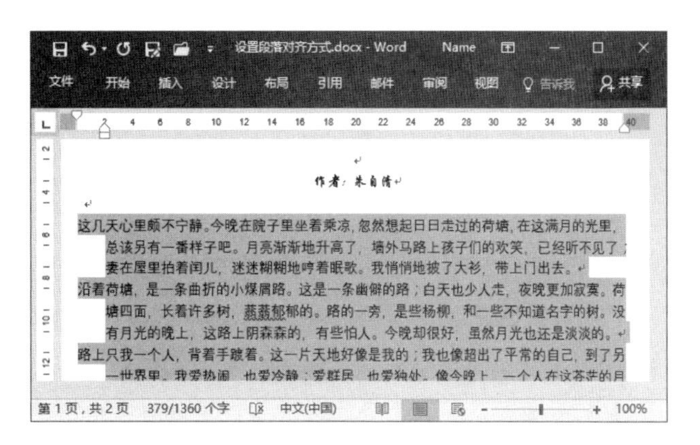

图 4.24　段落的悬挂缩进效果

04 在“段落”对话框的“左侧”和“右侧”微调框中输入数值设置段落左侧和右侧缩进量，单击“确定”按钮关闭对话框，如图 4.25 所示。缩进量设置完成后的段落效果，如图 4.26 所示。

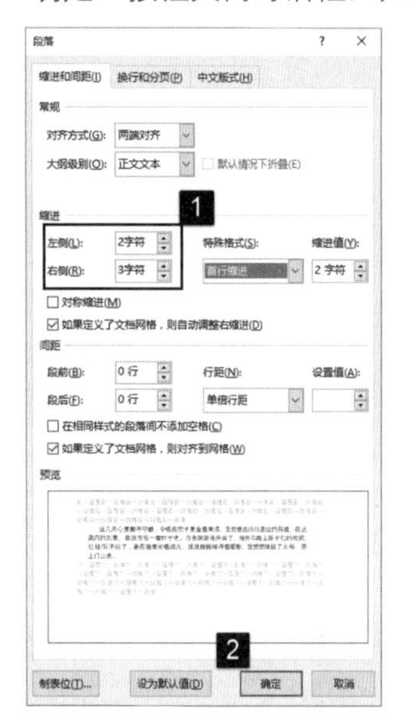

图 4.25　设置左右缩进量

图 4.26　左右缩进量设置完成后的效果

在“开始”选项卡的“段落”组中，单击“减少缩进量”按钮和“增加缩进量”按钮，也可以对段落的缩进量进行调整，如图 4.27 所示。按“Ctrl+M”键或“Ctrl+Shift+M”键可以增加或减小段落的缩进量。另外，当按住“Alt”键拖动标尺上的段落标记时，将能够显示缩进的准确数值。

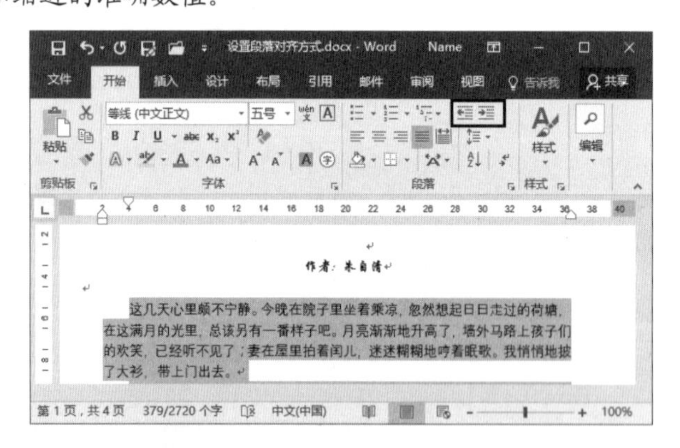

图 4.27　“减小缩进量”和“增加缩进量”按钮

2. 使用标尺来设置段落缩进

设置段落的缩进量时，一个比较简单直观的方式就是使用界面上的标尺，下面介绍具体的操作方法。

01 在文档中选择段落文本，拖动标尺上的“首行缩进”标记设置段落首行缩进量，如图 4.28 所示。拖动“左缩进”标记设置段落的左缩进量，如图 4.29 所示。

02 拖动标尺上的“悬挂缩进”标记设置段落的悬挂缩进量，如图 4.30 所示。拖动标尺右侧的“右缩进”标记可以使整个段落的所有行在右侧向左缩进，如图 4.31 所示。

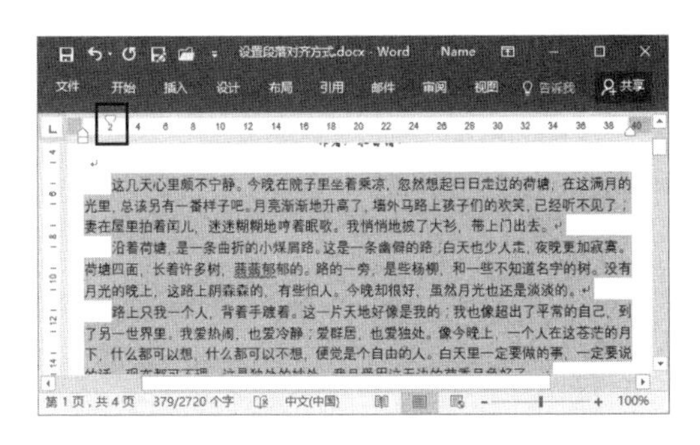

图 4.28　设置首行缩进

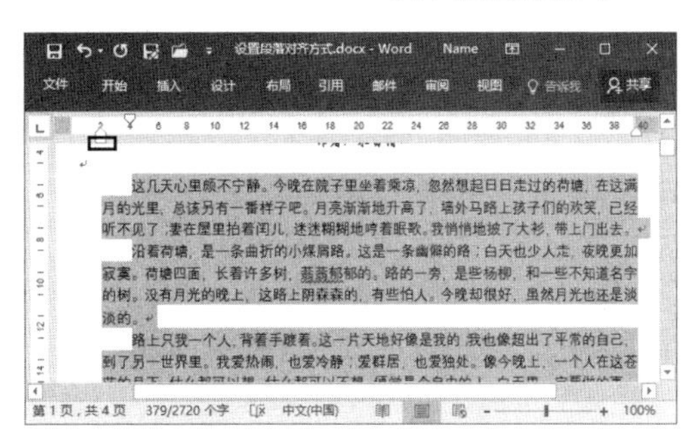

图 4.29　设置左缩进

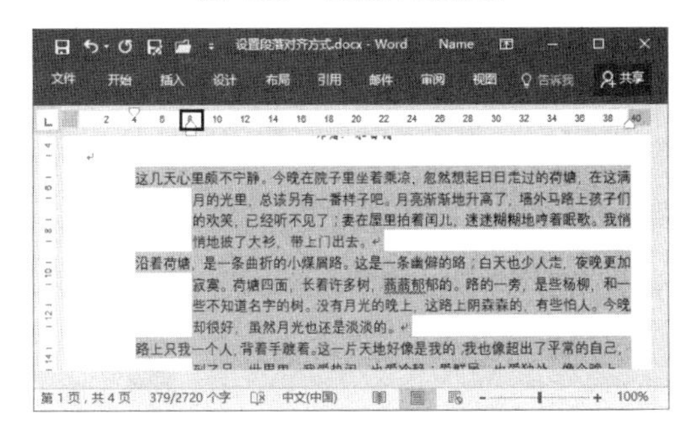

图 4.30　设置段落的悬挂缩进

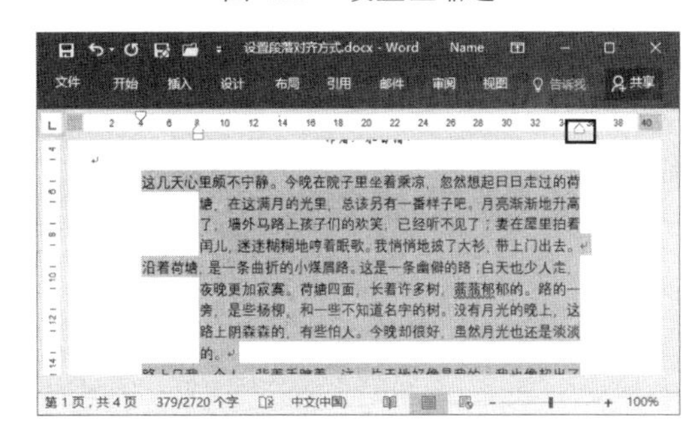

图 4.31　设置段落的右缩进

悬挂缩进指的是除段落第 1 行外其余各行缩进的距离。这里要注意在标尺下方的缩进标志与上方的不同。其上方是一个三角形，这就是悬挂缩进标记，拖动它改变段落的悬挂缩进量，此时首行缩进标记不会改变位置。下方是一个方块标记，这就是左缩进标记，拖动它时，标尺上方的首行缩进标记也会随着改变，即改变的是整个段落的左缩进量。

4.2.3　设置行间距和段落间距

行间距指的是段落中各行之间的距离，段落间距则是指段落与段落之间的距离。在对文档进行编辑时，对行间距和段落间距进行设置是改变段落外观的一种常见方式。

1. 设置行间距

在 Word 2016 中设置行间距的方法有 2 种，第一种方法是使用“开始”选项卡的“段落”组中的“行和段落间距”按钮来设置行间距，这种方法可以将 Word 内置的设置值直接应用到段落的各行。如果需要将行间距设置为任意值，则可以使用“段落”对话框来进行设置。下面介绍具体的操作方法。

01 在段落中单击将插入点光标放置于段落中，打开“开始”选项卡，单击“段落”组中的“行和段落间距”按钮。在下拉菜单中选择行距值设置段落中的行距，如图 4.32 所示。

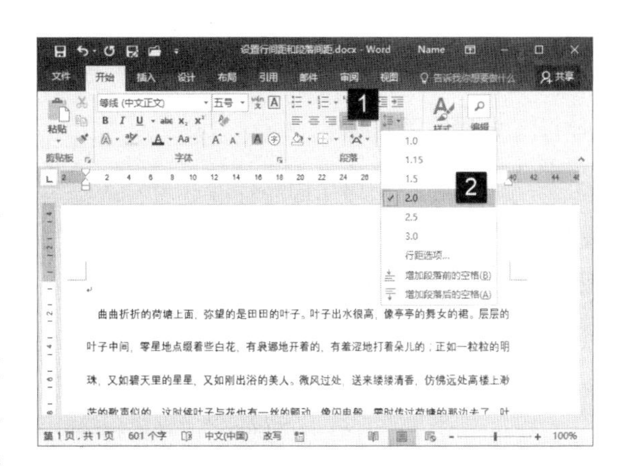

图 4.32　设置行距

02 在段落中放置插入点光标，在“开始”选项卡的“段落”组中单击“段落”按钮，如图 4.33 所示。打开“段落”对话框的“缩进和间距”选项卡，在“间距”栏的“行距”下拉列表中选择“固定值”选项，在其后的“设置值”微调框中输入行距值。完成设置后单击“确定”按钮关闭对话框，如图 4.34 所示。则插入点光标所在段落的行间距调整为设置值，如图 4.35 所示。

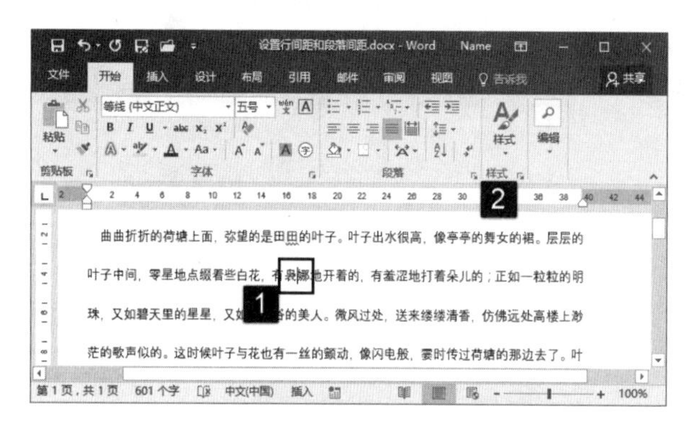

图 4.33　放置插入点光标后单击“段落”按钮

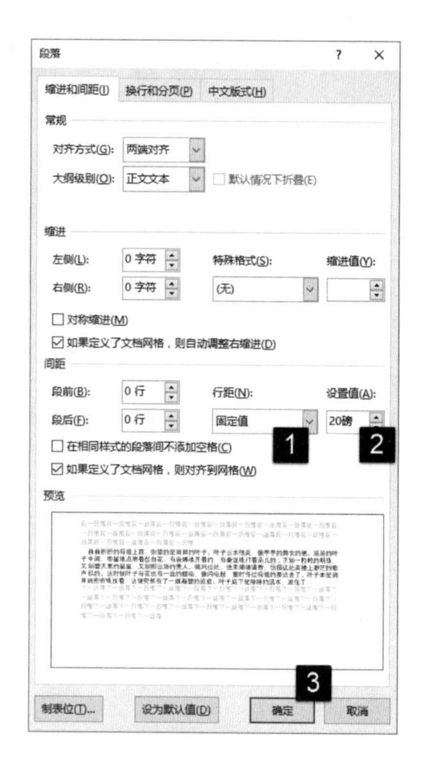

图 4.34　设置行间距

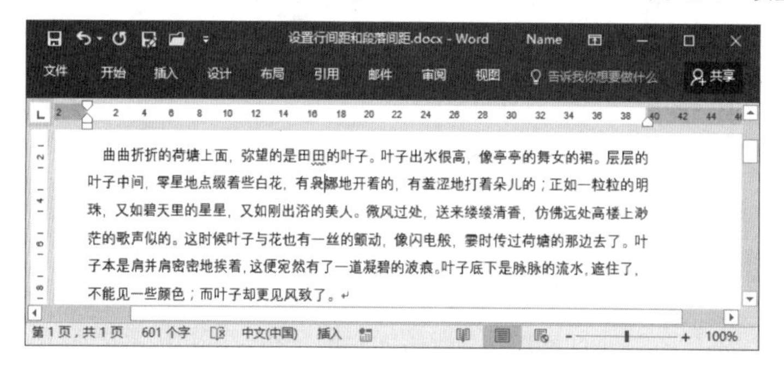

图 4.35　行间距调整为设置值

提　示

选择需要设置行间距的文本，或将插入点光标放置到需要设置行间距的段落中，按“Ctrl+1”键，可以将其设置为单倍行距。按“Ctrl+2”键可以将其设置为 2 倍行距。按“Ctrl+5”键可以将其设置为 1.5 倍行距。

2. 设置段落间距

在文档中，一个段落间距往往是夹在 2 个段落中间的，因此调整段落间距时，不仅需要调整该段落与前一个段落间的距离，还要调整该段落与后一个段落间的距离。使用“段落”对话框能够方便地实现段前和段后间距的调整。

01 将插入点光标放置到段落的任意位置后，打开“段落”对话框。在对话框的“缩进和间距”选项卡中设置“段前”和“段后”值，如图 4.36 所示。

02 完成设置后单击“确定”按钮关闭对话框，文档中段落间距按照设置进行调整。段落间距调整前和调整后的效果如图 4.37 所示。

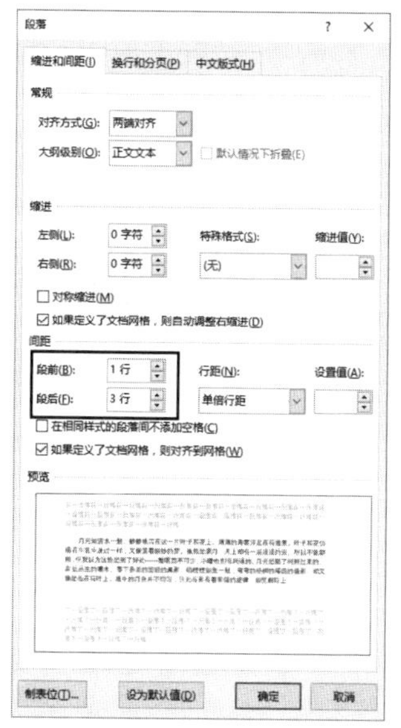

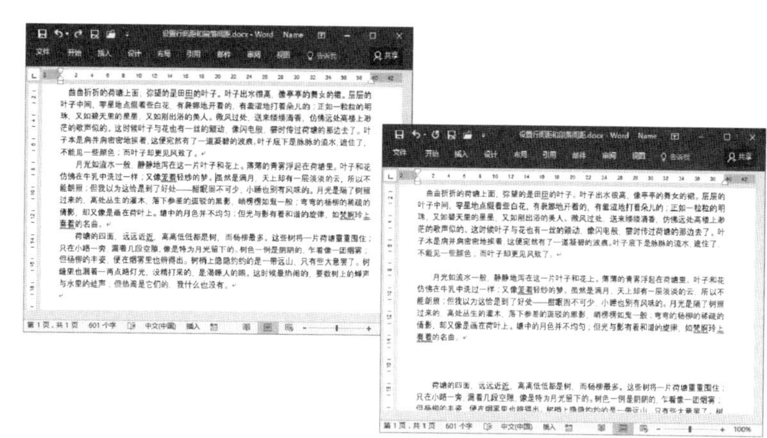

图 4.36　设置“段前”和“段后”值　　　　图 4.37　段落间距调整前后对比

4.3　本章拓展

下面介绍与文本和段落有关的一些拓展知识。

4.3.1　使用制表符

制表符使操作者能够方便实现向左、向右或居中对齐文本行，同时也可以实现文本、小数数字和竖线字符的对齐。随着 Word 表格功能的增强，制表符看上去已经没有使用价值了，但对于某些特殊场合，使用制表符能够起到事半功倍的作用。下面以在试卷中创建姓名、班级和学号填充区域为例来介绍制表符的使用方法。

01 启动 Word 2016，打开需要进行编辑的文档。单击水平标尺左侧的制表符按钮，直到出现“右对齐式制表符”按钮。在水平标尺上单击插入制表符，如图 4.38 所示。

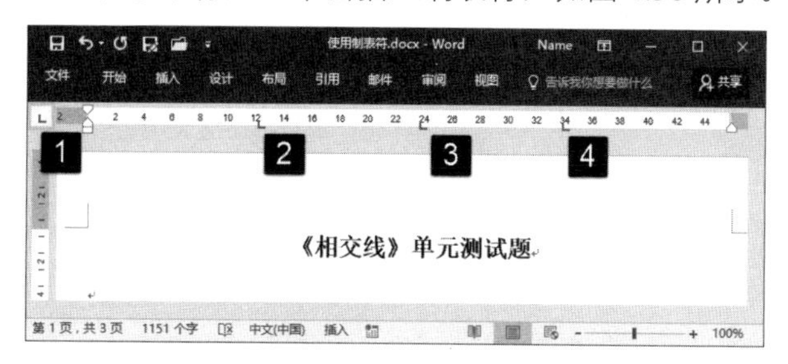

图 4.38　插入制表符

02 在水平标尺上任选一个制表符双击打开“制表符”对话框，在“制表位位置”列表中选择一个制表位选项，单击“前导符”栏中的“4____（4）”单选按钮为该制表符添加前导符，单击“设置”按钮完成该制表符的设置，如图 4.39 所示。使用相同的方法为其他 2 个制表符添加前导符，完成设置后单击“确定”按钮关闭“制表符”对话框。

03 在插入点光标处输入“班级:”，然后按 Tab 键，之后即会自动添加需要的下划线。在文档中依次输入需要的其他文字和下划线，如图 4.40 所示。

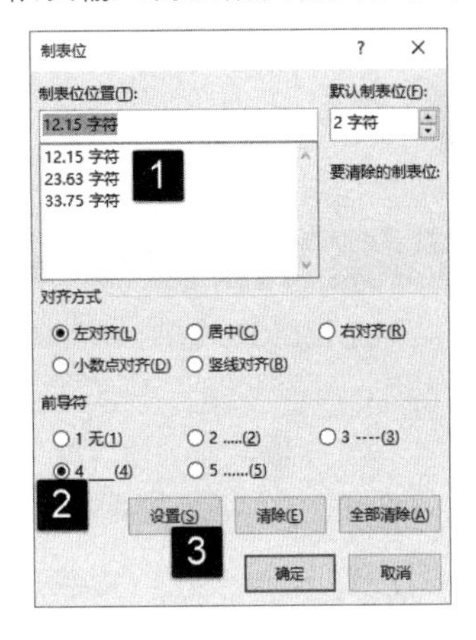

图 4.39　添加前导符

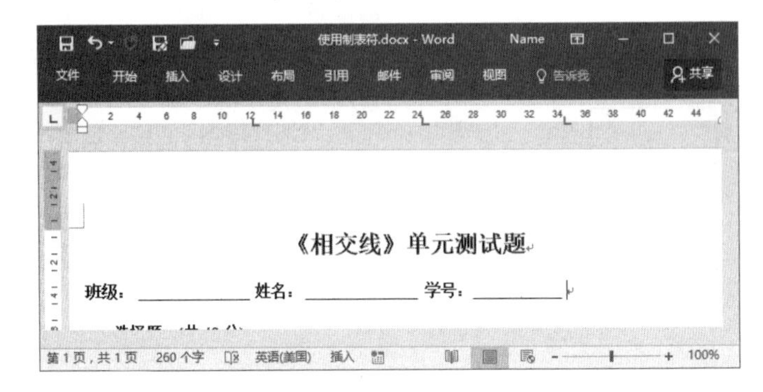

图 4.40　输入文字

04 在标尺上拖动创建的制表符，可以对制表位进行修改，如图 4.41 所示。

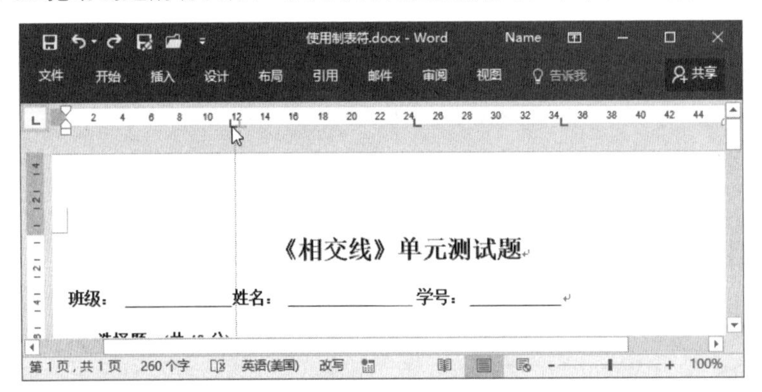

图 4.41　拖动制表符修改制表位位置

提示

如果需要删除添加的制表符，只需要从水平标尺上将其拖离标尺即可，按住 Alt 键拖动制表符能够实现制表符的精确移动。

4.3.2　使用 Tab 键调整段落缩进

在进行文档编辑时，用户可以使用 Tab 键或空格键来快速调整段落的缩进量。要能够使用这 2 个键来调整段落缩进，必需首先开启该功能，下面介绍具体的操作方法。

01 打开 Word 文档，打开“Word 选项”对话框。在对话框的左侧列表中选择“校对”选项，单击“自动更正选项”栏中的“自动更正选项”按钮，如图 4.42 所示。

02 此时将打开“自动更正”对话框，在该对话框中打开“键入时自动套用格式”选项卡，勾选“用 Tab 或 Backspace 设置左缩进和首行缩进”复选框。完成设置后单击“确定”按钮关闭对话框，如图 4.43 所示。单击“确定”按钮关闭“Word 选项”对话框完成设置。

03 在文档首行的第一个字符前单击放置插入点光标，按 Tab 即可增加段落的首行缩进量，如图 4.44 所示。如果将插入点光标放置到段落中某行的行首，按 Tab 键将能增加整个段落的左缩进量，如图 4.45 所示。

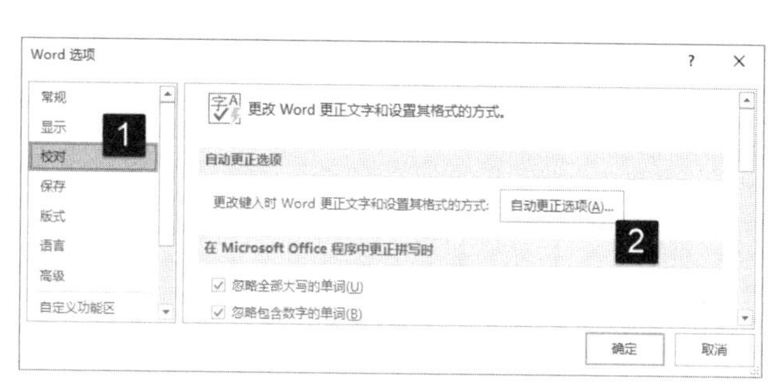

图 4.42　单击“自动更正选项”按钮

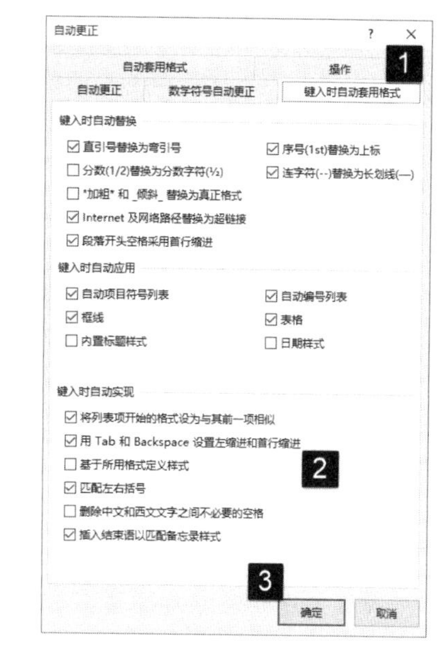

图 4.43　“自动更正”对话框

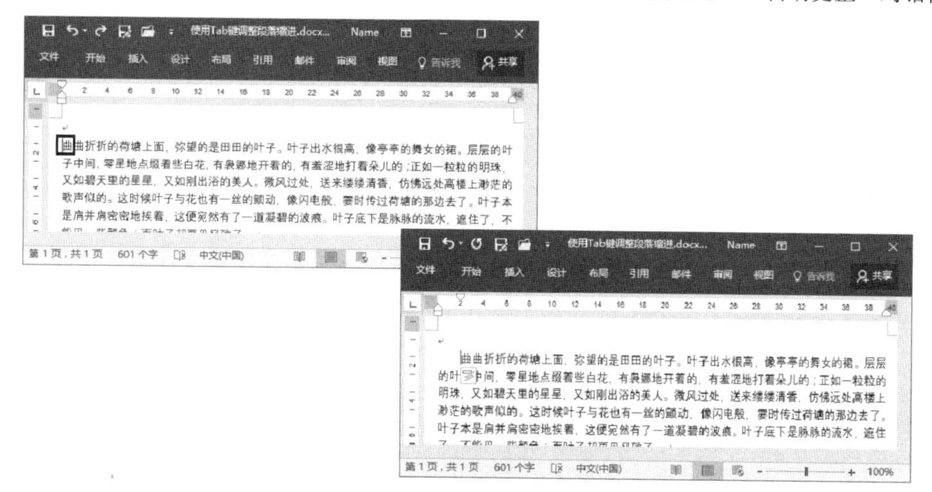

图 4.44　增加首行缩进量

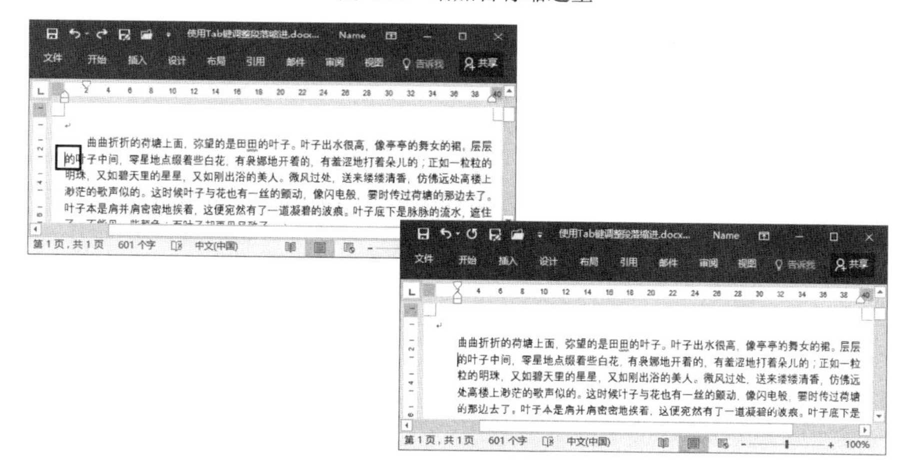

图 4.45　设置左缩进量

这里，使用 Backspace 键将能够减小段落的首行缩进量和左缩进量。

04 在使用 Tab 键设置缩进后，文档中会出现“自动更正选项”按钮。单击该按钮将会打开一个快捷菜单，选择其中的“改回至制表符”命令将取消左缩进，如图 4.46 所示。

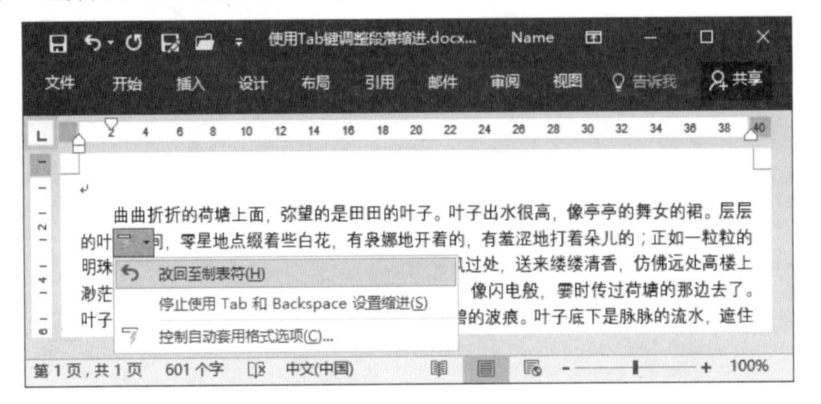

图 4.46　撤消缩进

选择“停止使用 Tab 键和 Backspace 设置缩进”命令将停止使用 Tab 键和 Backspace 键来设置缩进。选择“控制自动套用格式选项”命令，将可以打开“自动更正”对话框来对自动套用格式进行设置。

4.3.3　段落的首字下沉效果

首字下沉指的是在一个段落中加大段首字符。首字下沉常用于文档或章节的开头，在新闻稿或请帖等特殊文档中经常使用，可以起到增强视觉效果的作用。Word 2016 的首字下沉包括下沉和悬挂 2 种方式，下面介绍创建首字下沉效果的方法。

01 在文档中单击将插入点光标放置到需要设置首字下沉的段落中。在“插入”选项卡的“文本”组中单击“添加首字下沉”按钮，在打开的下拉列表中选择“下沉”选项。此时的段落将获得首字下沉效果，如图 4.47 所示。选择“悬挂”命令，则段落的首字下沉效果，如图 4.48 所示。

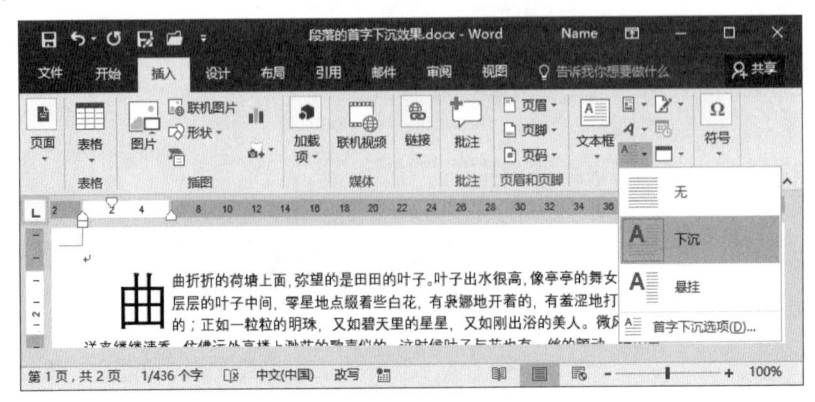

图 4.47　选择“下沉”选项

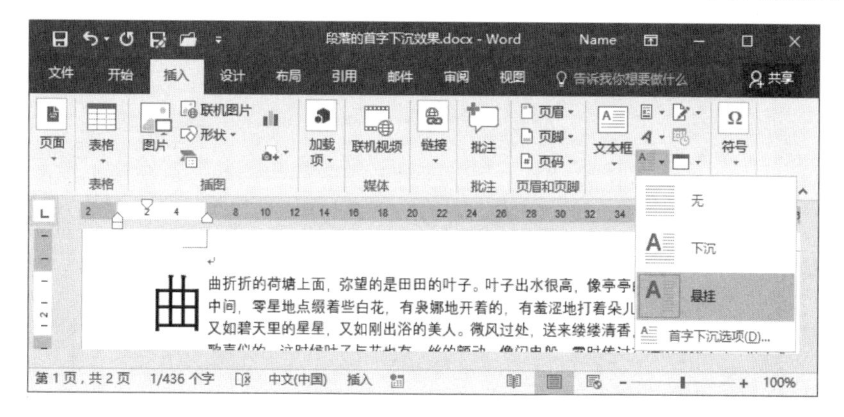

图 4.48　选择“悬挂”选项

02 在“首字下沉”列表中选择“首字下沉选项”选项打开“首字下沉”对话框。在对话框中首先单击“位置”栏中的选项设置下沉的方式，这里选择“下沉”选项。在“字体”下拉列表中选择段落首字的字体，在“下沉行数”增量框中输入数值设置文字下沉的行数，在“距正文”增量框中输入数值设置文字距正文的距离。完成设置后单击“确定”按钮关闭对话框，如 4.49 所示。此时获得的段落首字下沉效果，如图 4.50 所示。

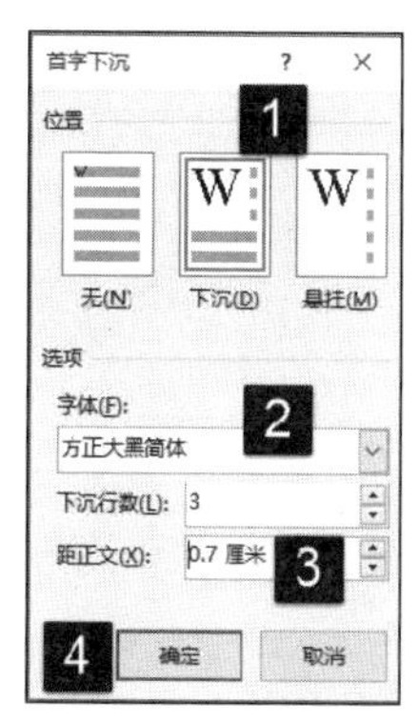

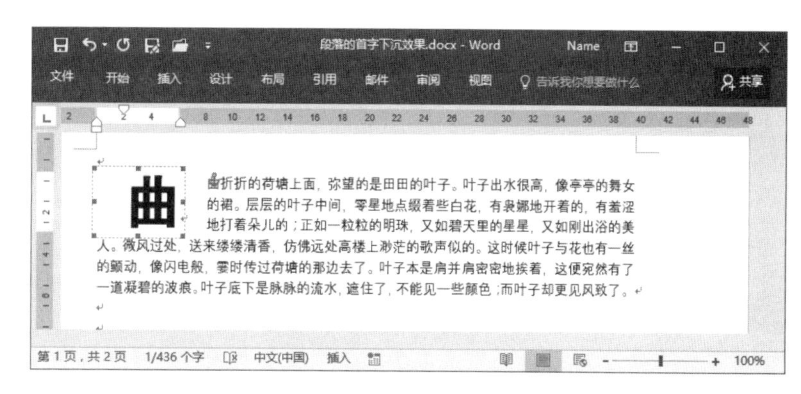

图 4.49　“首字下沉”对话框　　　　图 4.50　设置完成后的段落效果

提 示

如果不需要对首字下沉效果进行自定义，可以直接在“插入”选项卡的“首字下沉”列表中选择“下沉”或“悬挂”命令来创建首字下沉效果。如果要取消首字下沉效果，只需要单击“无”选项即可。

第 5 章

文档的美化

一份完整的 Word 文档的基本要素是文字、行和段落，用户对文档进行编辑处理时，需要对这些基本要素进行处理，使文档整体上获得美感，同时符合各种专业应用场合的格式规范要求。本章将对文档的格式设置进行介绍。

5.1 使用样式格式美化文档

样式是字符格式和段落格式特效的设置组合，在应用某个样式时，将能够同时应用该样式中所有的格式设置。在对文档进行处理时，使用样式不仅仅能够提高效率，而且能够方便地获得统一规范的格式。

5.1.1 套用内置样式格式

Word 2016 提供了多种类型的样式集，这些样式集放置在 Word 的样式库中，用户可以快速选择内置样式将其应用到文档中。在对文档进行编辑时，套用内置的样式格式的操作是很简单的，采用下面的方法来进行操作可以实现“一步到位”。

打开文档，在需要设置格式的段落中单击，插入点光标。在“开始”选项卡的“样式”组中单击“其他”按钮。在打开的列表中选择内置的样式格式选项，对应的格式即可应用于段落中，如图 5.1 所示。

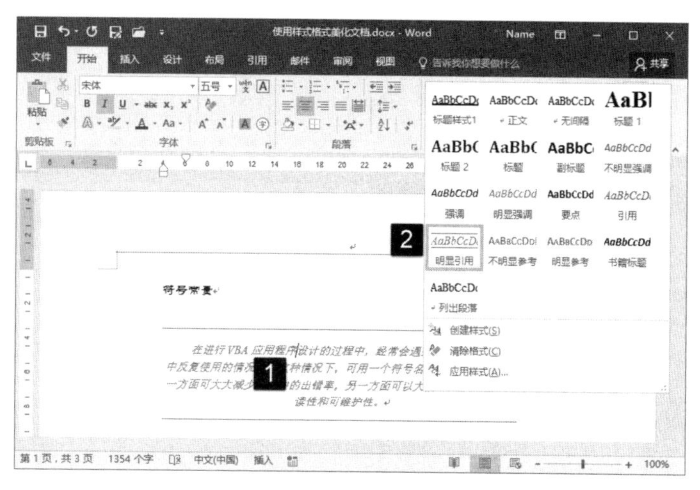

图 5.1　放置插入点光标后应用内置样式

5.1.2　修改和自定义样式格式

很多时候，内置的样式并不能满足当前文档的需要，此时可以对内置样式进行修改或干脆自定义格式样式。下面介绍具体的操作方法。

1．自定义样式格式

Word 允许用户根据需要创建新的格式样式，创建完成后格式样式可以像内置样式快速应用到当前的段落中。

01 在功能区中打开“开始”选项卡，单击“样式”组中的“样式”按钮打开“样式”窗格。在窗格中单击“新建样式”按钮，如图 5.2 所示。

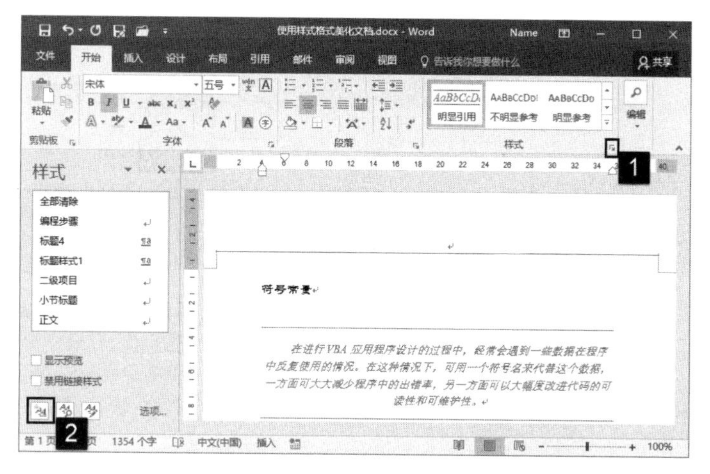

图 5.2　打开“样式”窗格

提　示

将鼠标放置到“样式”窗格中列表的某个选项上时，将能够显示该项所对应的字体、段落和样式的具体设置情况。

02 在“样式”窗格中单击“新建样式”按钮打开“根据格式设置创建新样式”对话框，在对话框中对样式进行设置。完成设置后单击“确定”按钮关闭对话框，如图 5.3 所示。

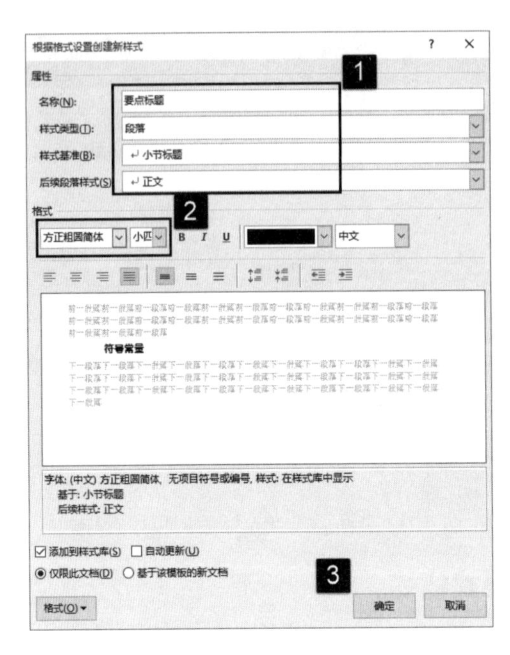

图 5.3 “根据格式设置创建新样式”对话框

这里，“样式类型”下拉列表框用于设置样式使用的类型。“样式基准”下拉列表框用于指定一个内置样式作为设置的基准。“后续段落样式”下拉列表框用于设置应用该样式的文字的后续段落的样式。如果需要将该样式应用于其他的文档，可以选择“基于该模板的新文档”单选按钮。如果只需要应用于当前文档，可以选择“仅限此文档”单选按钮。

此时创建的新样式将添加到“样式”窗格的列表中和功能区“样式”组的样式库列表中，如图 5.4 所示。

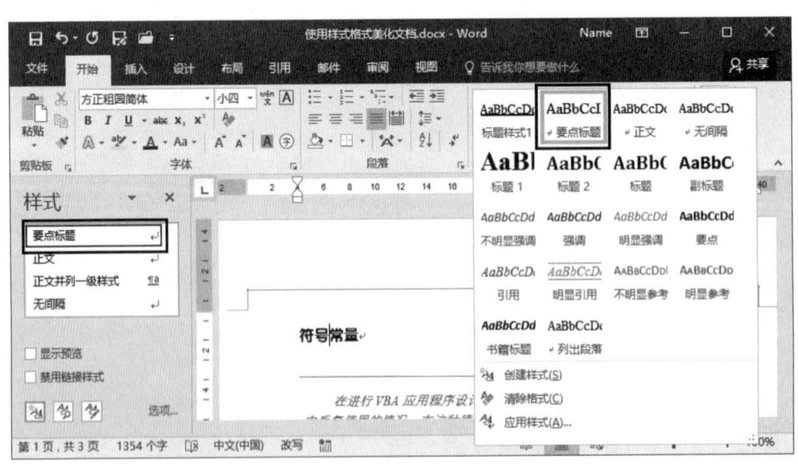

图 5.4 样式添加到“样式”窗格和样式库中

2．修改样式格式

对于自定义的格式样式，用户可以随时对其进行修改。下面以对“样式”窗格中列出的样式进行修改为例，来介绍对样式进行修改的具体方法。

01 在“样式”窗格中选择需要修改样式的选项，单击其右侧出现的下三角按钮，在获得的菜单中选择“修改”命令，如图 5.5 所示。

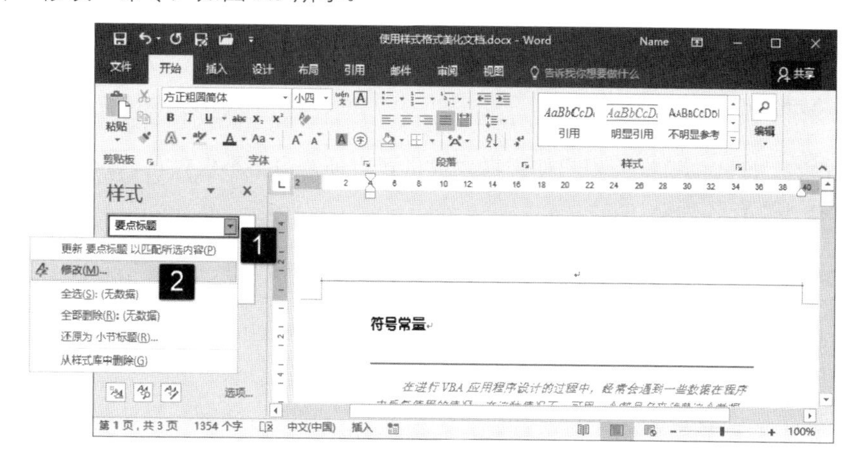

图 5.5　选择菜单中的“修改”命令

这里，单击“从快速样式库中删除”命令将能够删除选择的样式，但 Word 的内置样式是无法删除的。如果选择了“更新‘标题样式 1’以匹配所选内容”命令，则带有该样式的所有文本都将会自动更改以匹配新样式。

02 此时将打开“修改样式”对话框，使用该对话框可以对设置的样式进行修改。如果需要对字体、段落或边框等进行更为详细的修改，可以单击对话框中的“格式”按钮，在打开的菜单中选择相应的命令，如选择“字体”命令，如图 5.6 所示。此时将打开“字体”对话框，使用该对话框可以对文字的样式进行更为具体的设置。完成修改后单击“确定”按钮关闭对话框，如图 5.7 所示。完成设置后，单击“确定”按钮关闭“修改样式”对话框，文档中所有使用该样式的段落格式也被修改。

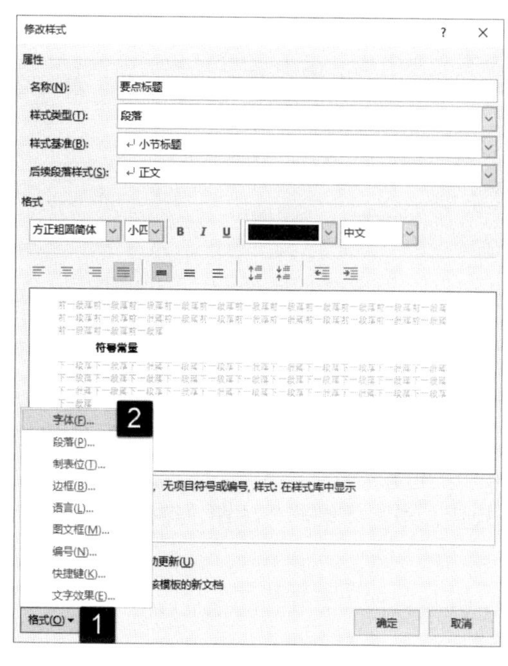

图 5.6　选择设置字体

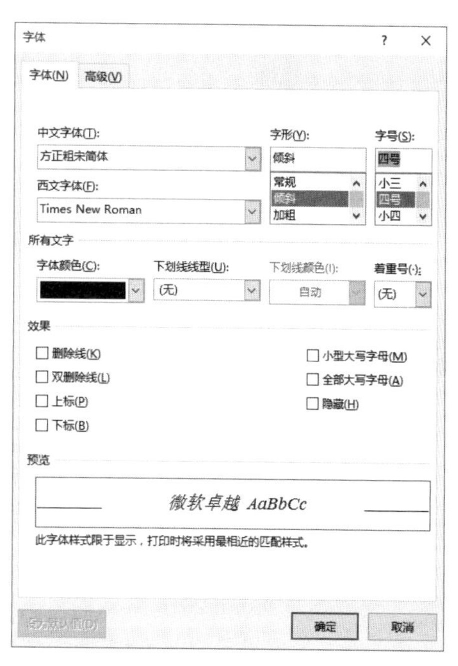

图 5.7　“字体”对话框

提 示　在文档中输入文本时，在一个段落完成后按 Enter 键生成新的段落，此时后续段落将继承当前段落的样式。在“修改样式”对话框的“后续段落样式”下拉列表中可以选择后续段落的样式。

5.1.3 管理样式

Word 2016 的“样式”窗格为用户使用样式提供了方便，窗格不仅仅可以预览、创建和应用样式，还可以对样式进行各种操作。

1. 管理样式

样式的管理包括对窗格中的样式进行排序、显示或隐藏样式以及对样式的可用性进行设置等操作。下面介绍管理样式的方法。

01 在“样式”窗格中单击“管理样式”按钮将打开“管理样式”对话框。在对话框的“排序顺序”列表中选择相应的选项可以设置列表中样式的排序方式，如图 5.8 所示。

图 5.8　设置排序方式

02 打开“推荐”选项卡，在列表中选择样式选项，单击“隐藏”按钮，该样式将隐藏，如图 5.9 所示。如果单击“使用前隐藏”按钮，则选择样式如果没有被使用，样式将不会显示，只有其被使用了才会显示出来。同时，在该对话框中，通过单击“设置按推荐的顺序排序时所采用的优先级”下的 4 个按钮，可以改变选择的样式选项在列表中的位置。

03 打开“限制”选项卡，在列表中选择样式选项后，单击“限制”按钮，可以对其格式修改等操作进行限制，如图 5.10 所示。

04 如果需要对 Word 2016 默认的格式进行修改，可以打开“管理格式”对话框中的“设置默认值”选项卡，根据需要对 Word 的默认格式进行修改，如图 5.11 所示。

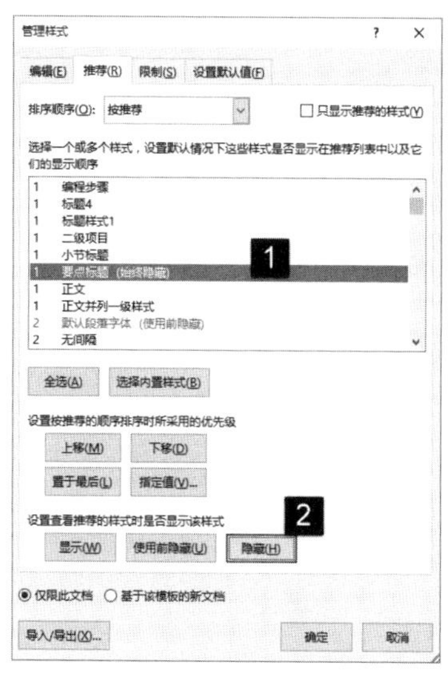

图 5.9　隐藏样式

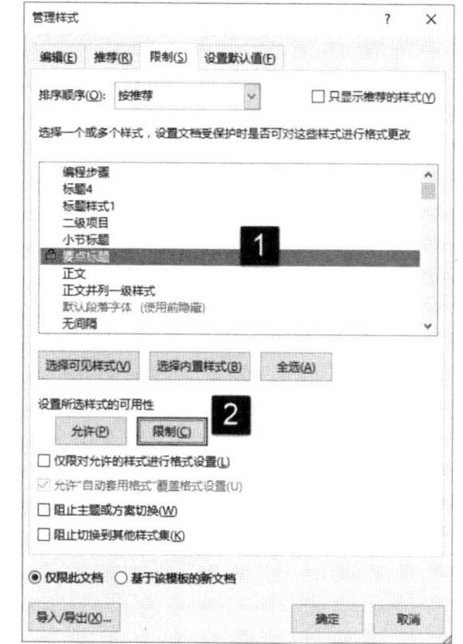

图 5.10　对选择样式进行限制

图 5.11　设置默认格式

2. 使用样式检查前

Word 2016 提供了一个样式检查器，使用其可以查看选择样式的格式设置情况，并对样式进行一些必要的操作。

01 在“样式”窗格中单击“样式检查器”按钮打开“样式检查器”窗格，窗格中列出了选择样式的相关信息。单击窗格中的“全部清除”按钮，将清除文档中对选择样式的应用，文字重设为正文样式，如图 5.12 所示。

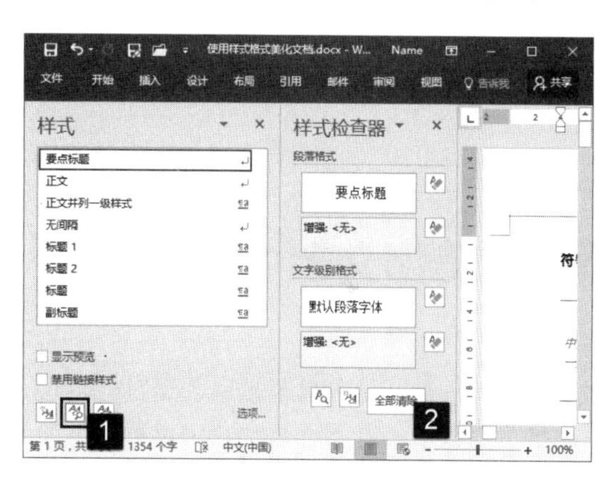

图 5.12　打开“样式检查器”窗格

提　示　在“样式检查器”窗格的某个项目右侧都有一个对应按钮，单击该按钮可以清除当前的设置，将该项设置恢复为默认值，如图 5.13 所示。

02 在“样式检查器”窗格中单击“显示格式”按钮将打开“显示格式”窗格，在窗格中将能显示当前样式的格式设置情况，如图 5.14 所示。

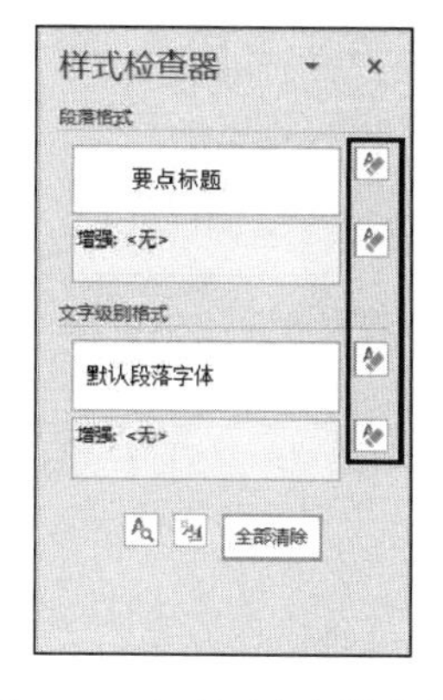

图 5.13　各项目右侧的按钮

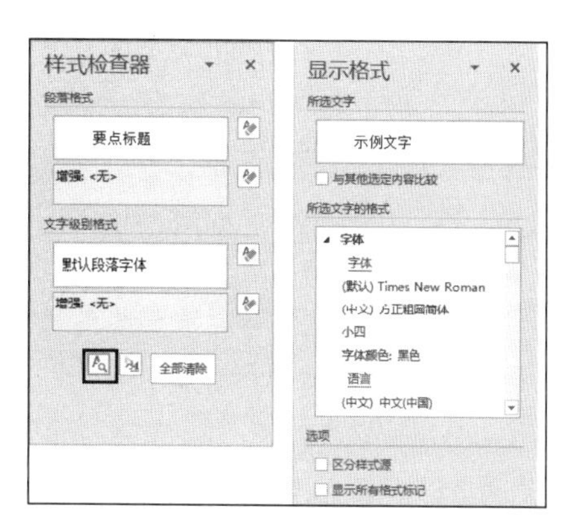

图 5.14　打开“显示格式”窗格

03 在“样式检查器”窗格中单击“新建样式”按钮将打开“根据格式设置创建新样式”对话框，使用该对话框可以新建样式，如图 5.15 所示。

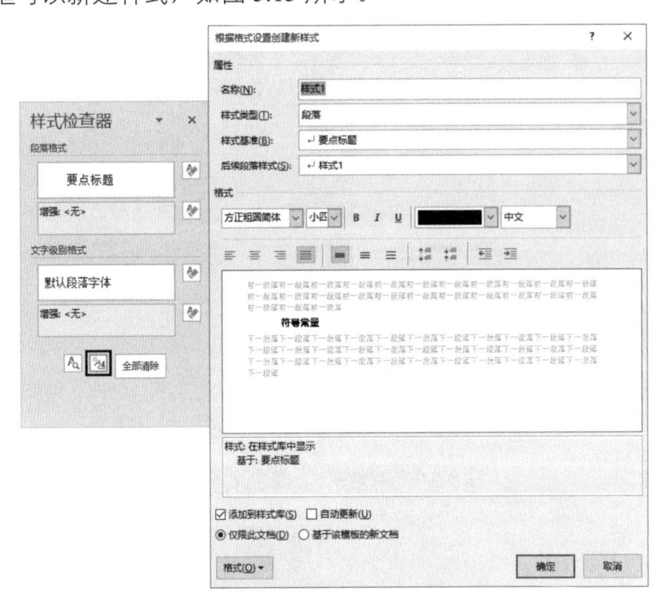

图 5.15　打开“根据格式设置创建新样式”对话框

5.2　美化文档中列表项目

列表项目是文档中经常出现的项目，Word 也为这些项目提供了可以直接使用的设置项。当然，用户也可以根据需要来进行个性化设置。下面介绍项目符号和项目编号的设置方法和技巧。

5.2.1　在段落中添加项目符号

项目符号是以段落为单位，添加在段落开始的符号标记。使用项目符号可以使内容显得条理清晰，层次分明。用户在使用项目符号时，既可以使用默认的项目符号，也可以自定义项目符号。

01 鼠标在需要插入项目符号的段落中单击，将插入点光标放置到段落中。在“开始”选项卡的“段落”组中单击“项目符号”按钮上的下三角按钮，在获得的“项目符号库”列表中单击需要使用的项目符号，选择段落被添加上项目符号，如图 5.16 所示。

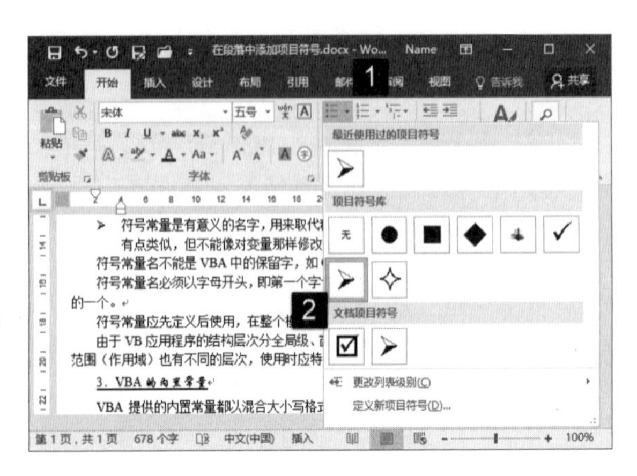

图 5.16　使用项目符号

提　示

这里，如果直接单击“项目符号”按钮，将添加最近使用的项目符号。

02 如果打开的“项目符号库”列表中没有需要的项目符号，可以单击“定义新项目符号”选项打开“定义新项目符号”对话框。在对话框中单击“符号”按钮。此时可以打开“符号”对话框，在对话框中选择作为项目符号的符号。完成设置后单击“确定”按钮关闭“符号”对话框，如图 5.17 示。单击“确定”按钮关闭“定义新项目符号”对话框后，选择的符号应用到段落中，如图 5.18 所示。

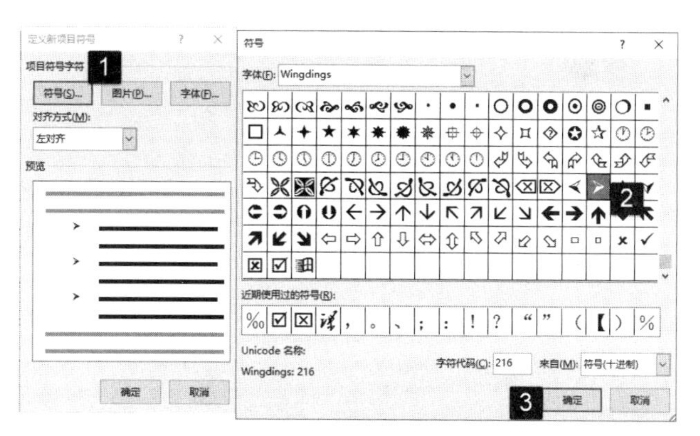

图 5.17　自定义项目符号

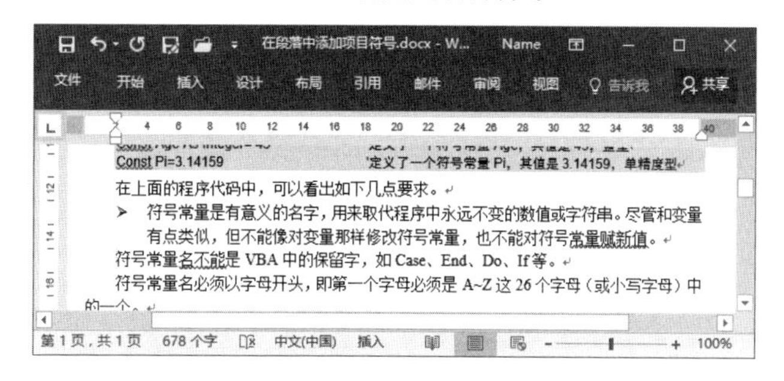

图 5.18　选择的符号应用到段落中

提　示　在“项目符号库”列表中，如果选择“更改列表级别”选项，将打开下级列表，通过选择相应的选项可以更改当前段落的项目级别，在打开的列表中选择编号样式，将其应用到段落中。在“项目符号库”的某个选项上右击，在打开的快捷菜单中选择“删除”命令，可以将选择的项删除。

5.2.2　创建多级列表

多级列表是指在文档中为使用列表或设置多级层次结构而创建的一种段落列表，Word 2016 为多级列表的创建提供了默认的结构，用户可以直接选择使用。同时，Word 也允许用户根据需要自定义多级列表。

1．添加多级列表

Word 可以方便地为指定的段落添加多级列表，下面介绍具体的操作方法。

01 在文档中选择需要创建多级列表的段落，在“开始”选项卡的“段落”组中单击“多级列表”按钮。在打开的“列表库”中选择需要使用的列表样式选项将其应用于选择的段落，如图 5.19 所示。

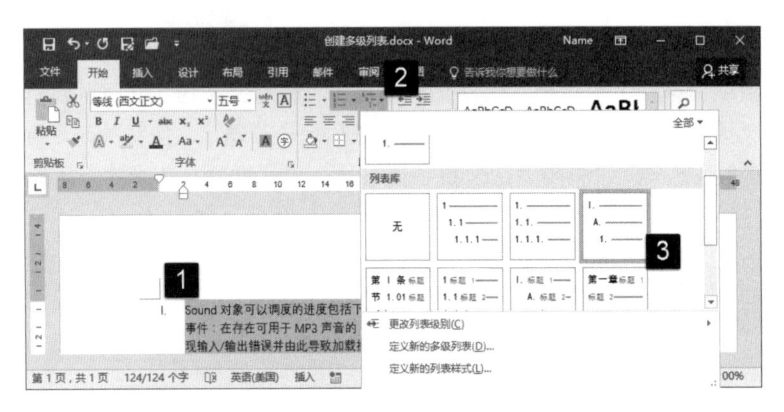

图 5.19　将列表样式应用于选择的段落

02 将插入点光标放置到下级段落文字的首字符的前面后按 Enter 键，从该字符起文本另起一段，该段落与上一个段落级别相同。在该段落前面自动添加项目编号，如图 5.20 所示。

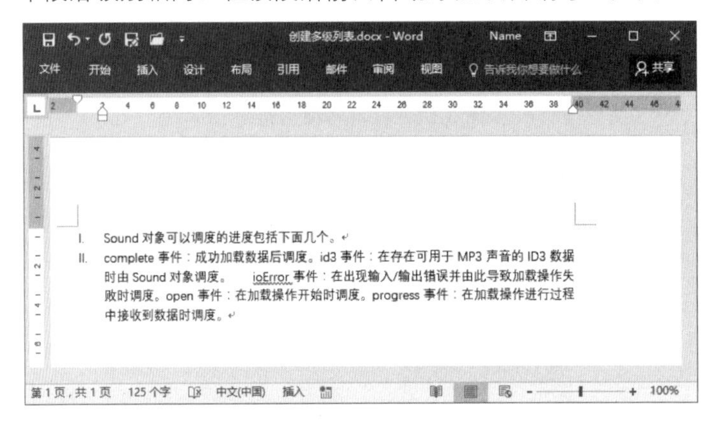

图 5.20　添加一个新的项目编号

03 将插入点光标放置到当前段落的第一个字符的前面后按 Tab 键，该段落变为上一段落的下级段落。Word 按照前面的选择自动添加项目编号，如图 5.21 所示。

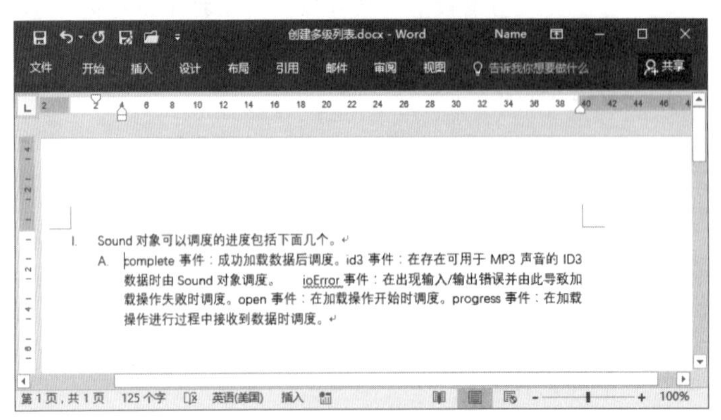

图 5.21　获得下级段落

提 示

在这里，每按一次 Tab 键，段落级别将下降一级，一共可以创建九级列表段落。另外，如果按 Shift+Tab 键，当前段落将升高一个级别。连续按 Shift+Tab 键，段落级别将能够不断升级，直到第一级为止。

04 将插入点光标放置到需要与当前段落同级的段落首字符前，按 Enter 键，可以创建同级的段落文本。依次使用相同的操作方法获得分级段落，如图 5.22 所示。

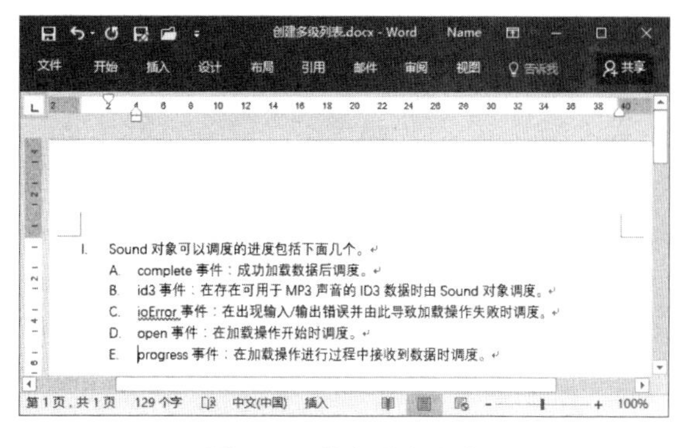

图 5.22 获得分级段落

2. 自定义多级列表

多级列表除了可以使用 Word 提供的默认样式之外，用户还可以根据需要进行自定义。下面介绍自定义多级列表的方法。

01 将插入点光标放置到需要创建多级列表的段落中，在打开的“多级列表”列表中选择“定义新的多级列表”选项，如图 5.23 所示。

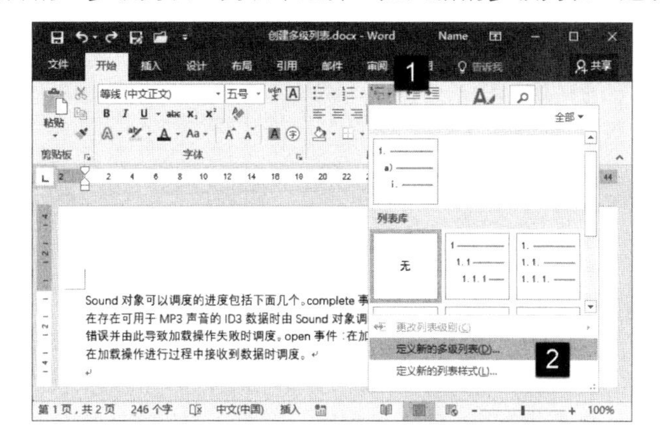

图 5.23 选择“定义新的多级列表”选项

02 此时将打开“定义新多级列表”对话框，在对话框左侧列表中首先选择需要自定义的级别，在“此级别的编号样式”列表中选择编号样式。单击“字体”按钮打开“字体”对话框，在对话框中对编号的字体等进行设置。完成设置后分别单击“确定”按钮关闭这 2 个对话框，如图 5.24 所示。

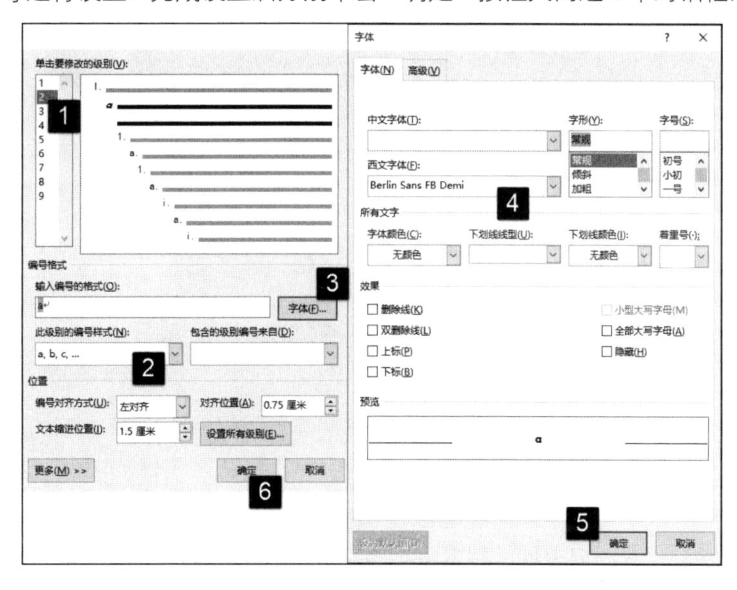

图 5.24 对列表级别进行自定义

03 在创建自定义段落列表中，自定义的样式将能够应用到这个多级段落列表中，如图 5.25 所示。

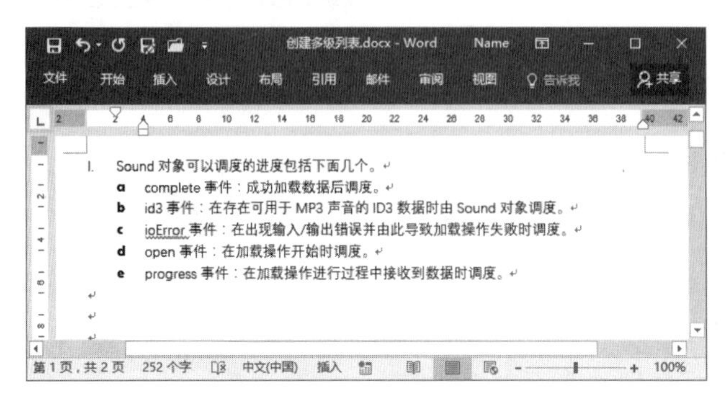

图 5.25 应用自定义多级列表样式

5.3 使用边框和底纹

边框和底纹是对文档进行修饰的重要手段，为段落添加边框和底纹不仅能够美化文档，使文档具有鲜明的特色，还可以对特殊段落进行强调，将读者的目光吸引到重点段落，使其显得突出醒目。

5.3.1 在文档中使用段落边框

在 Word 文档中，单个的文字以及段落都是可以添加边框的。文字边框的添加和设置可以使用“边框和底纹”对话框中的“边框”选项卡来实现，下面介绍为文本添加边框的具体操作方法。

01 打开文档，选择需要添加边框的段落，在“开始”选项卡的“段落”组中单击“边框”按钮上的下三角按钮，在打开的列表中选择“边框和底纹”选项，如图 5.26 所示。

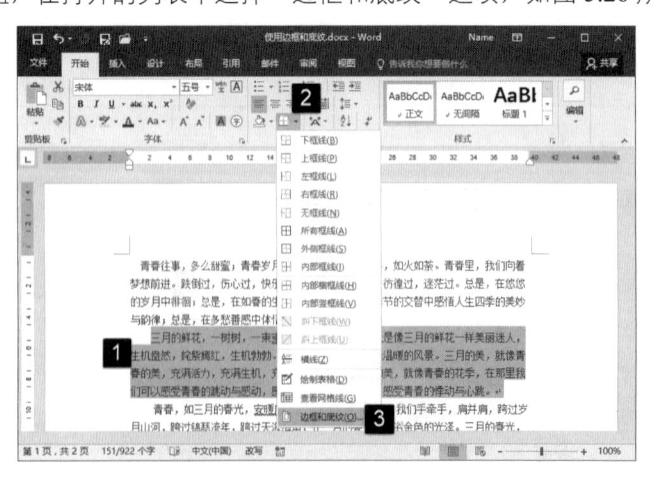

图 5.26 选择“边框和底纹”选项

02 此时将打开“边框和底纹”对话框，切换到对话框的“边框”选项卡，在“设置”栏中选择边框类型，在“样式”列表中选择线型。单击“颜色”下拉列表框，在获得的下拉列表中选择边框颜色。单击“宽度”下拉列表框，在下拉列表中选择边框宽度。完成设置后单击“确定”按钮关闭对话框，如图 5.27 所示。此时，选择的段落将添加边框，如图 5.28 所示。

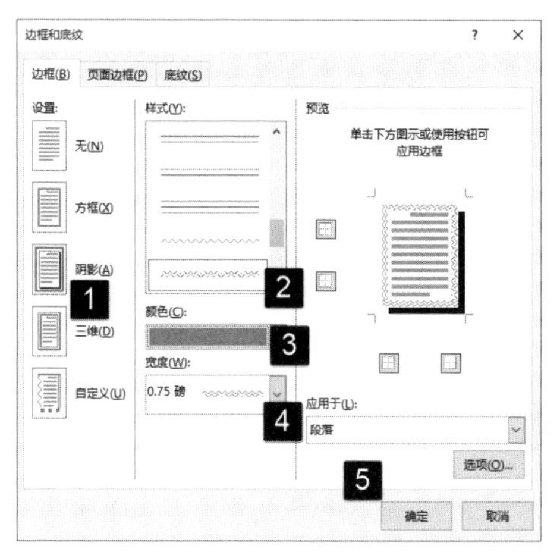

图 5.27 “边框”选项卡中的设置

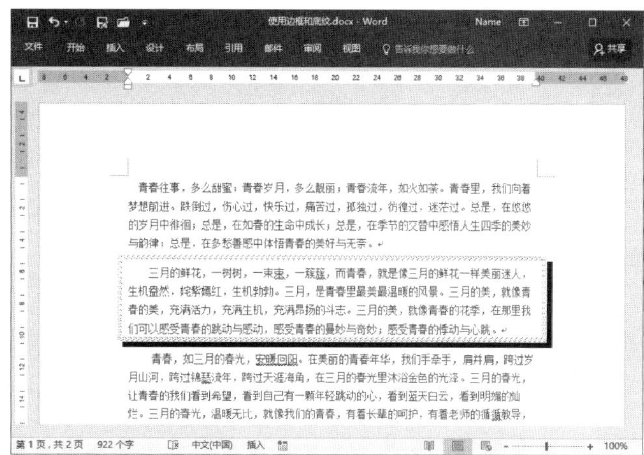

图 5.28 选择的段落添加边框

03 在“边框”选项卡的“预览”栏中改变“上”“下”“左”和“右”按钮状态可以选择边框的 4 边是否出现。这里设置了 4 边后，边框的阴影效果和 3D 效果将无效。例如，这里取消“上”和“下”按钮的按下状态，单击“确定”按钮关闭对话框，如图 5.29 所示。段落上下边框被取消，如图 5.30 所示。

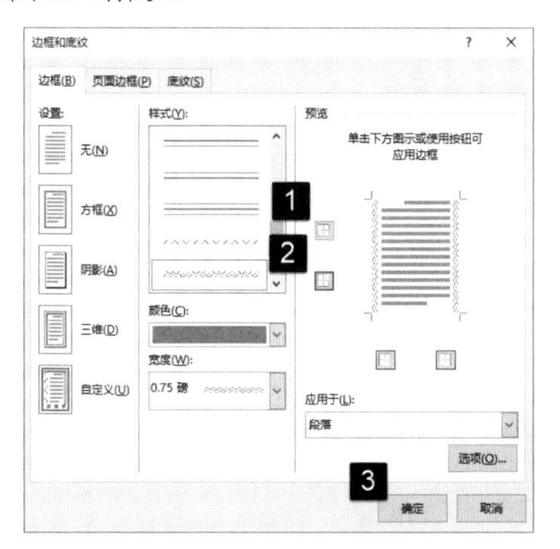

图 5.29 取消“上”和“下”键的按下状态

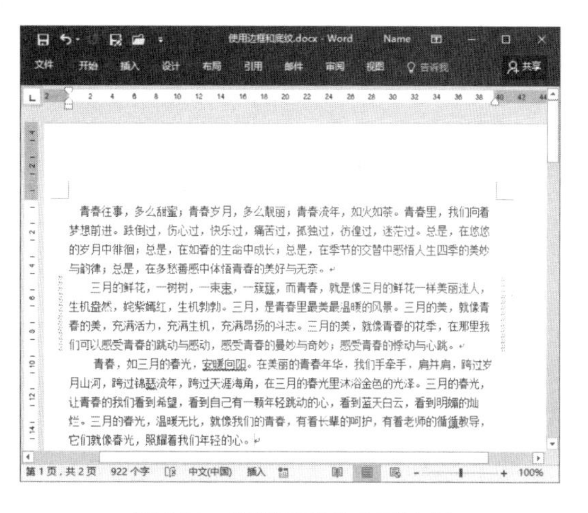

图 5.30 取消段落的上下边框

5.3.2 为整个文档添加边框

为文档添加边框能够修饰文档内容，同时能够起到美化文档的作用。下面以向文档添加艺术边框为例来介绍向文档页面添加边框的操作方法。

01 打开需要添加边框的文档，在“开始”选项卡的“段落”组中单击“边框”按钮上的下三角按钮，在打开的列表中选择“边框和底纹”选项打开“边框和底纹”对话框。在“页面边框”选项卡的“样式”列表中选择边框样式，在“应用于”下拉列表中选择“整篇文档”选项，设置边框的应用范围，如图 5.31 所示。

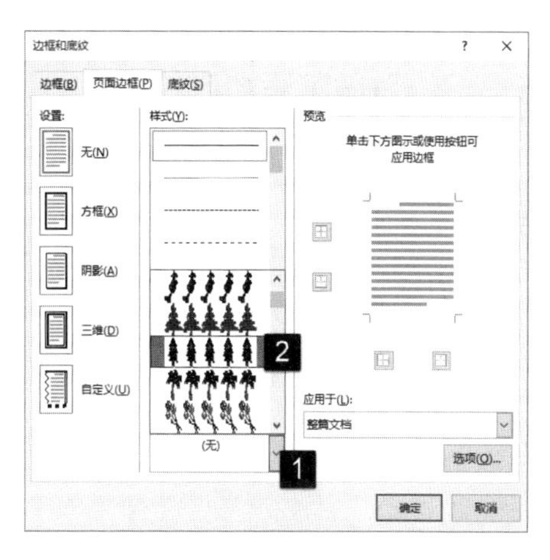

图 5.31 设置文档边框

提 示

这里，可以使用“应用于”下拉列表框来设置边框在页面中应用的范围，其包括“整篇文档”“本节”“本节 - 仅首页”和“本节 - 除首页外所有页”几个选项。对话框的“样式”列表用于选择边框线的线型，“颜色”下拉列表框用于设置边框线的颜色，“宽度”下拉列表框用于设置边框线的宽度。

02 在“边框和底纹”对话框中单击“选项”按钮，打开“边框和底纹选项”对话框，在对话框中对边框的边距进行设置，如图 5.32 所示。

03 单击“确定”按钮关闭“边框和底纹选项”对话框，单击“确定”按钮关闭“边框和底纹”对话框，文档中被添加了选择的艺术边框，如图 5.33 所示。

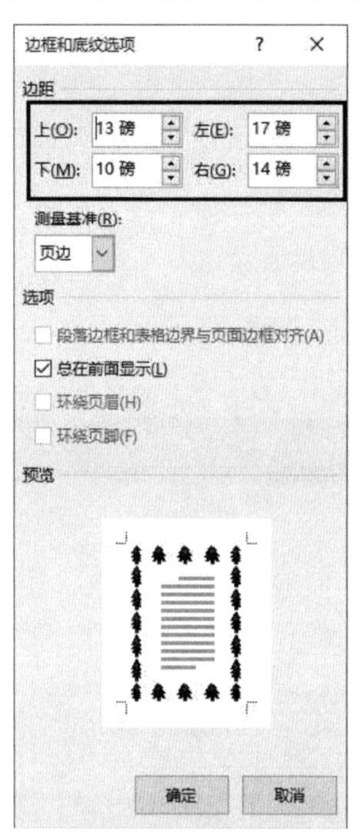

图 5.32 设置边距

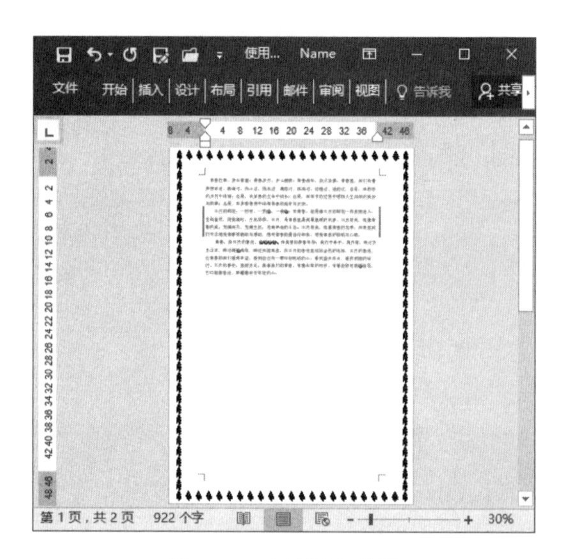

图 5.33 文档添加边框

提 示

添加艺术边框，边框的宽度和颜色不能改变。另外，如果是在普通视图模式下进行了添加边框的操作，Word 会自动切换到页面视图模式。

5.3.3 为段落添加底纹

对于文档中的段落，可以添加底纹来对其进行美化。段落底纹的添加方式与段落边框的添加方式类似，下面介绍具体的操作方法。

01 在文档中选择需要添加底纹的段落，打开“边框和底纹”对话框。在对话框中单击“底纹”标签打开该选项卡。在“填充”列表中选项颜色选项设置底纹的填充颜色，如图 5.34 所示。

02 在“图案”组的“样式”列表中选择图案样式，在“颜色”列表中对颜色进行设置。完成设置后单击“确定”按钮关闭对话框，如图 5.35 所示。此时选择段落被添加底纹，如图 5.36 所示。

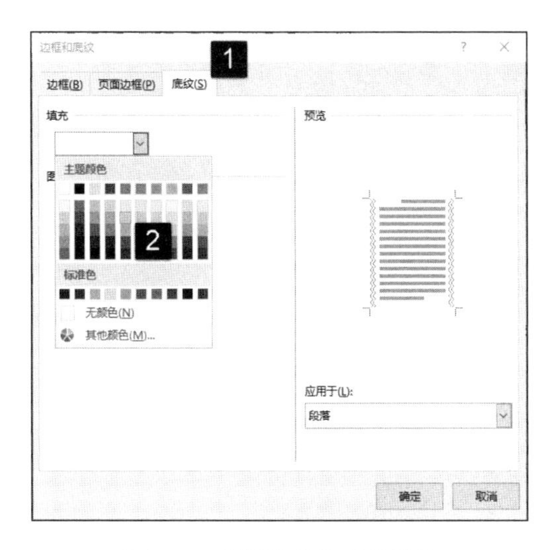

图 5.34　设置底纹的填充颜色

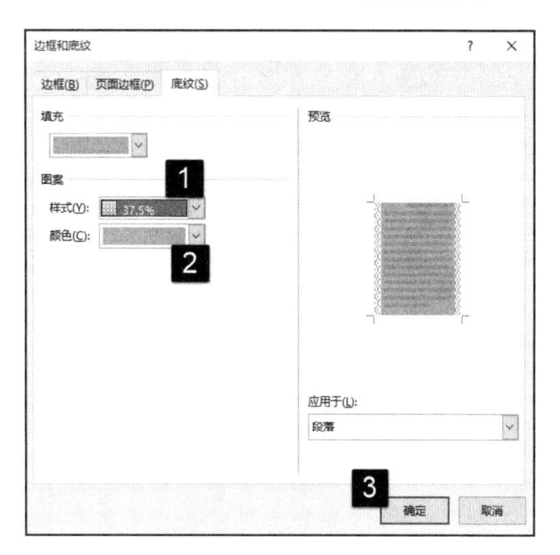

图 5.35　设置图案

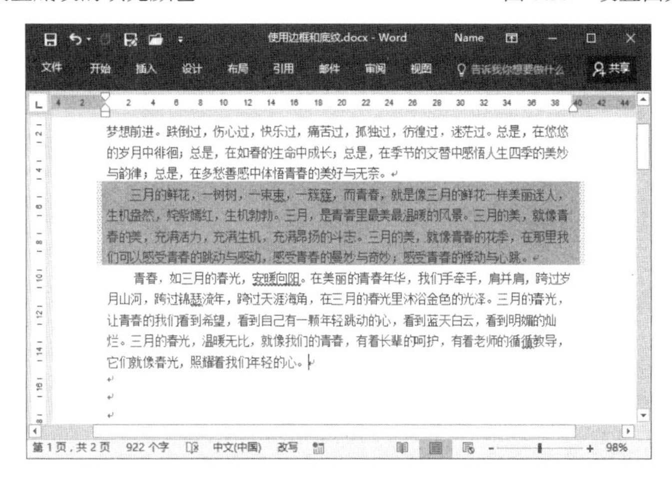

图 5.36　选择段落被添加底纹

5.4　使用特殊的中文版式

用于特殊场合的文档往往具有特殊的版式要求，灵活使用 Word 的功能能够方便快捷地完成这些特殊版式的创建。本节将介绍几个特殊文档版式的制作方法。

5.4.1　将文字竖排

Word 2016 中的文字是以水平方式输入排版。在中文排版时，有时需要以竖直方式进行排版，如输入古诗词。使用 Word 2016 能够很容易地将水平排列的段落文字设置为竖直排列的文字。下面以将一首横排输入的古诗转变为竖排古诗为例来介绍文字竖排的方法。

（1）启动 Word，在文档中输入一首古诗后选择整首古诗。打开“布局”选项卡，在“页面设置”组中单击“文字方向”按钮。在打开的列表中选择“垂直”选项，如图 5.37 所示。此时选择段落将变为竖排样式，如图 5.38 所示。

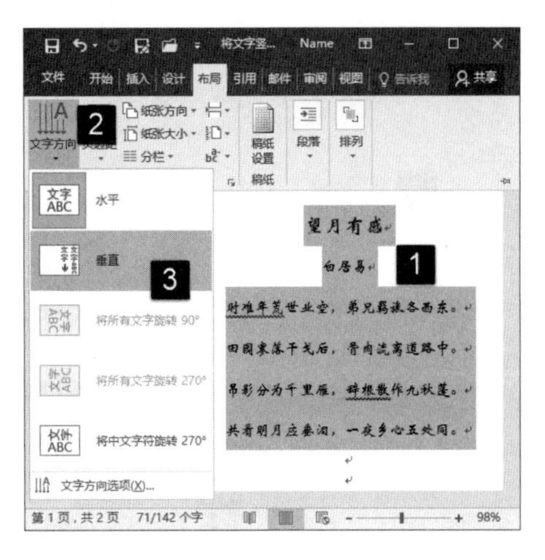
图 5.37　选择“垂直”选项

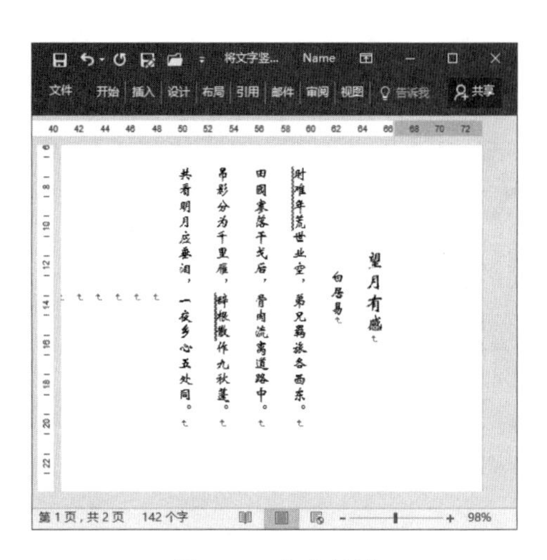
图 5.38　文字竖排

（2）在“页面设置”组中单击“文字方向”按钮，在打开的菜单中选择“文本方向选项”命令打开“文字方向”对话框，使用该对话框可以设置多种文字排列方式。在对话框中的“方向”栏中单击相应的按钮设置文字的排版方向，在“应用于”下拉列表中选择文字排版方向应用的范围，如这里选择“整篇文档”选项。完成设置后单击“确定”按钮关闭对话框，如图 5.39 所示。此时，文字将恢复为水平排列。

图 5.39　“文字方向”对话框

提 示

由于这里的示例文档只有一首诗，因此在“文字方向”对话框的“应用于”下拉列表中选择“整篇文档”选项，文字方向的改变将针对整篇文档。当选择其中的“插入点之后”选项时，只有插入点光标之后的文字会改变方向。另外，该对话框中文字方向的设置与功能区中“文字方向”下拉列表中设置项的作用相同。

5.4.2　文字的纵横混排

使用纵横混排功能可以在横排的段落中插入竖排的文本，从而制作出特殊的段落效果。下面介绍在段落中创建纵横混排效果的方法。

01 选择需要纵向放置的文字，在“开始”选项卡的“段落”组中，单击“中文版式”按钮。在打开的菜单中选择“纵横混排”命令，如图 5.40 所示。

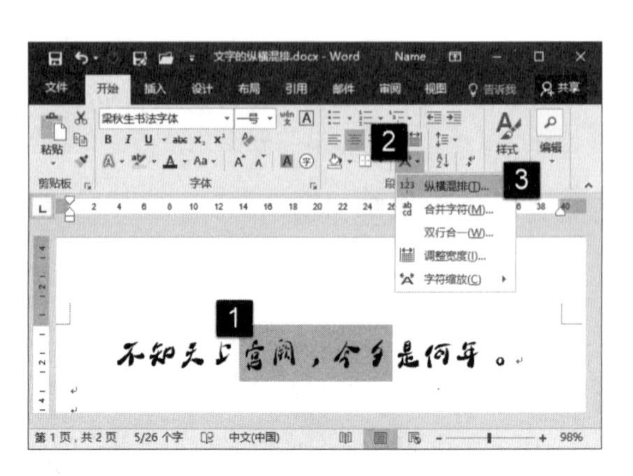
图 5.40　选择“纵横混排”命令

02 此时将打开“纵横混排”对话框，在对话框中勾选“适应行宽”复选框后单击“确定”按钮关闭对话框，如图 5.41 所示。此时将获得文字的纵横混排效果，如图 5.42 所示。

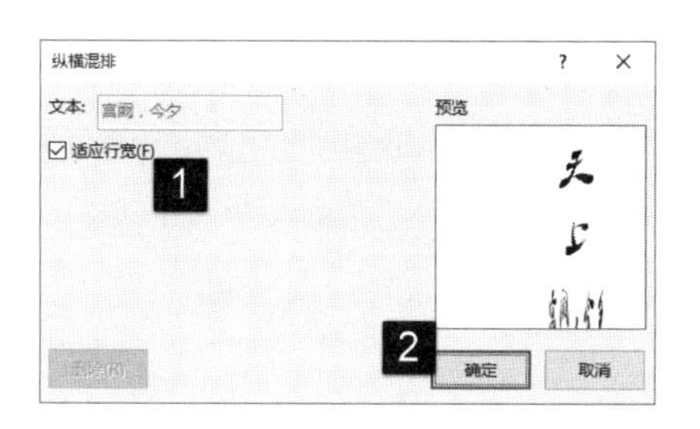

图 5.41　“纵横混排”对话框

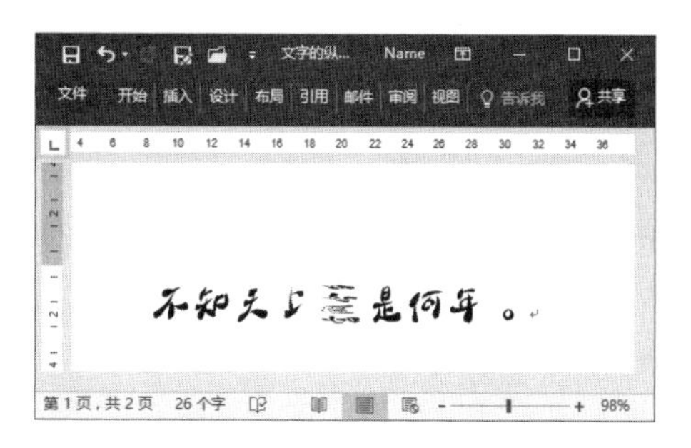

图 5.42　文字的纵横混排效果

提 示

在“纵横混排”对话框中勾选“适应行宽”复选框，则纵向排列的所有文字的总高度将不会超过该行的行高。取消该复选框的勾选，则纵向排列的每个文字将在垂直方向上占据一行的行高空间。

5.4.3　合并字符

Word 的合并字符功能能够使多个字符只占有一个字符的宽度，该功能常用在名片制作、书籍出版和封面设计等方面。下面介绍合并字符的具体操作方法。

01 选择需要合并的文字，在“开始”选项卡的“段落”组中单击“中文版式”按钮，在打开的菜单中选择“合并字符”命令，如图 5.43 所示。

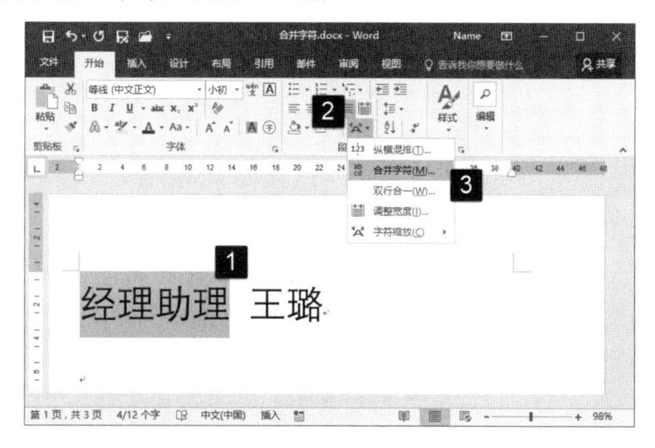

图 5.43　选择“合并字符”命令

02 此时将打开“合并字符”对话框，在对话框的“字体”下拉列表中选择字体，在“字号”下拉列表框中输入文字的字号。完成设置后单击“确定”按钮关闭对话框，如图 5.44 所示。此时获得的字符合并效果，如图 5.45 所示。

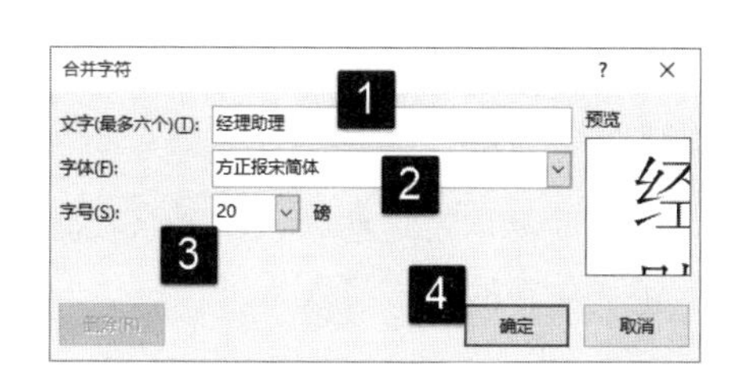

图 5.44　“合并字符”对话框

图 5.45　字符合并效果

5.4.4 双行合一

在编辑公文时，经常需要将 2 个单位名称合并在一起作为公文标题，这就是所谓的联合文件头。在 Word 2016 中，使用双行合一的功能可以很方便地创建这种文件头。双行合一功能可以将两行文字显示在一行文字的空间中，该功能在制作特殊格式的标题或进行注释时十分有用。下面介绍实现文本双行合一的方法。

01 在段落中选择需要进行双行合一操作的文字，在“开始”选项卡的“段落”组中单击“中文版式”按钮。在打开的菜单中选择“双行合一”命令，如图 5.46 所示。

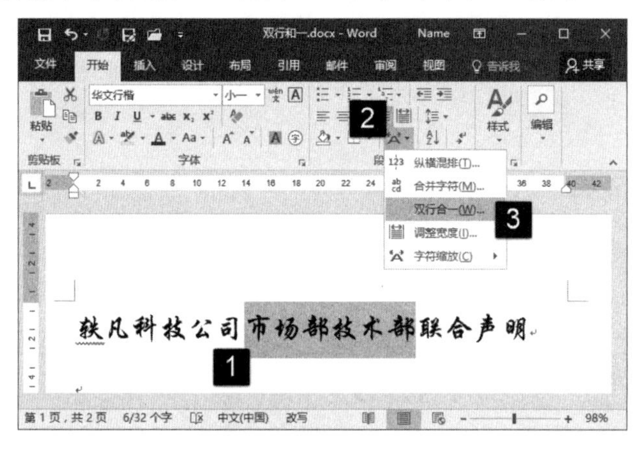

图 5.46 选择“双行合一”命令

注 意

如果这里需要分为 2 行的部门名称字符数不同，则不足的部门名称后面应该使用空格将字符数补齐，这样才能保证它们分别位于 2 行中。另外，该功能只能用来创建只有 2 个部门的联合公文标题，否则就只能使用表格来创建了。

02 此时将打开“双行合一”对话框。如果需要在合并的文字两侧添加括号，可以勾选“带括号”复选框，同时在“括号样式”下拉列表中选择括号的样式。完成设置后单击“确定”按钮关闭对话框，如图 5.47 所示。此时获得的双行合一效果，如图 5.48 所示。

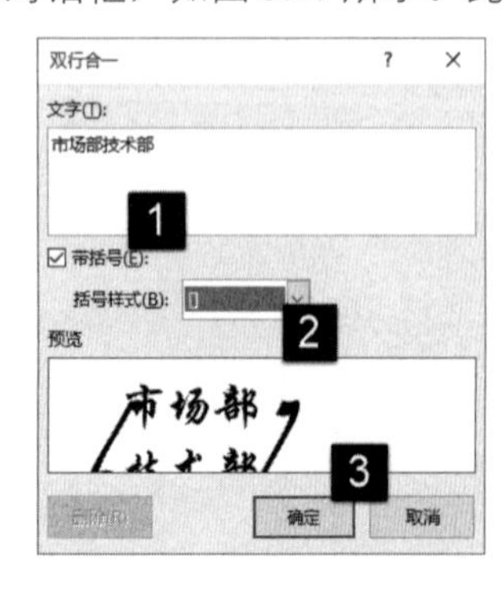

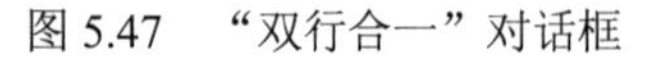

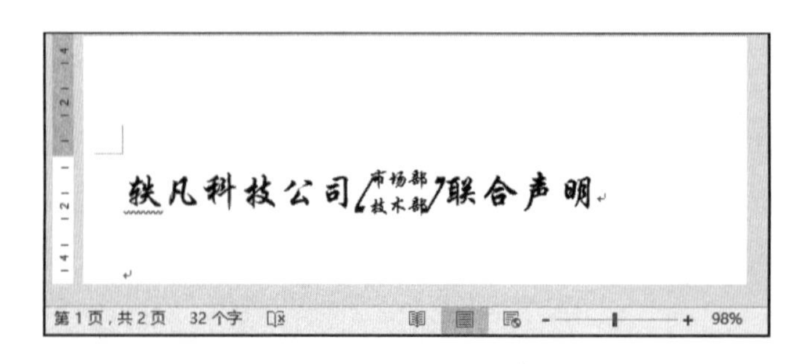

图 5.47 “双行合一”对话框

图 5.48 文字的双行合一效果

提 示

设置了纵横混排、合并字符和双行合一效果后，如果需要取消这些效果，可以在打开相应的设置对话框后，单击对话框中的“删除”按钮即可取消这些效果。

5.5 本章拓展

本节将介绍与文档格式设置有关的实用操作技巧。

5.5.1 快速删除段落前后的空白

在将网页中的资料复制到 Word 文档中时，在段落之间常常会出现很多的空白。通过设置段落间距，可以快速删除这里出现的段落前后的空白。下面介绍具体的操作方法。

01 将段落文本复制到文档中，此时段落的前后都有较大的空白，如图 5.49 所示。

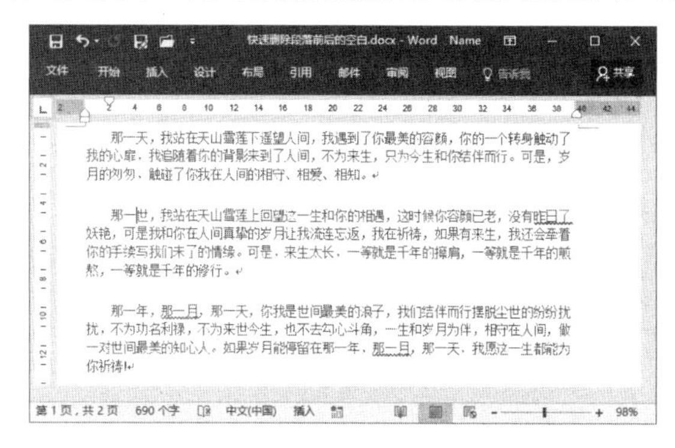

图 5.49 复制网页内容到文档中

02 按 Ctrl+A 键选择文档中所有内容后右击，在打开的快捷菜单中选择“段落”命令打开“段落”对话框。在对话框的“缩进和间距”选项卡的“间距”栏中，将段落的段前和段后间距设置为 0，如图 5.50 所示。

03 单击“确定”按钮关闭“段落”对话框，此时段落前后多余的空白全部被删除，如图 5.51 所示。

图 5.50 将段前和段后间距设置为 0

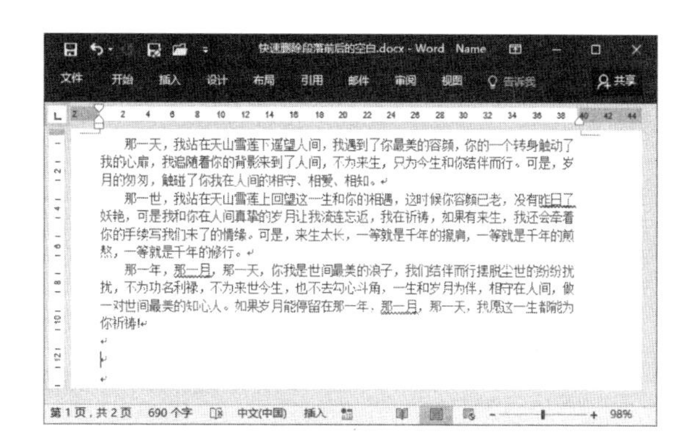

图 5.51 段落前后的空白被删除

5.5.2 使图片和文本对齐

在进行处理文档时，用户经常需要在段落的某一行中插入一张小图片，但插入的图片往往不能与所在行的文本水平对齐。此时，可以通过对段落格式进行设置来获得图片与文本对齐的效果。下面介绍具体的操作方法。

01 在段落中插入小图片，如这里插入几张按钮图片，如图 5.52 所示。将插入点光标放置到段落中后右击，选择快捷菜单中的“段落”命令。

02 此时将打开“段落”对话框，在对话框中打开“中文版式”选项卡。在“文本对齐方式”下拉列表中选择“居中”选项，如图 5.53 所示。

03 完成设置后单击“确定”按钮关闭“段落”对话框，此时插入段落中的图片将和文字对齐，如图 5.54 所示。

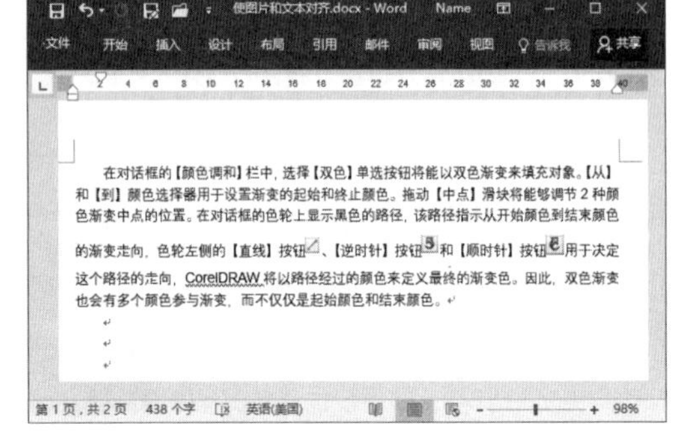

图 5.52 在段落中插入小图片

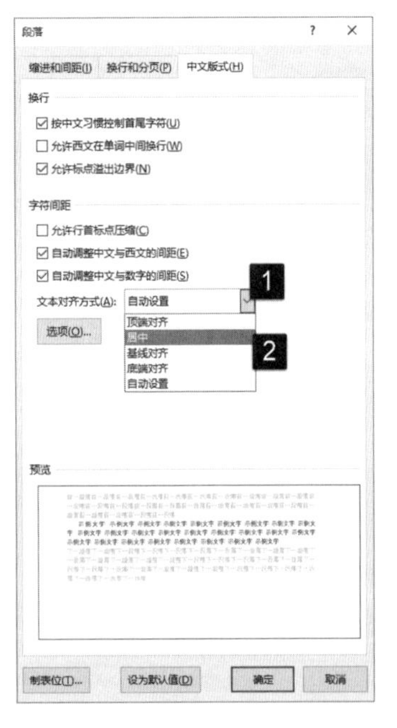

图 5.53 选择“居中”选项

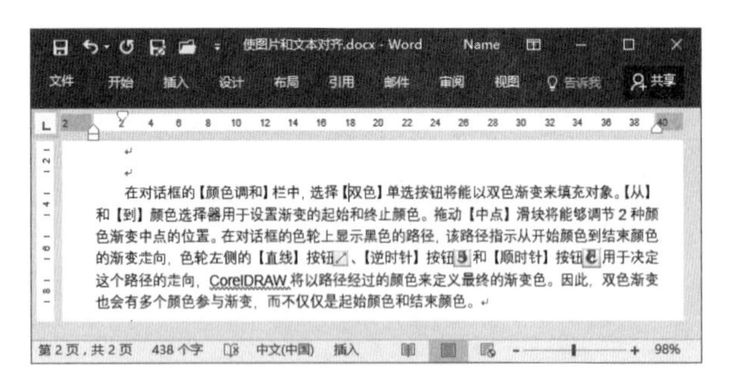

图 5.54 文本和图片对齐

5.5.3 使用格式刷

在对 Word 文档进行编辑处理时，经常需要将已经设置完成的格式应用于其他的对象，使不同的文字或段落具有相同的格式。要快速完成这种格式设置，最快的方式就是对格式进行复制。在使用 Word 时，快速复制格式的工具就是格式刷。格式刷一般有下面 2 种使用方法。

（1）将插入点光标放置到需要复制格式的段落中，在“开始”选项卡的“剪贴板”组中单击“格式刷”按钮使其处于按下状态，如图 5.55 所示。

（2）拖动鼠标使用格式刷工具选择需要设置格式的文本，选择文字即被应用上一步中段落文本的格式，如图 5.56 所示。

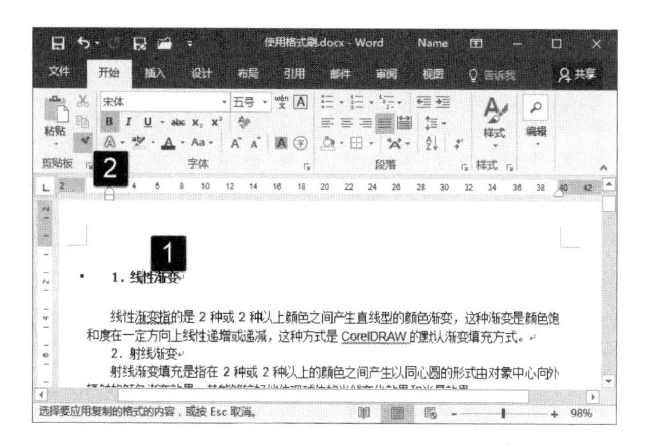

图 5.55　放置插入点光标后单击“格式刷”按钮

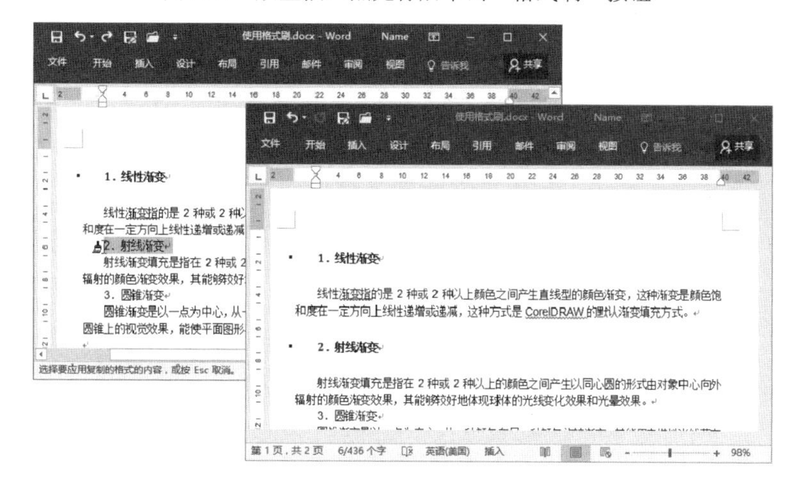

图 5.56　应用段落文本的格式

提　示

在文档中如果需要多个相同格式的文本时，使用上面介绍的方法就不行了。因为上面介绍的方法，格式刷复制文本格式只能使用一次，完成格式复制后格式刷将自动取消。此时可以双击“格式刷”按钮，这样该按钮将一直处于按下状态，格式刷可以使用多次。在完成所有格式复制后，按 Esc 键退出格式刷状态就可以了。

第 6 章

页面格式和版式设置

文档的编辑处理，离不开对文档页面和版式的设置。在 Word 中，页面版式的设置包括设置页面版式布局、为文档添加页眉页脚、设置文档分栏等。同时，Word 2016 还提供了稿纸、书法字帖以及文档封面等具有特殊版式的文档创建方案，用户可以方便快捷地创建这些版式文档。本章将重点介绍 Word 2016 页面和版式设置的常用操作技巧。

6.1 文档的页面设置

文档页面给人一种整体的印象，页面设置决定了文档呈现在人们面前的整体外观。通过页面设置可以改变文本的排列方式，使其符合不同类型纸张的要求。

6.1.1 设置页面的大小和方向

设置页面大小就是选择需要使用的纸型，在 Word 2016 中，用户可以根据实际的需要对页面的大小进行设置，用户可以选择使用 Word 内置的文档页面纸型，如果没有需要的内置纸型，用户也可以自定义纸张的大小。

01 在功能区中打开“布局”选项卡，在“页面设置”组中单击“纸张大小”按钮，在下拉列表中选择页面大小选项，如图 6.1 所示。此时页面大小按照设置进行调整，文档页面大小的改变可以从标尺数据显示出来，如图 6.2 所示。

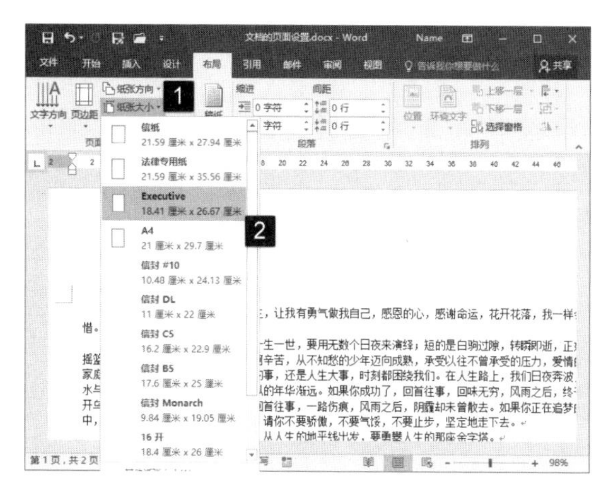

图 6.1　设置纸张大小

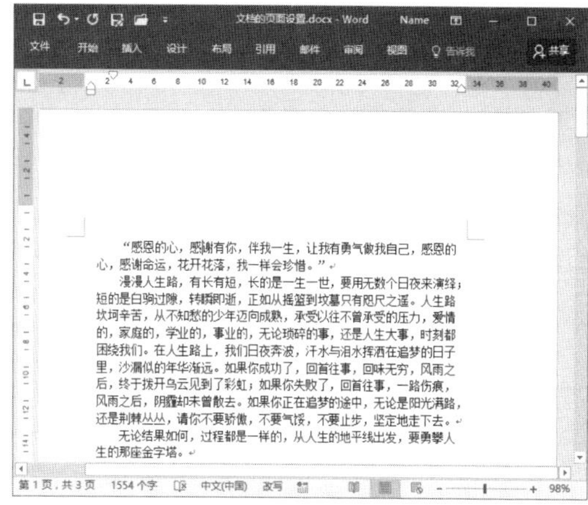

图 6.2　完成设置后的页面效果

02 在默认情况下，Word 文档页面方向是纵向的，鼠标单击“纸张方向”按钮，在下拉列表中根据需要选择“横向”选项，如图 6.3 所示。页面方向设置为横向，如图 6.4 所示。

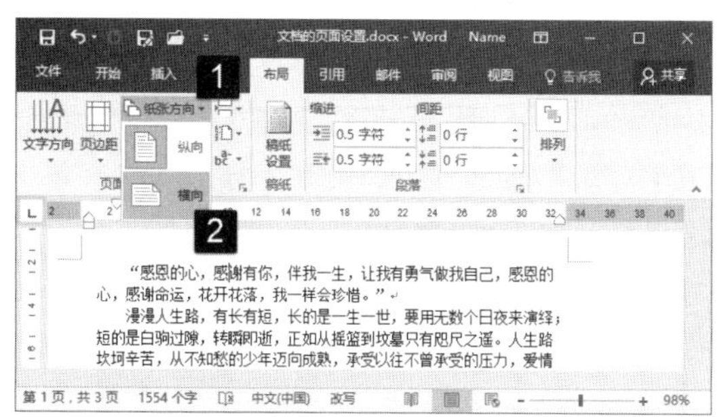

图 6.3　选择“横向”选项

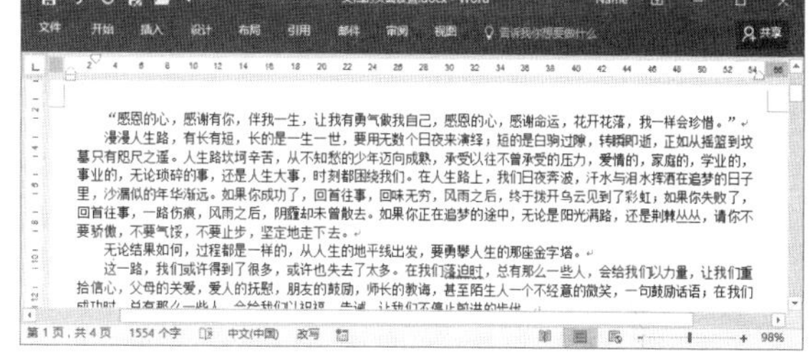

图 6.4　页面方向设置为横向

03 在打开的“纸张大小”下拉列表中选择“其他页面大小”选项将打开“页面设置”对话框。在对话框的“宽度”和“高度”微调框中输入数值自定义纸张大小。完成设置后鼠标单击“确定”按钮关闭对话框，如图 6.5 所示。此时页面大小将按照自定义值改变，如图 6.6 所示。

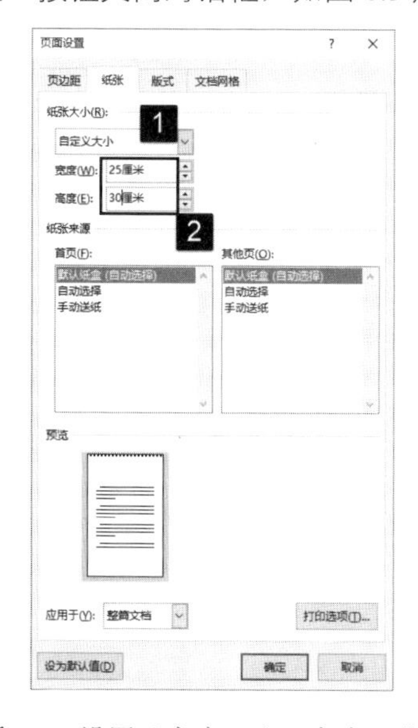

图 6.5　设置“宽度”和“高度”值

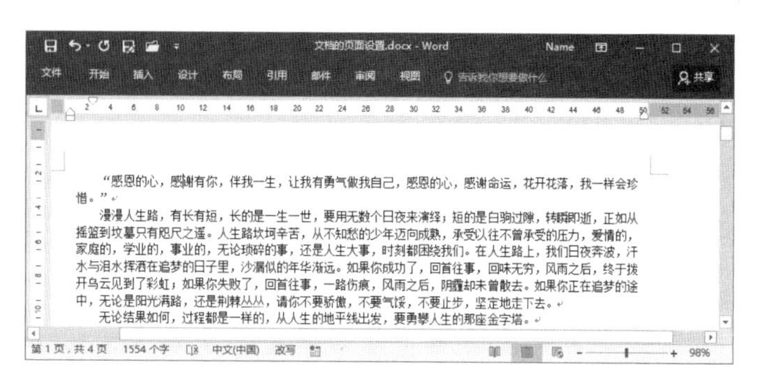

图 6.6　自定义页面大小后的页面效果

6.1.2 设置页边距

在文档中，页边距是页面的正文区域和纸张边缘之间的空白距离。设置页边距就是根据打印排版的要求，增大或减小正文区域的大小。页边距的设置在文档排版时是十分重要的，页边距太窄会影响文档的修订，太宽又影响文档的美观且浪费纸张。在进行文档排版时，一般是先设置好页边距再进行文档的排版操作，因为在文档中已存在内容的情况下修改页边距会造成内容版式的错乱。下面将介绍对 Word 页面进行设置的方法。

01 在功能区的“布局”选项卡中单击“页面设置”组中的“页边距”按钮，在下拉列表中选择需要使用的页边距设置项，如图 6.7 所示。

02 在“页边距”列表中选择“自定义边距”选项打开“页面设置”对话框的“页边距”选项卡，对该选项卡中的参数进行设置能够更为自由实现页边距的设置。如，当文档需要装订时，为了不会因为装订而遮盖文字，需要在文档的两侧或顶部添加额外的边距空间，这时需要设置装订线边距，如图 6.8 所示。

提 示

这里，“多页”下拉列表中的选项可以用来设置一些特殊的打印效果。如果打印要装订为从右向左书写文字的小册子，可以选择其中的“方向书籍折页”选项。如果打印要拼成一个整页的上下两个小半页，可选择“拼页”选项。如果需要创建小册子，也可以创建诸如菜单、请帖或其他类型的使用单独居中折页样式的文档，可选择“书籍折页”选项。如果需要创建诸如书籍或杂志那样的双面文档的对开页，即左侧页的页边距和右侧页的页边距等宽，可以选择“对称页边距”选项。对于这种对称页边距的文档如果需要装订，可以对装订线边距进行设置。

03 在“页面设置”对话框的“页边距”选项卡的“页边距”栏中的“上”“下”“左”和“右”微调框中输入数值，如图 6.9 所示。单击“确定”按钮关闭对话框，文档的页边距将随之改变。

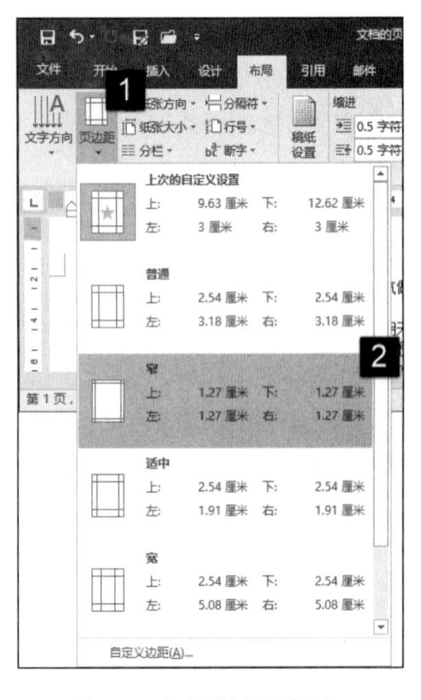

图 6.7 使用预设页边距

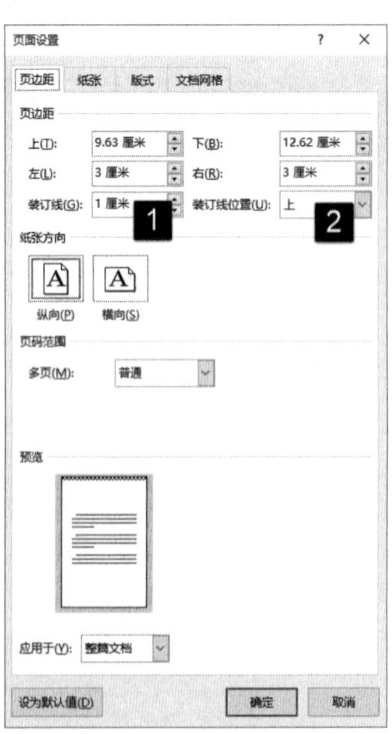

图 6.8 设置装订线边距

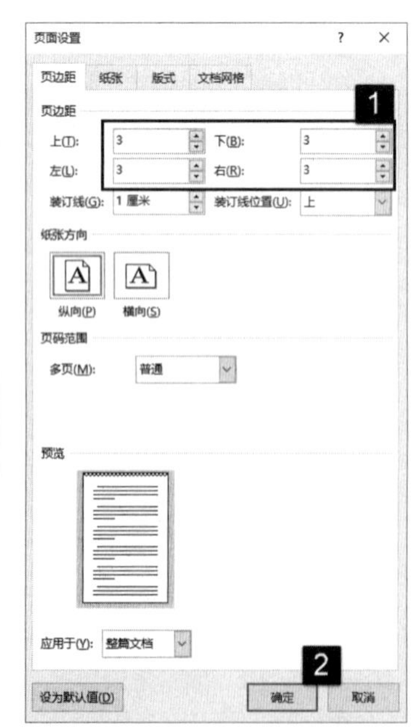

图 6.9 设置页边距

6.1.3 自定义默认页面

在进行文档编辑操作时，设置页面能够使文档美化并适合于打印。在创建文档时，经常会遇到具有相同页面设置的文档，如果每次都重新设置，则比较麻烦。此时，可以将常用的页面设置保存下来，在每次创建文档时使用它。

01 在“布局”选项卡的“页面设置”组中单击“页面设置按钮”打开“页面设置”对话框，打开“纸张”选项卡。在“纸张大小”栏的“宽度”和“高度”微调框中输入数值自定义纸张大小。完成设置后单击“设为默认值”按钮，如图 6.10 所示。

02 Word 将给出提示对话框，在对话框中单击“是”按钮即可将当前设置作为默认值保存，如图 6.11 所示。当再次创建新文档时，新文档的页面将使用当前的设置值。

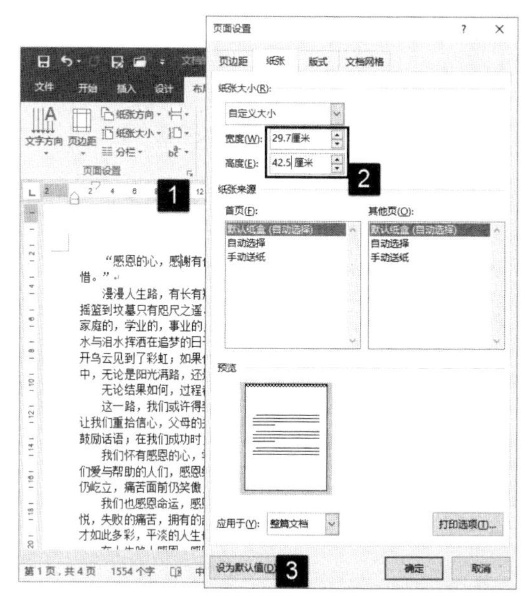

图 6.10 设置纸张大小

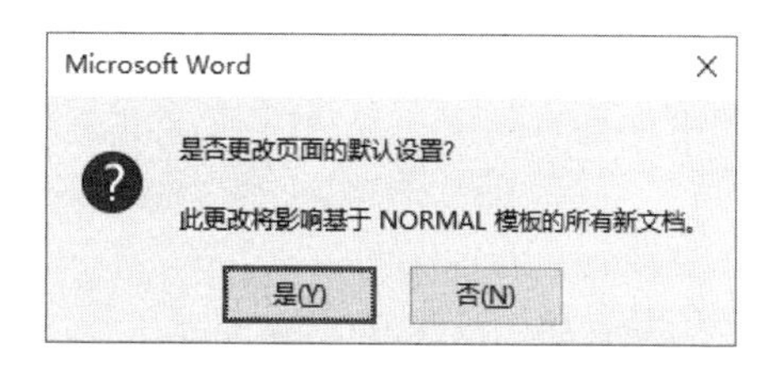

图 6.11 Word 提示对话框

6.2 文档的分页和分节

在编排 Word 文档时，当文本占满一页时，Word 会自动插入一个分页符，文档进入新的一页。实际上，用户可以根据文档的需要来设置文档在什么时候进入下一页。另外，在结构复杂的文档中，分节是一个让文档内容条理清晰的好办法。本节将介绍文档分页和分节的有关知识。

6.2.1 为文档分页

在文档中，用户可以在特定的位置通过插入分页符的方式来将文档强制分页，改变其默认的分页方式。下面介绍使用分页符的方法。

01 打开需要处理的文档，将插入点光标放置到需要分页的位置。在功能区的“布局”选项卡中单击“页面设置”组中的“插入分页符和分节符”按钮，在打开的下拉列表中选择“分页符”选项，如图 6.12 所示。此时，文档从插入点光标处插入分页符，同时实现分页，如图 6.13 所示。

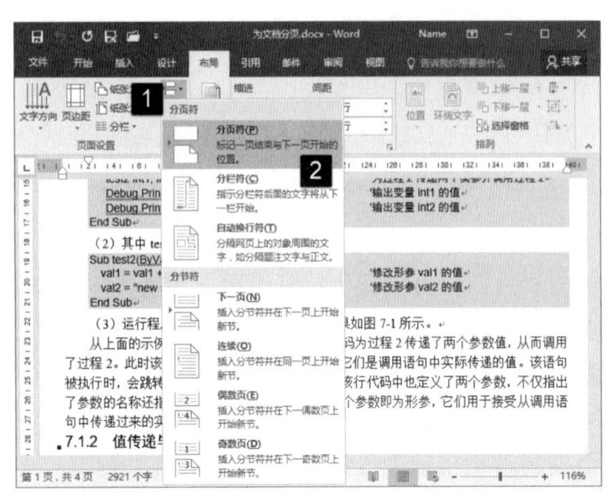

图 6.12　选择“分页符”选项

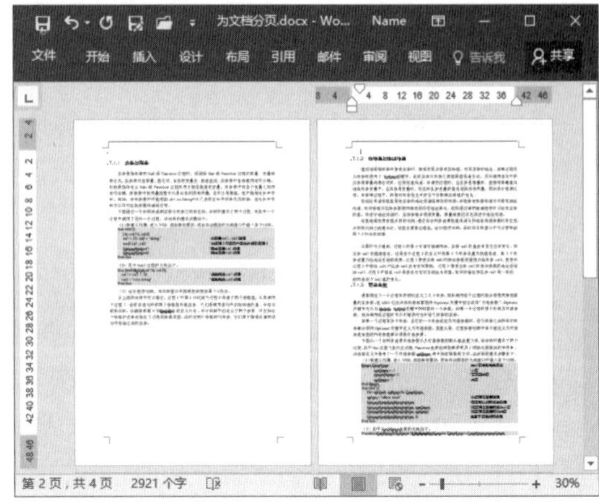

图 6.13　实现分页

02 在段落中放置插入点光标，打开“开始”选项卡，在“段落”组中单击“段落”按钮，如图 6.14 所示。在打开的“段落”对话框的“换行和分页”选项卡的“分页”栏中勾选相应的复选框能够对分页时段落的处理方式进行设置，如图 6.15 所示。

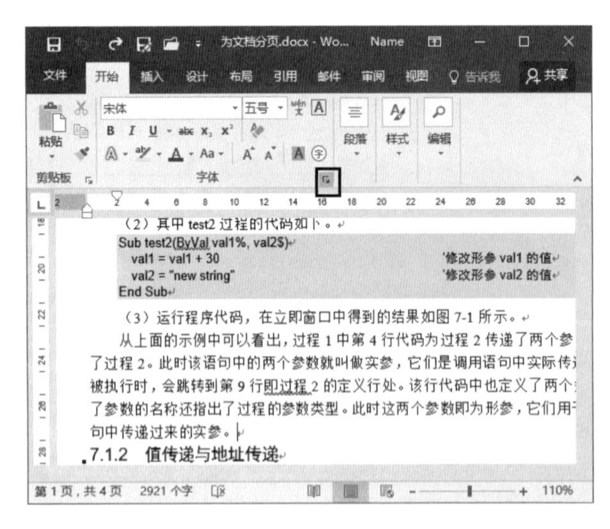

图 6.14　单击“段落”按钮

图 6.15　“段落”对话框中的设置项

提　示

在“换页和分页”选项卡中勾选“段前分页”复选框，可以在段落前指定分页。如果勾选“段中不分页”复选框，文档中的分页将会按照段落的起止来分页以避免同一段落放在 2 个页面上的情况。如果勾选“与下段同页”复选框，则可以使前后两个关联密切的段落放在同一页中。如果勾选“孤行控制”复选框，则会在页面的顶部或底部之上放置段落的两行。

6.2.2 为文档分节

为了便于对同一文档中不同部分的文本进行不同格式的设置，可以将文档分隔为多个节。节是文档格式化的最大单位，分节实际上是在文档中添加分解符。在 Word 中，分节符是节与节之间的一个双虚线分界线，其可以使文档的排版更加灵活，版面更加美观。

01 将插入点光标放置到文档中需要分节的文字处，在“布局”选项卡的“页面设置”组中单击“插入分页符和分节符”按钮。在打开的列表的“分节符”栏中根据需要选择相应的选项以确定不同的分节方式。如，这里选择“下一页”选项，如图 6.16 所示。

02 此时，插入点光标位置将插入分节符。分节符以后的内容放置到下一页中，如图 6.17 所示。

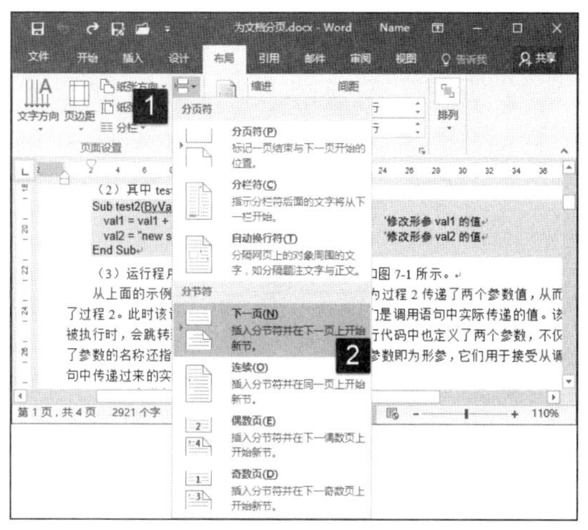

图 6.16 选择分节方式

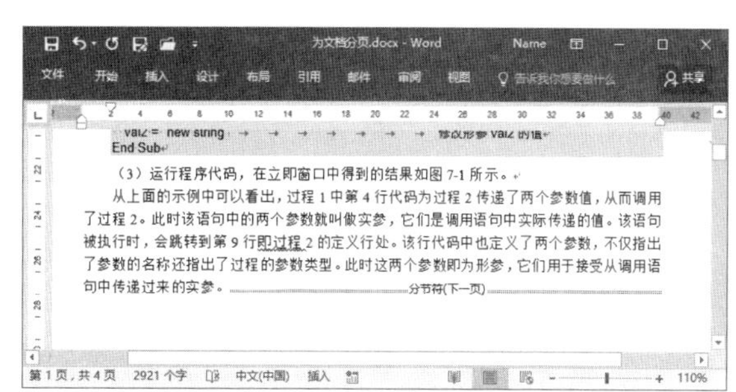

图 6.17 插入分节符

提 示

将插入点光标放置到分节符之前，按 Delete 键可以将分节符删除，删除分节符后对文档的分节也将自动清除。

6.3 文档的页面背景

为文档添加背景是美化文档的一种重要手段，下面从将文档变为稿纸格式、为文档添加水印和设置页面背景这 3 个方面来介绍其操作技巧。

6.3.1 使用稿纸格式

使用 Word 2016 能够创建稿纸格式的文档，使用“页面布局”选项卡中的“稿纸设置”按钮能够制作方格稿纸以及行线稿纸样式的文档。下面介绍具体的操作方法。

01 打开需要创建稿纸格式的 Word 文档，在“布局”选项卡的“稿纸”组中单击“稿纸设置”按钮，如图 6.18 所示。

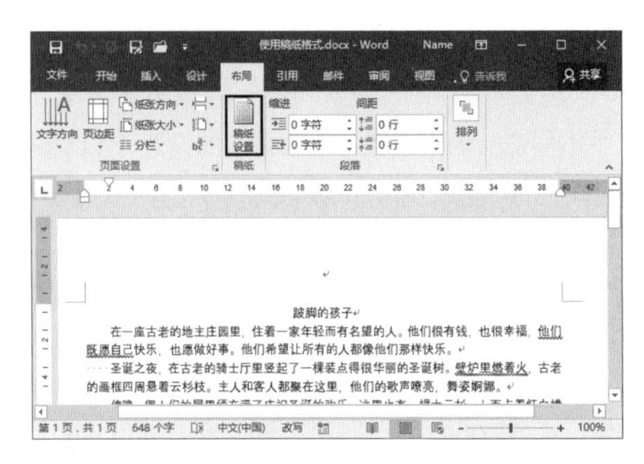

图 6.18　单击“稿纸设置”按钮

02 此时将打开“稿纸设置”对话框。在对话框中的“格式”下拉列表中选择“方格式稿纸”选项，在“网格颜色”下拉列表中选择稿纸网格颜色。勾选“允许标点溢出边界”复选框后，单击“确认”按钮关闭“稿纸设置”对话框，如图 6.19 所示。此时，文档转换为稿纸格式的文档，如图 6.20 所示。

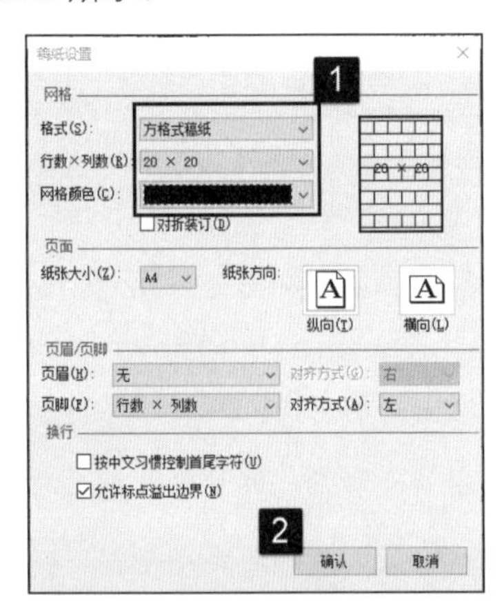

图 6.19　“稿纸设置”对话框

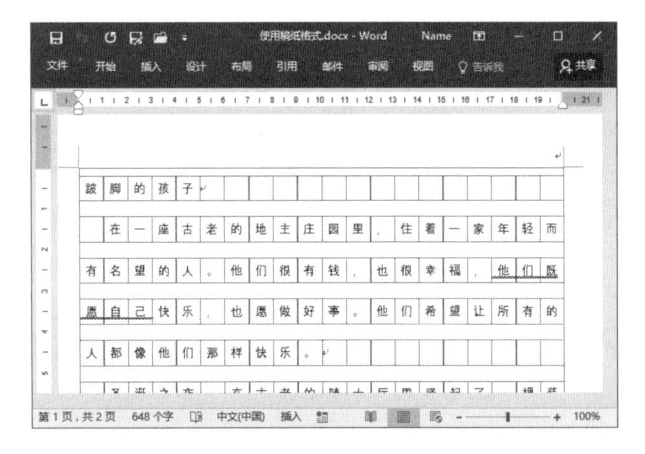

图 6.20　文档转换为稿纸格式文档

提 示

在为文档添加稿纸时，无法通过“开始”选项卡中的“居中”命令来对其进行居中操作。此时，可以通过拖动标尺上的“首行缩进”按钮和“悬挂缩进”按钮来将标题移到居中的位置。另外，也可以在选择标题文字后，在浮动工具栏中连续单击“右缩进”按钮直到其位于居中位置为止。

6.3.2　为文档添加水印

在 Word 2016 中，可以为文档添加水印。所谓的水印是出现在文档背景上的文本或图片，添加水印可以增强文档的趣味性，更重要的是可以标识文档的状态，如使用水印标识公司信息或将文稿标记为草稿等。文档中添加水印后，用户可以在页面视图或阅读版式视图中查看水印，也可以在打印文档时将其打印出来。下面介绍在文档中添加文字水印的操作方法。

01 启动 Word 并打开需要添加水印的文档。在“设计”选项卡的“页面背景”组中单击“水印”按钮，在打开的下拉列表中选择需要预设的水印样式选项即可将其应用到文档中，如图 6.21 所示。

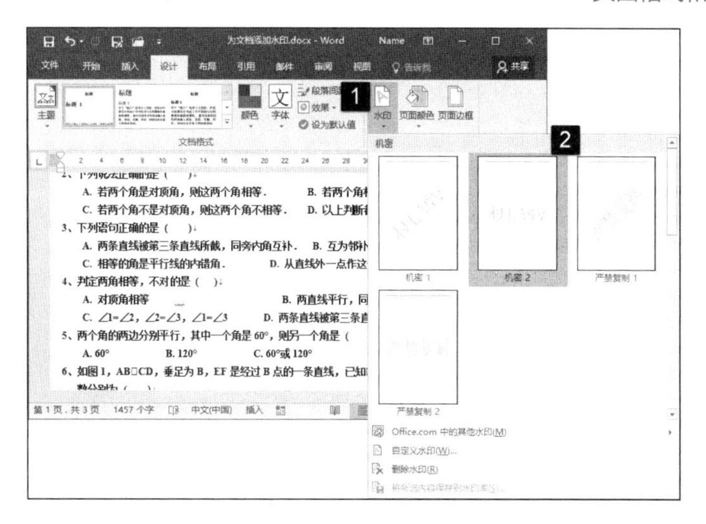

图 6.21　应用预设水印

02 在“水印”列表中选择“自定义水印”命令将打开“水印”对话框，在对话框中单击“文字水印”按钮选择插入文字水印。在“文字”下拉列表框中直接输入水印文字，在“字体”下拉列表中选择水印文字的字体，在字号下拉列表框中输入数值设置水印文字的大小，在“颜色”下拉列表中选择水印文字的颜色，其他设置项使用默认值即可，如图 6.22 所示。完成设置后单击“确定”按钮关闭对话框，文档中添加自定义文字水印效果，如图 6.23 所示。

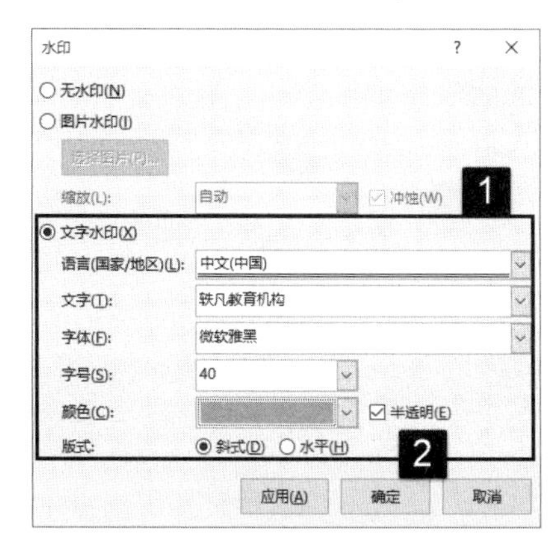

图 6.22　“水印”对话框的设置

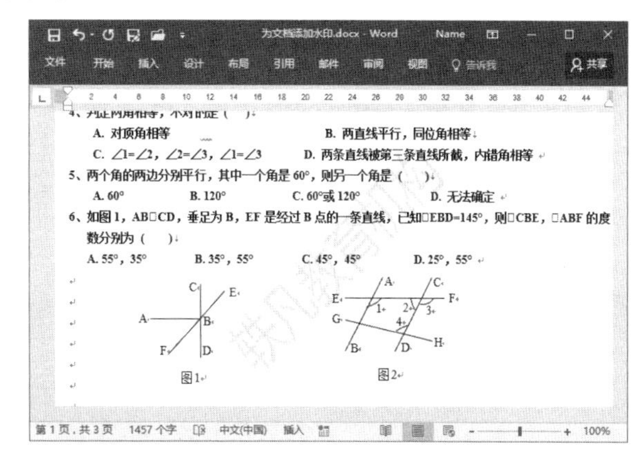

图 6.23　在文档中添加水印

提　示

在“水印”对话框中，如果单击“图片水印”单选按钮，则“选择图片”按钮将可用，单击该按钮将打开“插入图片”对话框，在对话框中选择图片后，可以将该图片作为图片水印插入到文档中。另外，单击“应用”按钮对话框能够将设置的水印添加到文档中而“水印”对话框不会关闭，这样可以预览水印的效果，方便修改。

6.3.2　设置页面背景

在文档中添加水印是一种页面背景效果，但其并不是页面背景。Word 2016 提供了页面背景设置功能，背景显示于页面的底层。通过为页面设置背景可以美化文档，为读者阅读提供视觉上的方便。下面将介绍设置页面背景颜色的操作方法。

01 启动 Word 并打开文档，打开“设计”选项卡，在“页面背景” 中单击“页面颜色”按钮，在打开的列表中选择颜色选项设置页面背景颜色，如图 6.24 所示。在“页面颜色”列表中选择“其他颜色”选项打开“颜色”对话框，在对话框的“自定义”选项卡中可以自定义作为背景的颜色，如图 6.25 所示。

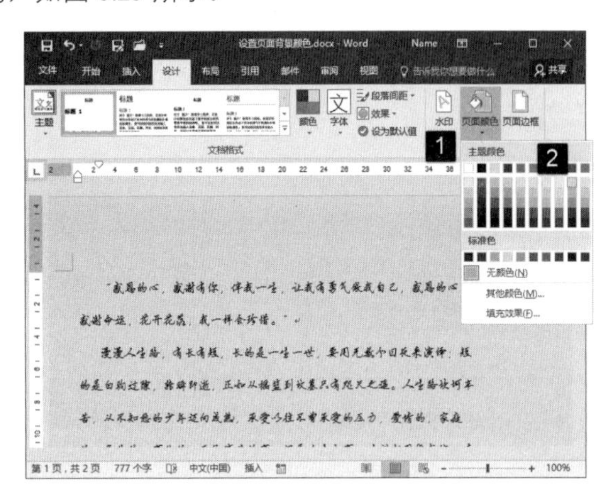

图 6.24　设置页面背景颜色

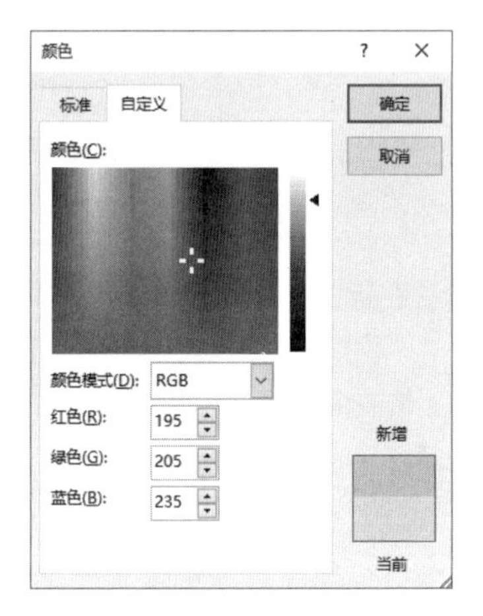

图 6.25　自定义颜色

02 在“页面背景”列表中选择“填充效果”选项将打开“填充效果”对话框，在“渐变”选项卡中可以设置以渐变填充的方式来填充页面。这里选择“双色”选项，使用双色渐变来进行填充，分别设置渐变的 2 种颜色。完成设置后单击“确定”按钮应用渐变填充，如图 6.26 所示。

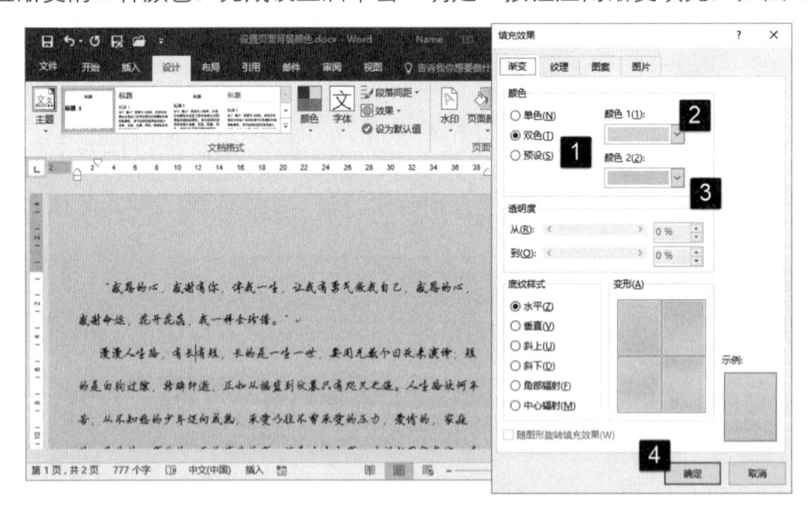

图 6.26　使用渐变填充

03 在“填充效果”对话框中打开“纹理”选项卡，“纹理”列表中列出了 Word 内置的纹理图案，选择相应的选项可以将纹理应用于文档。这里，在“纹理”列表中选择“信纸”选项，单击“确定”按钮应用纹理填充，如图 6.27 所示。

04 打开“图案”选项卡，在“图案”列表中选择需要使用的图案，设置图案的前景色和背景色。完成设置后单击“确定”按钮将图案应用于文档，如图 6.28 所示。

05 打开“图片”选项卡，单击“选择图片”按钮打开“插入图片”对话框，在对话框中选择“来自文件”选项，如图 6.29 所示。在打开的“插入图片”对话框中选择需要使用的图片文件，单击“插入”按钮插入图片，如图 6.30 所示。单击“确定”按钮关闭“页面背景”对话框，选择的图片作为背景应用于文档中，如图 6.31 所示。

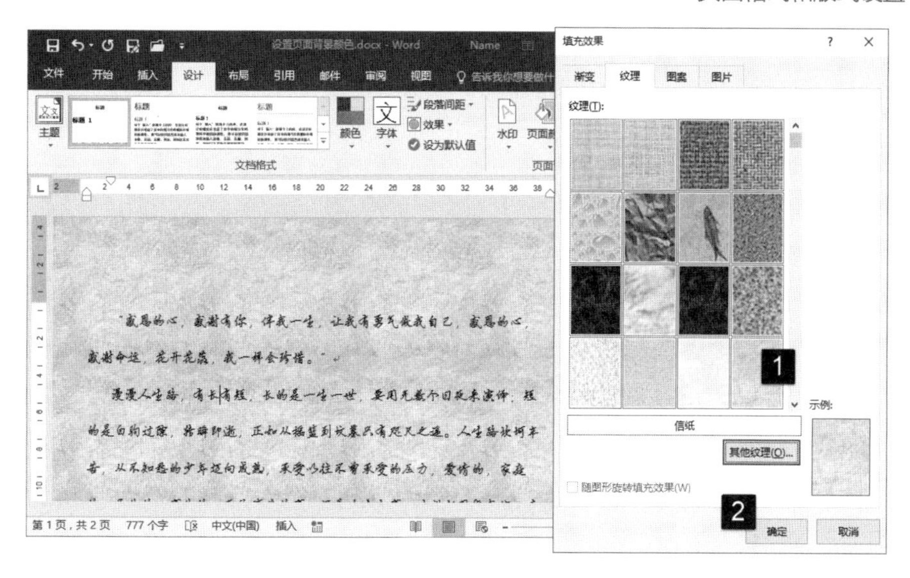

图 6.27　使用纹理填充

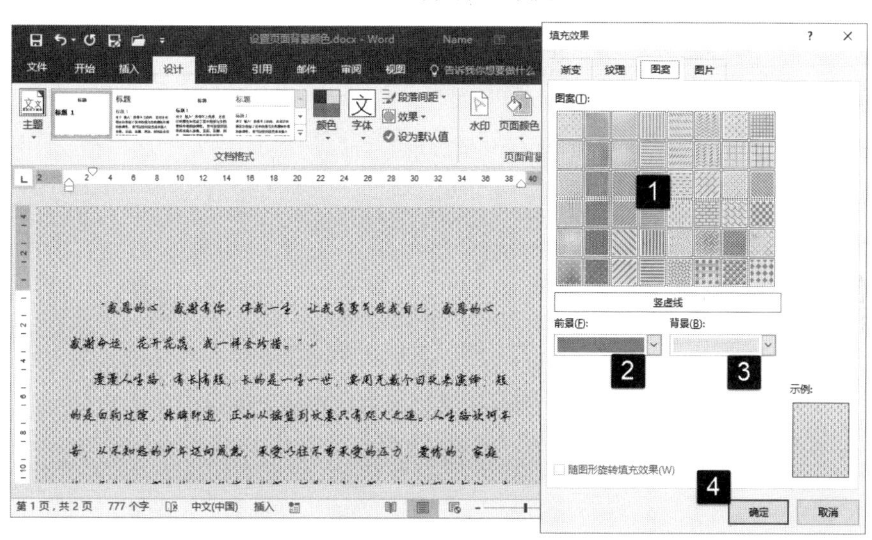

图 6.28　应用图案填充

图 6.29　打开“插入图片”对话框

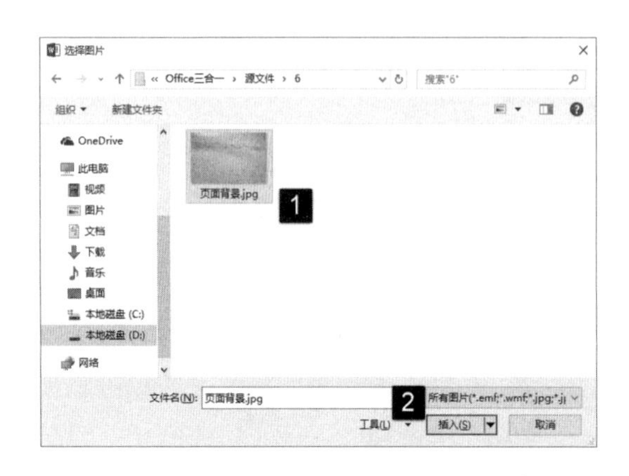

图 6.30 选择需要插入的图片

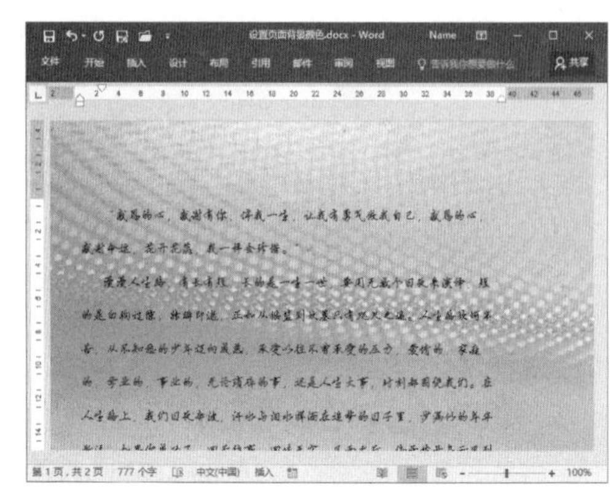

图 6.31 图片作为背景应用于文档中

提 示

无论是使用上面哪种方式填充的背景，如果要取消背景，都可以在打开“页面颜色”列表后选择列表中的“无颜色”选项取消背景填充。

6.4 文档的页眉和页脚

对于长文档，页面的顶部和底部都会有一些特定的信息，如页码、文档名、章名或出版信息等，这些放置在页面顶部或底部的信息称为文档的页眉和页脚。下面介绍在文档中使用页眉和页脚的知识。

6.4.1 创建页眉和页脚

页眉和页脚分别显示于文档的顶部和底部，为文档添加页眉和页脚不仅仅能够让文档显得美观，更重要的是方便用户查看文档信息。Word 能够在页眉和页脚区域中插入文本、数字和图片等多种对象，本节将介绍创建页眉和页脚的操作方法。

01 使用 Word 打开需要处理的文档，打开“插入”选项卡，在“页眉和页脚”组中单击“页眉”按钮。打开的列表中列出的 Word 的预设页眉样式，根据需要选择相应的选项即可在文档中添加页眉。例如，这里选择“空白”选项，如图 6.32 所示。

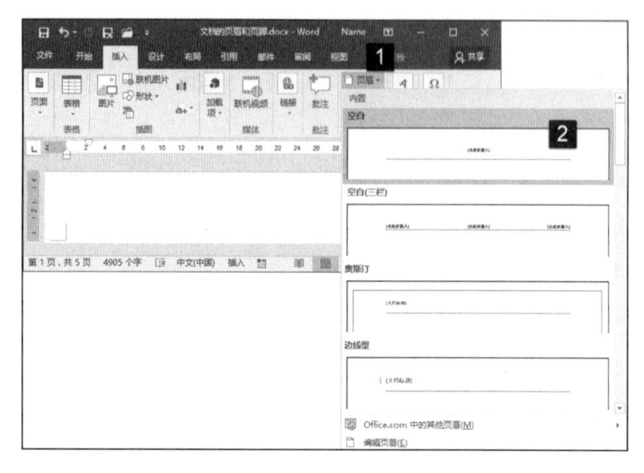

图 6.32 在“页眉”列表中选择需要使用的页眉

02 将插入点光标放置到页眉区中，删除默认的提示文字，在其中输入需要的文字。选择文字后，可以对文字字体、字号和对齐方式等进行设置，如图 6.33 所示。

03 在完成页眉的设置后，在“设计”选项卡的“导航”组中单击“转至页脚”按钮。插入点光标放置到页脚区域中，此时即可在页脚中输入需要的内容，如图 6.34 所示。

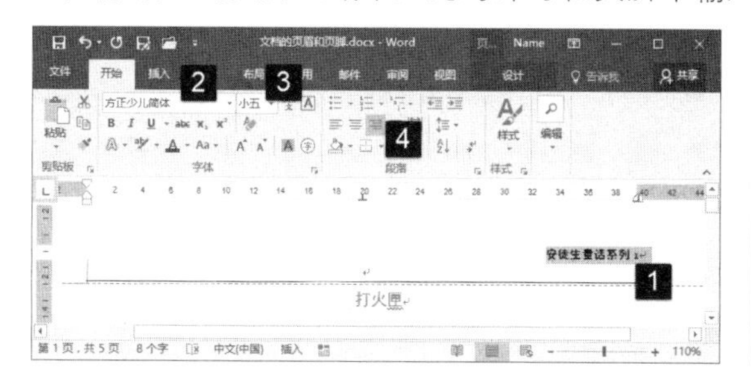

图 6.33　输入文字后对文字进行设置

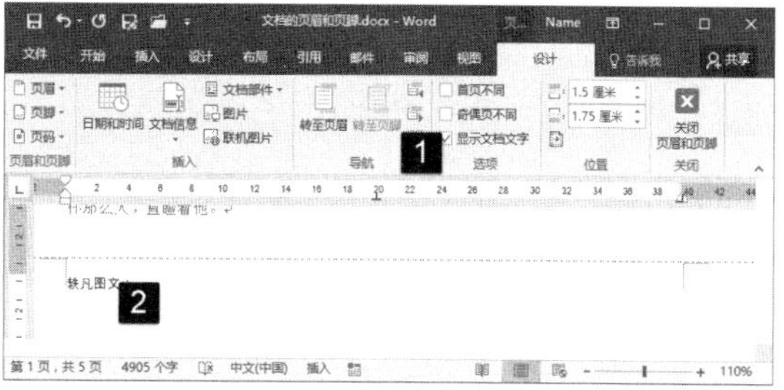

图 6.34　跳转到页脚区并输入

04 在对页眉和页脚进行编辑处理时，文档是无法进行编辑处理的。完成页眉和页脚的处理后，单击“设计”选项卡的“关闭页眉和页脚”按钮即可退出页眉和页脚编辑状态，如图 6.35 所示。

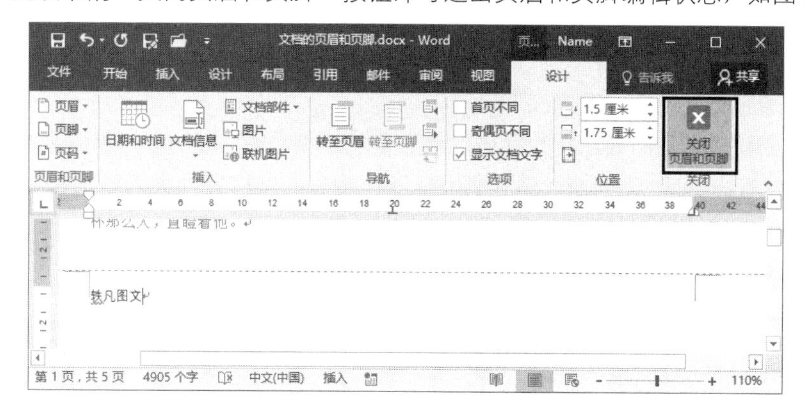

图 6.35　单击“关闭页眉和页脚”

6.4.2　在页眉和页脚中添加特定的元素

页眉和页脚区域中除了可以添加文字之外，还可以添加日期和时间信息、文档信息以及图片等元素。下面介绍这些元素的添加方法。

1. 添加日期和时间

在文档的页眉或页脚区域中可以添加当前的日期和时间信息，以标示文档创建和修改的时间。在页眉或页脚中添加日期和时间，可以使用下面的方法来进行操作。

01 在文档编辑状态下双击页脚区域进入页脚编辑状态，打开“设计”选项卡。单击“插入”组中的“日期和时间”按钮。此时将打开“日期和时间”对话框，在对话框的“可用格式”列表中选择需要使用的日期和时间格式，勾选“自动更新”复选框，如图 6.36 所示。

02 完成设置后单击“确定”按钮关闭“日期和时间”对话框，即可插入当前的日期或时间，如图 6.37 所示。由于在“日期和时间”对话框中勾选了“自动更新”复选框，每次打开文档时，插入的日期或时间会自动更改为当时的时间。

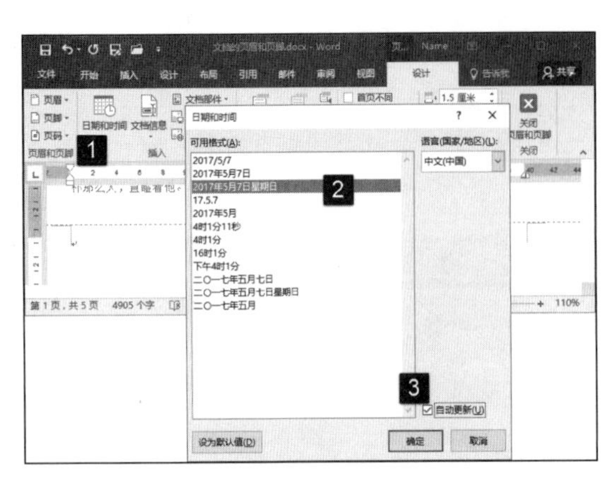

图 6.36　选择插入时间或日期

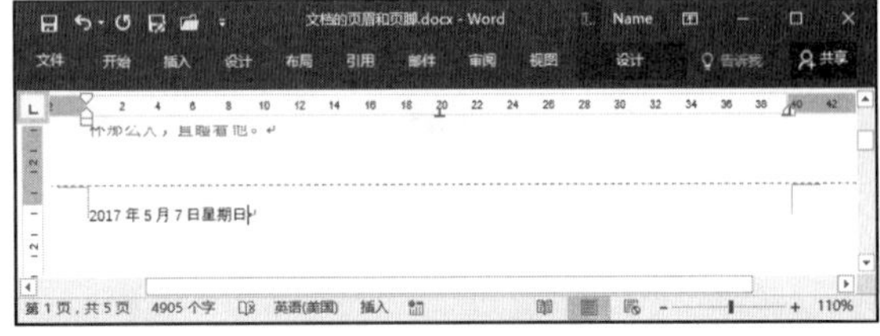

图 6.37　插入日期或时间

2. 插入文档信息

文档的信息包括文档作者、文件名和文档保存路径等信息，这些信息在插入页眉和页脚中时，用户可以根据需要进行设置。下面介绍具体的操作方法。

01 进入页脚编辑状态，在“设计”选项卡的“插入”组中单击“文档信息”按钮。 在打开的列表中选择需要插入的信息，如图 6.38 所示。

02 Word 会在页脚当前插入点光标的位置放置发布信息输入框，用户可以直接在输入框中输入相关内容。这里，也可以单击输入框右侧的下三角按钮，在打开的列表中选择时间，如图 6.39 所示。

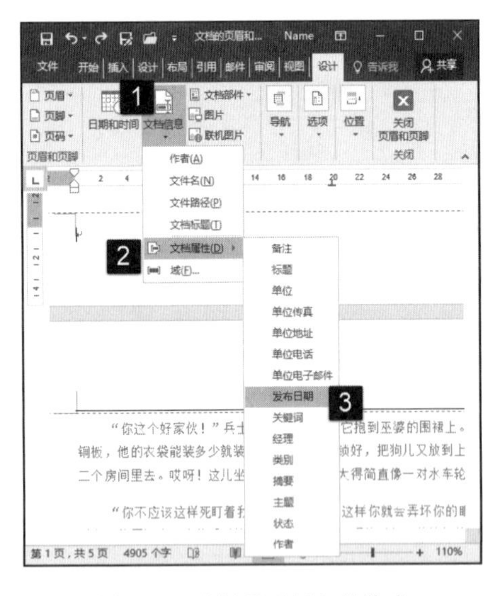

图 6.38　选择需要插入的信息

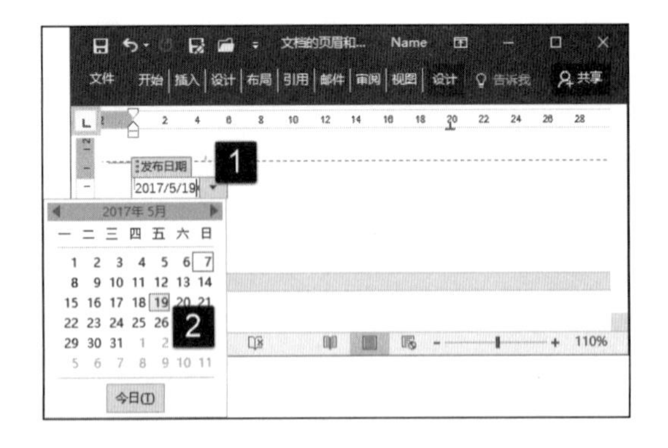

图 6.39　插入日期

3. 插入图片

为了美化文档，文档的页眉和页脚区经常需要插入图片来进行装饰，用户可以使用下面的方法来插入来自本地计算机的图片。

01 将插入点光标放置到页脚区，在“设计”选项卡的“插入”组中单击“图片”按钮，如图 6.40 所示。

02 此时将打开“插入图片”对话框，使用该对话框找到需要插入的图片文件，单击“插入”按钮，如图 6.41 所示。

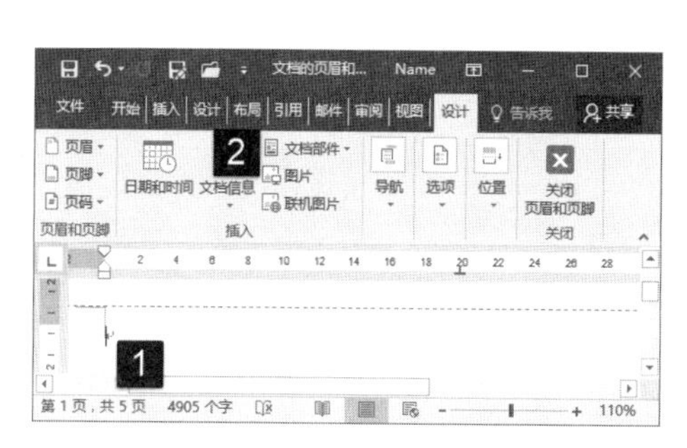

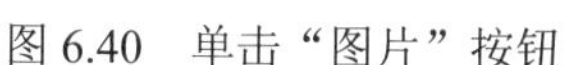
图 6.40　单击“图片”按钮

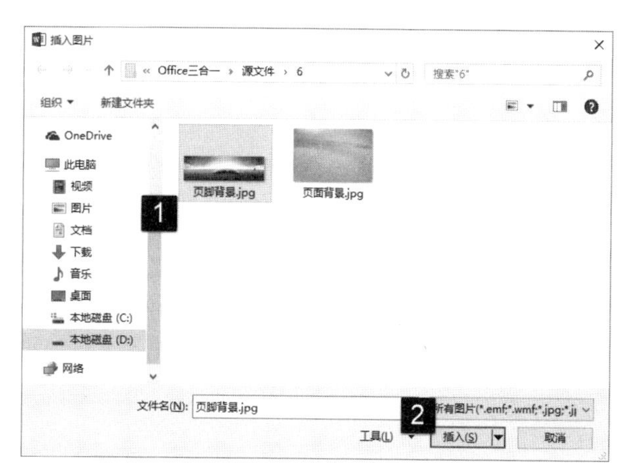

图 6.41　“插入图片”对话框

03 选择的图片插入到页脚区中，拖动图片边框上的控制柄可以对图片的大小进行调整，如图 6.42 所示。

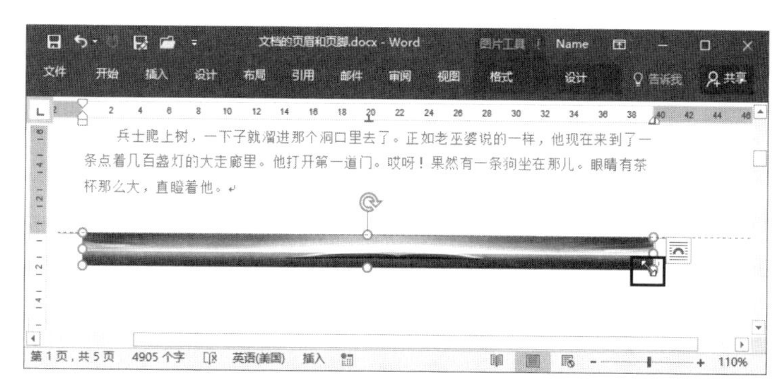

图 6.42　拖动控制柄调整图片的大小

6.4.3　添加页码

页眉和页脚一般分为静态和动态 2 种情况。前面介绍的文字和图片等内容是一种静态的页眉或页脚，而页码则是一种动态的页眉页脚，其能够根据文档内容的增加或减少自动更改。下面介绍在文档中添加页码和设置页码的操作方法。

1．在文档中添加页码和设置

对于多页文档来说，通常需要为文档添加页码。如果只是单纯地进行页码的编排，可以直接使用“页码”对话框来添加以提高工作效率。Word 2016 提供了专门的命令按钮来实现添加页码的功能，同时对页码的样式还能进行设置。下面介绍向文档中添加页码并对页码样式进行设置的方法。

01 在功能区中打开“插入”选项卡，在“页眉和页脚”组中单击“页码”按钮，在获得的下拉列表中选择“页面底端”选项，在打开的下级列表中选择页码的样式。如，这里选择将页码放置于文档页面的底部，可选择列表中“页面底端”选项，在获得的下级列表中选择使用的页码样式，如图 6.43 所示。完成后，文档中添加指定样式的页码，如图 6.44 所示。

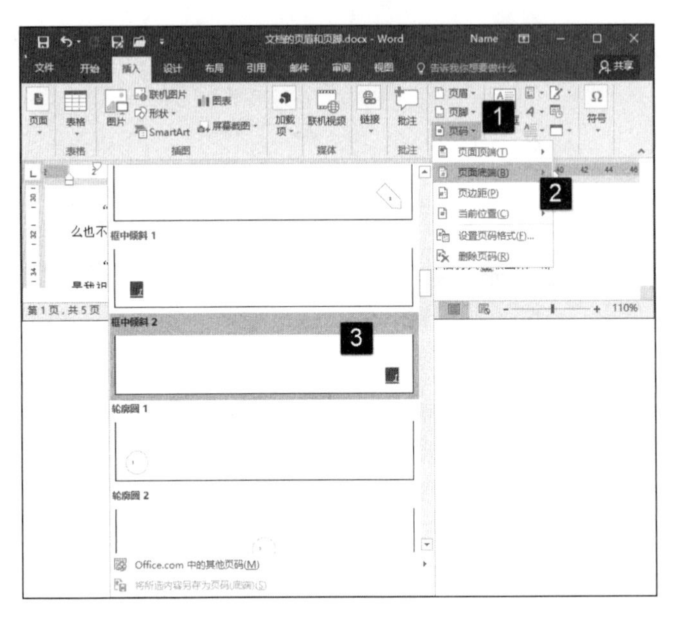

图 6.43　选择页码样式

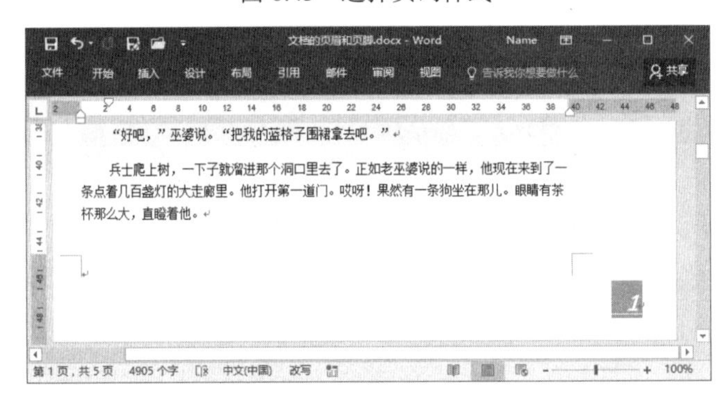

图 6.44　文档中添加页码

02 在文档中双击页码进入页眉和页脚编辑状态，打开“设计”选项卡，单击“页眉和页脚”组中的“页码”按钮，在下拉列表中选择“设置页码格式”选项，如图 6.45 所示。

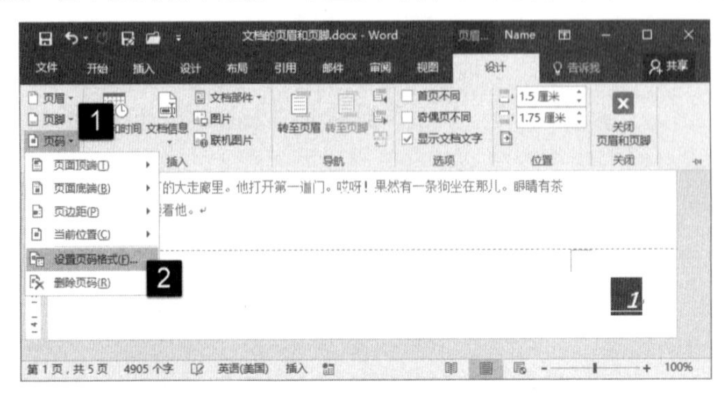

图 6.45　选择“设置页码格式”选项

03 此时可以打开“页码格式”对话框，在对话框的“编号格式”下拉列表中选择编号的样式。单击“起始页码”单选按钮，根据需要在其后的增量框中输入数值设置起始页码，如图 6.46 所示。完成设置后单击“确定”按钮关闭对话框，此时页码数字格式发生改变，如图 6.47 所示。

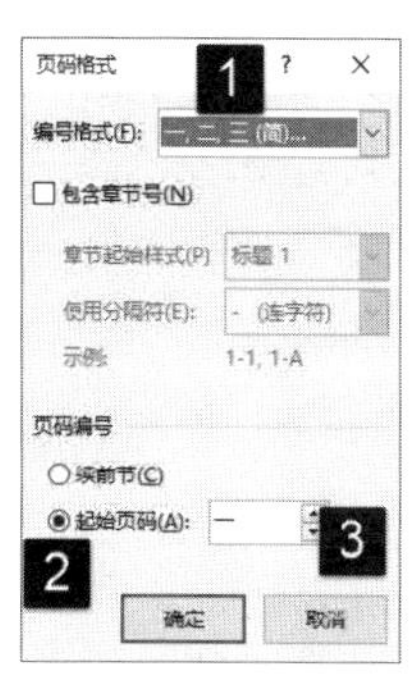

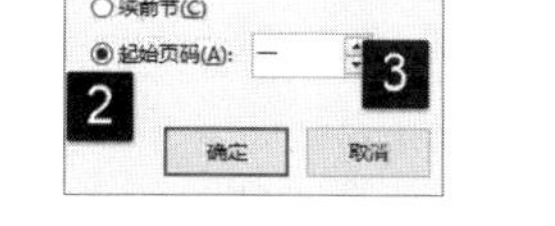

图 6.46 “页面格式”对话框

图 6.47 页码格式发生改变

2. 让页码从第 2 页开始

在默认的情况下，页码将从第 1 页开始，即第一页的页码为 1，第二页的页码为 2，其他页以此类推。如果需要从第 2 页开始插入页码，即使第 2 页的页码为 1，则可以采用下面的方法进行操作。

01 打开一个添加了页码的文档，双击文档中的页码打开“设计”选项卡。单击“页眉和页脚”组中的“页码”按钮，在打开的下拉列表中选择“设置页码格式”选项，如图 6.48 所示。

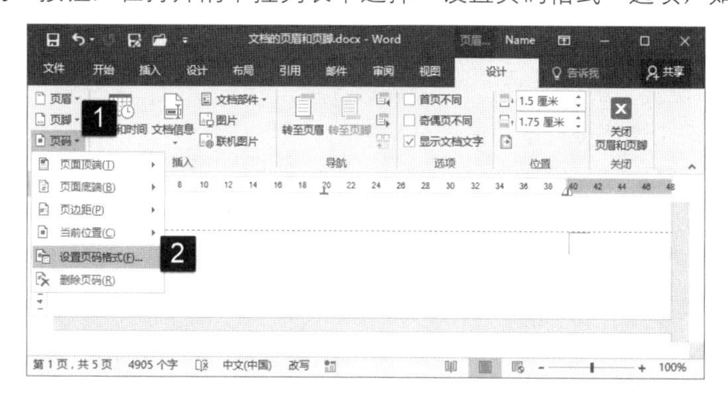

图 6.48 选择“设置页码格式”选项

02 在打开的“页码格式”对话框中选择“起始页码”单选按钮，在其后的微调框中输入数字 0。完成设置后单击“确定”按钮关闭该对话框，如图 6.49 所示。

03 在文档中插入页码，在“设计”选项卡的“选项”组中勾选“首页不同”复选框，则首页的页码 0 消失，第二页页码为 1，第三页页码为 2，其他页的页码以此类推，如图 6.50 所示。

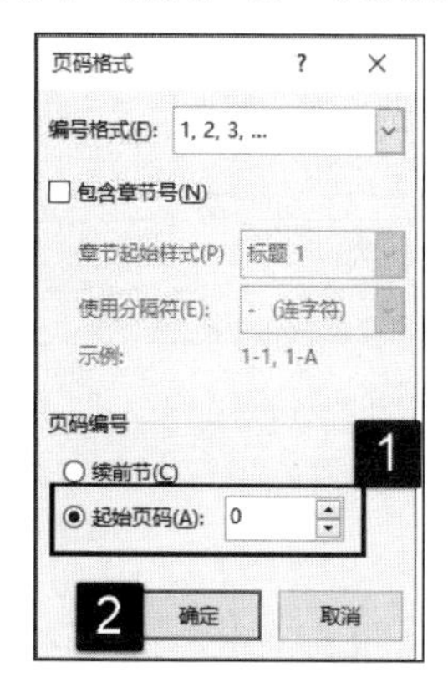

图 6.49 “页码格式”对话框

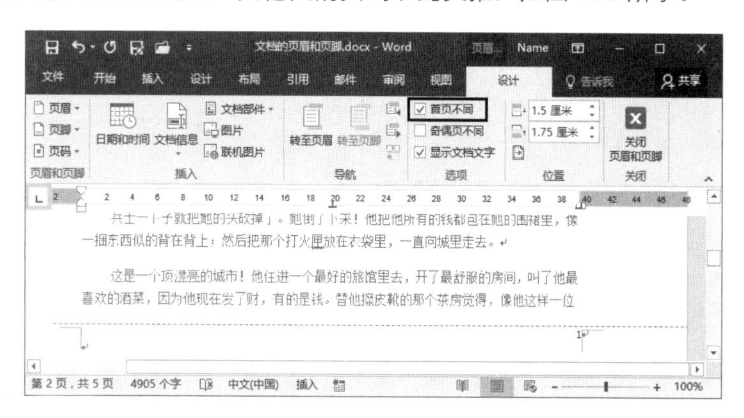

图 6.50 勾选“首页不同”复选框

提 示

在文档中要删除插入的页码，可以双击文档中任意页的页码。在进入页码编辑状态后，选择插入的页码，按“Delete”键或“Backspace”键即可。同时，也可以在“页码”列表中选择“删除页码”选项删除文档中的页码。

6.5 分栏排版

当文档中一行文字比较长不便于阅读时，有时可以使用分栏排版的方式将版面分成多栏。同时，对于杂志、报纸和宣传手册等出版物，也是常常需要将同一页面上的内容分成多栏，使整个页面更具特色和观赏性。

6.5.1 创建分栏

Word 2016 的“布局”选项卡中提供了用于创建分栏版式的按钮命令，使用该按钮能够将选择的段落进行分栏操作。下面介绍具体的操作方法。

01 在文档中选择需要分栏的段落，在“布局”选项卡的“页面设置”组中单击“分栏”按钮，在获得的下拉列表中选择预设选项设置分栏。如果预设分栏数无法满足要求，可以选择“更多分栏”选项，如图 6.51 所示。

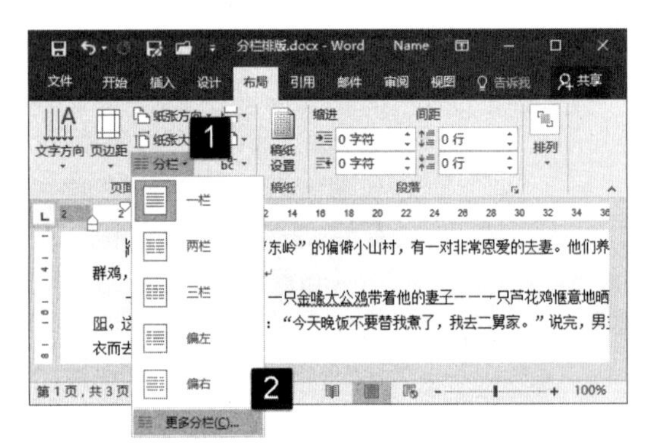

图 6.51　选择“更多分栏”选项

02 此时将打开“分栏”对话框，在对话框中对分栏格式进行自定义。如：这里将栏数设置后为 4，如图 6.52 所示。单击“确定”按钮关闭对话框，段落按照设定分栏，如图 6.53 所示。

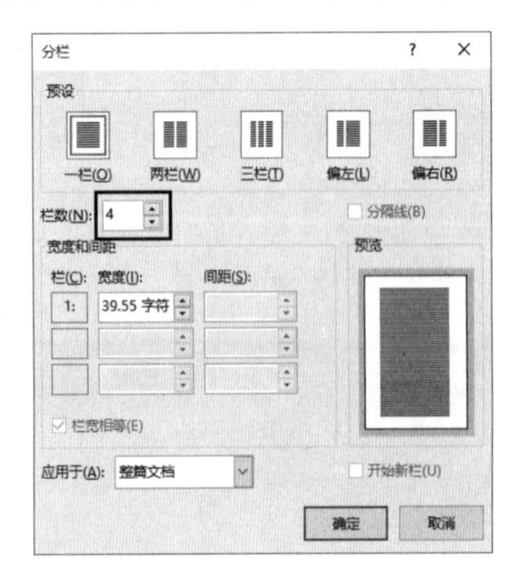

图 6.52　“分栏”对话框

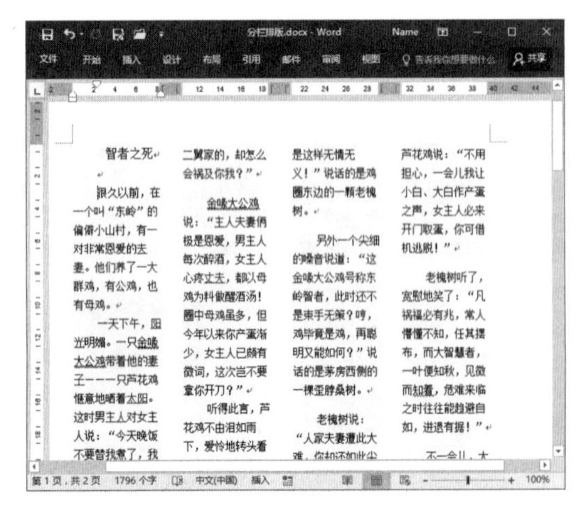

图 6.53　按设置分栏

6.5.2 对分栏进行设置

完成分栏后，如果分栏效果不令人满意，需要对分栏进行设置。下面介绍对分栏进行设置的有关知识。

01 完成分栏后，将插入点光标放置到文档中，拖动水平标尺上的分栏标记，可以调整栏宽，如图 6.54 所示。

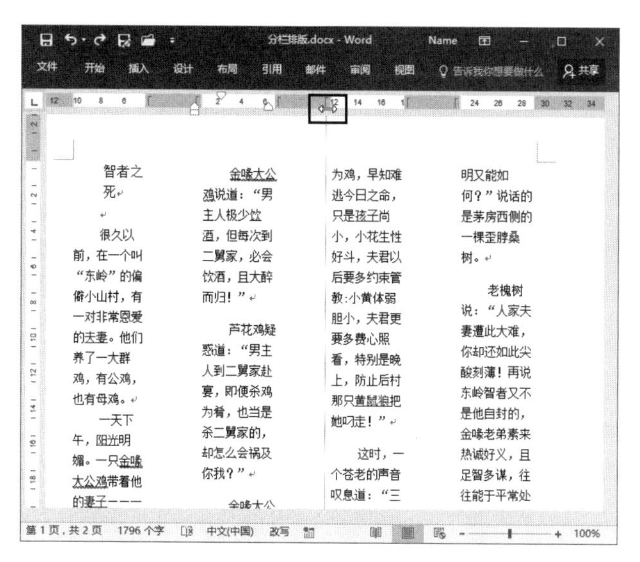

图 6.54　调整栏宽

02 打开“分栏”对话框，在对话框的“宽度”和“间距”微调框中输入数值可以设置栏宽。勾选“分隔线”复选框，则为分栏添加分隔线。完成设置后单击“确定”按钮关闭对话框，如图 6.55 所示。栏间距调整为设置值，同时栏间添加分隔线，如图 6.56 所示。

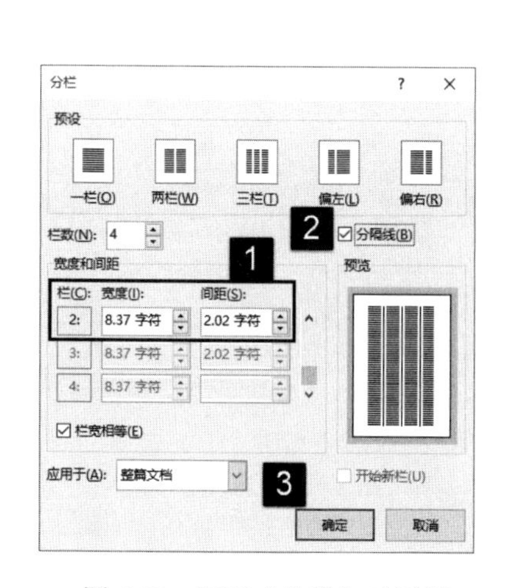

图 6.55　打开“分栏”对话框

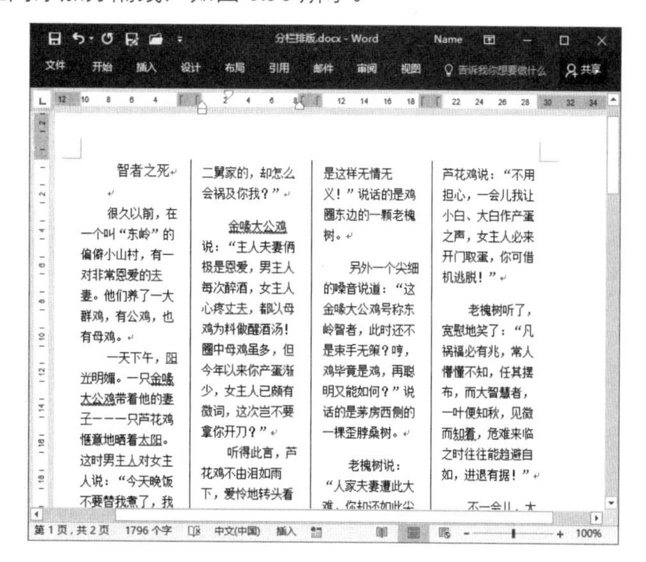

图 6.56　分栏后添加分隔线

6.5.3　使用分栏符调整分栏

完成分栏后，Word 会从第一栏开始依次往后排列文档内容，如果希望某一段文字出现在下一栏的顶部，则可以通过插入分栏符来实现。下面介绍具体的操作方法。

01 启动 Word，打开文档。该文档中选择段落文字后将它们分为 2 栏。此时可以看到，第一栏最后一个段落的部分文字在第二栏中，如图 6.57 所示。

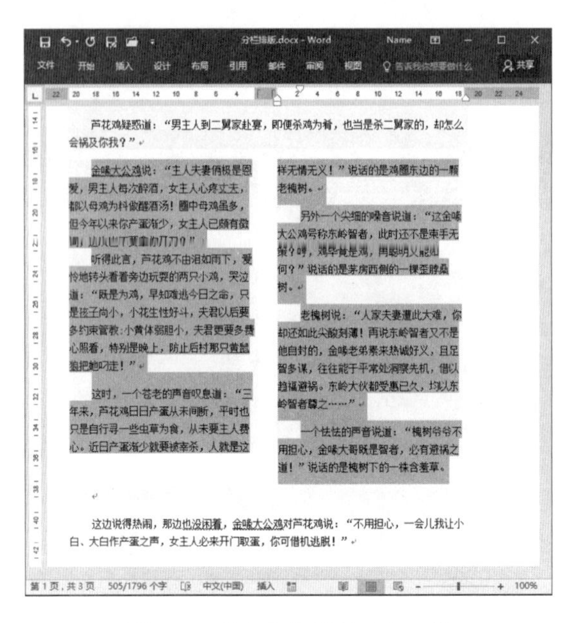

图 6.57　将选择的段落分为 2 栏

02 将插入点光标放置到分栏段落的开始，在“布局”选项卡中单击“页面设置”组中的“插入分页符和分节符”按钮，在打开的分页符下拉列表中选择“分栏符”选项，如图 6.58 所示。此时，插入点光标前后位于不同段落的 2 段文字被分别放置在 2 个分栏中，如图 6.59 所示。

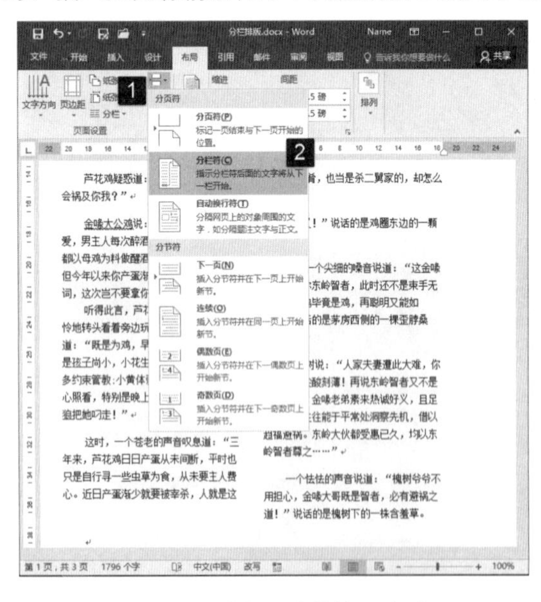

图 6.58　选择“分栏符”选项

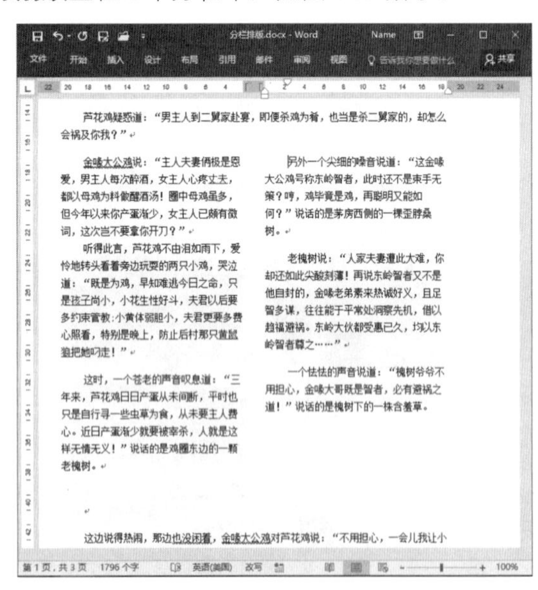

图 6.59　不同段落文字分别放置在 2 个分栏中

6.6　长文档的页面要素

对于文字很多的文档，往往需要使用一些辅助措施来帮助读者快速了解内容和结构，这些辅助措施包括脚注和尾注、目录和索引以及交叉引用等。下面将介绍长文档中的这些页面元素的使用方法。

6.6.1 使用脚注和尾注

脚注和尾注都不是文档的正文，它们只是作为文档的一个组成部分存在于文档中。它们中文档的作用是相同的，都是用来对文档中的文本进行补充说明。下面介绍在文档中使用脚注和尾注的方法。

1. 添加脚注和尾注

用户在 Word 文档中添加脚注，可以起到说明、提醒和注释等作用。尾注一般位于文档的结尾处，用来集中解释文档中要注释的内容。一般情况下，文档中所有的尾注都是依次排序放置在文档最后部分的。下面介绍它们的使用方法。

01 在文档中将插入点光标放置到需要添加脚注的位置， 在“引用”选项卡的“脚注”组中单击“插入脚注”按钮，插入点光标自动跳转至页面底部，此时输入脚注内容即可，如图 6.60 所示。

02 添加脚注后，正文文本前会放置脚注序号。将鼠标指针放置到文字上时将显示脚注内容，如图 6.61 所示。

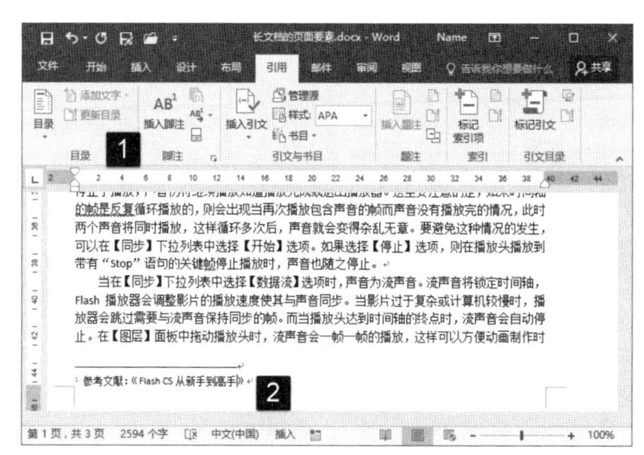

图 6.60 添加脚注

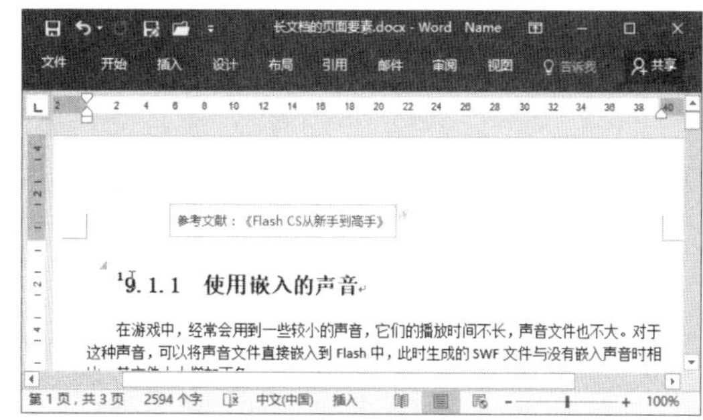

图 6.61 显示脚注

提 示

如果需要查看脚注对应的文字内容，双击脚注标记将可以跳转到脚注文字所在的位置。

03 在文档中选择需要添加尾注的文字，在“引用”选项卡的“脚注”组中单击“插入尾注”按钮。此时在文档的末尾处将添加直线和编号，插入点光标将置于该处。直接输入尾注文字即可，如图 6.62 所示。

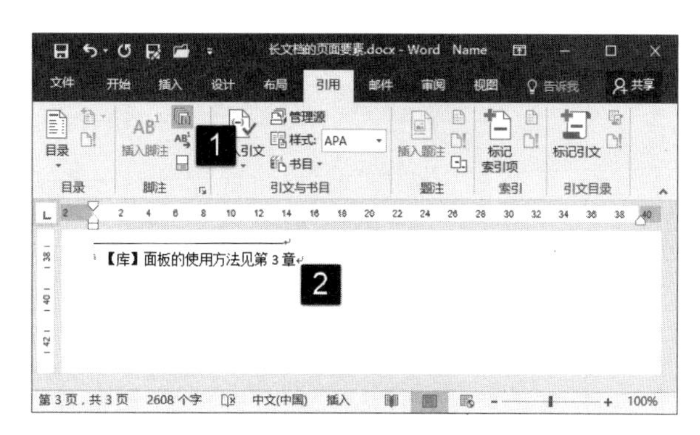

图 6.62 添加尾注

2. 对脚注和尾注进行设置

在 Word 中，脚注和尾注的样式是可以自定义的，下面介绍对脚注和尾注进行设置的操作方法。

01 在“引用”选项卡的“脚注”组中单击“脚注和尾注”按钮将打开“脚注和尾注”对话框。在对话框的“位置”栏中单击相应的单选按钮选择进行设置的项目，如这里选择对尾注进行设置。在“格式”栏的“编号格式”列表中选择编号的格式，使用“起始编号”微调框设置起始编号。完成设置后单击“应用”按钮即可将设置应用到文档中的尾注，如图 6.63 所示。

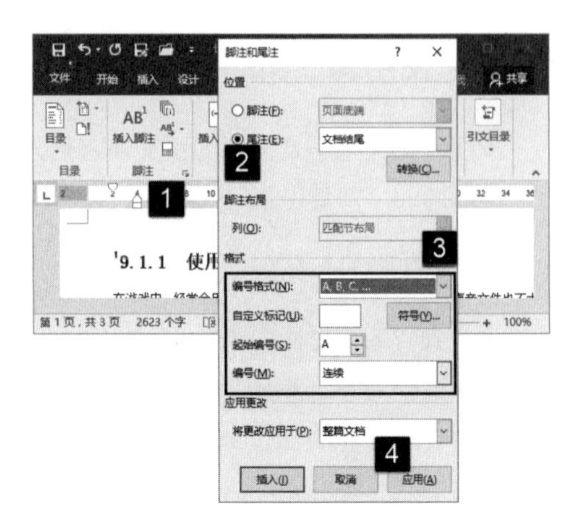

图 6.63 设置尾注格式

02 将插入点光标放置到某个尾注中，打开“脚注和尾注”对话框，单击“符号”按钮打开“符号”对话框。在对话框的“字体”列表中选择字体，在对话框的符号列表中选择符号后单击“确定”按钮关闭“符号”对话框。在“脚注和尾注”对话框中单击“插入”按钮，如图 6.64 所示。选择的符号插入到尾注的前面，如图 6.65 所示。

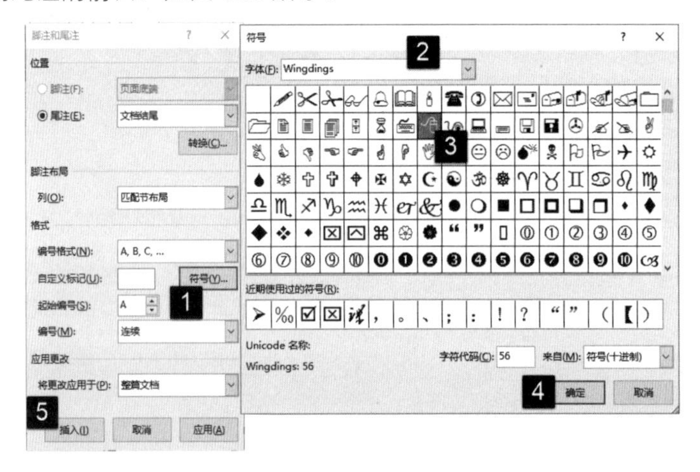

图 6.64 自定义符号

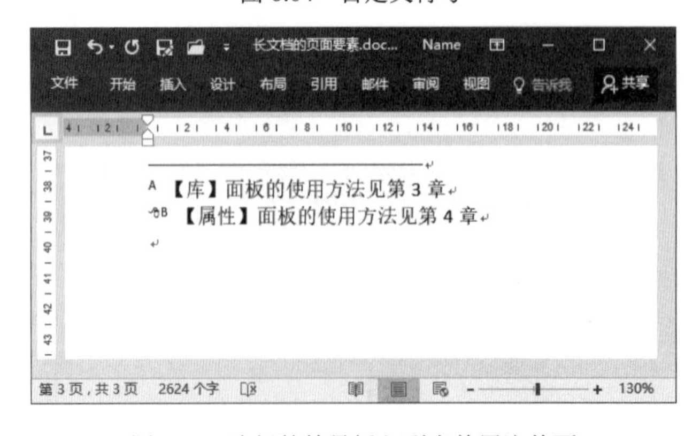

图 6.65 选择的符号插入到当前尾注前面

03 在“脚注和尾注”对话框中单击“转换”按钮将打开“转换注释”对话框，在对话框中选择转换的方式后单击“确定”按钮，如图 6.66 所示。此时脚注将转换为尾注，如图 6.67 所示。

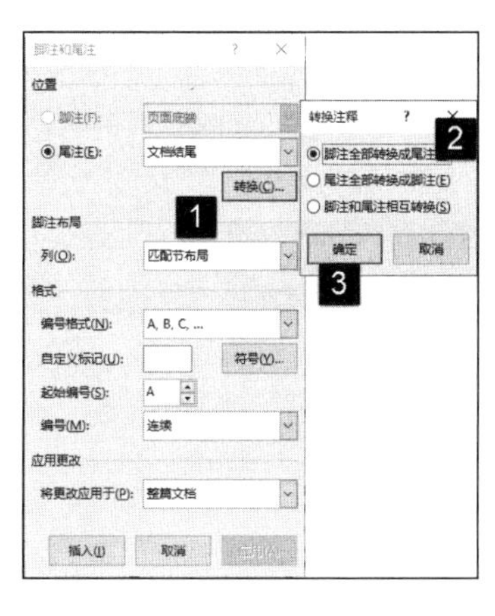

图 6.66　打开“转换注释”对话框

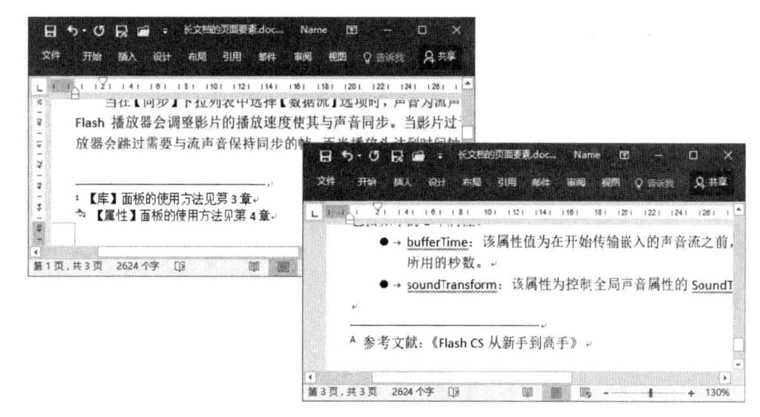

图 6.67　脚注转换为尾注

6.6.2　使用目录和索引

在长文档中，目录和索引是帮助读者了解文档内容和快速定位到相关内容的重要手段，使用 Word 能够十分容易地为文档添加目录和索引，下面介绍具体的操作方法。

1. 使用目录

对于一篇较长的文档来说，文档中的目录是文档不可或缺的一部分。使用目录便于读者了解文档结构，把握文档内容，显示要点的分布情况。对于一篇长文档来说，按章节手动输入目录是效率很低的方法，Word 2016 提供了抽取文档目录的功能，可以自动将文档中的标题抽取出来。下面介绍使用内置样式创建目录和创建自定义目录的操作方法。

01 打开需要创建目录的文档，在文档中单击将插入点光标放置在需要添加目录的位置。打开“引用”选项卡，单击“目录”组中的“目录”按钮，在下拉列表中选择一款自动目录样式，此时在插入点光标处将会获得选择样式的目录，如图 6.68 所示。

图 6.68　在文档中添加目录

02 当对文档进行了编辑处理后，往往需要将新的内容添加到目录中。将插入点光标放置到目录中，单击目录框上的“更新目录”按钮。此时将打开“更新目录”对话框，使用该对话框可以选择是只更新新页码还是更新整个目录，如图 6.69 所示。

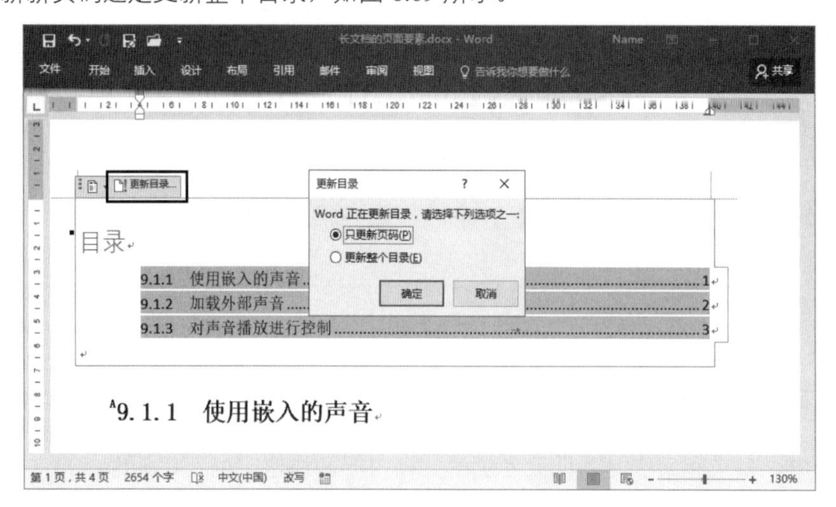

图 6.69 打开“更新目录”对话框

03 单击目录框上的“目录”按钮将打开内置目录样式列表，选择列表中的选项可以修改当前目录的样式，如图 6.70 所示。

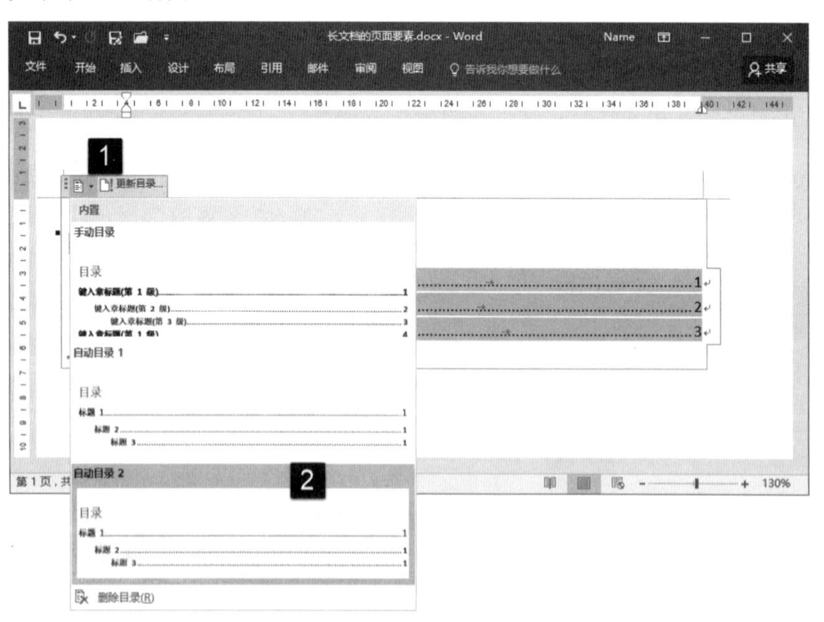

图 6.70 修改当前目录的样式

04 单击“引用”选项卡“目录”组中的“目录”按钮，在打开的下拉列表中选择“自定义目录”命令将打开“目录”对话框。使用该对话框可以对目录样式进行设置，如，这里使用“制表符前导符”下拉列表框来设置制表符前导符的样式。在对话框中单击“选项”按钮将能够打开“目录选项”对话框，使用该对话框可以设置目录的样式内容，如图 6.71 所示。完成设置后，单击“确定”按钮关闭 2 个对话框，Word 将提示是否替换所选的目录，如图 6.72 所示。单击“确定”按钮将以设置的目录样式替换当前的目录。

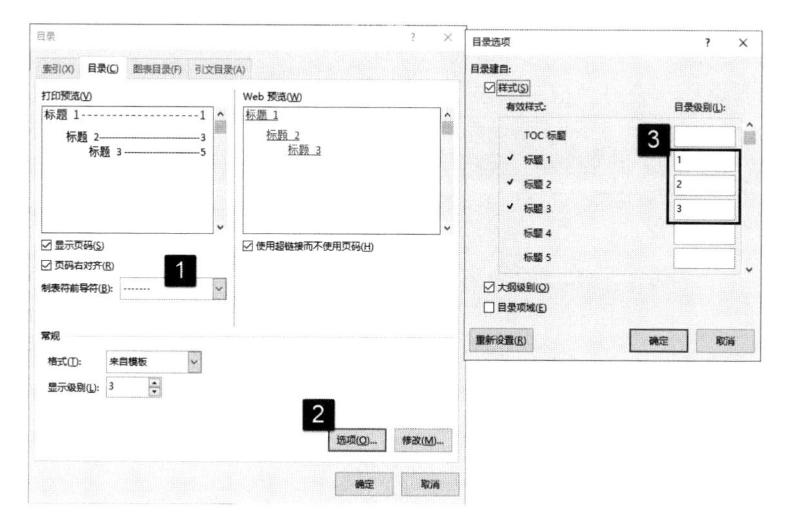

图 6.71　设置前导符并打开“目录选项”对话框

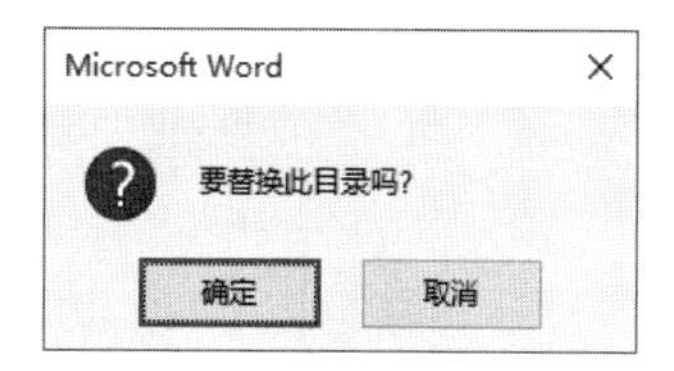

图 6.72　Word 提示对话框

05 在“目录”对话框中单击“修改”按钮将能够打开“样式”对话框，使用该对话框能够对目录的样式进行修改。在对话框的“样式”列表中选择需要修改的目录，单击对话框中的“修改”按钮将打开“修改格式”对话框，在对话框中对目的样式进行修改，如图 6.73 所示。

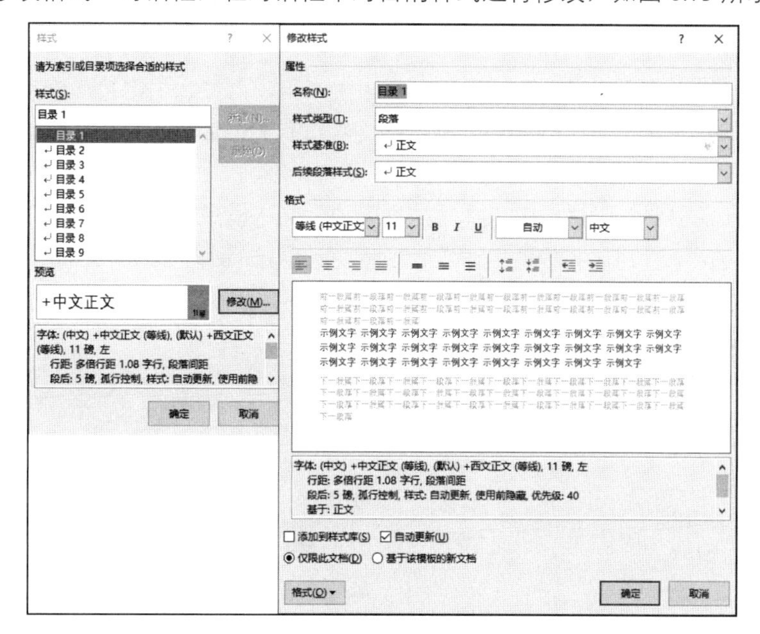

图 6.73　“样式”对话框以及“修改样式”对话框

06 依次单击“确定”按钮关闭“修改样式”对话框、“样式”对话框和“目录”对话框，此时 Word 会提示是否替换现有目录，如图 6.74 所示。单击“确定”按钮关闭该对话框，目录的样式得到修改。

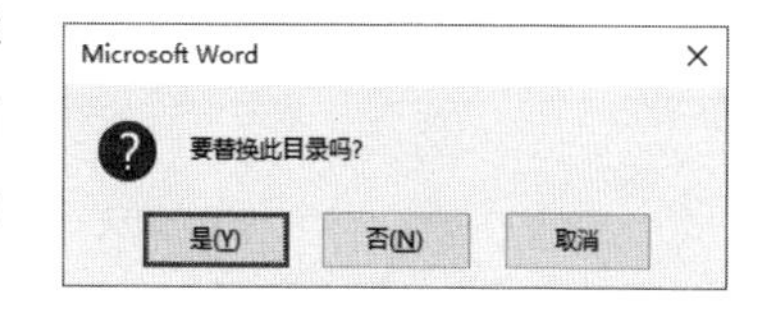

图 6.74　提示是否替换当前目录

2. 使用索引

索引列出了文档中的词条和主题，同时可以显示词条和主题所对应的页码。下面介绍在 Word 文档中编制索引的方法。

01 在 Word 中打开文档并放置插入点光标，在“引用”选项卡的“索引”组中单击“插入索引”按钮。此时将打开“索引”对话框。在对话框中单击“标记索引项”按钮，如图 6.75 所示。

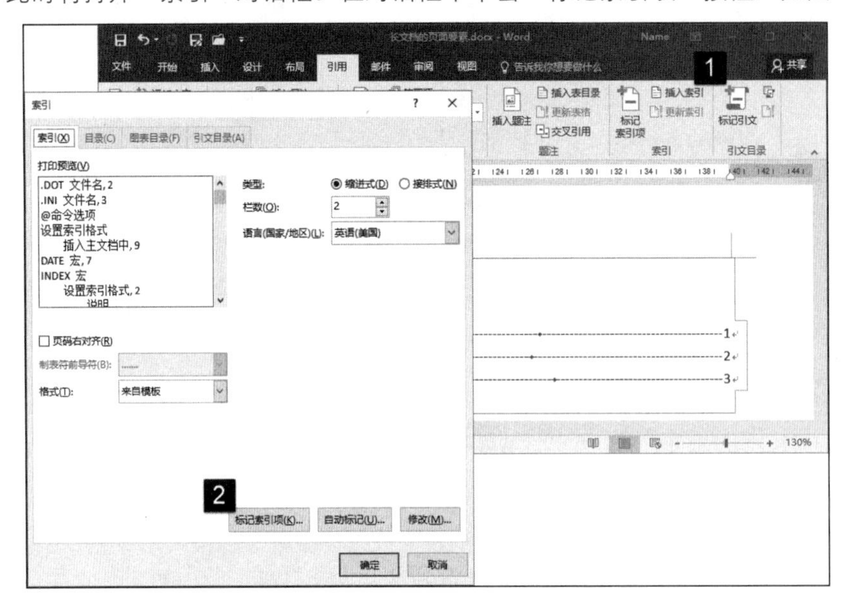

图 6.75　在“索引”对话框中单击“标记索引项”

02 此时将打开“标记索引项”对话框，在“主索引项”文本框中输入索引文字。如果需要标记索引项，可以单击“标记”按钮。如果要标记文中所有的该词语，可以单击“标记全部”按钮，如图 6.76 所示。

03 在“标记索引项”对话框中选择“主索引项”文本框中的文本后右击，在打开的快捷菜单中选择“字体”选项。此时将打开“字体”对话框，使用该对话框可以为索引文本设置文字格式。如，这里对字体进行设置，如图 6.77 所示。在“标记索引项”对话框中单击“标记”按钮，文档中对应的文字被标记，如图 6.78 所示。

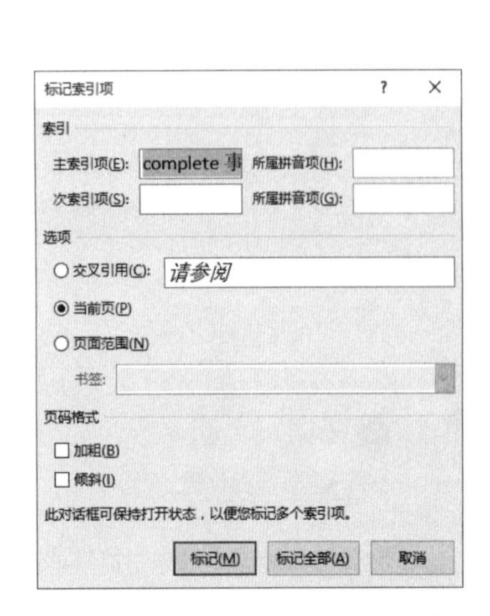

图 6.76　“标记索引项”对话框

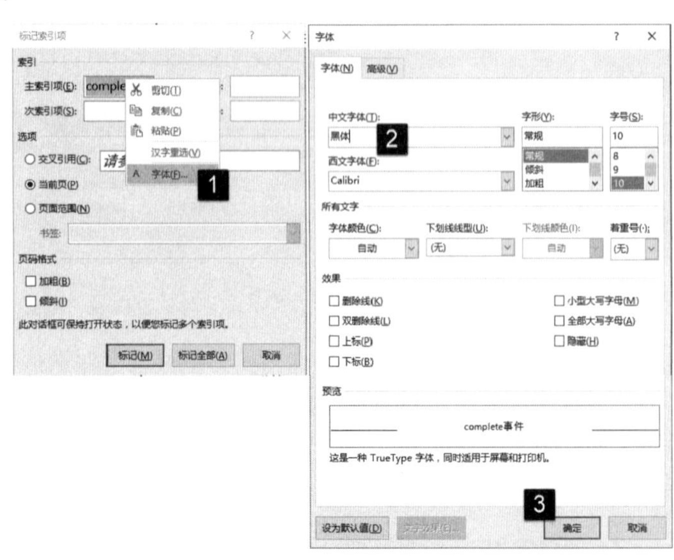

图 6.77　设置字体

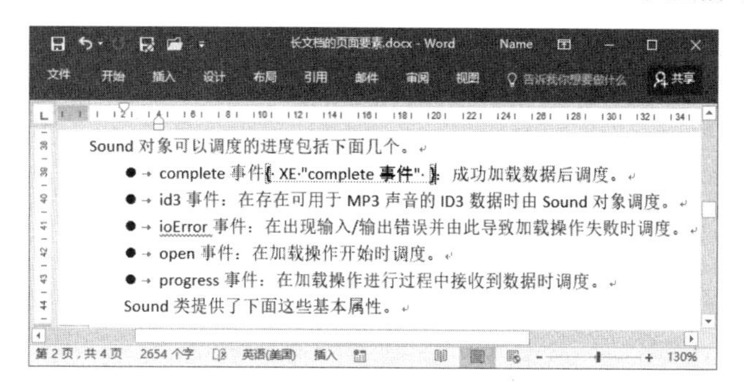

图 6.78　插入索引

提　示

在文档中，很多时候是不需要索引标记可见的。如果要让索引标记不可见，可以打开 Word 的“Word 选项”对话框，在对话框左侧列表中选择“显示”选项，取消对“显示所有格式标记”复选框的勾选，如图 6.79 所示。单击“确定”按钮关闭对话框后，所有标记将在文档中不可见。

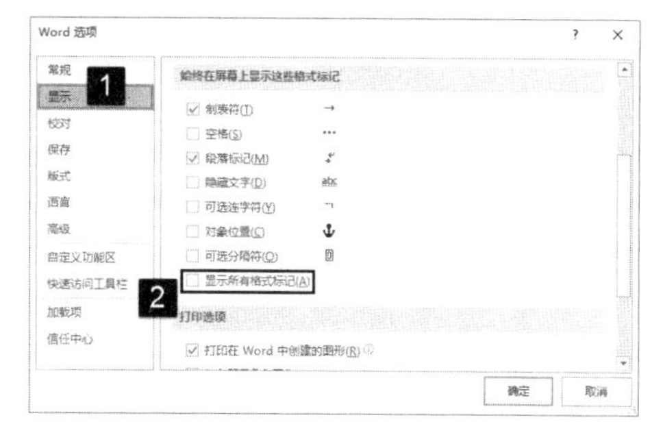

图 6.79　“word 选项”对话框中的设置

04 在文档最后放置插入点光标，在“引用”选项卡的“索引”组中单击“插入索引”按钮打开“插入索引”对话框，在对话框中直接单击“确定”按钮关闭对话框。插入点光标处即显示索引内容，如图 6.80 所示。

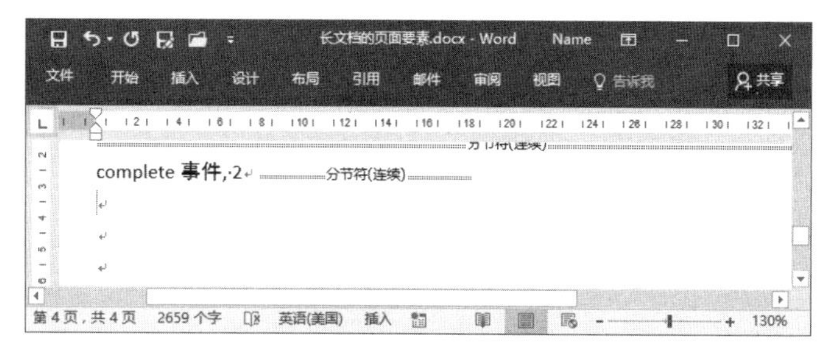

图 6.80　显示索引内容

6.6.3　使用交叉引用

交叉引用就是在文档的一个位置引用文档另一个位置内容。交叉引用常应用于需要互相引用内容的地方，可以使用户尽快找到想要找到的内容，同时能够保证文档的结构条理清晰。下面将介绍在 Word 中使用交叉引用的方法。

01 启动 Word 并打开文档，将插入点光标放置到需要添加交叉引用的文字的后面，如图 6.81 所示。

02 在“引用”选项卡中单击“题注”组中的“插入交叉引用”按钮，打开“交叉引用”对话框。在对话框的“引用类型”下拉列表中选择需要的项目类型，在“引用内容”下拉列表中选择需要插入的信息，在“引用哪一个标题”列表中选择引用的具体内容，如图 6.82 所示。完成设置后单击“插入”按钮即可在插入点光标处插入一个交叉引用。

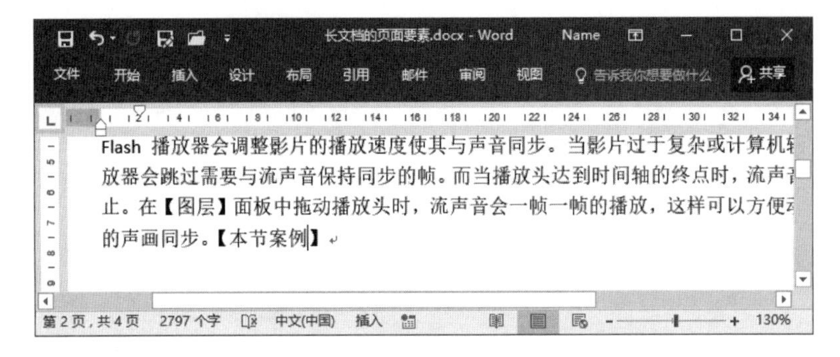

图 6.81　放置插入点光标

图 6.82　插入交叉引用

这里，如果取消对“插入为超链接”复选框的勾选，则插入的交叉引用不具有链接能力。如果“包括‘见上方’/‘见下方’”复选框可用，可选择此复选框来包含引用项目的相对位置信息。另外，在单击“插入”按钮后，如果还需要创建其他的交叉引用，可不关闭对话框，在文档中直接选择新的插入点后继续插入。

03 单击“插入”按钮关闭“交叉引用”对话框。此时，标题文字被插入到当前插入点光标之后，按 Ctrl 键并单击文档中的交叉引用，文档将跳转文档中引用指定的位置，如图 6.83 所示。

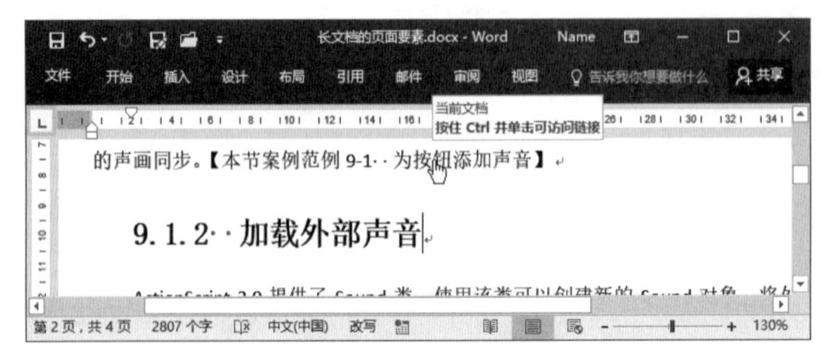

图 6.83　使用交叉引用

如果需要对创建的交叉引用进行修改，可以在文档中选择插入的交叉引用后再次打开“交叉引用”对话框，选择新的引用项目后单击“插入”按钮即可。

6.7 本章拓展

下面介绍与本章知识相关的拓展技巧。

6.7.1 在文档中添加行号

在文档中，有时需要为文档中的行添加行号，例如，在一些英文文章或文档中包含计算机程序代码时，行号可以通过“页面设置”对话框来添加。在默认情况下，行号是按照间隔 1 的顺序每行添加的。实际上，用户可以根据需要将行号设置为按指定的间隔显示。下面介绍具体的操作方法。

01 启动 Word，打开需要添加行号的文档。在“布局”选项卡中单击“页面设置”按钮打开“页面设置”对话框。在对话框的“版式”选项卡中单击“行号”按钮，如图 6.84 所示。

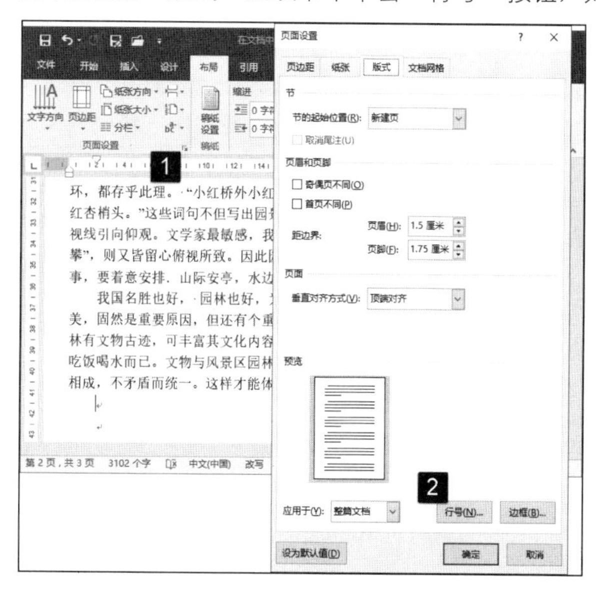

图 6.84　打开“页面设置”对话框

提　示

在功能区的“页面设置”组中单击“行号”按钮，在打开的列表中选择“无”选项将取消添加行号。选择“连续”选项将能够创建连续的行号。如果选择“每节重新编行号”选项，则可在当前节中进行编号操作。如果选择“行编号”选项，将能打开“页面设置”对话框的“版式”选项卡。

02 此时将打开“行号”对话框，在对话框中勾选“添加行号”复选框，在“行号间距”微调框中输入数值“3”。完成设置后单击“确定”按钮关闭对话框，如图 6.85 所示。

03 单击“确定”按钮关闭“页面设置”对话框，此时文档中将以 3 行的间隔添加行号，如图 6.86 所示。

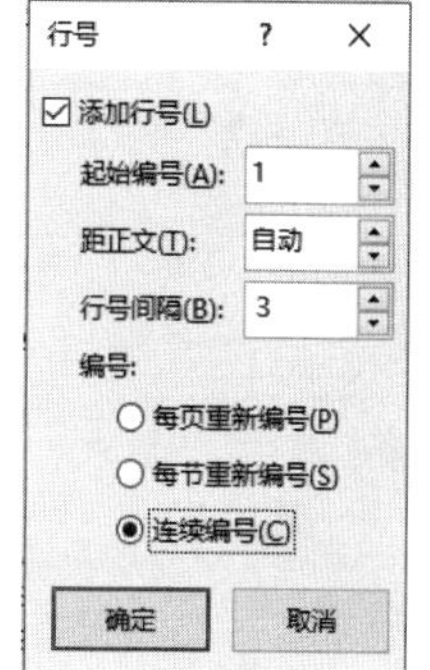

图 6.85　“行号”对话框

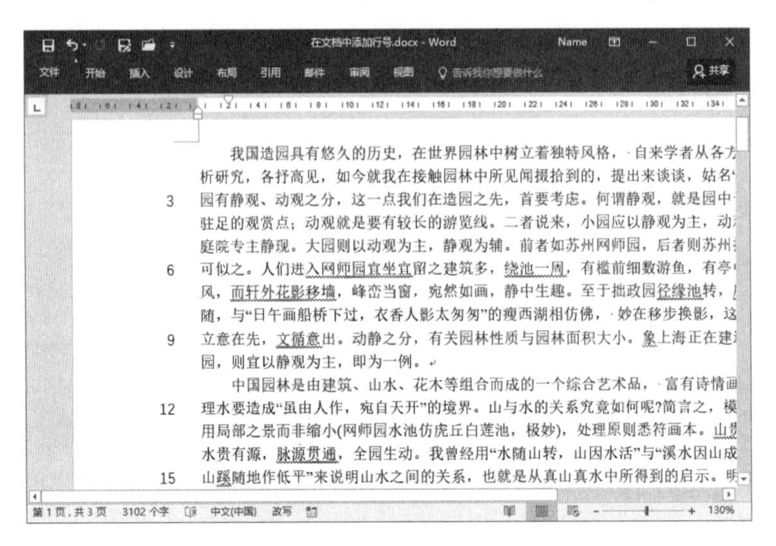

图 6.86　以 3 行的间隔添加行号

在添加行号时，一个表格计为一行，一幅图将计为一行。如果文本框嵌入在页面的文字中，则一个文本框计为一行。如果页面上的文字是环绕在文本框周围的，则该页上的文本行将计算在内，文本框中的文字将不计算在内。

6.7.2　创建书法字帖

使用 Word 2016 可以创建字帖文档，这种字帖文档的字体、文字颜色、网格样式以及文字方向等都是可以设置的。下面介绍创建书法字体的方法。

01 在 Word 2016 中打开“文件”窗口，在左侧列表中选择“新建”选项，在“新建”列表中选择“书法字帖”选项，如图 6.87 所示。

02 此时 Word 将创建一个新文档并打开“增减字符”对话框。在对话框的“书法字体”下拉列表中选择需要使用的书法字体，在“可用字符”列表中选择需要使用的字符，单击“添加”按钮将其添加到“已用字符”列表中。依次选择并添加字符，完成字符选择后，单击“关闭”按钮，如图 6.88 所示。此时文档中将插入选择的字符，如图 6.89 所示。

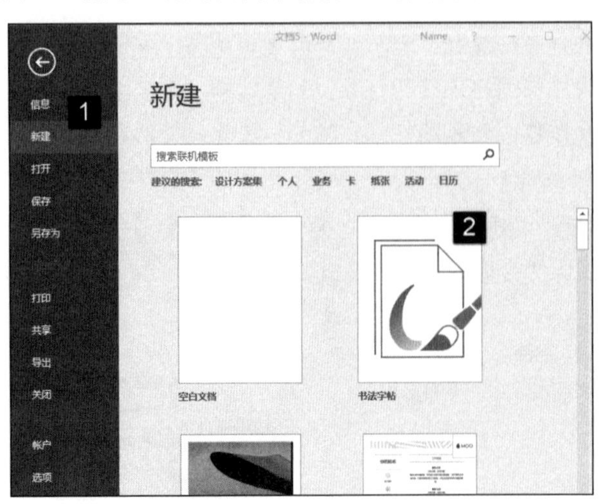

图 6.87　选择“书法字帖”选项

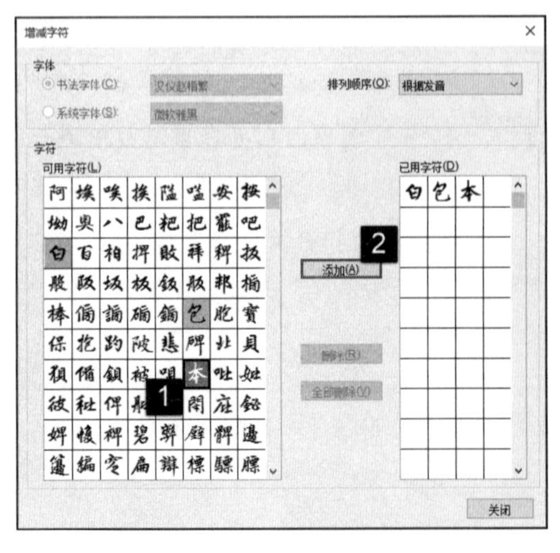

图 6.88　“增减字符”对话框

在“增减字符”对话框中选择字符时，可以按 Ctrl 键依次单击需要的字符以便依次选择多个字符。在“已用字符”列表中选择某个字符，单击“删除”按钮可将其从列表中删除，如果单击“全部删除”按钮，则将删除“已用字符”列表中的所有字符。在“排列顺序”下拉列表中，如果选择“根据发音”选项，“可用字符”列表中的汉字将按照汉语拼音顺序来排序；如果选择“根据形状”选项，“可用字符”列表中的汉字将按照偏旁部首来排序。

03 在功能区中打开“书法”选项卡，单击“网格样式”按钮，使用打开的下拉列表可以选择字帖网格的样式。这里选择“九宫格”选项，此时的字帖效果如图 6.90 所示。

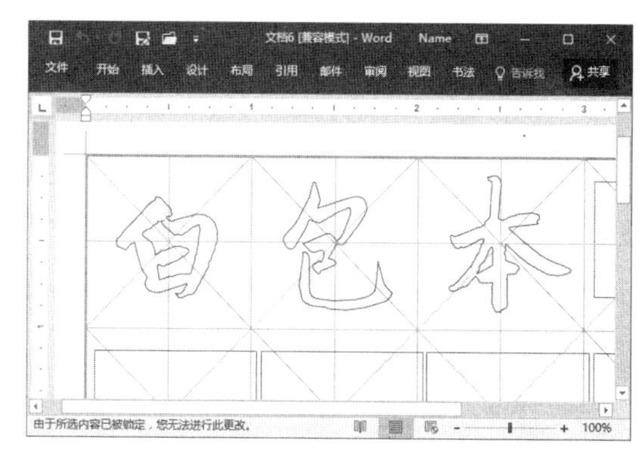

图 6.89　插入书法字符

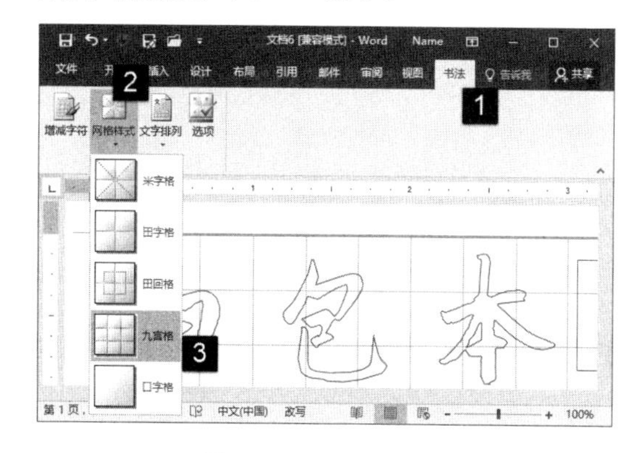

图 6.90　设置网格样式

04 在“书法”选项卡中单击“文字排列”按钮，在打开的下拉列表中选择文字排列方式。例如，这里选择“竖排，最左一列”选项使文字在字帖最左一列排列，如图 6.91 所示。

05 在“书法”选项卡中单击“选项”按钮将打开“选项”对话框，使用该对话框可以对字帖文字和网格进行设置。例如，这里在“字体”选项卡的“颜色”下拉列表中选择字体文字的颜色，取消对“空心字”复选框的选择，将文字变为实心字。单击“确定”按钮关闭对话框完成对字体的设置，如图 6.92 所示。

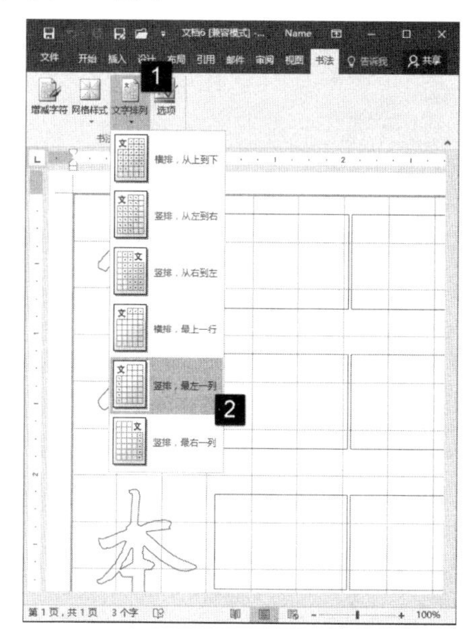

图 6.91　设置文字排列方式

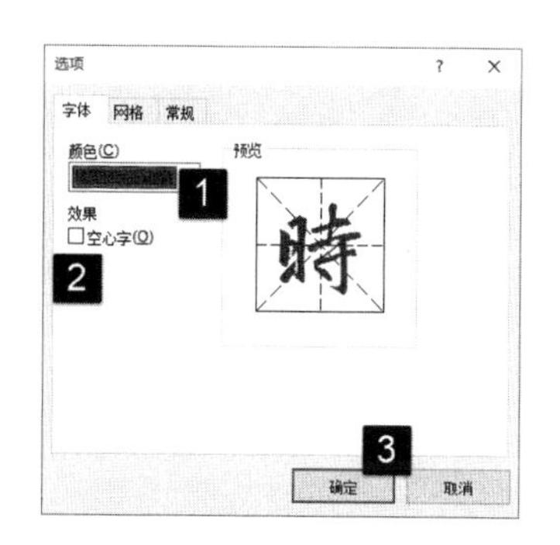

图 6.92　设置字体

06 打开“选项”对话框的“网格”选项卡，可以对网格的线条样式和颜色进行设置，如图 6.93 所示。打开“常规”选项卡，可以对字帖页面中的行列数和字符个数等进行设置，如图 6.94 所示。

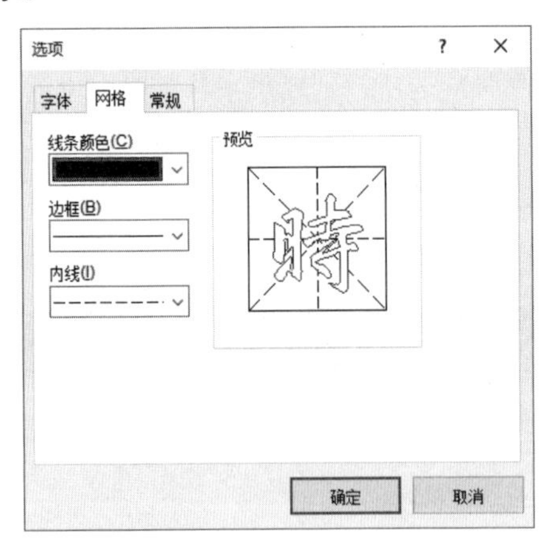

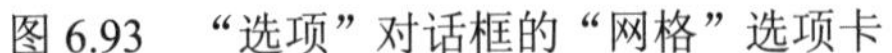

图 6.93 “选项”对话框的“网格”选项卡

图 6.94 “选项”对话框的“常规”选项卡

6.7.3 使分栏均等

Word 在分栏时，分栏后的内容会先将第一栏排满后再从第二栏开始，这样一直排到最后一页。这种方式有可能会产生最后一页左右 2 栏行数不均等的情况，即栏间不平衡。这种情况会极大影响了页面的美观，需要进行修正。下面介绍消除这种栏间不平衡现象的方法。

01 启动 Word，打开一个有 2 栏的文档。这里可以看到，分栏后最后一页 2 栏的文字不均等，如图 6.95 所示。

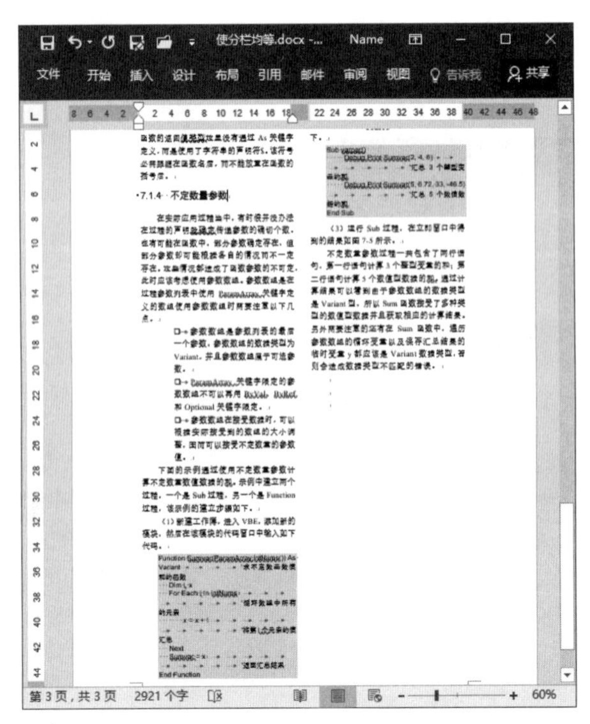

图 6.95 行数不均等的 2 栏

02 在页面中单击将插入点光标放置到文档的末尾。在功能区的“布局”选项卡中单击“页面设置”组中的“插入分页符和分节符”按钮，在打开的下拉列表中选择“连续”选项，如图 6.96 所示。此时，最后一页将实现分栏均等，如图 6.97 所示。

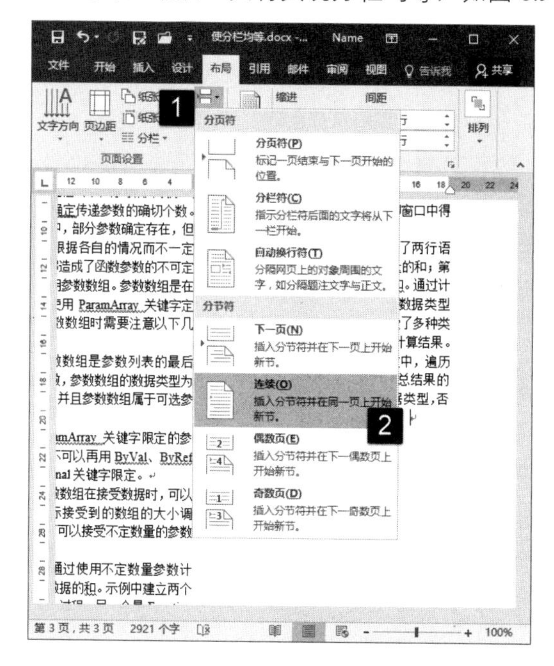

图 6.96　选择“连续”选项

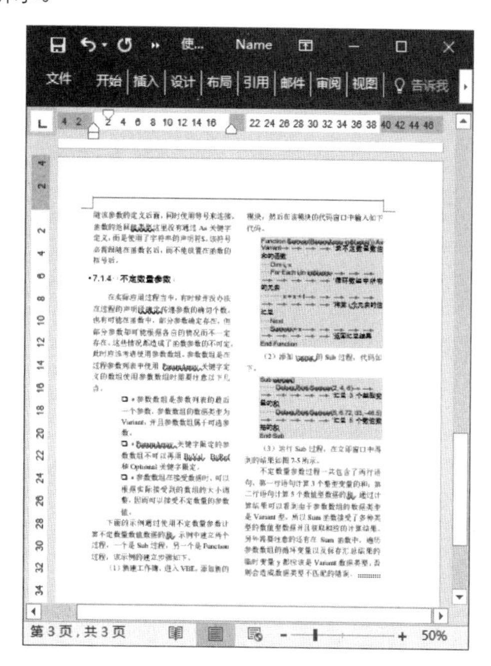

图 6.97　分栏均等

第 7 章

文档中的表格

在日常工作中经常会用到表格，如个人简历和各种数据报表等。在一些专业文档中，如预算报告和财务分析报告等文档中，呈现数据的表格比文字更直观、更具有说服力。本章将介绍在 Word 2016 文档中使用表格的相关知识。

7.1 在文档中创建表格

在 Word 文档中使用表格，首先需要创建表格。表格是由水平的行和垂直的列构成的，行列交叉形成的方框称为单元格。在 Word 文档中有多种创建表格的方式，本节将对这些表格创建方式进行介绍。

7.1.1 插入表格

一般情况下，在 Word 2016 文档中插入表格的方式有 2 种，一种是使用“插入表格”按钮来快速插入表格，另一种方式是使用“插入表格”对话框来实现表格的定制插入。下面对这 2 种插入表格的方法进行介绍。

（1）在文档中需要插入表格的位置单击放置插入点光标。在“插入”选项卡的“表格”组中单击“表格”按钮，在打开的下拉列表的“插入表格”栏中存在着一个 8 行 10 列的按钮区。在这个按钮区中移动鼠标，文档中将会随之出现与列表中的鼠标划过区域具有相同行列数的表格。当行列数达到需要后，单击即可在文档中创建相应的表格，如图 7.1 所示。

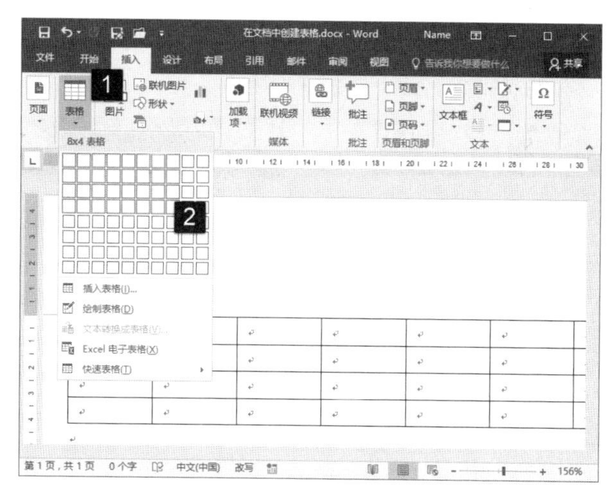

图 7.1　移动鼠标创建表格

（2）在“插入”选项卡的“表格”组中单击“表格”按钮，在获得的下拉列表中选择“插入表格”命令打开“插入表格”对话框。在对话框的“行数”和“列数”增量框中输入数值设置表格的行数和列数，在“‘自动调整’操作”栏中选择插入表格大小的调整方式。例如，这里选择“固定列宽”单选按钮，在其后的增量框中输入数值设置表格的列宽，如图 7.2 所示。单击“确定”按钮关闭“插入表格”对话框，文档中按照设置插入一个表格，如图 7.3 所示。

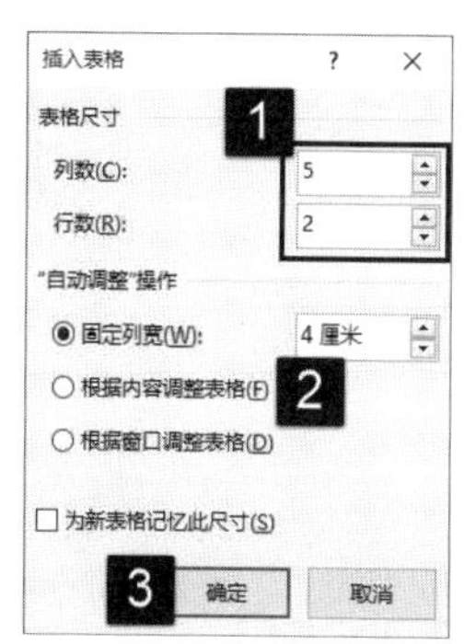

图 7.2　“插入表格”对话框

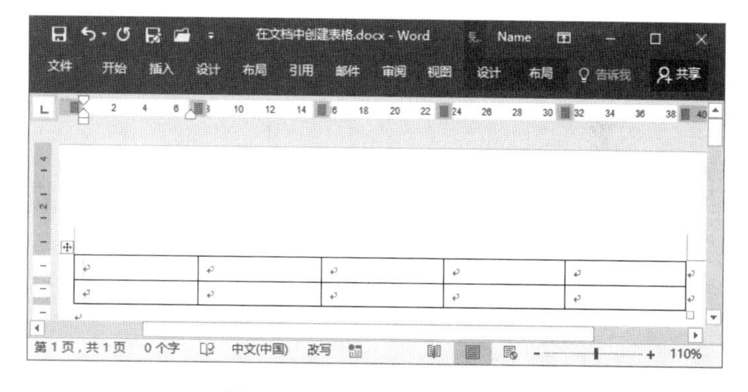

图 7.3　文档中插入的表格

提　示

利用“插入表格”按钮的方式创建表格是十分方便的，但表格的行列数会有限制，其最多只能够创建 8 行 10 列的表格。而使用“插入表格”对话框最多可以设置 63 列 32767 行的表格。当表格行列较多时，表格无法一次完成，此时就应该使用其他的方式来创建表格了。

7.1.2　绘制不规则表格

在文档中，经常需要使用不规则表格，这些表格往往包含不同高度的单元格或每行包含不同列数的表格等。在 Word 2016 中，可以使用手动绘制表格的方式来创建不规则表格。手动绘制表格的最大优势在于，可以像生活中使用笔那样来随心所欲地绘制各种类型的表格。下面介绍手动绘制表格的具体操作方法。

01 将插入点光标放置到文档中需要插入图表的位置。在“插入”选项卡的“表格”组中单击“表格”按钮，在下拉列表中选择“绘制表格”命令，如图 7.4 所示。

02 此时，鼠标指针变为铅笔形，在文档中拖动鼠标绘制表格的边框，如图 7.5 所示。在表格水平拖动鼠标可以绘制一条水平的行线，如图 7.6 所示。

图 7.4　选择“绘制表格”命令

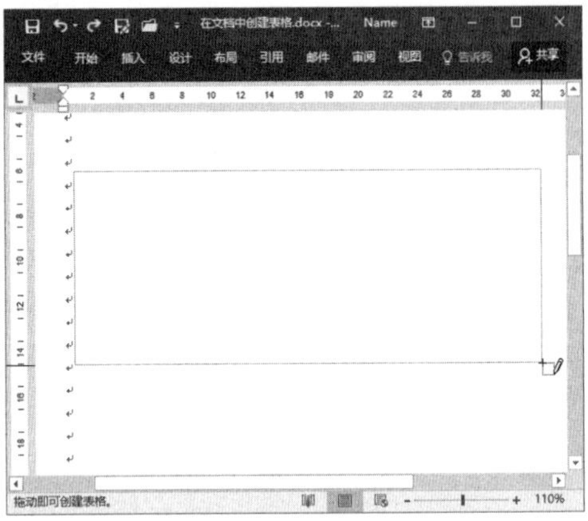

图 7.5　绘制表格边框

03 在表格中垂直拖动鼠标可以绘制一条垂直的列线，如图 7.7 所示。

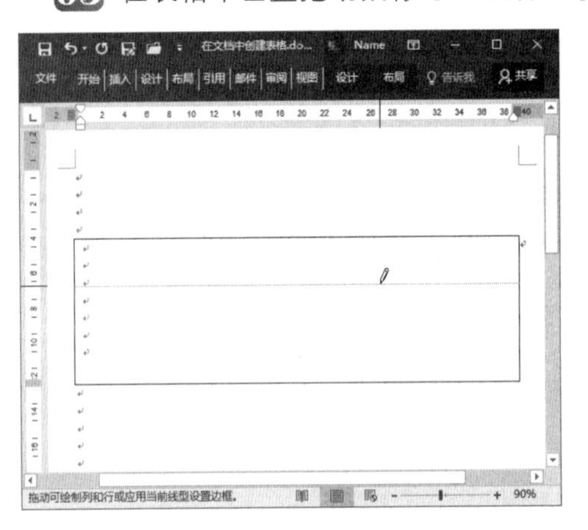

图 7.6　绘制水平行线

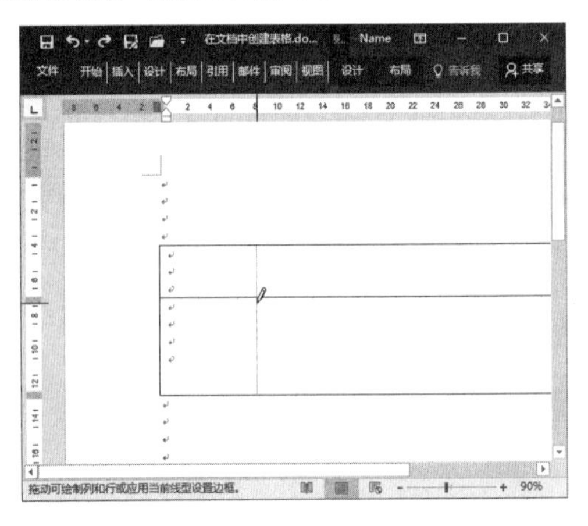

图 7.7　绘制垂直列线

04 在表格的单元格中拖动鼠标，可以添加水平或垂直边框线，如图 7.8 所示。在某个单元格中沿对角线斜向拖动鼠标能够在单元格中绘制一条斜向框线，如图 7.9 所示。

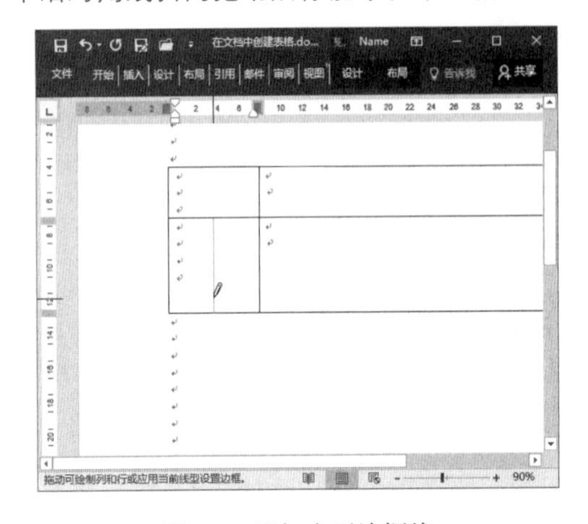

图 7.8　添加水平边框线

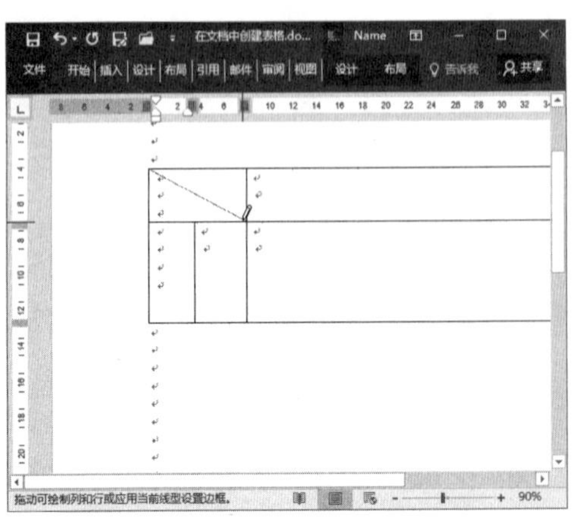

图 7.9　绘制斜向框线

7.1.3 使用 Excel 表格

在 Word 文档中可以直接插入 Excel 表格，这个表格能够像在 Excel 中那样进行复杂的数据运算和处理。插入 Excel 表格可以按照下面的步骤来进行操作。

01 在“插入”选项卡的“表格”组中单击“表格”按钮，在下拉列表中选择“Excel 电子表格”命令，如图 7.10 所示。

02 此时将进入 Excel 电子表格编辑状态，双击表格中的单元格，在该单元格中输入数据，如图 7.11 所示。

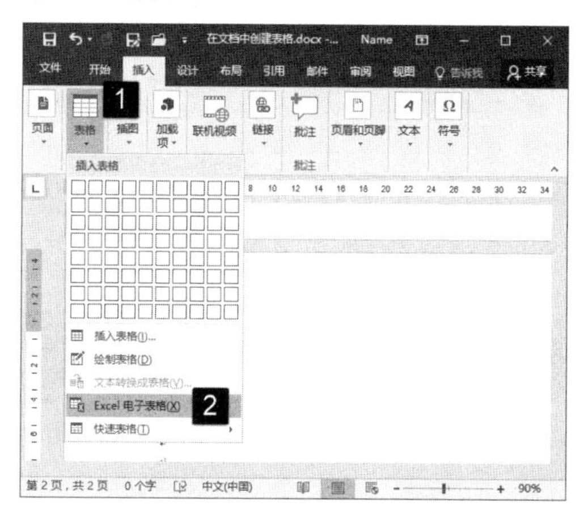

图 7.10 选择“Excel 电子表格”命令

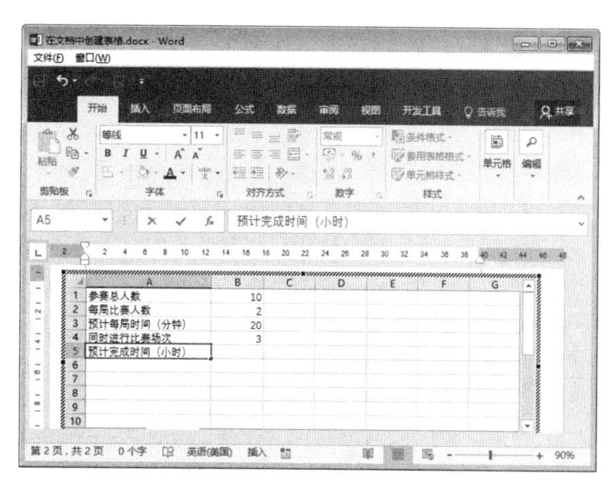

图 7.11 进入表格编辑状态

03 在电子表格以外的区域中单击，可以返回到 Word 文档编辑状态。此时插入的表格在 Word 编辑状态下是无法进行编辑处理的，如图 7.12 所示。

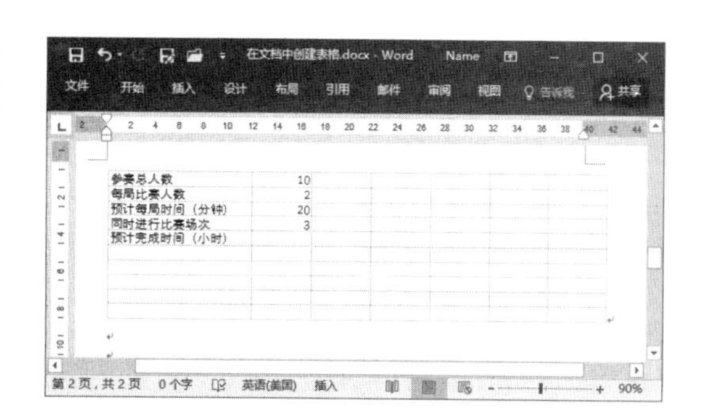

图 7.12 表格插入到文档中

7.2 编辑表格中文本

要真正完成一个表格的创建，除了绘制表格之外，还需要向表格中输入内容。与普通文档一样，在表格中输入内容后，需要对文本进行设置使其符合文档的需要。

7.2.1 在表格中输入文本

文档中初创的表格是由许多没有任何内容的空白单元格构成的，创建表格后的第二步操作就是向单元格中输入文本。表格中输入文本的方式与在文档中输入方式相似，首先将插入点光标定位到需要输入文字的单元格中，然后输入。放置插入点光标，可以直接使用键盘进行操作。

01 完成表格的创建后，在需要输入文本的单元格中单击放置插入点光标，此时即可向该单元格中输入文字，如图 7.13 所示。按 Tab 键，插入点光标移到当前单元格右侧的单元格，继续在其中输入文字，如图 7.14 所示。

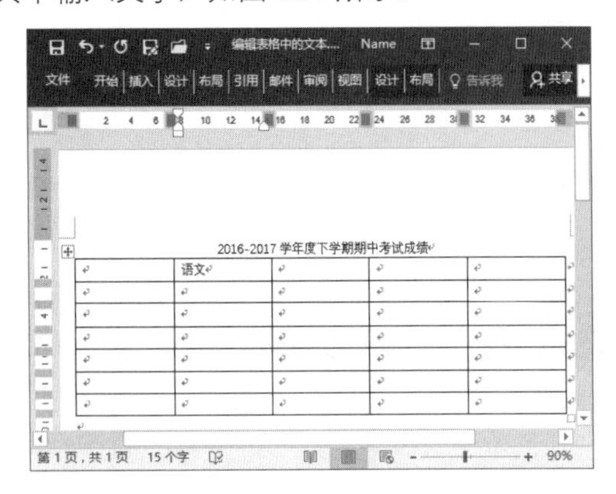

图 7.13　放置插入点光标后输入文字

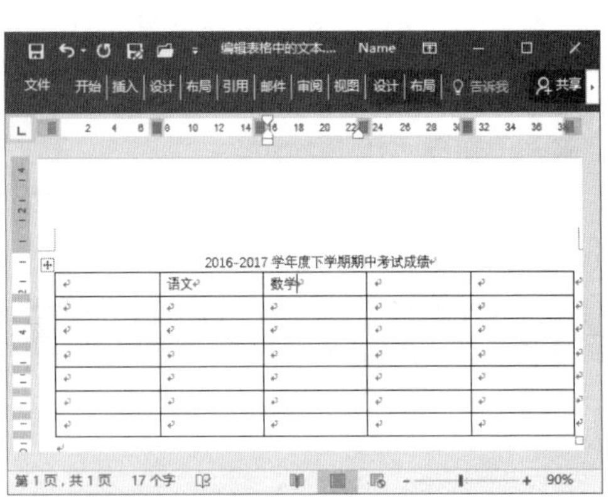

图 7.14　按 Tab 键插入点光标右移后输入文字

02 在完成一行文字输入后，将插入点光标放置到最左侧一列中继续输入文字。此时，在完成一个单元格文字输入后，按↓键可以将插入点光标移到下面一个单元格中，如图 7.15 所示。同样的，按↑键可以将插入点光标移到上一个单元格中。

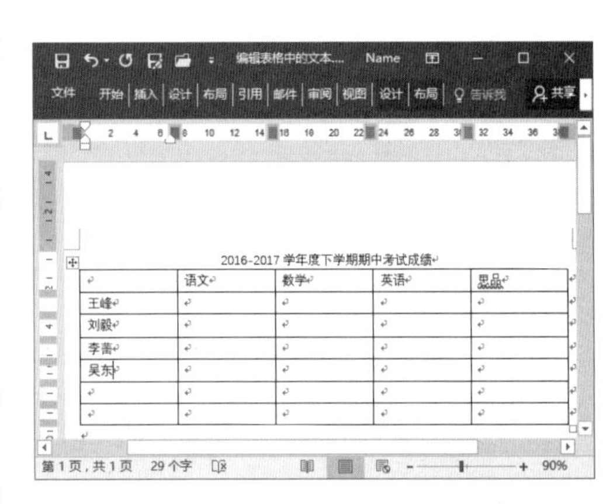

图 7.15　按↓键插入点光标下移后输入文字

7.2.2　设置对齐方式

在表格中输入文字后，需要设置文字在单元格中的对齐方式使表格美观。同时，对于插入文档的表格，同样需要设置其在文档中的对齐方式。下面分别介绍这 2 种对齐方式的设置方法。

（1）选择表格中的单元格后，打开“布局”选项卡，在“对齐方式”组中单击相应的按钮可以设置文字在单元格中的对齐方式。例如，单击“水平居中”按钮，文字将在单元格中水平方向和垂直方向均居中对齐，如图 7.16 所示。

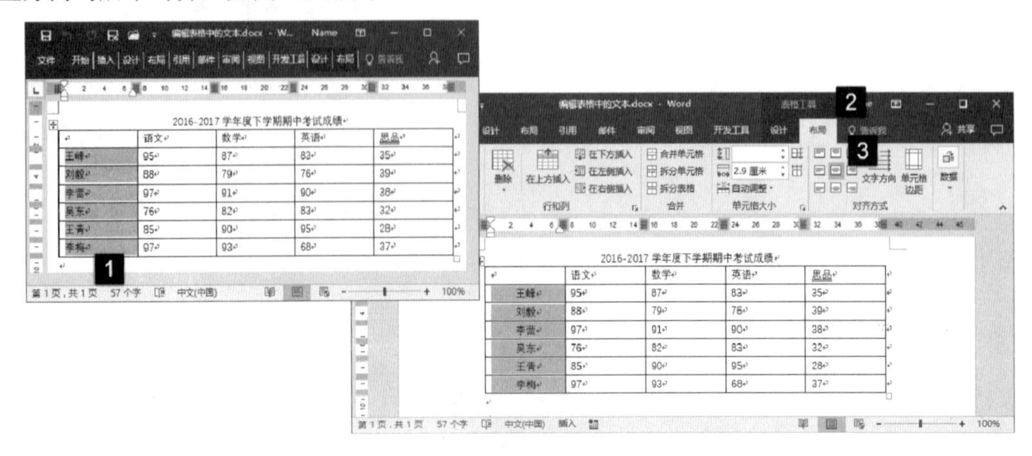

图 7.16　设置文字对齐方式

（2）要设置表格在文档中的对齐方式，可以在“布局”选项卡的“单元格大小”组中单击“表格属性”按钮打开“表格属性”对话框。在对话框的“对齐方式”组中选择相应的对齐方式后单击“确定”按钮关闭对话框，即可设置表格的对齐方式，如图 7.17 所示。

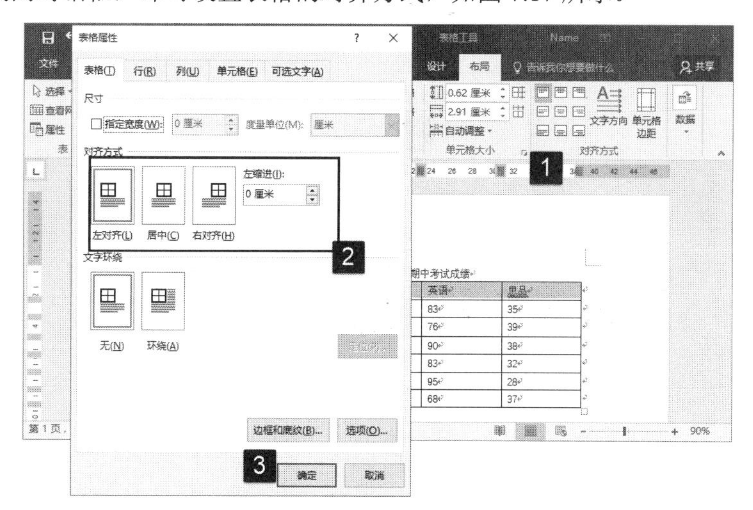

图 7.17　设置表格的对齐方式

7.2.3　文字方向和单元格边距

在单元格中，文字的放置方向可以是横向或竖向。同时，文字与单元格边距的距离也是可以根据需要由用户自主调整的。下面介绍设置单元格中文字方向和单元格边距的方法。

（1）在单元格中选择需要调整方向的文字，在“布局”选项卡的“对齐方式”组中单击“文字方向”按钮。文字将由原来的横排变为竖排，单元格的宽度会自动增大以适用文字排列方向的变化，如图 7.18 所示。

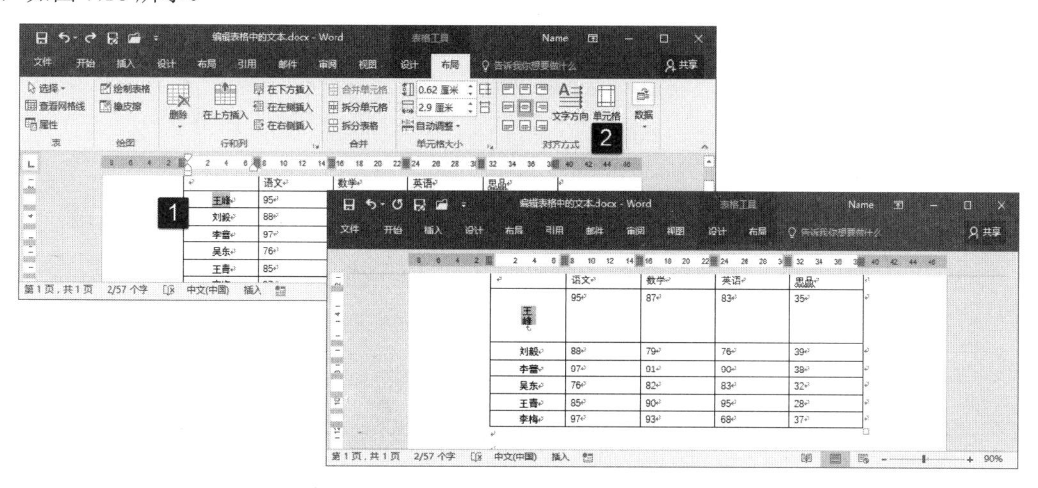

图 7.18　文字变为竖排

（2）在“布局”选项卡的“对齐方式”组中单击“单元格边距”按钮打开“表格选项”对话框，在“默认单元格边距”栏的微调框中输入数值设置文字与单元格的上、下、左和右边距的距离。完成后设置后单击“确定”按钮关闭对话框，如图 7.19 所示。文字与单元格边距调整为设置值，如图 7.20 所示。

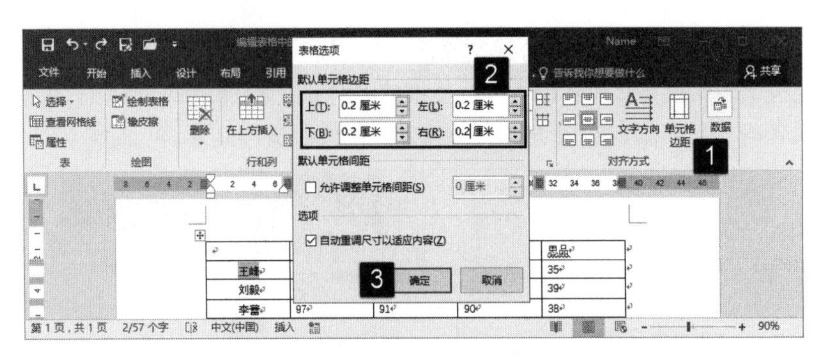

图 7.19 设置单元格边距

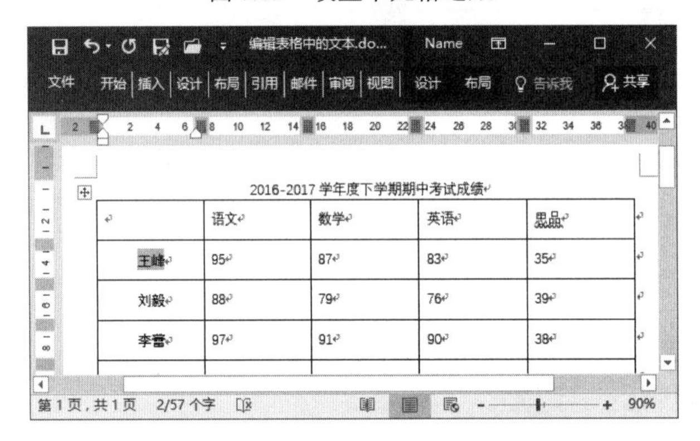

图 7.20 文字与单元格边距调整为设置值

7.3 编辑表格

在实际工作中，经常需要设计一些非正规表格，此时需要对表格进行进一步的编辑，如插入行列或单元格等。同时，完成的表格也需要根据文档的应用环境改变其外观，如对表格边框、对行高和列宽进行设置等。下面介绍对表格进行编辑的常用技巧。

7.3.1 操作单元格

在向表格中输入数据时，经常会遇到表格中单元格不够的情况，此时就需要向表格中插入行、列或单元格。同样的，在表格中如果出现了多余的行、列或单元格，也需要将它们删除。下面介绍单元格增删的操作方法。

1. 插入行列

如果需要向工作表中插入空白行和空白列，可以使用下面的方法来进行操作。

01 使用 Word 打开文档，将插入点光标放置到某一行的任意一个单元格中。在“布局”选项卡的“行和列”组中单击“在上方插入”按钮。插入点光标所在单元格上方增添一个空白行，如图 7.21 所示。

02 在单元格中放置插入点光标，在“布局”选项卡的“行和列”组中单击“在右侧插入”按钮。插入点光标所在列右侧添加一个空白列，如图 7.22 所示。

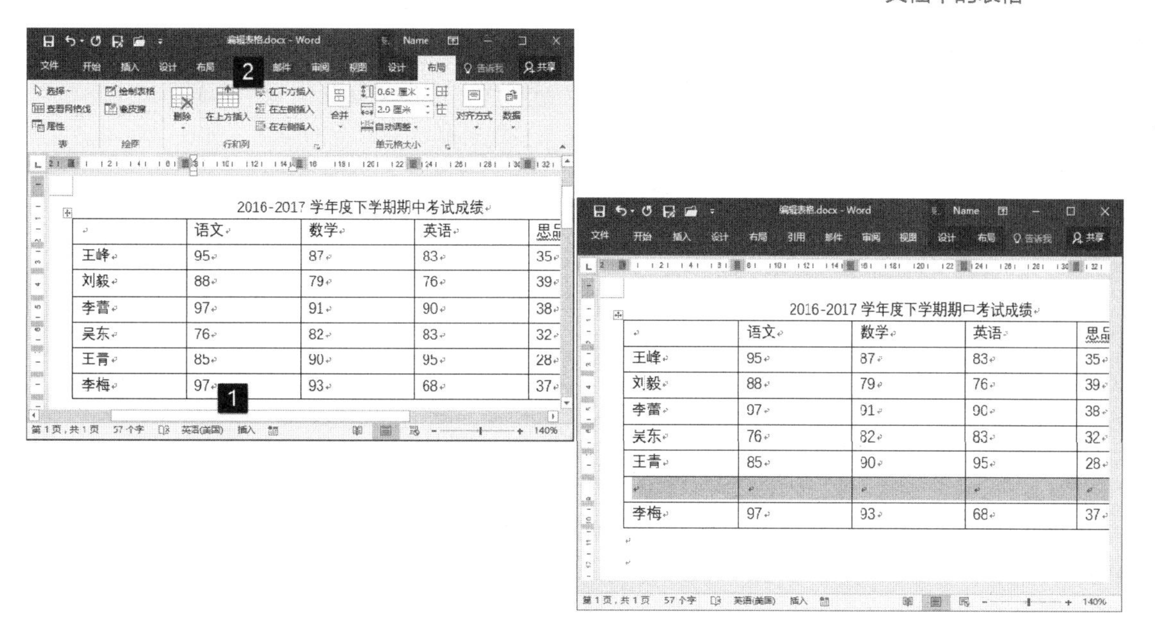

图 7.21　添加一个空白行

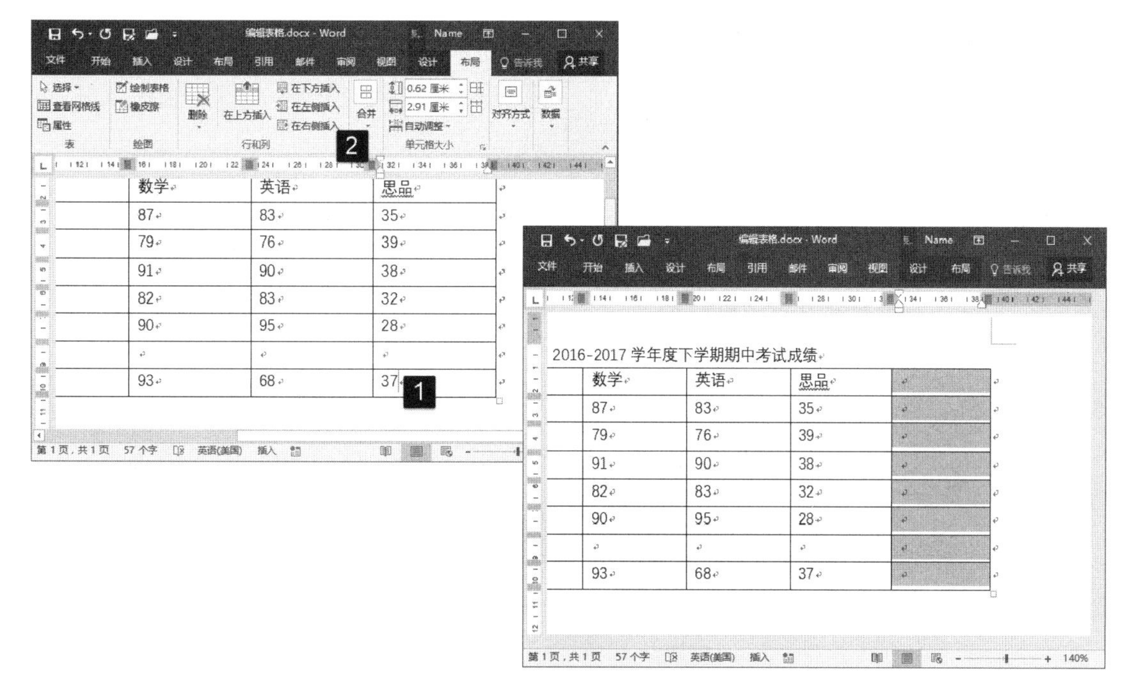

图 7.22　添加一个空白列

2．删除行列和单元格

如果要删除表格中多余的行列或单元格，可以使用下面的方法来进行操作。

（1）拖动鼠标选择需要删除的行，在“布局”选项卡的“行和列”组中单击“删除”按钮。在打开的列表中选择“删除行”选项，选择的行将被删除，如图 7.23 所示。使用相同的方法可以删除选择的列。

（2）将插入点光标放置到单元格中，单击“删除”按钮，在打开的列表中选择“删除单元格”

选项，如图 7.24 所示。此时将打开“删除单元格”对话框，在对话框中单击相应的单选按钮选择删除方式。单击“确定”按钮关闭对话框，如图 7.25 所示。例如，这里选择“右侧单元格左移”选项时，删除当前单元格后，该单元格右侧单元格左移填补删除后留下的空白，如图 7.26 所示。

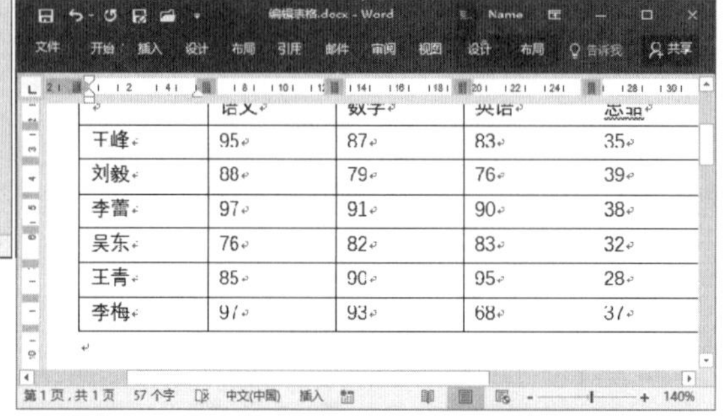

图 7.23　删除列

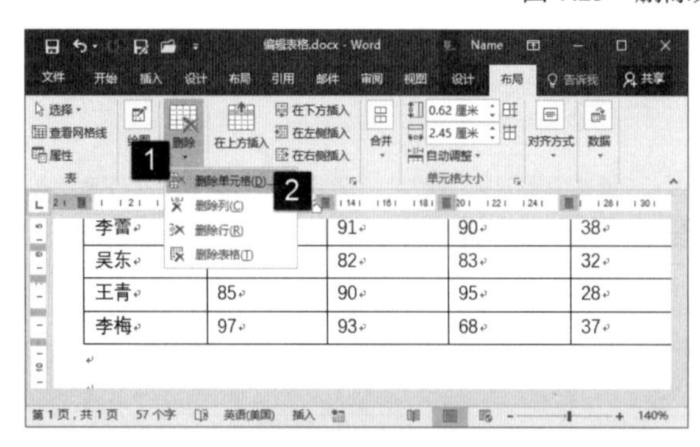

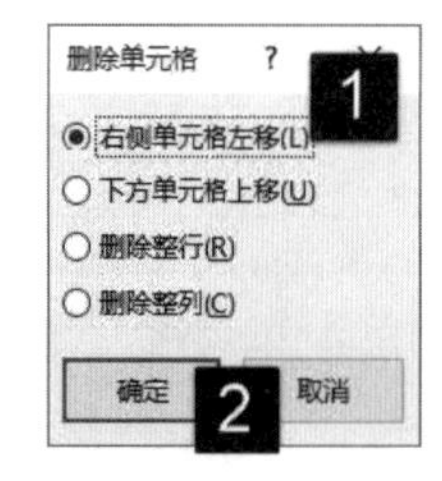

图 7.24　选择“删除单元格”选项

图 7.25　“删除单元格”对话框

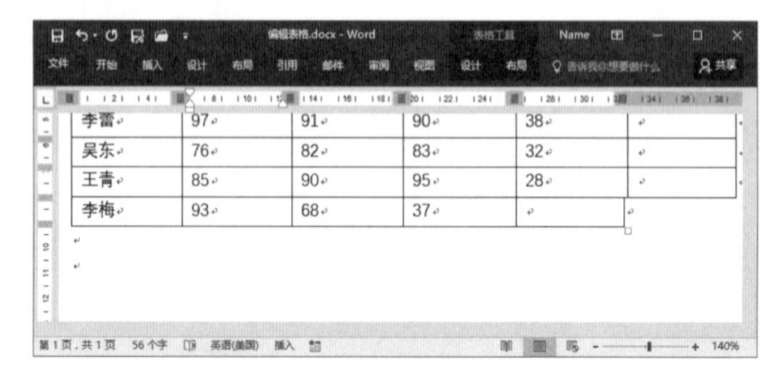

图 7.26　删除单元格后的效果

3. 合并和拆分单元格

合并单元格就是将几个选择的单元格合成为一个单元格，拆分单元格就是将一个单元格分为若干个大小相同的单元格。下面介绍具体的操作方法。

● 在表格中选择需要合并的单元格，在“布局”选项卡的“合并”组中单击“合并单元格”按钮，如图 7.27 所示。选择的单元格被合并为 1 个单元格，如图 7.28 所示。

图 7.27 单击“合并单元格”按钮

图 7.28 选择单元格被合并

当需要选择表中多个连续单元格时，可以将插入点光标放置到这些单元格左上角的单元格中，按住“Shift”键，在连续单元格的右下角单击即可。按“Ctrl+Shift+F8”键进入扩展状态，用方向键或用鼠标单击需要选择的连续单元格区域的最后一个单元格也可以选择连续的单元格。此时，在完成选择后，按“Esc”键取消选择状态。

● 将插入点光标放置到需要拆分的单元格中，在“布局”选项卡的“合并”组中单击“拆分单元格”按钮，此时将打开“拆分单元格”对话框。在对话框中设置单元格拆分成的行、列数，单击“确定”按钮关闭对话框，如图 7.29 所示。此时选定的单元格被拆分，如图 7.30 所示。

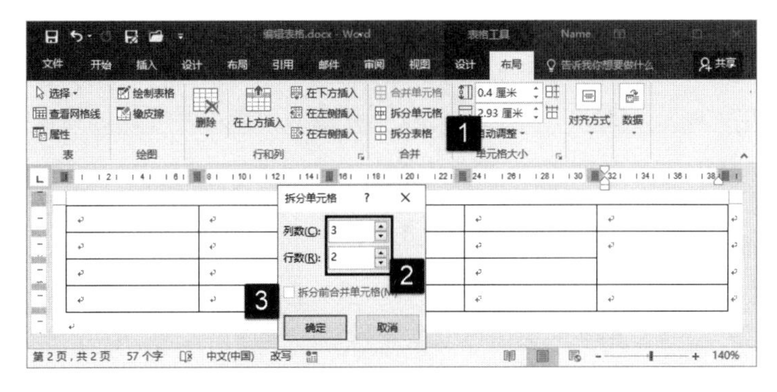

图 7.29 “拆分单元格”对话框

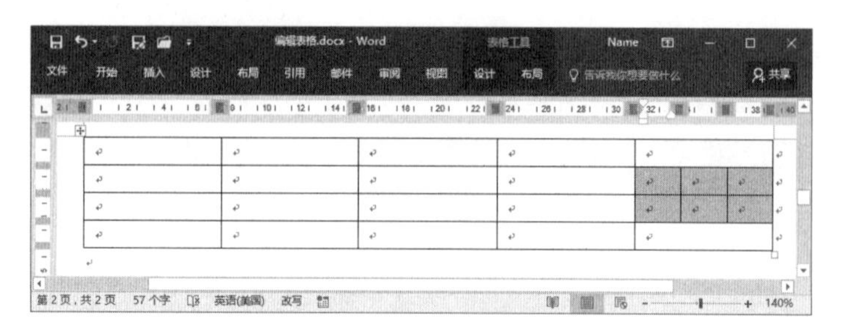

图 7.30　单元格被拆分

提 示

在合并单元格时，如果单元格中没有内容，则合并后的单元格中只有一个段落标记。如果合并前的每个单元格中都有文本内容，则合并这些单元格后原来单元格中的文本将各自成为一个段落。在拆分单元格时，如果拆分前单元格中只有一个段落，则拆分后文本将出现在第一个单元格中。如果有多个段落，则依次放置在其他单元格中，若段落超过拆分单元格的数量，则优先从第一个单元格开始放置多余的段落。

7.3.2 设置表格列宽和行高

在表格的一行中，各个单元格的行高都是相同的。一般情况下，Word 2016 会自动调整行高和列宽以适应输入的内容，同时用户也可以根据需要来调整表格的行高和列宽，下面介绍具体的操作方法。

（1）选择需要调整列宽的列，在“布局”选项卡的“单元格大小”组的“表格列宽”微调框中输入数字，按 Enter 键确认输入后，该列单元格的宽度即会调整为输入值，如图 7.31 所示。

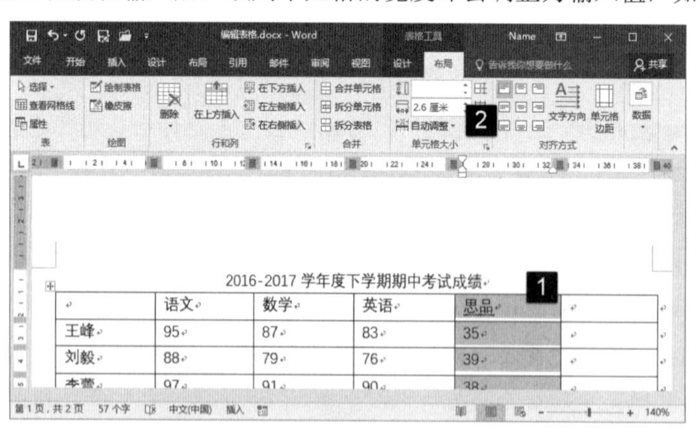

图 7.31　调整整列单元格的列宽

（2）将鼠标放置到需要单独调整列宽的单元格左边框上，当鼠标光标变为➚时鼠标单击。将鼠标光标移动到该单元格右边框上，当光标变为+||+时拖动边框，即可只调整该单元格的宽度，如图 7.32 所示。

（3）除了可以通过在“单元格大小”组的“行高”微调框中输入数值来调整行高之外，还可以使用鼠标拖动边框来调整行高，如图 7.33 所示。

（4）在“单元格大小”组中单击“表格属性”按钮打开“表格属性”对话框，打开“列”选项卡，在“指定宽度”微调框中输入数值可以指定列宽，如图 7.34 所示。同样的，在“单元格大小”对话框的“行”选项卡中可以指定行高。

图 7.32　只调整当前单元格宽度

图 7.33　调整行高

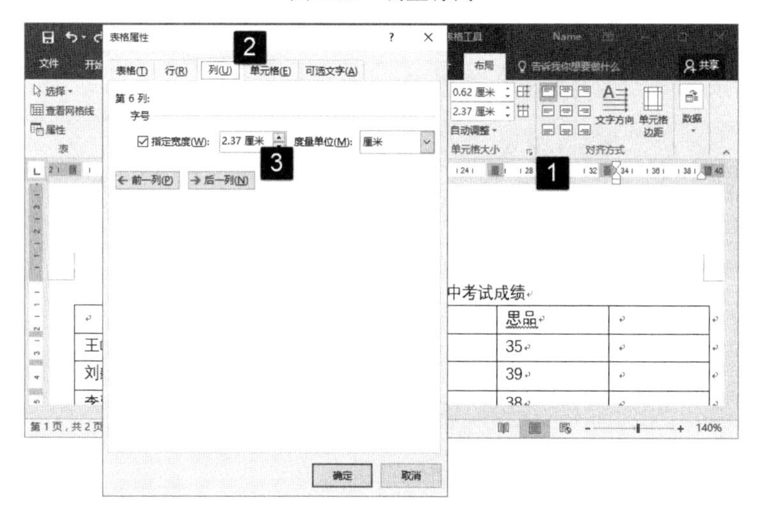

图 7.34　指定列宽

7.3.3　设置表格的边框和底纹

在创建表格时，Word 默认以 0.5 磅的宽度作为表格的边框，用户可以对表格边框的粗细和线型等进行设置。同时，表格可以添加底纹，使表格得到美化。

1．设置表格边框

在创建表格后，用户可以对表格的边框进行设置。使用“边框和底纹”对话框，用户可以对整个表格的边框进行设置，也可以根据需要只对某个单元格进行设置。下面介绍对表格单元格进行设置的操作方法。

01 选择需要设置边框的单元格，在“设计”选项卡的“边框”组中单击“边框”按钮上的下三角按钮。打开的列表中有一系列和边框有关的选项，该选项被选择意味着该边框在表格中存在。例如，这里取消“外侧框线”选项的选择，图表中的外侧边框将取消，如图 7.35 所示。

02 在“边框”列表中选择“边框和底纹”选项将打开“边框和底纹”对话框，使用该对话框可以对边框的样式、颜色和宽度等进行设置。在预览栏中单击相应的按钮可以添加或取消边框线，如图 7.36 所示。

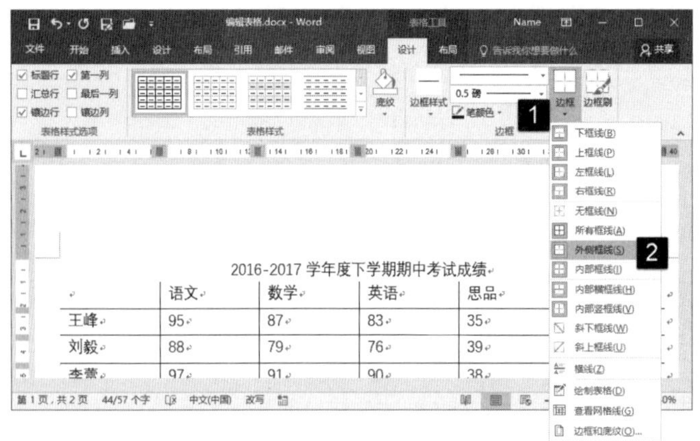

图 7.35　取消“外侧框线”选项的选择

图 7.36　“边框和底纹”对话框

03 在“设计”选项卡的“边框”组中，单击“边框样式”按钮，在打开的列表中选择相应的选项可以对表格或单元格应用预置的主题边框，如图 7.37 所示。

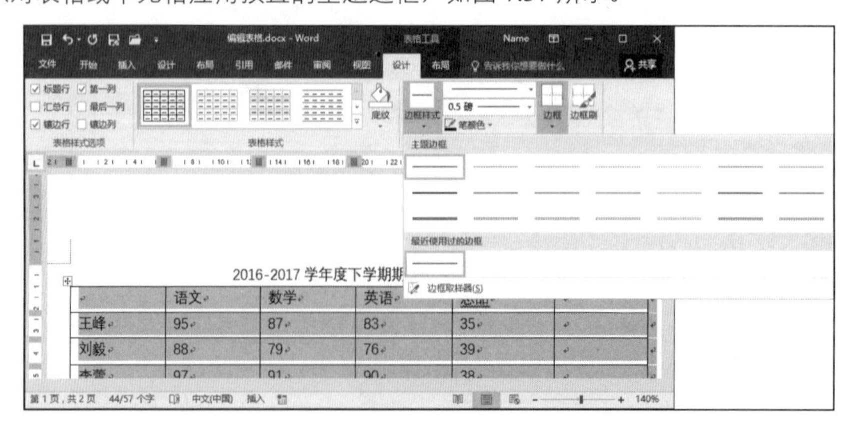

图 7.37　应用预置的主题边框

2．设置底纹

底纹既可以添加于整个表格，也可以添加到某些特定的单元格。对表格应用底纹包括颜色填充和图案填充这两种情况，下面介绍具体的操作方法。

（1）在表格中选择需要添加底纹的单元格，在“设计”选项卡中单击“底纹”按钮，在打开的列表中选择颜色选项可以对单元格填充颜色，如图 7.38 所示。

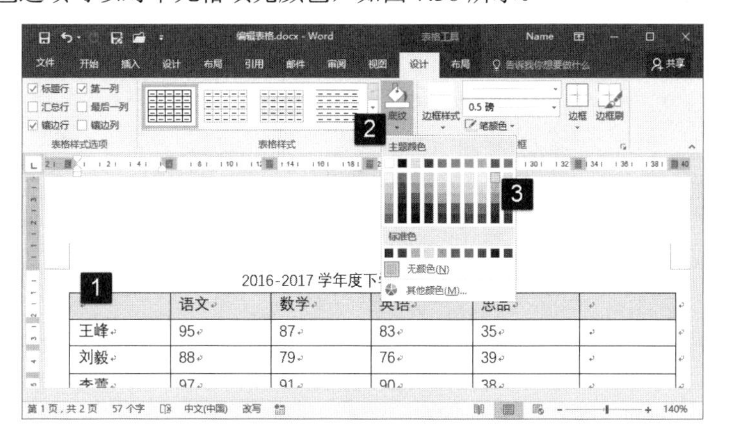

图 7.38　为单元格填充颜色

（2）在“设计”选项卡的“边框”组中单击“边框和底纹”按钮打开“边框和底纹”对话框，打开对话框中的“底纹”选项卡。在“图案”组的“样式”列表中选择用于填充的图案，在“颜色”列表中选择需要使用的颜色，如图 7.39 所示。单击“确定”按钮关闭对话框后，将可以使用图案来填充选择的单元格。

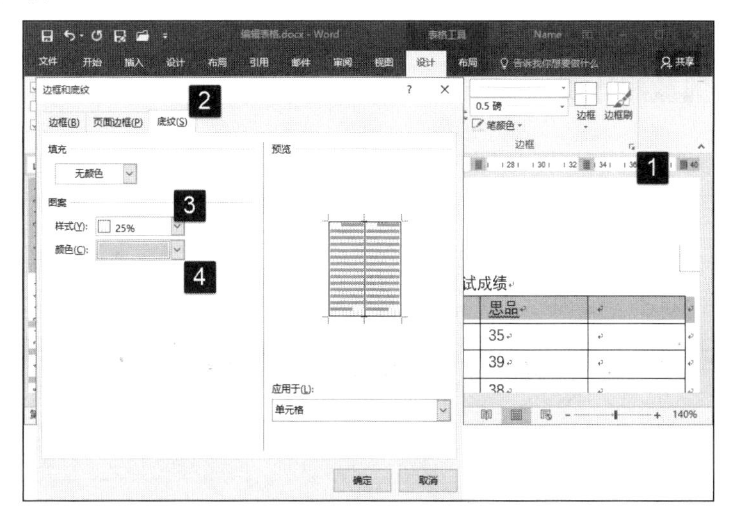

图 7.39　设置图案

7.3.4　快速设置表格样式

如果需要快速对表格样式进行设置，可以直接套用 Word 2016 提供的内置表格样式。使用这些表格样式，可以快速获得理想的表格整体效果，而不再需要一项一项进行设置。

（1）将插入点光标放置到表格中的任意一个单元格中，在“设计”选项卡的“表格样式”列表中选择相应的样式选项，表格样式即可应用于整个图表，如图 7.40 所示。

（2）在“表格样式”列表中选择“新建表格样式”选项将打开“根据格式设置创建新样式”对话框，使用该对话框可以自定义表格样式，如图 7.41 所示。单击“确定”按钮关闭对话框后，自定义样式将放置在“表格样式”列表中，可以将其直接应用到以后创建的表格中。

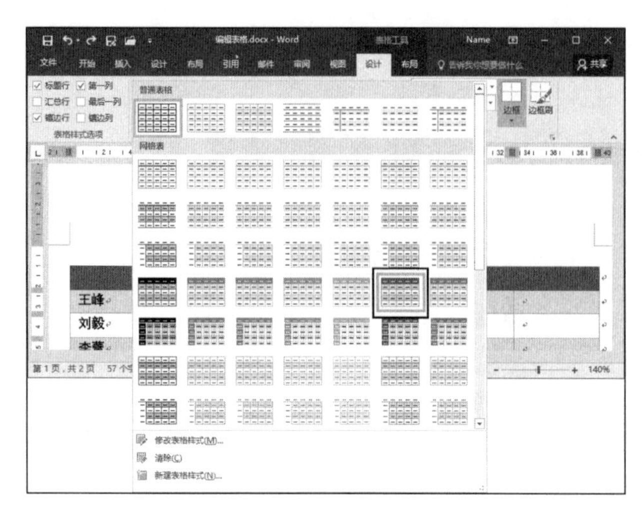

图 7.40　应用图表样式

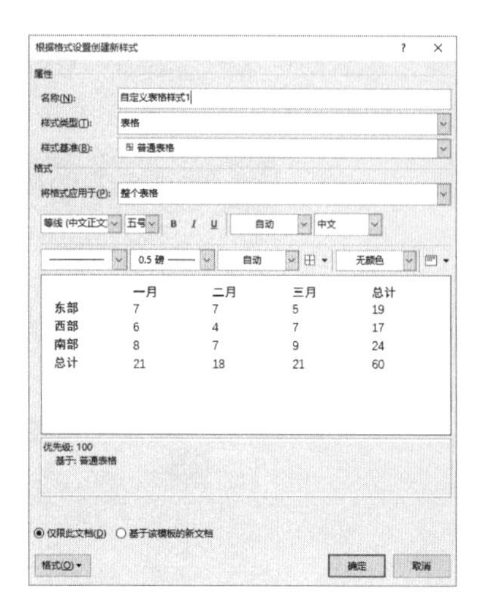

图 7.41　“根据格式设置创建新样式”对话框

7.4　表格的计算和排序

在 Word 2016 文档中，插入的表格可以依据某列数据来进行排序。同时，利用表格的计算功能，可以在表格中对数据进行求和、求平均值和求最大值等简单的计算。

7.4.1　表格中的数据计算

Word 中对表格中数据的计算能力肯定没有 Excel 高，但是也能够满足一些简单的计算要求。下面介绍在 Word 表格中进行简单数据计算的方法。

01 将插入点光标放置到需要进行计算的单元格中，打开“布局”选项卡。在“数据”组中单击“公式”按钮，如图 7.42 所示。

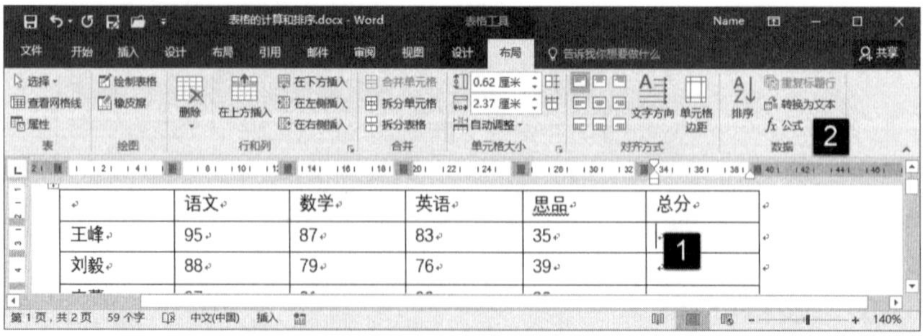

图 7.42　单击“公式”按钮

02 此时将打开“公式”对话框，在对话框的“公式”文本中已经输入了求和的计算公式。这个公式是现在需要的公式，单击“确定”按钮关闭对话框，如图 7.43 所示。此时选择单元格中显示计算结果，如图 7.44 所示。

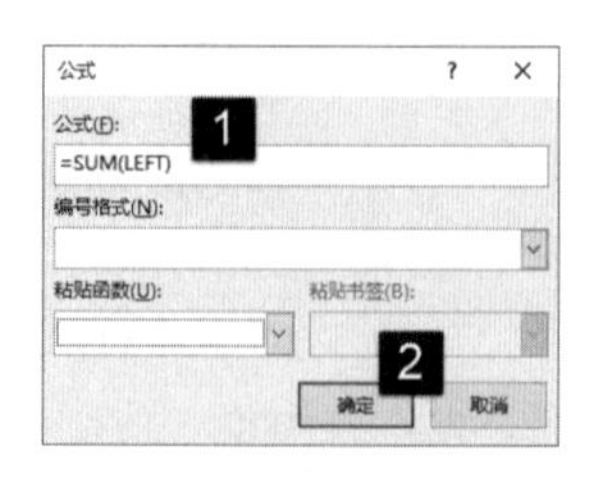

图 7.43　“公式”对话框

03 将插入点光标放置到下一个单元格中，再次打开“公式”对话框。由于该单元格上方单元格中已经存在着数据，在“公式”文本框中自动给出的公式并不是需要的计算公式，如图 7.45 所示。此时，只需要将公式更改为需要的公式即可，如图 7.46 所示。

	语文	数学	英语	思品	总分
王峰	95	87	83	35	300
刘毅	88	79	76	39	

图 7.44　显示计算结果

图 7.45　并非需要的公式

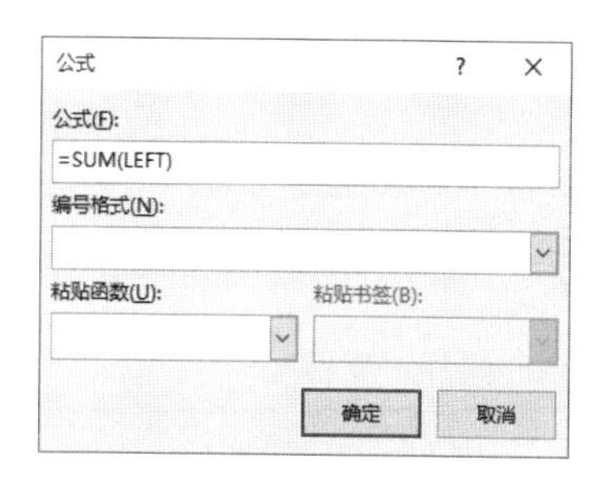

图 7.46　更改公式

在“公式”对话框中，“编号格式”下拉列表中的选项用于设置公式结果的显示格式，在“粘贴函数”下拉列表中选择需要使用的公式，选择的公式将会粘贴到“公式”对话框中，如图 7.47 所示。

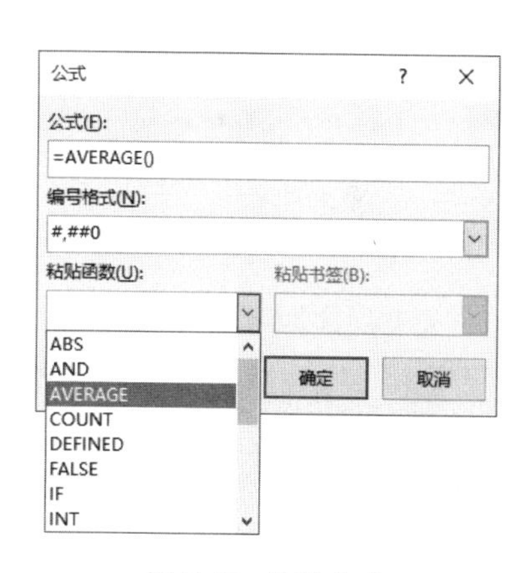

图 7.47　粘贴公式

7.4.2　表格中数据的排序

Word 中的表格并没有 Excel 工作表那么强大的数据处理能力，但 Word 表格仍然具有一些基本的数据处理能力。在 Word 表格中，可以以某列为标准对表格数据进行排序操作。下面介绍具体的操作方法。

01 在表格中单击将插入点光标放置到任意单元格中。在“布局”选项卡中单击“数据”组中的“排序”按钮打开“排序”对话框。在对话框的“主要关键字”下拉列表中选择排序的主关键字，在“类型”下拉列表框中选择排序类型，单击其后的“降序”单选按钮选择以降序排列数据。完成设置后单击“确定”按钮关闭对话框，如图 7.48 所示。

02 表格内容将按照设置的主要关键字数据大小以降序排列，如图 7.49 所示。

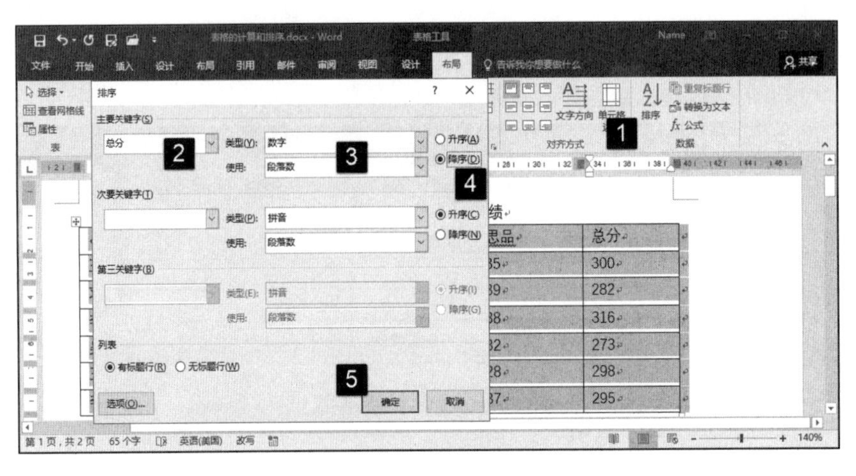

图 7.48　设置排序

	语文	数学	英语	思品	总分
李蕾	97	91	90	38	316
王峰	95	87	83	35	300
王青	85	90	95	28	298
李梅	97	93	68	37	295
刘毅	88	79	76	39	282
吴东	76	82	83	32	273

图 7.49　按降序排列数据

提 示

在排序时，如果主要关键字有并列项目时，可以指定次要关键字和第三关键字。例如，在统计学生成绩时，如果 2 个学生的姓名相同，则可以通过设置次要关键字来实现排序。

7.5　本章拓展

下面介绍本章的拓展应用技巧。

7.5.1　将文本转换为表格

在文档编辑过程中，可以直接将编辑好的文本转换为表格，这里的文本包括带有段落标记的文本段落、以制表符或空格分隔的文本等。下面介绍具体的操作方法。

01 在文档中创建需要转换为表格的文本，按 Tab 键以制表符分隔文字。拖动鼠标选择所有文字，如图 7.50 所示。

02 打开“插入”选项卡，在“表格”组中单击“表格”按钮，在打开的下拉列表中选择“文本转换成表格”选项，如图 7.51 所示。

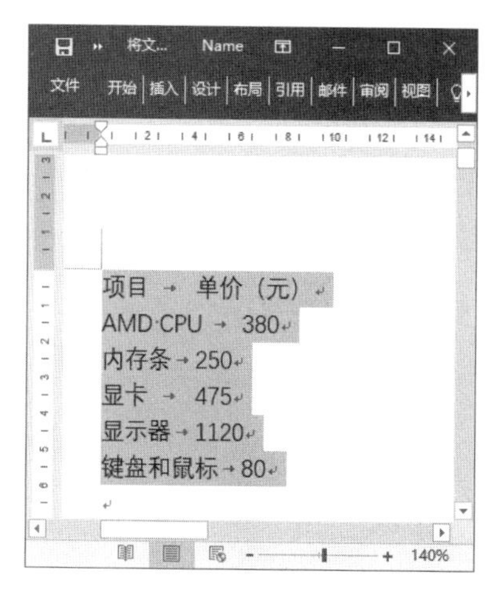

图 7.50　选择文字

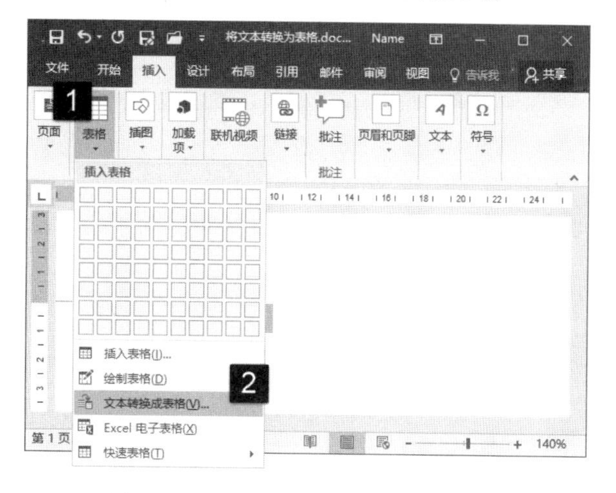

图 7.51　选择“文本转换成表格”选项

03 此时将打开“将文字转换为表格”对话框。在对话框中选择“制表符”单选按钮确定在制表时文本以制表符作为分隔，在“列数”微调框输入数字设置列数，完成设置后单击“确定”按钮关闭对话框，如图 7.52 所示。此时将获得表格，文字将按照设置的表格尺寸进行排列，如图 7.53 所示。

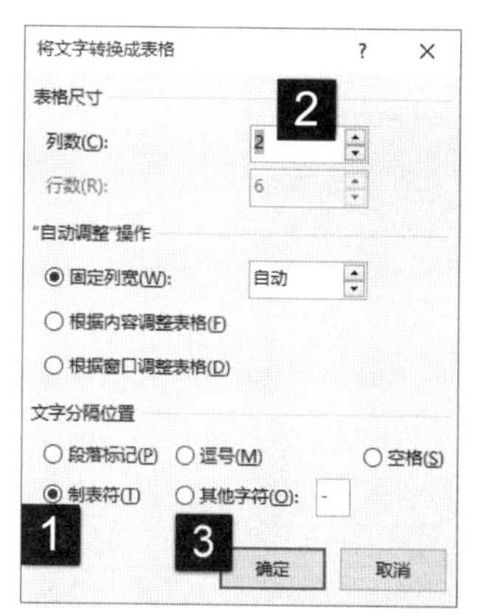

图 7.52　“将文字转换为表格”对话框

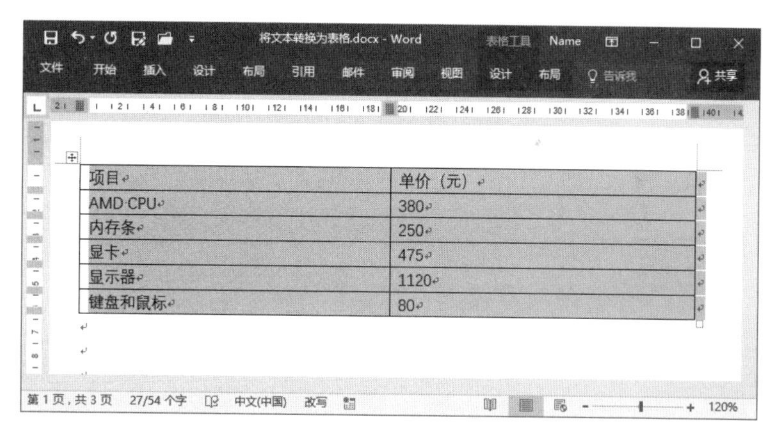

图 7.53　获得表格

7.5.2　对表格进行自动调整

在创建表格后，根据表格输入的内容，用户往往需要调整表格的行高和列宽，有时也需要对整个表格的大小进行调整。实际上，Word 会根据表格中输入内容来对表格进行自动调整，使单元格大小与输入文字相匹配。同时，Word 也可以根据页面的大小来自动调整表格的大小。

（1）启动 Word，打开文档。鼠标单击工作表左上角的按钮⊞，整个表格将被选择，如图 7.54 所示。

提 示

按 Alt 键在表格的任意一个单元格中双击，整个表格将被选择，但此时同时将会打开“信息检索”窗格。

（2）在选择的表格上右击，选择快捷菜单中的“自动调整”|“根据内容自动调整表格”命令，Word 将根据表格中单元格内容来调整表格的大小，如图 7.55 所示。

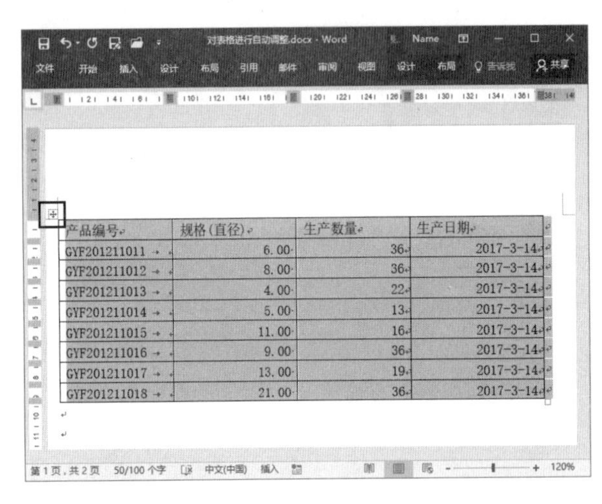

图 7.54　选择整个表格

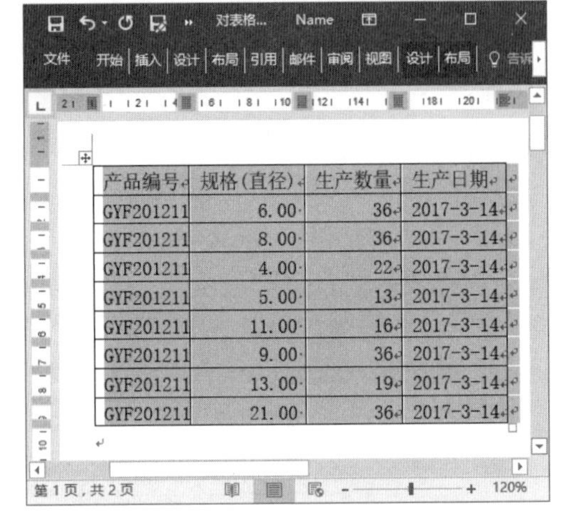

图 7.55　根据内容自动调整表格

在选择多列单元格后，将鼠标光标放置到最左侧的列框线上，当鼠标指针变为+||+时，鼠标双击，则列宽将自动根据单元格的内容来进行调整。

（3）在表格上右击，选择快捷菜单中的“自动调整”|“根据窗口自动调整表格”命令，Word 将根据当前文档页面的大小调整表格的大小，使表格与页面等宽，如图 7.56 所示。

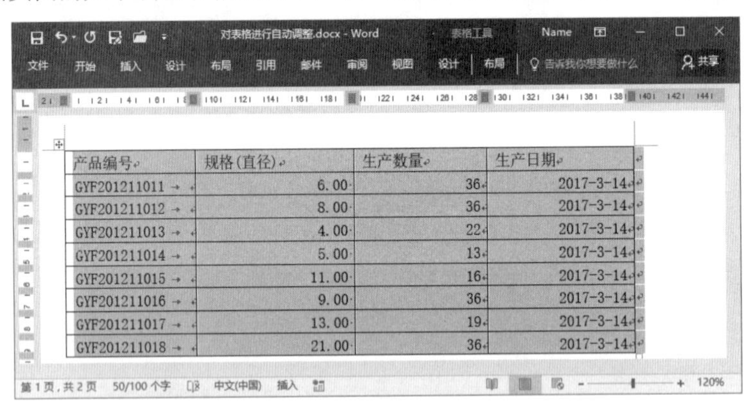

图 7.56　根据窗口自动调整表格

默认情况下，在表格中输入文字时，表格的列宽会自动调整尺寸以适应文本的变化。例如，当输入文字长度超过列宽时，Word 会调整列宽以包含文字。如果不需要列宽自动调整，可以在选择表格后右击，选择快捷菜单中的“自动调整”|“固定列宽”命令。

7.5.3　使数据按小数点对齐

在进行数据统计时，有时需要表格中的数据以小数点为基准来对齐。这种操作，在 Excel 工作表中是很容易实现的，在 Word 表格中，就只能通过使用制表符来实现了。下面介绍具体的操作方法。

01 启动 Word，打开包含表格的文档。在表格中拖动鼠标选择所有需要对齐的数据，同时使这些数据在单元格中左对齐，如图 7.57 所示。

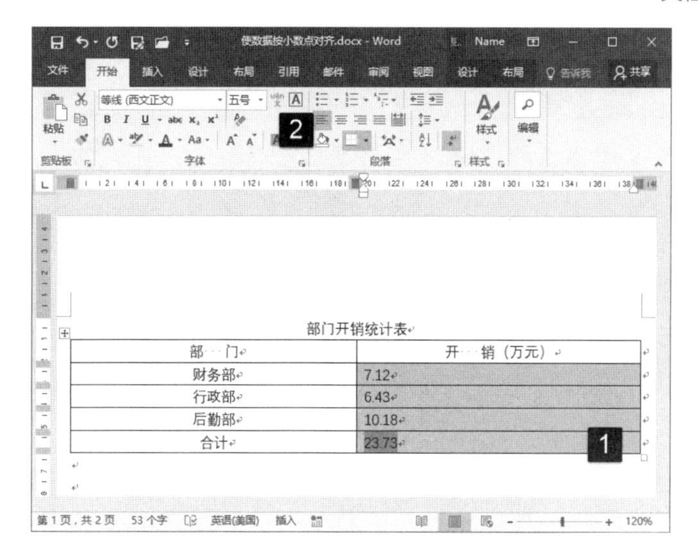

图 7.57　选择数据并使它们左对齐

02 单击水平标尺左侧的制表符选择按钮，直到出现“小数点对齐式制表符”。在水平标尺的合适地方单击添加该制表符，则表格中选择的数据将按照小数点来对齐，如图 7.58 所示。

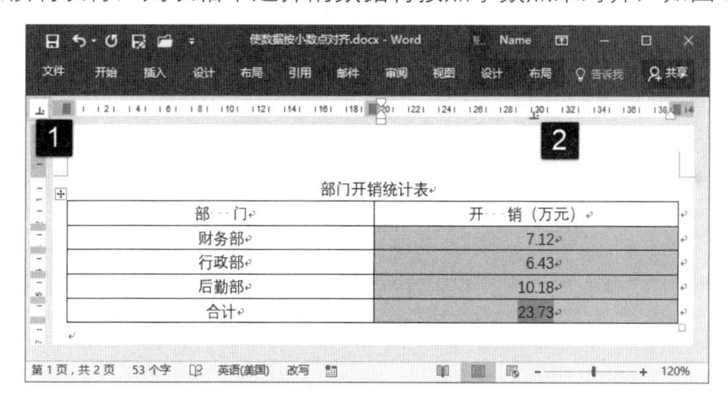

图 7.58　选择的数据按照小数点对齐

提 示

“小数点对齐式制表符”不仅能够对齐小数点，还能够对齐半角句号“.”，同时还可以在各种数字场合以半角符号或全角符号为基准来对齐数字。这里要注意，半角符号并不包括半角逗号“,”。

第 8 章

文档的图文混排

在文档中，仅仅只有文字将会使文档的阅读显得枯燥乏味，同时有些内容是仅凭文字无法形象直观表达的。文档要能够很好地传递信息，便于读者理解和接受文档主题思想，很多时候需要用到图形和图片。本章将介绍在Word 文档中混合使用图片、图形和文本框的方法和技巧。

8.1　在文档中使用图片

在 Word 文档中，为了丰富文档内容，使文档更具有吸引力，用户可以在文档中插入图片。插入图片后，还可以根据需要对图片进行设置，使图片在文档中显得协调和美观，达到满意的视觉效果。

8.1.1　在文档中插入图片

在文档中使用图片，首先需要插入图片。根据图片来源的不同，Word 2016 有 2 种插入图片的方法，下面对这 2 种方法分别进行介绍。

1. 插入本机图片

如果文档需要的图片保存在本机，则可以直接将其插入到文档中，下面介绍具体的操作方法。

01 启动 Word 并打开文档，将插入点光标放置到需要插入图片的位置。在“插入”选项卡的“插图”组中单击“图片”按钮，如图 8.1 所示。

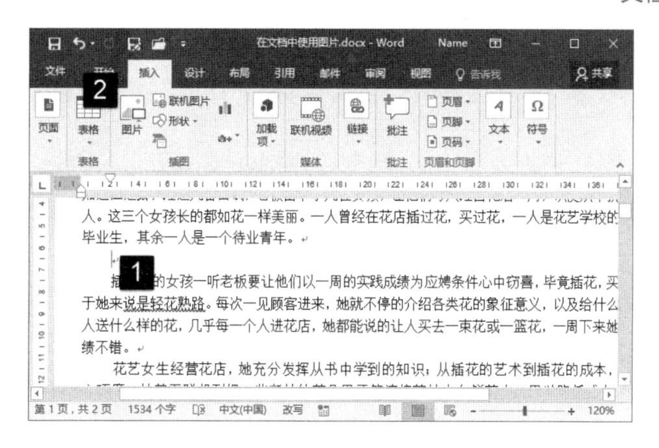

图 8.1　单击“图片”按钮

02 此时将打开“插入图片”对话框，在对话框中选择需要使用的图片。单击“插入”按钮，如图 8.2 所示。此时图片插入到文档的插入点光标所在的位置，如图 8.3 所示。

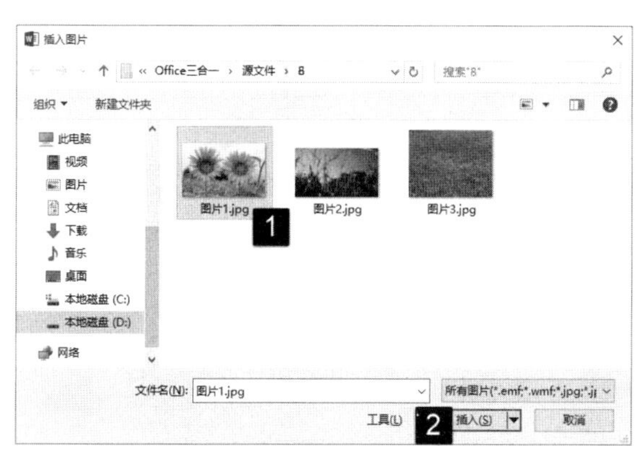

图 8.2　选择需要使用的图片

图 8.3　图片插入到文档中

2．从网络获取图片

如果本机没有适合于当前文档的图片，很多人都会到网上去找。在 Word 2016 中，用户不需要使用浏览器，可以直接在文档编辑状态下利用微软的 bing 搜索引擎直接上网查找需要的图片并将图片插入到文档中。

01 将插入点光标放置到文档中需要插入图片的位置，在“插入”选项卡的“插图”组中单击“联机图片”按钮，如图 8.4 所示。

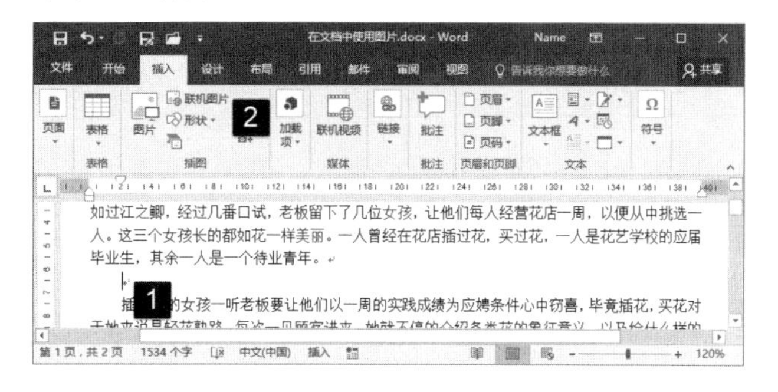

图 8.4　单击“联机图片”按钮

02 此时将打开“插入图片”对话框，单击对话框中的“必应图像搜索”选项，如图 8.5 所示。在打开对话框的文本框中输入搜索关键词，单击“搜索”按钮，如图 8.6 所示。

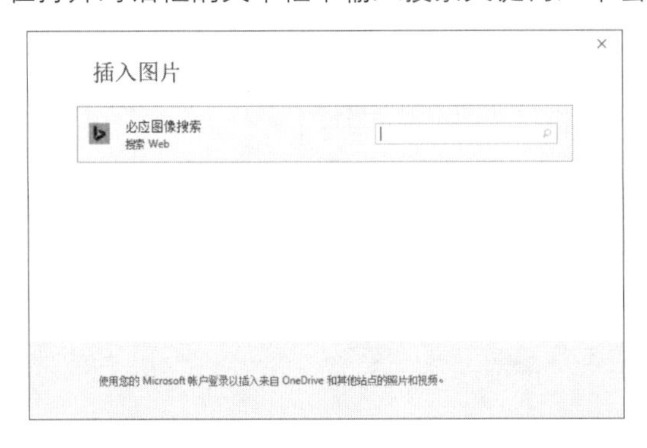

图 8.5 “插入图片”对话框

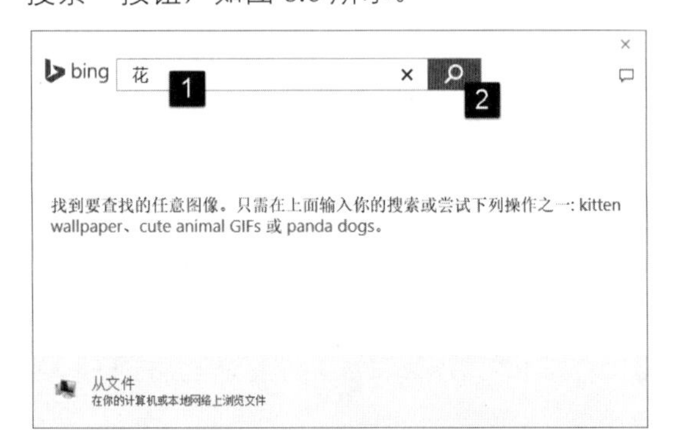

图 8.6 输入关键词后搜索

03 对话框中显示搜索到的图片后，选择准备使用的图片，单击“插入”按钮，如图 8.7 所示。该图片即可插入到文档中。

图 8.7 选择图片后插入

8.1.2 对图片大小进行调整

插入文档中的图片，很多时候都存在着大小不合适的问题，因此需要对其大小进行调整。在 Word 中调整图片的大小实际上可以进行 2 种类型的操作，一种类型是将图片进行缩放以改变其大小。另一种类型是因为图片中存在着不需要的部分，需要对图片进行裁剪，从而改变了图片的大小。

1. 对图片进行缩放操作

插入文档中的图片太大，占据了过大的篇幅，将它缩小就可以了。图片的缩放可以使用下面的方法来进行操作。

（1）单击文档中的图片可以将其选择，处于选择状态的图片被一个带有 8 个控制柄的边框包围。将鼠标指针放置到控制柄上，光标变为方向箭头，此时沿着箭头的方向拖动鼠标即可调整图片的大小，如图 8.8 所示。

（2）右击图片，选择快捷菜单中的“大小和位置”命令打开“布局”对话框，在对话框的“大小”选项卡中可以设置图片的大小。这里，既可以在“高度”和“宽度”栏的 2 个微调框中输入数值来设置图片的大小，也可以在“缩放”栏的“高度”和“宽度”微调框中输入百分比值来对图片进行缩放，如图 8.9 所示。

2. 裁剪图片

插入 Word 文档中的图片，有时需要对其进行重新裁剪，在文档中只保留图片中需要的部分。较之以前版本，Word 2016 的图片裁剪功能更为强大，其能够实现常规的图像裁剪，即按照矩形对图像进行裁剪。同时，使用 Word 还可以将图像裁剪为不同的形状。下面将介绍使用鼠标拖动控制柄裁剪图像、设置纵横比调整图像和按照形状调整图像这 3 种裁剪图像的方法。

图 8.8　拖动控制柄调整图片大小

布局

位置　文字环绕　大小

高度

绝对值(E)　8.71 厘米

相对值(L)　相对于(T)　页面

宽度

绝对值(B)　13.94 厘米

相对值(I)　相对于(E)　页面

旋转

旋转(T):　0°

缩放

高度(H):　100 %　宽度(W):　100 %

锁定纵横比(A)

相对原始图片大小(R)

原始尺寸

高度:　8.71 厘米　宽度:　13.94 厘米

重置(S)

确定　取消

图 8.9　“布局”选项卡

（1）在文档中选择插入的图片，在“格式”选项卡中单击“裁剪”按钮，图片四周出现裁剪框，拖动裁剪框上的控制柄调整裁剪框包围图像的范围，如图 8.10 所示。操作完成后，按 Enter 键，裁剪框外的图像将被删除。

（2）单击“裁剪”按钮上的下三角按钮，在打开的菜单中单击“纵横比”命令，在下拉列表中选择裁剪图像使用的纵横比，如图 8.11 所示。此时，Word 将按照选择的纵横比创建裁剪框，如图 8.12 所示。按 Enter 键，Word 将按照选定的纵横比裁剪图像。

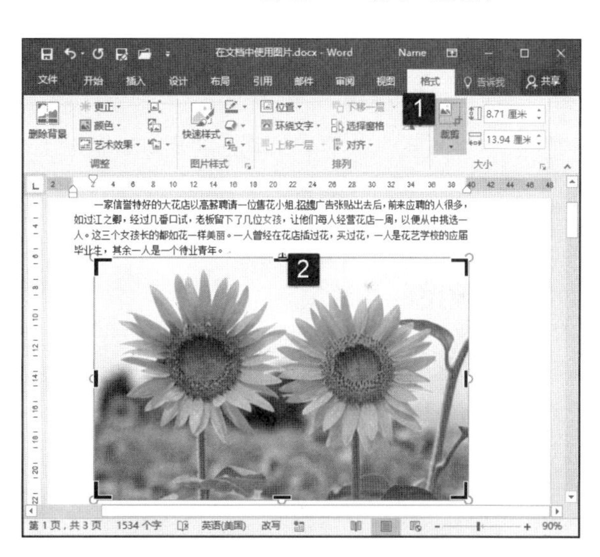

图 8.10　拖动控制柄调整图像范围

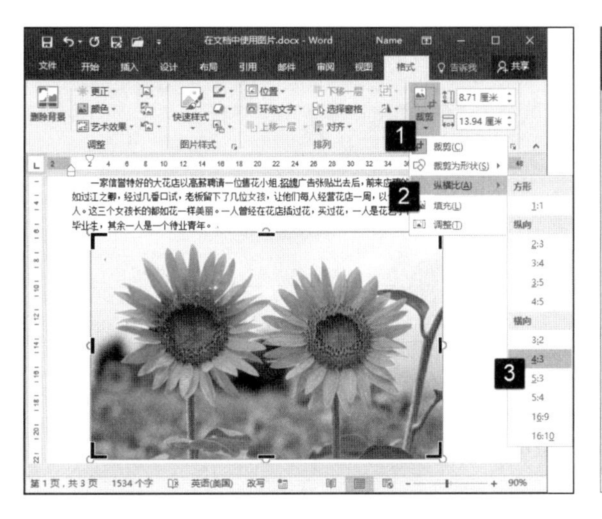

图 8.11　选择裁剪纵横比

图 8.12　按照选定的纵横比裁剪图像

（3）单击“裁剪”按钮上的下三角按钮，在打开的菜单中选择“裁剪为形状”选项，在下级列表中选择形状，如图 8.13 所示。此时，图像被裁剪为指定的形状，如图 8.14 所示。

图 8.13　选择形状

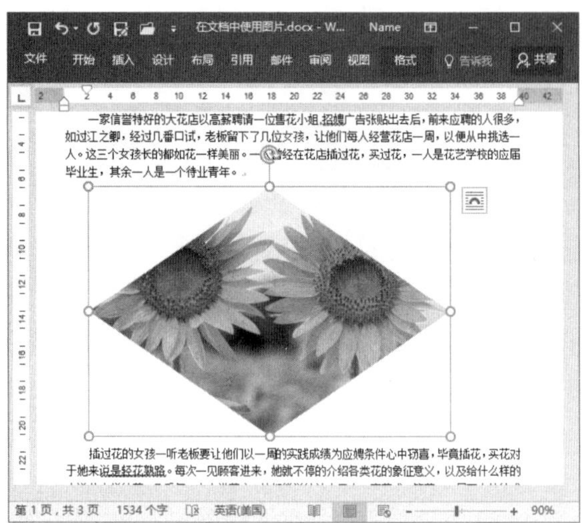

图 8.14　按指定的形状裁剪

提 示　完成图像裁剪后，单击“裁剪”按钮上的下三角按钮，选择菜单中的“调整”命令，图像周围重新被裁剪框包围。此时拖动裁剪框上的控制柄可以重新对图像进行裁剪操作。

8.1.3　设置图片版式

所谓的图片版式指的是插入文档中的图片与文档中文字间的相对关系，使用“格式”选项卡中“排列”组的工具能够对插入文档中的图片进行页面排版。优秀的文档应该是图文并茂的，文档中常常会插入各种图片以丰富文档的内容。设置图片的版式，就是为了使文档的版面更加合理和美观。下面介绍 Word 文档中图片版式设置的知识。

01 打开文档，在文档中插入图片，此时图片将以嵌入图片的方式插入到插入点光标所在的位置，如图 8.15 所示。

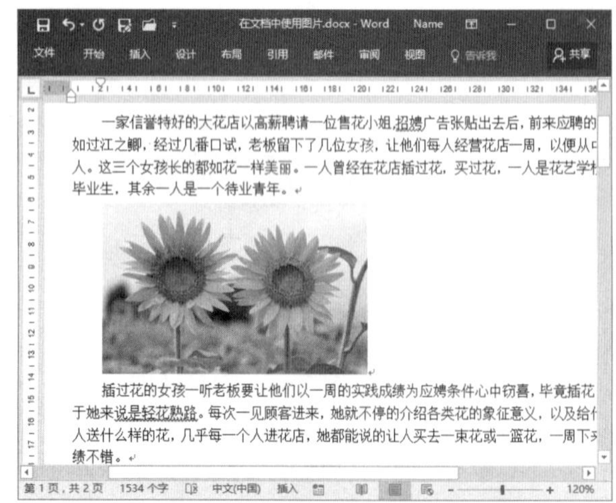

图 8.15　以嵌入方式插入文档

02 选择图片后打开“格式”选项卡，在“排列”组中单击“环绕文字”按钮，在打开的下拉列表中选择“衬于文字下方”选项，则图片将位于文字下方，如图 8.16 所示。在“环绕文字”下拉列表中选择“浮于文字上方”选项，文档中的文字将出现在图像的上方，图片将遮盖住文字，如图 8.17 所示。

03 单击“环绕文字”按钮，在打开的下拉列表中选择“上下型环绕”选项，则文字将分置于图片的上下 2 侧，如图 8.18 所示。选择“四周型”选项，文字将环绕在图像的四周，如图 8.19 所示。

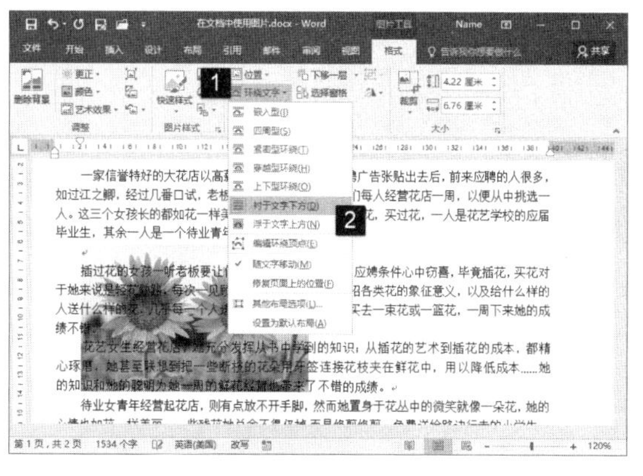

图 8.16　图片衬于文字下方

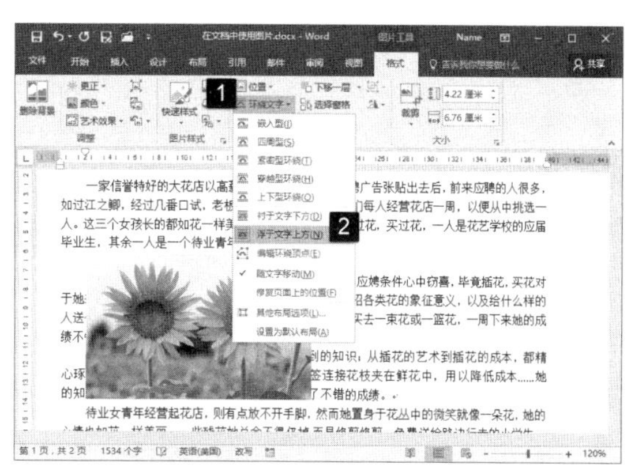

图 8.17　图片浮于文字上方

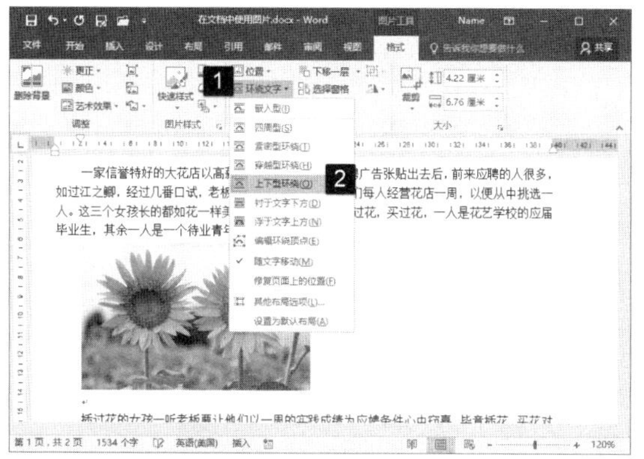

图 8.18　选择“上下型环绕”选项

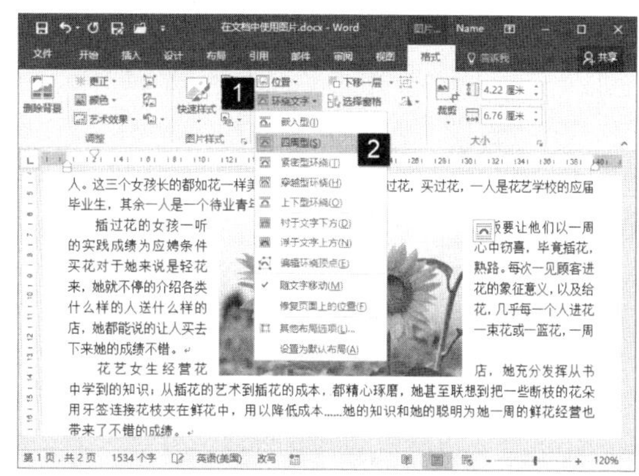

图 8.19　选择“四周型”选项

提 示

在文档中，图片和文字的位置有 2 种情况。一种是嵌入型的排版方式，此时图形和正文不能混排。也就是说正文只能显示在图片的上方和下方。可以使用“开始”选项卡“段落”组中的“左对齐”“居中”或“右对齐”等命令来改变图片的位置。另一种方式是非嵌入式方式，也就是在“环绕文字”列表中除了“嵌入式”之外的方式。在这种情况下，图片和文字可以混排，文字环绕在图片周围或在图片的上方或下方。此时，拖动图片可以将图片放置到文档中的任意位置。

04 在创建环绕效果后，选择“环绕文字”列表中的“编辑环绕顶点”命令，拖动选框上的控制柄调整环绕顶点的位置，可以改变文字环绕的效果，如图 8.20 所示。完成环绕顶点的编辑后，在文档中单击鼠标取消对环绕顶点的编辑状态。

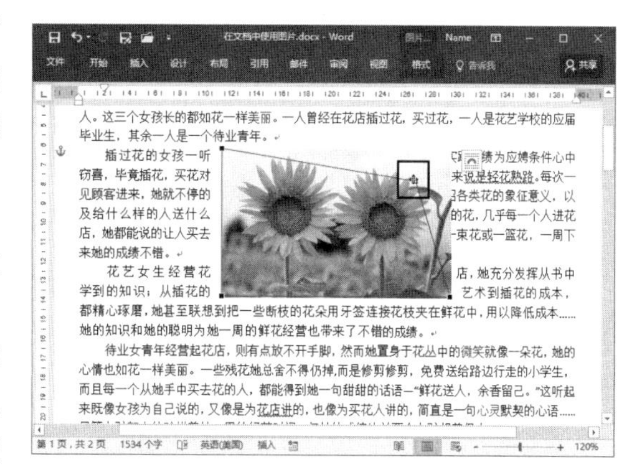

图 8.20　修改文字环绕图片效果

05 单击“环绕文字”按钮，在打开的下拉列表中选择“其他布局选项”命令打开“布局”对话框的“文字环绕”选项卡，在该选项卡中能够对文字的环绕方式进行精确设置。例如，这里设置距正文的位置。设置完成后单击“确定”按钮关闭对话框，如图 8.21 所示。图片与正文的位置关系发生改变，如图 8.22 所示。

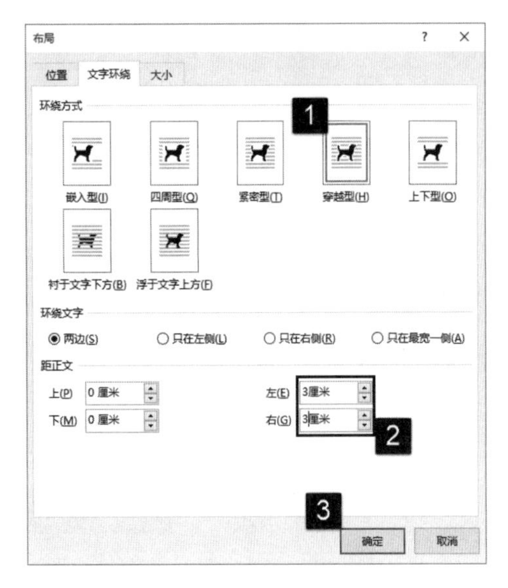

图 8.21 “布局”对话框

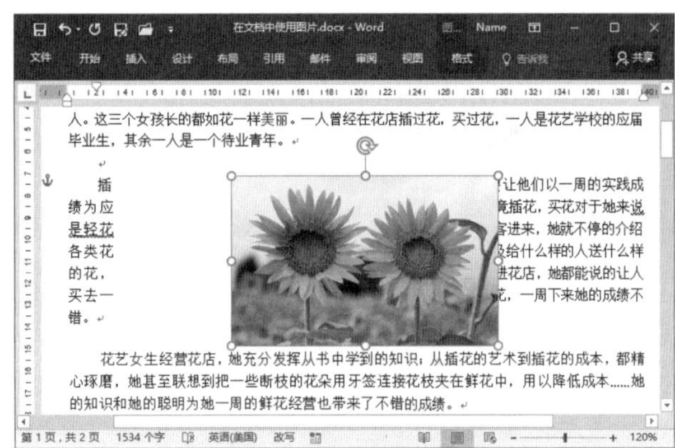

图 8.22 图片位置发生改变

在嵌入型图片所在行的段落标记后双击鼠标左键，即可将其转换为四周型版式的图片。要实现这种方式的转换，该段文本中只能有一张嵌入型图片，同时图片和段落符号之间无空格或其他文本。

06 选择图片，图片边框右侧出现“布局选项”按钮。单击该按钮，在打开的“布局选项”列表中选择相应的选项同样可以设置文字的环绕方式，如图 8.23 所示。

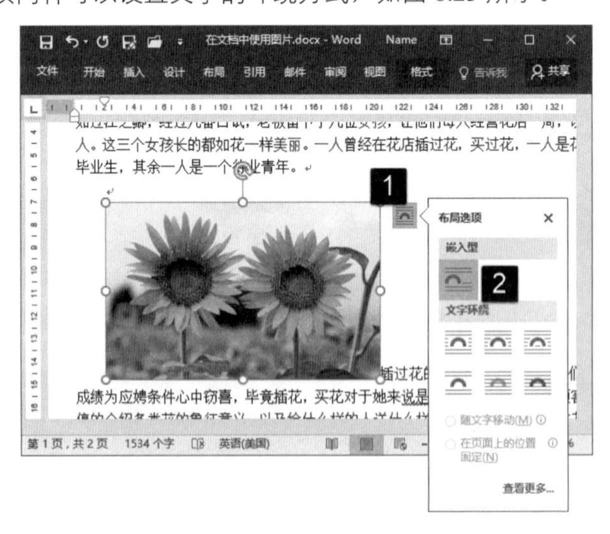

图 8.23 打开“布局选项”列表

8.2 在文档中使用图形

在文档中使用图形对象不仅可以使文档美观，还可以直观表达有关内容。文档中的图形除了包括传统意义上的各种形状之外，还包括流程图、连接符和标注图形等。本节将介绍 Word 文档中图形使用的基本知识。

8.2.1 绘制自选图形

为了方便用户在文档中使用图形，Word 提供了大量常见的自选图形，用户可以直接将其插入到文档中。下面介绍使用自选图形的方法。

01 启动 Word，打开“插入”选项卡，在“插图”组中单击“形状”按钮，在打开的列表中分类列出了可以绘制的自选图形，选择需要绘制图形，如图 8.24 所示。

02 鼠标指针在文档中变为十字形，拖动鼠标即可绘制出选择的图形，如图 8.25 所示。

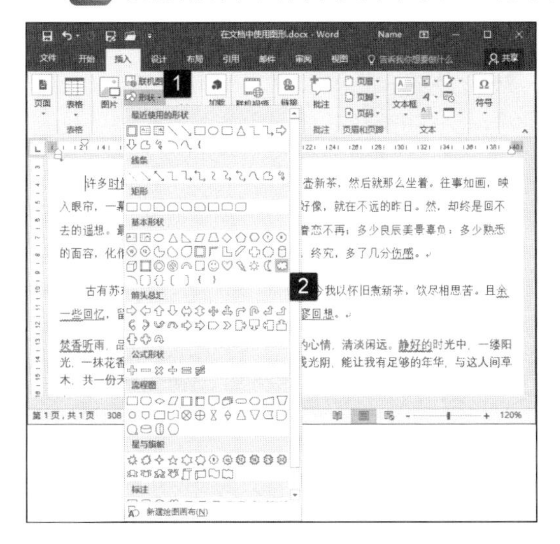

图 8.24 选择需要绘制的图形

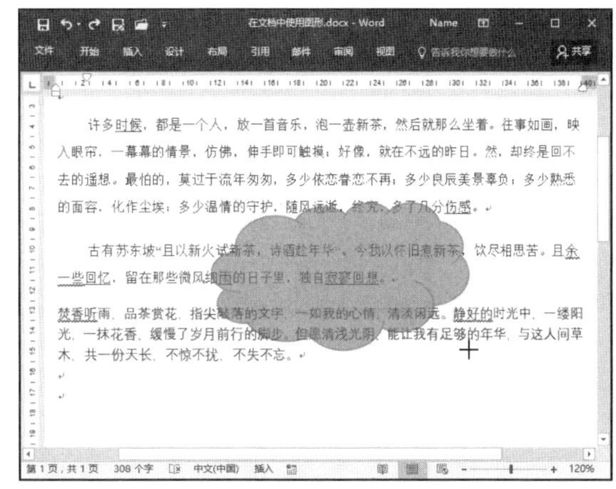

图 8.25 拖动鼠标绘制选择的图形

03 打开“形状”列表，在列表中选择“新建绘图画布”选项，如图 8.26 所示。文档中会插入一个画图框，画图框就像传统的画布一样，用户可以在画图框内绘制图形，如图 8.27 所示。

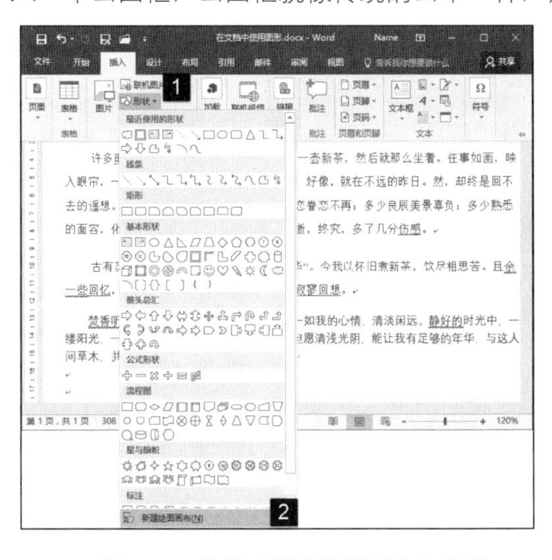

图 8.26 选择“新建绘图画布”选项

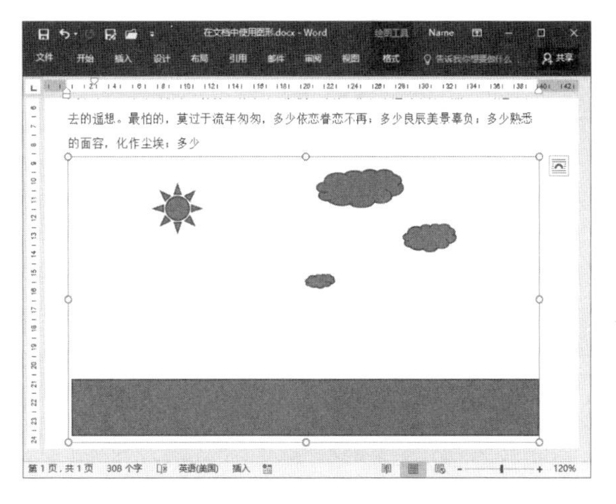

图 8.27 在绘图框中绘制图形

8.2.2 选择图形并更改图形形状

在文档中绘制图形后，往往需要对绘制的图形进行编辑修改。下面将从图形的选择和形状的修改这 2 个方面来介绍编辑图形对象的方法。

1. 快速选择图形

在 Word 中，如果只需要选择一个图形，单击该对象即可。在编辑文档时，有时需要同时选择多个图形，如果需要选择的多个对象是相邻的图形，则可以使用 Word 的“选择”工具直接选择。当多个图形叠放在一起时，如果需要选择的图形正好被别的图形盖住了，则使用鼠标直接进行选择往往不太容易。此时，使用“选择”窗格来进行选择。

（1）启动 Word 并打开文档。在“开始”选项卡的“编辑”组中单击“选择”按钮，在打开的菜单中选择“选择对象”选项，如图 8.28 所示。

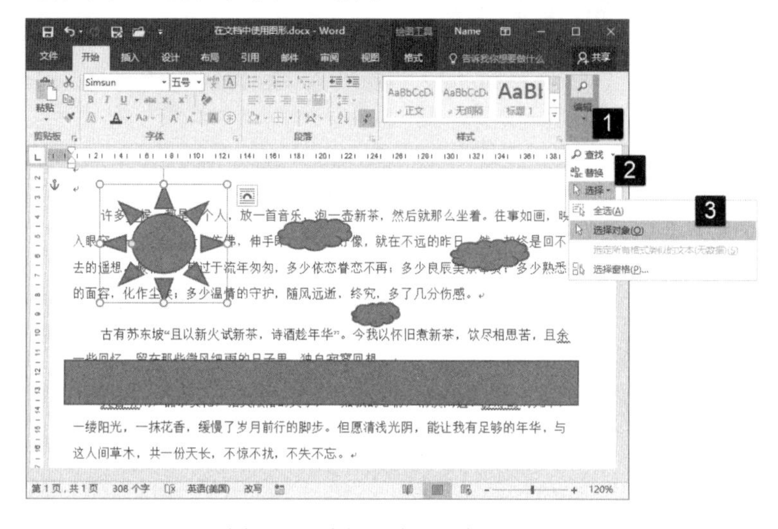

图 8.28　选择“选项对象”选项

此时，拖动鼠标绘制一个矩形虚线框，使该框框住需要选择的图形对象，则这些图形被选择，如图 8.29 所示。

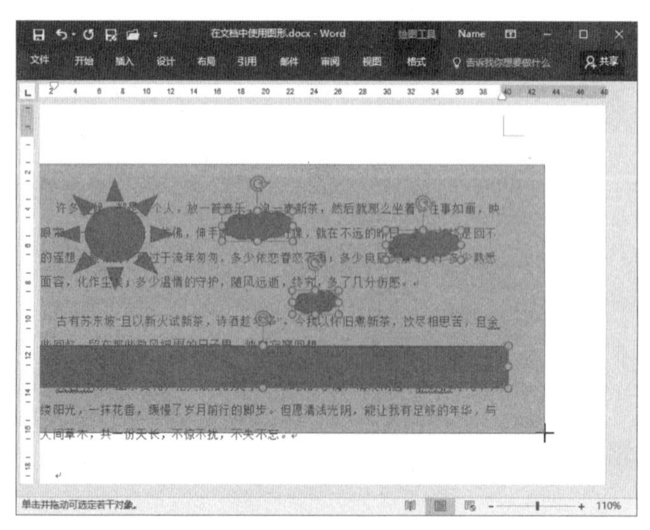

图 8.29　框选图形

提示

在文档中，按住 Shift 键单击文档中的对象，可以将这些对象全部选择。

（2）在“开始”选项卡的“编辑”组中单击“选择”按钮，在打开的下拉列表中选择“选择窗格”选项将打开“选择”窗格，在窗格中将列出文档中的对象，单击某个选项将能够选择对应的对象，如图 8.30 所示。在窗格中按住 Ctrl 键依次单击列表中的选项，可以同时选择多个对象，如图 8.31 所示。

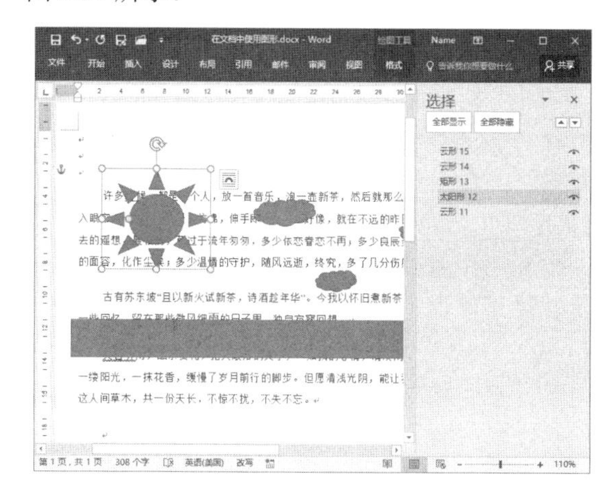

图 8.30　选择对象

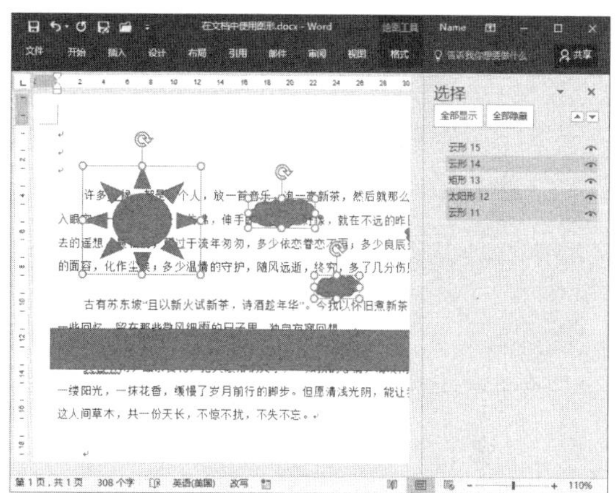

图 8.31　同时选择多个对象

提　示

在“选择”窗格中选择对象后，在文档中的非图形区域单击，将可以取消对图形的选择。在“选择”窗格列表中单击对象选项右侧的眼睛图标，该图标将变为一，对象将在文档中隐藏，如图 8.32 所示。当对象被隐藏后，再次单击该选项右侧的按钮，眼睛图标将重新出现，对象也将显示出来。如果单击窗格中的“全部隐藏”按钮，则所有的对象将隐藏，而单击“全部显示”按钮，则文档中所有对象将显示。

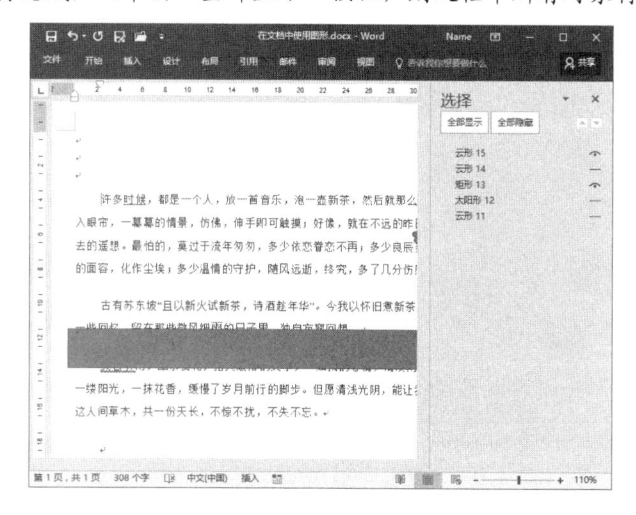

图 8.32　隐藏选择的图形

2. 更改图形形状

在完成图形绘制后，如果要更改图形形状，可以先将该图形删除，然后再重新绘制新形状。但这种方法操作起来效率较低，更改图形形状最快捷的方式就是选择图形后直接进行替换。

01 在文档中选择需要更改形状的图形，打开“格式”选项卡，在“插入形状”组中单击“编辑形状”按钮。在打开的列表中选择“更改形状”选项，在下级列表中选择形状，如图 8.33 所示。

02 此时原图形被更改为选择的图形，新图形具有原图形的属性，不再需要重新进行设置，如图 8.34 所示。

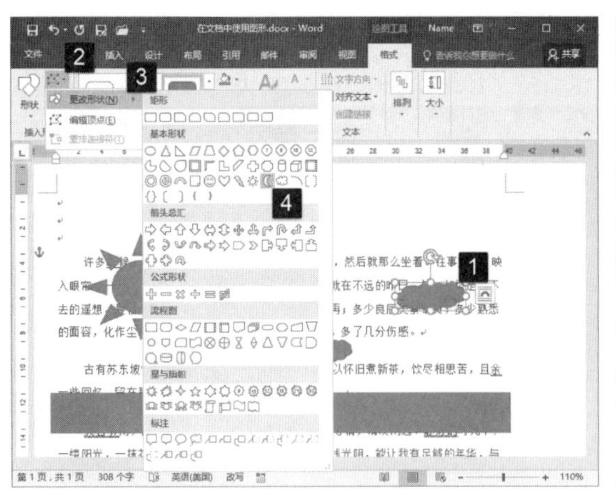

图 8.33　在“更改形状”列表中选择形状

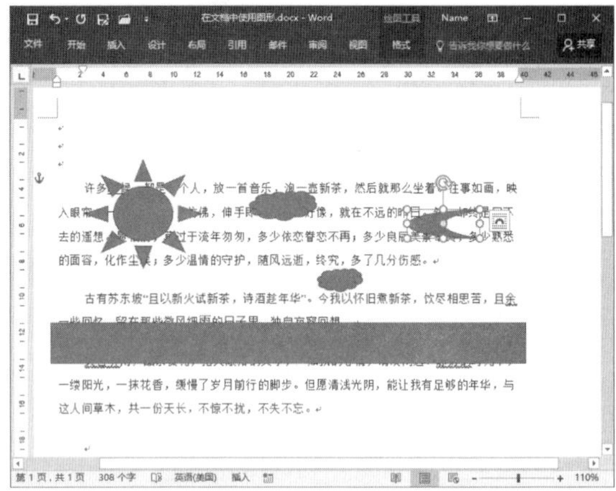

图 8.34　图形形状被更改

8.2.3　在图形中添加文字

在文档中插入图形后，可以借助于图形来传达某些信息，此时可以在图形中输入文字。在图形中输入文字可以使用下面的方法来进行操作。

01 在 Word 文档中右击插入的形状，选择快捷菜单中的“添加文字”命令。图形中出现插入点光标，此时即可直接在图形中输入文字，如图 8.35 所示。

02 如果由于图形大小的原因导致文字无法完全显示，可以在选择图形后拖动图形边框上的控制柄将图形拉大，使文字完全显示出来，如图 8.36 所示。

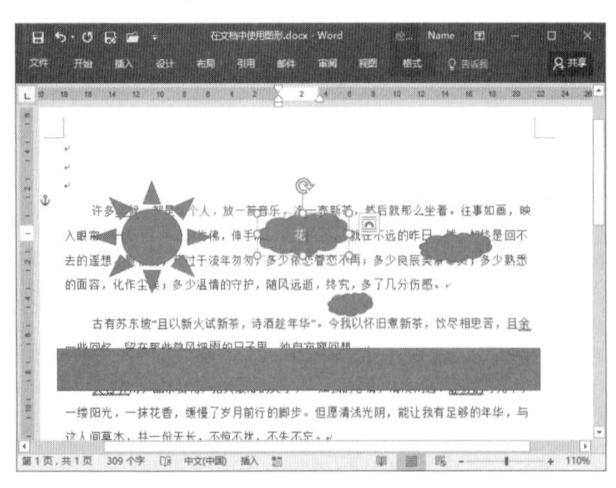

图 8.35　在图形中输入文字

图 8.36　拖动控制柄调整图形大小

8.3　在文档中使用文本框

文本框与自选图形一样，也是一种形状，不过是其内部可以输入文本。使用文本框可以在文档中创建一些有特殊要求的文本，这些文本可以随着文本框而移动，被放置在文档的任意位置。

8.3.1　插入文本框

Word 为用户提供了多种样式的文本框，用户可以直接选择并将其插入到文档中。根据文本框中文字排列方向的不同，文本框可以分为横排文本框和竖排文本框。

01 启动 Word，打开“插入”选项卡，在“文本”组中单击“文本框”按钮，在打开列表的“内容”栏中给出了预置文本框类型，根据文档的需要选择需要使用的文本框。这里选择“简单文本框”，如图 8.37 所示。

图 8.37　选择需要使用的文本框

02 文本框被放置到文档中，文本框中提示文字被选择，此时可以直接向文本框中输入需要的文字，如图 8.38 所示。

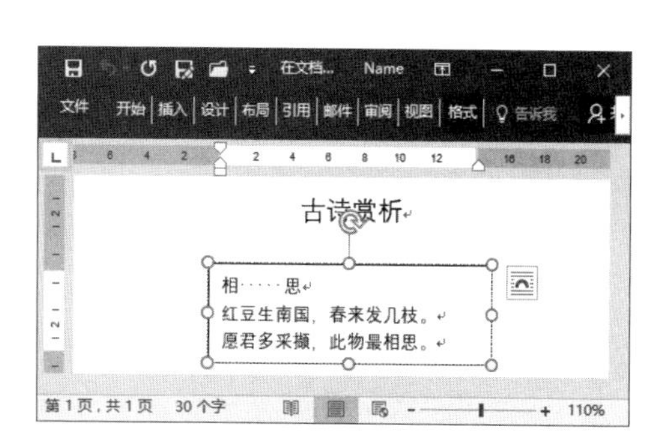

图 8.38　在文本框中输入文字

提 示

在“文本框”列表中选择“绘制文本框”选项，在文档中拖动鼠标可以绘制一个横排文本框。如果选择“绘制竖排文本框”选项，则可以在文档中绘制一个竖排文字文本框，就像绘制图形那样。

8.3.2　文本框与文字

在对复杂文档进行排版时，往往需要使用文本框来放置文本。此时，为了安排不同文本框中的文本，就需要使用文本框链接功能。例如，当一个文本框中容纳不下所有的文字时，剩余的文字自动放置到另一个文本框中。下面介绍创建文本框链接的操作方法。

01 启动 Word，打开需要的文档。在“插入”选项卡中单击“文本框”按钮，在打开的下拉列表中选择“绘制文本框”选项，如图 8.39 所示。

02 在文档中拖动鼠标绘制一个文本框，再次选择“绘制文本框”选项后在文档中绘制第 2 个文本框，如图 8.40 所示。

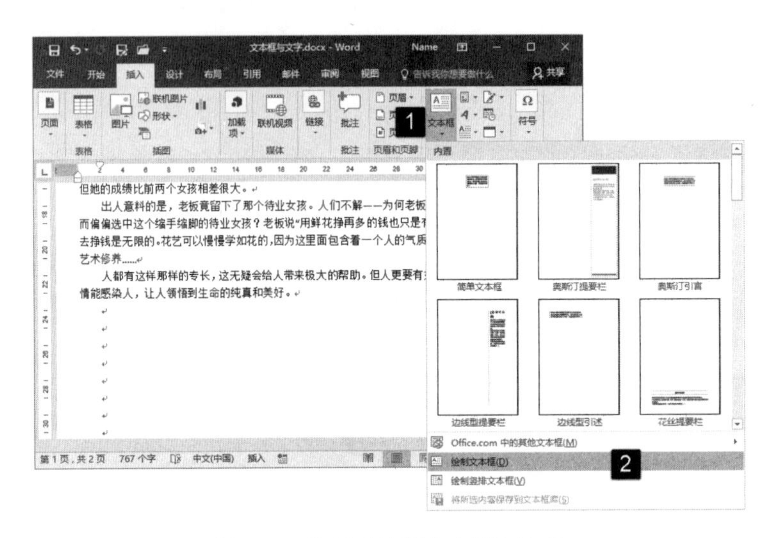

图 8.39　选择“绘制文本框”选项

03 选择第一个文本框，在打开的“格式”选项卡的“文本”组中单击“创建链接”按钮，如图 8.41 所示。此时，鼠标指针变为🍵，将鼠标光标放置到第 2 个文本框上，鼠标指针变为🍵，在该文本框上单击建立链接，如图 8.42 所示。此时“格式”选项卡中的“创建链接”按钮变为“断开链接”按钮。

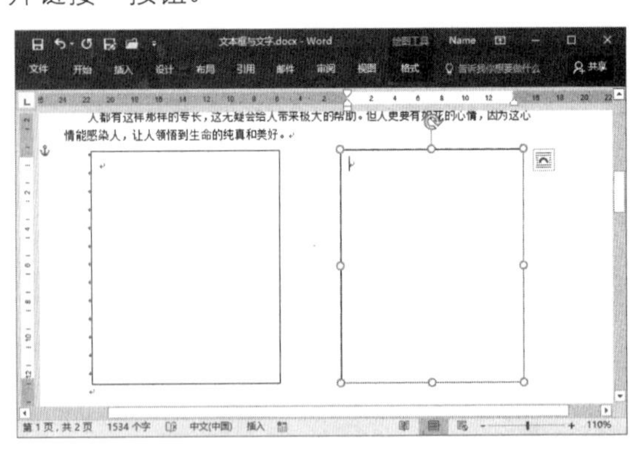

图 8.40　在文档中绘制 2 个文本框

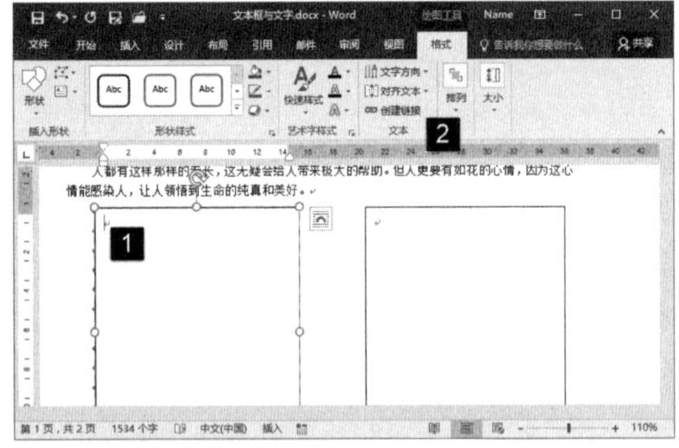

图 8.41　单击“创建链接”按钮

04 鼠标在第一个文本框中单击，输入文字。在第一个文本框中输入文字后，多余的文字自动进入第二个文本框中，如图 8.43 所示。

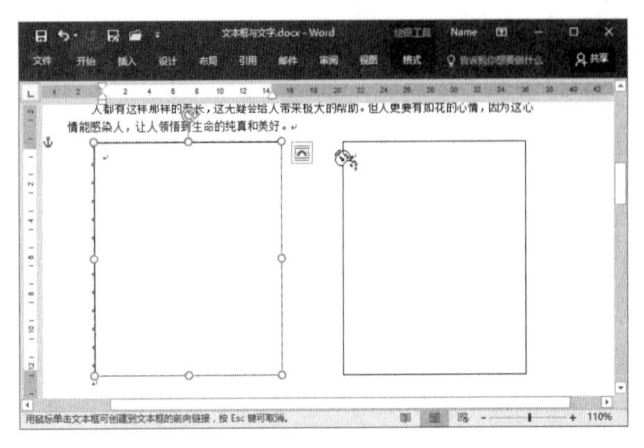

图 8.42　在文本框上单击创建链接

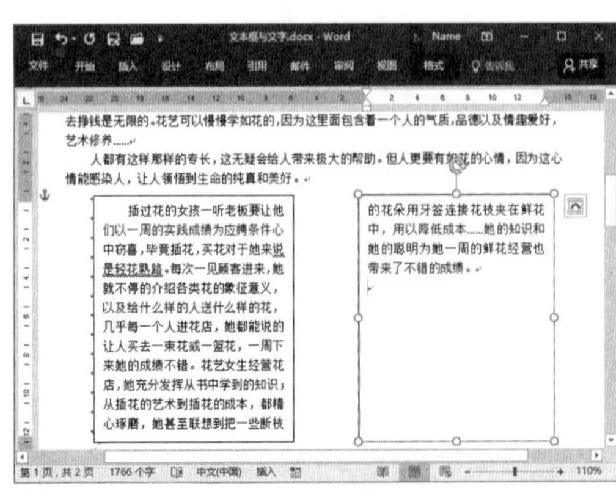

图 8.43　多余的文字自动填充到第 2 个文本框中

注 意

这里只有同类的文本框可以链接，也就是说横排文本框和纵排文本框之间不能直接链接。

8.4 本章拓展

下面介绍与 Word 文档中图文混排有关的扩展知识。

8.4.1 设置图片的默认插入方式

在默认的情况下，在文档中插入或粘贴的图片，都是以嵌入式版式插入的。实际上，图片插入的默认版式是可以根据需要进行设置的。下面介绍具体的设置方法。

01 启动 Word，单击“文件”标签，选择“选项”命令打开“Word 选项”对话框，如图 8.44 所示。

02 在打开的“Word 选项”对话框左侧列表中选择“高级”选项，在“剪切、复制和粘贴”栏中单击“将图片插入/粘贴为”下拉列表框上的下三角按钮，在打开的列表中选择图片插入时的版式。完成设置后单击“确定”按钮关闭对话框，如图 8.45 所示。在文档中插入或粘贴图片时，图片将按照设置的版式插入到文档中。

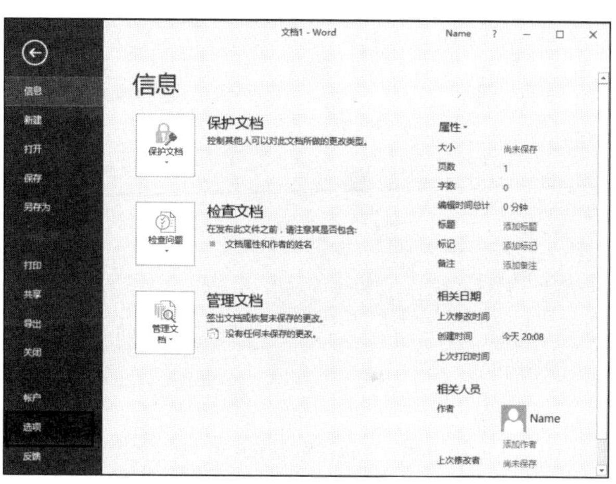

图 8.44 选择“选项”选项

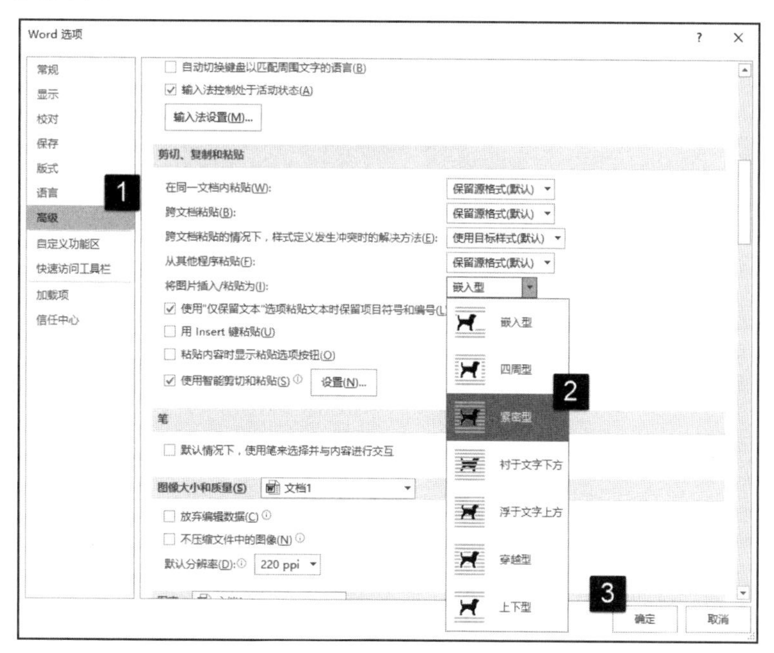

图 8.45 选择图片插入时 的版式

8.4.2 自动为图片添加编号

当文档中插入了大量图片时，手动为这些图片编号是一件很麻烦的事情。特别是在需要对编号后的图形进行增删时，手动编号将更加麻烦。下面介绍对文档中的图片进行自动编号的方法。

01 启动 Word 并打开文档，将插入点光标放置到第一张图片的下方。在“引用”选项卡的“题注”组中单击“插入题注”按钮，此时将打开“题注”对话框。在对话框中单击“新建标签”按钮打开“新建标签”对话框，在对话框的“标签”文本框中输入题注标签，单击“确定”按钮关闭对话框，如图 8.46 所示。

02 单击“确定”按钮关闭“题注”对话框，此时图片的下方被添加了设置的图片编号，如图 8.47 所示。由于这里图片是居中放置，让题注也居中放置使其与图片对齐。

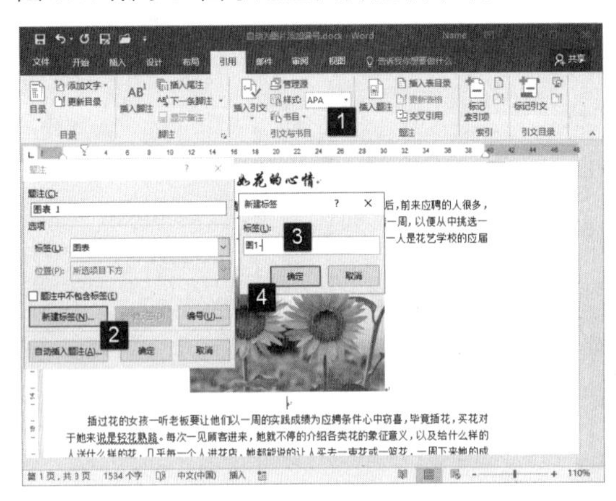

图 8.46 新建题注标签

图 8.47 在图片下方添加了编号

03 在文档中再次插入图片，在“引用”选项卡中单击“插入题注”按钮打开“题注”对话框。此时可以看到“题注”文本框中的题注编号已经自动增加了，单击“确定”按钮关闭对话框，如图 8.48 所示。题注编号被添加到新图的下方，使其与图片居中对齐，如图 8.49 所示。

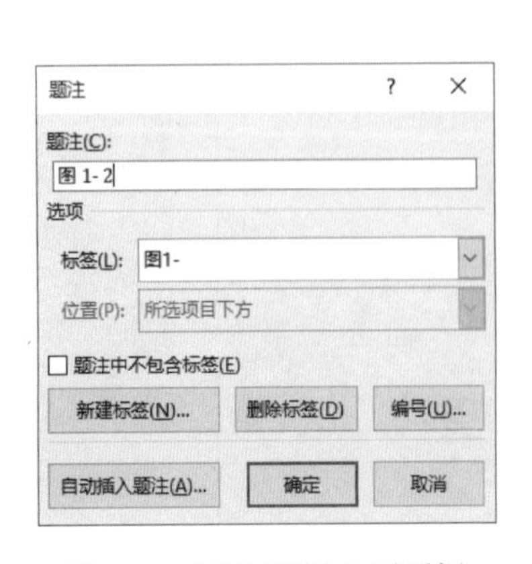

图 8.48 打开“题注”对话框

图 8.49 添加编号

提 示

在删除了图片和编号后，如果文档中的保留的图编号没有改变，可以在选择一个图编号后右击，选择快捷菜单中的“更新域”命令即可。

8.4.3 保存文档中的图片

插入到 Word 文档中的图片，如果觉得需要，可以将其保存下来，这样当其他文档需要使用时，就可以直接插入使用了。保存文档中的图片，可以使用下面的步骤来进行操作。

01 在文档中右击图片，选择快捷菜单中的“另存为图片”命令，如图 8.50 所示。

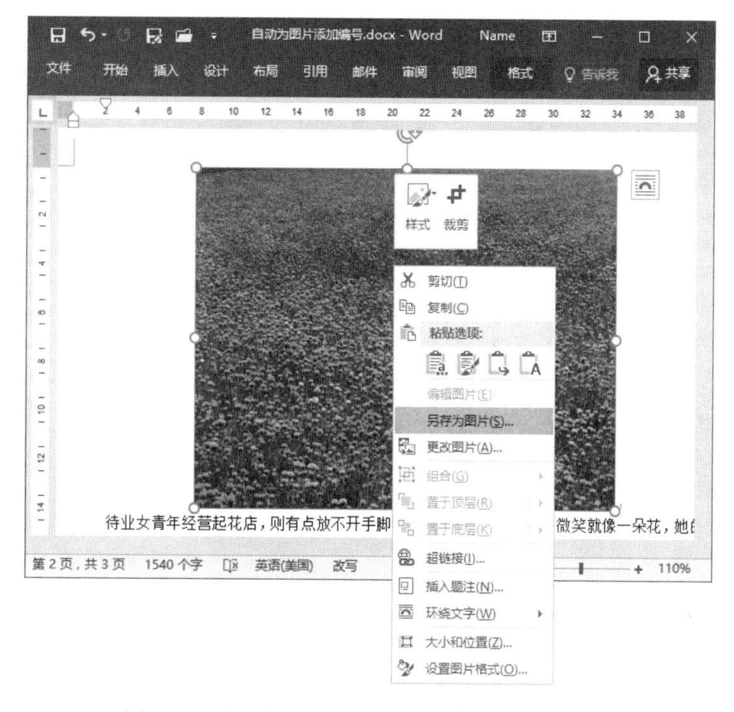

图 8.50　选择快捷菜单中的“另存为图片”命令

02 此时将打开“保存文件”对话框，在对话框中选择文件保存的文件夹，设置文件保存时使用的文件名。完成设置后单击“保存”按钮关闭对话框，如图 8.51 所示，图片即可保存到指定的文件夹中。

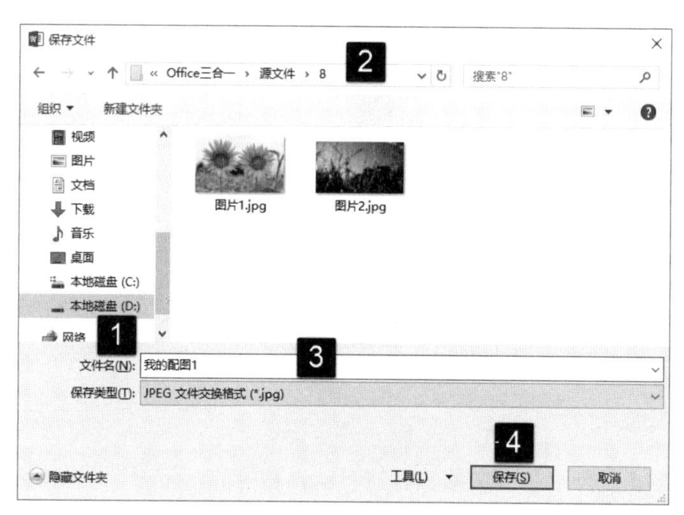

图 8.51　“保存文件”对话框

第 9 章

Word 的高效办公

作为一款文字处理软件，Word 早已不是输入文字和对文字编辑这么简单了。Word 在各行各业之所以得到广泛应用，是因为其提供了许多实用功能，能够满足不同领域的高效办公的需求。本章将主要介绍利用 Word 来有效提高实际办公效率的技巧。

9.1 文档的校对和多语言处理

Word 提供了文档校对和多语言处理功能，能够帮助用户快速解决文档校对和语言翻译等方面的问题，本节将对相关知识进行介绍。

9.1.1 Word 的自动拼写和语法检查

Word 提供了拼写检查和语法检查功能，对于经常需要输入英文的用户，该功能能够帮助用户检查文档中的拼写和语法错误。下面对 Word 的这个功能进行介绍。

1. 语法和拼写检查

默认情况下，Word 是开启了英文语法和拼写检查功能的，使用该功能能够快速发现可能的输入错误并快速进行修改。

01 启动 Word 并在文档中输入英文字符，当文档中输入的英文单词或词组可能存在错误时，就会在其下方添加红色波浪线进行提示。如果是语法错误，则会出现蓝色的波浪线提示，如图 9.1 所示（红色波浪线和蓝色波浪线效果见光盘所示）。

02 在进行了标示的单词上右击，在打开的快捷菜单中将列出正确的单词，如图 9.2 所示。选择正确的单词，错误的单词将被替换。

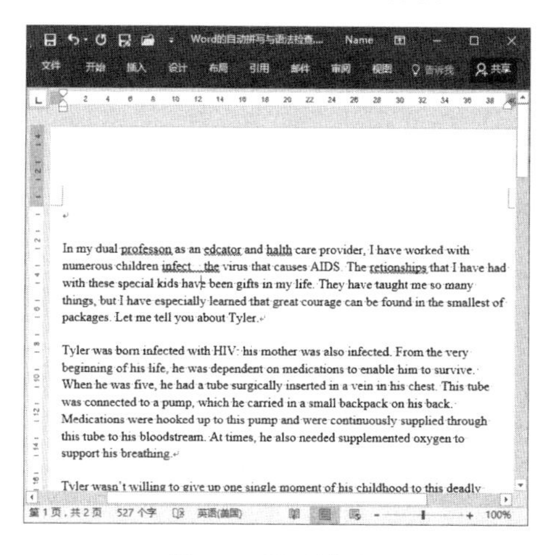

图 9.1　提示错误

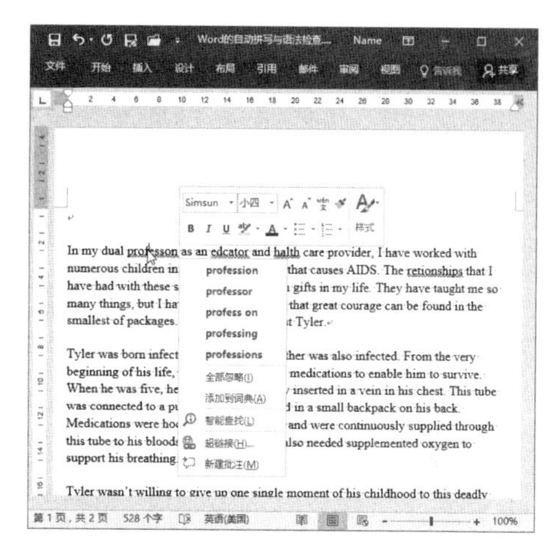

图 9.2　快捷菜单中选择正确的单词

2. 语言校对功能的设置

有时候，Word 的检查和校对功能会过于“自作主张”，文档中的出错标识让人厌烦，此时可以将该功能停用，让文档恢复整洁。另外，默认情况下，Word 只对英文和中文拼写和语法进行校对，用户也可以根据实际情况添加对其他语言的校对，以满足特殊语言文本输入的需要。

01 打开“文件”窗口，在左侧列表中选择“选项”选项打开“Word 选项”对话框。在左侧列表中选择“校对”选项，在右侧的“在 Word 中更正拼写和语法时”栏中取消所有复选框的勾选。完成设置后单击“确定”按钮关闭对话框，如图 9.3 所示。Word 将不再进行相关检查，错误标识也不再显示，如图 9.4 所示。

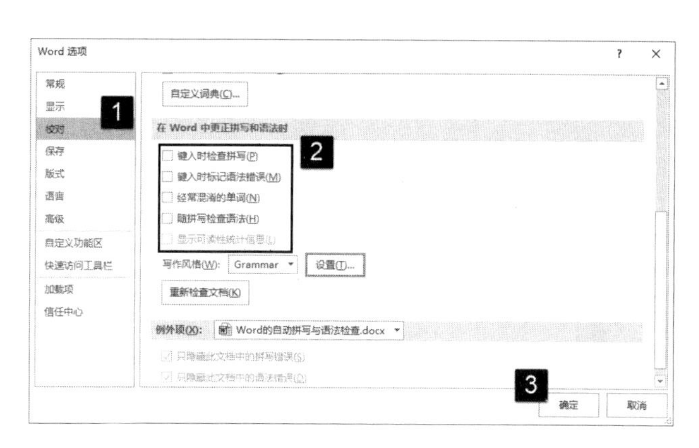

图 9.3　“Word 选项”对话框

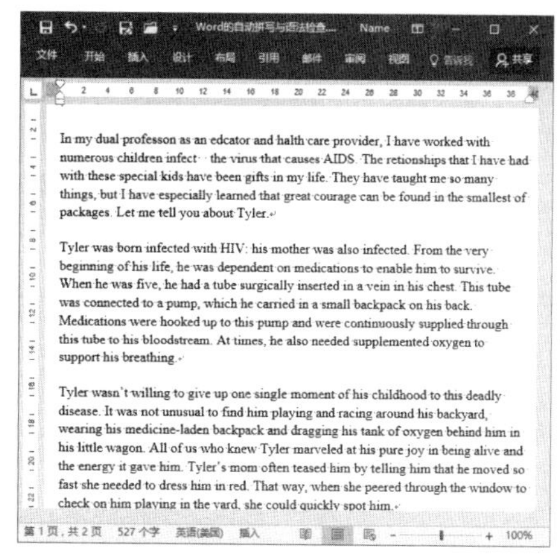

图 9.4　不再显示错误标识

02 在“Word 选项”对话框左侧列表中选择“语言”选项，在“选择编辑语言”列表中选择语言选项后单击“添加”按钮。完成设置后单击“确定”按钮关闭对话框，如图 9.5 所示。此时，将添加对该语言的校对。

图 9.5　添加校对语言

9.1.2　实现中英文互译

Word 不仅仅是文字处理软件，其还可以当作字典使用，帮助我们在没有安装翻译软件的情况下，读懂英文文档的意思。

1. 使用 Word 查字典

在使用 Word 阅读英文文档时，将会遇到不认识的单词。Word 2016 提供了字典功能，用户并不需要使用专门的翻译软件，可以在 Word 中直接对不认识的单词进行查询。下面介绍使用 Word 字典的方法。

01 启动 Word，打开一篇英文文档。在文档中选择需要查询的单词。在“审阅”选项卡中单击“翻译”按钮，在打开的下拉列表中选择“翻译所选文字”命令。此时将打开“信息检索”窗格，在窗格中将显示出翻译结果，如图 9.6 所示。

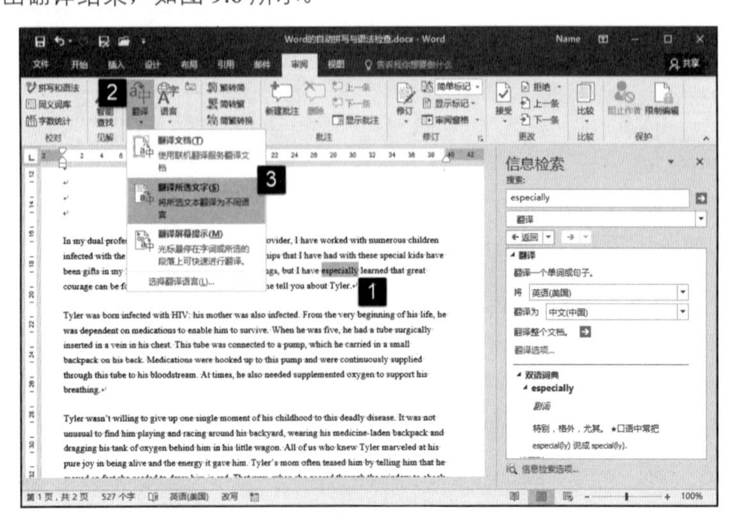

图 9.6　翻译选择的单词

提 示

选择单词右击，在快捷菜单中选择“翻译”命令，将能够打开“信息检索”窗格并对选择单词进行翻译。要打开“信息检索”窗格，还可以在“审阅”选项卡的“校对”组中单击“信息检索”按钮。

02 在“搜索”文本框中输入文字，如这里的“桌子”。在其下的“将”下拉列表中选择“中文（中国）”选项，在“翻译为”下拉列表中选择“英语（美国）”选项。单击“搜索”文本框右侧的“开始搜索”按钮。此时，在“信息检索”窗格中将显示出翻译结果，如图9.7所示。

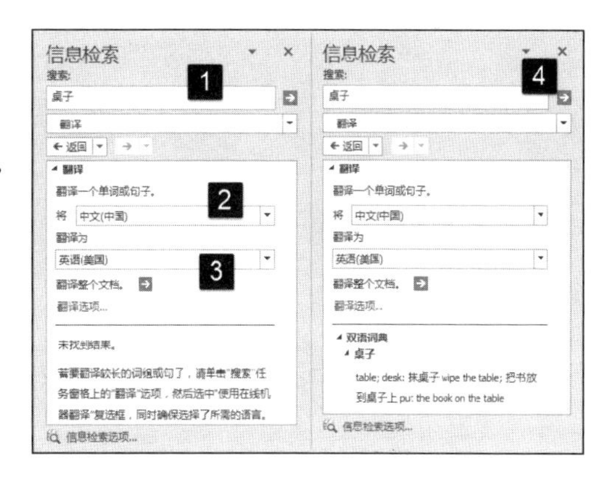

图9.7 进行翻译

2. 使用屏幕提示翻译

屏幕提示翻译是Word 2016一个很有特点的功能。在对文档中的单词进行翻译时，用户并不需要开启“信息检索”窗格，可以直接使用屏幕提示来获得译文，同时还能够获得该单词的语音朗读。下面介绍具体的操作方法。

01 启动Word并打开文档。在“审阅”选项卡的“语音”组中单击“翻译”按钮，在打开的下拉列表中选择“选择翻译语言”命令，如图9.8所示。

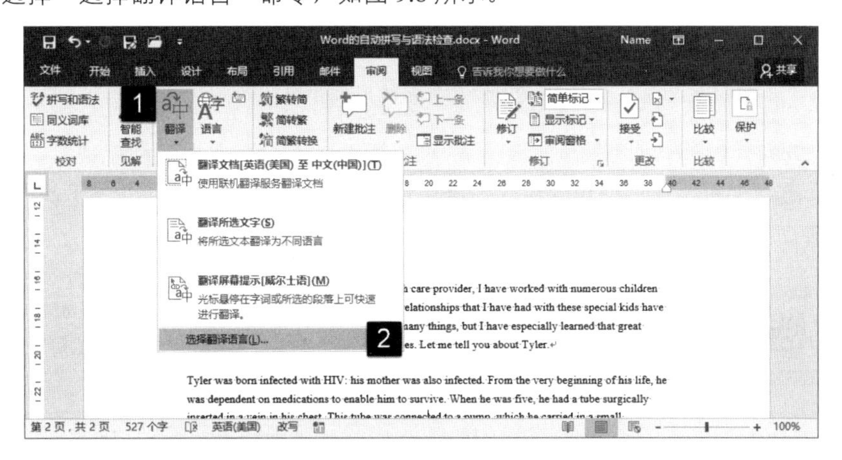

图9.8 “选择翻译语言”命令

02 此时将打开“翻译语言选项”对话框，在对话框的“翻译为”下拉列表中选择“中文（中国）”选项。单击“确定”按钮关闭对话框，如图9.9所示。

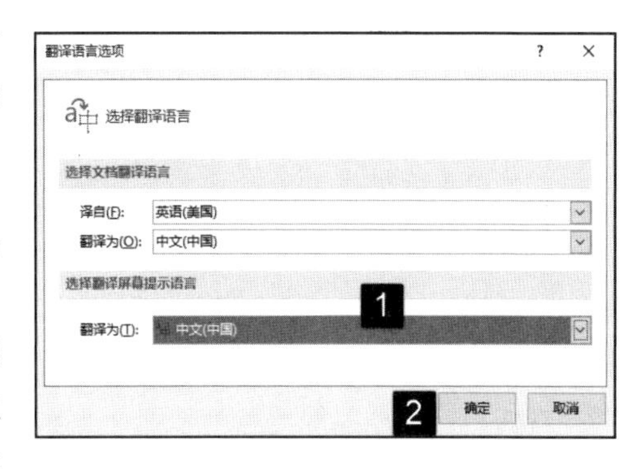

图9.9 “翻译语言选项”对话框

03 再次在“审阅”选项卡中单击“翻译”按钮，在打开的下拉列表中选择“翻译屏幕提示[中文（中国）]”选项，如图9.10所示。

04 在文档中选择需要翻译的文本或将鼠标光标放置在文本上，Word将以屏幕提示的形式显示对文本的翻译。鼠标单击“播放”按钮，将能够听到对该文本的语音朗读，如图9.11所示。

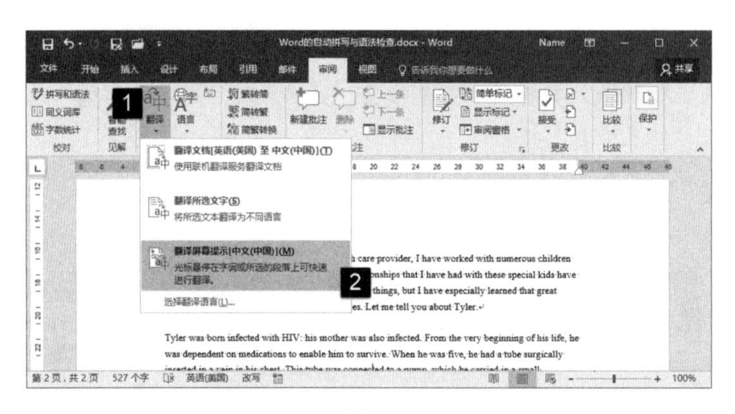

图 9.10　选择“翻译屏幕提示[中文（中国）]”选项

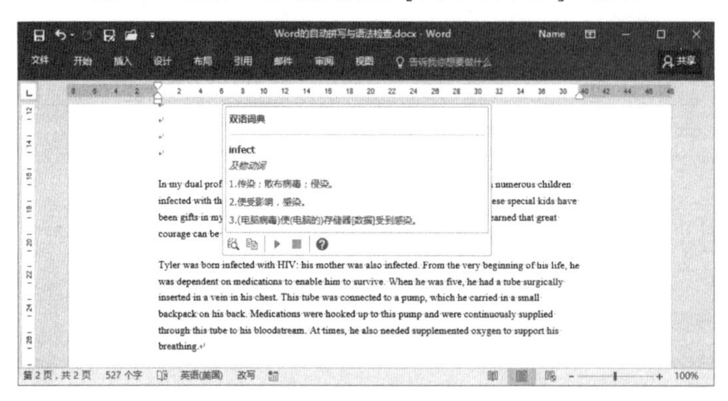

图 9.11　以屏幕提示的形式获得翻译

提　示

在使用屏幕提示进行翻译时，将无法使用浮动工具栏。要撤消翻译功能，可以在“审阅”选项卡中单击“翻译”按钮，单击下拉列表中的“翻译屏幕提示[中文（中国）]”选项，取消其被选择状态即可。

9.2　文档的修订和批注

一篇工作文档，往往不会是一个人看。团队中其他成员或领导看后，往往会发现文档中的问题，这就需要在文档中进行批注或对错误进行修订。Word 的修订和批注功能，能够方便地进行操作，使协作办公变得更加方便快捷。

9.2.1　修订文档

修订是审阅者根据自己的理解对文档所做的各种修改。Word 具有文档修订功能，可以记录文档的修改信息。当需要表达审阅者对文档某些内容的看法或展示某种意见时，可以打开文档的修订功能。此时，Word 2016 会自动跟踪操作者对文档文本和格式的修改，并给以标记。下面介绍在文档中添加修订并对修订样式进行设置的方法。

01 在文档中单击将插入点光标放置到需要添加修订的位置。打开“审阅”选项卡，在“修订”组中单击“修订”按钮上的下三角按钮，在下拉列表中选择“修订”选项，如图 9.12 所示。对文档进行编辑，文档中被修改的内容以修订的方式显示，如图 9.13 所示。

图 9.12　选择“修订”选项

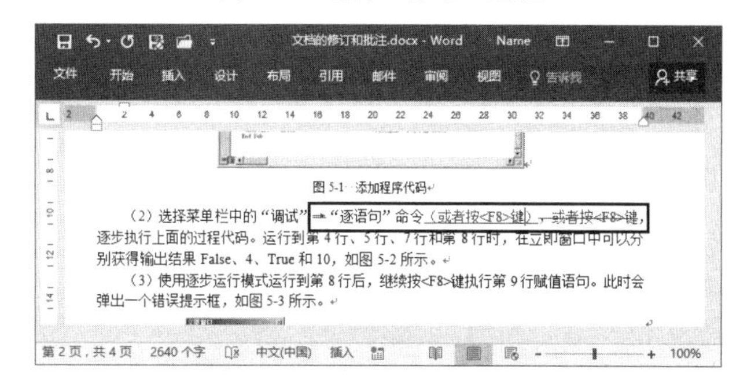

图 9.13　显示修订内容

直接单击“修订”按钮使其处于按下状态将能够直接进入修订状态。单击该按钮取消其按下状态将能够退出文档的修订状态。

02 在“修订”组中单击 “修订选项”按钮打开“修订选项”对话框，在对话框中单击“高级选项”按钮打开“高级修订选项”对话框。在该对话框中可以在“插入内容”下拉列表中选择“双下划线”选项将文档中修改内容标记设置为双下划线。在“删除内容”下拉列表中选择“双删除线”选项使修订时删除内容标记设置为双删除线。在“修订行”下拉列表中选择“右侧框线”选项使修改行标记显示在行的右侧，如图 9.14 所示。完成设置后单击“确定”按钮分别关闭这 2 个对话框，在文档中可以看到修订标记发生改变，如图 9.15 所示。

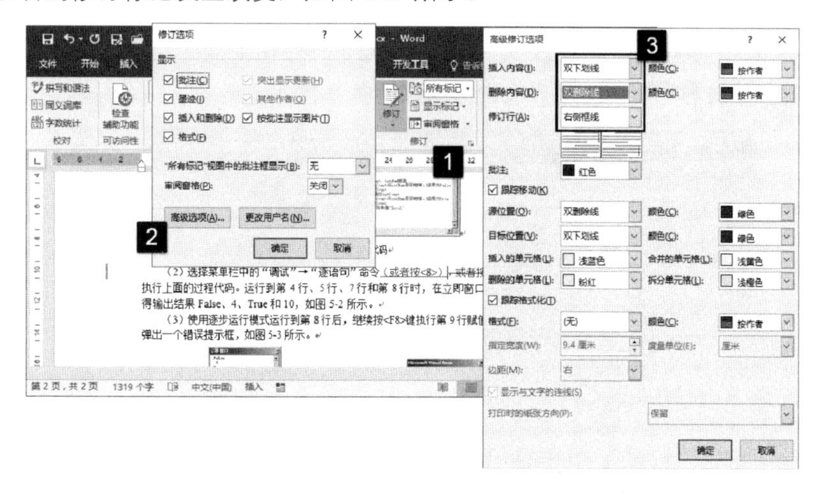

图 9.14　“修订选项”对话框

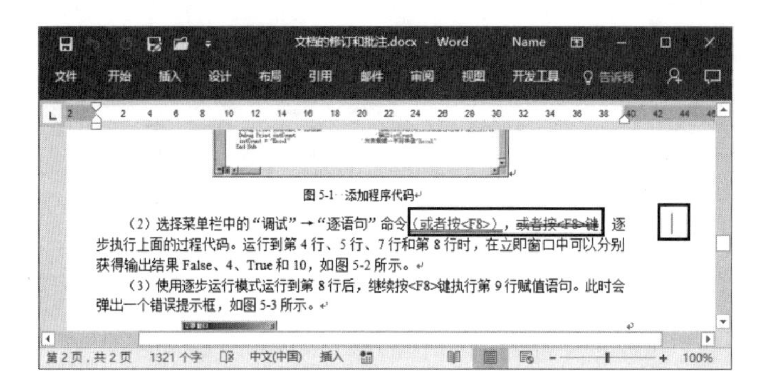

图 9.15 更改修订标记

提 示

在“修订选项”对话框的“移动”栏中的各设置项用于在文档中移动文本时，控制格式和颜色的显示。如果去掉对“跟踪格式”复选框的勾选，则 Word 不会跟踪文本的移动操作。“表单元格突出显示”栏中的设置项用于控制表编辑的显示，包括表删除、插入、合并或拆分单元格的操作。

03 在“修订”组中单击“显示标记”按钮，在下拉列表中选择“批注框”选项，在“批注框”选项列表中勾选“在批注框中显示修订”选项，可以使批注在批注框中显示，如图 9.16 所示。

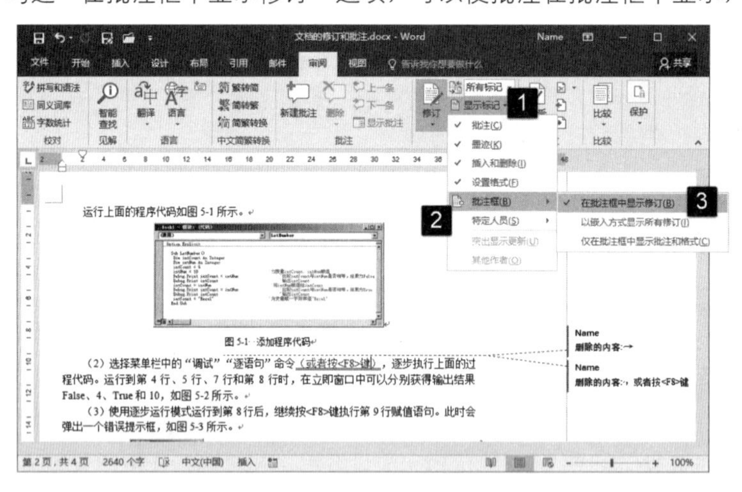

图 9.16 在批注框中显示修订

04 在“审阅”选项卡的“更改”组中单击“接受”按钮上的下三角按钮，在打开的下拉列表中选择“接受并移到下一条”选项，则将接受本处的修订并定位到下一条修订，如图 9.17 所示。

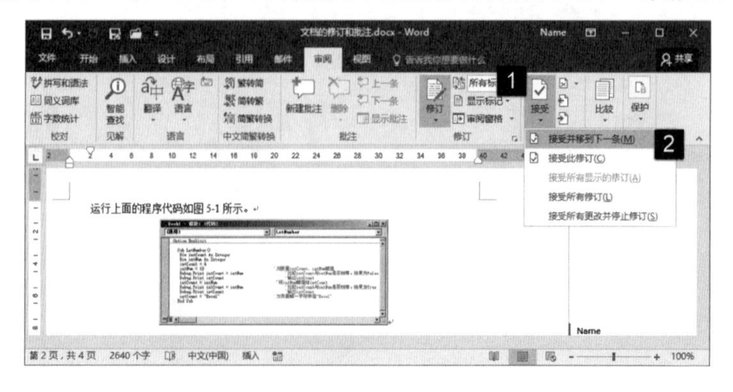

图 9.17 接受并定位到下一条修订

提 示

当文档中存在着多个修订时，在“更改”组中单击“上一条”或“下一条”按钮将能够将插入点光标定位到上一条或下一条修订处。在“更改”组中单击“拒绝”按钮上的下三角按钮，在打开的下拉列表中选择“拒绝并移到下一条”选项将拒绝当前的修订并定位到下一条修订。如果用户不想接受其他审阅者的全部修订，则可以选择“拒绝对文档的所有修订”选项。

9.2.2 批注文档

批注是审阅者根据自己对文档的理解为文档添加的注解和说明文字。批注可以用来存储其他文本、审阅者的批评建议、研究注释以及其他对文档开发有用的帮助信息等内容，其可以作为交流意见、更正错误、提问或向共同开发文档的同事提供信息。下面接受在文档中插入批注的方法。

01 将插入点光标放置到需要添加批注内容的后面或选择需要添加批注的对象，如这里选择文档中的图像。在“审阅”选项卡中的“批注”组中单击“新建批注”按钮，此时在文档中将会出现批注框。在批注框中输入批注内容即可创建批注，如图 9.18 所示。

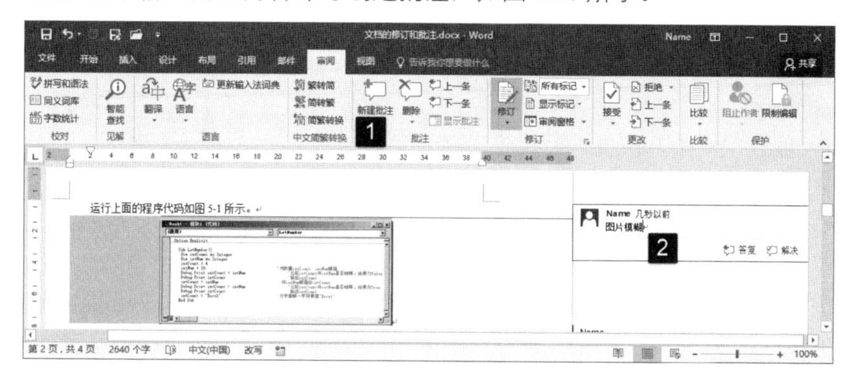

图 9.18　创建批注

02 按照上一节介绍的方法打开“修订选项”对话框，在对话框中单击“高级选项”按钮打开“高级修订选项”对话框。在对话框的“批注”下拉列表中设置批注框的颜色，在“边距”下拉列表中选择“左”选项将批注框放置到文档的左侧，如图 9.19 所示。完成设置后单击“确定”按钮关闭对话框，此时批注框的样式和位置发生改变，如图 9.20 所示。

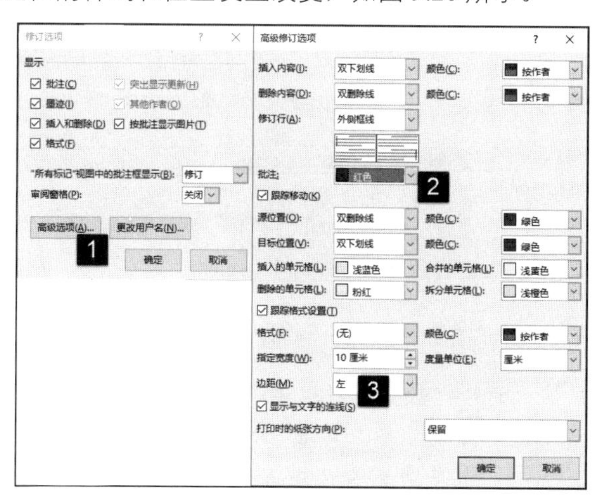

图 9.19　设置批注框的颜色和位置

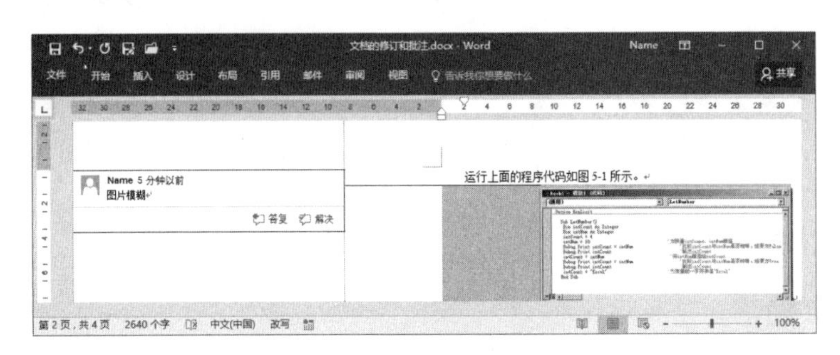

图 9.20　改变批注框的颜色和位置

03 Word 2016 能够将在文档中添加批注的所有审阅者都记录下来。在“修订”组中单击“显示标记”按钮，在打开的下拉列表中选择“特定人员”选项。此时，将能够得到审阅者名单列表，勾选相应的审阅者，可以仅查看该审阅者添加的批注，如图 9.21 所示。

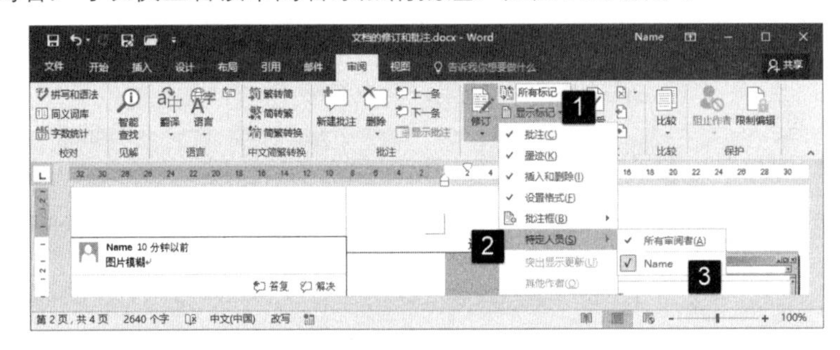

图 9.21　查看指定审阅者的批注

04 在“修订”组中单击“审阅窗格”按钮上的下三角按钮，单击“垂直审阅窗格”选项将打开“垂直审阅窗格”，如图 9.22 所示。在审阅窗格中用户可以查看文档中的修订和批注，并且随时更新修订的数量。

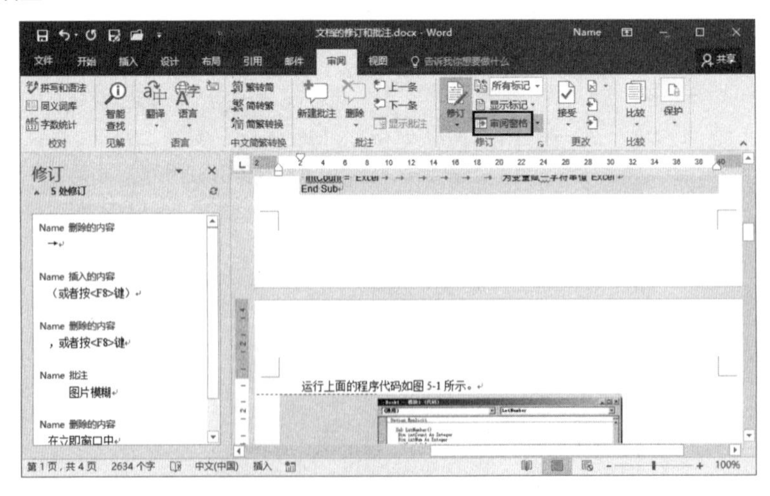

图 9.22　打开“垂直审阅窗格”

提示

如果需要更新文档中的修订数量，可以单击“审阅窗格”右上角的“更新修订数量”按钮 。如果需要在“审阅窗格”中显示修订或批注的详细情况汇总，可以单击“显示详细汇总”按钮 。如果需要将显示的详细汇总隐藏，可以单击“隐藏详细汇总”按钮 。

05 将插入点光标放置到批注框中，单击批注框内的“答复”按钮可以在批注框中插入一条答复批注，如图 9.23 所示。将插入点光标放置到批注框内的批注中，在“批注”组中单击“删除批注”组上的下三角按钮，在打开的菜单中选择“删除”命令，则当前批注将被删除，如图 9.24 所示。

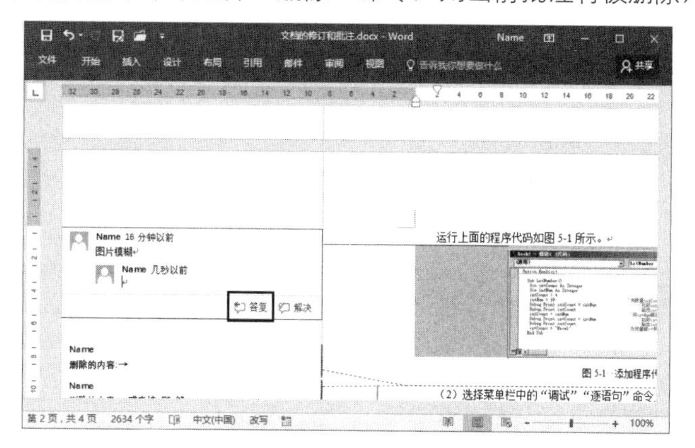

图 9.23　在批注框内插入一条答复批注

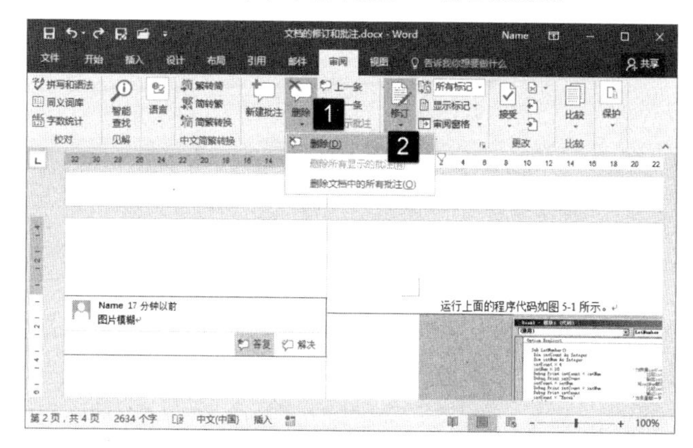

图 9.24　选择“删除”命令

在批注中右击，选择快捷菜单中的“删除批注”命令，可以将该批注删除。选择“删除”列表中的“删除文档中的所有批注”选项将能够删除文档中的所有批注。

9.2.3 查看并合并文档

当一个文档具有 2 个版本，可以使用 Word 来对这 2 个版本的文档进行比较并合并。此时，Word 会用修订标记来识别合并后的文档文本，或者标识出 2 个文档的差别。下面介绍在 Word 2016 中对文档进行比较并合并的操作方法。

01 在“审阅”选项卡中的“比较”组中单击“比较”按钮，在打开的下拉列表中选择“比较”选项，如图 9.25 所示。

02 此时将打开“比较文档”对话框，在“原文档”下拉列表中选择将来自多个来源的修订组合到其中的文档，在“修订的文档”下拉列表中选择含有审阅者修订内容的文档。单击对话框中的“更多”按钮，在打开的“比较设置”栏和“显示修订”栏中进行进一步的设置。例如，这里选择“新文档”单选按钮使 Word 显示一个新建文档，该文档接受原始文档的修订，并将修订后的文档中的更改显示为修订。完成设置后单击“确定”按钮关闭“比较文档”对话框，如图 9.26 所示。

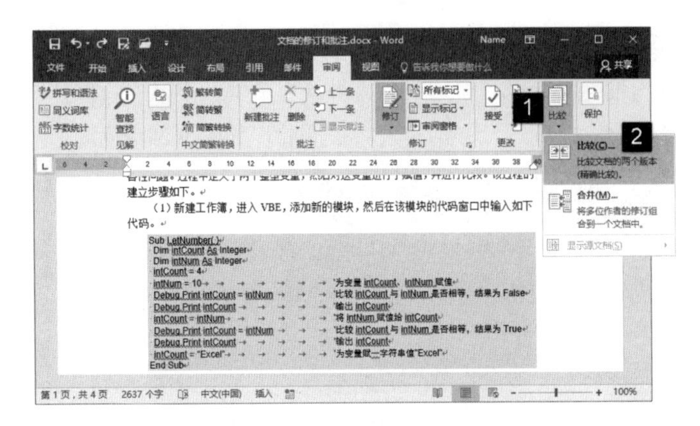

图 9.25　选择“比较”选项

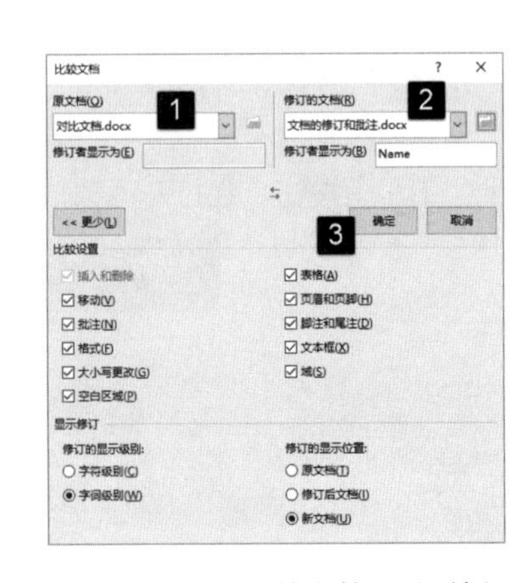

图 9.26　“比较文档”对话框

03 此时，Word 将给出提示对话框，如图 9.27 所示。单击“是”按钮进行文档比较，新文档中显示文档比较结果，如图 9.28 所示。在“比较的文档”窗格中浏览文档时，右侧“原文档”和“修订文档”窗格中的文档会随着滚动，显示对应的内容。

图 9.27　Word 提示对话框

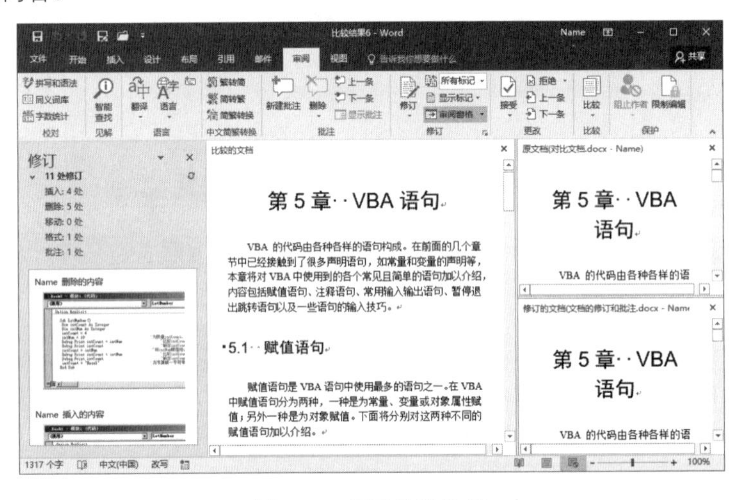

图 9.28　显示比较结果

04 在文档审阅完毕后，在“审阅”选项卡中的“比较”组中单击“比较”按钮，在下拉列表中选择“合并”选项打开“合并文档”对话框。在对话框中选择需要合并的文档，并对其他参数进行设置。完成设置后单击“确定”按钮关闭对话框，如图 9.29 所示。

05 此时，Word 将创建一个新文档放置合并的文档。在“审阅”选项卡中的“更改”组中单击“接受”按钮上的下三角按钮，在获得的列表中选择“接受所有修订”命令，如图 9.30 所示。此时即可获得一个包含有 2 个文档所有内容的文档，保存该文档，完成文档的合并操作。

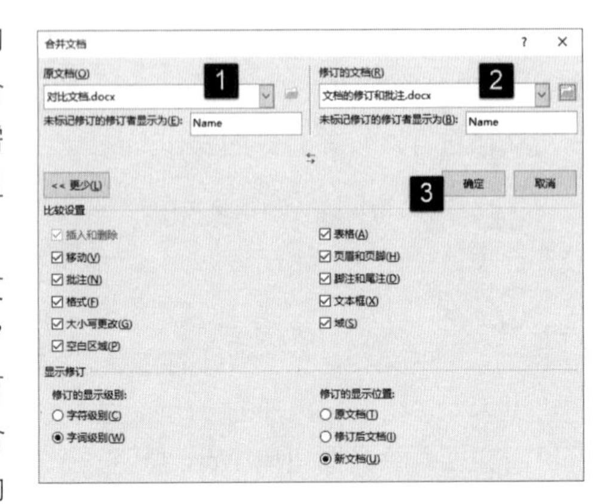

图 9.29　“合并文档”对话框

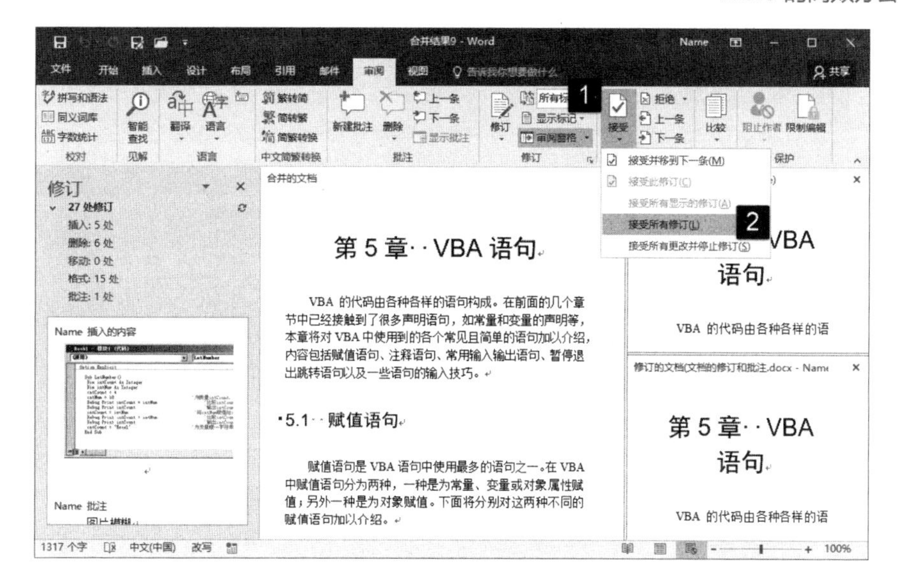

图 9.30　选择“接受所有修订”

提　示

当 2 个用户分别对同一个文档进行编辑修改后，使用 Word 的合并文档功能能够生成一个包含这 2 个用户编辑内容的单一文档。此时，合并后的文档将包含这 2 个文档的所有内容，任何一个文档中存在而另一个文档不存在的内容 Word 都将作为插入文本而用修订标记标识出来。可以通过接受或拒绝这些修订内容来控制合并文档的内容。同样的，如果 2 个文档存在格式差别，合并后的文档同样会以修订方式标志出来，用户可以通过接受或拒绝来选择使用哪个格式。

9.3　域和邮件合并

在 Word 中，域是一种占位符，是一种插入到文档中的代码，其可以帮助用户在文档中添加各种数据、启动某个程序或完成某项功能等。邮件合并功能能够批量生成需要的邮件文档，其常用来批量生成信函、信封、标签和工资条等特殊文档。使用邮件合并功能能够批量生成功能类似的文档，从而大大提高工作效率。

9.3.1　使用域

域是引导 Word 在文档中自动插入文字、图片、页码或其他信息的一组代码。文档中的每个域都有唯一的名字，其具有与 Excel 中函数相类似的功能。下面通过一个实例来介绍域的使用方法，这个实例中的域将能够自动获取当前文档的相关信息。

01 启动 Word，打开需要统计文档信息的文档。在文档的最后添加文档信息统计表，如图 9.31 所示。

02 将插入点光标放置到表格的“文档名称和位置”栏中，在“插入”选项卡中单击“文档部件”按钮，在打开的下拉列表中选择“域”选项，如图 9.32 所示。此时将打开“域”对话框，在对话框的“类别”下拉列表中选择“文档信息”选项，在“域名”列表中选择“FileName”选项。勾选“添加路径到文件名”复选框。完成设置后，单击“确定”按钮关闭“域”对话框，如图 9.33 所示。

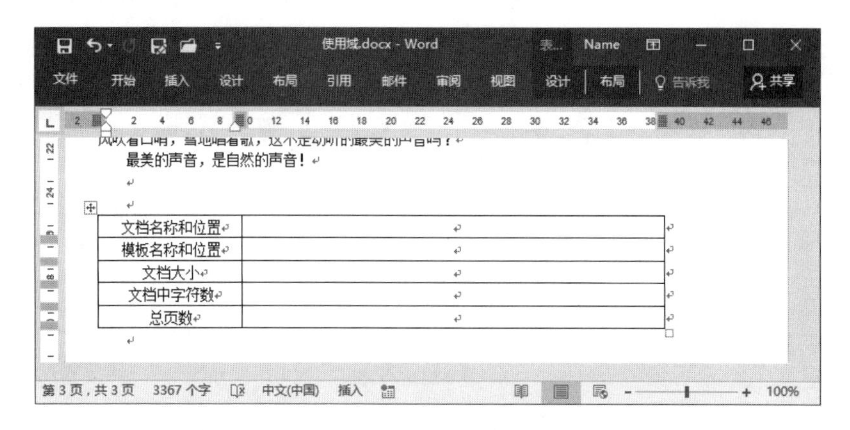

图 9.31　添加文档信息统计表

图 9.32　选择“域”选项

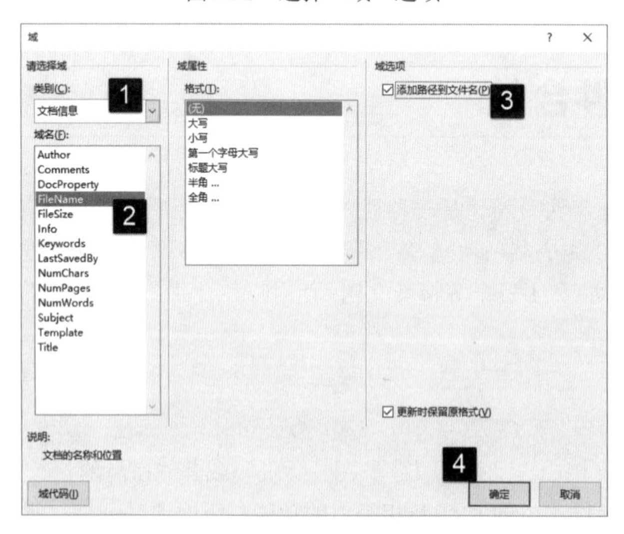

图 9.33　“域”对话框的设置

03 在“模板名称和位置”栏中放置插入点光标，按 Ctrl+F9 键在当前位置插入域特征符。在域特征字符“{}”中间输入域代码“TEMPLATE \p”，如图 9.34 所示。

04 在“文档大小”栏中放置插入点光标，按 Ctrl+F9 键插入域特征符，输入域代码“FILESIZE”，如图 9.35 所示。

05 在“文档中字符数”栏中放置插入点光标，按 Ctrl+F9 键插入域特征符，输入域代码“NUMWORDS”，如图 9.36 所示。

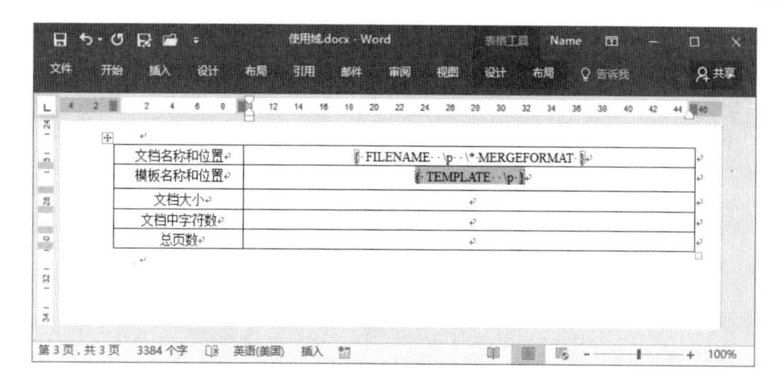

图 9.34　输入域代码“TEMPLATE \p”

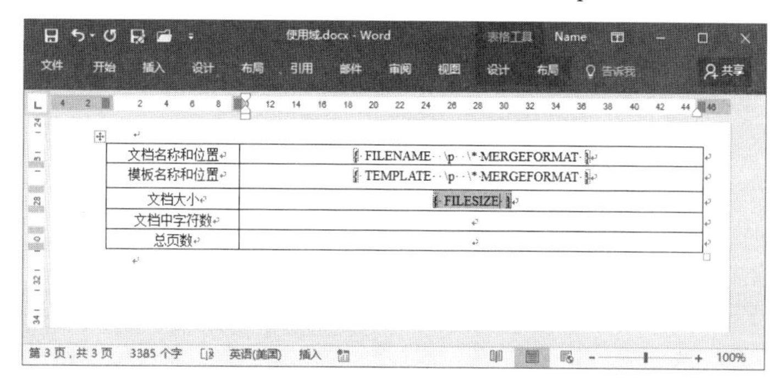

图 9.35　输入域代码“FILESIZE”

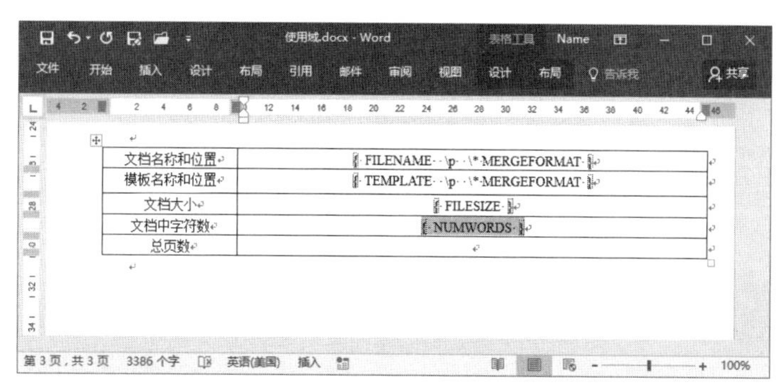

图 9.36　输入域代码“NUMWORDS”

06 在“总页数”栏中放置插入点光标，输入域代码“NUMPAGES”，如图 9.37 所示。

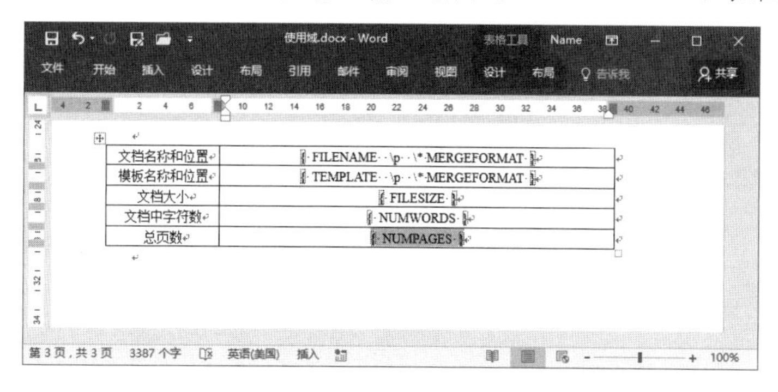

图 9.37　输入域代码“NUMPAGES”

07 在表格的各个栏中依次选择域代码，按 Alt+F9 键，则表格中各栏将显示出相应的文档信息，如图 9.38 所示。

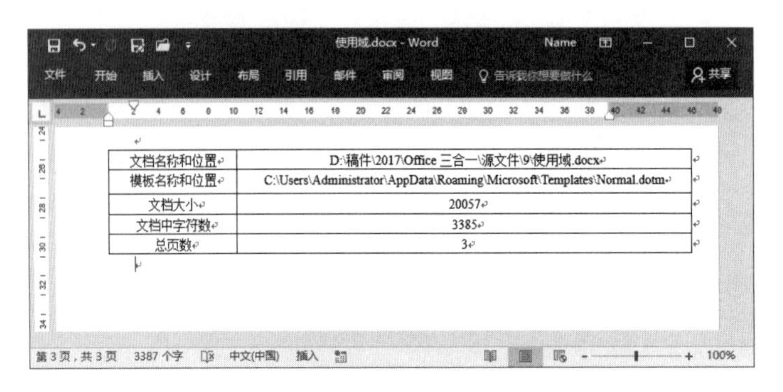

文档名称和位置	D:\稿件\2017\Office 三合一\源文件\9\使用域.docx
模板名称和位置	C:\Users\Administrator\AppData\Roaming\Microsoft\Templates\Normal.dotm
文档大小	20057
文档中字符数	3385
总页数	3

图 9.38　显示文档信息

9.3.2　使用邮件合并

在诸如公函或获奖证书这类文档中，主要内容是固定不变的，只有接收人姓名和单位等内容是需要改变的。在创建此类文档时，如果一个一个地输入，效率就很低。此时就需要用到邮件合并功能，将这些信息动态地输入到文档中的固定位置，从而快速完成这类动态内容的输入。下面通过一个实例来介绍邮件合并功能的使用方法，该实例是制作一个学生考试成绩分数条。

01 启动 Excel 2016，在 Excel 中准备好数据表，如图 9.39 所示。

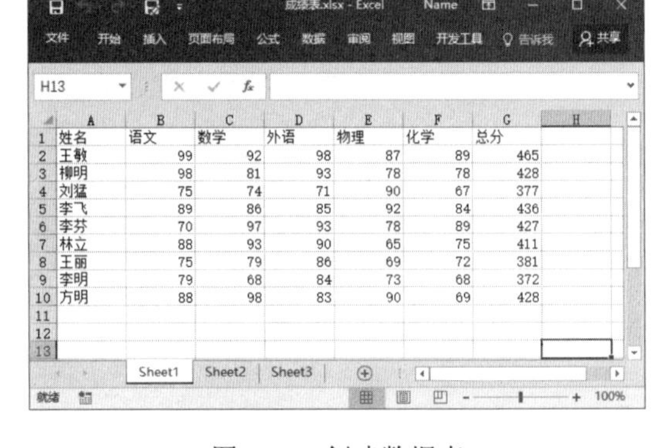

姓名	语文	数学	外语	物理	化学	总分
王敏	99	92	98	87	89	465
柳明	98	81	93	78	78	428
刘猛	75	74	71	90	67	377
李飞	89	86	85	92	84	436
李芬	70	97	93	78	89	427
林立	88	93	90	65	75	411
王丽	75	79	86	69	72	381
李明	79	68	84	73	68	372
方明	88	98	83	90	69	428

图 9.39　创建数据表

02 创建一个空白文档，“布局”选项卡的“页面设置”组中单击“纸张大小”按钮，在打开的列表中选择“其他纸张大小”选项，如图 9.40 所示。此时将打开“页面设置”对话框，在对话框中设置页面的“宽度”和“高度”值。完成设置后单击“确定”按钮关闭对话框，如图 9.41 所示。

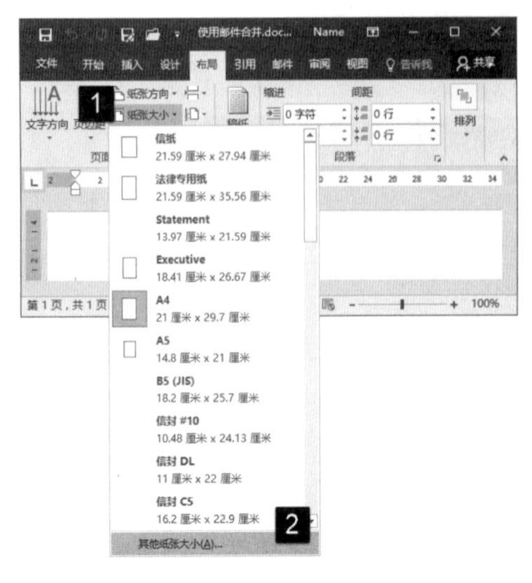

图 9.40　选择“其他纸张大小”选项

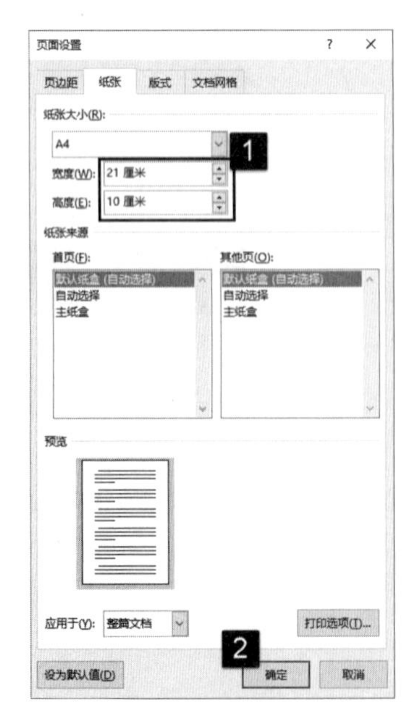

图 9.41　“页面设置”对话框

03 完成页面设置后，在文档中创建标题和分数表格，如图 9.42 所示。

04 在功能区中打开“邮件”选项卡，单击“开始合并邮件”组中的“开始邮件合并”按钮，在打开的下拉列表中选择“信函”选项，如图 9.43 所示。

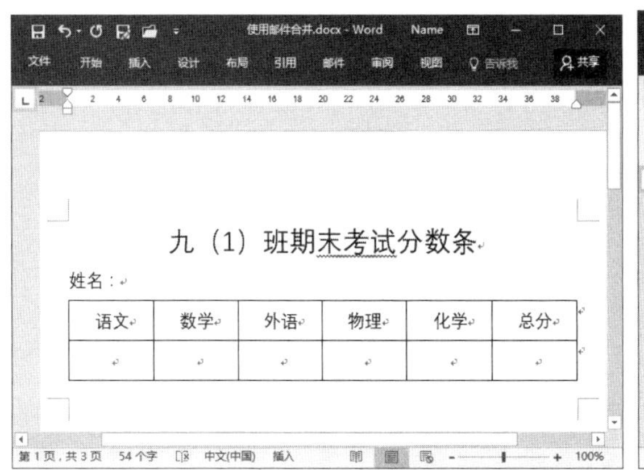

图 9.42　创建标题和表格

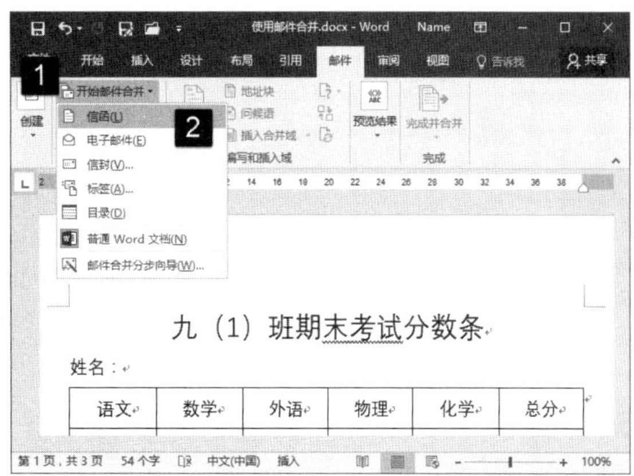

图 9.43　选择“信函”选项

05 在“邮件”选项卡的“开始邮件合并”组中单击“选择收件人”按钮，在打开的下拉列表中选择“使用现有列表”选项，如图 9.44 所示。在打开的“选取数据源”对话框中选择作为数据源的文件。单击“打开”按钮，如图 9.45 所示。

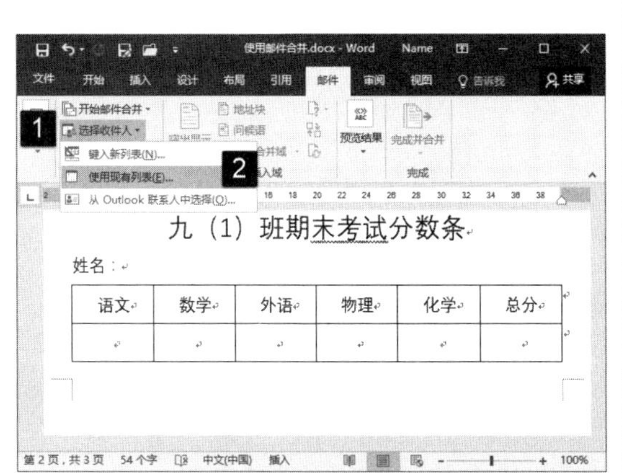

图 9.44　选择“使用现有列表”选项

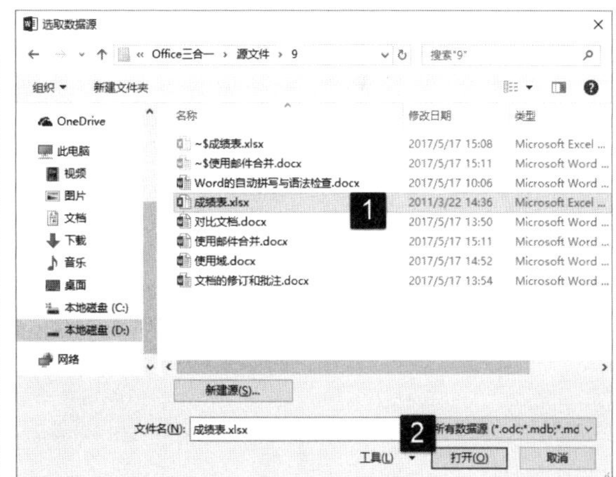

图 9.45　选择 Excel 文档

06 Word 给出“选择表格”对话框，在对话框中选择文档中的工作表，单击“确定”按钮关闭对话框，如图 9.46 所示。

07 在文档中单击将插入点光标放置到文字“姓名”的后面，单击“编写和插入域”组中的“插入合并域”按钮上的下三角按钮。在打开的下拉列表中选择“姓名”选项，如图 9.47 所示。此时插入点光标处被插入一个域，如图 9.48 所示。

08 将插入点光标放置到表格的单元格中，单击“插入合并域”按钮打开“插入合并域”对话框，在对话框的“域”列表中选择需要插入域。单击“插入”按钮即可将其插入到单元格中，如图 9.49 所示。

图 9.46　选择工作表

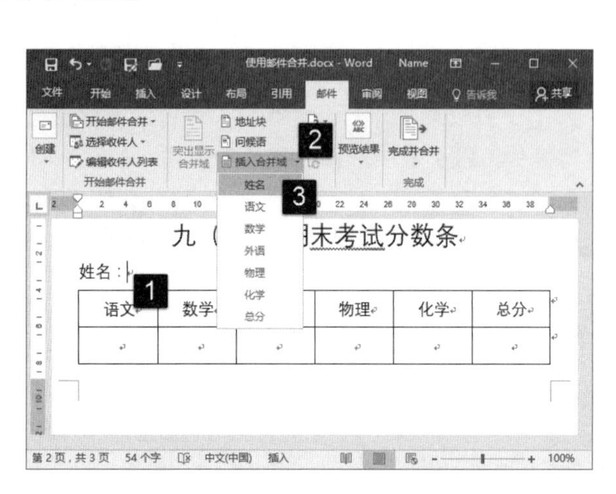

图 9.47　选择“姓名”选项

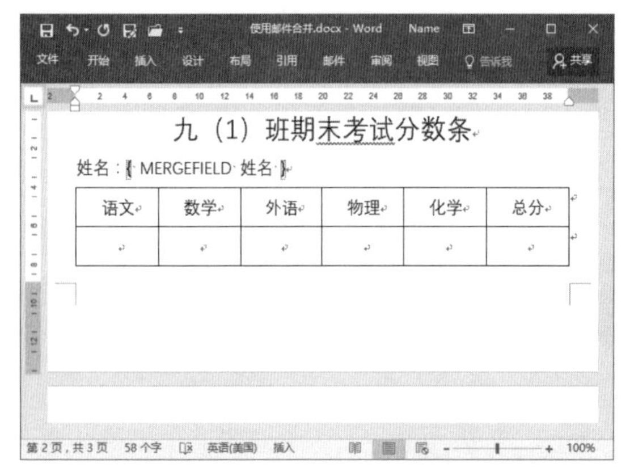

图 9.48　插入域

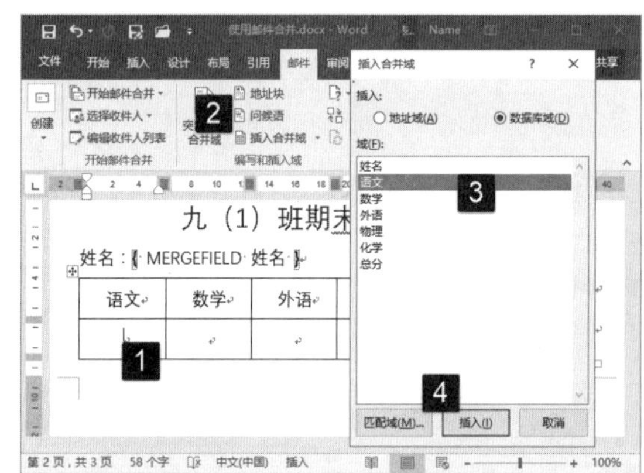

图 9.49　在表格中插入域

09 在“预览结果”组中单击“预览结果”按钮，在打开的列表中单击“预览结果”按钮预览插入域后的效果，如图 9.50 所示。单击“完成”组中的“完成并合并”按钮，在打开的下拉列表中选择“编辑单个文档”选项，如图 9.51 所示。

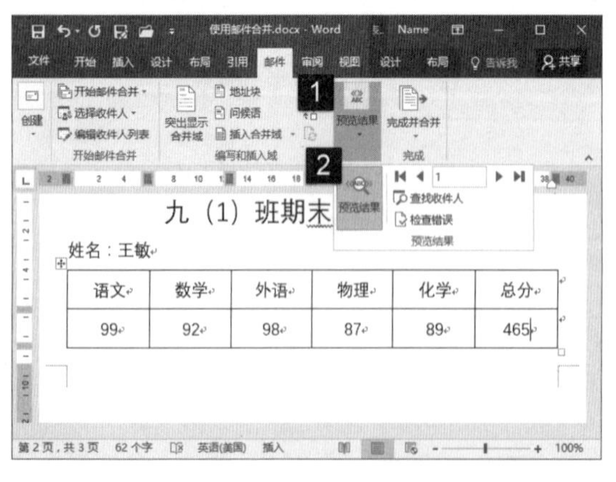

图 9.50　预览结果

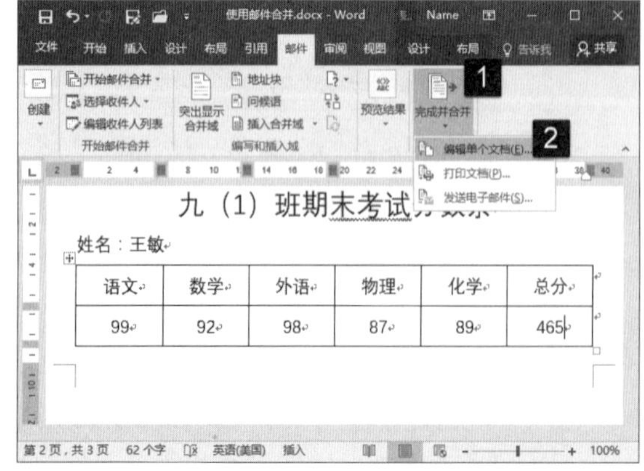

图 9.51　选择“编辑单个文档”选项

10 在打开的“合并到新文档”对话框中选择“全部”单选按钮后单击“确定”按钮关闭对话框，如图 9.52 所示。此时，Word 将创建一个新文档，新文档将按照选择工作表中的人名和分数信息分页填写有关内容，如图 9.53 所示。

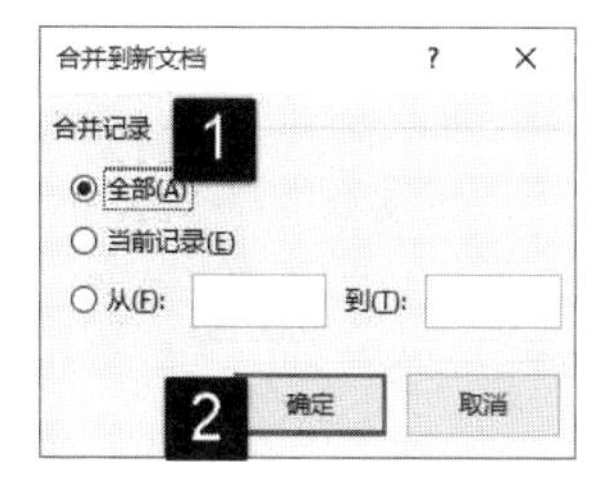

图 9.52 “合并到新文档”对话框

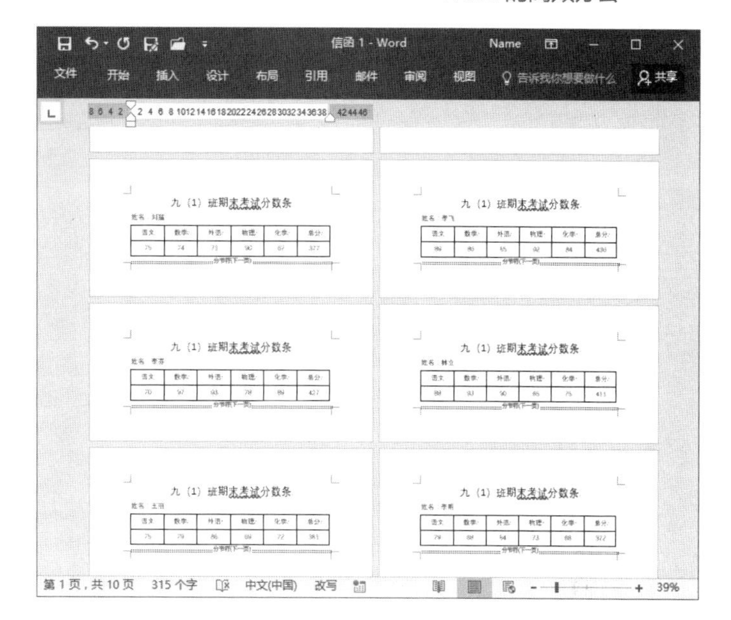

图 9.53 在新文档中创建分数条

9.4 本章拓展

下面介绍本章的 3 个拓展技巧。

9.4.1 使审阅者匿名

要将文档的审阅者的姓名设置为匿名，可以使用“文档检查器”来进行。“文档检查器”可以检查文档中是否存在着修订、批注和隐藏的文字等内容，同时对于检测到的内容，用户也可以根据需要删除。正是利用了这个特性，在 Word 中可以使用“文档检查器”来使审阅者匿名。下面介绍具体的操作方法。

图 9.54 选择“检查文件”命令

01 启动 Word 并打开文档，单击“文件”标签。在打开的窗口中选择“信息”选项，单击“检查问题”按钮。在打开的下拉列表中选择“检查文档”命令，如图 9.54 所示。

02 此时将打开“文档检查器”对话框，对话框中列出能够进行检查的项目，用户可以根据需要勾选相应的复选框来进行选择。这里，直接单击“检查”按钮开始检查，如图 9.55 所示。Word 文档检查器将开始对文档进行检查，如图 9.56 所示。

03 Word 将开始检查在“文档检查器”中勾选的项目，检查完成后将显示检查结果。单击“文档属性和个人信息”栏中的“全部删除”按钮，如图 9.57 所示。此时文档属性和个人信息将被删除，在“文档检查器”对话框中将显示删除结果，如图 9.58 所示。

图 9.55 “文档检查器”对话框

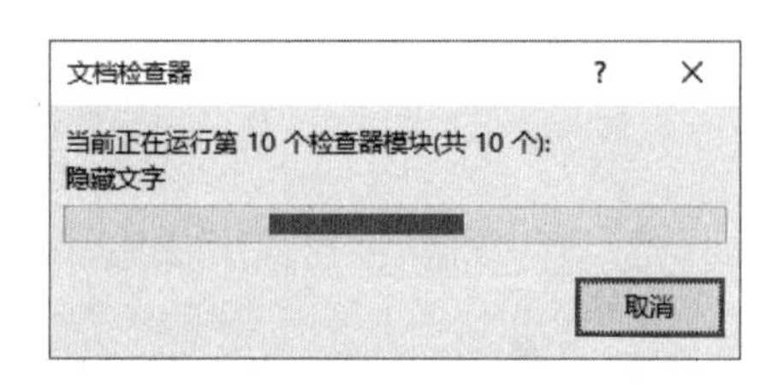

图 9.56 对文档进行检查

图 9.57 显示检查结果

图 9.58 显示删除结果

04 保存文档，再次打开该文档。此时可以看到，在文档中的批注将不再显示批注者的姓名缩写，如图 9.59 所示。

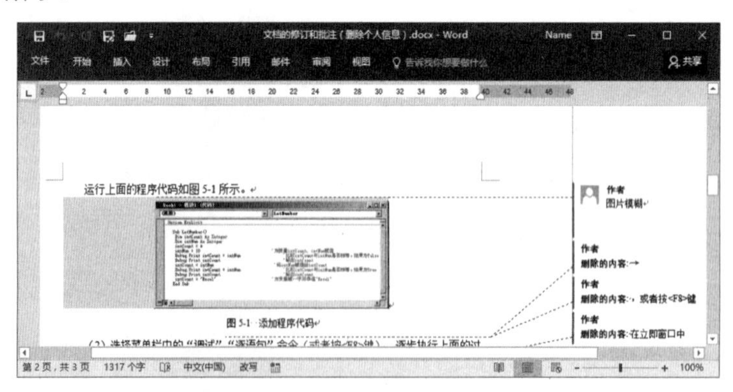

图 9.59 不再显示批注者姓名

9.4.2 在文档中使用输入提示

在填写表格时，表格中的某些项目需要给出填写提示。用户在填写表格时，单击这个提示栏后提示文字被选择，此时输入的文字将直接替代提示文字。要在 Word 文档中获得这种交互效果，可以使用 MacroButton 域。下面介绍具体的操作方法。

01 启动 Word 并打开文档，将插入点光标放置到相关的栏中。在“插入”选项卡中单击“文档部件”按钮，在打开的下拉列表中选择“域”选项，如图 9.60 所示。

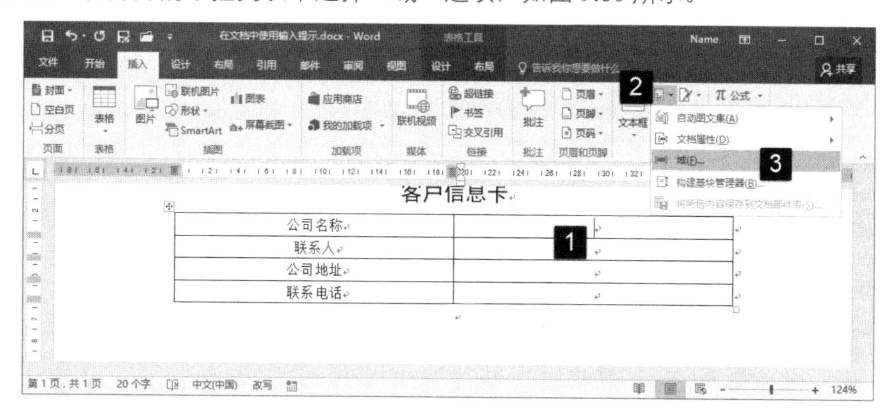

图 9.60　选择“域”选项

02 此时将打开“域”对话框，在“类别”下拉列表中选择“(全部)”选项，在“域名”列表中选择“MacroButton”选项，在“宏名”列表中选择“AcceptAllChangeInDoc”选项。在“显示文字”文本框中输入用于显示的提示文字。完成设置后单击“确定”按钮关闭对话框，如图 9.61 所示。

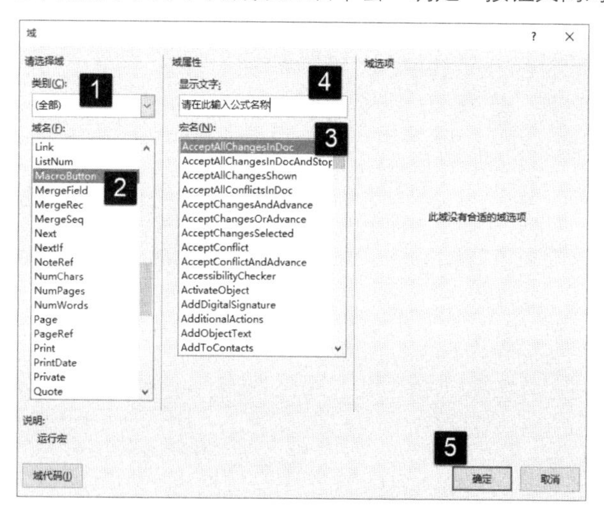

图 9.61　“域”对话框

03 提示文字将插入到当前位置，单击该提示文字后，文字将被全选，如图 9.62 所示。此时输入的文字将替换掉提示文字。

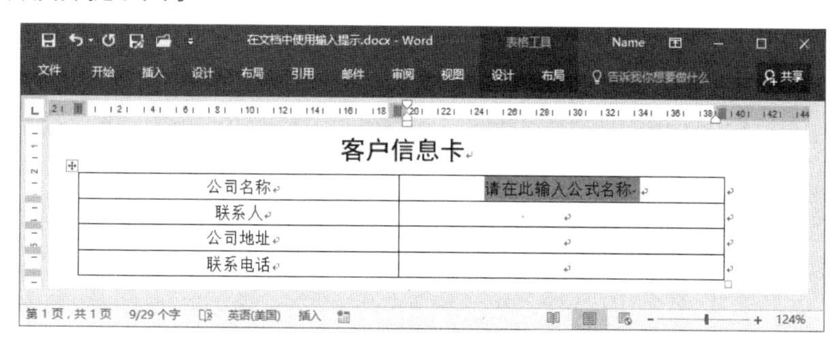

图 9.62　插入提示文字

9.4.3 实现邮件合并时的筛选

邮件合并，在文档中实际上插入的是域。Word 为了方便不熟悉域的用户的操作，为邮件合并专门提供了各种规则。下面对 9.3.2 节中数据进行筛选，只获取语文成绩大于等于 90 分的分数，下面介绍具体的操作方法。

01 完成数据的添加后，将插入点光标放置到姓名后，在“邮件”选项卡的“编写和插入域”组中单击“规则”按钮，在打开的下拉列表中选择“跳过记录条件”，如图 9.63 所示。

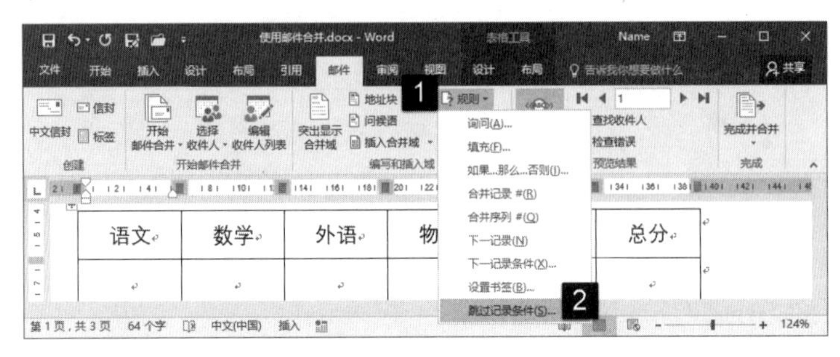

图 9.63　选择“跳过记录条件”选项

02 此时将打开“插入 Word 域：Skip Record If”对话框，在对话框中分别设置“域名”“比较条件”和“比较对象”。完成设置后单击“确定”按钮关闭对话框，如图 9.64 所示。

03 完成邮件合并操作，此时将在新文档中获得分数条，分数条中只有满足条件的语文分数大于等于 90 的学生，如图 9.65 所示。

图 9.64　“插入 Word 域：Skip Record If”对话框

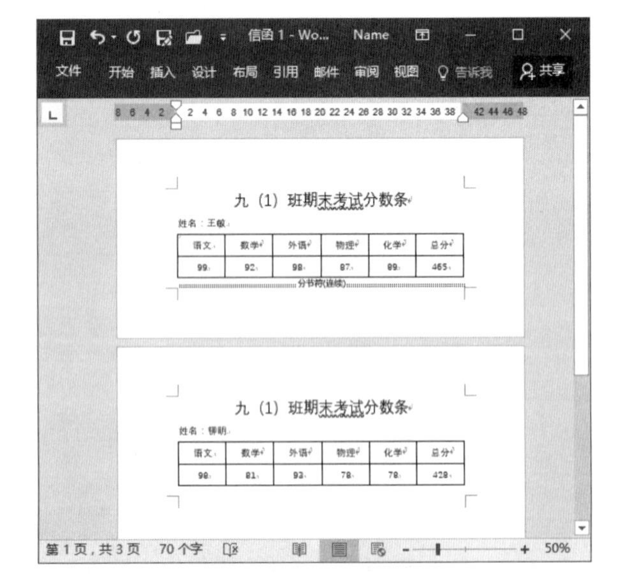

图 9.65　邮件合并的结果

提 示

当使用的数据是来源于 Excel 文档时，在根据需要对数据进行排序后，可以记下各个数据的序号。在进行邮件合并时，Word 将给出“合并到新文档”对话框，在对话框中选择“从”单选按钮，在其后的文本框中输入数据的起始范围，也可以实现对部分邮件的合并操作。

第3篇

Office 2016之Excel篇

第 10 章

Excel 的基本操作

Excel 是 Office 组件中的电子表格制作软件，其除了能够创建各种电子表格之外，还可以对数据进行各种处理。在使用 Excel 制作表格时首先需要掌握 Excel 的一些基本操作，本章将介绍 Excel 工作簿和工作表的操作技巧。

10.1 操作工作簿

在 Excel 中，工作簿是数据的载体，是对数据进行处理和操作的平台，实际上工作簿就是一个存储需处理数据的文档。本节将介绍工作簿的常见操作和设置技巧。

10.1.1 拆分工作簿窗口

用户在查看一个工作簿中的数据时，经常需要查看其中不同工作表中的内容。一种方法是在新开窗口中查看，另一种更加简单的方法就是将工作簿窗口拆分为两个或更多的方法，这样就可以分别进行查看了。

01 启动 Excel 并打开工作簿文档，在工作表中选择一行数据。打开“视图”选项卡，在“窗口”组中单击“拆分”按钮。Excel 将从当前位置开始拆分窗口，如图 10.1 所示。

02 在工作表中选择一个单元格，单击“拆分”按钮。Excel 将以所选单元格为中心，将工作表拆分为 4 个窗口，如图 10.2 所示。

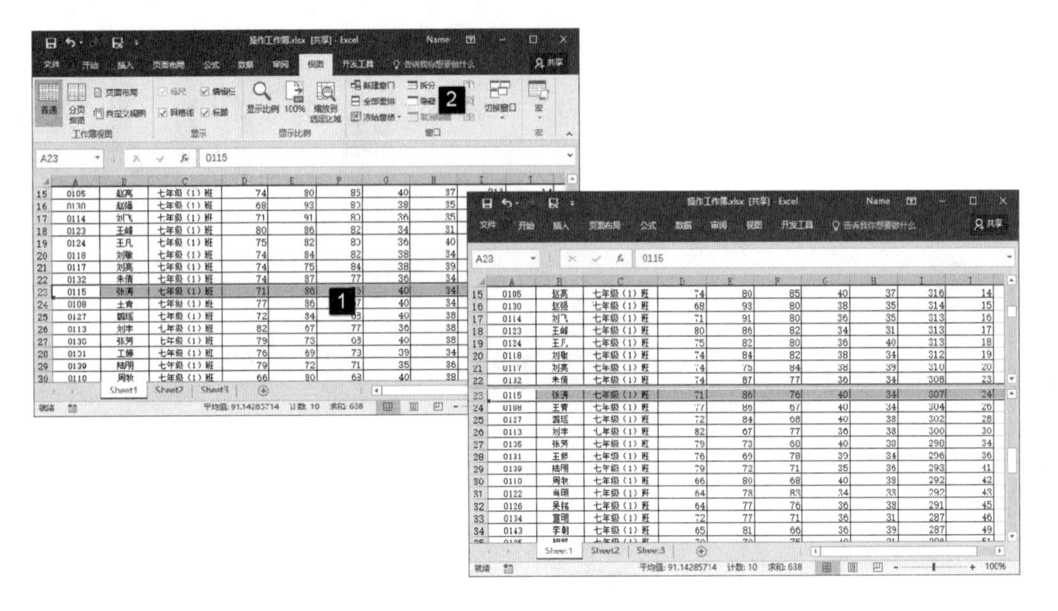

图 10.1　拆分窗口

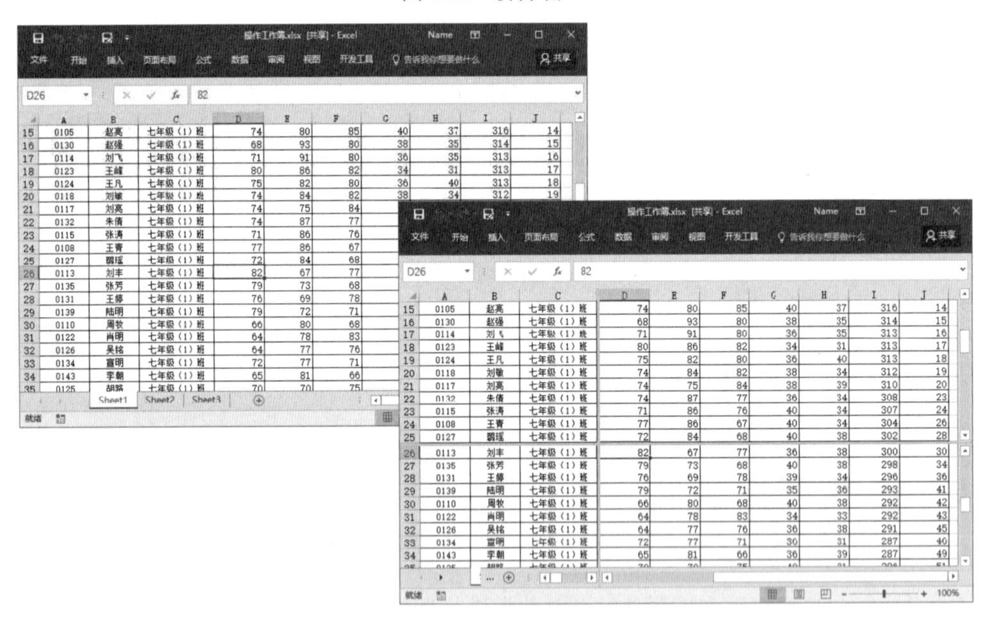

图 10.2　将窗口拆为 4 个

提 示

拆分窗口后，可以通拖动滚动条来分别控制窗口中内容的显示。处于拆分状态时，“拆分”按钮处于按下状态，此时单击该按钮可以取消窗口的拆分。

10.1.2　冻结工作簿窗格

在对数据较多的工作表进行编辑处理时，有时需要同时查看工作表的表头和结尾的数据。当工作表数据较多，在当前窗口中无法显示所有数据，如果使用滚动条来滚屏，则表头也将会随着屏幕的滚动而消失，这在查看大型表格中的数据时显然极不方便。在 Excel 中，可以通过冻结工作簿窗格来解决这个问题。所谓冻结工作簿窗格，就是使工作表中指定的行不会随着数据滚动而移动，下面以冻结此表头所在行为例来介绍具体的操作方法。

01 启动 Excel 2016 并打开工作簿。在工作表中选择表头所在行的下一行的单元格，如图 10.3 所示。

02 单击功能区的“视图”标签，在打开的“视图”选项卡中单击“窗口”组中的“冻结窗格”按钮，在打开的列表中选择“冻结拆分窗格”选项，如图 10.4 所示。

图 10.3　选择单元格

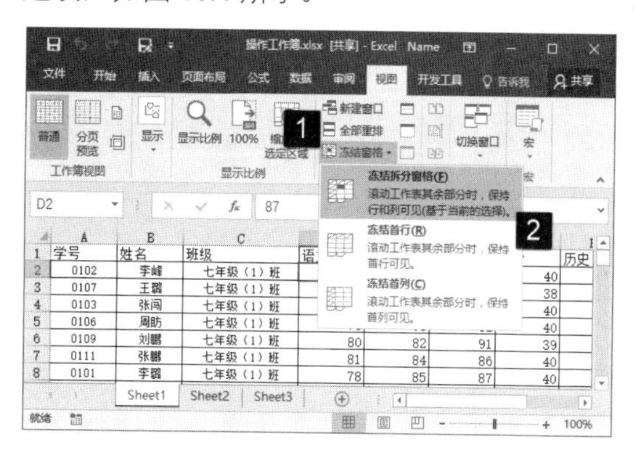

图 10.4　选择“冻结拆分窗格”命令

03 此时，拖动工作表上的垂直滚动条查看数据时，表头所在的行将不再滚动，数据将可以随之滚动。再次在“视图”选项卡中单击“冻结窗格”按钮，选择下拉列表中的“取消冻结窗格”命令将能够取消对行和列的冻结，如图 10.5 所示。

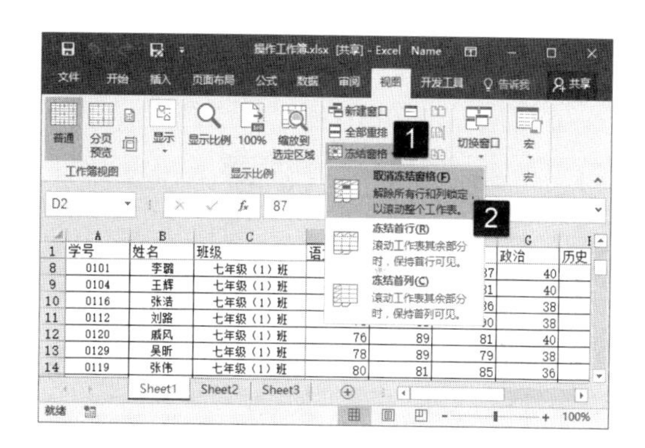

图 10.5　取消对行列的冻结

10.1.3　工作簿的多窗口比较

在进行数据处理时，往往需要同时打开多个工作表。有时需要对打开的多个工作表的数据进行比较，此时需要让工作表在桌面上能够并排排列，以方便查看数据。要实现这种操作，可以通过使用鼠标移动程序窗口的位置并调整程序窗口的大小来实现。要快速实现多个工作表窗口的排列，可以使用下面的方法来进行快捷操作。

01 启动 Excel 2016，分别打开需要的文档。选择一个文档窗口，在“视图”选项卡中单击“全部重排”按钮。在打开的“重排窗口”对话框中选择窗口排列方式，这里选择“平铺”方式，如图 10.6 所示。

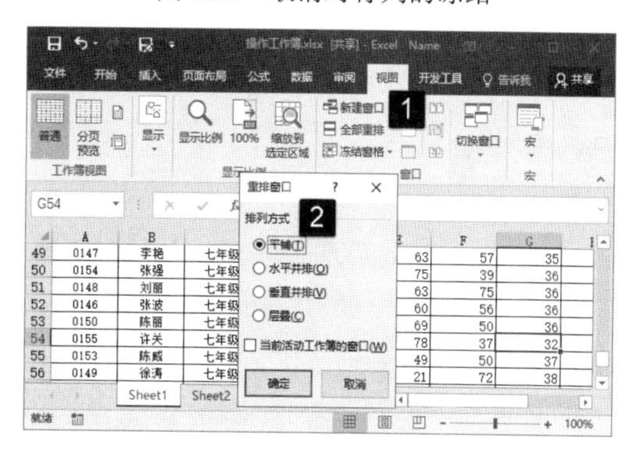

图 10.6　打开“重排窗口”对话框

提　示

在设置多张工作表同时显示时，如果只是需要同时显示活动工作簿中的工作表，则可以在“重排窗口”对话框中勾选“当前活动工作簿窗口”复选框。

02 完成设置后单击“确定”按钮关闭对话框，此时文档窗口将在屏幕上平铺排列，如图 10.7 所示。

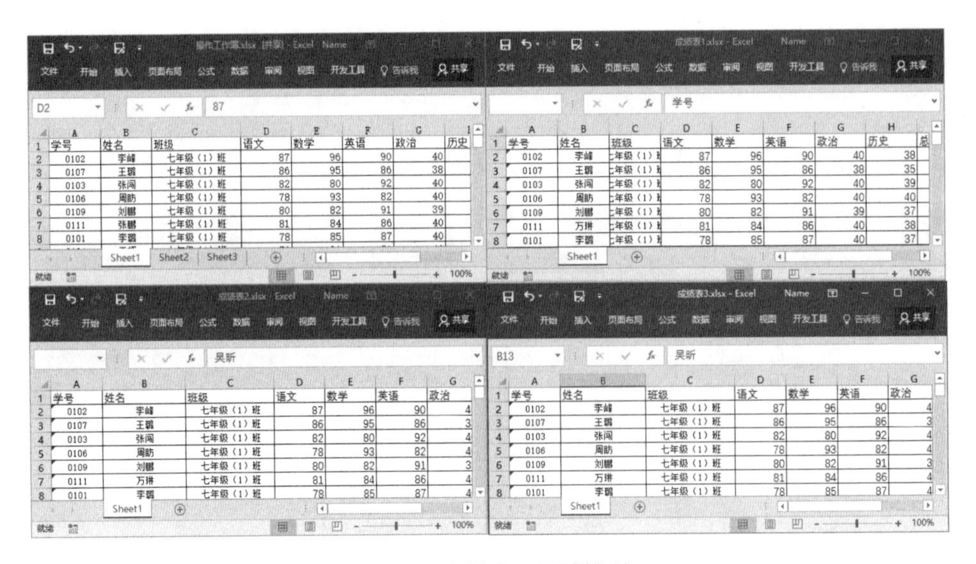

图 10.7　文档窗口平铺排列

提 示

在 Excel 中，如果需要同时打开多个文档，可以在“打开”对话框中按 Shift 键或 Ctrl 键的同时使用鼠标单击文档来同时选择它们，然后单击“打开”按钮将它们打开。

10.2　操作工作表

Excel 工作簿由一个或多个工作表构成，工作表是数据处理、分析和制作图表等操作的界面。在工作簿中，最多可以包含 255 张工作表，这些工作表就像一张张的页面，包含了各种内容。本节将介绍操作 Excel 工作表的技巧。

10.2.1　添加工作表

工作表是工作簿中的表格，是存储数据和对数据进行处理的场所。在对工作簿进行操作时，用户往往需要在工作簿中新建工作表。在工作簿中新建工作表的方法很多，下面对这些方法分别进行介绍。

（1）启动 Excel 并打开工作簿，选择一个工作表，在“开始”选项卡的“单元格”组中单击“插入”按钮上的下三角按钮。在获得的列表中选择“插入工作表”选项，如图 10.8 所示。此时在当前工作表前将添加一个新工作表，该工作表将同时处于激活状态，如图 10.9 所示。

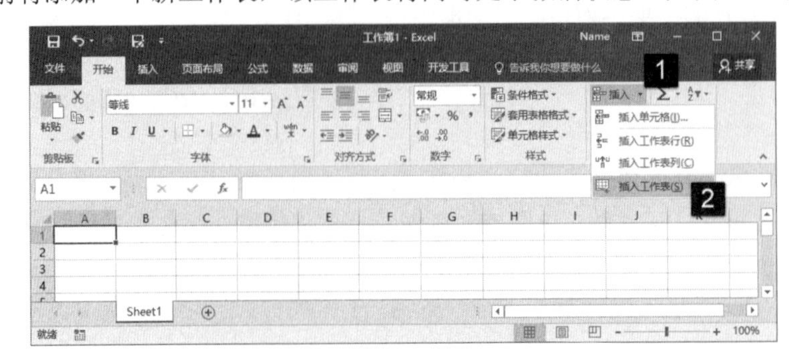

图 10.8　选择“插入工作表”选项

图 10.9　插入新的工作表

（2）在工作表标签上右击，选择快捷菜单中的“插入”命令打开“插入”对话框。在“常用”选项卡中选择“工作表”选项，如图 10.10 所示。单击“确定”按钮即可在当前工作表前插入一个新的工作表，该工作表处于激活状态。

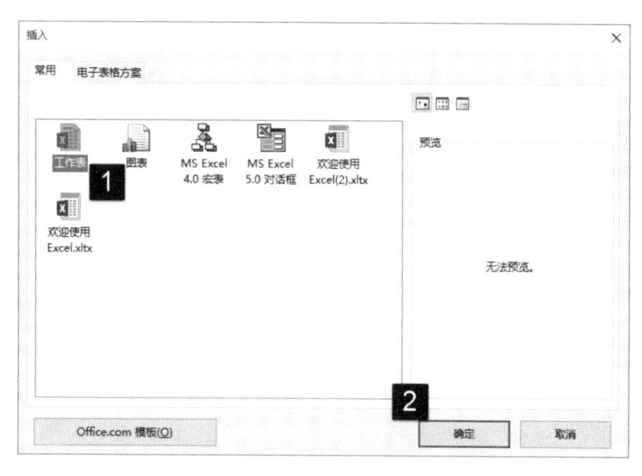

图 10.10　“插入”对话框

（3）在主界面下方单击工作表标签右侧的“工作表”按钮即可在当前工作表后插入一个新的工作表，如图 10.11 所示。

图 10.11　单击“工作表”按钮

提　示

同时选择相同数目的工作表，然后再单击“开始”选项卡的“单元格”组中“插入”按钮上的下三角按钮，在打开的下拉菜单中选择“插入工作表”选项。此时将能同时插入与选择工作表数目相同的新工作表。

10.2.2 选择工作表

对工作表进行操作，首先要选择工作表。下面将分别介绍在工作簿中选择单个工作表、选择连续的多个工作表和选择不连续多个工作表的方法。

（1）在工作簿中单击 Excel 窗口下方的工作表标签即可选择该工作表，如图 10.12 所示。右击工作表标签左侧的导航栏上的按钮将打开“激活”对话框，在对话框的“活动文档”列表中选择工作表名，单击“确定”按钮即可实现对工作表的选择，如图 10.13 所示。

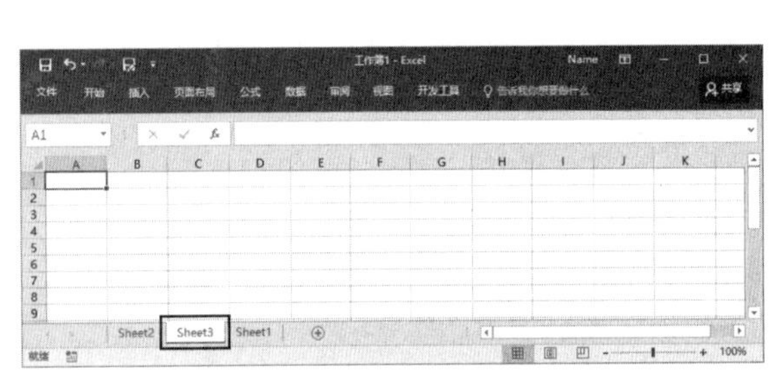

图 10.12 选择单个工作表

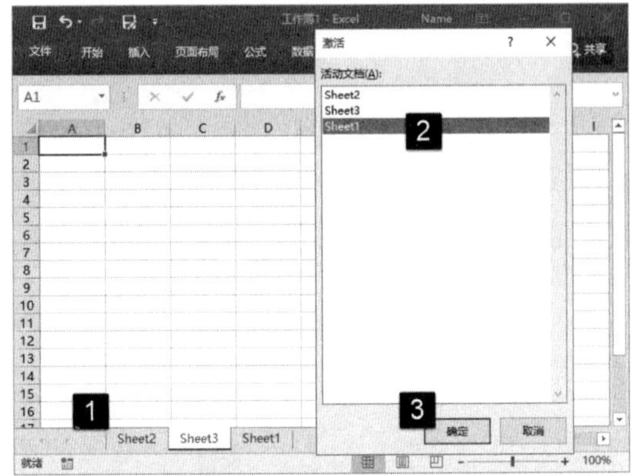

图 10.13 在“激活”对话框中选择需要选择的工作表

如果在 Excel 窗口底部看不到所有的工作表标签，可以单击工作表导航栏上的箭头按钮让工作表标签滚动显示，单击“上一张”按钮◀将显示上一个工作表标签，单击“下一张”按钮▶将显示下一个工作表标签。按住 Ctrl 键单击按钮▶将能显示最后一个工作表标签，按 Ctrl 键单击按钮◀将显示第一个工作表标签。如果导航栏上出现按钮 ⋯，单击该按钮将显示上一个工作表标签。另外，按 Ctrl + PgUp 键和 Ctrl + PgDn 键也可以实现工作表的切换，它们作用分别是切换到上一张工作表和切换到下一张工作表。

（2）选择连续的多个工作表。单击某个工作表标签，按住 Shift 键单击另一个工作表标签，则这两个标签间的所有工作表将被选择，如图 10.14 所示。

（3）选择不连续的多个工作表。按住 Ctrl 键依次单击需要选择的工作表标签，则这些工作表将被同时选择，如图 10.15 所示。

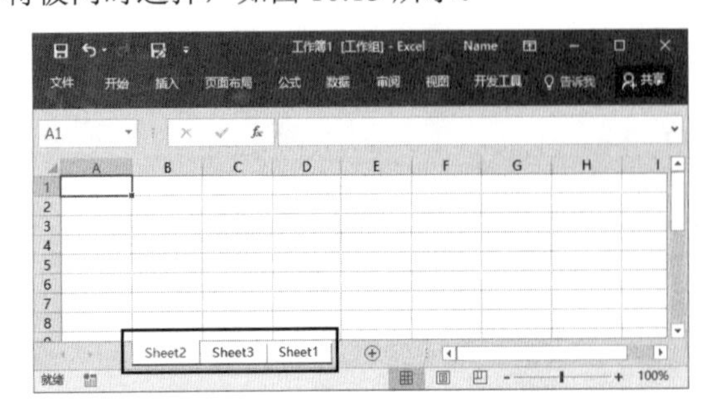

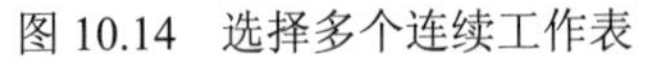

图 10.14 选择多个连续工作表

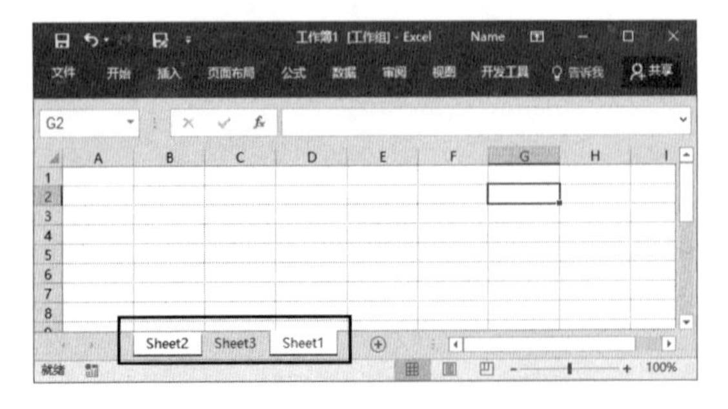

图 10.15 选择多个不连续的工作表

在同时选择了多个工作表后，要取消对这些工作表的选择，只需要单击任意一个未被选择的工作表标签即可。

10.2.3 隐藏和显示工作表

一个工作簿中往往包含有多个工作表，但有时候在发布工作簿时不希望其他用户看到其中的所有工作表，但这些不希望被看见的工作表中的数据又需要保留以备以后进行修改。此时，可以将这样的工作表进行隐藏。下面介绍在工作簿中隐藏和显示工作表的方法。

（1）启动 Excel 并打开需要处理的工作簿，单击工作表标签激活需要隐藏的工作表。在“开始”选项卡的“单元格”组中单击“格式”按钮，在打开的菜单中选择“隐藏和取消隐藏”|“隐藏工作表”命令，如图 10.16 所示。此时选择的工作表被隐藏，如图 10.17 所示。

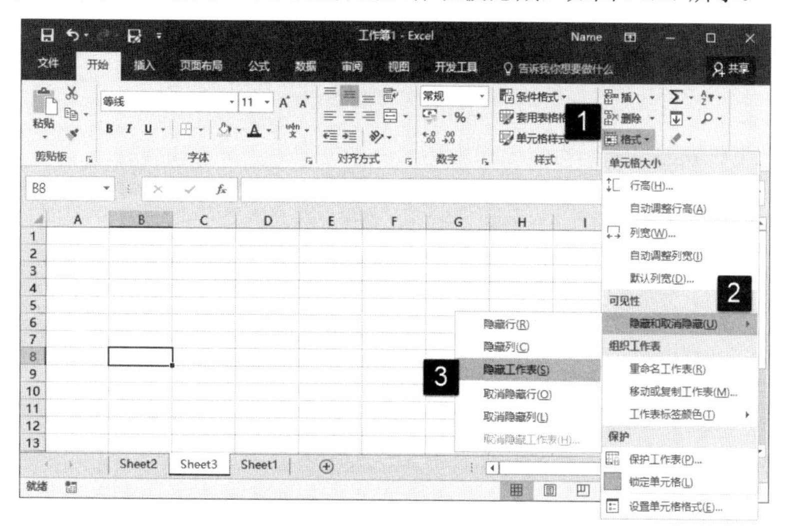

图 10.16　选择“隐藏工作表”命令

（2）如果要使隐藏的工作表重新显示，在“开始”选项卡的“单元格”组中单击“格式”按钮，在打开的菜单中选择“隐藏和取消隐藏”|“取消隐藏工作表”命令打开“取消隐藏”对话框。该对话框中将列出当前工作簿中所有隐藏的工作表，选择需要取消隐藏的工作表，单击“确定”按钮，如图 10.18 所示，则该工作表将会显示出来。

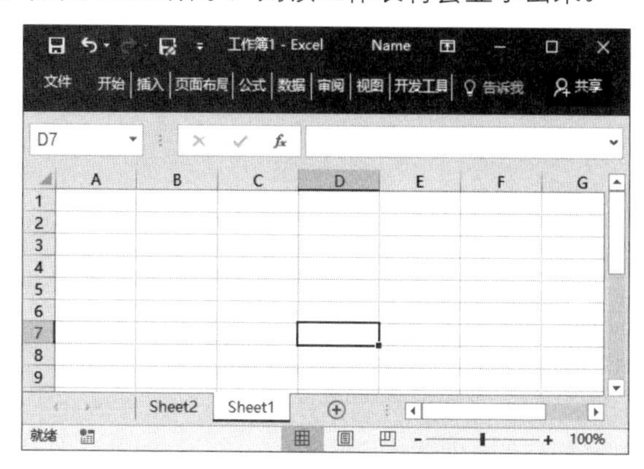

图 10.17　选择的工作表被隐藏

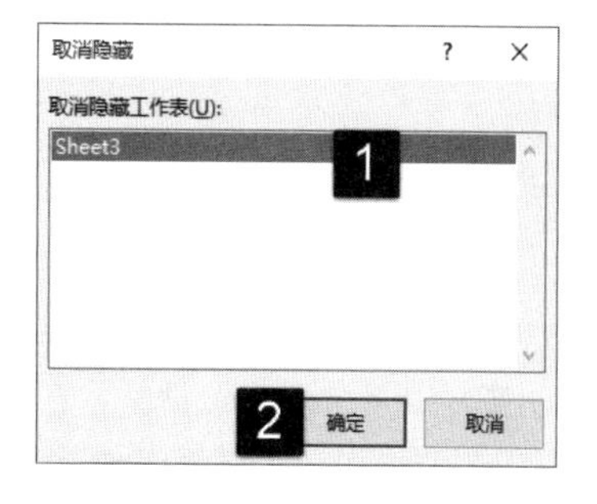

图 10.18　“取消隐藏”对话框

提 示

右击需要隐藏的工作表，在获得的快捷菜单中选择“隐藏”命令同样可以实现对工作表的隐藏。

10.2.4 复制和移动工作表

在工作簿中，复制和移动工作表是常见的操作，基本的操作方式是在“开始”选项卡中选择“剪切”“复制”和“粘贴”等命令来进行操作。实际上，移动和复制工作表还有一些快捷操作方法，下面对这些方法进行介绍。

（1）在工作簿中右击需要复制或移动的工作表，选择快捷菜单中的“移动或复制”命令，如图 10.19 所示。此时将打开“移动或复制工作表”对话框，在“下列选定工作表之前”列表中选择目标工作表。单击“确定”按钮，如图 10.20 所示。当前工作表即可移到指定工作表之前，如图 10.21 所示。

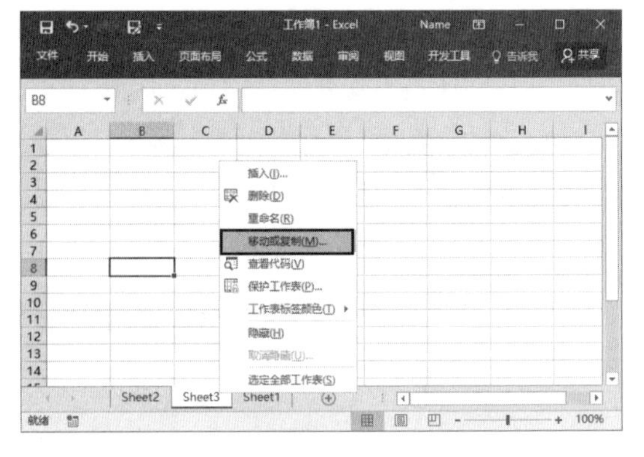

图 10.19 选择“移动或复制”命令

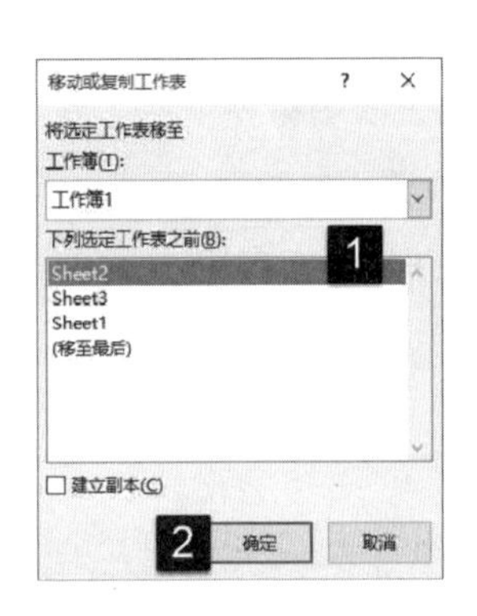

图 10.20 “移动或复制工作表”对话框

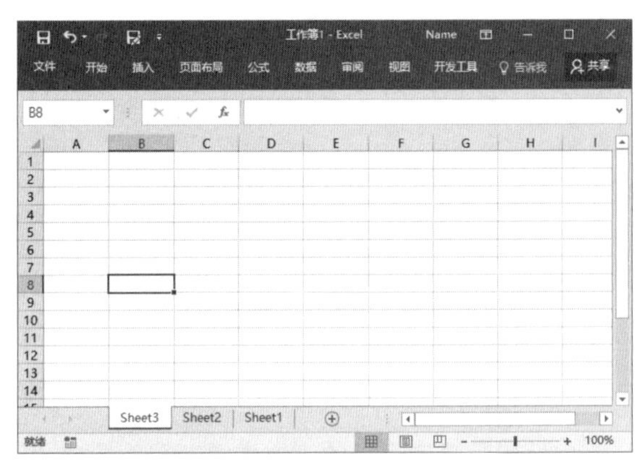

图 10.21 工作表移动到指定工作表之前

提 示

在“移动或复制工作表”对话框中勾选“建立副本”复选框，则将在指定工作表之前创建当前工作表的副本，这实际上是对工作表进行复制操作。

（2）用鼠标拖动工作表标签，在目标工作表前释放鼠标，则工作表即被移到当前位置，如图 10.22 所示。

提 示

按住 Ctrl 键拖动工作表标签，可以实现对工作表的快速复制。

（3）如果需要将当前工作簿中的工作表移动到其他的工作簿中，可以按照（1）中的方法打开“移动或复制工作表”对话框，在对话框的“工作簿”下拉列表中选择移动的目标工作簿。在“下列选定工作表之前”列表中选择移动到的目标工作表。完成设置后，单击“确定”按钮关闭对话框，如图 10.23 所示。此时，工作表将移到选定工作簿的指定工作表之前。

（4）在不同的工作簿间移动工作表还可以使用下面的快捷方式来操作。将源工作簿程序窗口和目标工作簿的程序窗口叠放在一起，使用鼠标将工作表从一个工作簿拖放到另一个工作簿的需要的位置即可实现工作表的复制，如图 10.24 所示。

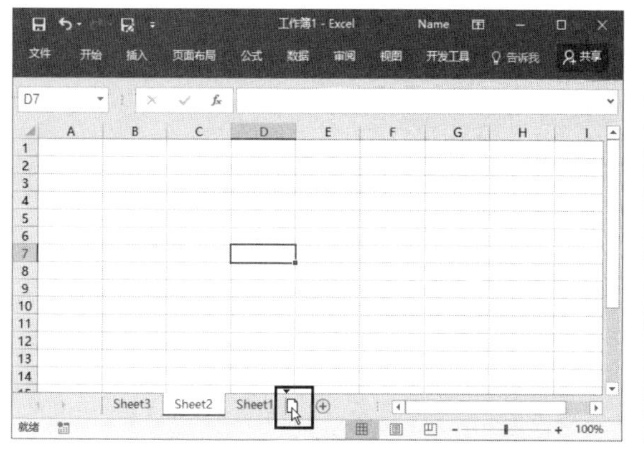

图 10.22　拖动工作表标签移动工作表

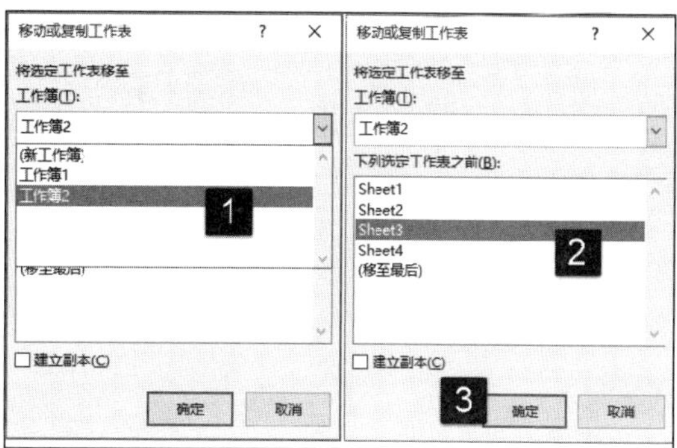

图 10.23　选择目标工作簿

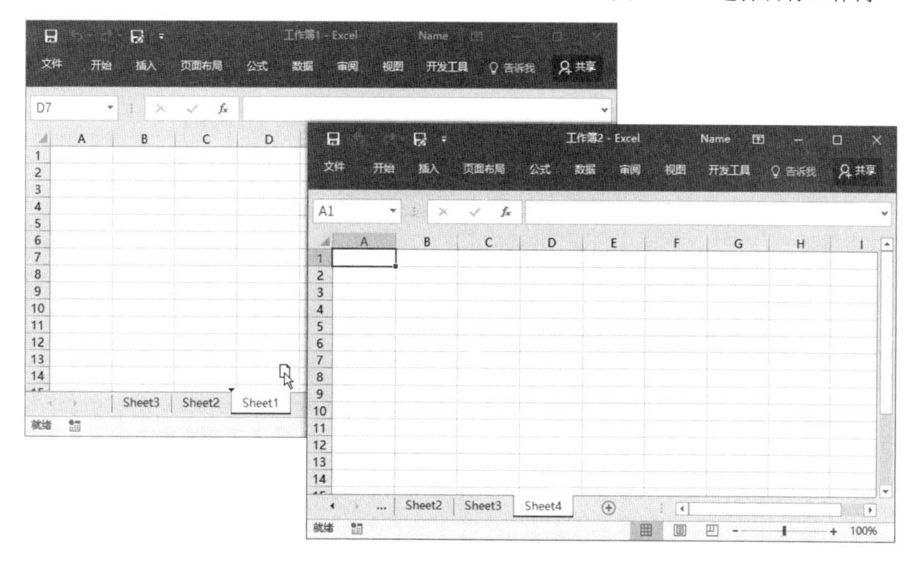

图 10.24　拖动实现复制

提　示

这里，按住 Ctrl 键拖动工作表可以实现工作表的复制操作。

10.2.5　重命名和标示工作表

在工作簿中， 让包含数据的工作表便于识别，可以对工作表进行命名。同时，也可以通过设置工作表标签的颜色让工作表显得突出。

1. 为工作表命名

默认情况下，Excel 工作簿中以 sheet1、sheet2 和 sheet3 命名，新插入的工作表将按照插入的先后顺序以“sheet＋数字”来命名，这样的命名方式将无法使读者了解工作表的功能和包含的内容。实际上，工作表的名称是可以自定义的，用户可以根据需要将工作表名称更改为意义明确的名字。下面介绍重命名工作表的常见方法。

（1）右击需要重命名的工作表标签，在快捷菜单中选择“重命名”命令，此时工作表名处于可编辑状态，如图 10.25 所示。输入新的名称后按 Enter 键即可更改工作表名，如图 10.26 所示。

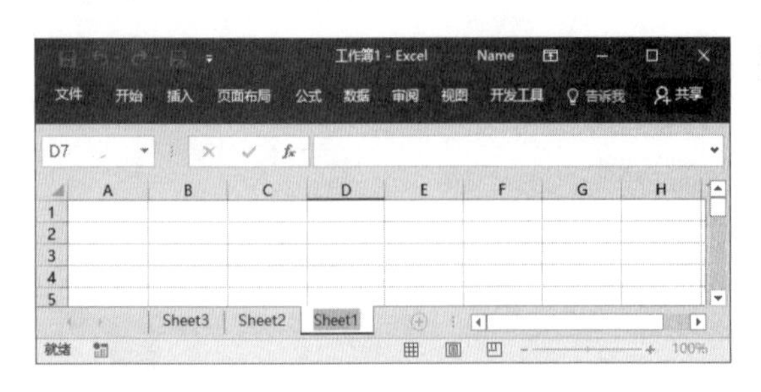

图 10.25　工作表名处于可编辑状态

图 10.26　更改工作表名

提　示

这里，直接双击工作表标签，工作表名称会变为可编辑状态，输入新名称后按 Enter 键即可对工作表重命名。

（2）选择需要重命名的工作表，在“开始”选项卡的“单元格”组中单击“格式”按钮上的下三角按钮。在打开的下拉列表中选择“重命名工作表”命令，如图 10.27 所示。此时工作表名称处于可编辑状态，输入新的工作表名称后按 Enter 键即可完成重命名操作。

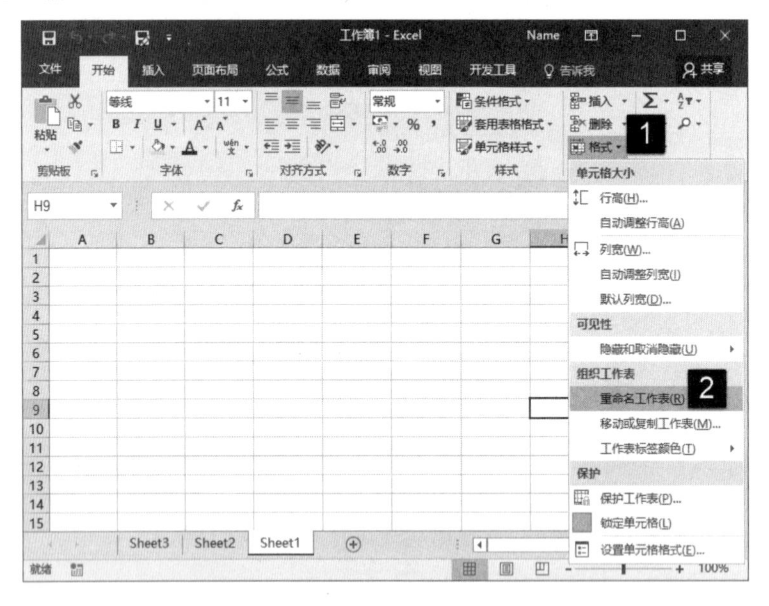

图 10.27　选择“重命名工作表”命令

2. 用颜色标示工作表

命名是识别工作表的一种方式，将工作表标签设置为不同的颜色是一种更加直观地区别不同工作表的方式。下面介绍设置工作表标签颜色的方法。

01 在工作簿中右击需要设置颜色的工作表标签，在“开始”选项卡的“单元格”组中单击“格式”按钮，在打开的菜单中选择“工作表标签颜色”命令，在打开的颜色列表中选择需要的颜色，即可将该颜色应用于工作表标签，如图 10.28 所示。

02 如果在“主题颜色”或“标准色”列表中没有找到需要的颜色，可以单击“其他颜色”命令打开“颜色”对话框，在“自定义”选项卡中对颜色进行自定义，如图 10.29 所示。

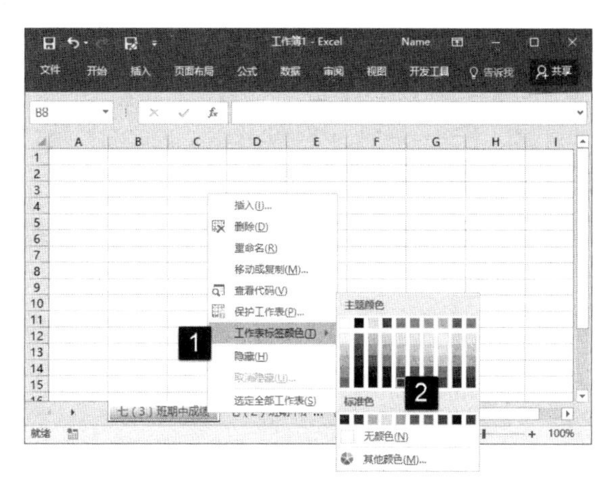

图 10.28　选择工作表标签颜色

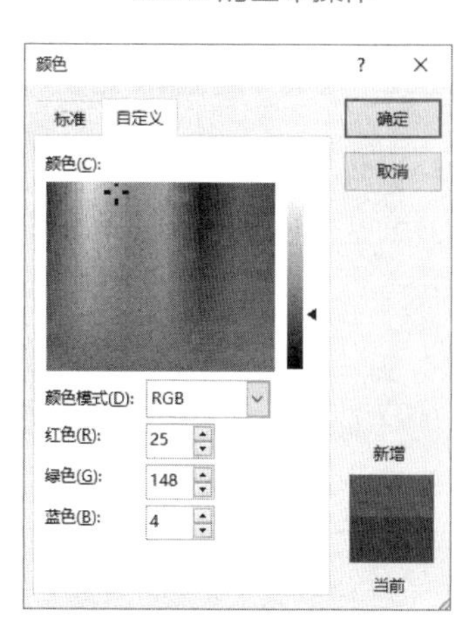

图 10.29　自定义颜色

10.3　工作表中的行列操作

行和列是构成工作表的重要元素，很多时候，在对数据进行操作时需要对行和列进行操作。本节将介绍对 Excel 工作表中的行和列进行操作的基本技巧。

10.3.1　选择行列

要对工作表中的行列进行操作，首先需要对行列进行选择。下面介绍选择行列的一般方法。

（1）在工作表中直接单击需要选择行列的行号或列号，可以选择整行或整列，如图 10.30 所示。

（2）将鼠标指针指向起始行号或列号，按住左键移动鼠标可以同时选择多个连续的行或列，如图 10.31 所示。

（3）按住 Ctrl 键后，依次单击需要选择行列的行号或列号，可以同时选择多个不连续的行或列，如图 10.32 所示。

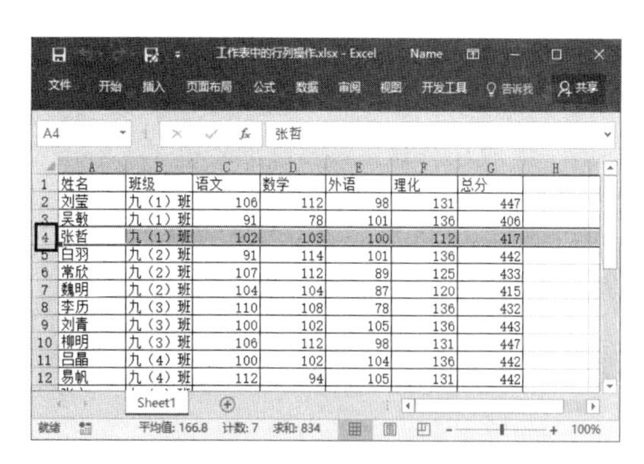

图 10.30　单击行号选择整行

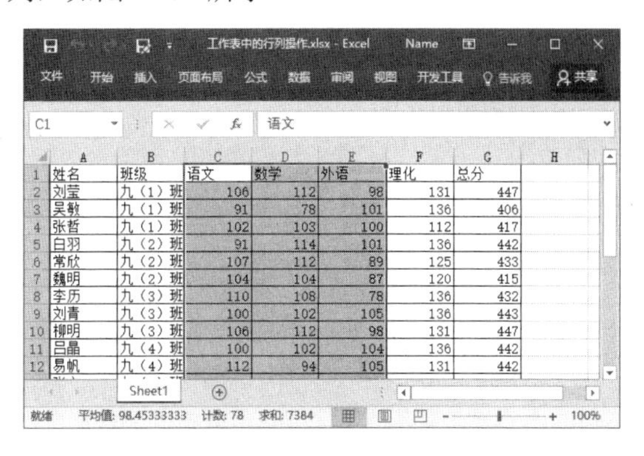

图 10.31　同时选择多个连续的列

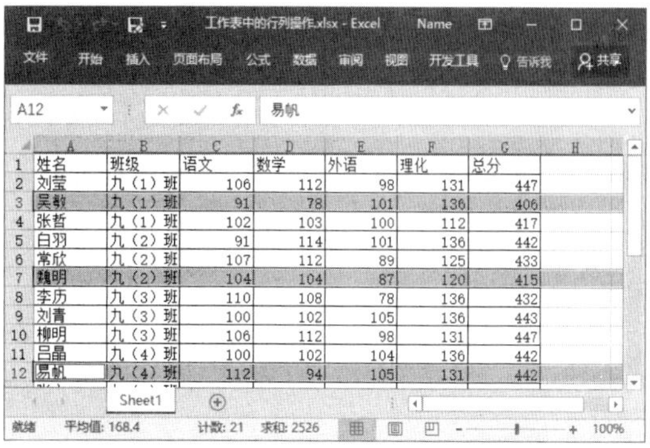

图 10.32　同时选择多个非连续的行

10.3.2 插入或删除行列

根据数据输入的需要，有时候需要在工作表中插入空白行或列。对于不需要的行或者是列，则需要将其从工作表中删除。下面介绍在工作表中插入行和删除行的操作方法。

01 在工作表中同时选择行，如这里选择 3 行，右击，选择快捷菜单中的“插入”命令。此时，在工作表中将插入和选择行数相同的行，如图 10.33 所示。

02 此时在插入的行首将出现“插入选项”按钮。单击该按钮上下三角按钮，在打开的下拉列表中选择相应的单选按钮，可以设置插入行的格式，如图 10.34 所示。

图 10.33　同时插入多行

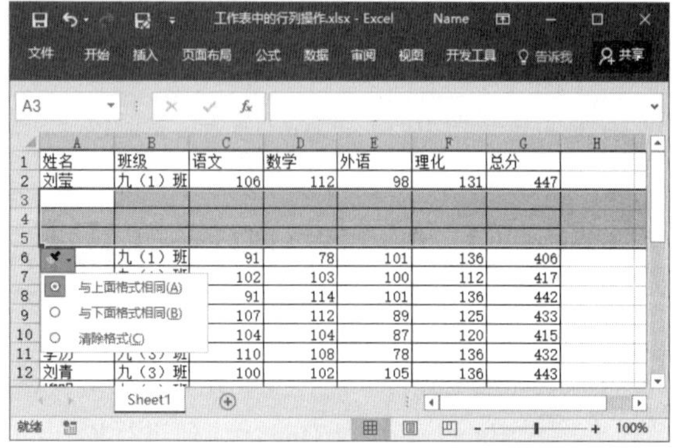

图 10.34　设置插入行的格式

在工作表中插入行或列，还可以在“开始”选项卡的“单元格”组中直接单击“插入”按钮。在选择行或列后，按 Ctrl+Shift+ = 键可以在工作表中快速插入行或列。

03 在工作表中选择需要删除的行或列，如这里选择 3 行。在“开始”选项卡的“单元格”组中单击“删除”按钮上的下三角按钮，在打开的列表中选择“删除工作表行”命令，如图 10.35 所示，选择的行即可被删除。

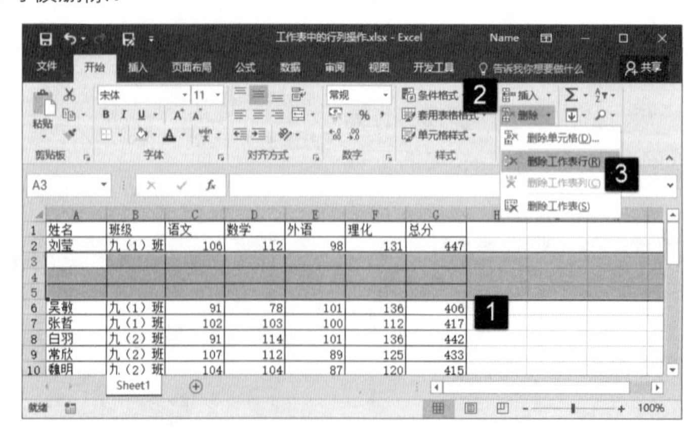

图 10.35　选择“删除工作表行”选项

10.3.3 设置行高或列宽

在工作表中输入数据后，有时需要对行高和列宽进行调整。在 Excel 中，调整行高和列宽的方法很多，下面分别对这些方法进行介绍。

（1）使用鼠标调整行高和列宽。在调整行高时，将鼠标放到 2 个行标签之间，当鼠标指针变为‡时，拖动鼠标调整行高直到合适的高度，如图 10.36 所示。将鼠标放到 2 个列标签之间，使用相同的方法可以更改列宽，如图 10.37 所示。

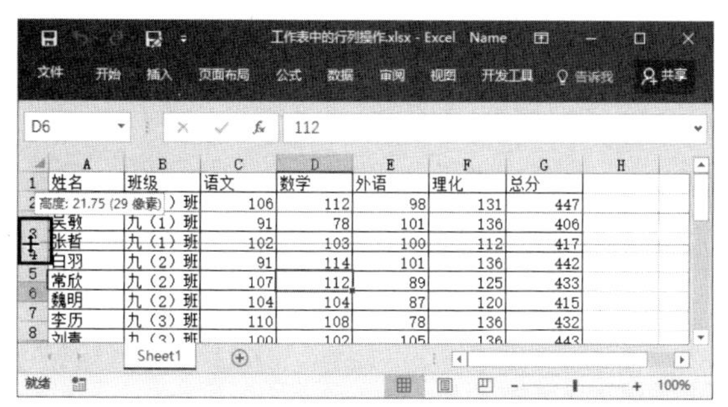

图 10.36　调整行高

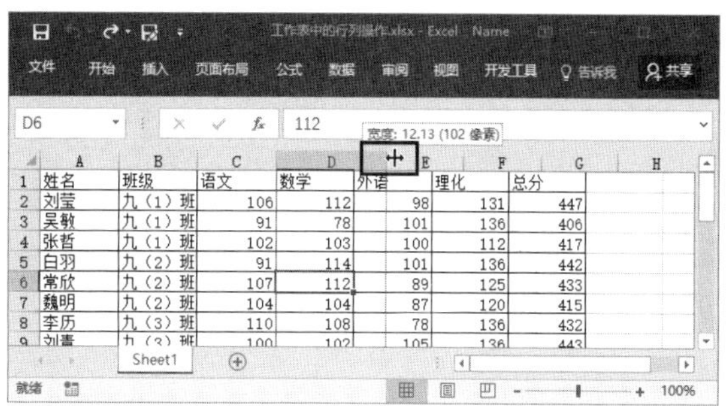

图 10.37　调整列宽

（2）精确调整行高和列宽。右击列标签，选择快捷菜单中的“列宽”命令打开“列宽”对话框。在对话框的“列宽”文本框中输入数值，单击“确定”按钮关闭对话框，即可实现对列宽的精确调整，如图 10.38 所示。右击行标签，在获得的快捷菜单中选择“行高”命令打开“行高”对话框，使用该对话框可以对行高进行精确调整，如图 10.39 所示。

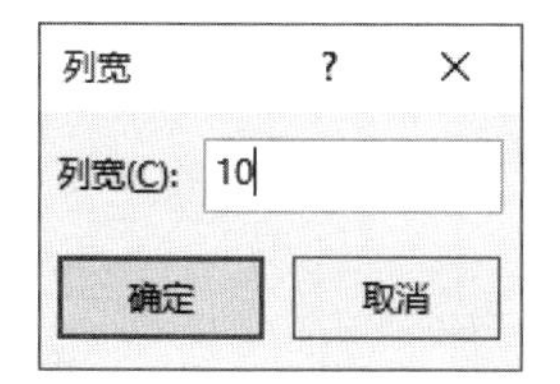

图 10.38　精确调整列宽

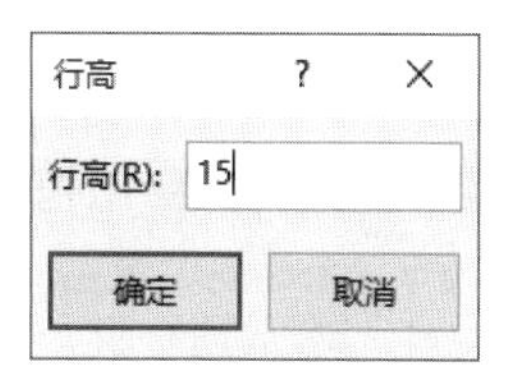

图 10.39　精确调整行高

（3）自动调整行高和列宽。在工作表中选择需要调整列宽的列中的任意一个单元格，在“开始”选项卡的“单元格”组中单击“格式”按钮，在打开的菜单中选择“自动调整列宽”命令，如图 10.40 所示。此时，选择单元格将按照输入的内容自动调整列宽，如图 10.41 所示。

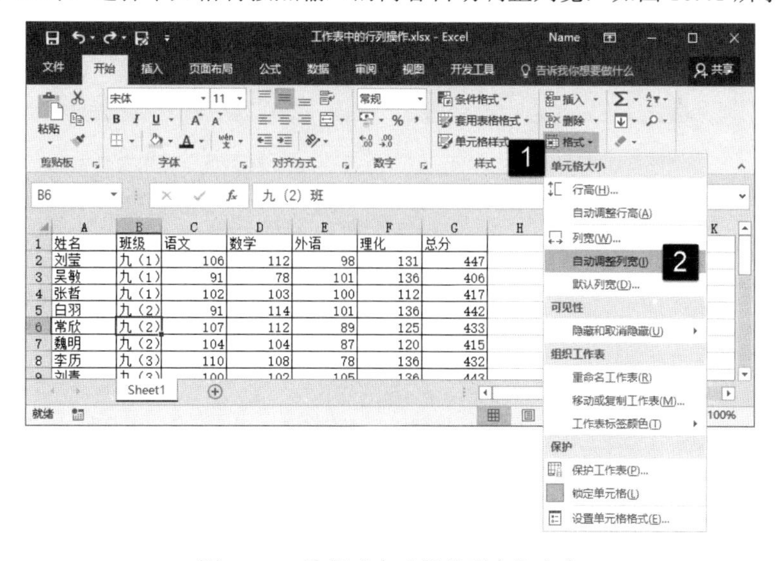

图 10.40　选择“自动调整列宽”命令

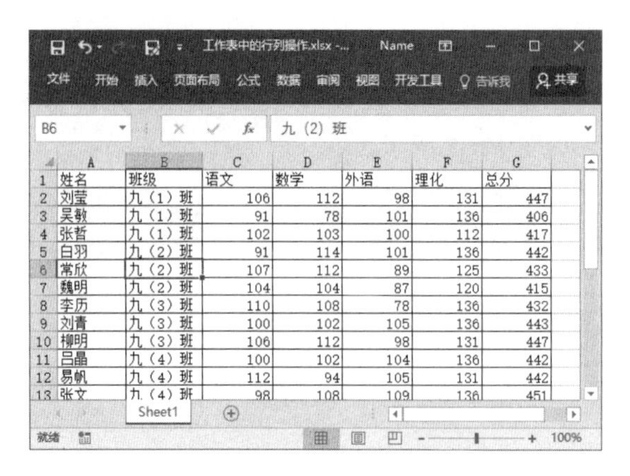

图 10.41　自动调整列宽

10.4　单元格和单元格区域

一个 Excel 工作簿是由一个或多个工作表构成，每一个工作表则是由一个个单元格构成。对数据进行操作，首先要掌握单元格的操作。本节将介绍选择单元格、插入单元格、合并和拆分单元格以及单元格命名的方法。

10.4.1　选择单元格和单元格区域

单元格是 Excel 基本数据存储单位，选择单元格是用户进行数据处理的基础。下面介绍在工作表中选择单元格的常用技巧。

（1）在选择较小的单元格区域时，可以使用鼠标来进行操作。如果选择单元格区域较大，且超过了程序窗口显示的范围，则使用键盘操作将方便快捷。在工作表中单击选择单元格，如这里的 A1 单元格，按 Shift+→键到达 F1 单元格，则 A1 至 F1 单元格间的连续单元格区域被选择，如图 10.42 所示。此时按 Shift+↓键，则可选择连续的矩形单元格区域，如图 10.43 所示。

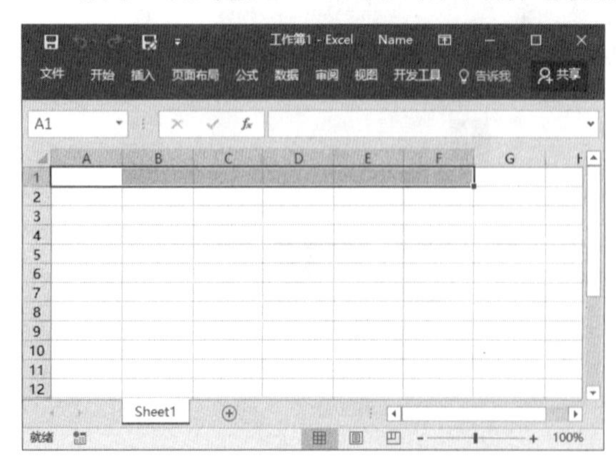

图 10.42　选择 A1 至 F1 单元格

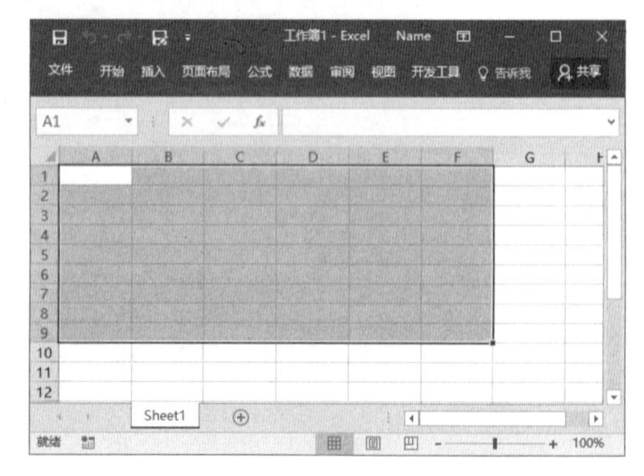

图 10.43　获取矩形单元格区域

（2）在工作表中单击选择某个单元格，如这里选择 A1 单元格，Shift+PgDn 键，将能够向下翻页扩展选择区域，如图 10.44 所示。在工作表中选择单元格，如这里的 E2 单元格。按 Shift+Home 键，则从 A2 至 E2 单元格将被选择，如图 10.45 所示。

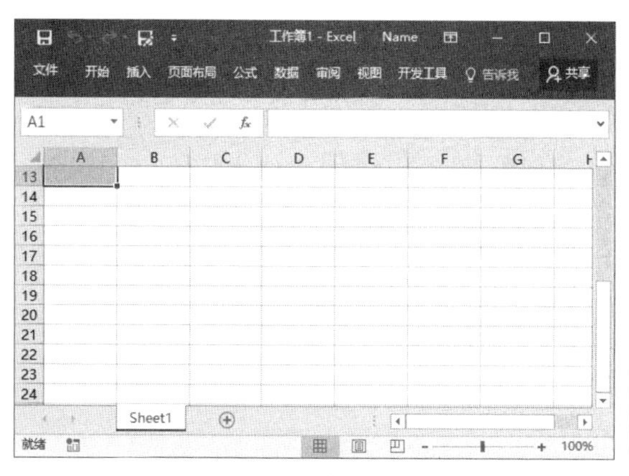

图 10.44 向下翻页扩展选择区域

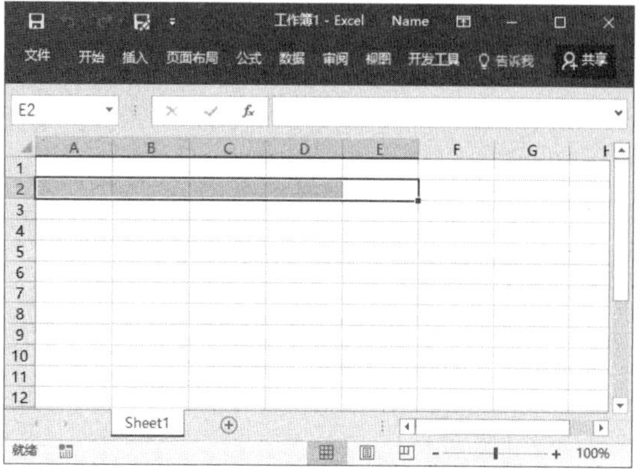

图 10.45 选择 A2 至 E2 单元格区域

提 示

要选择连续的单元格区域，还可以使用下面的方法进行操作。鼠标单击需要选取的单元格区域左上角第一个单元格，按住鼠标左键向下拖动鼠标到单元格区域的最后一个单元格。也可以在选择单元格区域左上角第一个单元格后，按住 Shift 键鼠标单击单元格区域右下角的最后一个单元格。

（3）如果需要选择多个不连续的单元区域，可以使用下面的方法操作。按 Ctrl 键，依次单击需要选择的单元格，则这些单元格将被同时选择，如图 10.46 所示。在选择单元格区域后，按 Shift+F8，此时只需要单击单元格就可以在不取消已经获得的选区的情况下将新选择的单元格区域添加到已有的选区中，如图 10.47 所示。

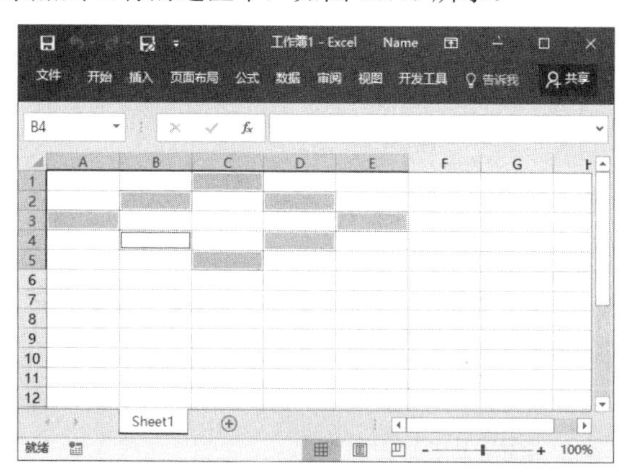

图 10.46 同时选择多个非连续单元格

图 10.47 添加选区

提 示

在按 Shift+F8 键进入多重选择状态后，按 Esc 键将退出这种选择状态。

（4）在工作表中选择某列，按 Ctrl+Shift+←键可以选择从该列开始到第一列的所有列，如图 10.48 所示。按 Ctrl+Shift+→键则可以选择从当前选择列开始向右的所有列，如图 10.49 所示。

提 示

在选择某行后，按 Ctrl+Shift+↑键将从当前行开始向上选择所有行，按 Ctrl+Shift+↓键将从当前列开始向下选择所有行。这些快捷键适用于连续单元格的选择。

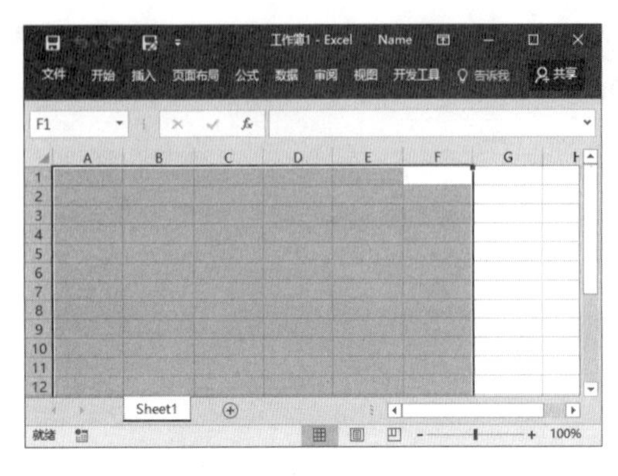

图 10.48　选择当前列左侧的所有列

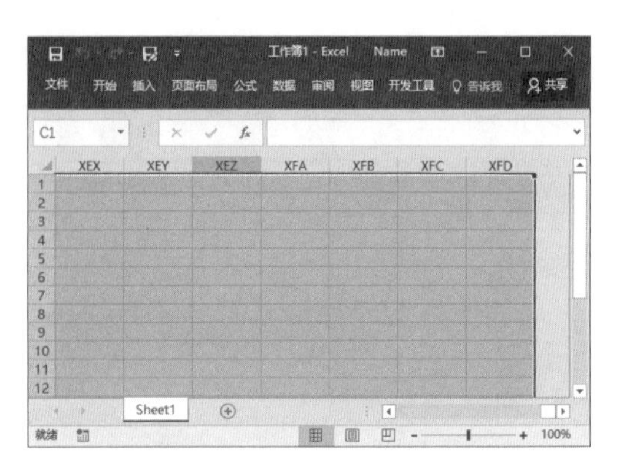

图 10.49　选择当前列右侧的所有列

（5）如果需要选择工作表中的数据区域，可以选择该区域中的任意一个数据单元格，按 Ctrl+* 键即可，如图 10.50 所示。

（6）在工作表中单击位于行号和列标之间的“全选”按钮，可以选择快速选择全部的单元格，如图 10.51 所示。

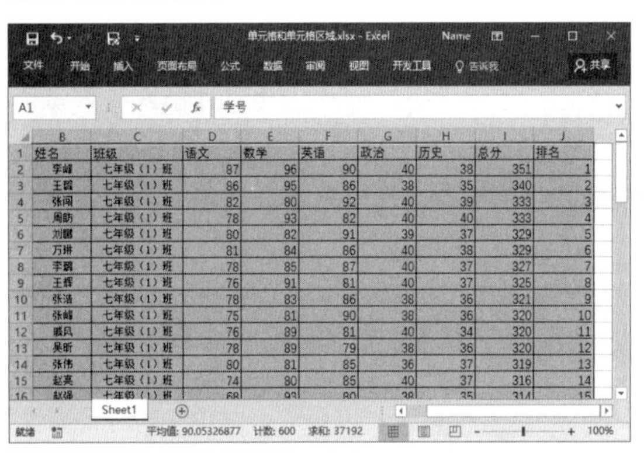

图 10.50　选择包含数据的单元格区域

图 10.51　选择所有单元格

提 示

选择工作表中没有数据的单元格，按 Ctrl+A 键将选择工作表中所有单元格。如果在选择包含数据的单元格后按 Ctrl+A 键，则将只选择数据区域。

（7）当工作表中的数据区域很大时，通过移动光标或滚动条来定位到区域的边缘单元格不太方便。此时，可以选择数据区域中的某个数据单元格，按 Ctrl 键和箭头键来快速定位到数据区域的边缘单元格。例如，选择单元格后按 Ctrl+→键可以定位到数据区域中该单元格所在行最右侧的单元格，如图 10.52 所示。

提 示

这里，按 Ctrl+←将能够定位到选择单元格所在行最左侧的单元格。按 Ctrl+↑和 Ctrl+↓将能够快速定位到选择单元格所在的列的最上端或最下端的单元格。

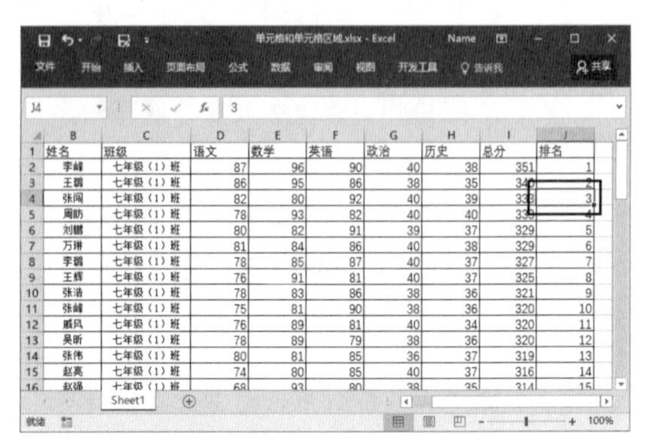

图 10.52　定位到最右侧单元格

（8）如果工作簿中包含多个工作表，在当前工作表中选择单元格区域。按 Ctrl 键单击工作表标签，则这些被选择工作表中的相同单元格区域被选择。如这里选择“Sheet3”的对应单元格区域，如图 10.53 所示。

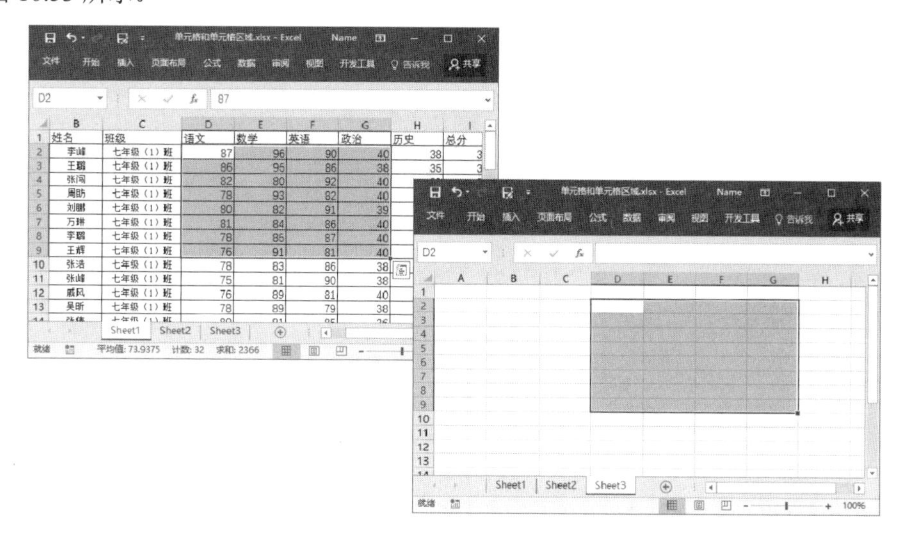

图 10.53　同时选择其他工作表中相同的区域

10.4.2　插入和删除单元格

在工作表中插入单元格是 Excel 的常见操作，单元格的插入包括插入单个单元格和同时插入多个单元格的操作，这 2 种操作都可以使用功能区的命令来实现，下面介绍具体的操作方法。

01 在工作表中选择单元格，在“开始”选项卡的“单元格”组中单击“插入”按钮上的下三角按钮，在打开的下拉列表中选择“插入单元格”选项，如图 10.54 所示。

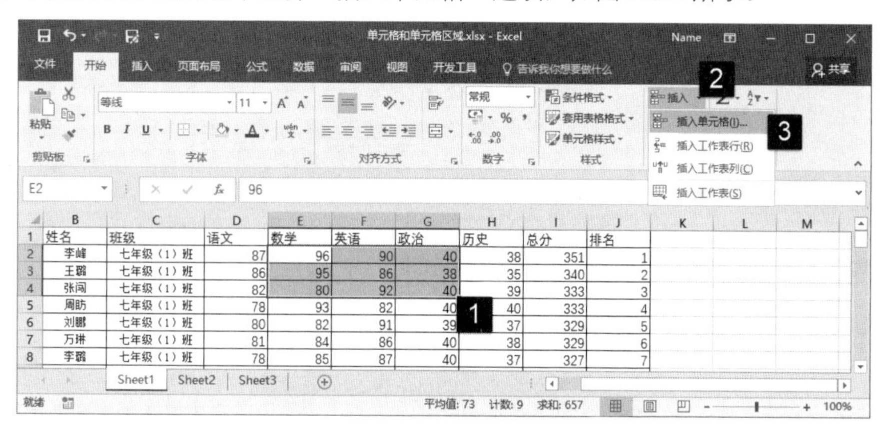

图 10.54　选择“插入单元格”选项

02 此时将打开“插入”对话框，在对话框中选择相应的单选按钮选择活动单元格的移动方向，完成选择后单击“确定”按钮关闭对话框，如图 10.55 所示。此时，当前选择的活动单元格区域下移，也就是在选择单元格区域上方插入相同数目的空白单元格，如图 10.56 所示。

提　示

在工作表中选择单元格或单元格区域，按 Shift 键将鼠标光标移动到选区右下角。当鼠标光标变成分隔箭头时，拖动鼠标即可插入空白单元格。此时拖动的距离就是插入的单元格数量，拖动的方向就是活动单元格移动的方向。

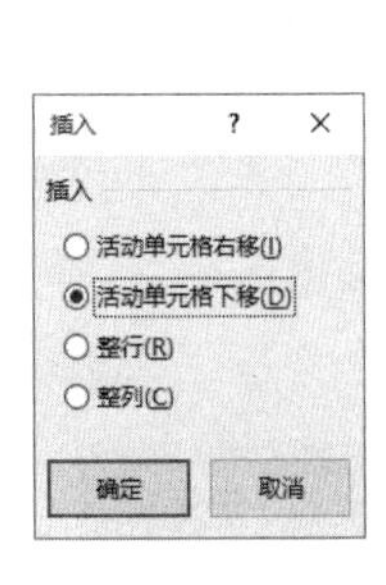

图 10.55 “插入”对话框

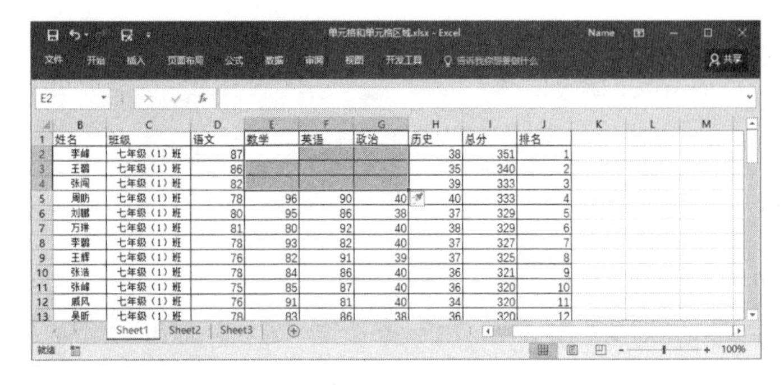

图 10.56 插入空白单元格

03 在工作表中选择单元格，在“开始”选项卡的“单元格”组中单击“删除”按钮上的下三角按钮，在打开的列表中选择“删除单元格”选项，如图 10.57 所示。

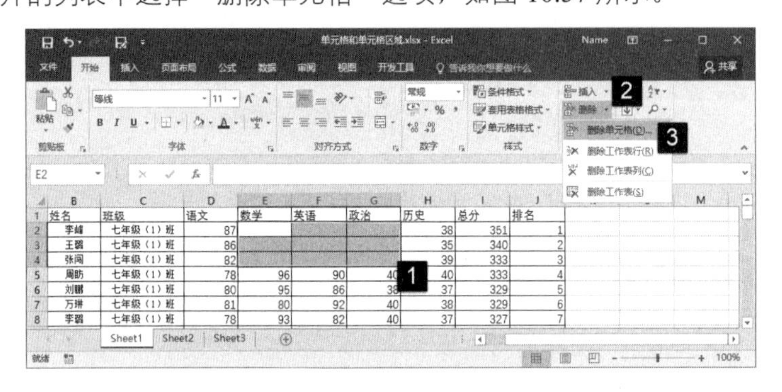

图 10.57 选择“删除单元格”选项

04 此时将打开“删除”对话框，在对话框中选择相应选项后单击“确定”按钮关闭对话框，如图 10.58 所示。选择的单元格在工作表中被删除，如图 10.59 所示。

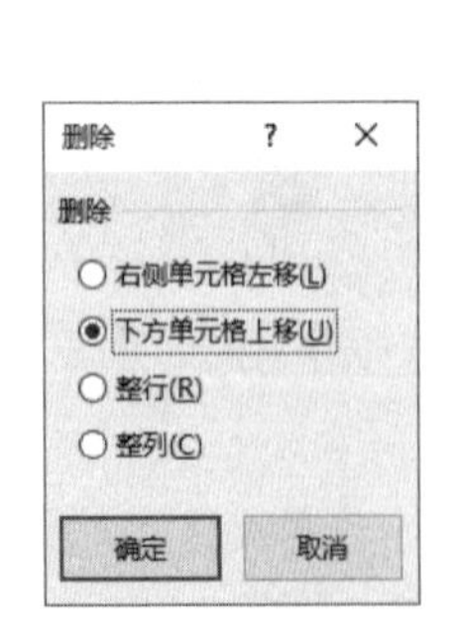

图 10.58 “删除”对话框

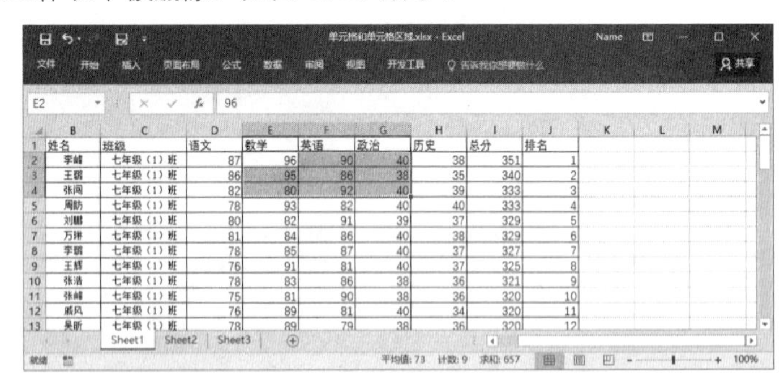

图 10.59 选择的工作表被删除

10.4.3 合并和拆分单元格

在制作工作表时，有时一些内容需要跨越多个单元格显示，如一个表格的标题。此时需要使用单元格合并功能将多个单元格合并为一个单元格。同样的，合并的单元格在需要时也可以将其拆分为多个单元格。

（1）在工作表中选择需要合并的单元格，在“开始”选项卡的“对齐方式”组中单击“合并后居中”按钮上的下三角按钮。在打开的列表中选择“合并后居中”选项，如图 10.60 所示。选择的单元格合并为 1 个单元格，单元格中的文字在合并单元格中居中放置，如图 10.61 所示。

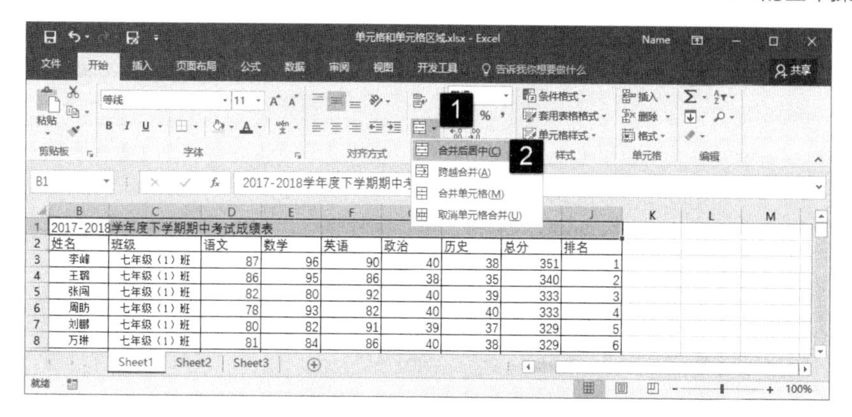

图 10.60　选择“合并后居中”选项

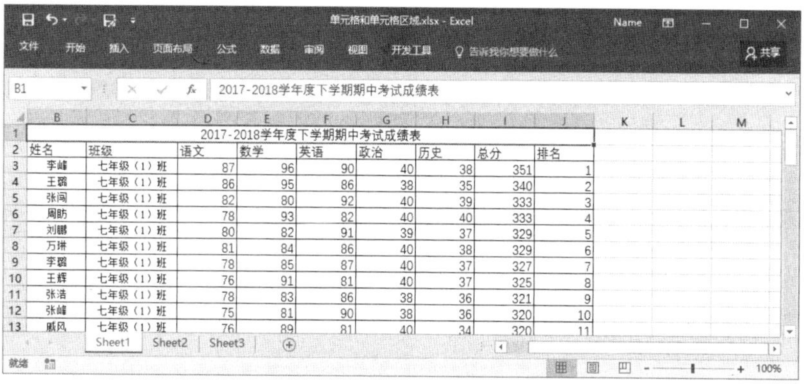

图 10.61　单元格合且文字居中

（2）在工作表中选择单元格，如果单元格都包含有数据，选择“合并后居中”选项，Excel 将给出提示对话框，如图 10.62 所示。单击“确定”按钮关闭对话框，选择单元格被合并为一个单元格，单元格区域中左上角的数据被保留并居中放置，如图 10.63 所示。

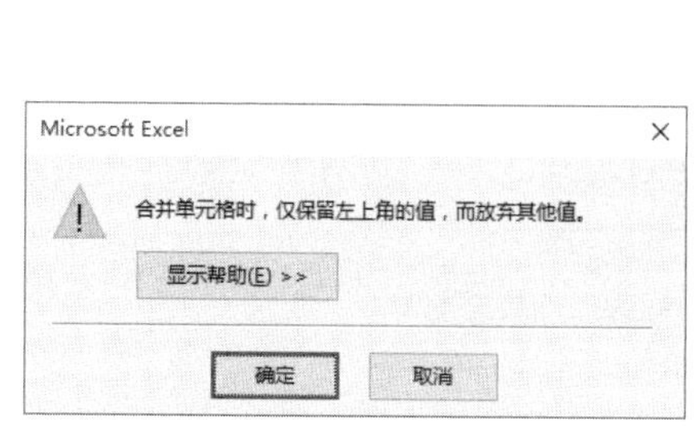

图 10.62　Excel 提示对话框

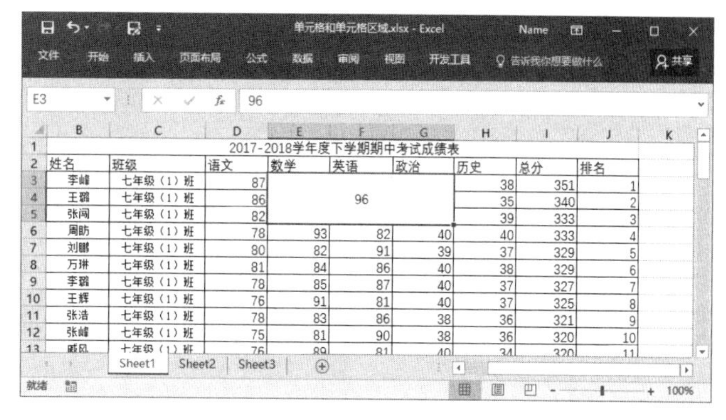

图 10.63　合并单元格的效果

提　示

“合并后居中”列表中包含“合并后居中”“跨越合并”和“合并单元格”3 个选项。选择一个单元格区域，如图 10.64 所示。选择“合并后居中”选项和“合并单元格”选项单元格合并效果类似，唯一不同的“合并单元格”选项在合并单元格后数据不会居中放置，如图 10.65 所示。“跨越合并”选项可以实现“跨列合并，保持行数”的合并效果，如图 10.66 所示。

图 10.64　需要合并的单元格

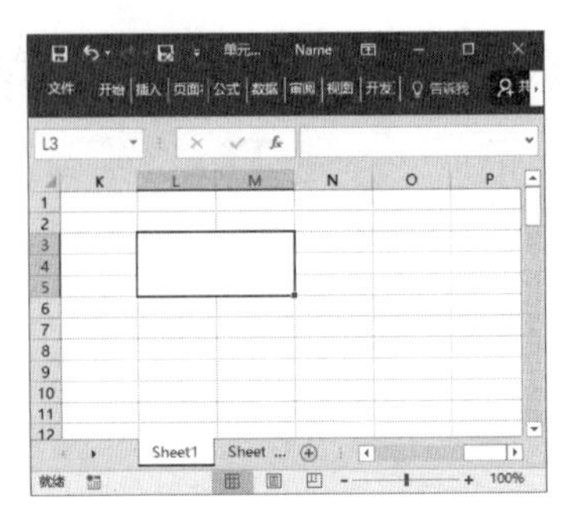

图 10.65　“合并单元格”效果

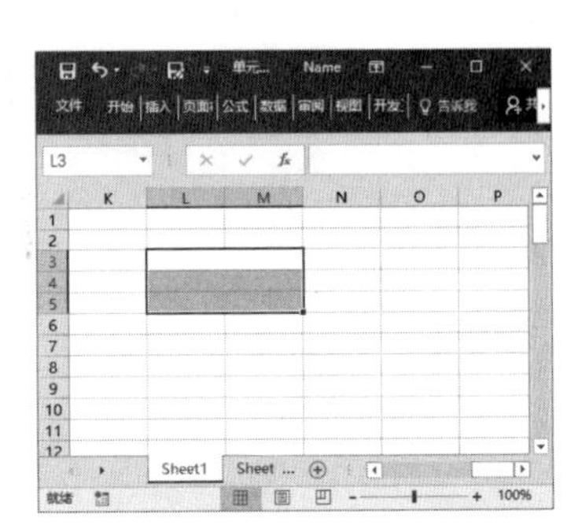

图 10.66　“跨越合并”的效果

（3）选择合并的单元格，单击“合并后居中”按钮上的下三角按钮。在打开的列表中选择“取消单元格合并”选项，如图 10.67 所示。合并单元格被拆分为多个单元格，数据放置于左上角单元格中，如图 10.68 所示。

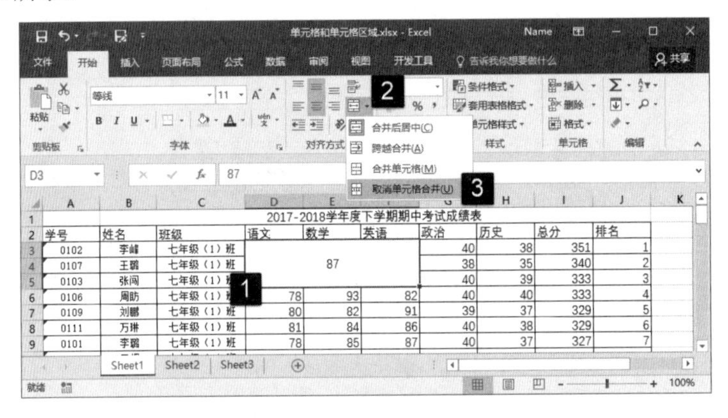

图 10.67　选择“取消单元格合并”选项

2017-2018学年度下学期期中考试成绩表									
学号	姓名	班级	语文	数学	英语	政治	历史	总分	排名
0102	李岫	七年级（1）班	87			40	38	351	1
0107	王鹏	七年级（1）班				38	35	340	2
0103	张阔	七年级（1）班				40	39	333	3
0106	周昉	七年级（1）班	78	93	82	40	40	333	4
0109	刘鹏	七年级（1）班	80	82	91	39	37	329	5
0111	万琳	七年级（1）班	81	84	86	40	38	329	6
0101	李鹏	七年级（1）班	78	85	87	40	37	327	7
0104	王辉	七年级（1）班	76	91	81	40	37	325	8
0116	张浩	七年级（1）班	78	83	86	38	36	321	9
0112	张峰	七年级（1）班	75	81	90	38	36	320	10
0120	戚风	七年级（1）班	76	89	81	40	34	320	11
0129	吴昕	七年级（1）班	78	89	79	38	36	320	12

图 10.68　合并单元格被拆分

10.4.4　使用命名单元格

在工作表中，单元格和单元格区域是可以命名的。命名单元格后即可使用名称框来快速定位这些单元格，这为数据的选择和计算提供了极大的方便。下面介绍具体的操作方法。

01 在工作表中选择需要命名的单元格区域，在“公式”选项卡的“定义的名称”组中单击“定义名称”按钮，此时将打开“新建名称”对话框，在该对话框的“名称”文本框中输入单元格区域名称。完成设置后单击“确定”按钮关闭对话框，如图 10.69 所示。

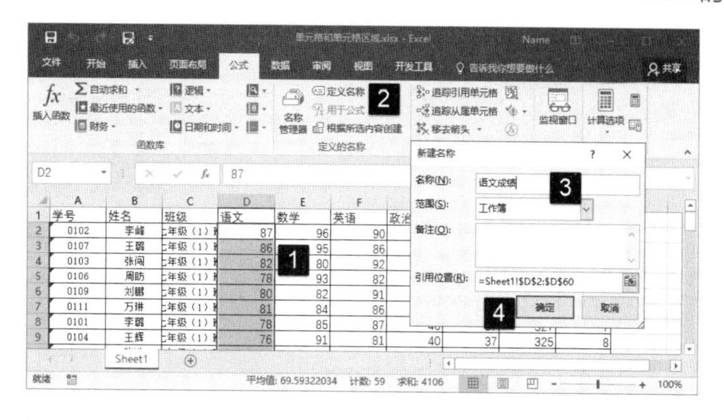

图 10.69　为单元格区域命名

02 在需要选择命名的单元格区域时，可以在名称栏中直接输入单元格区域名称，或是单击名称栏上的下三角按钮，在列表中选择单元格区域名称。此时单元格区域即被选择，如图 10.70 所示。

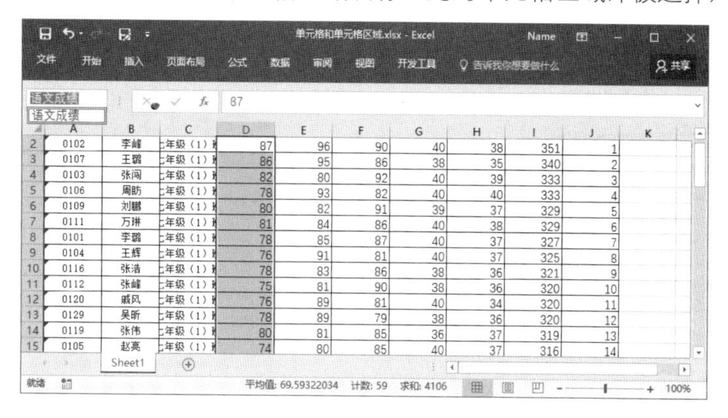

图 10.70　在名称栏中选择单元格区域名称

提 示

为单元格命名还有一个简单的方法，那就是在工作表中选择需要命名的单元格区域，直接在名称栏中输入名称后按 Enter 键即可。

10.5　本章拓展

下面介绍本章的 4 个拓展实例。

10.5.1　创建共享工作簿

当一个数据表需要多人来完成录入和编辑工作时，可以采用分别处理，然后复制到一个工作簿的方法。但这种方法显然工作效率低，同时也容易出错。Excel 提供了共享工作簿功能，该功能能够方便地实现将不同部门或不同人员的数据汇总到一个工作簿中。此时，用户可以将包含数据的工作簿设置为多用户共享，在网络上的其他用户可以阅读并编辑该工作簿，实现多人协作，从而有效地提高工作效率。

01 启动 Excel，打开需要共享的工作簿。在“审阅”选项卡中单击“更改”组中的“共享工作簿”按钮，如图 10.71 所示。

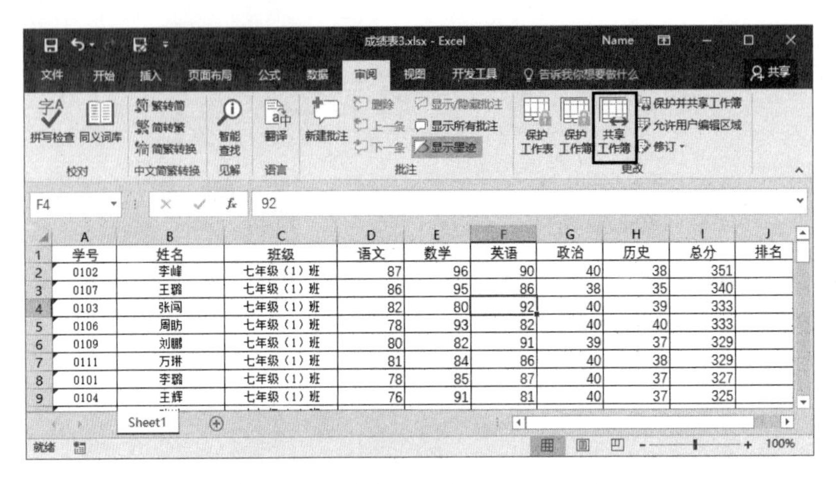

图 10.71　单击“共享工作簿”按钮

02 此时将打开“共享工作簿”对话框的“编辑”选项卡，在该选项卡中勾选“允许多用户同时编辑，同时允许工作簿合并”复选框。打开“高级”选项卡，在选项卡中根据需要对“修订”“更新”和“用户间的修订冲突”等设置项进行设置，如图 10.72 所示。单击“确定”按钮关闭对话框，其他用户就可以和作者一起使用该工作簿了。

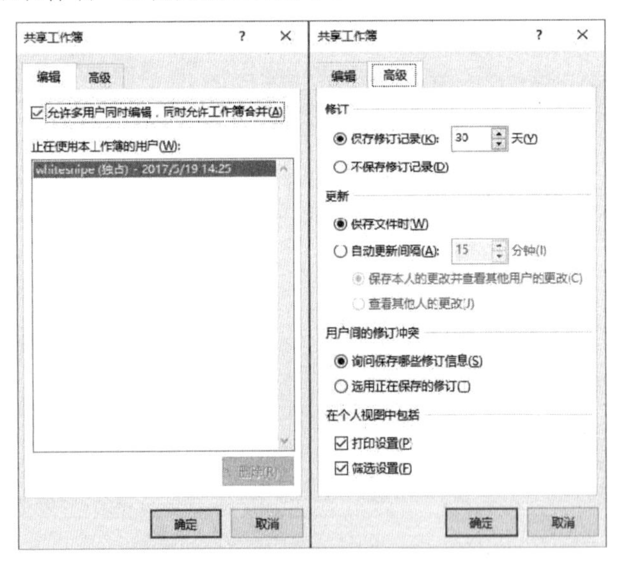

图 10.72　“共享工作簿”对话框

10.5.2　设置默认创建工作表的个数

在创建新的空白文档时，Excel 2016 默认创建一个工作表 Sheet1。实际上，用户可以根据需要设置 Excel 2016 默认创建工作表的数量。下面介绍具体的设置方法。

01 启动 Excel 2016 并创建一个空白文档，打开“文件”窗口，在左侧的列表中选择“选项”选项，如图 10.73 所示。

02 在打开的“Excel 选项”对话框左侧列表中选择“常规”选项，在右侧的“新建工作簿时”栏的“包含的工作表数”微调框中输入数值，如这里输入 3，如图 10.74 所示。单击“确定”按钮关闭对话框，则再次新建工作簿时，Excel 将在工作簿中自动创建 3 个工作表。

图 10.73　选择“选项”选项

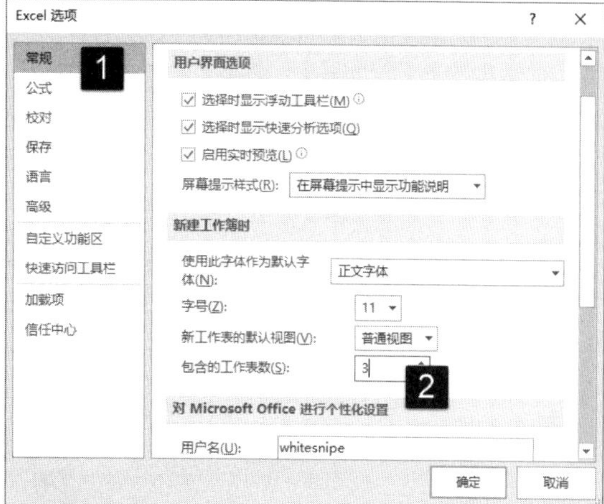

图 10.74　设置“包含的工作表数”

10.5.3　让工作表标签不显示

选择工作表标签，用户能够选择需要查看的工作表。如果希望他人只能查看工作簿的工作表，且无法通过选择工作表标签来查看其他工作表的内容，可以将工作表标签隐藏。下面介绍具体的操作方法。

01 启动 Excel 2016 并打开需要处理的工作簿，在“开始”选项卡中选择“选项”选项打开“Excel 选项”对话框，在左侧列表中选择“高级”选项，在“此工作簿的显示选项”栏中取消对“显示工作表标签”复选框的勾选。完成设置后单击“确定”按钮关闭对话框，如图 10.75 所示。

02 此时，工作簿中将不再显示工作表标签，如图 10.76 所示。

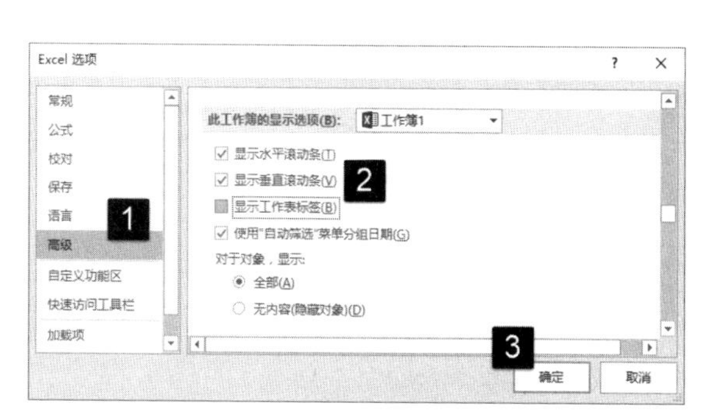

图 10.75　取消对“显示工作表标签”复选框的勾选

图 10.76　工作簿不再显示工作表标签

提　示

如果要恢复工作表标签的显示，只需要在“Excel 选项”对话框中再次勾选“显示工作表标签”复选框即可。另外，这里的操作将对当前工作簿中所有工作表有效。

10.5.4　更改工作表中网格线的颜色

在工作表中，网格线用于区分单元格。默认情况下，工作表是带有网格线的，网格线的颜色为黑色。实际上，用户可以根据需要对网格线的颜色进行设置，下面介绍具体的操作方法。

启动 Excel 2016 并创建工作簿。在“文件”选项卡中选择“选项”选项，在打开的“Excel 选项”对话框中选择“高级”选项，在“此工作表的显示选项”栏中单击“网格线颜色”按钮上下三角按钮，在打开的颜色列表中选择颜色。完成后设置后单击“确定”按钮关闭对话框，如图 10.77 所示。

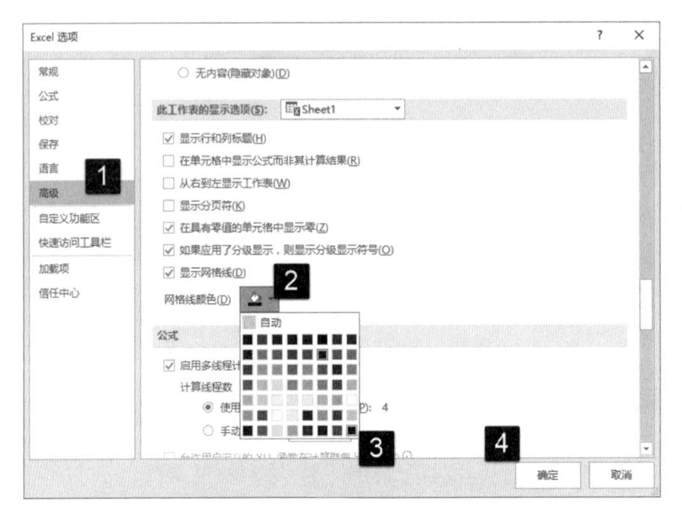

图 10.77　选择网格线颜色

此时，工作表中网格线颜色设置为指定颜色，如图 10.78 所示。

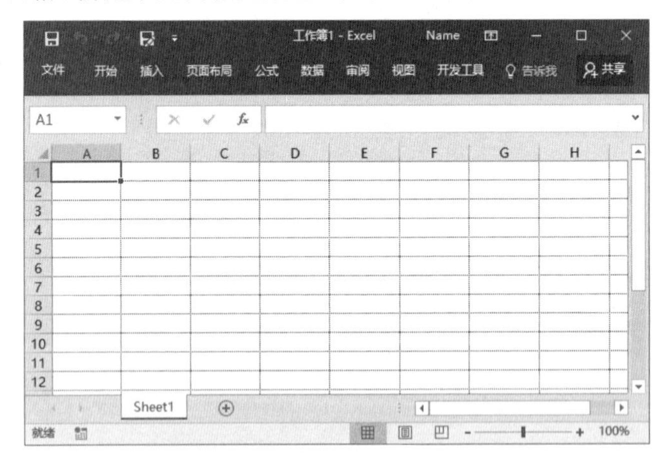

图 10.78　网格线颜色更改为指定颜色

提　示

在“Excel 选项”对话框的“高级”选项的“此工作表的显示选项”栏中取消对“显示网格线”复选框的勾选，工作表中的网格线将同样被去除。另外，在“页面布局”选项卡的“工作表选项”栏中取消对“网格线”栏“查看”复选框的勾选也可以取消网格线的显示。如果在“工作表选项”栏中勾选“网格线”栏中的“打印”复选框，则可以在打印时将网格线打印出来。这里要注意，上述操作均只对当前工作簿有效。

第 11 章

单元格数据和格式的设置

单元格就像书桌中的抽屉一样，是数据的基本载体。在对数据进行处理时，首先需要向工作表的单元格输入数据。单元格和数据的格式决定了数据在工作表中的存在形式，设置格式不仅能够使工作表美观大方，而且是创建各种类型表格的需要。同时通过对数据格式的定义，可以有效地简化输入流程，实现对特定数据的标示，方便对数据的分析。本章将介绍单元格中数据操作和格式设置的有关知识。

11.1 在工作表中输入数据

在 Excel 工作表中，数据是重要的信息。Excel 单元格中可以输入很多类型的数据，本节将对数据输入的有关知识进行介绍。

11.1.1 输入常规数据

工作表中的单元格是承载数据的最小容器，数据的分析和处理首先需要在单元格中输入数据。工作表中常见的数据包括文本、数值以及日期和时间等。下面对 Excel 中常见的数据输入方式进行介绍。

1. 输入文本

在 Excel 中，文本包括汉字、英文字母以及具有文本性质的数字、空格和符号等。文本数据是 Excel 中经常需要输入的一种数据。

01 在工作表中单击选择需要输入的单元格，直接使用键盘输入需要的文字。也可以在选择单元格后单击编辑栏将插入点光标放置到编辑栏中，然后输入需要的文本，如图 11.1 所示。

02 如果需要数字型的文本数据，如邮政编码、手机号或身份证号等数据。，可以在选择单元格后，首先输入一个英文的单引号“'”，然后输入数值，如图 11.2 所示。完成输入后按 Enter 键即可。

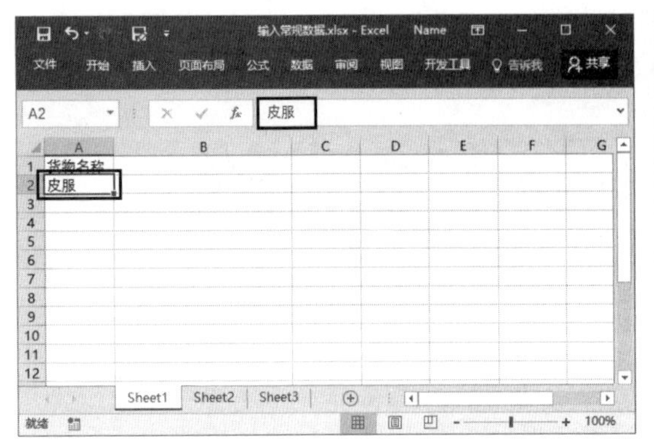

图 11.1　输入文本

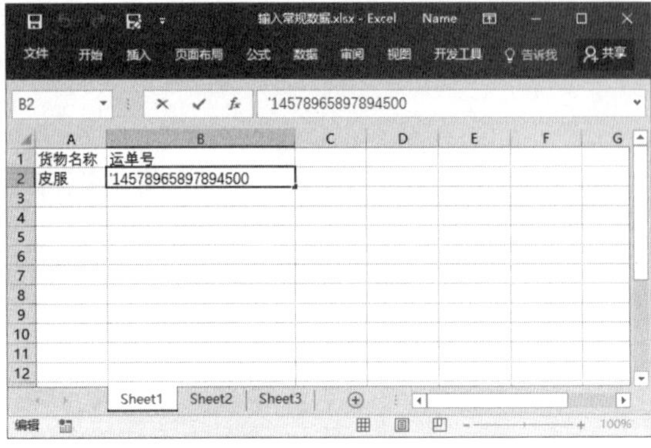

图 11.2　输入文本型数字

2．输入数字

数值型数据是 Excel 工作表中最常见的一种数据类型。Excel 最突出的能力就是数据运算、分析和处理，因此工作表中最常见的数据类型就是数值型数据。

01 选择需要输入数字的单元格，使用键盘直接输入数字，完成输入后按 Enter 键，当前单元格将自动下移，输入的数字将自动右对齐，如图 11.3 所示。

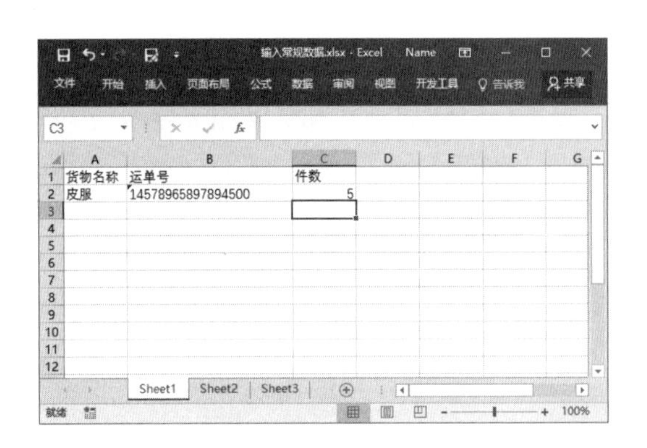

图 11.3　输入数值

02 在输入分数时，如果直接按照常规输入，Excel 会自动将其识别为日期。此时，可以先输入数字 0，添加一个空格后再输入。输入完成后按 Enter 键即可获得分数形式，如图 11.4 所示。

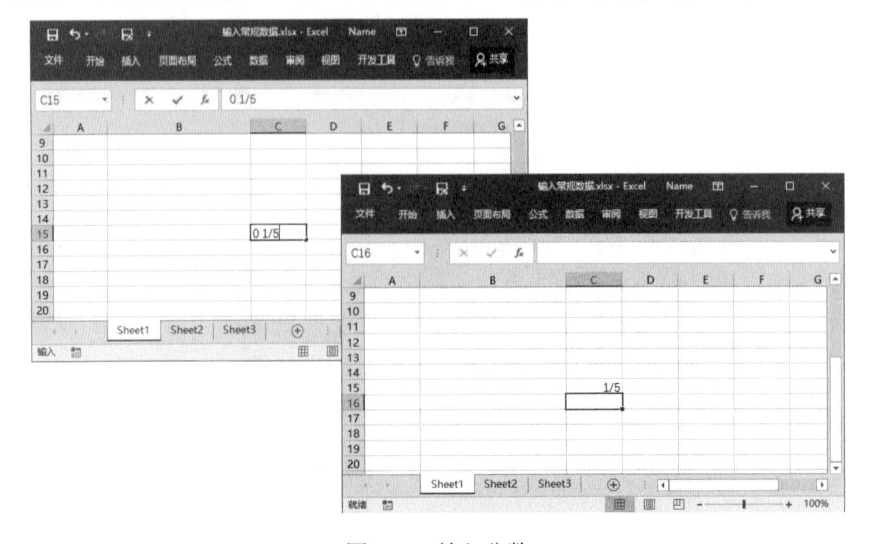

图 11.4　输入分数

3. 输入日期和时间

日期和时间也是工作表中常见的数据类型，下面介绍在工作中输入的方法。

（1）在工作表中选择需要输入的时间单元格，在其中输入时间，时间数值之间使用冒号“:”连接，如图 11.5 所示。

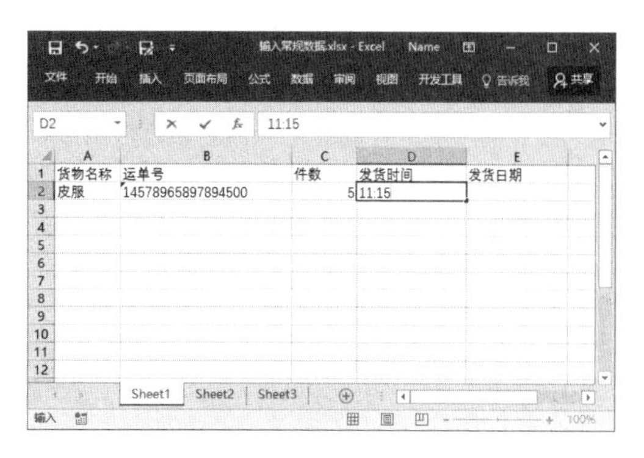

图 11.5　输入时间

（2）选择单元格，在单元格中输入日期数字，数字之间使用“-”或“/”连接。完成后输入后，按 Enter 键即可获得需要的日期，如图 11.6 所示。

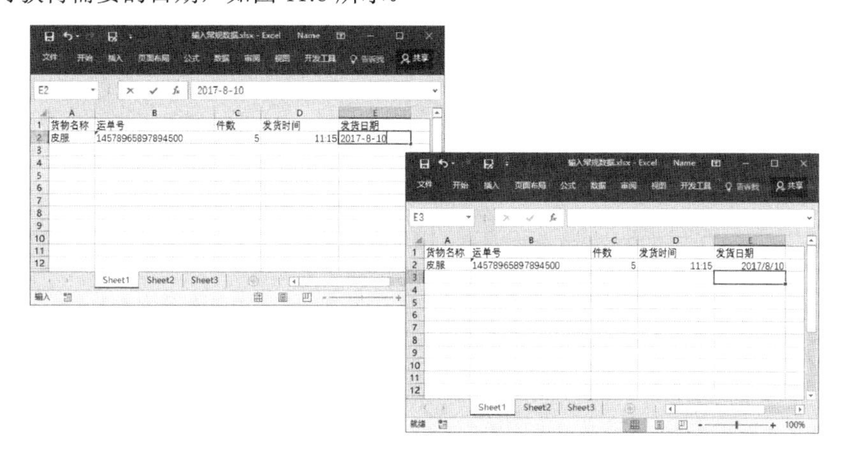

图 11.6　输入日期

11.1.2　快速填充数据

所谓数据填充，指的是使用单元格拖放的方式来快速完成单元格数据的输入。在 Excel 中，数字可以以等值、等差和等比的方式自动填充到单元格中，下面介绍具体的操作方法。

（1）启动 Excel 并打开工作表，在单元格中输入数据。将鼠标指针放置到单元格右下角的填充柄上，鼠标光标变成十字形。此时向下拖动鼠标，即可在鼠标拖动过的单元格中填充相同的数据，如图 11.7 所示。

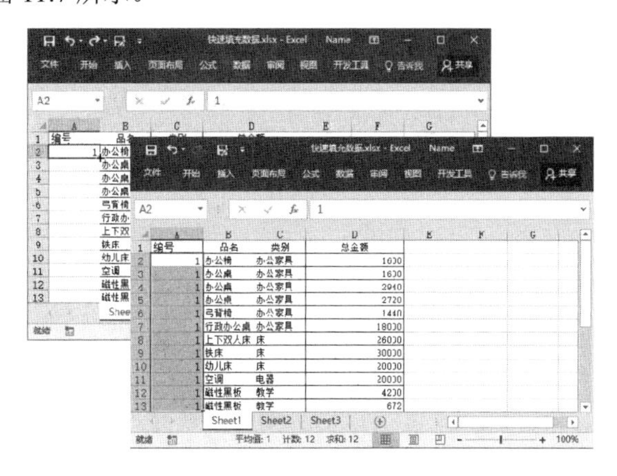

图 11.7　向单元格中填充相同数据

提 示

这里，在填充控制柄上双击，同样可以向下填充相同的数据。另外，这里的填充不光可以是数字，同样也可以是文本。例如，在一列的连续 3 个单元格中输入文字“你”“我”“他”，则在选择这 3 个单元格后向下填充单元格，将可按照“你”“我”“他”的顺序在单元格中重复填充这 3 个字。

（2）在 2 个单元格中分别输入数字，选择这 2 个单元格，同时将鼠标放置到选择区域右下角的填充柄上，向下拖动鼠标，此时 Excel 将按照这 2 个数据的差来进行等差填充，如图 11.8 所示。

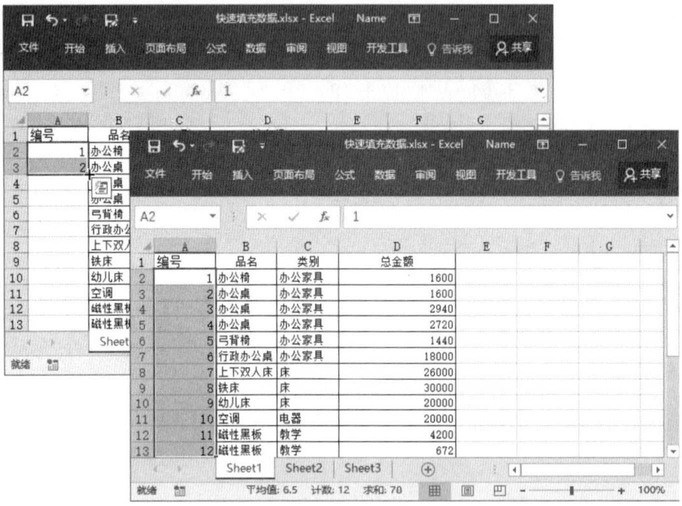

快速填充数据.xlsx - Excel　Name

文件　开始　插入　页面布局　公式　数据　审阅　视图　开发工具　告诉我　共享

A2　1

编号	品名	类别	总金额
1	办公椅	办公家具	1600
2	办公桌	办公家具	1600
3	办公桌	办公家具	2940
4	办公桌	办公家具	2720
5	弓背椅	办公家具	1440
6	行政办公桌	办公家具	18000
7	上下双人床	床	26000
8	铁床	床	30000
9	幼儿床	床	20000
10	空调	电器	20000
11	磁性黑板	教学	4200
12	磁性黑板	教学	672

Sheet1　Sheet2　Sheet3

就绪　平均值: 6.5　计数: 12　求和: 78　100%

图 11.8　实现等差填充

（3）在单元格中输入起始数值，选择需要进行等差填充的单元格区域，在“开始”选项卡的“编辑”组中单击“填充”按钮。在打开的下拉列表中选择“序列”命令，如图 11.9 所示。在打开的“序列”对话框中选择“等差序列”单选按钮，在“步长值”文本框中输入步长，完成后设置后单击“确定”按钮关闭对话框，如图 11.10 所示。选择的单元格中按照设置的步长进行等差序列填充，如图 11.11 所示。

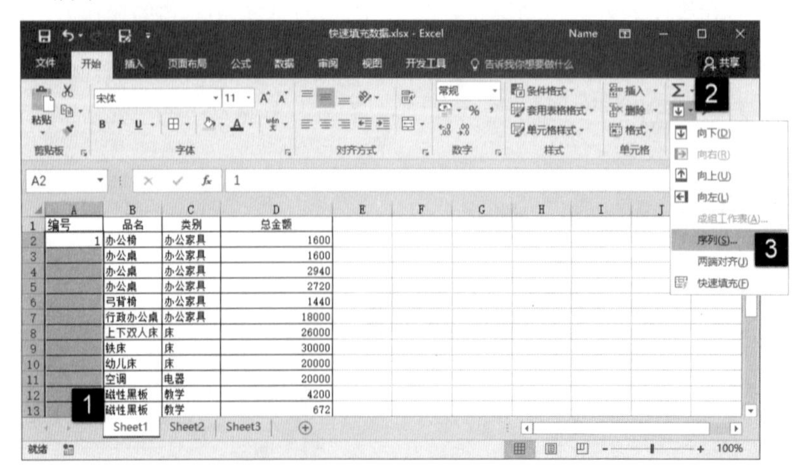

图 11.9　选择“序列”选项

提 示

在自动填充数字时，可以在数字后面加上文本内容，如“1 年”。在进行自动填充时，其中文本的内容将重复填充，而数字将可以进行等差或等比填充。

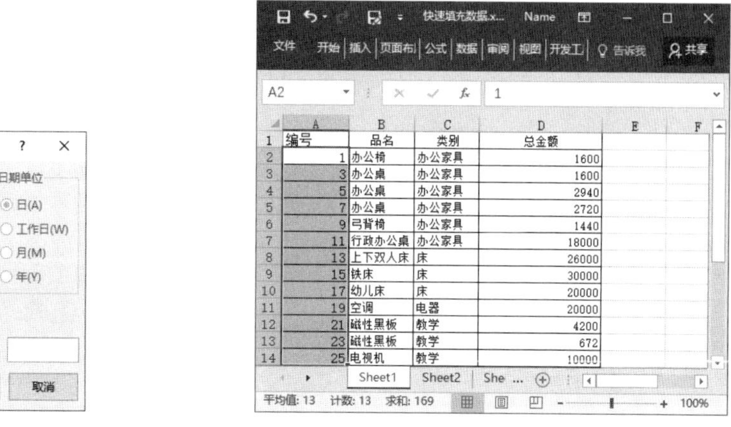

图 11.10　选择“等差序列”

图 11.11　进行等差序列填充

（4）在单元格中输入填充的起始值，如这里的数字“1”。选择需要填充数据的单元格区域，按照上面介绍的方法打开“序列”对话框。在对话框的“类型”栏中选择“等比序列”单选按钮，在“步长值”文本框中输入步长值“3”。完成设置后单击“确定”按钮关闭对话框，如图 11.12 所示。选择单元格区域按照步长值进行等比序列填充，如图 11.13 所示。

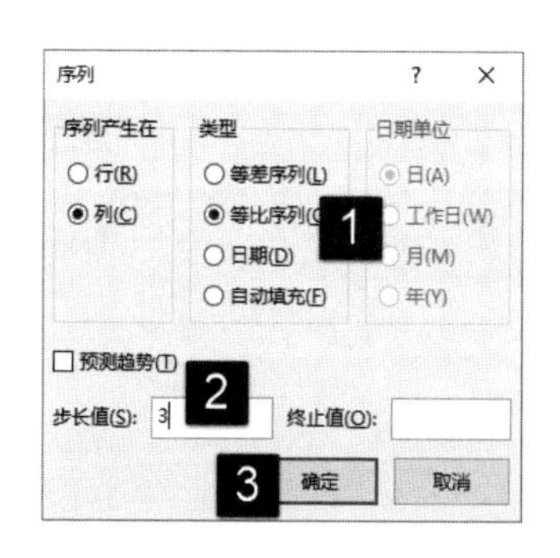

图 11.12　“序列”对话框

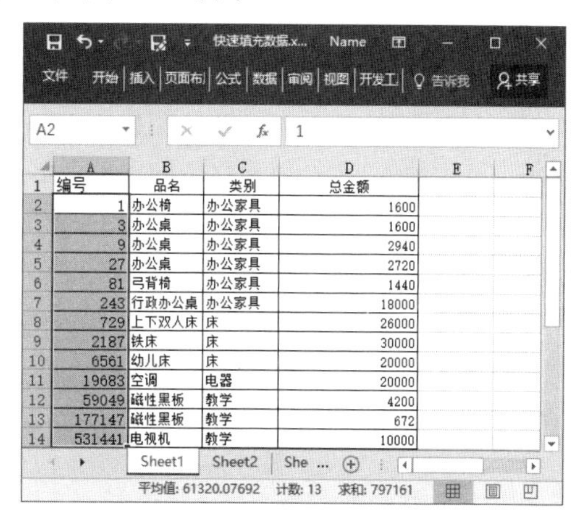

图 11.13　进行等比序列填充

选择一个数据单元格，在“序列”对话框中设置“步长值”和“终止值”，Excel 将根据设置按照行向右进行填充。

11.2　编辑单元格中的数据

在完成数据的输入后，经常需要对工作表中的数据进行编辑。数据的编辑包括数据的移动、插入和交换行列等，下面对这些操作进行介绍。

11.2.1　移动单元格中的数据

移动数据是 Excel 工作表中常见的数据操作之一，其一般有 2 种操作方法：一种方法是使用鼠标直接拖动，另一种方法是使用“剪切”和“粘贴”命令。

（1）在工作表中选择需要移动的数据，将鼠标指针放置到选择区域的任意边框线上，当鼠标指针变为双向箭头后拖动鼠标到新的区域，此时数据将被移动到该区域中，如图 11.14 所示。

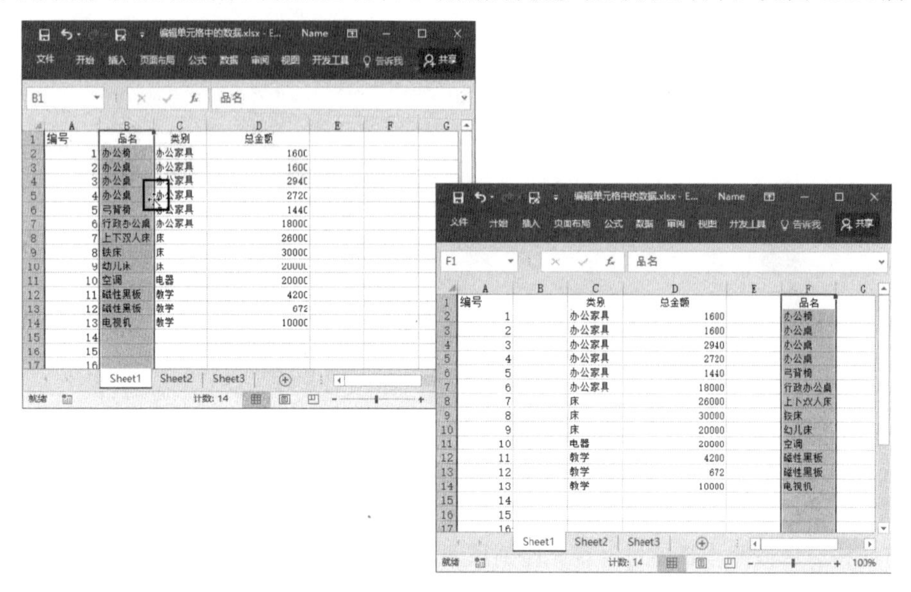

图 11.14 移动数据

（2）在工作表中选择需要移动的数据，在“开始”选项卡的“剪贴板”组中单击“剪切”按钮，如图 11.15 所示。选择放置数据的第 1 个单元格，单击“粘贴”按钮，数据即被移动到该位置，如图 11.16 所示。

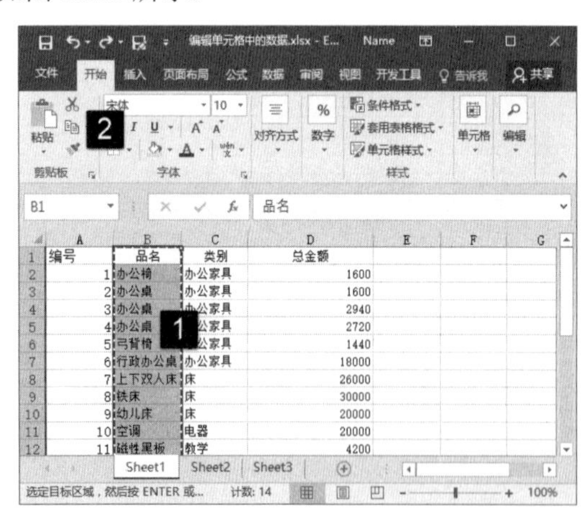

图 11.15 选择数据后单击“剪切”按钮

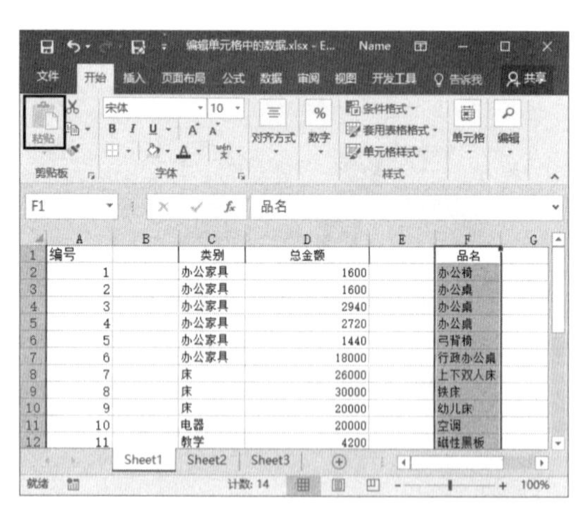

图 11.16 粘贴数据到指定位置

11.2.2 清除数据

当某个单元格或单元格区域中的数据不再需要时，就可以将其删除。删除数据时可以在选择单元格或单元格区域后按 Delete 键来实现，实际上还可以使用功能区的“清除”命令来进行数据清除操作。

01 在工作表中选择需要清除数据内容的单元格区域，在“开始”选项卡的“编辑”组中单击“清除”按钮，在打开的列表中选择“清除内容”选项，如图 11.17 所示。

图 11.17 选择“清除内容”选项

02 此时，选择单元格中的内容将被清除，如图 11.18 所示。使用这种操作，将不会影响对单元格的格式设置。

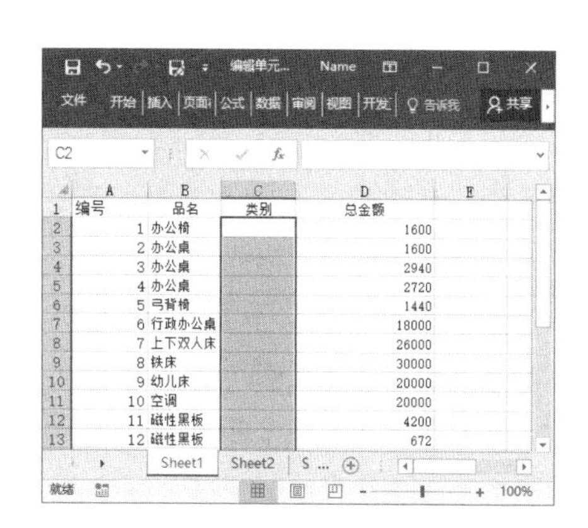

图 11.18 数据被清除

11.2.3 交换行列

在完成数据的输入后，有时需要改变表格的结构，如将表格中的行列互换。如果对数据按照新的行列重新录入，那么工作效率就很低了。对于这种交换行列的操作，可以使用下面的方法来快速实现。

01 选择需要进行操作的数据区域，在“开始”选项卡的“剪贴板”组中单击“复制”按钮，如图 11.19 所示。

02 选择放置数据的第 1 个单元格，在“开始”选项卡的“剪贴板”组中单击“粘贴”按钮上的下三角按钮，在打开的列表中选择“转置”选项，如图 11.20 所示，数据即会交换行列放置，如图 11.21 所示。

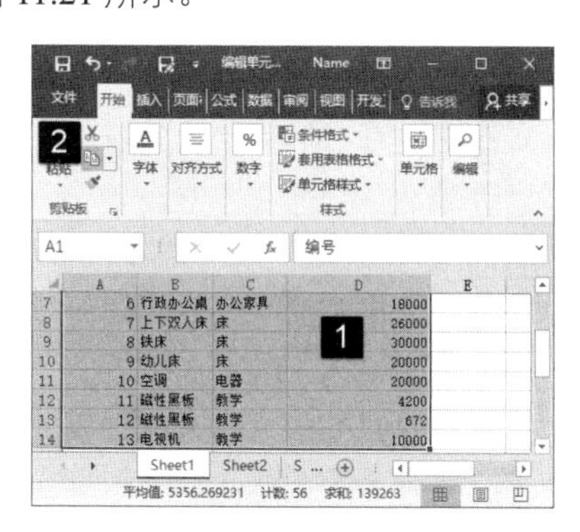

图 11.19 选择数据后单击“复制”按钮

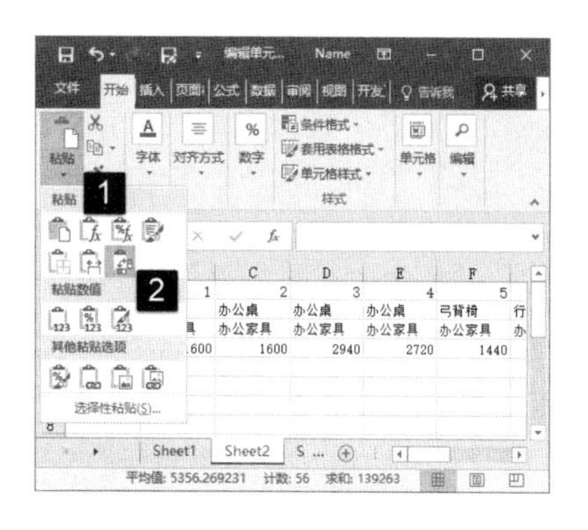

图 11.20 选择“转置”选项

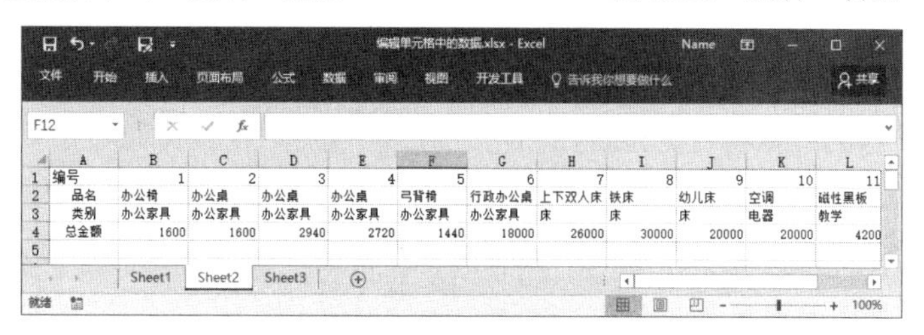

图 11.21 数据交换行列放置

11.3 格式化数据

在向单元格中输入数据时，Excel 会使用默认的格式显示数据。很多时候，用户需要重新对数据的格式进行设置，以使其符合数据表的要求。下面介绍格式化数据的方法和技巧。

11.3.1 设置数据格式

设置单元格中数据的格式，并不仅仅是对数字字体、大小和颜色等进行设置，更重要的是设置数据类型，使其符合专业文档的要求。Excel 的数据类型包括数值型、文本型、货币型、日期和时间等，数据类型的设置可以通过“设置单元格格式”对话框来实现。下面通过一个实例来介绍设置数据格式的方法。

在制作财务报表时，经常需要使用中文大写数字。如果一个一个地输入这样的数字，则将会十分麻烦，而且容易出错。实际上，通过设置单元格数字的格式，能够快捷且准确地输入大写中文数字。下面介绍具体的操作方法。

01 启动 Excel 并打开工作表，选择需要输入中文大写数字的单元格后右击，在打开的快捷菜单中选择“设置单元格格式”命令。此时将打开“设置单元格格式”对话框，在“数字”选项卡的“分类”组中选择“特殊”选项，在“类型”列表中选择“中文大写数字”选项。完成设置后单击“确定”按钮关闭对话框，如图 11.22 所示。

02 在单元格中直接输入阿拉伯数字，按 Enter 键后，Excel 会自动将阿拉伯数字转换为中文大写数字，如图 11.23 所示。

图 11.22 “设置单元格格式”对话框

图 11.23 阿拉伯数字被转换为中文大写数字

11.3.2 自定义数据格式

对于单元格中数据的格式，Excel 提供了固定的格式，用户可以在“设置单元格格式”对话框中选择使用。对于特殊的数据格式，Excel 往往没有提供现成的格式供用户选择，此时可以自定义数据格式来获得需要的数据格式。下面通过一个实例来介绍自定义数据格式的操作方法。

01 在工作表中选择数据区域，如图 11.24 所示，右击，在打开的快捷菜单中选择“设置单元格格式”命令，打开“设置单元格格式”对话框，在“数字”选项卡的“分类”列表中选择“自定义”选项，在“类型”文本框中输入“G/通用格式;G/通用格式;"--"”，完成设置后单击“确定”按钮关闭对话框，如图 11.25 所示。

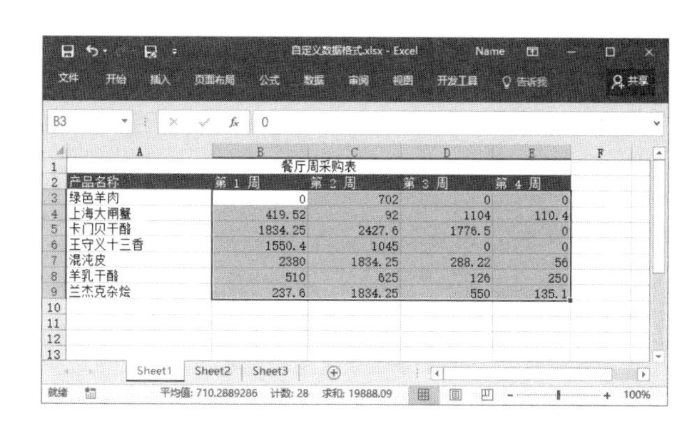

图 11.24 选择数据区域

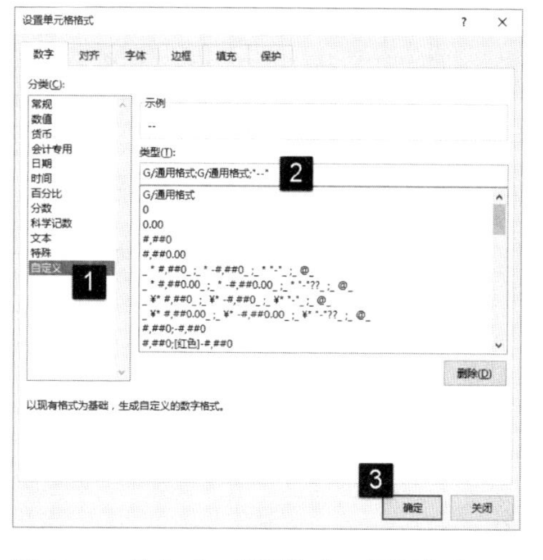

图 11.25 输入“G/通用格式;G/通用格式;"--"”

02 此时选择单元格区域中的 0 值全部转换为了“--”，如图 11.26 所示。

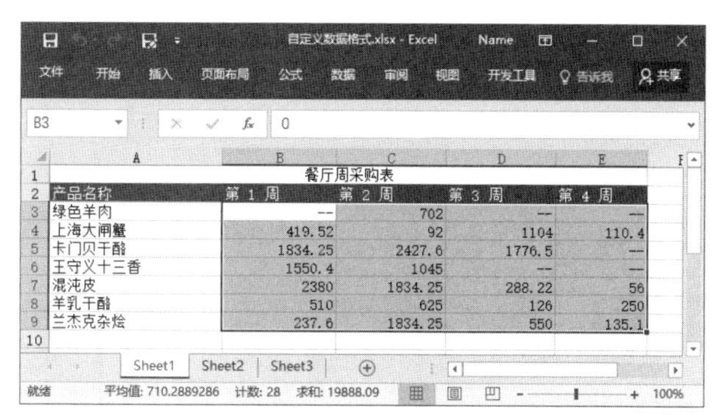

图 11.26 单元格中的 0 值转为“--”

提 示

这里，在“设置单元格格式”对话框中的“类型”文本框中输入格式代码“#,##0.00;-###0.00,--”同样能够使所有 0 值单元格显示“--”；如果输入格式代码“0; -0; ; @”将会使单元格不显示 0 值；如果要恢复 0 值的显示，只需要在“分类”列表中选择“常规”选项即可。

11.4 设置单元格的外观

一个好的工作表不仅仅拥有丰富翔实的数据，还应该有一个简洁而美观的外观。单元格是数据的存放处，通过对单元格样式进行设置，可以改变表格外观，同时让数据突出而醒目，更有利于分析。

11.4.1 设置数据的对齐方式

在默认情况下，输入单元格中的文本型数据会自动左对齐，输入单元格中的数值型数据会自动右对齐。为了使表格整洁和格式统一，可以根据需要设置数据在单元格中的对齐方式。

01 启动 Excel 并打开工作表，在工作表中选择单元格区。在“开始”选项卡的“对齐方式”组中单击“居中”按钮使文本在单元格中水平居中对齐，如图 11.27 所示。单击“垂直居中”按钮使文字在单元格中垂直居中，如图 11.28 所示。

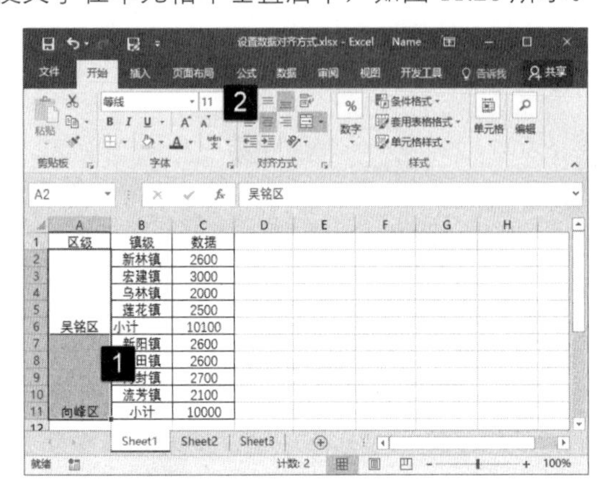

图 11.27 使文字水平居中对齐

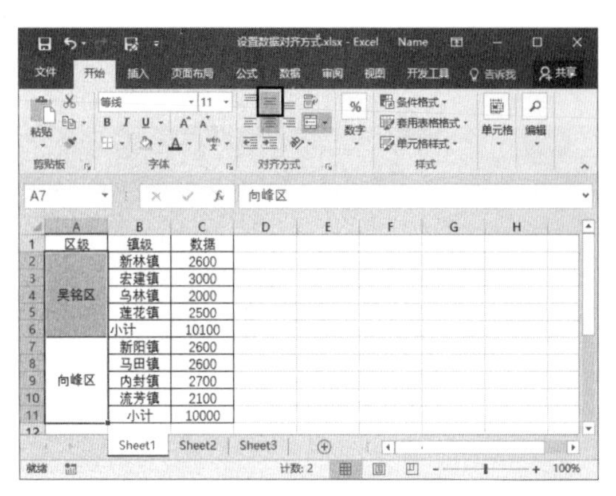

图 11.28 使文字垂直居中对齐

02 在“对齐方式”组中单击“方向”按钮，在打开的列表中选择“逆时针角度”选项。单元格中文字将逆时针旋转放置，如图 11.29 所示。

03 在“方向”列表中选择“设置单元格对齐方式”选项将打开“设置单元格格式”对话框的“对齐”选项卡，在该选项卡中可以对单元格中文字的对齐方式、文字的方向以及旋转角度进行设置，如图 11.30 所示。

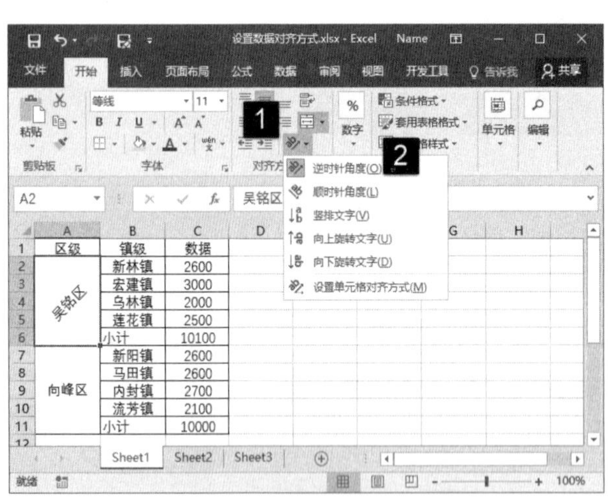

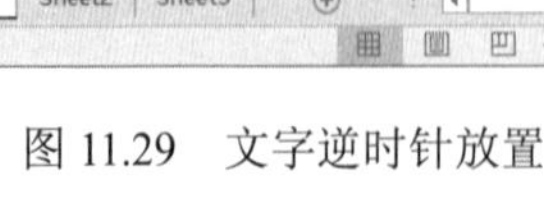

图 11.29 文字逆时针放置

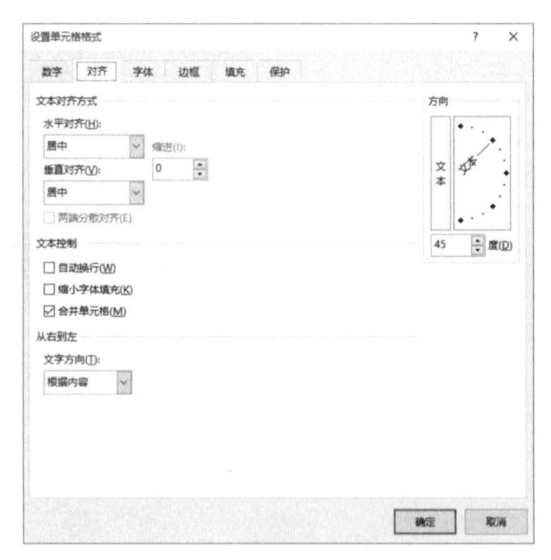

图 11.30 “设置单元格格式”对话框

11.4.2 设置单元格边框

为单元格设置边框和底纹可以从视觉上对数据进行强调和区分，同时使数据区域具有传统表格的外观。下面介绍为单元格设置边框的操作方法。

01 在工作表中选择需要设置边框的单元格区域，在“开始”选项卡的“字体”组中单击“边框”按钮上的下三角按钮，在打开的列表中选择“所有框线”选项，如图 11.31 所示。选择区域中所有单元格将添加边框，如图 11.32 所示。

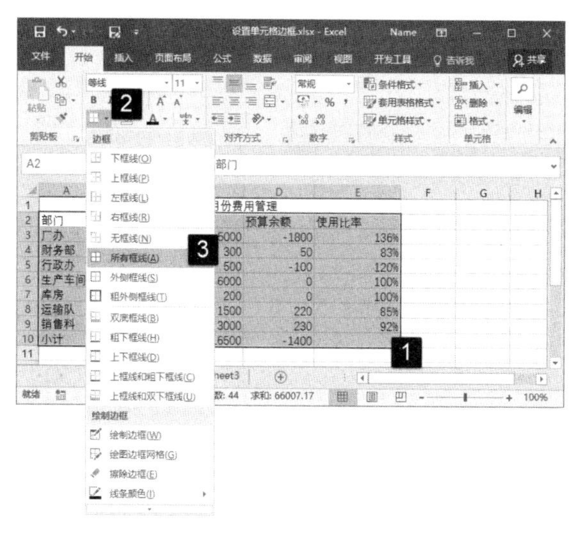

图 11.31 选择“所有框线”选项

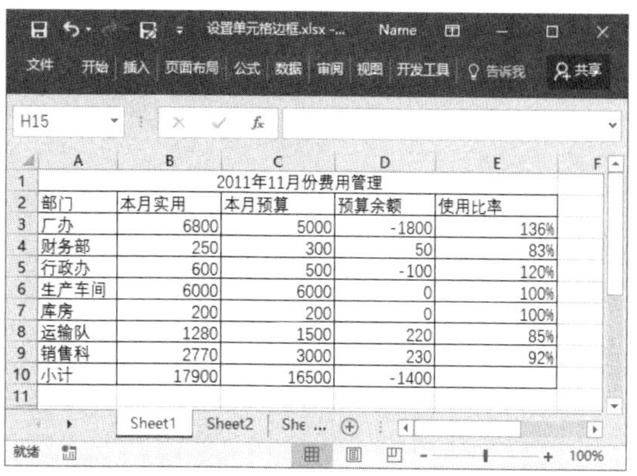

图 11.32 选择单元格被添加边框

02 在“边框”列表中选择“绘制边框”选项，如图 11.33 所示。在一个单元格的边框上单击将为单元格在单击处添加边框，沿着单元格边框拖动鼠标可以为多个单元格绘制边框，如图 11.34 所示。

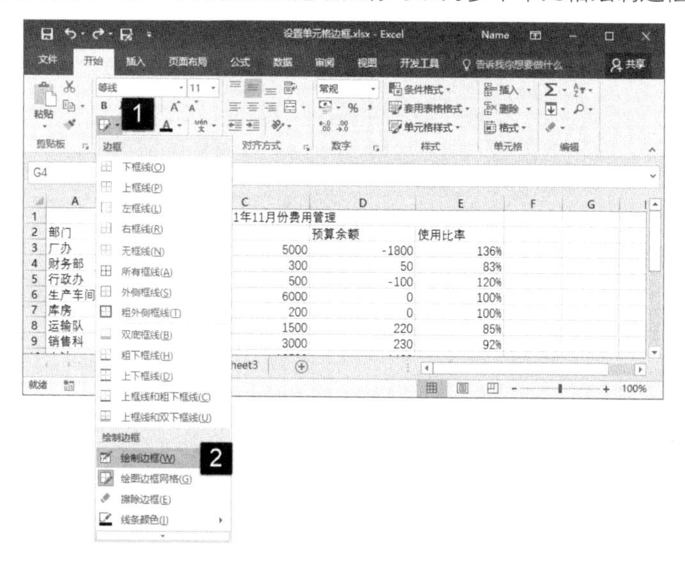

图 11.33 选择“绘制边框”选项

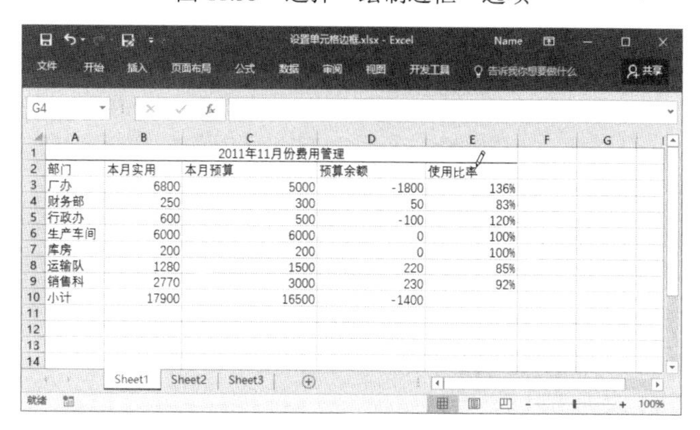

图 11.34 绘制边框

03 在“边框”列表中选择“绘图边框网格”选项，如图 11.35 所示。在工作表中拖动鼠标能够绘制边框网格，如图 11.36 所示。

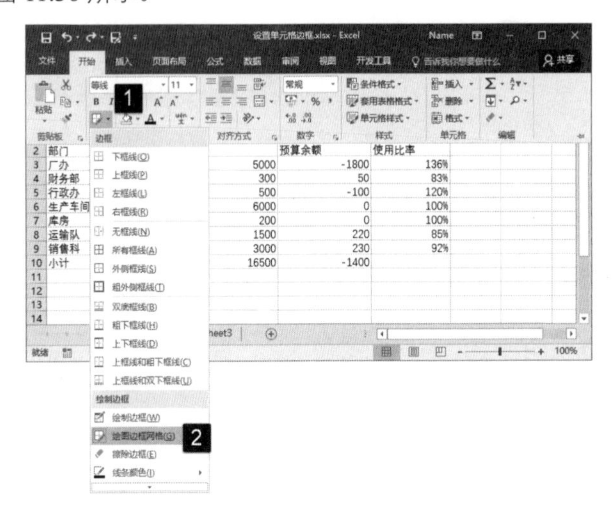

图 11.35　“选择绘图边框网格”选项

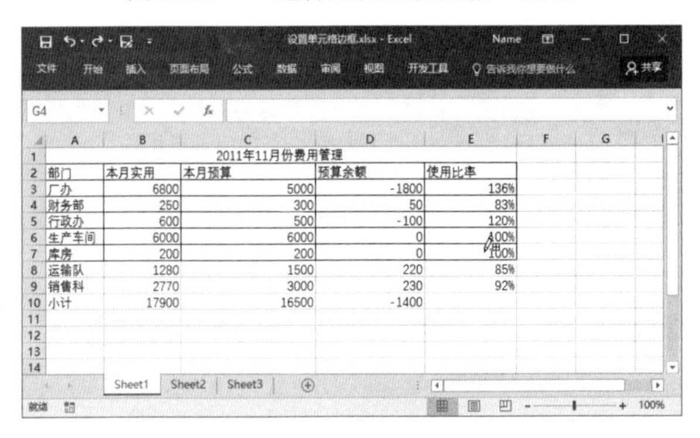

图 11.36　绘制边框网格

04 在“边框”列表中选择“擦除边框”选项，如图 11.37 所示，鼠标指针变为橡皮擦状，在绘制的边框上单击，边框将删除，如图 11.38 所示。

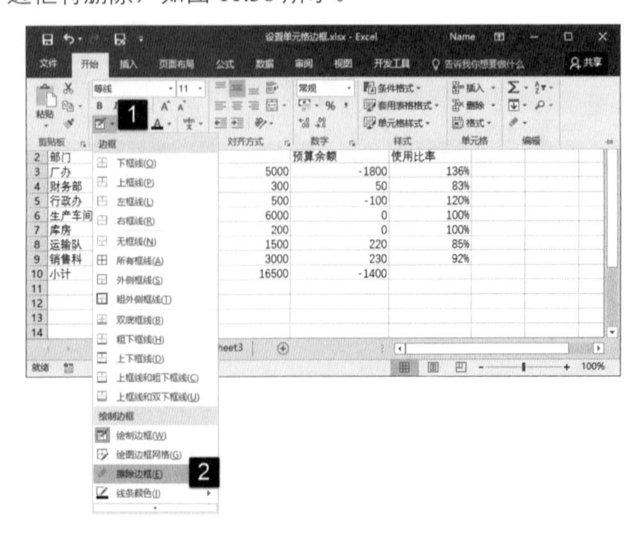

图 11.37　选择“擦除边框”选项

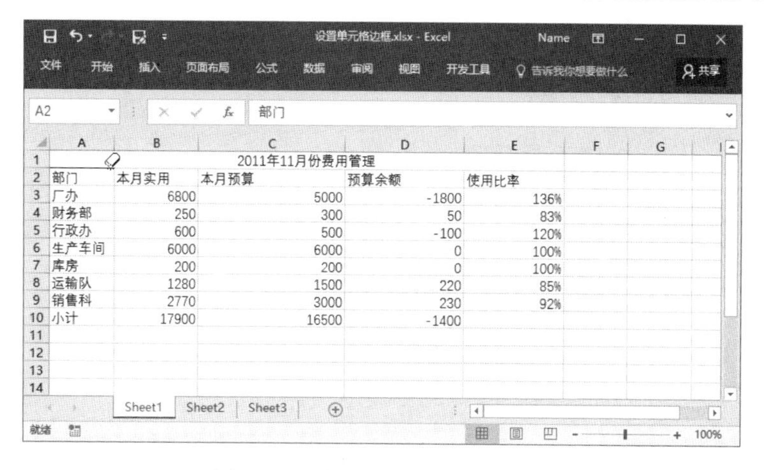

图 11.38　在边框上单击擦除边框

05 在“边框”列表中选择“其他边框”选项，如图 11.39 所示。此时将打开“设置单元格格式”对话框的“边框”选项卡，使用该选项卡可以对边框的样式、颜色以及边框相对于单元格的位置等进行设置，如图 11.40 所示。

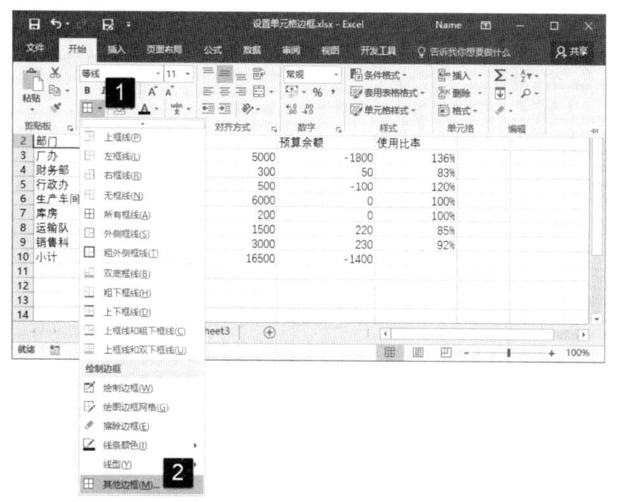

图 11.39　选择“其他边框”选项

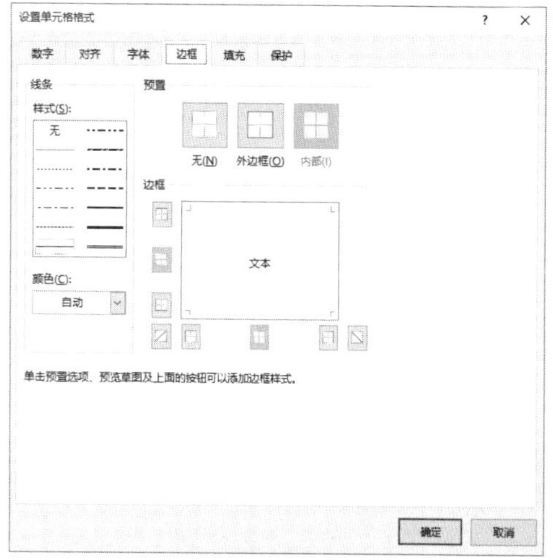

图 11.40　“设置单元格格式”对话框

11.4.3　填充单元格

默认情况下，单元格内部的颜色是白色的。在制作工作表时，用户可以根据需要改变单元格的填充颜色，使单元格中的数据得以突出。同时，借助于改变单元格的填充色，可以美化表格或满足特殊要求。下面通过一个实例来介绍设置单元格填充颜色的操作方法，这个实例是在工作表中制作一个封面，封面中利用单元格制作导航按钮。

01 在工作表中输入需要的文字，选择单元格区域。在“开始”选项卡的“字体”组中单击“填充颜色”按钮上的下三角按钮，在打开的下拉列表中选择以灰色填充单元格区域，如图 11.41 所示。

02 按住 Ctrl 键依次单击将作为按钮的单元格，在“开始”选项卡的“字体”组中单击“填充颜色”按钮上的下三角按钮，在打开的下拉列表中选择以白色填充选择的单元格，如图 11.42 所示。

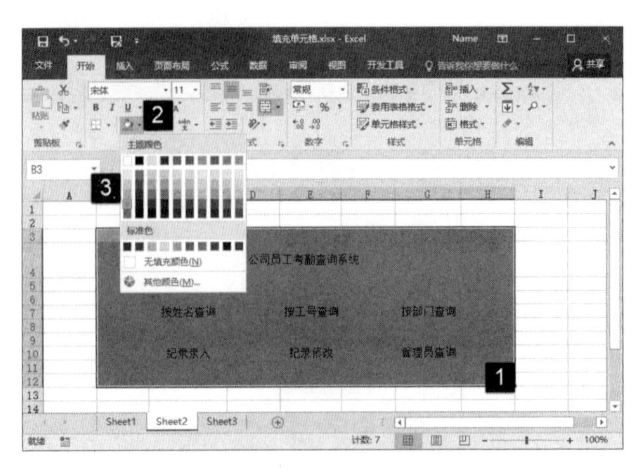

图 11.41 以灰色填充单元格区域

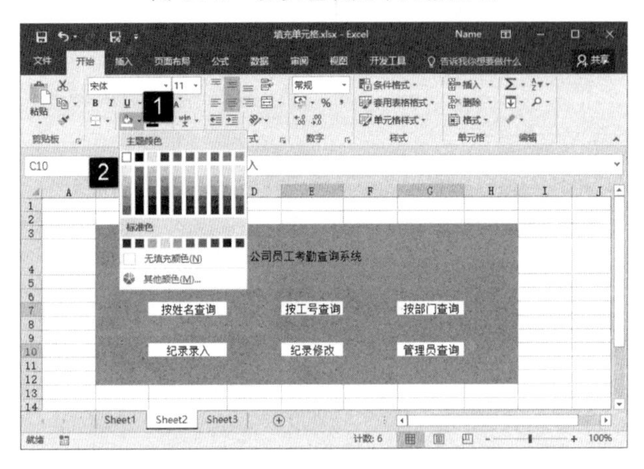

图 11.42 以白色填充单元格

03 右击选择的这些单元格，在打开的快捷菜单中选择“设置单元格格式”命令打开“设置单元格格式”对话框。在对话框的“边框”选项卡中，首先在“样式”列表中选择边框样式，在“颜色”列表中选择边框的颜色，这里选择黑色，在“边框”栏中单击相应的按钮将线条应用到单元格的右边和下边。完成设置后单击“确定”按钮关闭对话框，如图 11.43 所示。此时即可获得需要的单元格立体效果，如图 11.44 所示。

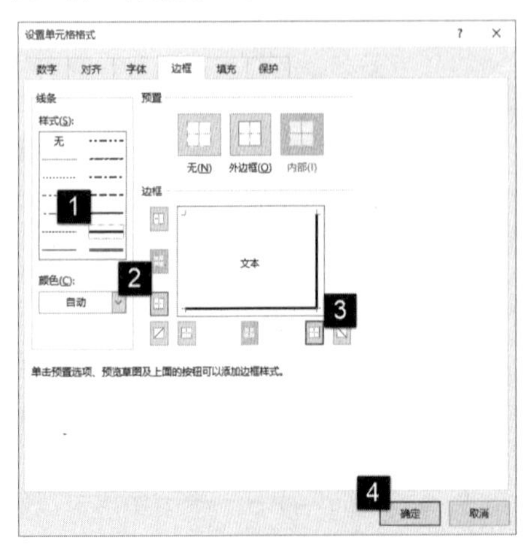

图 11.43 设置右侧和下方的边框

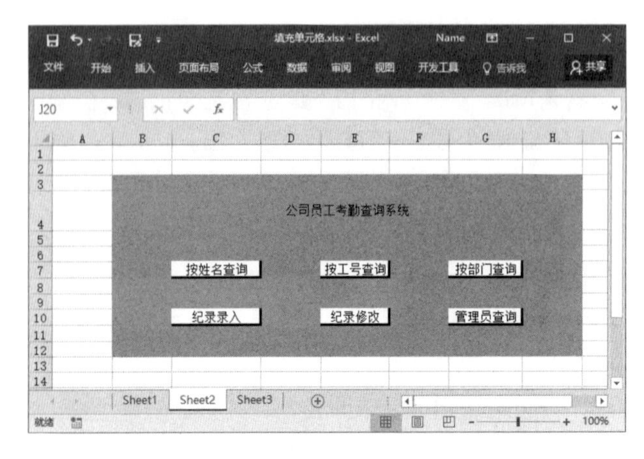

图 11.44 获得需要的单元格立体效果

11.4.4 套用单元格格式

Excel 2010 提供了预设单元格格式供用户使用，用户可以直接选择将其应用于单元格。如果用户对自己设置的某个单元格格式比较满意，可以将其保存下来以便能够在表格中重复使用。在 Excel 中，用户可以套用预设表格格式或单元格格式应用于表格，以改变单元格的外观。

1. 套用表格格式

Excel 提供的自动套用表格格式可以方便地将其应用于选择单元格区域，使用它们能够快速地设置数据区域的格式，而不需要一项一项地设置。

01 在工作表中选择需要设置格式的单元格区域，在“开始”选项卡的“样式”组中单击“套用表格格式”按钮。在打开的列表中选择样式选项将其应用于单元格区域，如图 11.45 所示。

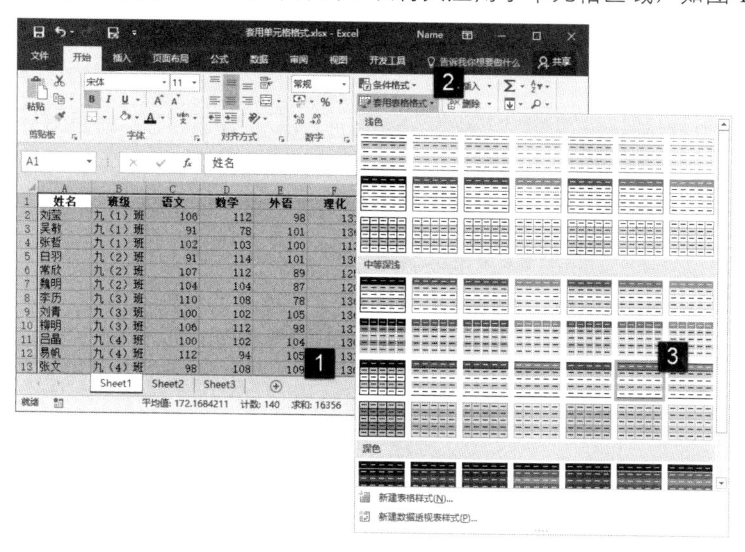

图 11.45 选择格式选项

02 此时将打开“套用表格式”对话框，如果已经选择了单元格区域，对话框的“表数据的来源”文本框中将自动指定选择的单元格区域。勾选“表包含标题”复选框后单击“确定”按钮关闭对话框，如图 11.46 所示。单元格区域应用选择的格式，如图 11.47 所示。

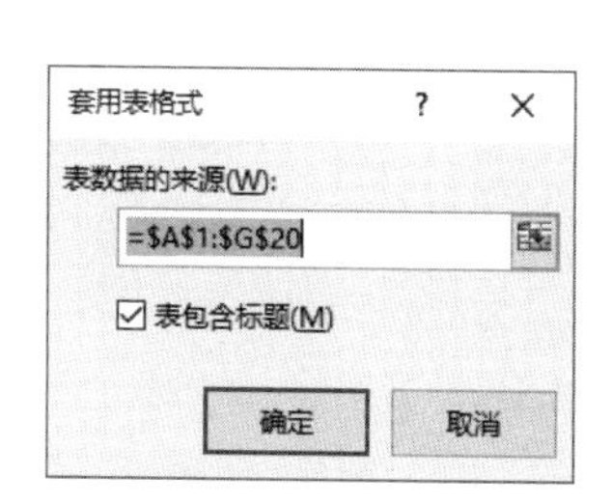

图 11.46 “套用表格式”对话框

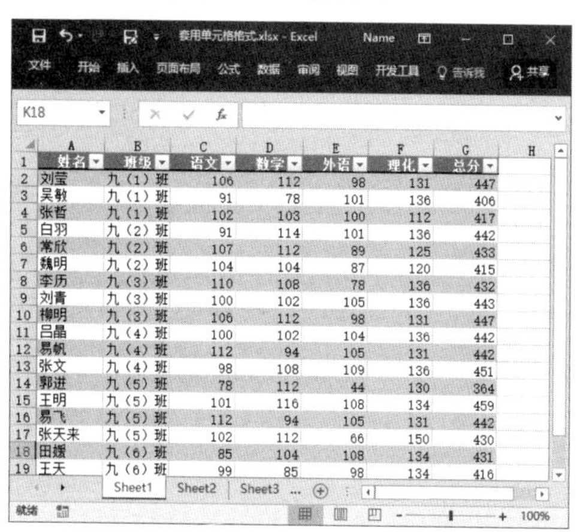

图 11.47 应用选择的格式

2. 套用单元格格式

Excel提供了预设在工作中，常常会遇到一些格式固定并且需要经常使用的表格，此时用户可以首先根据需要对表格样式进行定义，然后保存这种样式，以后即可作为可以套用的表格格式来使用了，下面介绍具体的设置方法。

01 在工作表中选择需要设置格式的单元格，在“开始”选项卡的“样式”组中单击“单元格样式”按钮，在打开的列表中选择预设样式选项，该样式即可用于指定单元格，如图 11.48 所示。

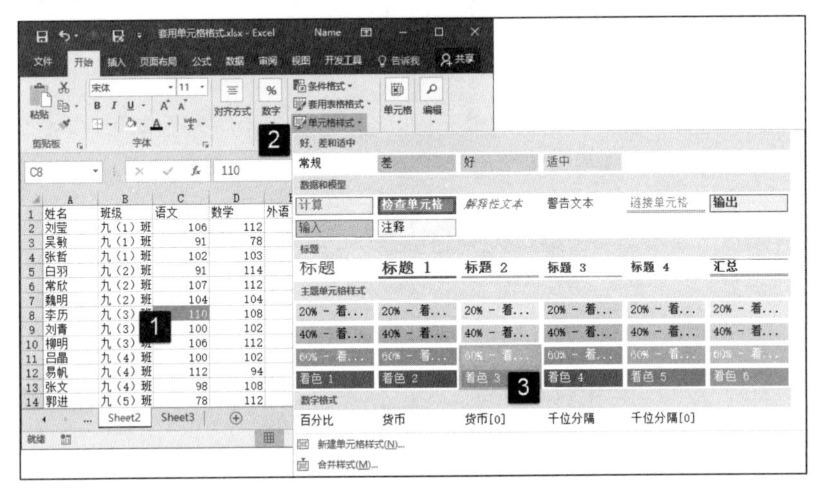

图 11.48　应用单元格样式

02 单击“样式”组中的“单元格样式”按钮，在打开的下拉列表中选择“新建单元格样式”命令，如图 11.49 所示。

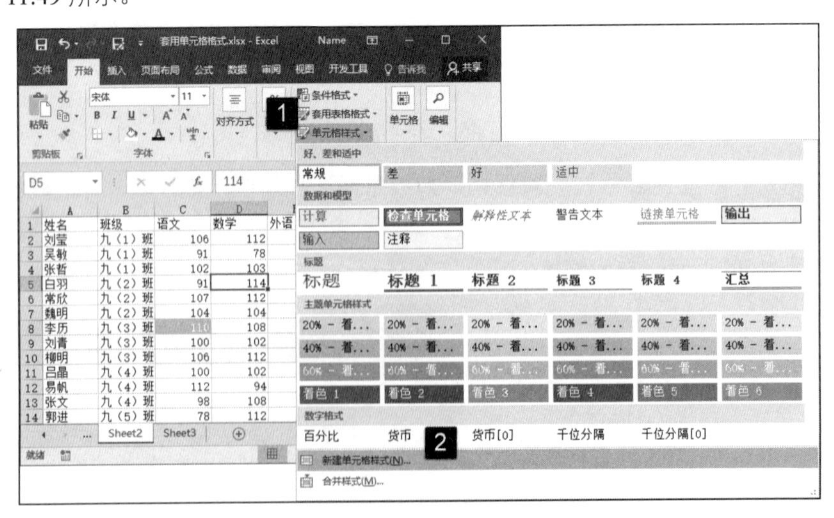

图 11.49　选择“新建单元格样式”命令

03 此时将打开“样式”对话框，在“样式名”文本框中输入样式的名称，在“包括样式”区域中选择包括的样式，单击“格式”按钮，如图 11.50 所示。

04 此时将打开“设置单元格格式”对话框，使用该对话框可以对单元格中数字、边框以及填充效果进行设置。例如，这里对边框样式进行设置，完成设置后单击“确定”按钮关闭对话框，如图 11.51 所示。单击“确定”按钮关闭“样式”对话框。

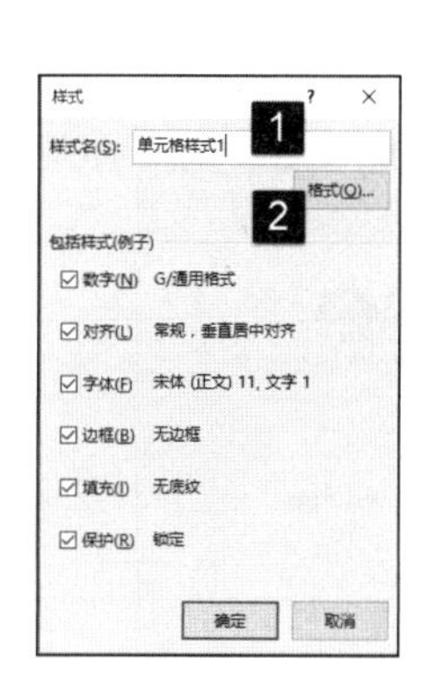

图 11.50　“样式”对话框的设置

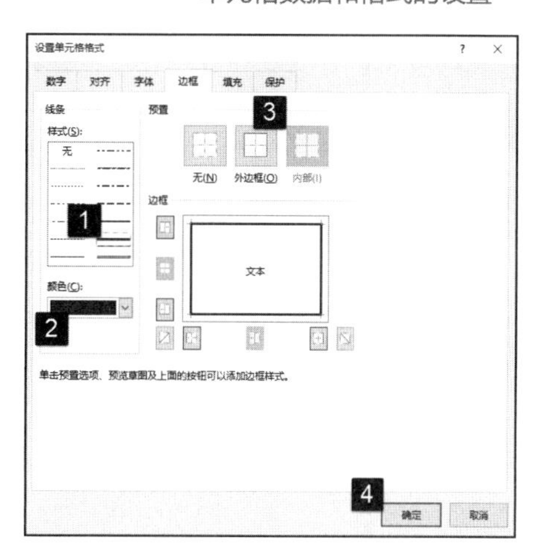

图 11.51　“设置单元格格式”对话框

05 在工作表中选择需要设置格式的单元格，单击“单元格样式”按钮，在下拉列表中选择刚才创建的自定义格式选项，该样式将应用到单元格，如图 11.52 所示。

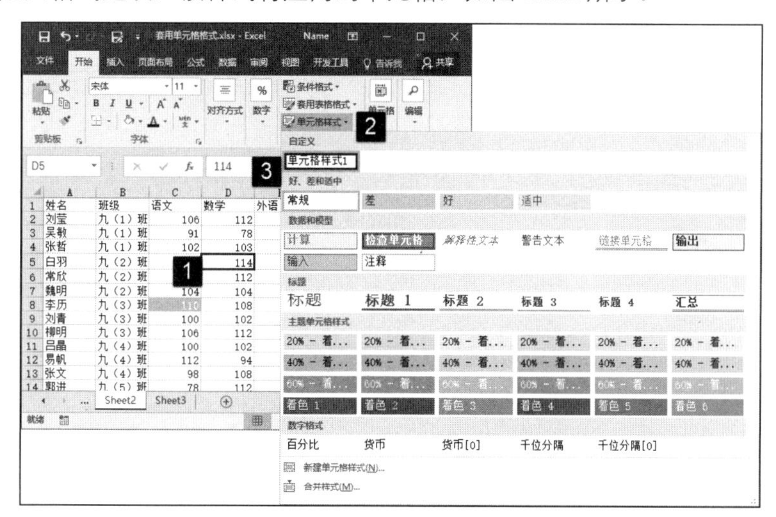

图 11.52　应用自定义单元格格式选项

提　示

在工作表中使用单元格样式可以快速实现单元格区域的样式统一。不同工作簿之间的单元格样式是独立的，也就是说在某个工作簿中删除某个单元格样式，不会影响另一个工作簿的单元格样式。在工作簿中，“常规”单元格样式是不能删除的。

11.5　本章拓展

下面介绍 3 个拓展应用实例。

11.5.1　实现单元格中文本自动换行

在默认情况下，当一个单元格中输入的数据超过了单元格的宽度时，超过的部分的文字将无法显示出来。实际上，通过设置，可以使单元格中的数据根据列宽自动换行。下面介绍具体的设置方法。

01 启动 Excel 并在工作表中输入数据。在工作表中选择需要进行设置的单元格，在“开始”选项卡的“单元格”组中单击“格式”按钮，在打开的下拉列表中选择“设置单元格格式”命令，如图 11.53 所示。

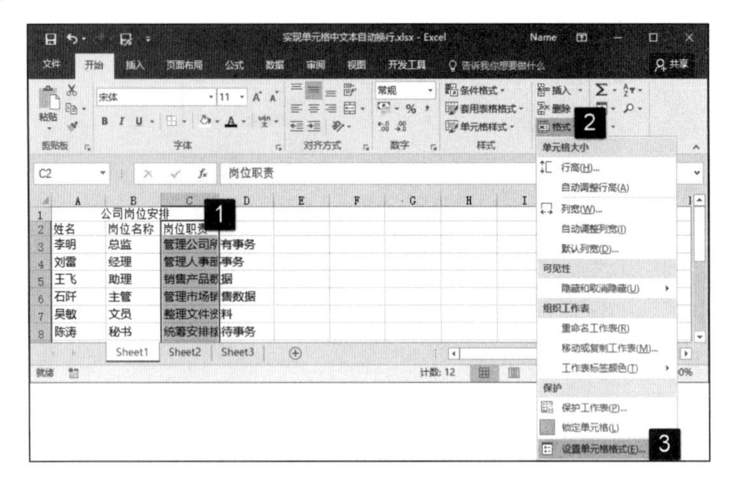

图 11.53 选择“设置单元格格式”命令

02 此时将打开“设置单元格格式”对话框，在对话框的“对齐”选项卡中勾选“自动换行”复选框，如图 11.54 所示。

03 单击“确定”按钮关闭“设置单元格格式”对话框，此时文字将能够根据列宽自动换行，如图 11.55 所示。

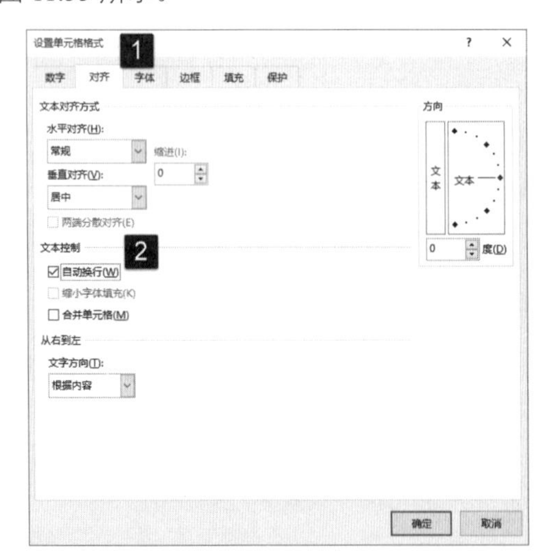

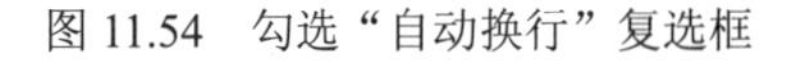
图 11.54 勾选“自动换行”复选框

图 11.55 文字根据列宽自动换行

提 示

如果单元格中输入的内容超过了单元格的宽度，也可以使用手动的方式来进行换行。方式是在需要换行的位置插入插入点光标，按 Alt+Enter 键即可将插入点光标右侧的文字放置到下一行。

11.5.2 带单位的金额数据

在单元格中输入金额后，有时金额数字后需要带上单位，或是在数字前面添加人民币符号“¥”。为数据添加单位和人民币符号，可以通过设置数据格式让 Excel 自动添加。下面介绍具体的操作方法。

01 在工作表中选择金额数字所在的单元格区域，在“开始”选项卡的“数字”组中单击“数字格式”按钮，如图 11.56 所示。

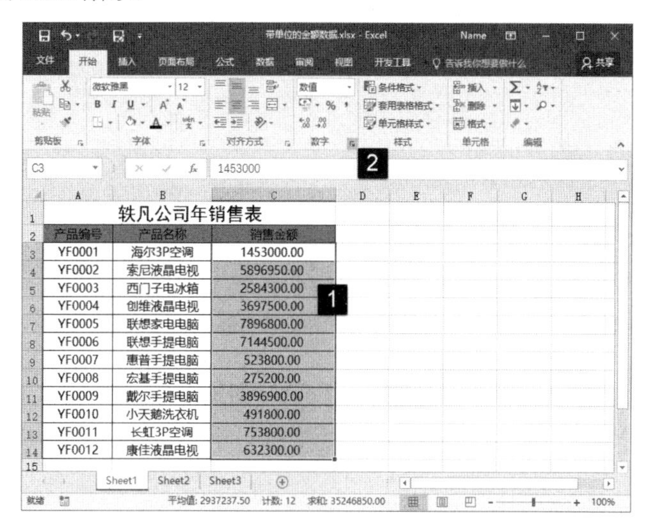

	A	B	C
1	轶凡公司年销售表		
2	产品编号	产品名称	销售金额
3	YF0001	海尔3P空调	1453000.00
4	YF0002	索尼液晶电视	5896950.00
5	YF0003	西门子电冰箱	2584300.00
6	YF0004	创维液晶电视	3697500.00
7	YF0005	联想家电电脑	7896800.00
8	YF0006	联想手提电脑	7144500.00
9	YF0007	惠普手提电脑	523800.00
10	YF0008	宏基手提电脑	275200.00
11	YF0009	戴尔手提电脑	3896900.00
12	YF0010	小天鹅洗衣机	491800.00
13	YF0011	长虹3P空调	753800.00
14	YF0012	康佳液晶电视	632300.00

图 11.56　单击“数字格式”按钮

02 此时将打开“设置单元格格式”对话框的“数字”选项卡，在“分类”列表中选择“自定义”选项。在“类型”文本框中输入“￥0!.0,万元”，如图 11.57 所示。

03 单击“确定”按钮关闭“设置单元格格式”对话框，此时金额数据将自动添加人民币符号和单位，如图 11.58 所示。

图 11.57　在“类型”文本框中输入“￥0!.0，万元”

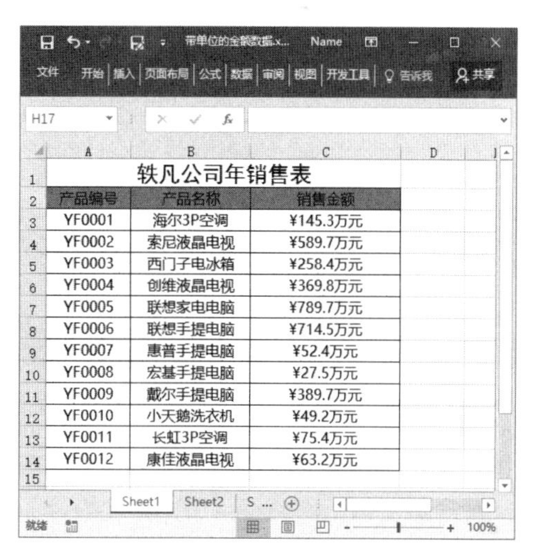

	A	B	C
1	轶凡公司年销售表		
2	产品编号	产品名称	销售金额
3	YF0001	海尔3P空调	¥145.3万元
4	YF0002	索尼液晶电视	¥589.7万元
5	YF0003	西门子电冰箱	¥258.4万元
6	YF0004	创维液晶电视	¥369.8万元
7	YF0005	联想家电电脑	¥789.7万元
8	YF0006	联想手提电脑	¥714.5万元
9	YF0007	惠普手提电脑	¥52.4万元
10	YF0008	宏基手提电脑	¥27.5万元
11	YF0009	戴尔手提电脑	¥389.7万元
12	YF0010	小天鹅洗衣机	¥49.2万元
13	YF0011	长虹3P空调	¥75.4万元
14	YF0012	康佳液晶电视	¥63.2万元

图 11.58　数据自动添加人民币符号和单位

11.5.3　按小数点对齐小数

在数据表中，往往会出现很多小数，为了美观，有时希望这些小数在单元格中能够按小数点对齐。下面介绍具体的操作方法。

01 在工作表中选择需要进行设置的单元格区域，如图 11.59 所示。打开“设置单元格格式”对话框的“数字”选项卡。在“分类”列表中选择“自定义”选项，在“类型”文本框中输入格式代码“???.00?”，如图 11.60 所示。

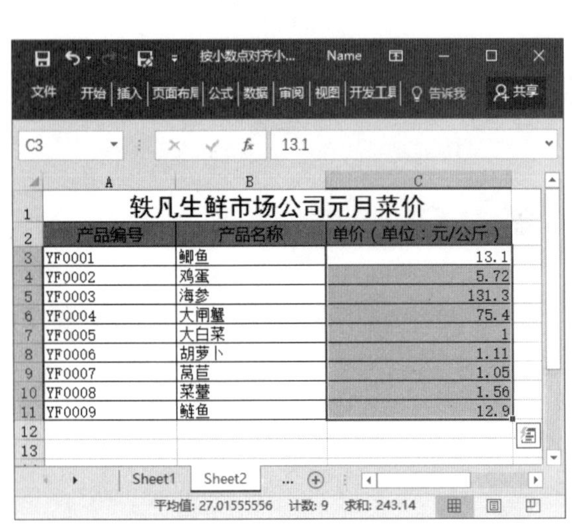

图 11.59　选择单元格区域

图 11.60　在“类型”文本框中输入格式代码

02 单击“确定”按钮关闭“设置单元格格式”对话框，选择单元格区域中的数据将按小数点对齐，如图 11.61 所示。

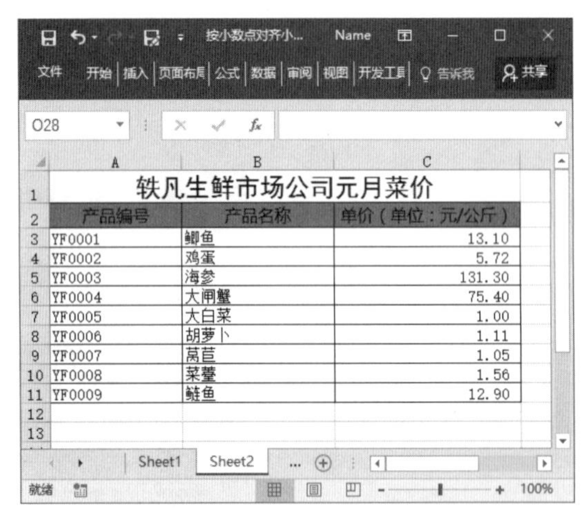

图 11.61　单元格中的数字按小数点对齐

提　示

在 Excel 中，“? ”为数字占位符。在小数点和分数线的两边为不显示的无意义零添加空格，以便当按固定宽度右对齐时，能够按照小数点或分数线对齐。其中，小数点右侧的“? ”个数决定了数字的个数，如果小数点前后数字的位数不够问号的个数，或者小数点后根本就没有数字，则将以空格来补足位数。如果在包含分数的单元格区域中，要使分数按照分数线对齐，对于带分数，可以使用格式代码“#??/???”。对于假分数，可以使用格式代码“???/??/”。

第 12 章

公式和函数

Excel 是一款具有强大计算功能的电子表格程序，内置了数百个函数，这些函数可以直接在工作表中使用。使用 Excel 函数和公式，用户可以对数据进行汇总求和、实现数据的筛选和查找、对文本进行各种处理、操作工作表中的各类数据以及进行各种复杂计算，从而实现提高工作效率、准确分析数据。本章将介绍 Excel 中函数和公式的使用方法和技巧。

12.1 使用公式

能够应用公式进行计算，是 Excel 异于普通制表软件的一个特色。公式是 Excel 的一个重要组成部分，是对数据进行分析处理的重要手段。下面介绍使用公式的基本方法。

12.1.1 Excel 的运算符和运算优先级

公式是对工作表中的数据进行计算和操作的等式，其一般以等号“=”开始。通常，一个公式包含的元素是运算符、单元格引用、值或常量、相关参数以及括号等。在公式中，运算符是用来阐述运算对象该进行怎样操作，其对公式中的数据进行特定类型的计算。运算符一般包括算术运算符、比较运算符、文本连接运算符和引用运算符。

- 算术运算符：算术运算符用于进行基本的算术运算，包括加（+）、减（-）、乘（*）、除（/）、负号（-）、百分号（%）和幂（^）。

- 比较运算符：比较运算符用于比较 2 个数值，其运算结果是逻辑值，即 True 和 False。比较运算符包括等于（=），大于（>）、小于（<）、大于等于（>=）、小于等于（<=）和不等于（<>）。
- 连接运算符：连接运算符可以加入或者连接一个或多个文本字符串，使它们形成一个字符串。如果使用了连接运算符，单元格中的数据将按照文本型数据进行处理。连接运算符是&。
- 引用运算符：引用运算符用于表示单元格在工作表中位置的坐标集，用于为计算公式指明引用单元格在工作表中所在的位置。引用运算符包括冒号（：）、逗号（,）和空格。

当在公式中使用多个运算符进行计算时，Excel 将按照运算符的优先级进行计算，优先级高的先进行，优先级低的运算后进行。运算符的优先级与算术运算相类似，如表 12.1 所示。

表 12.1　运算优先级

优先级	1	2	3	4	5	6
运算类型	%（百分号）	幂运算（^）	乘(*)或除(/)	加(+)或减(-)	连接符（&）	比较运算符

当公式中包含括号时，和数学运算一样，括号能够改变运算顺序。在计算时，先进行括号内的计算，获得结果后再进行下面的运算。运算中带有括号和不带括号在运算结果上的差异，如图 12.1 所示。

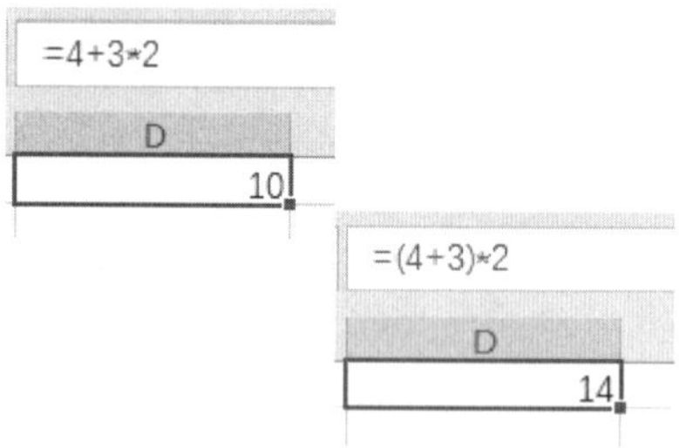

图 12.1　带括号和不带括号计算结果的差异

12.1.2　输入公式

在 Excel 中，可以使用公式对数据进行计算。要获得计算结果，首先需要输入公式，下面介绍具体的操作方法。

01 在工作表中选择需要输入公式的单元格，首先输入等号“=”，接着输入带有对数据所在单元格的引用和运算符的公式，如图 12.2 所示。完成公式输入后，按 Enter 键即可获得需要的计算结果，如图 12.3 所示。

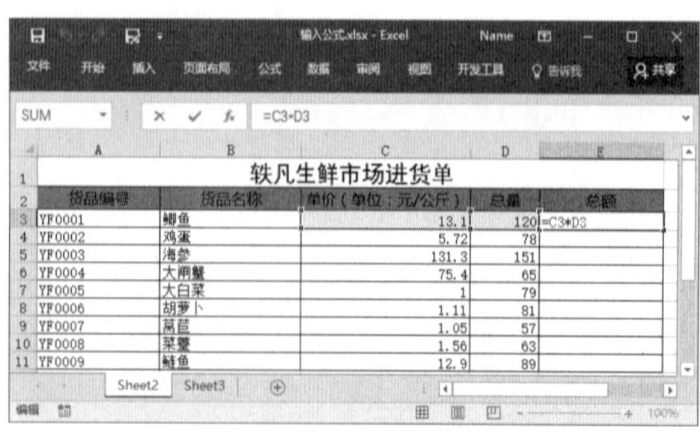

图 12.2　在单元格中输入公式

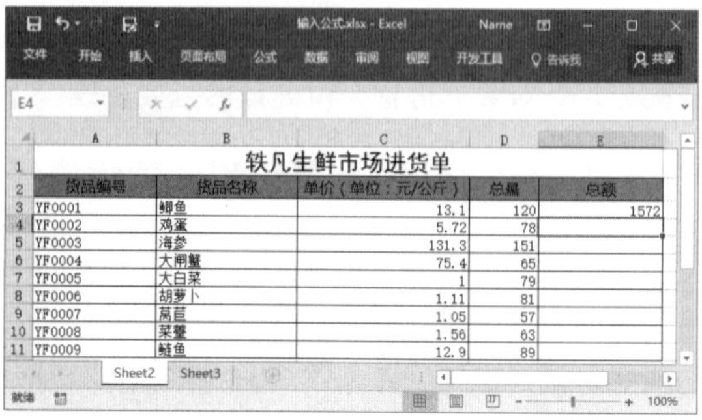

图 12.3　获得计算结果

02 在需要输入公式的单元格中输入等号“=”后，直接单击数据所在的单元格，可以获得单元格地址，如图 12.4 所示。这种引用单元格的方式比用键盘输入更方便。

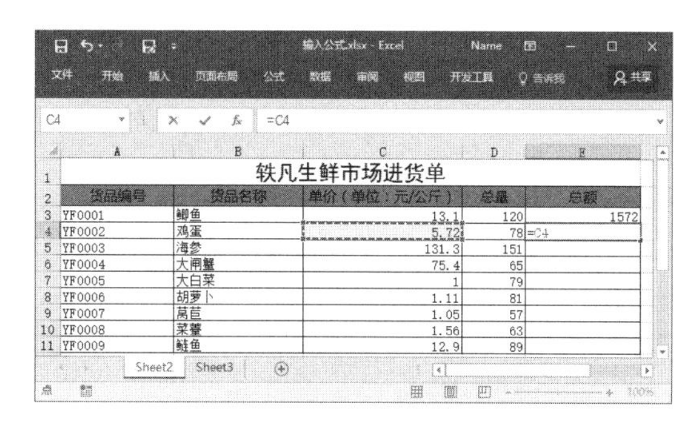

图 12.4　单击单元格获得引用

提　示

在输入公式时，如果不先输入等号“=”，将无法获得计算结果。在公式中引用了单元格，如果要更改数据，只需要更改指定单元格中的数据就可以了，无须对公式进行更改。选择带有公式的单元格，按 Delete 键，在删除计算结果的同时也将删除单元格中的公式。

12.1.3　单元格的引用方式

单元格地址通常是由该单元格位置所在的行号和列号组合而成的，其指明单元格在工作表中的位置，如 C1、D3 和 A5 等。在 Excel 中，公式利用地址来获得单元格中的数据进行计算。对单元格地址的引用，在 Excel 中有 4 种情况，它们分别是相对引用、绝对引用、混合引用以及三维引用。

1. 相对引用

在输入公式时，Excel 默认的单元格引用方式是相对引用。相对引用将单元格所在的列号放置在前，单元格所在的行号放置在后，如图 12.5 所示。

公式中使用相对引用，当向下拖动填充柄填充公式时，公式中的引用单元格地址会随着单元格的变化而变化，如图 12.6 所示。

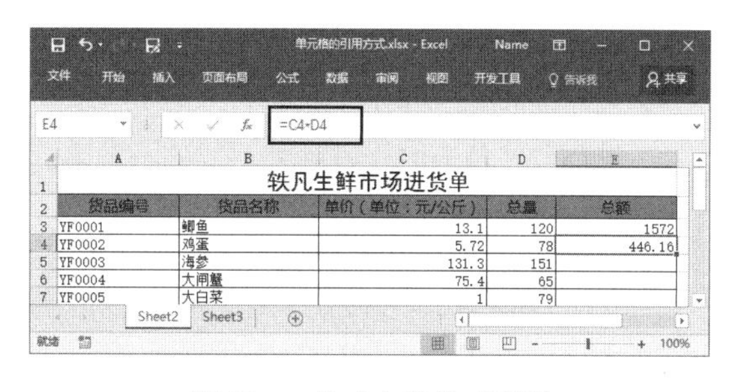

图 12.5　公式中的绝对引用

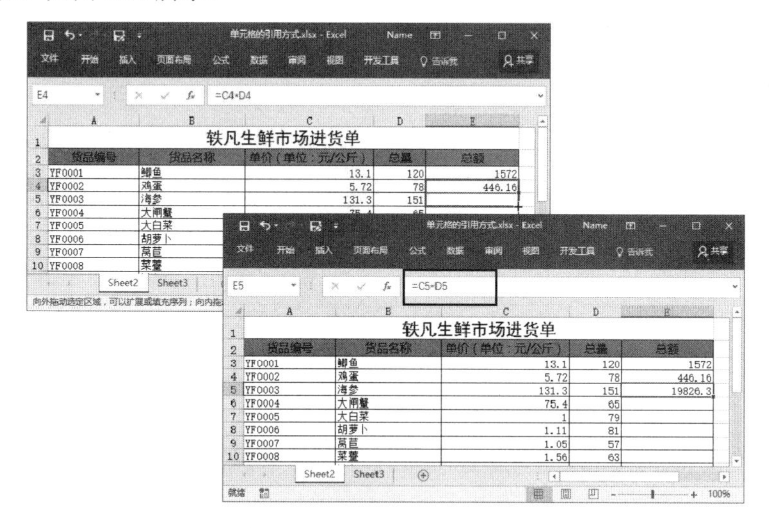

图 12.6　填充公式时单元格地址会发生相应变化

2. 绝对引用

在单元格列或行的标志前加上一个美元符号“$”，如$A$3，这种引用方式即为绝对引用。绝对引用与相对引用的区别在于，绝对引用指定的单元格是固定的。

例如，使用绝对引用时，如果向下填充公式，公式中引用的单元格地址不会发生任何的变化，总是引用指定的单元格，如图 12.7 所示。

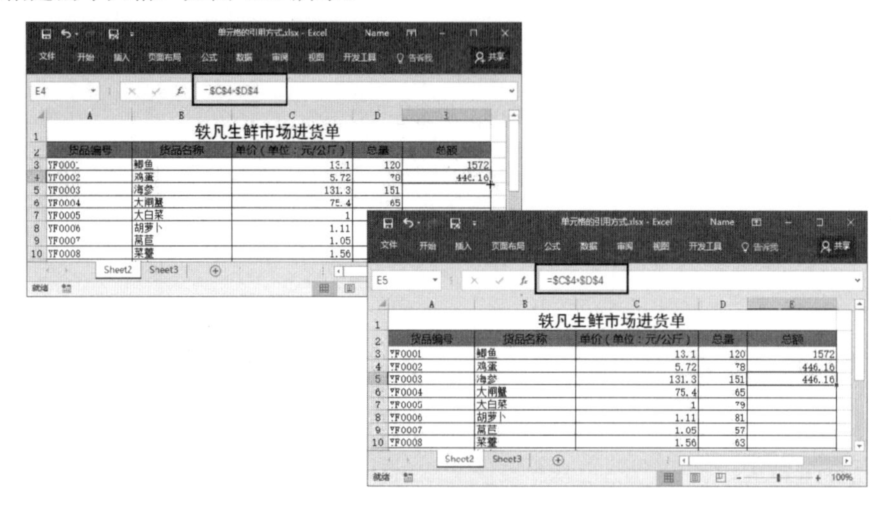

图 12.7　使用绝对引用

3. 混合引用

混合引用指的是单元格地址既有绝对引用也有相对引用，如 A$3。对于使用这种引用方式的公式，在进行公式填充时，绝对引用部分不发生改变，而相对引用部分会随着公式的填充而改变，如图 12.8 所示。

图 12.8　使用混合引用

4. 三维引用

三维引用是指引用其他工作表中单元格的数据，三维引用的格式为：工作表名！单元格地址。例如，在下面实例中，计算 Sheet2 工作表中各个金额数据的总额，使用的就是三维引用方式，如图 12.9 所示。

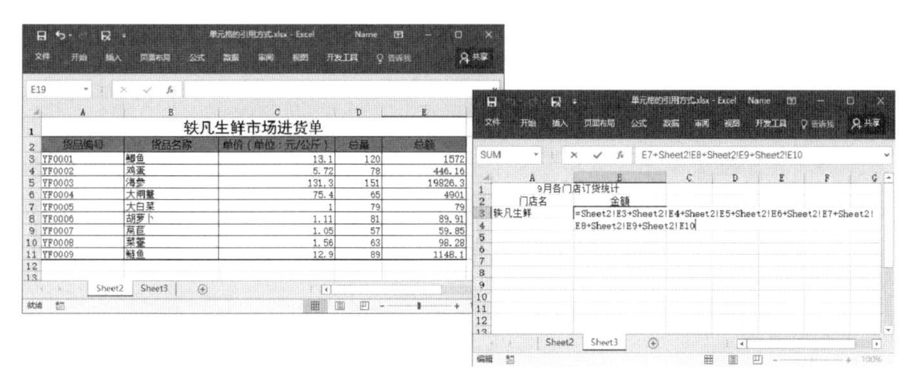

图 12.9　使用三维引用

12.1.4　在公式中使用名称

在工作表中，可以对经常使用的或比较特殊的公式进行命名。名称实际上是一种命名了的公式，其可以是对单元格的引用，也可以是一个数值常数或数组，还可以是公式。使用名称可以使公式易于理解，起到简化公式的作用。同时，使用名称还具有利于安全和便于表格维护的优势。下面介绍对公式进行命名并使用命名公式来进行计算的方法。

01 在功能区中打开“公式”选项卡，在“定义的名称”组中单击“定义名称”按钮上的下三角按钮。在打开的下拉列表中选择“定义名称”选项，如图 12.10 所示。

02 此时将打开“新建名称”对话框，在“名称”文本框中输入公式名称，在“备注”文本框中输入公式的备注信息，在“引用位置”文本框中输入公式或函数所在的地址，这里输入求和的单元格地址。完成设置后单击“确定”按钮关闭对话框，如图 12.11 所示。

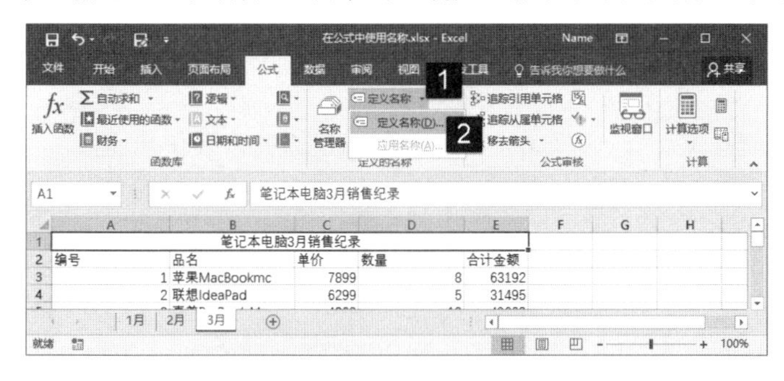

图 12.10　选择“定义名称”命令

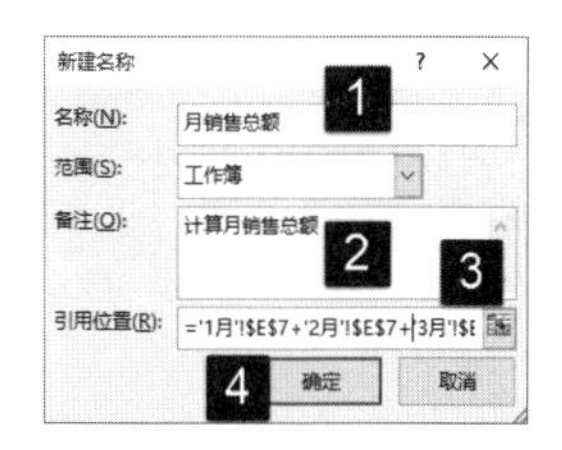

图 12.11　“新建名称”对话框

03 在工作表中选择需要使用公式的单元格，在编辑栏中输入“=”后输入公式名称，如图 12.12 所示。完成输入后按 Enter 键，公式被引用，单元格中显示公式计算结果，如图 12.13 所示。

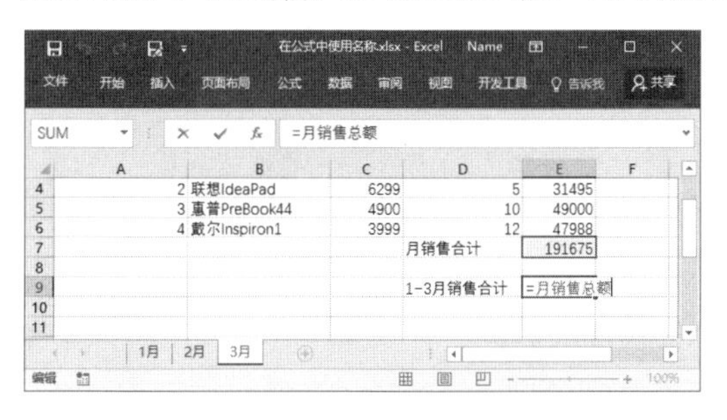

图 12.12　输入公式名称

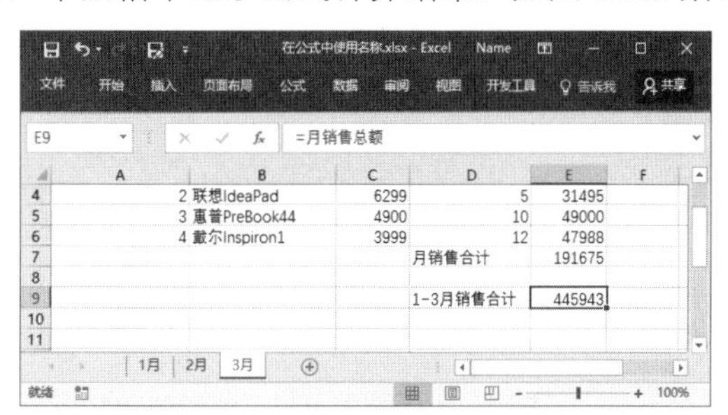

图 12.13　获得计算结果

提 示

在使用名称时，名称不得与单元格地址相同，如不能命名为 A1、B2 和 R3C3 等。名称不能包括空格，但可以用下划线，如可以使用“姓_名”。名称不能以数字开头，也不能单独使用数字，如果确实需要使用数组开头，则其前面必须添加下划线，如：“_3 行”。名称所使用的字符不能超过 255 个，名称需要简洁并便于记忆，同时要尽量直观反映其代表的含意，避免与其他函数或数据混淆。当名称在引用单元格区域时，应该考虑绝对引用方式和相对引用方式。名称实际上是公式的一种特殊形式，其受到和公式一样的限制，如与公式一样其内容长度不能超过 8 192 个字符、其内部长度不能超过 16 384 个字节以及不能超过 64 层嵌套等。Excel 在识别名称时是不区分大小写的，相同的字母无论大小写，Excel 都将自动将其转换为与命名管理器中命名相同的书写方式。

12.2 使用函数

Excel 的函数实际上是一些预定的公式，将其直接引用到工作表中可以进行各种运算。使用函数可以大大地简化公式，同时可以实现很多一般公式无法实现的计算。

12.2.1 使用函数向导

对于一些比较复杂的函数或参数比较多的函数，用户往往不清楚如何输入函数表达式，此时可以通过函数向导来完成函数的输入。函数向导会一步一步地指导用户输入函数，避免在输入过程中发生错误。下面以在成绩表中使用 SUM 函数求和为例来介绍使用函数向导输入公式的具体操作方法。

01 在工作表中选择需要插入函数的单元格，单击编辑栏左侧的“插入函数”按钮，如图 12.14 所示。

02 此时将打开“插入函数”对话框，在“或选择类别”下拉列表中选择需要使用函数的类别，这里选择“常用函数”选项。在“选择函数”列表中选择需要使用的函数。完成函数选择后单击“确定”按钮关闭对话框，如图 12.15 所示。

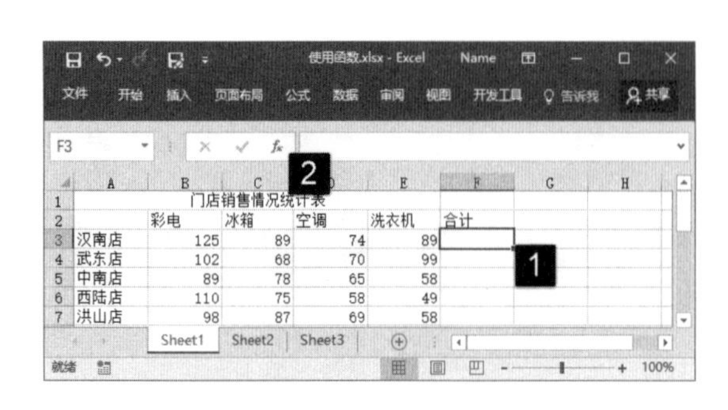

图 12.14 单击“插入函数”按钮

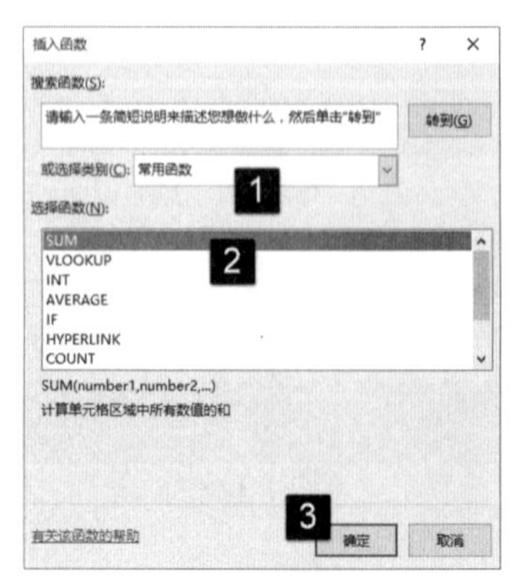

图 12.15 选择需要使用的函数

03 此时将打开“函数参数”对话框，单击“Number1”文本框右侧的“参照”按钮，如图 12.16 所示。此时文本框被收缩，在工作表中拖动鼠标选择需要进行计算的单元格，如图 12.17 所示。完成参数设置后再次单击“参照”按钮，返回“函数参数”对话框。

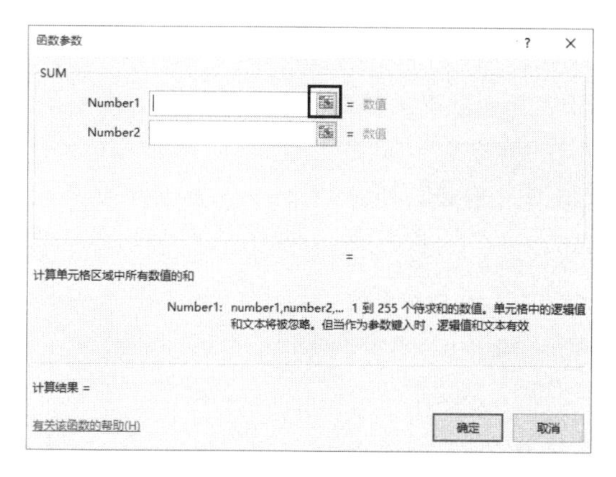

图 12.16　单击“参照”按钮

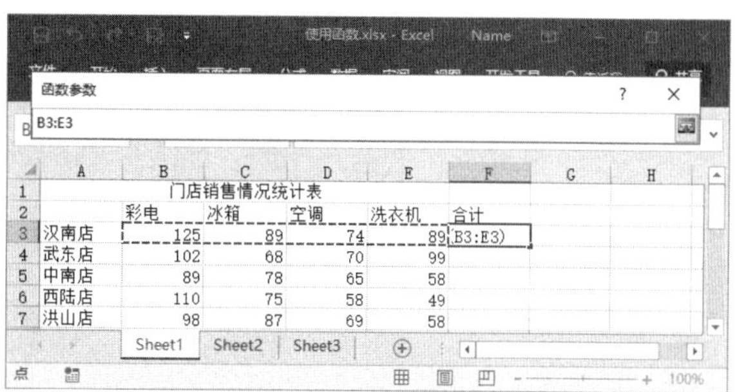

图 12.17　选择单元格

为了方便操作，在“函数参数”对话框中，Excel 会根据插入函数的位置给出一个默认的参数。如果不需要更改该参数，可以直接单击“确定”按钮插入函数即可。同时，要更改函数的参数，也可以直接在“Number1”和“Nmuber2”文本框中直接输入参数。

04 完成公式的设置后，单击“确定”按钮关闭“插入函数”对话框，单元格中显示函数的计算结果，如图 12.18 所示。

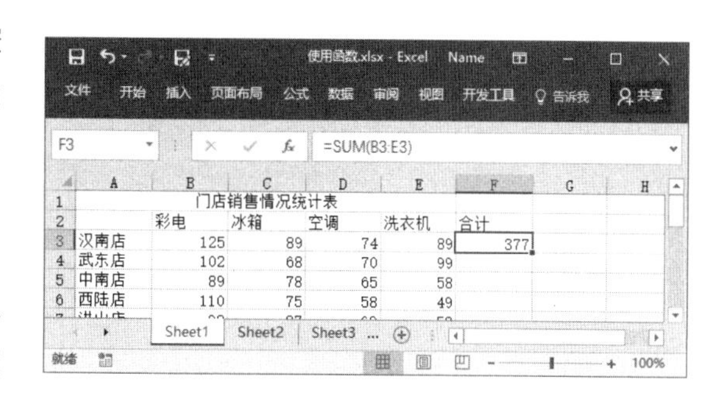

图 12.18　单元格中显示计算结果

12.2.2　手动输入函数

对于熟悉 Excel 函数的用户，可以直接在单元格中手动输入。同时，为了方便不熟悉函数的用户也能手动输入函数，Excel 提供了完备的函数输入提示，根据提示可以方便地完成函数的输入。

01 在工作表中选择需要插入函数的单元格，在编辑框中输入“=”，在左侧的函数栏中单击下三角按钮，打开函数列表。在列表中选择需要使用的函数，如图 12.19 所示。此时将同样打开“函数参数”对话框，在对话框中的“Number1”文本框中输入单元格地址。单击“确定”按钮关闭对话框即可完成函数的输入，如图 12.20 所示。

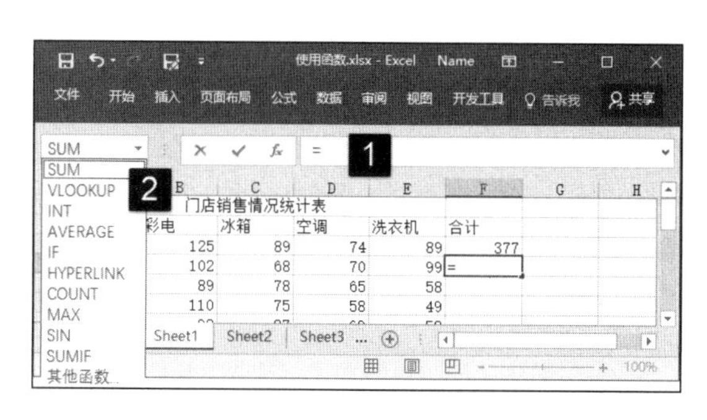

图 12.19　选择函数

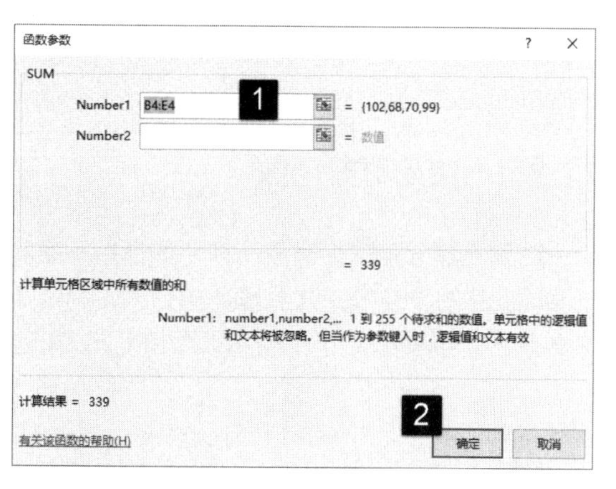

图 12.20　对参数进行设置

02 在单元格中输入等号“=”，开始输入函数。从输入第一个字符开始，Excel 将给出可能匹配的函数列表，将鼠标光标放置到列表中的某个函数选项上可以获得函数功能说明，如图 12.21 所示。

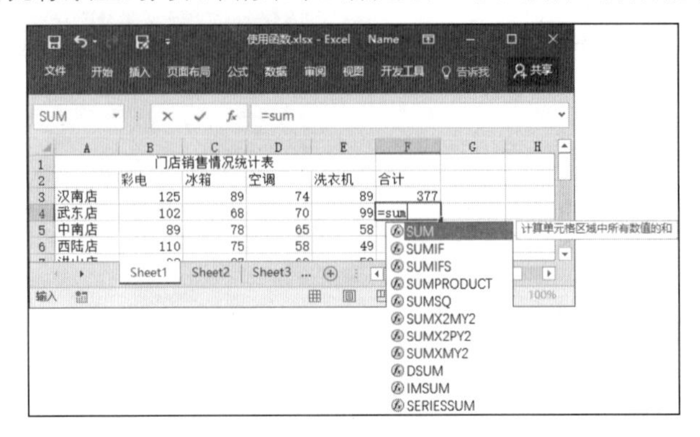

图 12.21　函数提示列表

03 在列表中双击需要使用的函数，函数被插入到单元格中。此时，Excel 将给出该函数的参数提示，当前需要输入的参数加粗显示，如图 12.22 所示。此时，可以根据提示依次输入需要的参数。完成函数及其参数的输入后，按 Enter 键即可获得需要的计算结果。

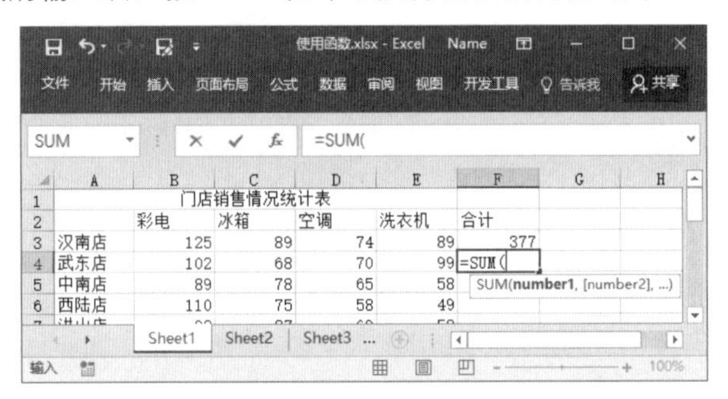

图 12.22　函数参数提示

12.3　Excel 函数分类应用

Excel 内置了大量的函数，这些函数按照功能的不同可以分为财务类函数、数学和三角函数、逻辑函数、日期和时间函数以及文本处理函数等。本节将对这些函数在数据处理和分析上的应用进行介绍。

12.3.1　使用财务函数

财务函数可以进行财务计算，如根据利率和期限计算支付金额，计算投资的未来值或净现值、债券或股票的价值等。财务函数包括 PMT()函数、PPMT()函数和 IPMT()函数等，下面通过一个实例来介绍财务函数的使用方法，该实例介绍在处理等额贷款业务时，计算贷款金额、本金和利息的方法。

01 启动 Excel 并打开工作表，在单元格中输入公式“=PMT(B3,B4,B2)”。按“Enter”键显示结果，如图 12.23 所示。

提 示

这里，PMT()函数的功能是基于固定利率和分期付款的方式返回贷款每期的付款额度，其语法格式如下：

```
PMT(rate, nper, pv,fv, type)
```

其中，参数 rate 为利率，参数 nper 为投资或贷款期限；参数 pv 为现值或一系列未来付款的当前值的累计和，也就是本金；参数 fv 为未来值或最后一次付款后希望得到的现金金额，该参数如果省略，表示最后一笔贷款的未来值为 0；参数 type 为贷款偿还方式，为 0 时表示期末，为 1 时表示期初，其默认值为 0。

02 在工作表的 E3 单元格中输入公式“=PPMT($B$3,D3,$B$4,-$B$2,0)”计算每期偿还的本金。将公式填充到其下的单元格中，此时获得的计算结果，如图 12.24 所示。

图 12.23　在单元格中输入公式

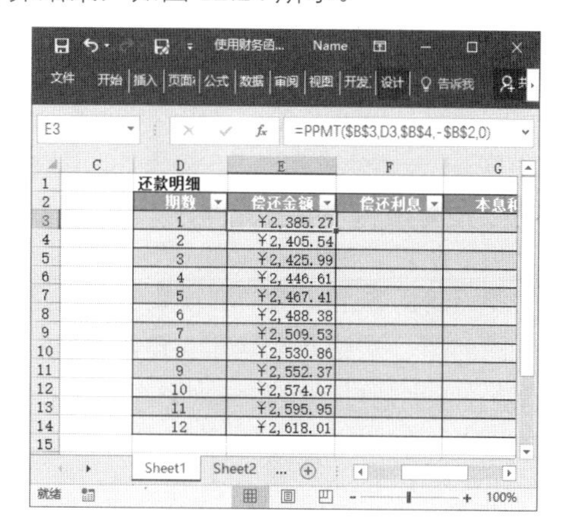

图 12.24　显示各期偿还的本金

提 示

PPMT()函数可以基于固定利率及等额分期付款方式返回投资在一定期间内的本金偿还额。其语法格式如下所示：

```
PPMT(rate, nper, pv,fv, type)
```

其中，参数 rate 是每期利率；per 用于计算其本金数额的期数，其值必须介于 1 与 nper 参数之间；参数 nper 为总投资期，即付款总期数；参数 pv 为现值；参数 fv 为未来值；参数 type 用以指定各期的付款时间是在期首还是期末，0 为期首，1 为期末。

03 在工作表的 F3 单元格中输入公式“=IPMT($B$3,D3,$B$4,-$B$2,0)”计算每期偿还的利息。将公式填充到其下的单元格，此时获得的计算结果如图 12.25 所示。

提 示

IPMT()函数是基于固定利率及等额分期付款方式返回给定期数内对投资的利息偿还额。其语法格式如下：

```
IPMT(rate, nper, pv,fv, type)
```

这里的各个参数的含义与 PMT()函数相同。

04 在 G3 单元格中输入公式“=E3+F3”计算每期的本息和，向下复制公式得到需要的结果，如图 12.26 所示。

图 12.25　显示各期利息值

05 在 H3 单元格中输入公式“=$B$2-SUM(E$3:E3)”计算每期偿还后剩余的贷款余额，向下复制公式后的结果，如图 12.27 所示。

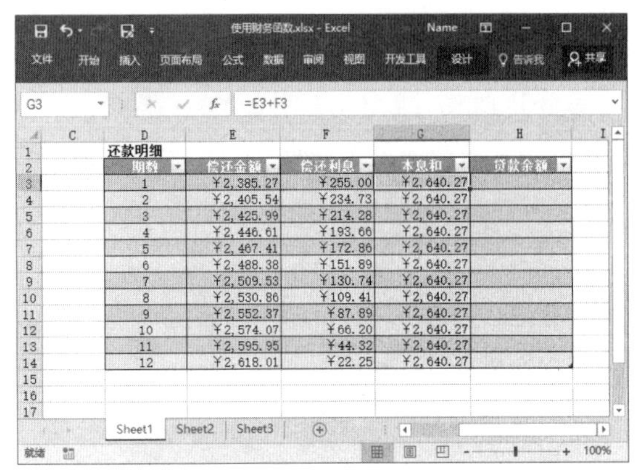

图 12.26　计算本息和

图 12.27　计算剩余的贷款余额

12.3.2　使用数学和三角函数

数学和三角函数主要用来进行数学和三角函数方面的计算，可以解决日常生活和工作中与数学运算有关的问题。常见的数学和三角函数包括 RAND()函数、PROUDUCT()函数、ROUND()函数和 INT()等。下面通过一个实例来介绍数学和三角函数使用方法，该实例使用 RAND()函数产生随机数，通过对随机数排序来使名单随机排列。

01 启动 Excel 并打开工作表，选择需要输入公式的单元格，在编辑栏中输入公式“=RAND()”，按 Ctrl+Enter 键结束输入，此时在单元格中产生随机数，如图 12.28 所示。

02 在“开始”选项卡的“编辑”组中单击“排序和筛选”按钮，在打开的列表中选择“降序”选项，如图 12.29 所示。

图 12.28　生成随机数

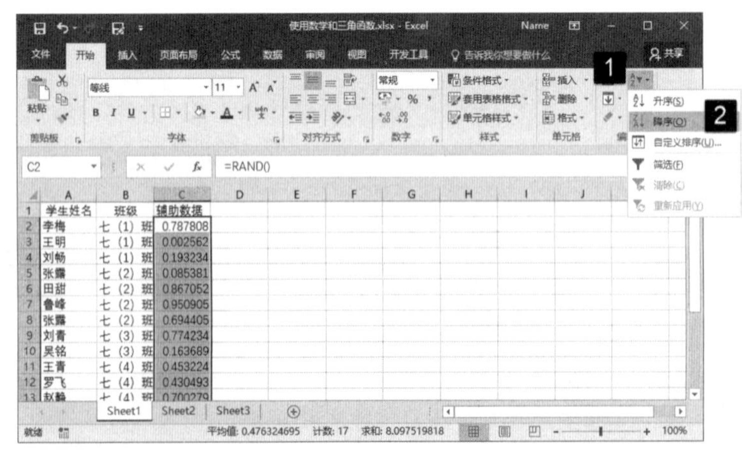

图 12.29　选择“降序”选项

03 Excel 给出“排序提醒”对话框，在对话框中选择“扩展选定区域”选项后单击“排序”按钮，如图 12.30 所示。排序后就可以获得随机排列的学生姓名，如图 12.31 所示。

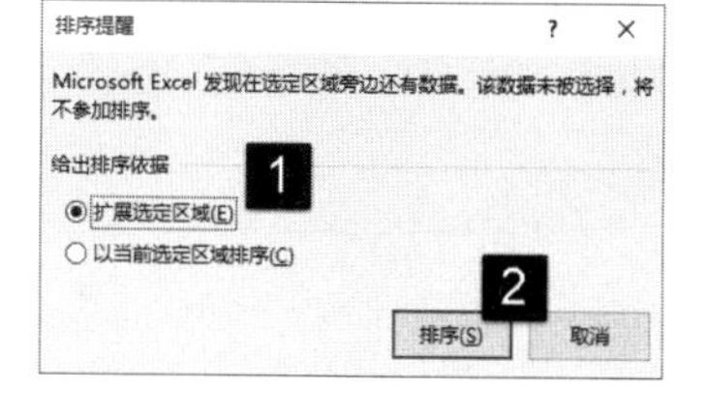

图 12.30 “排序提醒”对话框

	A	B	C
1	学生姓名	班级	辅助数据
2	鲁峰	七（2）班	0.104451
3	田甜	七（2）班	0.977153
4	郭明	七（5）班	0.907147
5	李梅	七（1）班	0.078529
6	刘青	七（3）班	0.857752
7	赵静	七（4）班	0.154261
8	张露	七（2）班	0.69745
9	彭乐	七（5）班	0.781586
10	王青	七（4）班	0.099926
11	罗飞	七（4）班	0.290553
12	王丽	七（5）班	0.77827
13	刘畅	七（1）班	0.701274
14	吴铭	七（3）班	0.084965
15	武清	七（4）班	0.088312
16	张露	七（2）班	0.297904
17	张涛	七（5）班	0.192351
18	王明	七（1）班	0.228424

图 12.31 数据随机排列

12.3.3 使用逻辑函数

逻辑函数主要包括逻辑与（AND）、逻辑或（OR）和逻辑非（NOT）以及条件判断（IF）等函数，常用于进行条件匹配和真假值判断后返回结果。下面通过一个实例来介绍逻辑函数的使用，这个实例使用 IF 函数来进行判断，根据学生的分数来评定学生的等级。学生分数低于 72 分为不及格，等级评定为“差”，72～96 分（不包括 96 分）为“中”， 96～108 分（不包括 108 分）为“良”，而分数大于等于 108 分为“优”。

01 启动 Excel 并打开工作表，在工作表中选择 C3 单元格，在编辑栏中输入公式“=IF(B3<72,"差",IF(B3<96,"中",IF(B3<108,"良","优"))”，如图 12.32 所示。按 Enter 键结束公式的输入。

02 使用鼠标向下拖动单元格上的填充控制柄向下填充公式，公式填充完成后在单元格中显示计算结果，如图 12.33 所示。

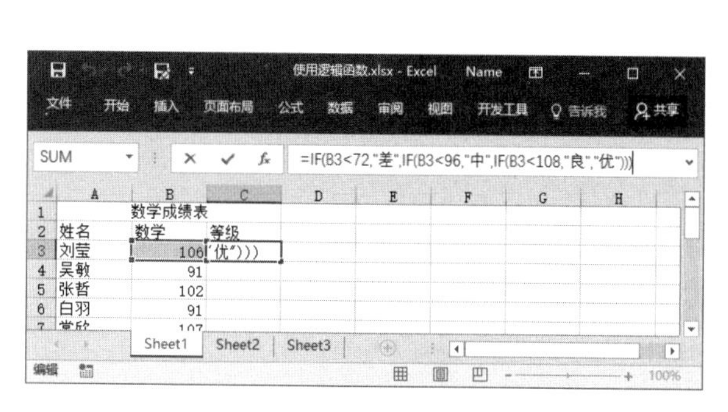

	A	B	C
1		数学成绩表	
2	姓名	数学	等级
3	刘莹	106	"优")))
4	吴敏	91	
5	张哲	102	
6	白羽	91	

图 12.32 在编辑栏中输入公式

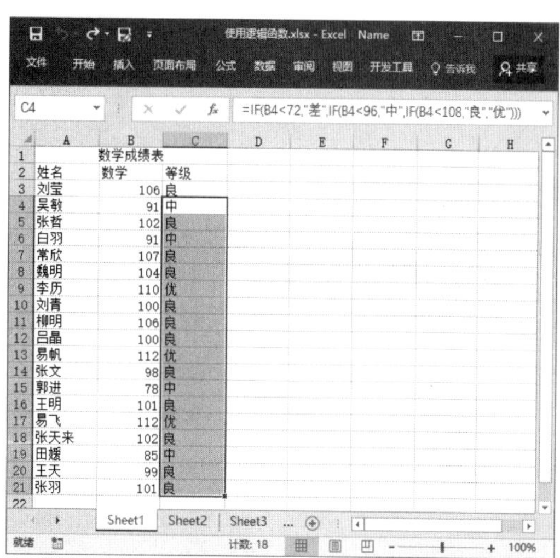

	A	B	C
1		数学成绩表	
2	姓名	数学	等级
3	刘莹	106	良
4	吴敏	91	中
5	张哲	102	良
6	白羽	91	中
7	常欣	107	良
8	魏明	104	良
9	李历	110	优
10	刘青	100	良
11	柳明	106	良
12	吕晶	100	良
13	易帆	112	优
14	张文	98	良
15	郭进	78	中
16	王明	101	良
17	易飞	112	优
18	张天来	102	良
19	田媛	85	中
20	王天	99	良
21	张羽	101	良

图 12.33 填充公式后显示计算结果

12.3.4 使用日期和时间函数

在使用 Excel 处理一些实际问题时，经常会遇到需要对日期和时间进行处理的情况，此时就需要用到日期和时间函数。Excel 的日期函数包括对年、月、日和星期进行处理的函数，也有能够对时、分和秒进行处理的函数。下面通过一个实例来介绍日期和时间函数的使用方法，在该实例中，男职工退休年龄为 60 岁，女职工退休年龄为 55 岁，函数自动获取职工退休时间。

01 启动 Excel 并打开工作表，在单元格中输入公式“=DATE(YEAR(E2)+IF(C2="男",60,55),MONTH(E2),DAY(E2))”，如图 12.34 所示。

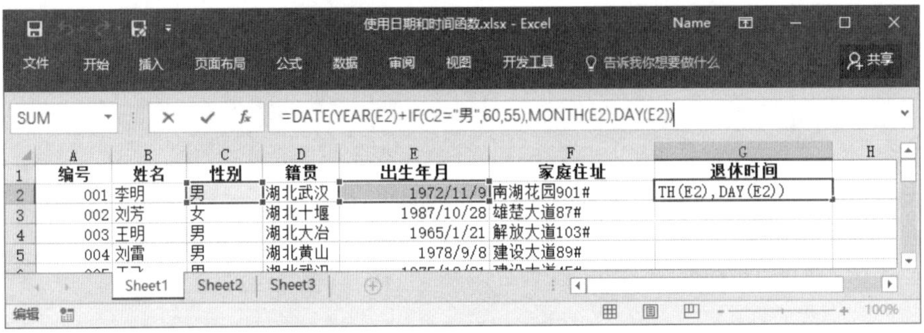
使用日期和时间函数.xlsx - Excel
文件 开始 插入 页面布局 公式 数据 审阅 视图 开发工具 告诉我你想要做什么
共享
SUM
=DATE(YEAR(E2)+IF(C2="男",60,55),MONTH(E2),DAY(E2))
编号 姓名 性别 籍贯 出生年月 家庭住址 退休时间
001 李明 男 湖北武汉 1972/11/9 南湖花园901# TH(E2),DAY(E2))
002 刘芳 女 湖北十堰 1987/10/28 雄楚大道87#
003 王明 男 湖北大冶 1965/1/21 解放大道103#
004 刘雷 男 湖北黄山 1978/9/8 建设大道89#
Sheet1 Sheet2 Sheet3
编辑

图 12.34　在单元格中输入公式

02 完成公式输入后按 Enter 键在单元格中显示结果，将鼠标放置到单元格右下角，拖动填充控制柄复制公式，单元格中获得需要的结果，如图 12.35 所示。

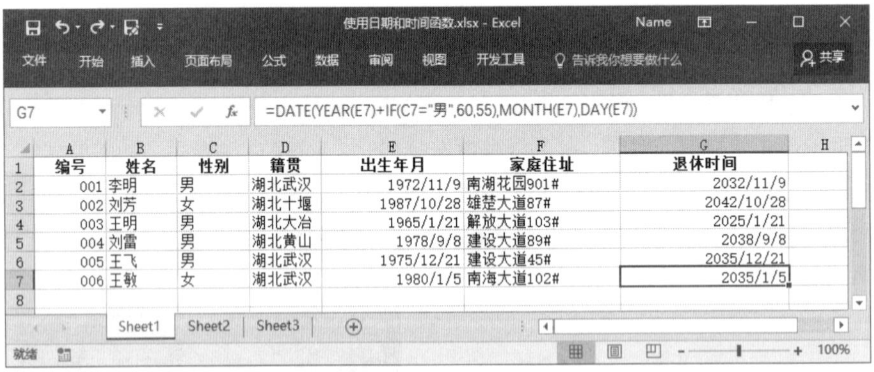
使用日期和时间函数.xlsx - Excel
文件 开始 插入 页面布局 公式 数据 审阅 视图 开发工具 告诉我你想要做什么
共享
G7
=DATE(YEAR(E7)+IF(C7="男",60,55),MONTH(E7),DAY(E7))
编号 姓名 性别 籍贯 出生年月 家庭住址 退休时间
001 李明 男 湖北武汉 1972/11/9 南湖花园901# 2032/11/9
002 刘芳 女 湖北十堰 1987/10/28 雄楚大道87# 2042/10/28
003 王明 男 湖北大冶 1965/1/21 解放大道103# 2025/1/21
004 刘雷 男 湖北黄山 1978/9/8 建设大道89# 2038/9/8
005 王飞 男 湖北武汉 1975/12/21 建设大道45# 2035/12/21
006 王敏 女 湖北武汉 1980/1/5 南海大道102# 2035/1/5
Sheet1 Sheet2 Sheet3
就绪
100%

图 12.35　获得需要的结果

12.3.5 使用文本函数

文本函数可以对单元格中的文本进行提取、查找、替换和合并等操作。下面通过一个实例来介绍文本函数的使用，在这个实例中，使用文本函数将金额转换为汉字大写形式，并将各个金额数字分别放置到单元格中。

01 启动 Excel 并打开工作表，在工作表中选择 C3:C10 单元格区域，在编辑栏中输入公式“=SUBSTITUTE(SUBSTITUTE(IF(-RMB(B10,2),TEXT(B3,";负")&TEXT(INT(ABS(RMB(B10,2))),"[dbnum2]G/通用格式元;;")&TEXT(RIGHT(RMB(B10,2),2),"[dbnum2]0 角 0 分;;整"),),"零角",IF(B10^2<1,,"零")),"零分","整")”，按 Ctrl+Enter 键结束公式的输入。此时选择单元格中将出现大写金额，如图 12.36 所示。

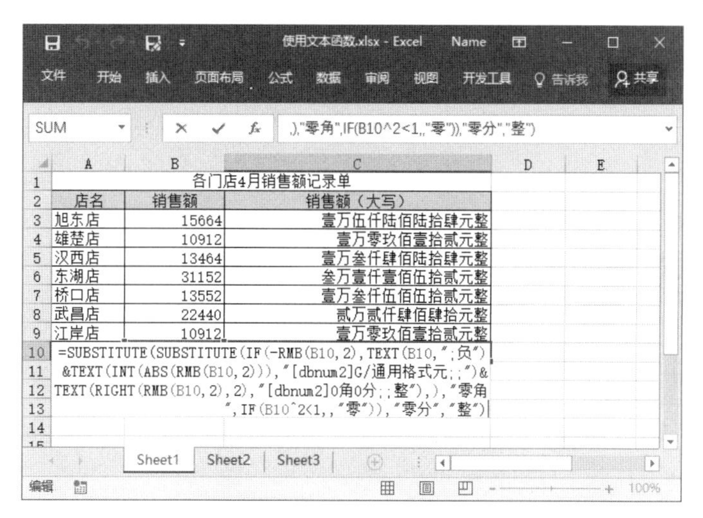

各门店4月销售额记录单

店名	销售额	销售额（大写）
旭东店	15664	壹万伍仟陆佰陆拾肆元整
雄楚店	10912	壹万零玖佰壹拾贰元整
汉西店	13464	壹万叁仟肆佰陆拾肆元整
东湖店	31152	叁万壹仟壹佰伍拾贰元整
桥口店	13552	壹万叁仟伍佰伍拾贰元整
武昌店	22440	贰万贰仟肆佰肆拾元整
江岸店	10912	壹万零玖佰壹拾贰元整

```
=SUBSTITUTE(SUBSTITUTE(IF(-RMB(B10,2),TEXT(B10,";负")&TEXT(INT(ABS(RMB(B10,2))),"[dbnum2]G/通用格式元;;")&TEXT(RIGHT(RMB(B10,2),2),"[dbnum2]0角0分;;整"),),"零角",IF(B10^2<1,,"零")),"零分","整")
```

图 12.36　在单元格中显示大写金额

提　示

这里，在公式中使用 RMB()函数将小写金额数据四舍五入保留两位小数，然后使用 TEXT()函数将数据的符号、整数部分和小数部分进行转换，使用连接符“&”连接这三个部分。使用 IF()函数进行判断，如果金额大于等于 1 分，则返回 TEXT()函数的转换结果，否则就返回空值。最后，使用 SUBTITUTE()函数将“零角”转换为“零”或空值，将“零分”转换为“整”。

02 打开 Sheet2 工作表，在工作表中选择 C3:M10 单元格区域，在编辑栏中输入公式“=LEFT(RIGHT(TEXT($B3*100," ￥000;;"),COLUMNS(C:$M)))”，按 Ctrl+Enter 键结束公式的输入。此时工作表中金额数字分置到选择单元格区域的各个单元格中，如图 12.37 所示。

各门店4月销售额记录单

店名	销售额	亿	千万	百万	十万	万	千	百	拾	元	角	分
旭东店	15664				￥	1	5	6	6	4	0	0
雄楚店	10912				￥	1	0	9	1	2	0	0
汉西店	13464				￥	1	3	4	6	4	0	0
东湖店	31152				￥	3	1	1	5	2	0	0
桥口店	13552				￥	1	3	5	5	2	0	0
武昌店	22440				￥	2	2	4	4	0	0	0
江岸店	10912				￥	1	0	9	1	2	0	0
汉南店	22352				￥	2	2	3	5	2	0	0

图 12.37　金额数字分置到单元格中

提　示

在公式中，首先将 B 列中的数值扩大 100 倍，使用 TEXT()函数将其转换为带有货币符号“￥”的文本字符串。这里在转换时，使用“￥000”作为 TEXT()函数的第二个参数是为了将小于 1 元的金额在“元”位上强制显示为 0。公式中使用 RIGHT()函数将 COLUMNS()函数返回的列数从右向左截去字符串，由于公式是向右复制的，COLUMNS()函数返回的列数会逐渐减少，RIGHT()函数截得的字符串的长度也逐渐减少。最后使用 LEFT()函数从 RIGHT()函数返回的字符串中取左边首字符从而将金额数字分列置入到各个单元格中。

12.4 本章拓展

下面介绍 3 个拓展应用实例。

12.4.1 使 Excel 自动重算

在使用公式对数据进行计算时，有时会遇到修改了引用单元格的数据后，公式的计算结果还是保持原值，并没有随之发生改变。这是由于 Excel 并没有对数据进行自动重算，要解决这个问题，可以使用下面 2 种方法来进行操作。

（1）启动 Excel 并打开工作表，在“文件”选项卡左侧列表中选择“选项”选项打开“Excel 选项”对话框。在对话框左侧列表中选择“公式”选项，在右侧的“计算选项”栏中选择“自动重算”单选按钮。完成设置后单击“确定”按钮关闭对话框，如图 12.38 所示。此时，更改公式引用单元格中的数据，公式的计算结果将随之自动更新。

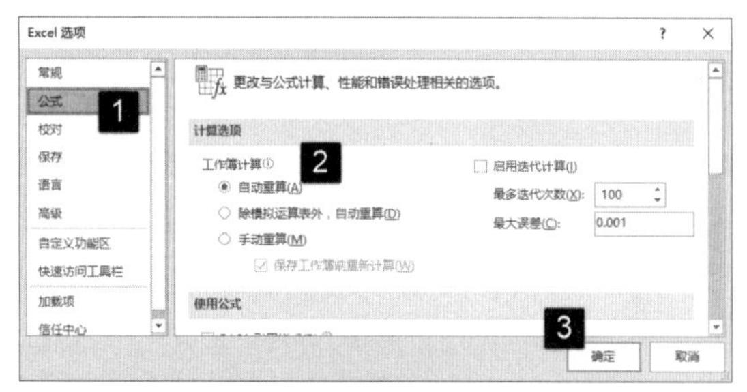

图 12.38 选择“自动重算”单选按钮

（2）在“公式”选项卡的“计算”组中单击“计算选项”按钮，在打开的列表中选择“自动”选项，如图 12.39 所示。此时也能够打开 Excel 的自动重算功能。

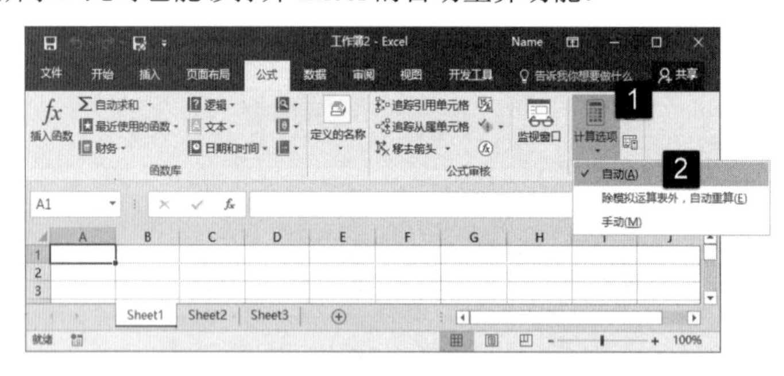

图 12.39 选择“自动”选项

提 示

打开 Excel 的自动重算功能，只有在公式引用的单元格数据发生更改后，Excel 才会自动重新计算公式。同时，在第一次打开工作簿时，默认情况下 Excel 会自动重新计算。如果表格中数据较多且使用了很多公式，在输入和修改数据时，为了避免因公式重算占用大量的 CPU 和内存资源，可以将“计算选项”设置为“手动”。在输入和编辑操作后，按 F9 键对整个工作簿进行计算即可，此时也可以按 Shift+F9 键对活动工作簿进行计算。

12.4.2 在新输入行中自动填充公式

在使用 Excel 时，用户常常会遇到需要向某个工作表中添加数据的情况。例如，在工作表的最后添加一行或多行新数据，这些行的数据往往需要进行与上面行相同的计算，此时可以使用将上面行中的公式复制到该行的方法来为其添加公式。实际上，通过设置可以使 Excel 自动为这些新输入的行填充与上面行相同的公式，下面介绍具体的操作方法。

01 启动 Excel 并打开工作表，打开“Excel 选项”对话框。在对话框左侧列表中选择“高级”选项，在“编辑选项”栏中选择“扩展数据区域格式及公式”复选框。单击“确定”按钮关闭对话框，如图 12.40 所示。

02 在工作表的最后一行添加新的数据，当选择该行的 F9 单元格时，Excel 将上一行的公式扩展到该单元格，如图 12.41 所示。

图 12.40　勾选“扩展数据区域格式及公式”复选框

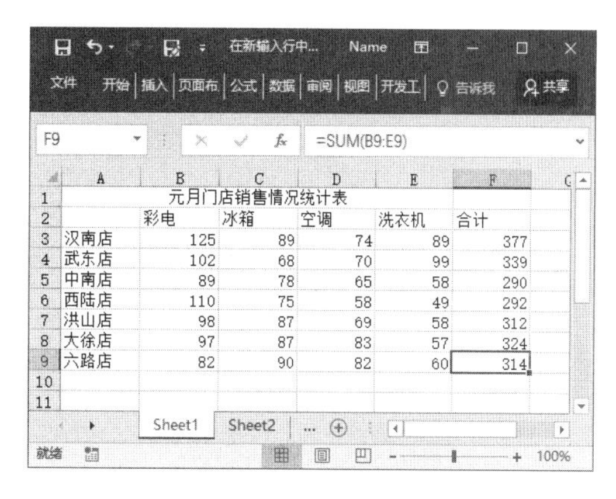

图 12.41　自动扩展公式

提　示

在 Excel 中使用“扩展数据区域格式和公式”功能时，单元格区域中必须要有连续 4 个及以上的单元具有重复使用的公式，只有这样才能在其下的行中输入数据后将公式扩展到该行。

12.4.3　使用数组公式

在使用函数进行数据计算时，有时计算的对象是某个计算结果，此时则必须使用数组公式来进行处理。使用数组公式可以实现需要分别使用多个公式才能实现的功能，能够有效地简化工作表。使用数组公式可以执行多重计算，计算结果可以是单个结果，也可以是多个结果。下面以按照权重计算学生成绩总评分数为例来介绍创建计算单个结果的数组公式的方法。

01 启动 Excel 并打开工作表，该工作表用于对学生成绩进行统计。在工作表的单元格中输入学生各科成绩的权，如图 12.42 所示。

02 在编辑栏中输入“=”，使用函数栏插入公式，如图 12.43 所示。在编辑栏中删除函数中的数，输入新的参数。这里各个参数都是单元格计算结果，如图 12.44 所示。

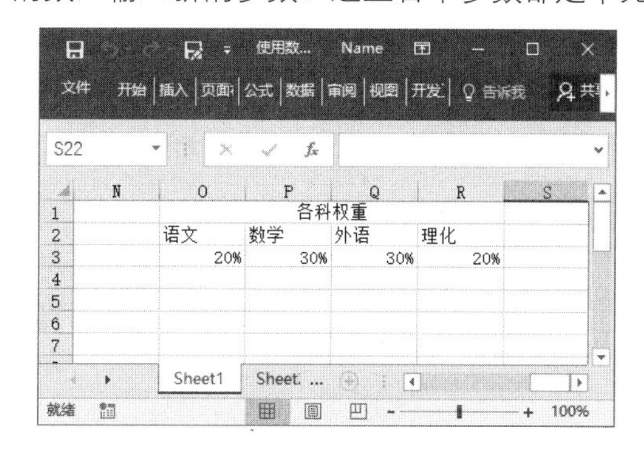

图 12.42　输入成绩各科成绩的权

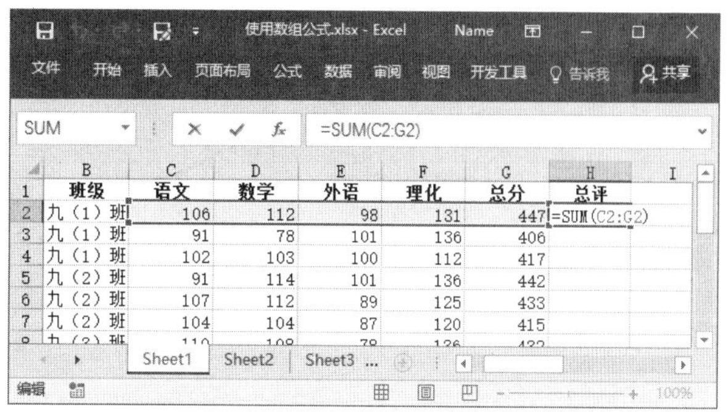

图 12.43　添加公式

03 完成输入后，按 Ctrl+Shift+Enter 键创建数组公式，单元格中显示计算结果，如图 12.45 所示。

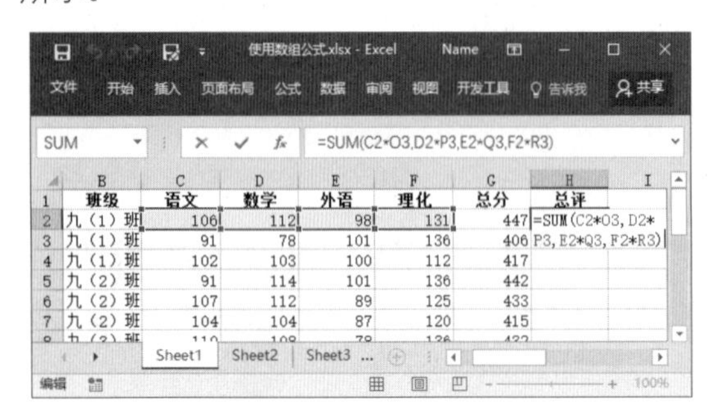

图 12.44　修改公式参数

图 12.45　创建数组公式获得单个结果

提　示

在 Excel 中，数组是由一个或多个按照行、列进行排列的元素的集合，数组一般分为 3 种类型。构成数组的每一个元素都是常量，这个数组称为常量数组。如果数组是对单元格区域的引用，则这个数组称为区域数组。如果数组是由公式计算返回的结果在内存中临时构成并且可以作为一个整体直接嵌入其他公式中继续参与计算，则其称为内存数组。当数组中的元素只在一个方向上排列时，其为一维数组。一维数组根据方向又可分为垂直数组（只有一列的数组）和水平数组（只有一行的数组）。当数组同时包含行和列两个方向时，其称为二维数组。数组的行列代表了其尺寸大小。

04 选择需要输入公式的单元格，在编辑栏中输入公式，如图 12.46 所示，按 Ctrl+Shift+Enter 键创建数组公式。编辑栏输入的公式被大括号括起来，单元格中获得计算结果，如图 12.47 所示。

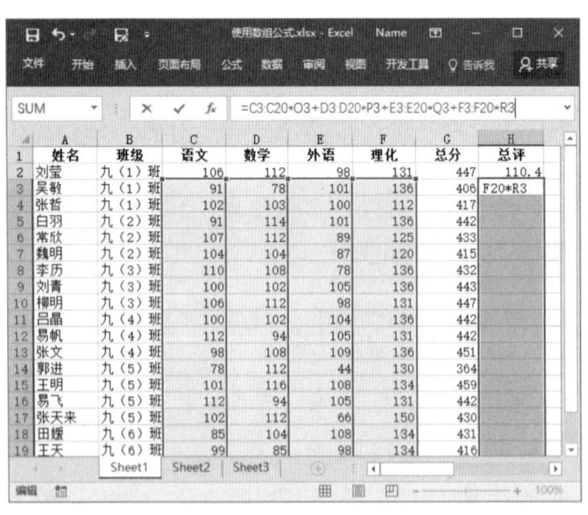

图 12.46　选择单元格后输入公式

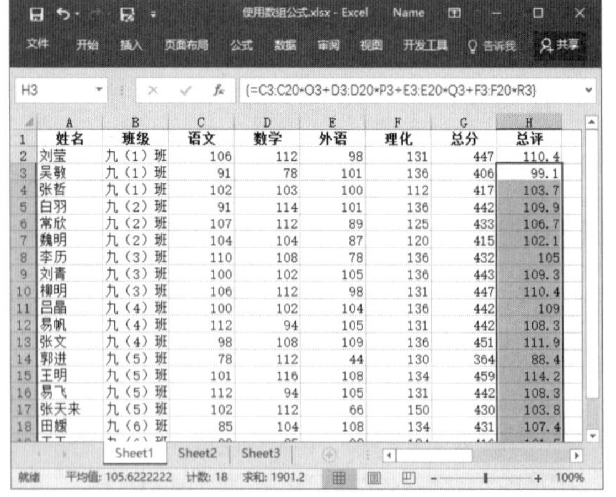

图 12.47　获得计算结果

提　示

这里实际上是创建了计算多个结果的数组公式，使用数组公式计算出的多个结果必须放置到与数组参数具有相同列数或行数的单元格区域中。在 Excel 中，下面两种情况必须使用数组公式才能得到结果：一种情况是当公式的计算过程中含有多项计算，且函数本身不支持非常量数组的多项运算时；另一种情况是公式计算结果为数组，需要使用多个单元格来存储计算所产生的结果时。

第 13 章

数据图表的应用

图表可以使数据易于理解，直观表现数据之间的相互关系，发现数据的变换趋势。Excel 的图表功能十分强大，毫不逊色于任何一个专业的图表制作软件，其可以创建各类专业图表，还可以使用各种工具美化图表，创建符合自己需要的图表类型。本章将对 Excel 中图表的应用进行介绍。

13.1 图表的基本操作

Excel 是一款功能强大的软件，对图表的很多操作都是非常简单的，但是这些操作在对图表进行编辑和美化时又是不可或缺的。对图表的操作，包括对图表对象的选择、移动和调整大小等，这些操作在完成图表创建后进行。本节对图表以及相关的基本操作进行介绍。

13.1.1 认识图表

Excel 2016 提供了多达 15 种图表类型供用户选择使用，每一种图表类型具有多种组合和变换，灵活应用满足各种数据分析和显示的需要。

1. Excel 的图表类型

Excel 2016 提供了内置的标准图表供用户选择使用，包括柱形图、折线图、饼图、条形图、面积图、XY（散点图）、股价图、曲面图和雷达图等，每类图表都具有一定的使用环境和创建方法。下面对这些常用图表的特征进行介绍。

- 柱形图：由一系列的垂直柱体组成，通常用来比较两个或多个项目数据的相对大小。柱形图是 Excel 中一类应用广泛的图表类型，其为默认的图表类型，如图 13.1 所示。
- 折线图：可以显示随时间或类别而变化的连续数据，反映时间段内数据的变化趋势。在折线图中，类别数据沿水平轴方向均匀分布，数值数据则沿着垂直轴的方向均匀分布，如图 13.2 所示。

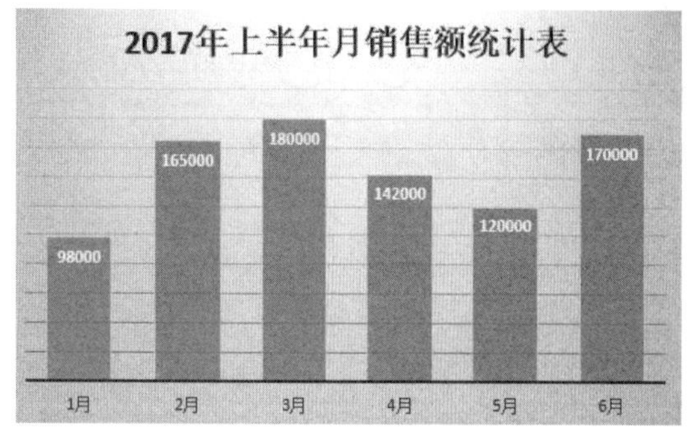

图 13.1　Excel 中的柱形图

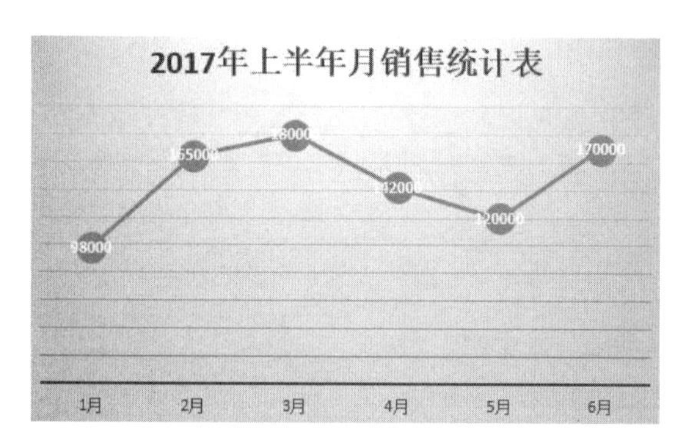

图 13.2　Excel 中的折线图

- 饼图：用于显示一个数据系列，其常用于显示一个数据系列中各项的大小占各项总和的比例。在饼图中，整个饼图代表总和，每一个数据用一个扇形区域来代表，如图 13.3 所示。在创建饼图时，饼图中展示的数据有一定的限制，例如，只能存在一个需要绘制的数据系列，数据值没有负值并几乎没有零值，数据的类别数量最好不要超过 7 个。
- 条形图：可以看作是柱形图顺时针旋转 90° 而成。在条形图中，水平轴为数值，垂直轴为类别。条形图能够清晰地显示数据之间的大小比较情况，如图 13.4 所示。

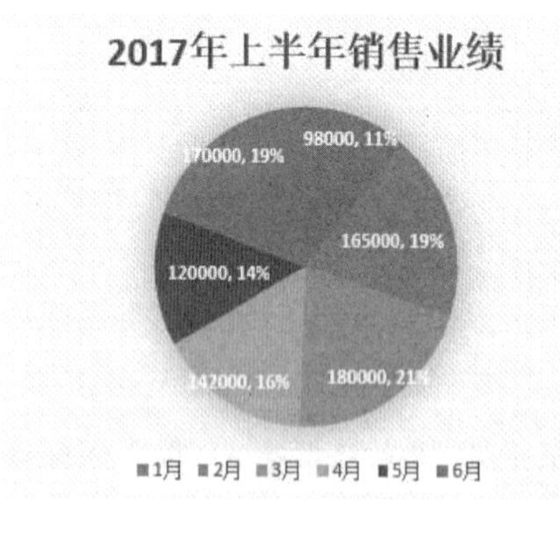

图 13.3　Excel 中的饼图

图 13.4　Excel 中的条形图

- 面积图：用于显示数据精确的变化趋势，能够显示一段时间内数据变动的幅度。面积图可呈现单独部分的变化，同时也可以呈现数据的整体变化趋势，如图 13.5 所示。面积图可用于进行盈亏平衡分析、对价格变化范围及趋势进行分析和预测等。
- XY 散点图：可以显示若干数据系列中各个数值之间的关系。散点图具有两个数值轴，沿横轴（即 X 轴）方向显示一组数值数据，沿纵轴（即 Y 轴）方向显示另一组数据，这些数据被合并为单一数据并按照不均匀的间隔或簇来显示，如图 13.6 所示。
- 股价图：一种具有 3 个数据系列的折线图，用来显示一段时间内一种股价的最高价、最低价和收盘价，如图 13.7 所示。股价图多用于金融行业，用来描述商品价格变化和汇率变化等。

图 13.5　Excel 中的面积图

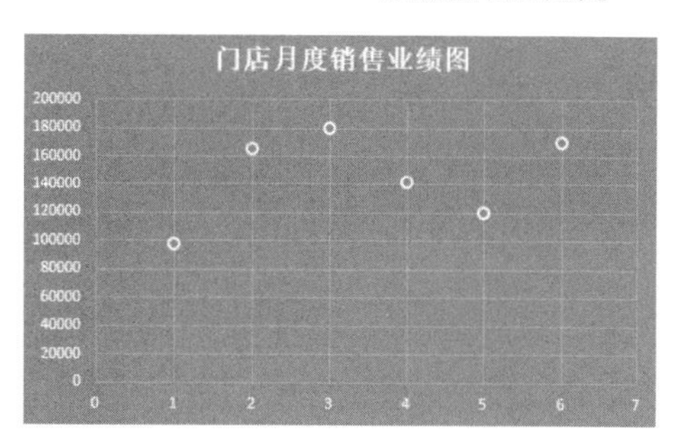

图 13.6　Excel 中的 XY 散点图

- 曲面图：可以利用颜色和图案来表现处于相同数值范围内的区域，使用曲面图可以帮助用户找到两组数据之间的最佳组合，如图 13.8 所示。

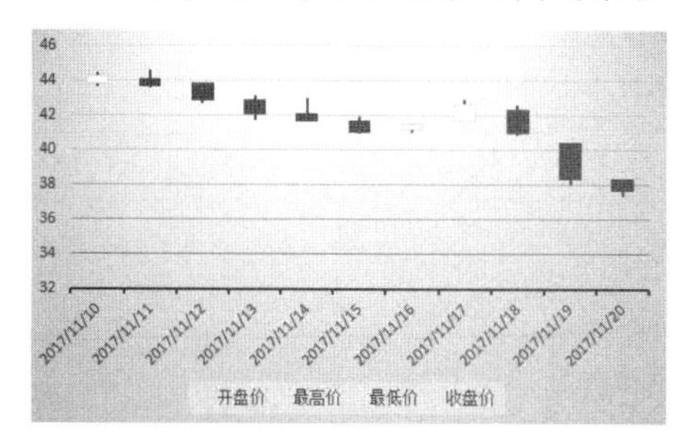

图 13.7　Excel 中的股价图

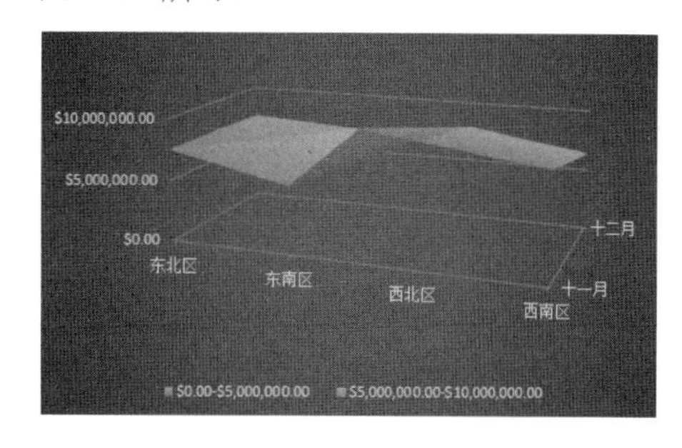

图 13.8　Excel 中的曲面图

- 雷达图：雷达图的形状类似于雷达，工作表中的数据从图的中心位置向外延伸，延伸的多少体现数据的大小，如图 13.9 所示。

Excel 的图表分为平面图表和立体图表，除了股价图和雷达图之外，其他的 Excel 图表类型均提供了立体图表供用户选择使用。例如，Excel 2016 的条形图和饼图中的三维簇状柱形图和三维饼图均属于立体图表，如图 13.10 所示。

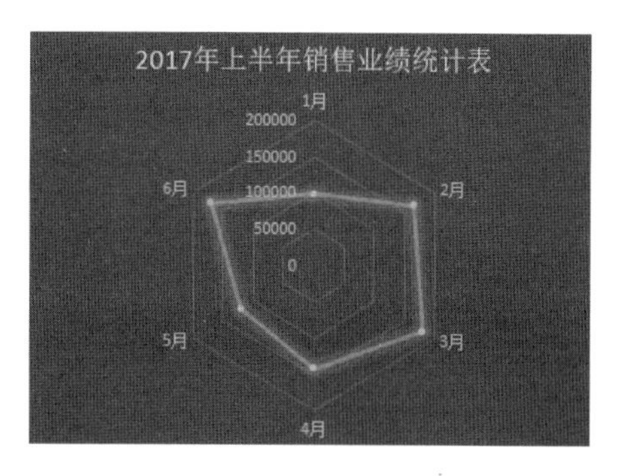

图 13.9　Excel 中的雷达图

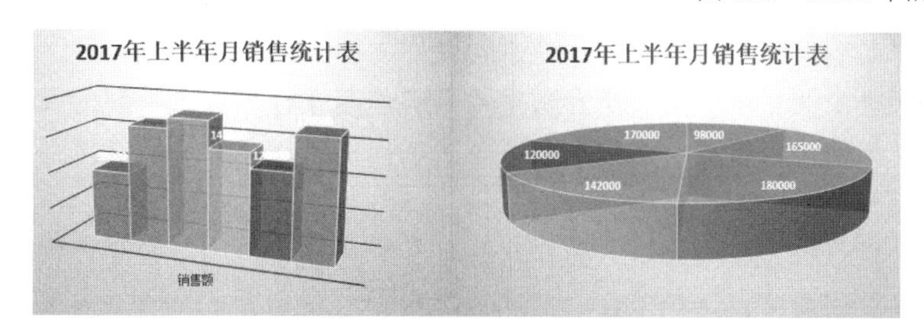

图 13.10　三维簇状柱形图和三维饼图

提 示

相对于平面图表，使用立体图表能够获得更为美观的视觉效果，但有些情况下立体图表显示不够简练会出现表达不够清晰的情况。因此，在使用图表时，无论是使用平面图表还是立体图表，都要考虑需要展示的数据的实际情况，兼顾图表的实用性和美观性，以不影响图表的信息表达为首要原则。

2. Excel 的图表构成元素

一个 Excel 图表包含大量图表元素，其基本元素为 8 个，它们是图表区、绘图区、图表标题、图例、横坐标轴、纵坐标轴、网格线和数据系列，如图 13.11 所示。

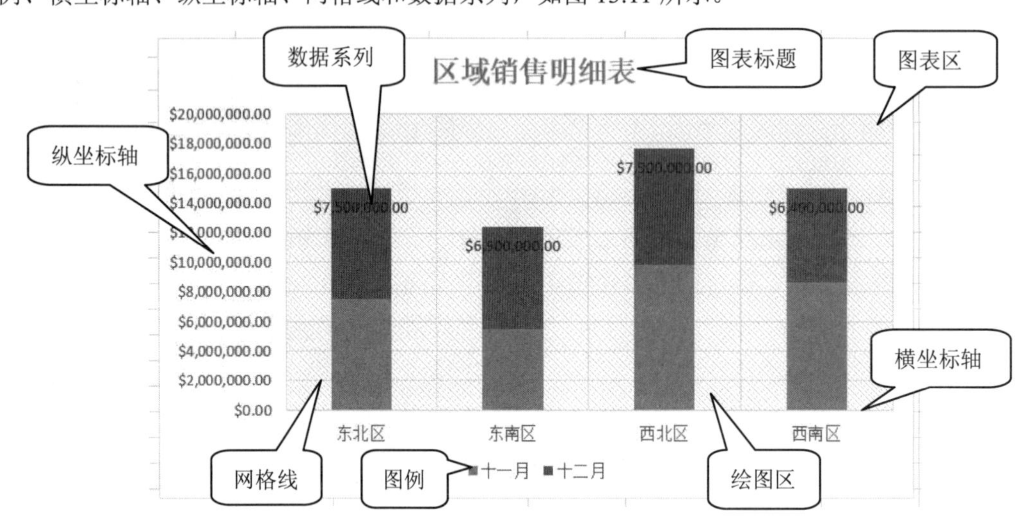

图 13.11 Excel 图表的基本元素

下面对 Excel 图表的基本元素进行介绍。

- 图表区：图表的全部范围，其容纳了 Excel 图表的所有元素。对图表区的格式进行修改，包含于其中的元素的格式也将会一起被修改。
- 绘图区：图表区内图形绘制的区域，其是以坐标轴为边的长方形区域。对绘图区格式的修改，将改变绘图区内所有元素的样式。
- 图表标题：一个显示于图表区中的文本框，用于标示图表的主题思想和意义。在创建 Excel 图表时，如果在数据区域中选择了标题行，标题行文字将作为图表标题，用户可以根据需要对标题文字的字体、文本框的填充样式和对齐方式等进行设置。
- 数据系列：一个 Excel 图表的主题是由数据点构成的，每一个数据点对应图表中一个单元格中的数据，数据系列对应工作表中一行或者一列的数据。数据系列在绘图区中表现为彩色的点、线和面等图形，同时数据系列可以包含数据标签，用于显示数据系列的值、系列名称和类别名称等信息。
- 图例：图表中的一个带有文字和图案的矩形，用于标示数据系列的颜色和图案。图例可以被鼠标拖曳放置到绘图区的任意位置，同时可以通过设置其边框、填充和字体等来改变其样式。
- 坐标轴：根据位置不同可以分为横坐标轴和纵坐标轴两类。横坐标轴也称为分类轴，对于大多数图表来说其位于图表的底部，数据系列沿着该轴的方向按类别展开，如按时间、季节、区域和部门等。默认情况下，纵坐标轴位于绘图区的左侧，用于标示数据系列的数值，因此其也称为数值轴。
- 网格线：分为水平穿过绘图区的横网格线和垂直穿过绘图区的纵网格线。在图表中，网格线可以标示出数据系列中的数据点处于哪个数值范围内，即指明数据点是大于还是小于某个数值。图表中的网格线不宜过于醒目，一般使用浅色的虚线以避免其对图表中主要信息的显示产生干扰。

13.1.2 创建图表

在 Excel 中，图表是基于工作表中的数据的，在创建图表前首先需要准备好创建图表的数据。当需要创建图表的数据是工作表中整个数据区域中的数据时，创建图表的操作将会十分简单，下面介绍创建图表的方法。

01 在工作表的数据区域中单击任意一个单元格，打开“插入”选项卡，在“图表”组中单击图表按钮，如这里单击“插入散点图（X、Y）或气泡图”按钮，在打开的列表中选择需要创建的图表类型，如这里选择“带平滑线和数据标记的散点图”选项，Excel 将按照数据区域中的数据创建指定的图表，如图 13.12 所示。

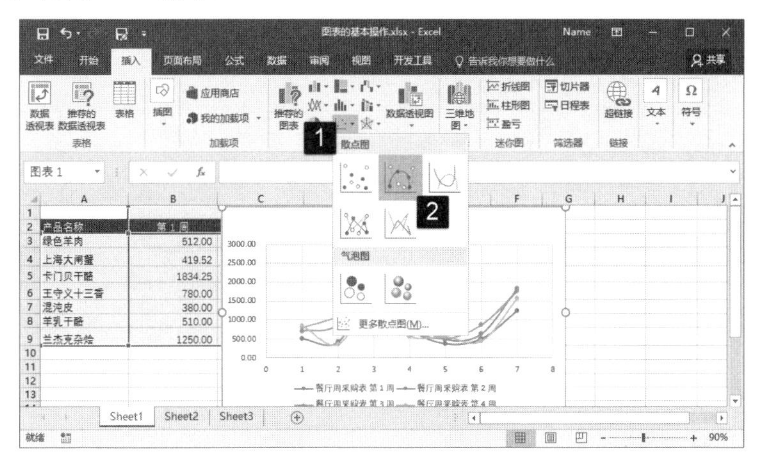

图 13.12　在工作表中插入图片

02 在工作表中选择数据区域中的任意一个单元格，打开“插入”选项卡，在“图表”组中单击“查看所有图表”按钮。此时将打开“插入图表”对话框，在对话框中打开“所有图表”选项卡。对话框左侧列表中将列出所有可用的图表类型，选择需要使用的图表类型后，在对话框右侧选择需要使用的图表子类型。完成选择后单击“确定”按钮关闭对话框，如图 13.13 所示。图表插入到工作表中，如图 13.14 所示。

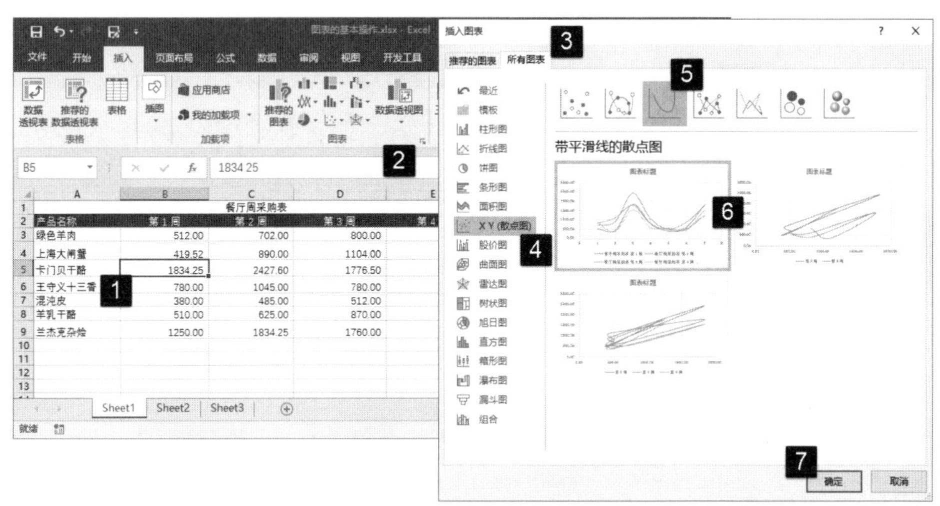

图 13.13　选择需要使用的图表

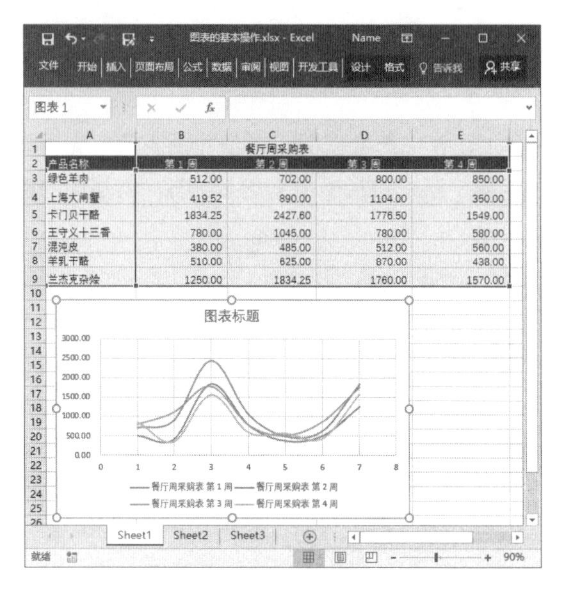

	餐厅周采购表			
产品名称	第1周	第2周	第3周	第4周
绿色羊肉	512.00	702.00	800.00	850.00
上海大闸蟹	419.52	890.00	1104.00	350.00
卡门贝干酪	1834.25	2427.60	1776.50	1549.00
王守义十三香	780.00	1045.00	780.00	580.00
混沌皮	380.00	485.00	512.00	560.00
羊乳干酪	510.00	625.00	870.00	438.00
兰杰克杂烩	1250.00	1834.25	1760.00	1570.00

图 13.14　图表插入到工作表中

13.1.3　更改图表类型

在创建图表时需要选择创建图表的类型，如果图表类型不符合要求，可以更改图表类型。更改创建完成的图表的类型，可以使用下面的步骤来执行操作。

01 选择工作表中创建图表，在图表的“设计”选项卡的“类型”组中单击“更改图表类型”按钮，如图 13.15 所示。

02 此时将打开“更改图表类型”对话框，打开对话框中的“所有图表”选项卡，选择需要使用的图表。完成设置后单击“确定”按钮关闭对话框，如图 13.16 所示。图表更改为选择类型，如图 13.17 所示。

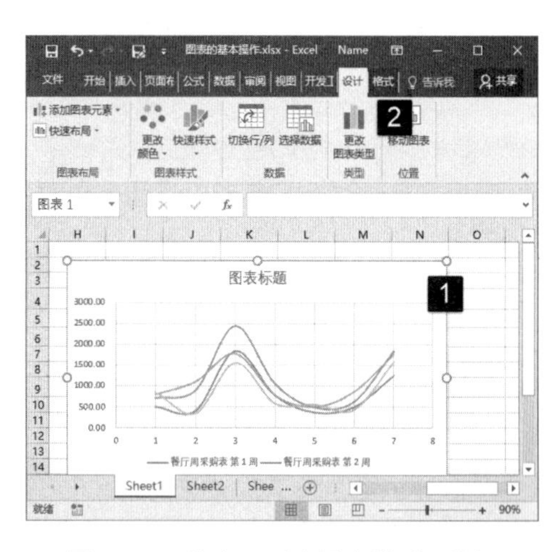

图 13.15　单击“更改图表类型”按钮

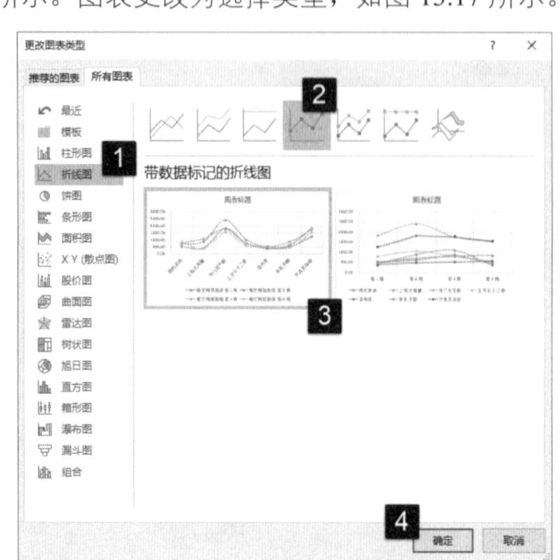

图 13.16　选择图表类型

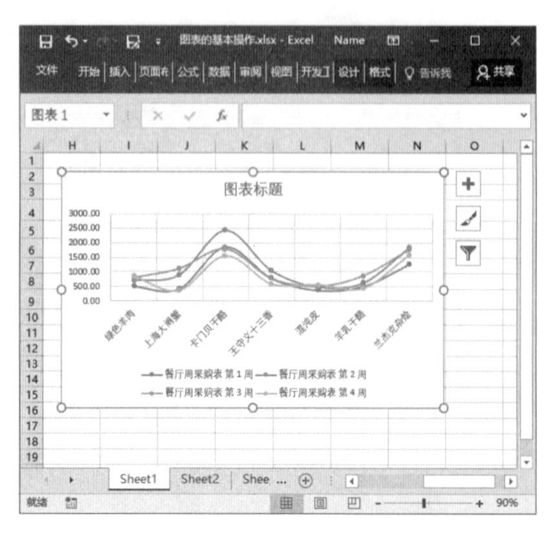

图 13.17　图表更改为选择类型

提 示　右击图表，在快捷菜单中选择“更改图表类型”命令同样可以打开“更改图表类型”对话框更改图表的类型。

13.1.4 调整图表

在完成图表的创建后，插入工作表中的图表需要进行调整，使其能够与工作表中的数据相配合，更好地展示数据的情况。下面分别介绍调整图表大小和位置的方法。

1. 调整图表的大小

在工作表中，图表的大小应该根据工作表的实际情况来确定，既有利于对图表的显示，又不至于影响对工作表数据的操作。因此，在创建图表后，经常需要对图表的大小进行调整。调整图表的大小一般可以使用下面的 3 种方法。

（1）在工作表中选择图表，将鼠标指针放置到图表边框的控制柄上，按住鼠标左键移动鼠标即可调整图表的大小，如图 13.18 所示。

提 示　将鼠标指针放到图表边框四个角的控制柄上，当指针变为斜向的双向箭头时，按住 Shift 键拖动鼠标，可以等比例缩放图表。

（2）如果需要精确调整图表的大小，可以在选择图表后打开“格式”选项卡，在“大小”组的“形状高度”和“形状宽度”微调框中输入数值，如图 13.19 所示。

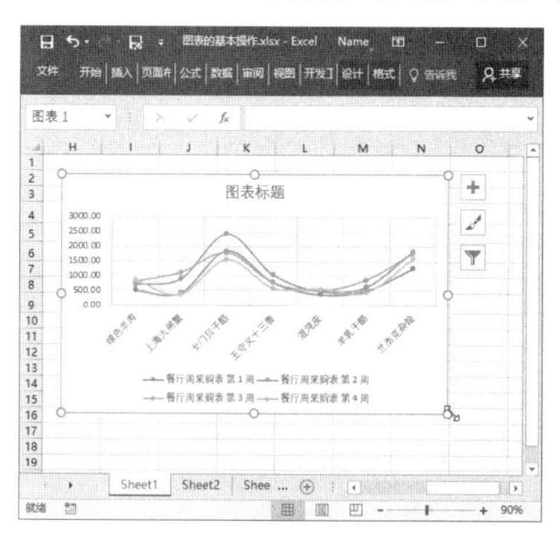

图 13.18　拖动控制柄调整图表大小

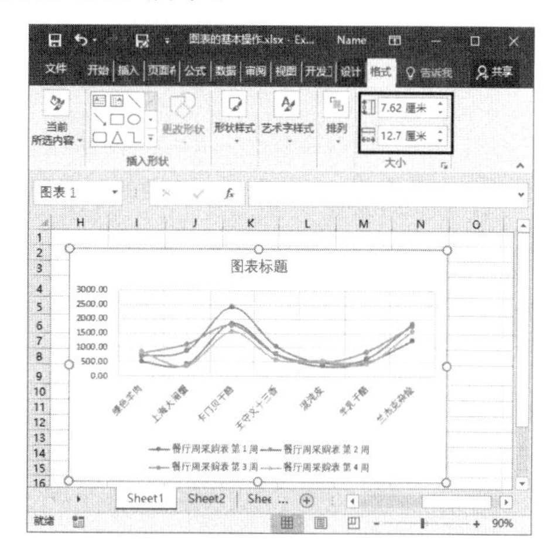

图 13.19　精确设置图表大小

（3）在“大小”组中单击“大小和属性”按钮打开“设置图表区格式”窗格，在“缩放高度”和“缩放宽度”微调框中输入数值，可以使图表按照输入的比例改变大小。如果勾选“锁定纵横比”复选框，则只需要在窗格的微调框中输入高度值或宽度值中的一个值，Excel 将按照图表当前的高度和宽度比自动设置另一个值的大小，如图 13.20 所示。

提 示　如果在同一张工作表中插入了多张大小不一的图表，可能会影响工作表的整体外观。此时，可以按住 Ctrl 键或 Shift 键单击图表同时选择它们，在“格式”选项卡的“大小”组的“形状高度”和“形状宽度”微调框中输入数值，按 Enter 键确认输入即可将选择的图表大小调整为统一大小。

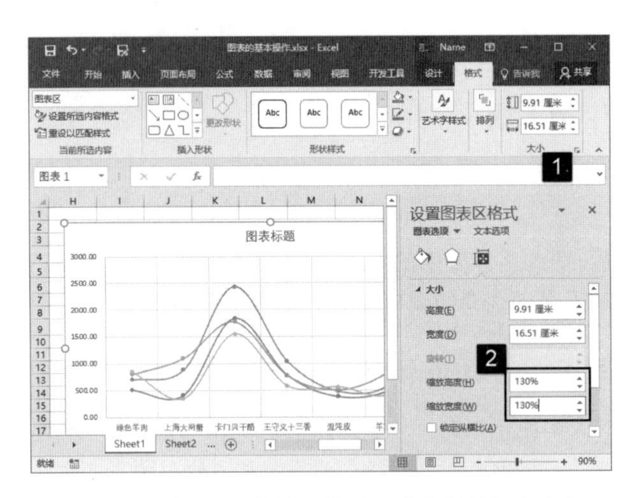

图 13.20 在“设置图表区格式”窗格调整图表大小

2. 调整图表的位置

创建图表后，图表在工作表中的位置往往不符合要求，此时需要对图表进行移动。移动图表分为 2 种情况，一种情况是在当前工作表中移动，另一种情况是跨工作表移动。

（1）在同一个工作表中移动图表十分简单，可以在选择图表后，使用鼠标将其拖放到任意位置。按住鼠标右键移动图表，释放右键后，将获得一个选项菜单，选择相应的选项可以决定当前的操作是移动图表还是复制图表，如图 13.21 所示。

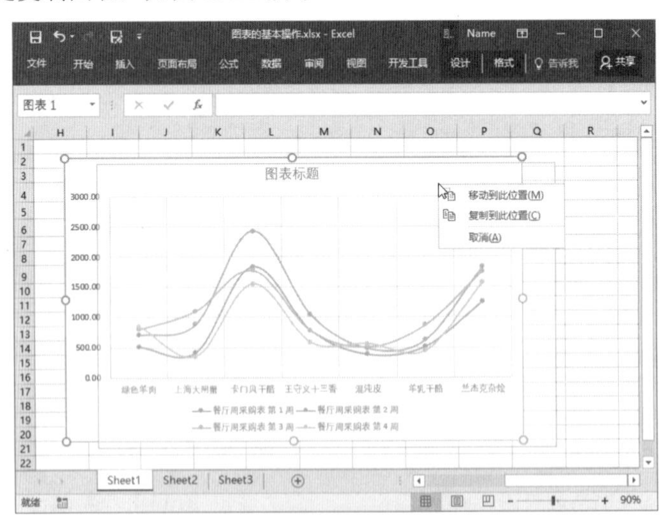

图 13.21 选择移动还是复制图表

注 意

在拖移图表时，不能将鼠标光标放置到图表的空白区域进行拖动，否则移动的将可能是绘图区、坐标轴标题或图例等图表对象。在拖动图表时要避免拖动图表对象，只需要留意鼠标指针旁的提示信息即可。

（2）选择图表，在“设计”选项卡的“位置”组中单击“移动图表”按钮打开“移动图表”对话框。在对话框中选择“对象位于”单选按钮，在该选项的列表中选择图表移动到的目标工作表，如图 13.22 所示。单击“确定”按钮关闭“移动图表”对话框后，选择图表即会移动到指定的工作表中，同时图表在目标工作表中的相对位置不变。

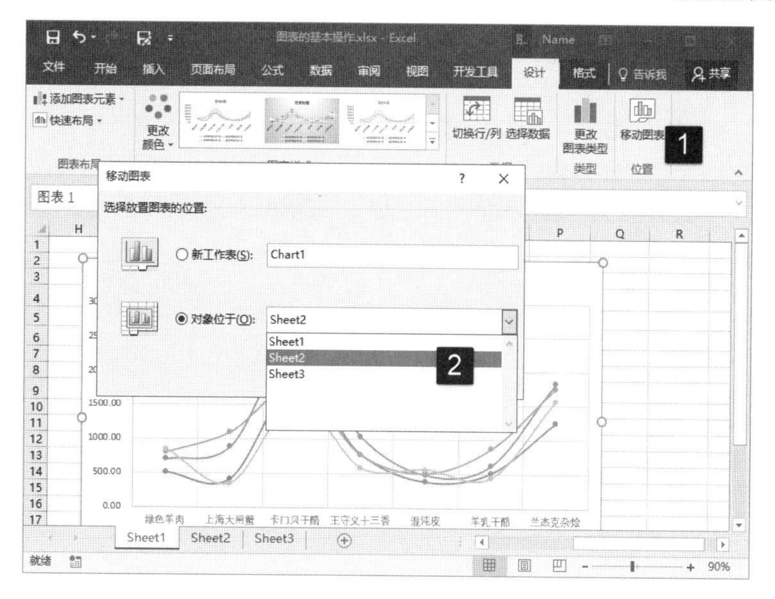

图 13.22 跨工作表移动图表

将图表移动到另一个工作表中还有一种更简单的方法，那就是选择需要移动图表，按 Ctrl+X 剪切图表，然后打开目标工作表，按 Ctrl+V 键粘贴该工作表即可。

13.2 美化图表

图表外观样式是决定图表是否美观专业的一个重要因素，千篇一律的图表会让人产生审美疲劳，更会影响人们对图表的理解和对数据的认知。在 Excel 中，通过对图表样式、图表布局和文字样式的设置可以改变图表外观，从而美化图表。

13.2.1 设置图表样式

图表的样式是图表色彩和形状效果的集合，图表样式的更改将直接导致整个图表外观的变化。设置图表的样式，要考虑图表本身的特点，不能为数据的呈现带来干扰。要做到这一点，最快捷的方式就是使用 Excel 提供的预设图表样式、颜色方案和预设形状样式，使用它们可以快速改变图表的外观样式。

01 在工作表中选择图表，打开“设计”选项卡，在“图表样式”组中单击“其他”按钮，在打开的列表中选择样式选项。该内置样式即可应用于图表，如图 13.23 所示。

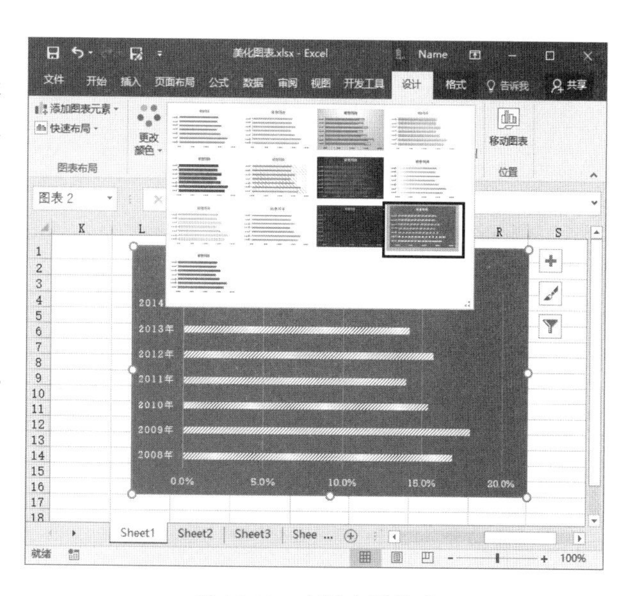

图 13.23 应用内置样式

02 为了方便用户快速使用内置图表样式，Excel 2016 为图表提供了一个“图表样式”按钮。在选择图表有，单击图表右侧的“图表样式”按钮，在打开“样式”列表中选择样式选项，该图表样式即可应用到图表，如图 13.24 所示。完成样式选择后，再次单击“图表样式”按钮将关闭列表。

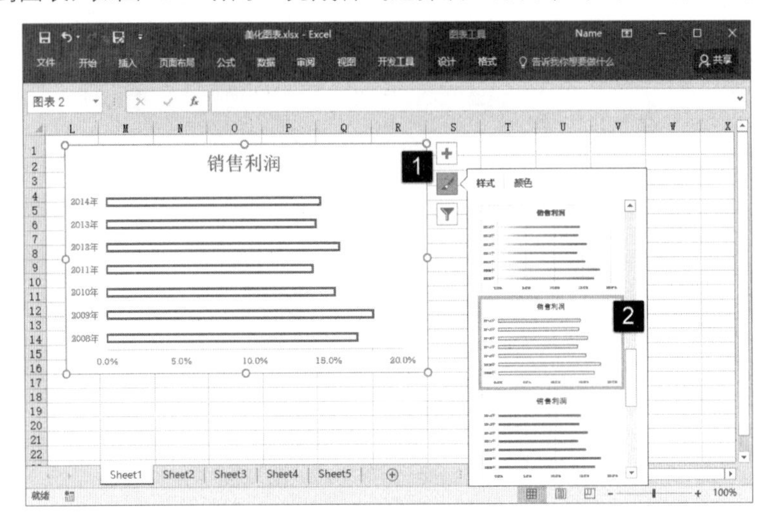

图 13.24　选择需要使用的图表样式

03 选择工作表中的图表，打开“设计”选项卡，在“图表样式”组中单击“更改颜色”按钮，在打开的列表中选择相应的选项即可将其应用到图表，如图 13.25 所示。

04 选择图表后打开“格式”选项卡，在“形状样式”组中单击“其他”按钮，在打开的列表中选择需要使用的预设形状样式，应用于图表区，如图 13.26 所示。

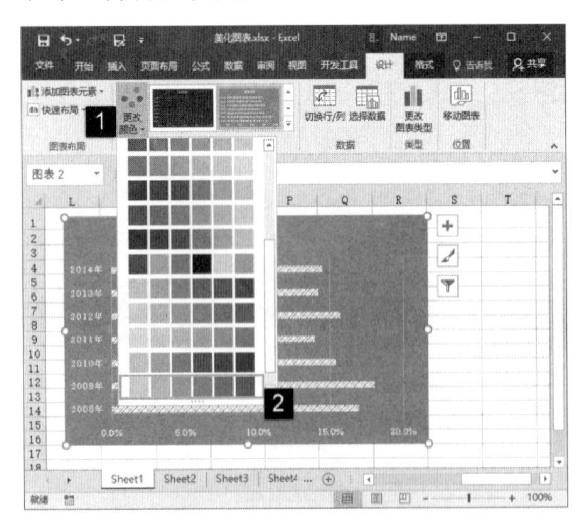

图 13.25　对图表应用内置颜色

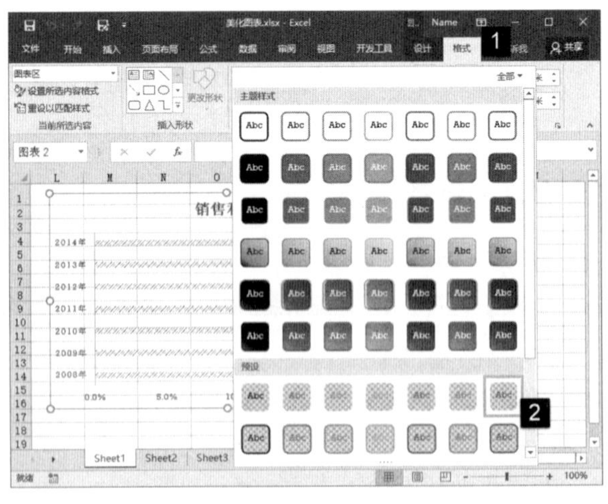

图 13.26　应用内置形状样式

13.2.2　设置图表布局

图表的布局指的是图表中各个元素在图表中的排布方式，设置图表的布局有两个方面的基本内容，一个是图表中应该显示哪些元素，另一个是如何安排图表中的显示元素。

1. 自动布局图表

在图表的构图中，图表包含了各种元素，如标题、图例、数据表和坐标轴等。在制作图表时，要充分发挥这些元素的作用，合理图表布局是关键。在制作图表时，如果需要对图表进行统一布局，可以使用 Excel 2016 的自动布局图表工具来完成，具体操作方法如下：

在工作表中选择图表，打开“设计”选项卡，在“图表布局”组中单击“快速布局”按钮。在打开的列表中列出 Excel 的内置图表布局，选择相应的选项即可将布局应用到图表中，如图 13.27 所示。

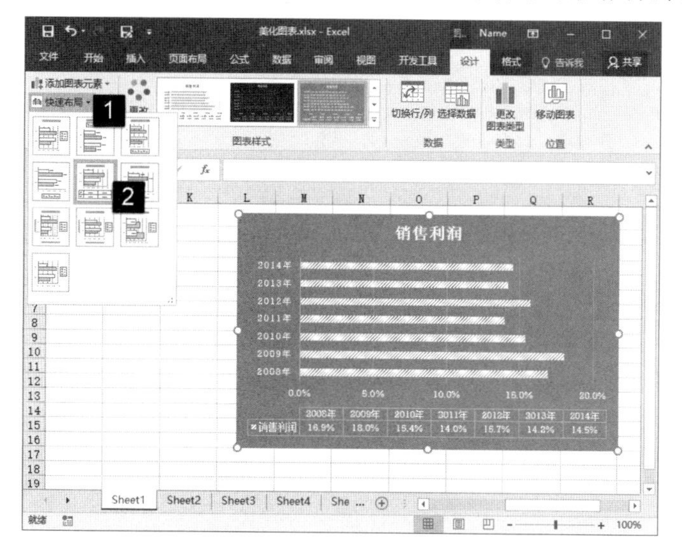

图 13.27　应用内置图表布局

2．添加图表元素

不同的图表，不同的应用场合，对图表中元素的需求会不同，此时用户就需要根据自己的需要来决定图表中需要显示的元素。向图表中添加元素，可以使用下面的两种方法来进行操作。

（1）选择图表，在“设计”选项卡的“图表布局”组中单击“添加图表元素”按钮。在打开的列表中列出了图表应该包含的所有元素，选择某个选项将打开下级列表，在下级列表中选择相应的选项将决定该元素是否在图表中显示，同时决定元素在图表中的显示方式。例如，这里选择“数据标签”选项列表中的“居中”选项，此时图表中将居中显示数据标签，如图 13.28 所示。

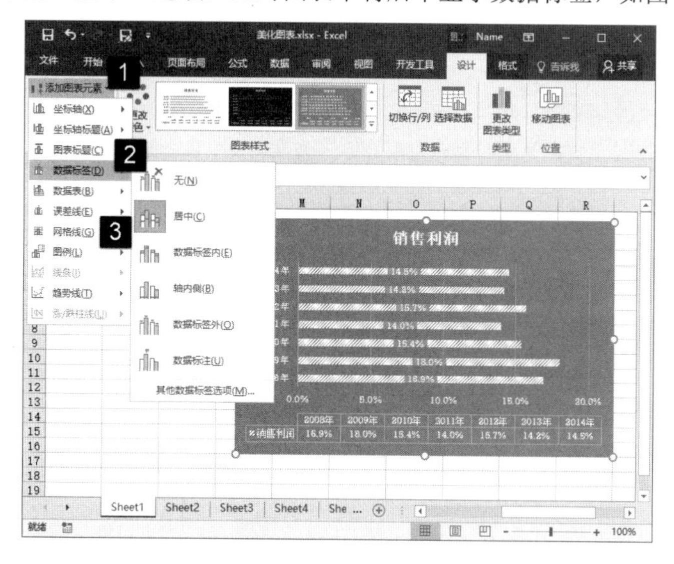

图 13.28　居中显示数据标签

如果需要取消某个图表元素的显示，当该图表元素的选项列表中包含“无”选项时，直接选择该选项即可。例如，图 13.28 中，选择“数据标签”下级列表中的“无”选项将取消数据标签的显示。如果在选项列表中没有“无”选项，则只需要取消对某个项目的选择即可取消该元素的显示。例如，在“添加图表元素”列表中选择“网格线”选项，单击列表中的“主轴主要垂直网格线”选项取消对其的选择，图表中将不再显示水平网格线，如图 13.29 所示。

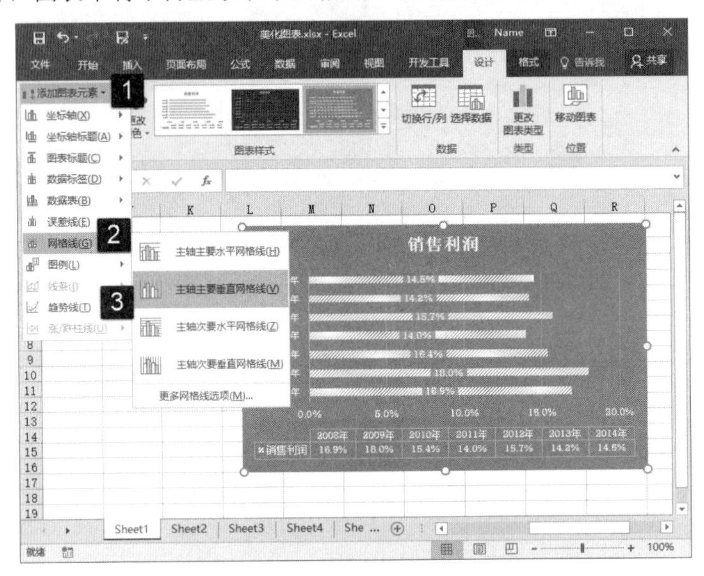

图 13.29　取消网格线的显示

（2）对于 Excel 2016 来说，选择图表后，图表框右侧会显示“图表元素”按钮，单击该按钮将打开“图表元素”列表，在列表中勾选需要显示的图表元素选项前的复选框，该图表元素将显示。如果需要对该图表元素的显示样式进行设置，可以在选择相应的选项后单击其后出现的三角按钮，在打开的下级列表中选择相应的选项进行设置。例如，在图表中添加图例项，可以按照图 13.30 所示的方式进行操作。

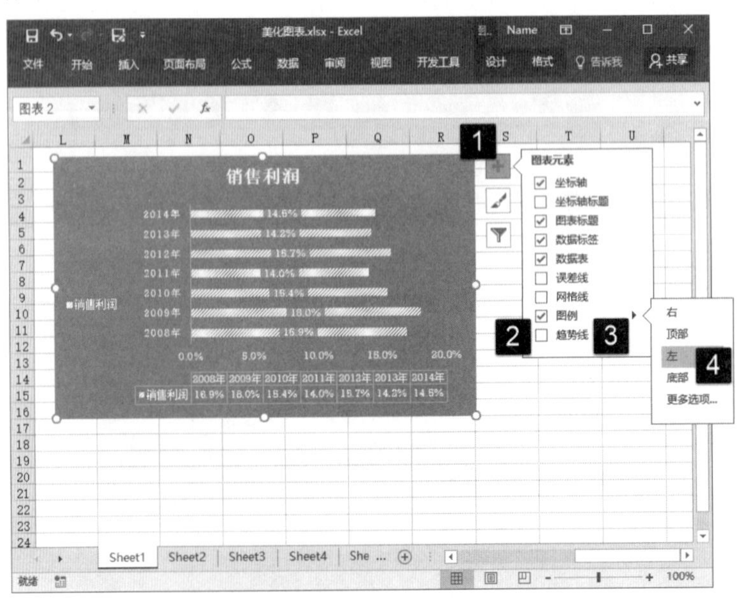

图 13.30　在图表中添加图例项

13.2.3 设置图表文字格式

在 Excel 图表中，文字是其中的一个重要的元素。图表标题、图例和坐标轴标签以及数据系列标签等都包含有文字，设置这些文字的格式能够美化图表和突出相关信息。图表中文字格式的设置方法基本相同，下面以对图表标题文字进行设置为例来介绍具体的设置方法。

01 在图表中选择图表标题，打开“开始”选项卡，使用“字体”组中的命令可以设置文字的字体、大小和颜色等，如图 13.31 所示。

02 在“字体”组中单击“字体设置”按钮打开“字体”对话框，在“字体”选项卡中可以对文字的样式进行设置，如图 13.32 所示。在“字体”对话框的“字符间距”选项卡中将“间距”设置为“加宽”，增加“度量值”可以增加文字在文本框中的间距，如图 13.33 所示。

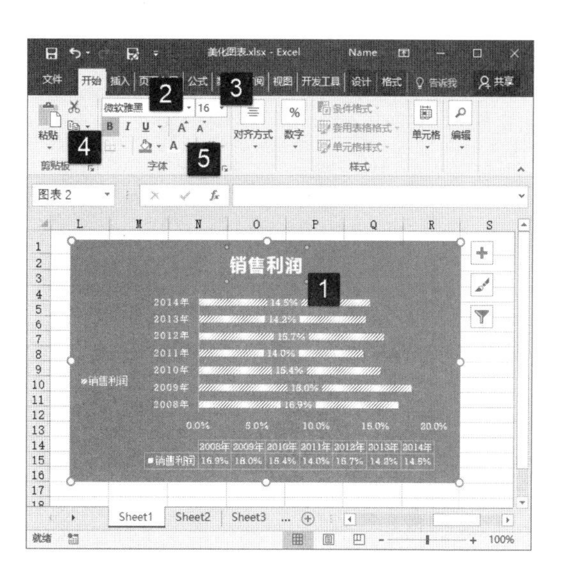

图 13.31 在“字体”组中对文字的样式进行设置

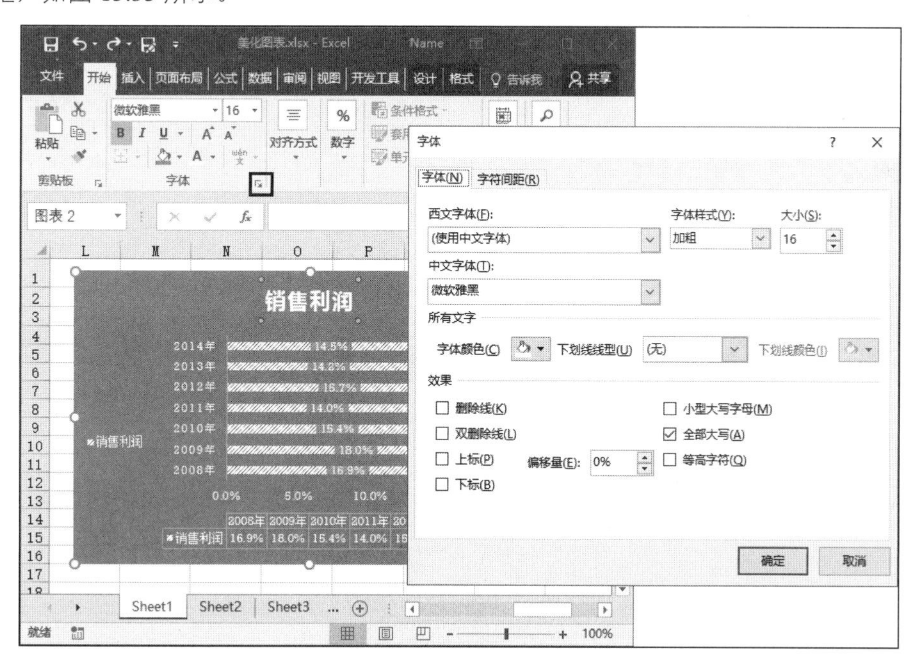

图 13.32 单击“字体设置”按钮打开“字体”对话框

03 右击标题文本框，选择快捷菜单中的“设置图表标题格式”命令打开“设置图标标题格式”窗格。在窗格中选择“文本选项”选项后，单击“文本填充与轮廓”按钮，在打开的选项卡中可以分别设置文本的填充方式和文本边框样式，如图 13.34 所示。如果单击“文字效果”按钮，在打开的选项卡中将能够对文字效果进行设置，这里可以为文字添加阴影、映像等效果，也可以添加三维立体效果，如图 13.35 所示。单击“文本框”按钮，可以对文字在文本框的对齐方式进行设置，如图 13.36 所示。

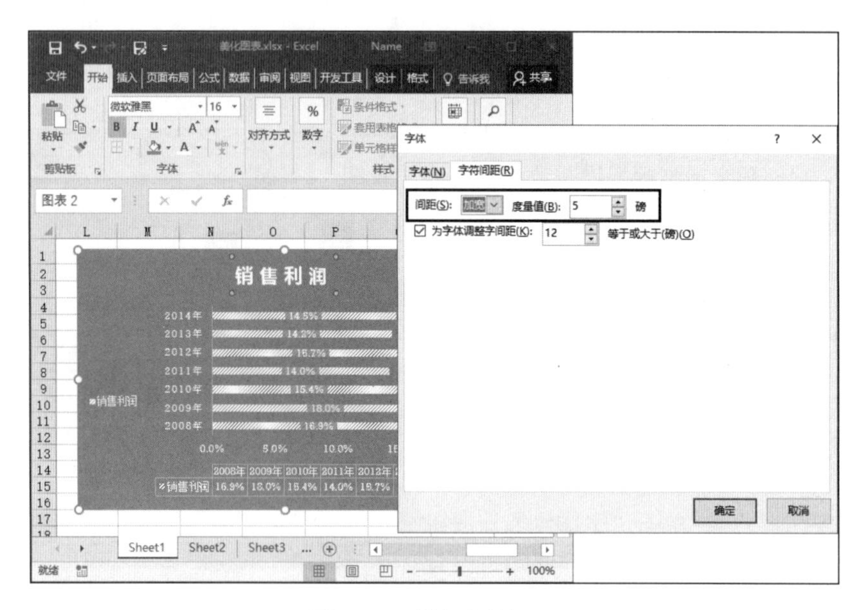

图 13.33　增加字符间距

图 13.34　设置文本的填充方式和边框

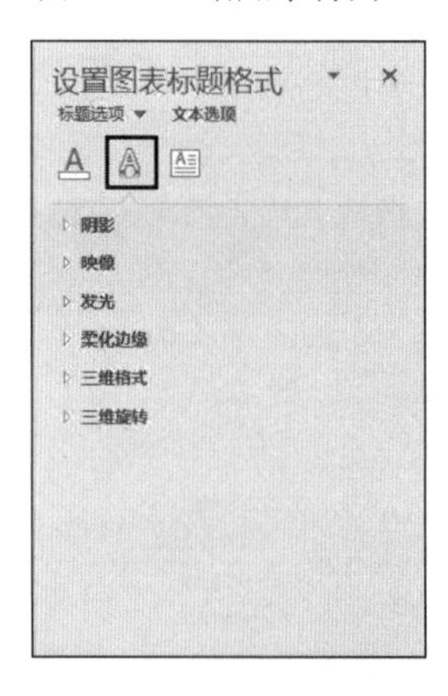

图 13.35　设置文字

图 13.36　设置文字在文本框中的对齐方式

13.3　使用组合图表

在实际工作中，很多时候单一的图表不足以表达数据的关系，此时可以尝试使用组合图表的方式将多个逻辑相关的图表放置于一张图表中，让所有的数据都能够表达出来。同时，灵活应用组合图表可以创建很多实用的图表类型。本节将通过 3 个实例来介绍组合图表的应用技巧。

13.3.1　创建面积图和折线图构成的组合图表

很多时候，在单一图表类型无法完美表现数据时，就需要使用组合图表了。通过图表的组合，借助于某些图表与众不同的特征，能够实现用单一图表无法实现的效果。下面通过一个实例来介绍组合图表的创建方法，这个实例使用的是面积图和折线图构成的组合图，利用折线图为面积图添加一个强调变化趋势的轮廓线。

01 在工作表中首先创建一个面积图并添加图表标题。选择创建面积图的数据，按 Ctrl+C 键复制。选择图表，按 Ctrl+V 键粘贴复制的数据在图表中添加一个新的数据系列，如图 13.37 所示。此时在图表中，新数据系列将遮盖原有的数据系列。

02 右击图表中新增的数据系列，选择快捷菜单中的“更改系列图表类型”命令打开“更改图表类型”对话框。在对话框左侧列表中选择“组合”选项，将新增数据系列的图表类型更改为折线图。完成设置后单击“确定”按钮关闭对话框，如图 13.38 所示。

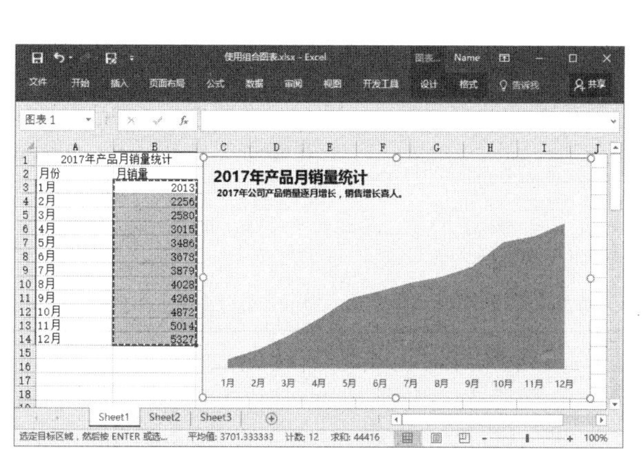

图 13.37　在图表中添加新数据系列

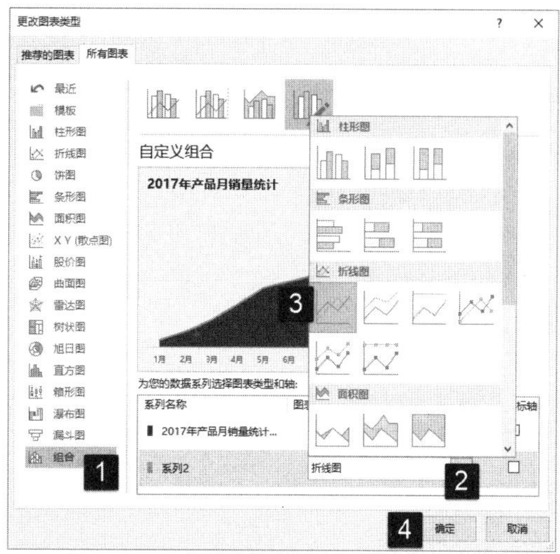

图 13.38　将图表类型更改为折线图

03 在图表中右击折线图，在打开的快捷菜单中选择“设置数据系列格式”命令打开“设置数据系列格式”窗格，设置线条的颜色和宽度，如图 13.39 所示。为折线图添加数据标签，同时使数据标签靠上显示，图 13.40 所示。至此，本实例的图表制作完成。

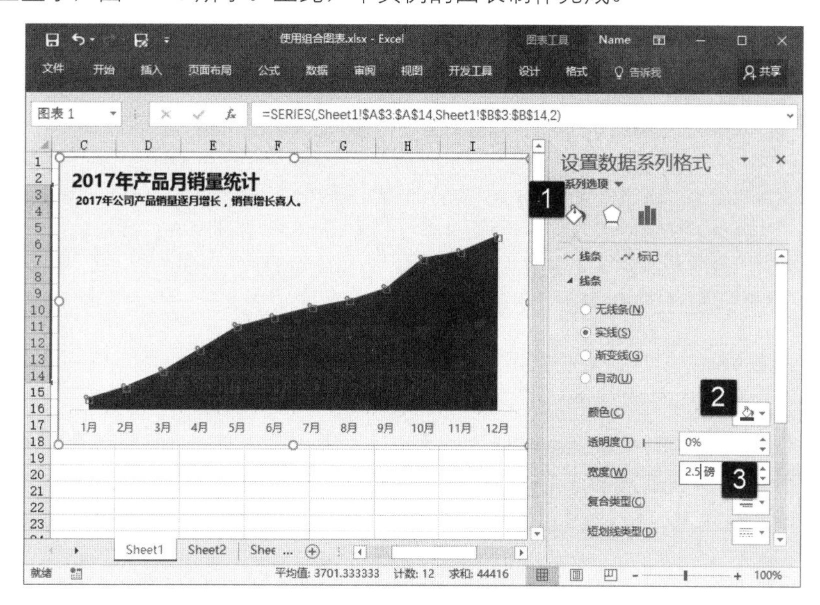

图 13.39　设置线条颜色和宽度

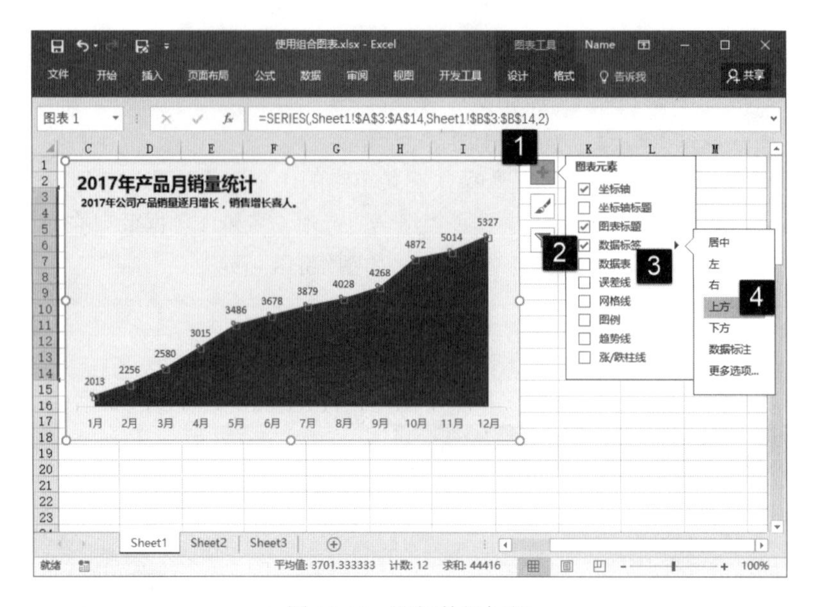

图 13.40　添加数据标签

13.3.2　在图表中添加垂直参考线

在使用图表进行数据分析时，经常需要了解数据与某些预设值之间的关系，此时需要在图表中使用参考线。根据应用环节的不同，这些参考线可以是水平直线或垂直直线甚至是曲线。制作这种参考线的方法很多，如可以直接在图表中绘制直线，但这样所获得的参考线不能随着数据的变化自动改变，需要手动调整直线的位置。在 Excel 2016 中，利用 Excel 提供的组合图表功能，使用散点图或折线图能够快速制作出需要的动态参考线。下面介绍具体的制作方法。

01 启动 Excel 并打开工作表，在工作表中添加用于绘制垂直参考线的辅助数据。使用 A1:B6 单元格区域的数据制作条形图，如图 13.41 所示。

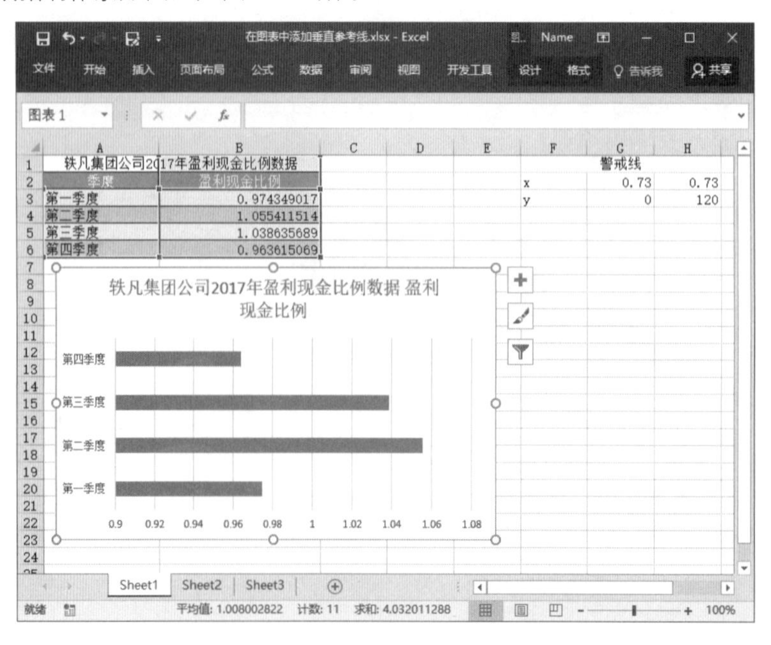

图 13.41　添加辅助数据并添加条形图

02 右击创建的条形图，选择快捷菜单中的“选择数据”命令打开“选择数据源”对话框，在对话框的“图例项（系列）”列表中单击“添加”按钮，如图 13.42 所示。此时将打开“编辑数据系列”对话框，在对话框的“系列值”文本框中删除已有的文字，在工作表中选择作为系列值的单元格区域，该单元格区域地址将置入文本框中，如图 13.43 所示。分别单击“确定”按钮关闭“编辑数据系列”对话框和“选择数据源”对话框。

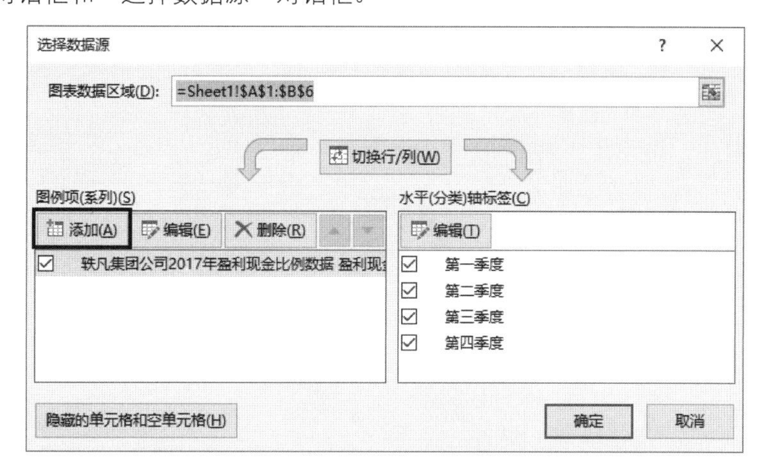

图 13.42 单击“添加”按钮

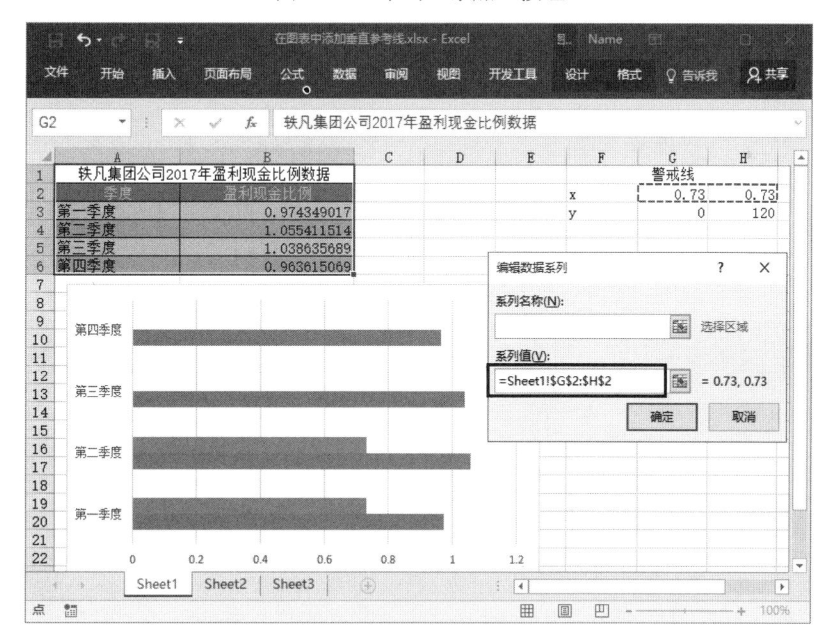

图 13.43 添加数据系列

03 此时图表中将增加一个数据系列，选择该数据系列后在“设计”选项卡的“类型”组中单击“更改图表类型”按钮，如图 13.44 所示。此时将打开“更改图表类型”对话框，在对话框左侧列表中选择“组合”选项，在“为您的数据系列选择图表类型和轴”列表中列出了该图表中存在的 2 个数据系列。打开“系列 2”图表类型列表，选择使用“带直线和数据标记的散点图”，如图 13.45 所示。该数据系列的图表类型将更改为散点图，在对话框中可以预览到图表类型更改后的效果。完成设置后单击“确定”按钮关闭对话框，图表中出现一条水平线段，如图 13.46 所示。

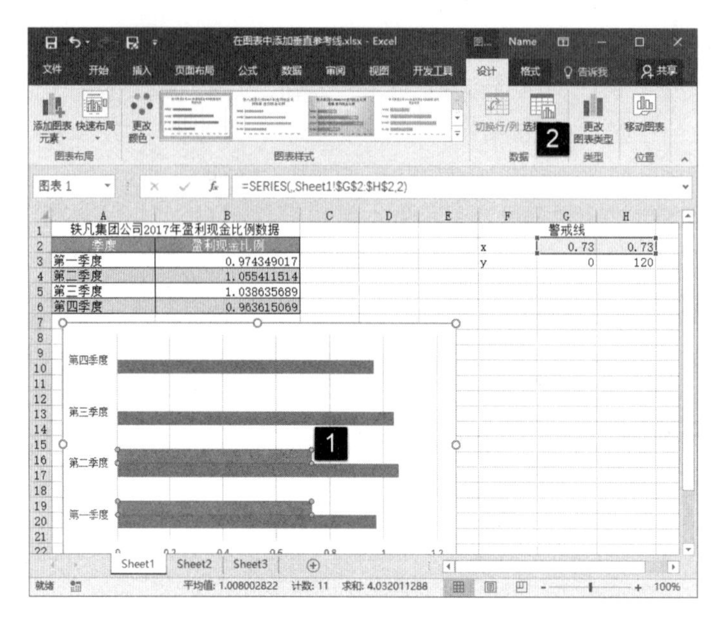

图 13.44　单击“更改图表类型”按钮

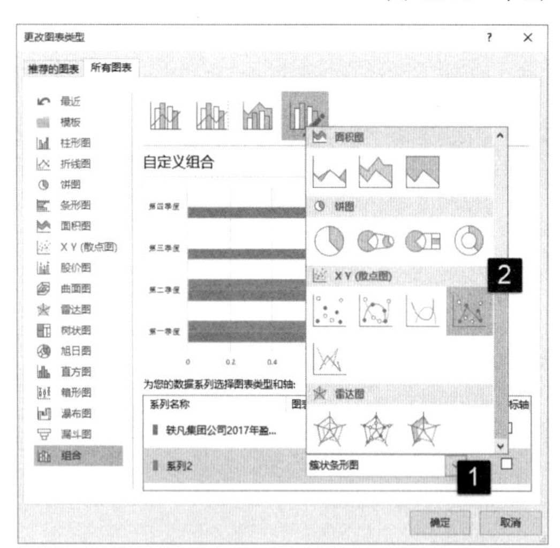

图 13.45　选择“带直线和数据标记的散点图”

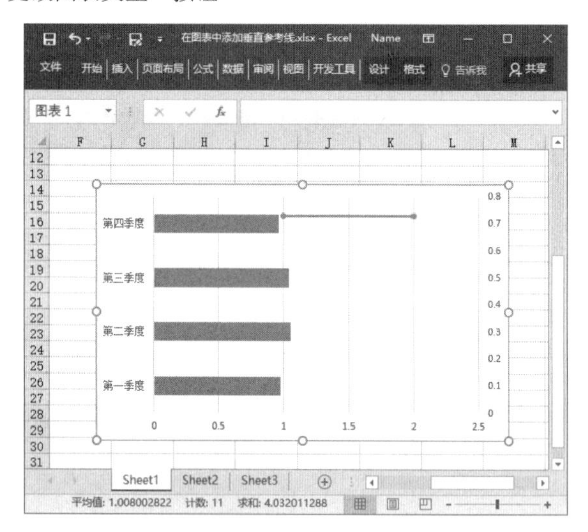

图 13.46　图表中出现一条水平线段

04 再次打开“选择数据源”对话框，在“图例项（系列）”列表中选择“系列 2”选项，单击“编辑”按钮，如图 13.47 所示。在打开的“编辑数据系列”对话框中设置“X 轴系列值”和“Y 轴系列值”参数，如图 13.48 所示。完成设置后分别单击“确定”按钮关闭这两个对话框，图表中水平线变为垂直线，如图 13.49 所示。

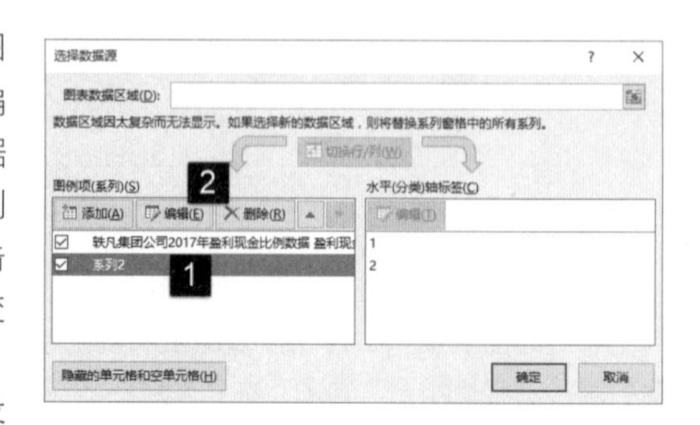

图 13.47　单击“编辑”按钮

05 双击图表右侧的次要垂直坐标轴，在“设置坐标轴格式”窗格的“坐标轴选项”设置栏中将“最大值”设置为 120，如图 13.50 所示。在图表中选择条形图，在“设置数据系列格式”窗格中设置“分类间距”的值以改变图形的宽度，如图 13.51 所示。

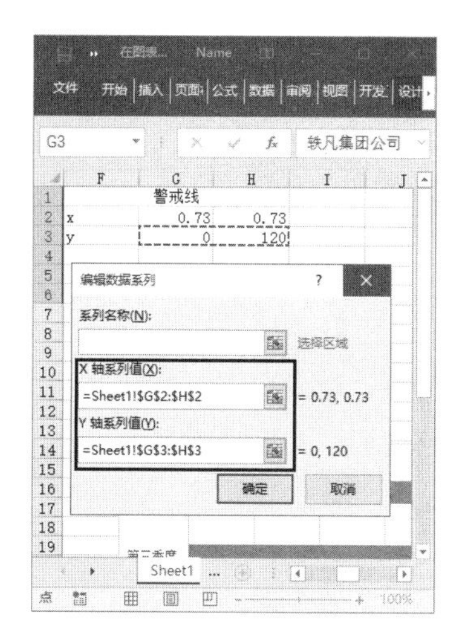

图 13.48　设置“X 轴系列值”和“Y 轴系列值”

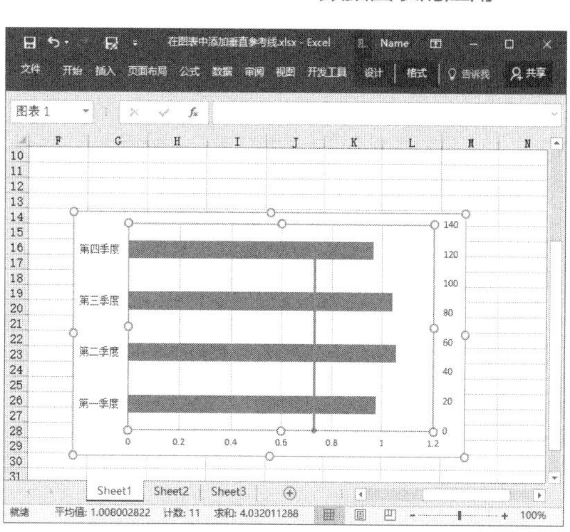

图 13.49　水平线变为垂直线

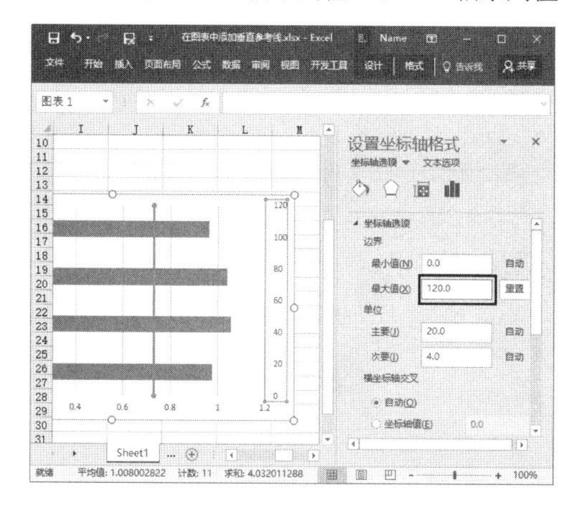

图 13.50　设置次要纵坐标轴的“最大值”

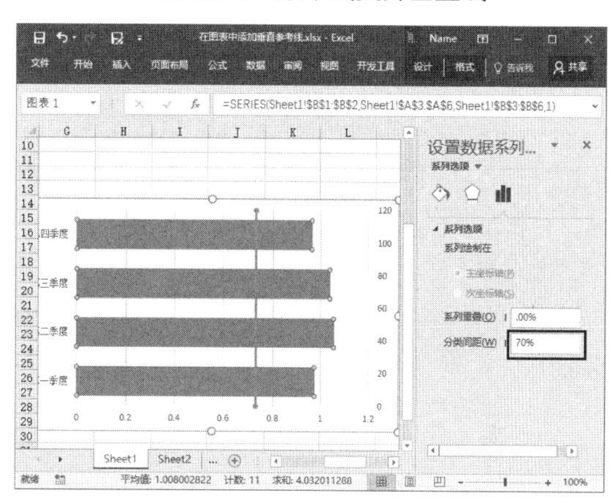

图 13.51　设置“分类间距”的值

06 在图表中选择垂直线上方的数据点，在“设置数据点格式”窗格中单击“填充线条”按钮，选择“标记”选项。在“数据标记选项”设置栏中单击“无”单选按钮使该数据标记不显示，如图 13.52 所示。选择位于下方的数据标记，将其形状设置为三角形，大小设置为 9，如图 13.53 所示。

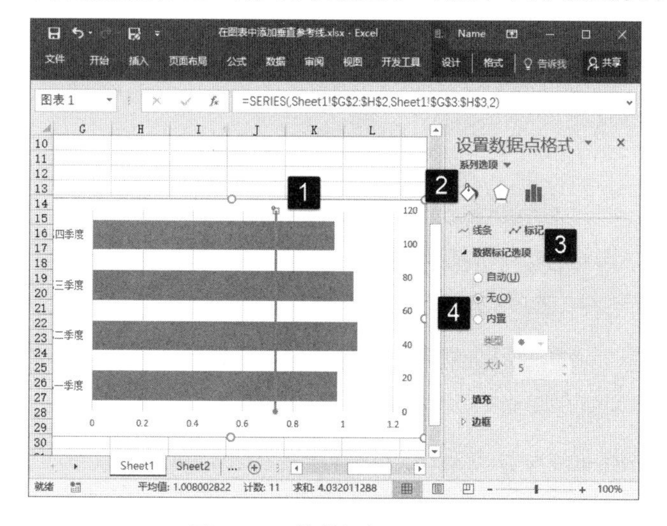

图 13.52　使数据标记不显示

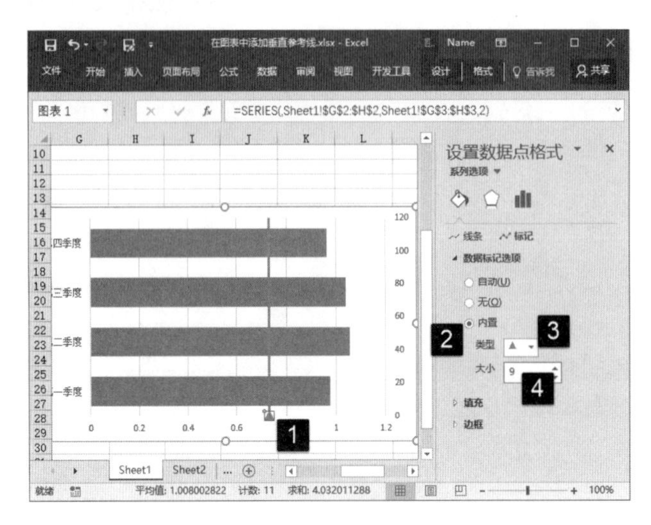

图 13.53　设置数据标记的形状和大小

07 使次要坐标轴不可见，如图 13.54 所示。选择数据点，为其添加数据标签，如图 13.55 所示。

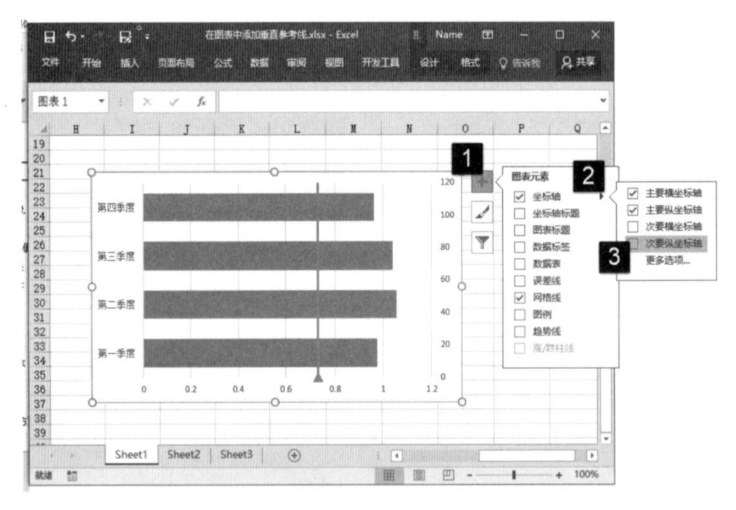

图 13.54　使次要坐标轴不可见

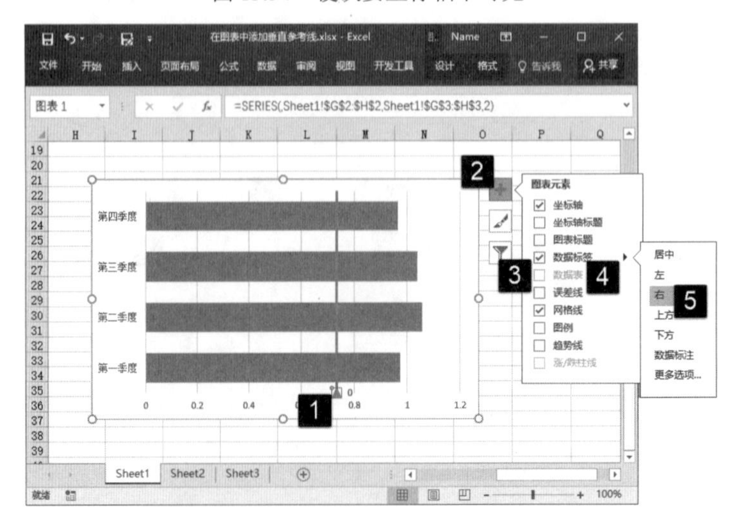

图 13.55　添加数据标签

08 在图表中选择坐标轴和网格线后按 Delete 键将其删除，为垂直线添加数据标签，添加图表标题文字和注释文字，设置图表背景填充色和边框样式。图表制作完成后的效果，如图 13.56 所示。

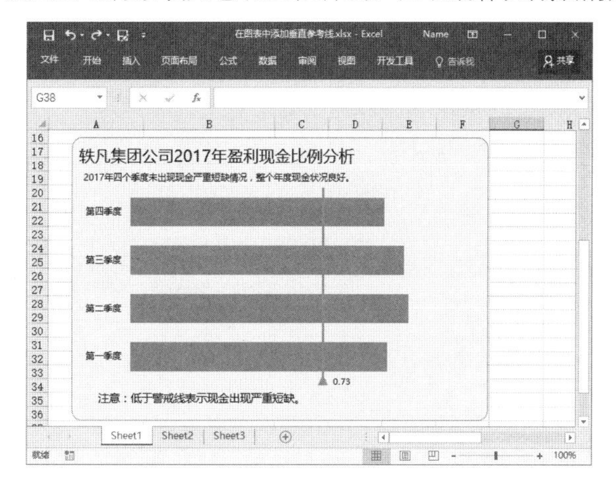

图 13.56　图表制作完成后的效果

13.3.3　制作柏拉图

1897 年意大利经济学家柏拉发现的一个规律，那就是 80%的社会财富掌握在 20%的人手中，这个法则称为柏拉法则或 28 法则。所谓的柏拉图就是利用这个柏拉法则来对数据进行分析的一种图表，图表反映柏拉法则，表现出“关键的少数和次要的多数”，常用于对原因进行分析。在柏拉图中，数据根据发生的次数由高到低排列成柱形，使用折线来表示数据的累积频率。借助于柏拉图，能够从数据中找到造成问题的关键少数。

由上面的介绍可以看出，柏拉图实际上是一个由柱形和折线构成的组合图表，在 Excel 中能够很容易地制作出这种图表，下面介绍具体的制作方法。

01 启动 Excel 并打开工作表，在工作表中选择 A2:B7 和 D2:D7 单元格区域，在工作表中创建柱形图，如图 13.57 所示。在“格式”选项卡中“当前所选内容”组中单击“图表元素”列表框上的下三角按钮，在列表中选择“系列 ′累积占比′”选项选择该数据系列，如图 13.58 所示。

图 13.57　创建柱形图

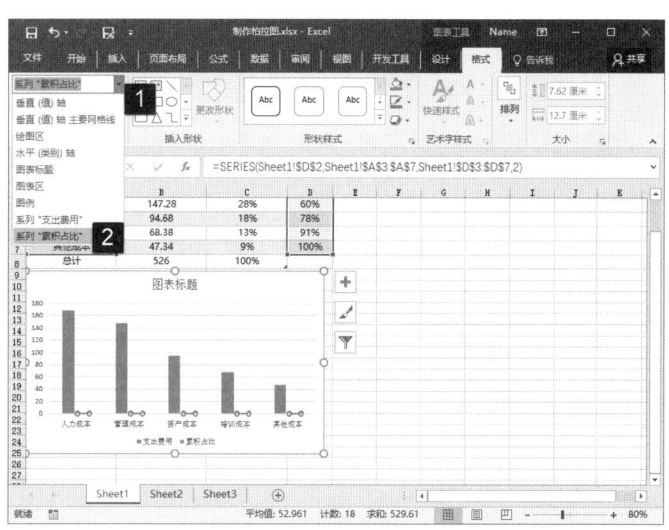

图 13.58　选择数据系列

02 在“设计”选项卡的“类型”组中单击“更改图表类型”按钮打开“更改图表类型”对话框，将“累积占比”数据系列的图表类型更改为“带平滑线和数据标记的散点图”，如图 13.59 所示。单击“确定”按钮关闭对话框更改选择数据系列的图表类型。

03 在图表中双击主要纵坐标轴打开“设置坐标轴格式”窗格，在“坐标轴选项”设置栏中将“最小值”设置为 0，“最大值”设置为支出费用的总和，这里输入 526，如图 13.60 所示。在图表中选择柱形，在“设置数据系列格式”窗格中将“分类间距”设置为 0，使柱形紧贴在一起，如图 13.61 所示。

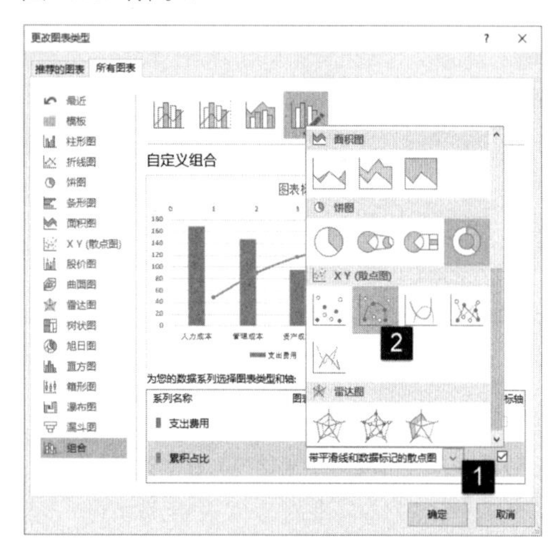

图 13.59　更改数据系列的图表类型

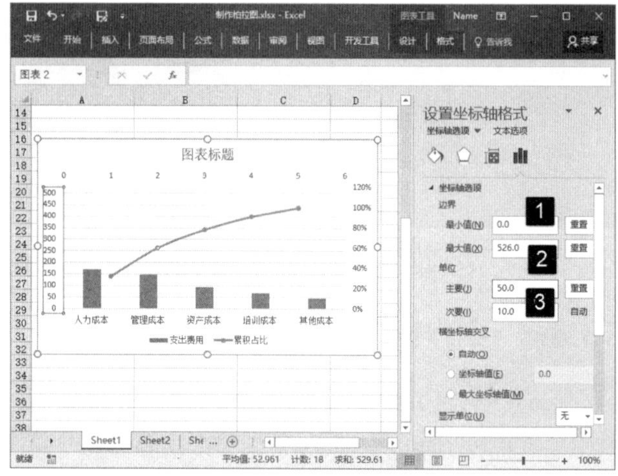

图 13.60　设置主要纵坐标轴的“最小值”和“最大值”

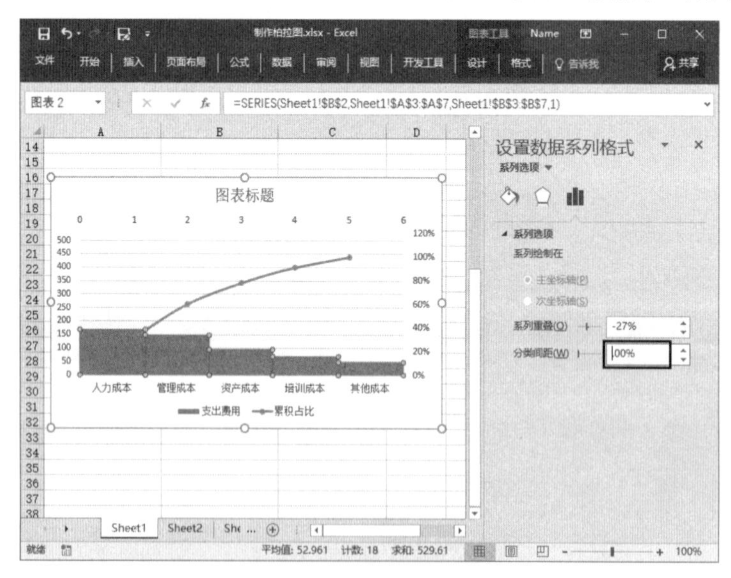

图 13.61　使柱形紧贴在一起

04 柏拉图一般需要折线的左端起点位于柱形的右上角，右侧端点位于纵坐标轴上的 100% 处，下面对坐标轴进行调整来实现这种效果。选择次要纵坐标轴，在“设置坐标轴格式”窗格的“坐标轴选项”设置栏中将“最大值”设置为 1，并设置坐标轴刻度单位，如图 13.62 所示。选择次要横坐标轴，将坐标轴的最大值设置为数据的项目个数。这里将其设置为 5，如图 13.63 所示。完成设置后删除次要横坐标轴。

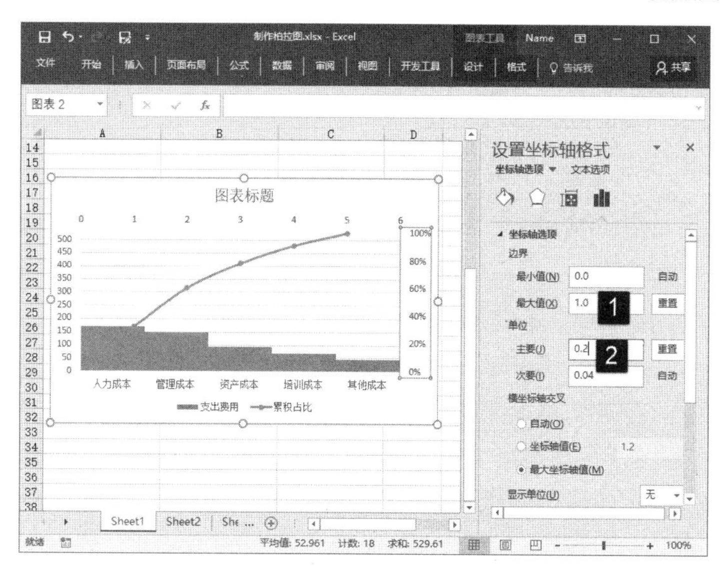

图 13.62　设置“最大值”和刻度单位

05 对图表进行美化，这里包括设置折线图填充色和边框色，设置折线图的线条宽度、颜色和数据标记的样式、设置坐标轴的样式、添加数据标签并设置文字样式、设置图表的背景颜色和边框以及为图表添加注释说明，具体的操作过程这里不再赘述。本例制作完成后的效果，如图 13.64 所示。

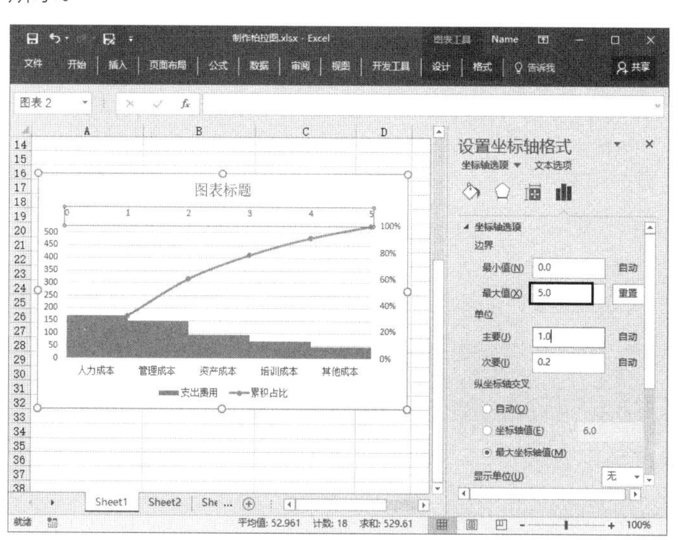

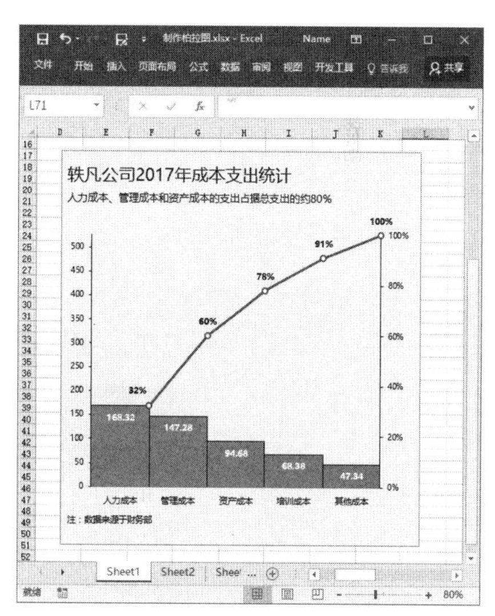

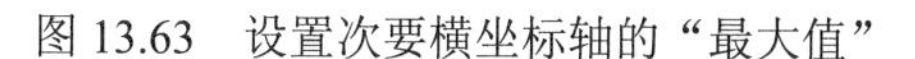

图 13.63　设置次要横坐标轴的“最大值”

图 13.64　本例制作完成后的效果

13.4　图表中的线

图表中的线，不仅仅可以帮助读者更好地理解数据，还可以通过线来实现某些特定的功能，如预测数据变化趋势、展示误差以及同类数据大小的变化情况等。除了前面章节中介绍的网格线、垂直线和高低点连线外，Excel 图表中的线还包括趋势线、误差线和涨/跌柱线，本节将对这些线在数据分析中的应用进行介绍。

13.4.1 使用趋势线

顾名思义，趋势线的作用是显示数据的变化趋势，其分为线性、指数、对数、幂、多项式和移动平均共 6 种类型，不同类型的趋势线显示数据趋势时也有不同的作用。趋势线与 Excel 中的图形对象相同，可以随意设置其外观效果；同时，不同类型的趋势线也有其固有的格式。下面通过一个实例来介绍趋势线的使用方法。

01 在工作表中选择图表，单击图表边框上的“图表元素”按钮，在打开的列表中选择“趋势线”选项，在打开的列表中选择趋势线类型，此时将打开“添加趋势线”对话框，在对话框的“添加基于系列的趋势线”列表中选择数据系列。完成设置后单击“确定”按钮关闭对话框，如图 13.65 所示。图表中添加的趋势线如图 13.66 所示。

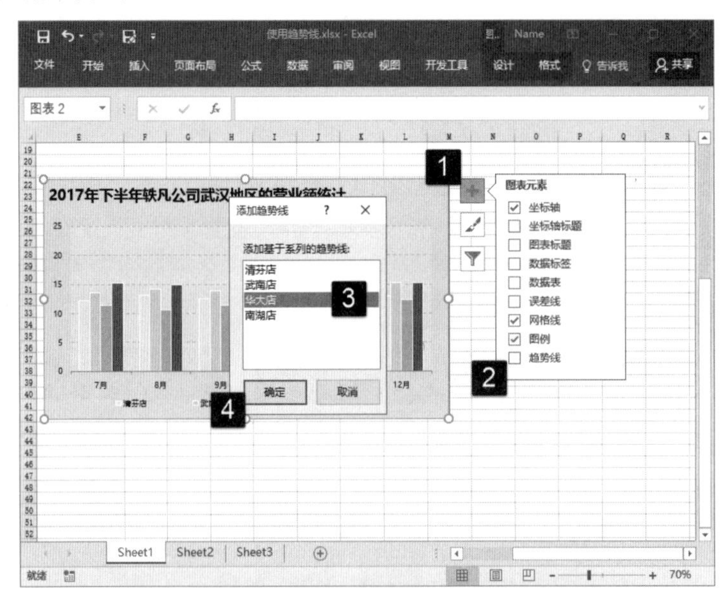

图 13.65　打开“添加趋势线”对话框选择数据系列

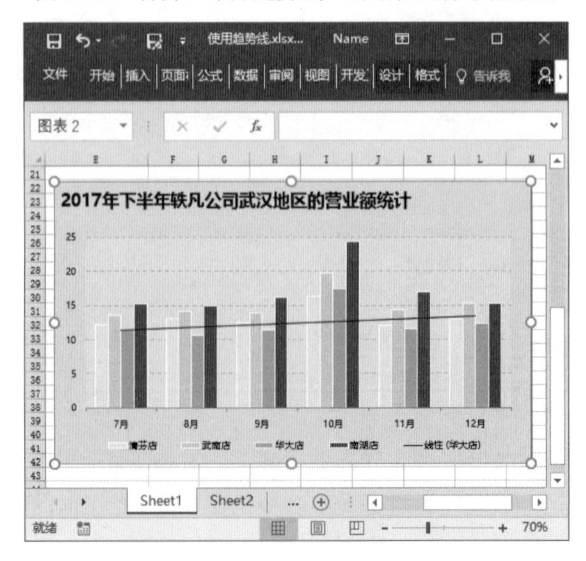

图 13.66　图表中添加的趋势线

提 示

选择图表中的一个数据系列，在“设计”选项卡的“图表布局”组中单击“添加图表元素”按钮，在打开的列表中选择“趋势线”选项，在下级列表中选择需要创建的趋势线类型选项可以直接为该数据系列添加趋势线。另外，如果在打开的列表中选择“无”选项将删除图表中的趋势线。在图表中选择趋势线后按 Delete 键也可以将其删除。

02 右击趋势线，选择快捷菜单中的“设置趋势线格式”命令打开“设置趋势线格式”窗格，在“线条”设置栏中可以对趋势线的颜色、线宽和线条样式等进行设置。例如，这里在“短划线类型”列表中选择相应的选项设置趋势线线条样式，在“宽度”微调框中输入数值设置趋势线线宽，如图 13.67 所示。

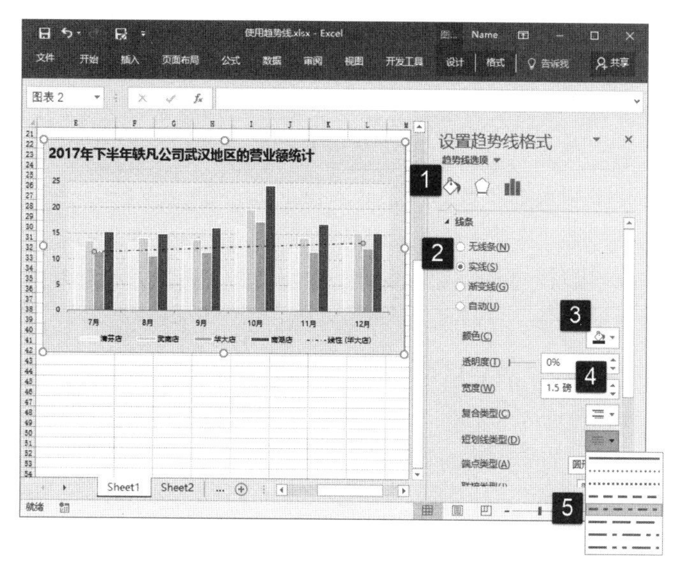

图 13.67　对趋势线样式进行设置

03 在“设置趋势线格式”窗格中单击“趋势线选项”按钮，在窗格的“趋势线选项”设置栏中选择相应的单选按钮可以更改当前趋势线的类型。例如，这里选择“多项式”单选按钮将趋势线改为多项式趋势线，设置“顺序”值指定多项式的阶数，如图 13.68 所示。

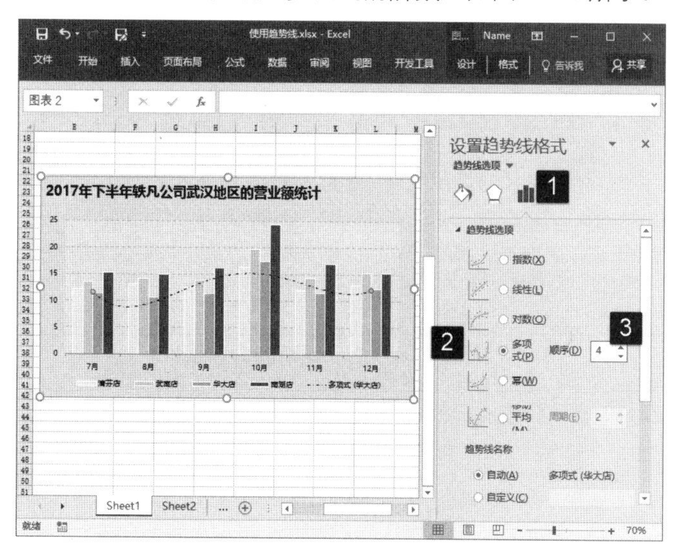

图 13.68　更改趋势线类型

Excel 提供了 6 种不同趋势线用于预测数据系列的未来值，这些趋势线的类型可以在“设置趋势线格式”窗格的“趋势线选项”栏中进行设置。其中：

- 线性趋势线是一种最常用的趋势线，其用于描述两个变量之间的线性相关性或一个变量随另一个变量的变化而出现的变化趋势。
- 指数趋势线用于展示一组以一个递增的比率上涨或下降的数据的变化趋势，其 Y 值的增加速度将随着 X 值的增大而增大。
- 对数趋势线的趋势与指数趋势线的趋势正好相反，数值的快速增长或减小后将逐渐趋于平缓，主要用于描述遵循对数曲线的数据。
- 幂趋势线：幂趋势线的变化趋势与指数趋势线的变化趋势接近，其数值增量由慢到快，主要用于描述一组以固定比率增加或减少的数据的变化趋势。
- 多项式趋势线：多项式趋势线是以一条曲线的形式来描述数据的变化趋势，其适合于描述按有序模式波动的一组数据的变化趋势。在为数据添加多项式趋势线时，可以同时指定多项式的阶数，阶数的取值范围为 2 ~ 6。
- 移动平均趋势线：移动平均趋势线以图表中指定的数据点的平均值来描述数据的变化趋势，在添加移动平均趋势线时，需要指定其周期，也就是需要指定用于求平均值的数据点的数量。

04 默认情况下，趋势线只能预测一个周期的数值，如果需要预测多个周期的数值，可以在“趋势预测”栏的“向前”文本框中输入数值。如这里输入数字“2”，则趋势线将预测 2 个周期数据的变化情况，如图 13.69 所示。

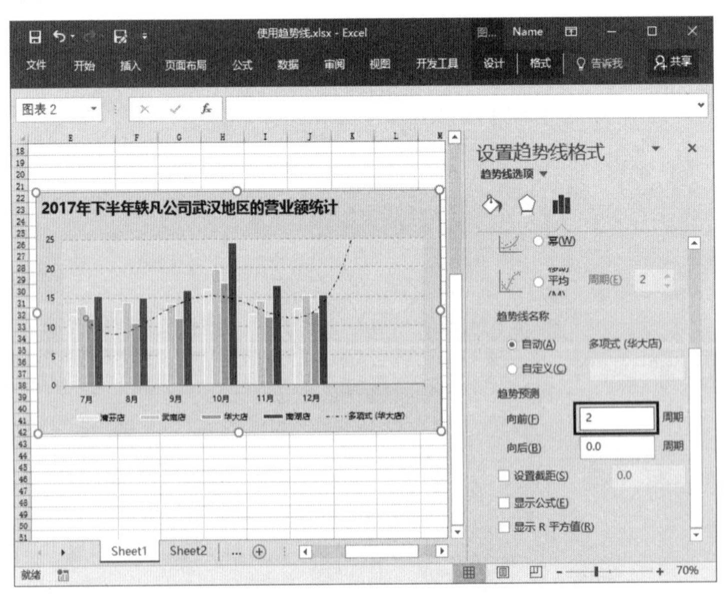

图 13.69 预测 2 个周期的变化趋势

05 通过趋势线来预测未来值，往往需要查看趋势线与坐标轴的交叉点所在的位置。此时可以在“趋势线选项”中勾选“设置截距”复选框，在其后的文本框中输入数字“1”，如图 13.70 所示。

这里要注意，“设置截距”复选框只对指数趋势线、线性趋势线和多项式趋势线可用。

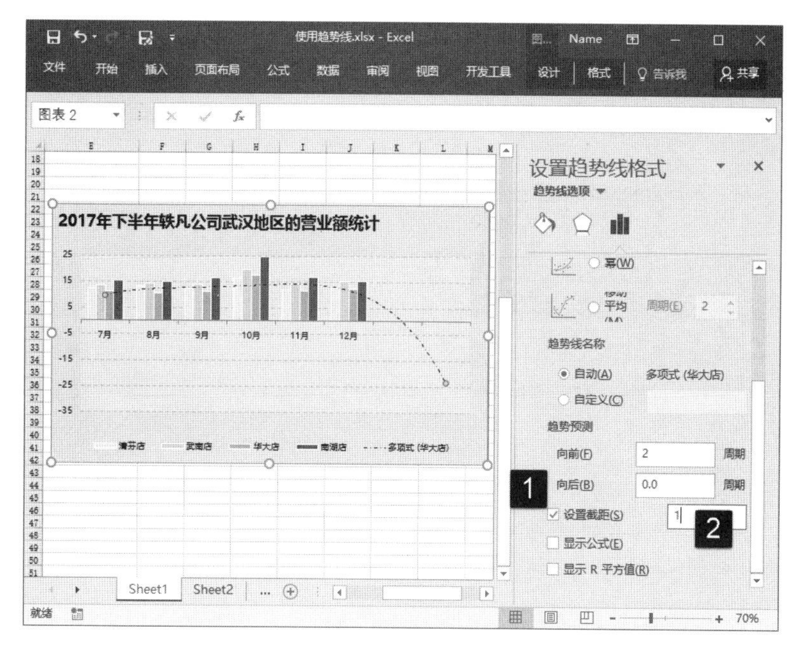

图 13.70　勾选“设置截距”复选框

06 对于趋势线来说，公式可以帮助用户了解和计算趋势线的走向和位置。在“趋势线选项”中勾选“显示公式”复选框可以在趋势线旁显示其公式，如图 13.71 所示。

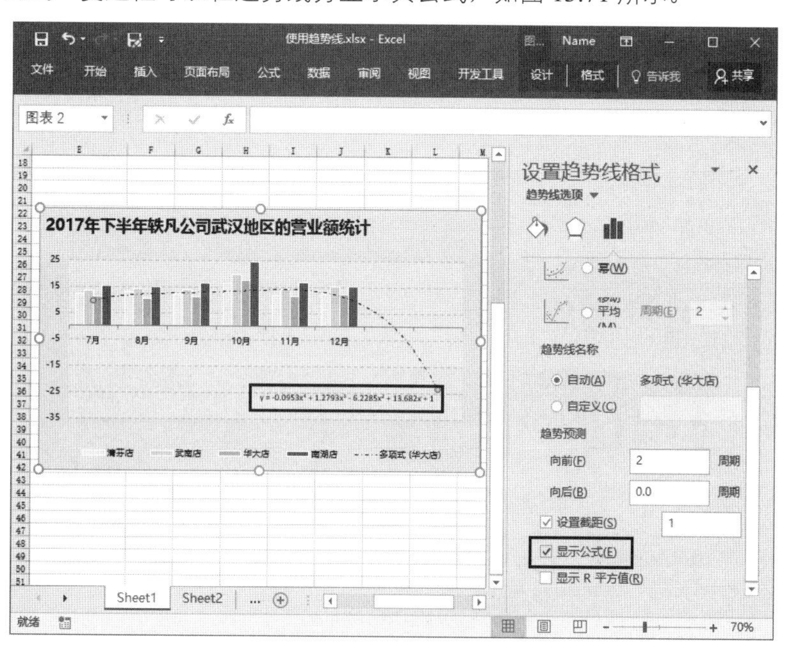

图 13.71　显示趋势线公式

07 对于趋势线来说，R 平方值也称为决定系数，其是一个介于 0～1 的数值，表示趋势线的估计值与对应的实际值之间的拟合程度。在图表中显示趋势线的 R 平方值可以让用户方更好地了解趋势线的类型是否符合该系列的数据。在“趋势线选项”中勾选“显示 R 平方值”复选框，在趋势线上将显示该值，如图 13.72 所示。

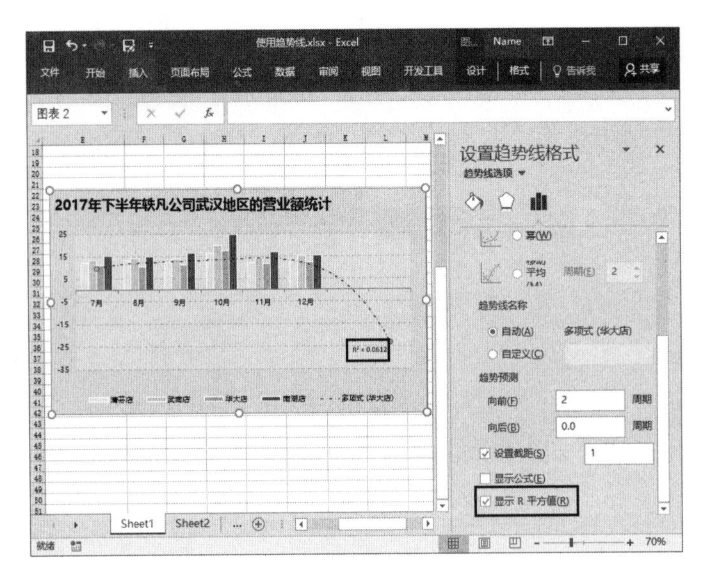

图 13.72　在趋势线上显示 R 平方值

13.4.2　使用误差线

在进行数据统计时，误差线主要用于统计数据中潜在的误差值或显示与每一个数据点相关的不确定性的范围。在图表中，数据系列的每一个数据点都可以显示一条误差线，表示数据点的当前值可能是该数据范围中的任意一个。

与趋势线一样，在 Excel 图表中，不是所有的图表都能添加误差线，支持误差线的图表类别包括柱形图、条形图、面积图、折线图、散点图和气泡图。这里要注意的是，除了气泡图和散点图中的三维图表之外，上述图表中的三维图表类型都不支持误差线。

误差线可以按照下面介绍的方法进行添加和设置。

01 在图表中选择需要添加误差线的数据系列，打开“设计”选项卡，在“图表布局”组中单击“添加图表元素”按钮。在打开的列表中选择“误差线”选项，在下级列表中选择需要使用的误差线选项。选择的数据系列即添加了误差线，如图 13.73 所示。

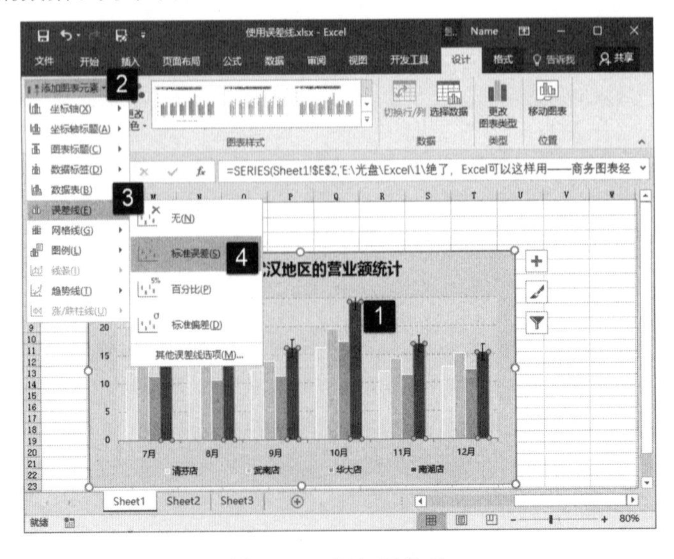

图 13.73　添加误差线

02 添加误差线后，双击误差线将打开“设置误差线格式”窗格，使用该窗格可以对误差线进行设置，如图 13.74 所示。

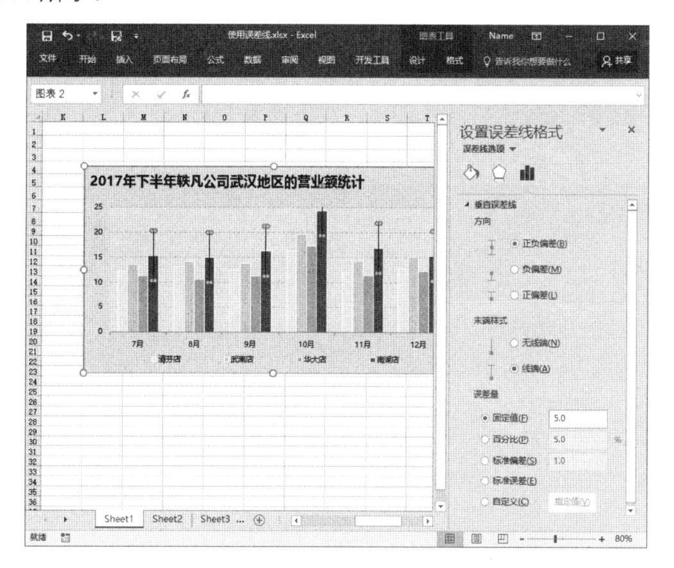

图 13.74 “设置误差线格式”窗格

13.4.3 使用涨/跌柱线

涨/跌柱线是用于描述两个或两个以上数据系列相同数据点上数值大小的变化情况，其仅在折线图和股价图中使用。涨/跌柱线用长方形连接图表中第一个和最后一个数据系列的每一个数据点。如果第一个数据系列的数据点小于最后一个数据系列对应的数据点，则显示为涨柱线，此时长方形会使用浅色填充；如果第一个数据系列的数据点大于最后一个数据系列的数据线，则显示为跌柱线，此时长方形会以深色填充。要在图表中使用涨/跌柱线，图表中至少要有两个数据系列。

01 选择图表，在“设计”选项卡的“图表布局”组中单击“添加图表元素”按钮。在打开的列表中选择“涨/跌柱线”选项，在下级列表中选择“涨/跌柱线”选项，图表中即可添加涨/跌柱线，如图 13.75 所示。

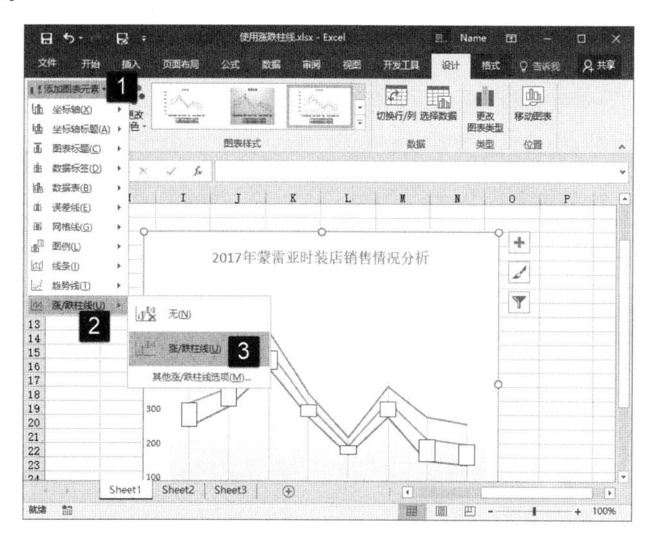

图 13.75 添加涨/跌柱线

02 双击添加的涨/跌柱线打开“设置涨柱线格式”窗格，使用该窗格可以对柱线进行设置。例如，这里设置填充颜色，如图 13.76 所示。

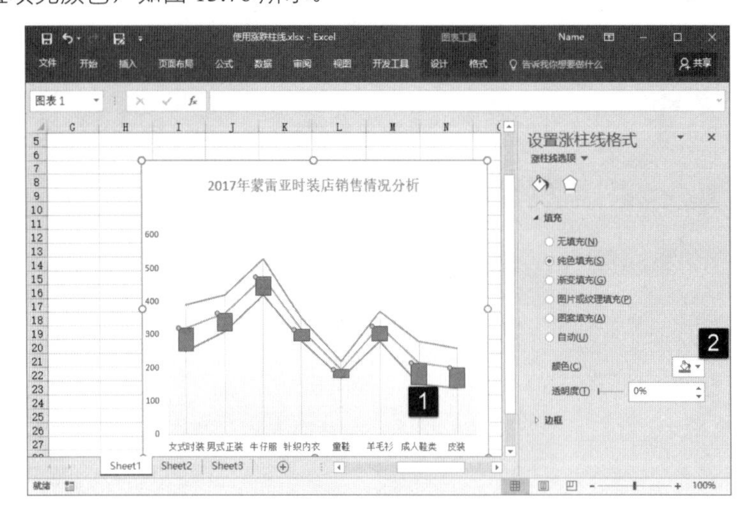

图 13.76 设置填充颜色

13.5 特殊的图表——迷你图

迷你图是从 Excel 2010 开始加入的一项新功能，其可以以单个的单元格作为绘图区域，在单元格中绘制各种图表，简单快捷地图形化工作表中的数据。在 Excel 中有 3 种迷你图可以使用，它们分别是折线迷你图、柱形迷你图和盈亏迷你图。本节将对在工作表中使用迷你图的技巧进行介绍。

13.5.1 创建迷你图

在工作表中，如果需要用较小的空间来直观展示数据大小的情况，可以选择在图表中使用迷你图。在工作表中创建迷你图后，能够马上看出数据的变化情况，以利于数据的对比。迷你图的创建比较简单，下面介绍具体的创建方法。

01 在工作表中选择需要创建迷你图的数据区域，打开“插入”选项卡，在“迷你图”组中单击相应的迷你图按钮。例如，这里单击“折线图”按钮，如图 13.77 所示。

铁凡公司销售员月销售业绩统计表

姓名	9月销售额	10月销售额	11月销售额	12月销售额
杨明	¥246,550.00	¥153,450.00	¥114,620.00	¥156,250.00
李飞	¥215,680.00	¥175,620.00	¥114,300.00	¥155,730.00
武明	¥178,360.00	¥104,230.00	¥157,620.00	¥136,780.00
齐飞	¥256,890.00	¥128,360.00	¥145,720.00	¥158,760.00
陆民	¥263,450.00	¥189,560.00	¥153,890.00	¥135,520.00
张文	¥197,800.00	¥156,820.00	¥132,300.00	¥111,020.00
刘芳	¥146,900.00	¥163,530.00	¥124,600.00	¥178,030.00

图 13.77 单击“折线图”按钮

提 示

在 Excel 中，折线迷你图与前面章节介绍的折线图的作用相同，用来分析数据的变化趋势。柱形迷你图主要用来展示所选区域数据的大小。盈亏迷你图则用来表达所选区域中数据的盈亏情况，读者可以通过该图了解盈亏情况或分辨数据的正负情况。

02 此时将打开“创建迷你图”对话框，在对话框的“数据范围”文本框中插入了上一步选择的单元格区域。将插入点光标放置到“位置范围”文本框中，在工作表中拖动鼠标框选作为放置迷你图的单元格，如图 13.78 所示。完成设置后单击“确定”按钮关闭对话框，在指定单元格区域中放置了迷你图，如图 13.79 所示。

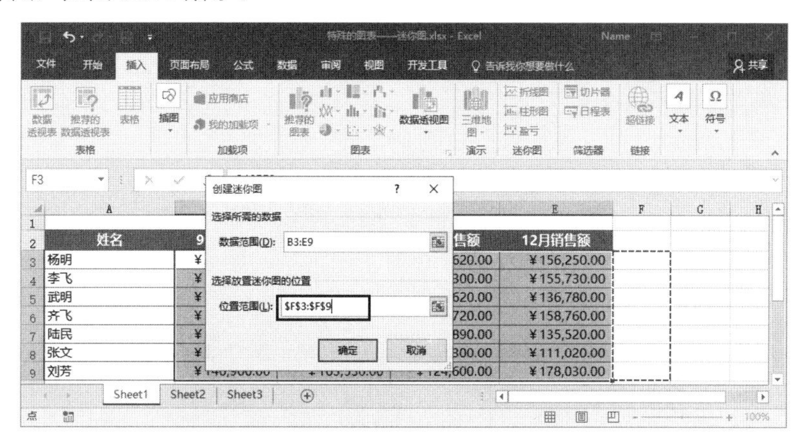

图 13.78　指放置迷你图的单元格

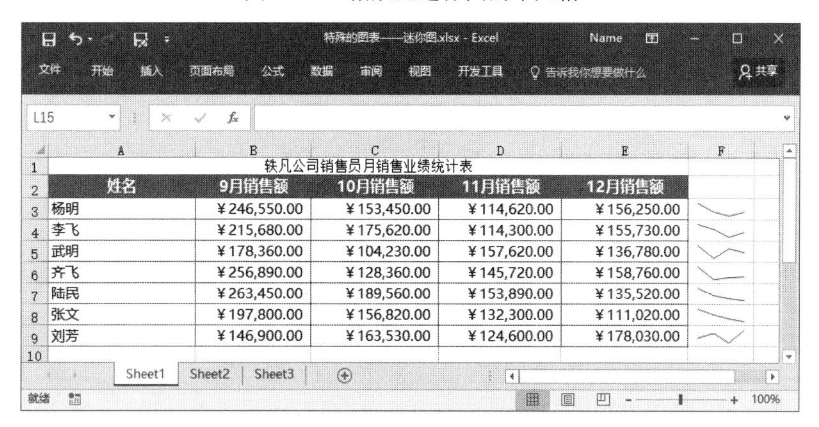

铁凡公司销售员月销售业绩统计表

姓名	9月销售额	10月销售额	11月销售额	12月销售额
杨明	¥246,550.00	¥153,450.00	¥114,620.00	¥156,250.00
李飞	¥215,680.00	¥175,620.00	¥114,300.00	¥155,730.00
武明	¥178,360.00	¥104,230.00	¥157,620.00	¥136,780.00
齐飞	¥256,890.00	¥128,360.00	¥145,720.00	¥158,760.00
陆民	¥263,450.00	¥189,560.00	¥153,890.00	¥135,520.00
张文	¥197,800.00	¥156,820.00	¥132,300.00	¥111,020.00
刘芳	¥146,900.00	¥163,530.00	¥124,600.00	¥178,030.00

图 13.79　指定单元格中放置迷你图

13.5.2　更改迷你图类型

在完成迷你图制作后，有时需要更改迷你图类型。更改迷你图类型分为 2 种情况，一种情况是更改所有迷你图类型，另一种情况是只更改某个单元格中的迷你图类型。下面介绍这 2 种情况的操作方法。

（1）在工作表中选择任意一个迷你图，打开“设计”选项卡。在“类型”组中单击迷你图按钮，所有迷你图将更改为该类型，如图 13.80 所示。

（2）选择需要更改类型的单个迷你图，打开“设计”选项卡，在“分组”组中单击“取消组合”按钮取消所有迷你图的组合，如图 13.81 所示。在“类型”组中单击相应的按钮即可更改该迷你图的类型。例如，这里将迷你图更改为折线图，如图 13.82 所示。

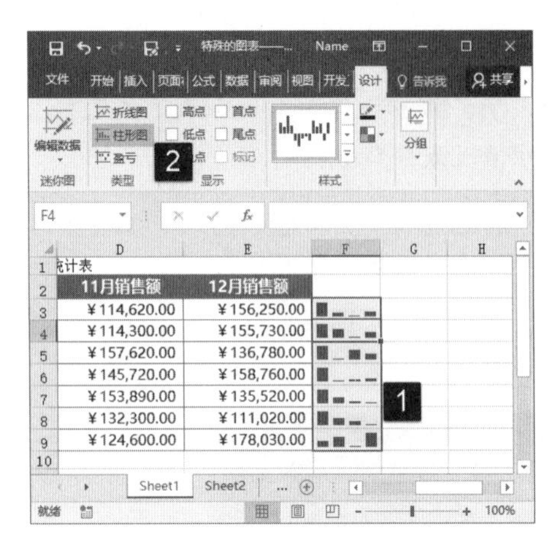

图 13.80　更改所有迷你图类型

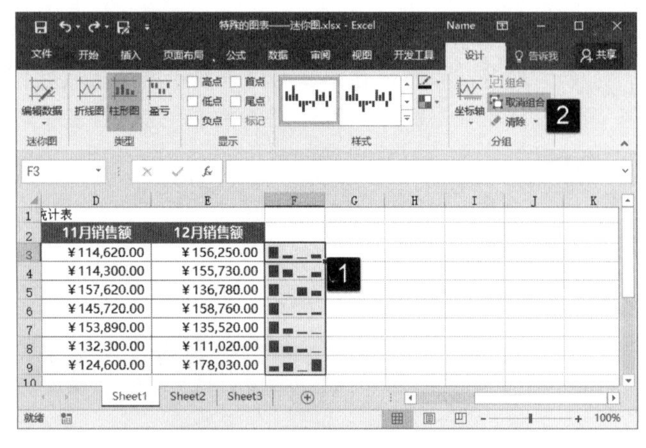

图 13.81　单击“取消组合”按钮

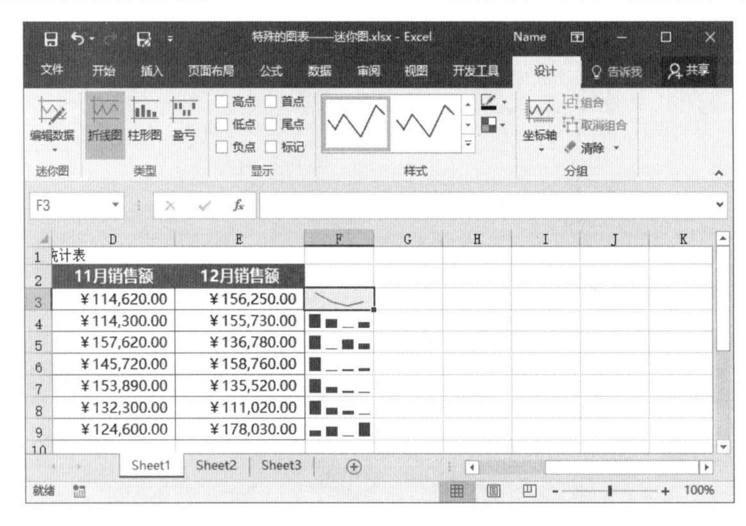

图 13.82　更改单个迷你图类型

13.5.3　显示迷你图中不同的点

对于一组数据来说，存在着某些特殊值，如最大值、最小值和第一个值等。在迷你图中，最大值点和最小值点称为高点和低点，第一个值点和第二个值点称为首点和尾点，负数值点称为负点。在 Excel 的迷你图中，上述这些点都是可以用颜色标记出来的。

01 要标注这些特殊值点很简单，在选择了迷你图后打开“设计”选项卡。在“显示”组中勾选相应的复选框即可。例如，这里勾选“高点”和“低点”复选框，迷你图中将标记出最大值和最小值点，如图 13.83 所示。

02 标记点的颜色是可以设置的，在“样式”组中单击“标记颜色”按钮。在打开的列表中选择相应的标记选项设置颜色，例如，这里设置高点的颜色，如图 13.84 所示。

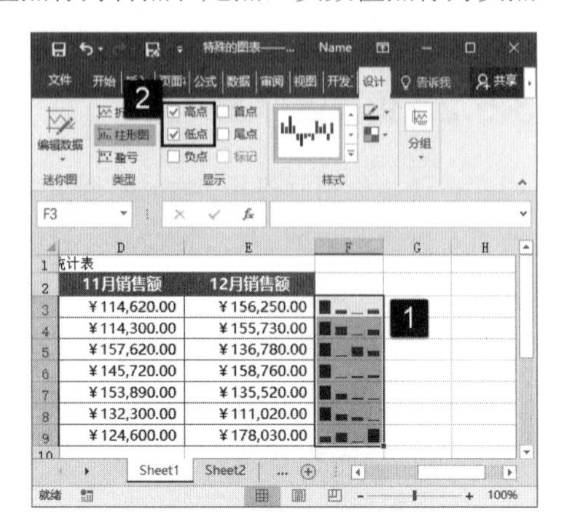

图 13.83　标记高点和低点

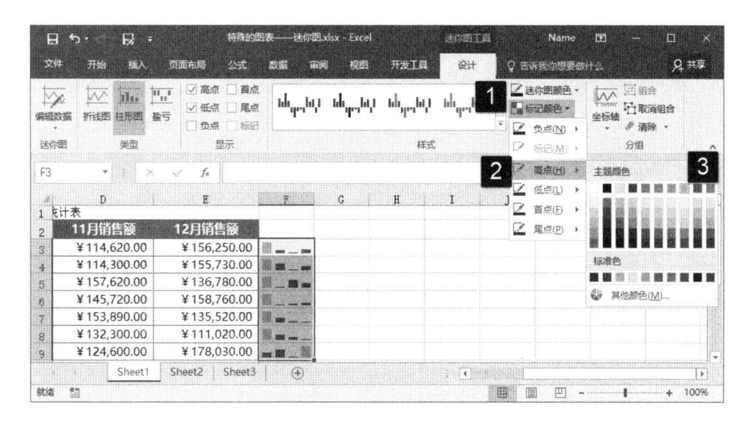

图 13.84　设置高点颜色

13.6　本章拓展

下面介绍本章的 3 个拓展技巧。

13.6.1　制作静态图表

Excel 创建的图表将会随着数据源数据的变化而发生改变，如果需要图表为不可变的静态图表，可以使用下面的 2 种方法来进行操作。

（1）选择工作表中的图表，按 Ctrl+C 键复制图表。选择工作表中任一个单元格，打开“开始”选项卡，在“剪贴板”组中单击“粘贴”按钮上的下三角按钮，在打开的列表中选择“图片”选项，如图 13.85 所示。图表被转换为图片粘贴到工作表中，这样就可以得到静态图表。

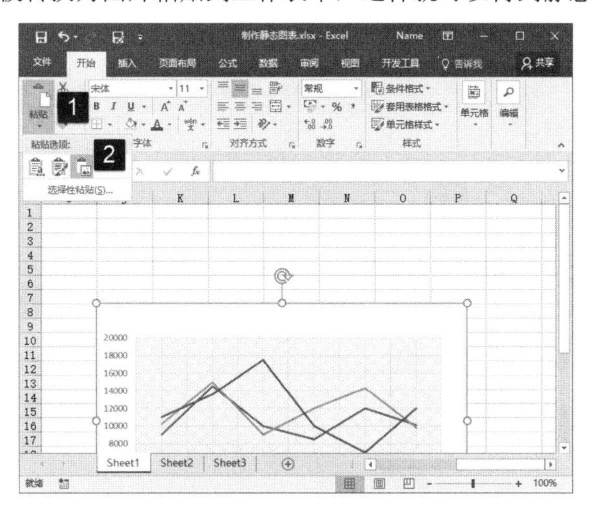

图 13.85　粘贴为图片

（2）在图表中选择某个数据系列。在编辑栏中将可以看到公式“＝SERIERS(……)”，该公式指明了数据系列与工作表中相关联的数据区域，工作表中对应的数据区域也被框出来。按 F9 键将公式转变为数组，按 Enter 键完成设置。此时数据源中对数据的框选消失，如图 13.86 所示。选择其他的数据系列，使用相同的方法将公式转换为数组，这样即可获得静态图表。

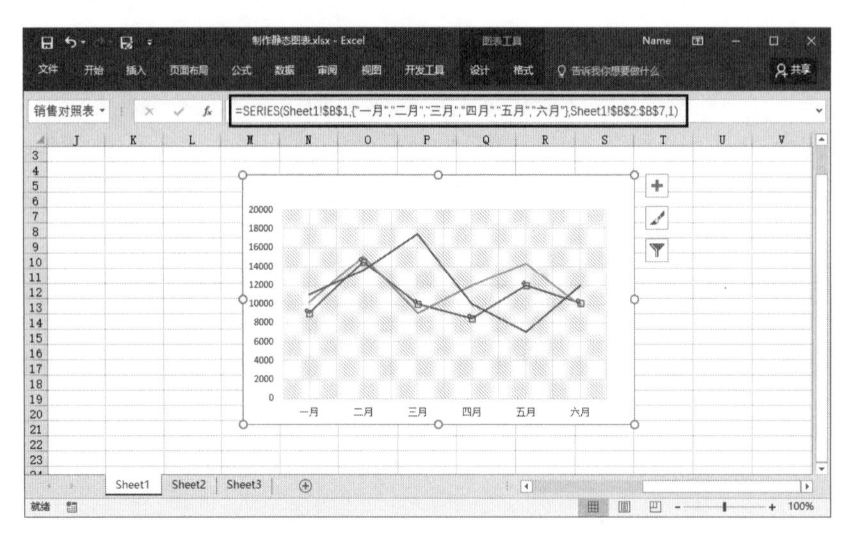

图 13.86　将公式转换为数组

13.6.2　让坐标轴不显示 0 值

在默认情况下，图表中坐标轴上将会显示“0”刻度值，如果不需要这个“0”刻度值显示，可以使用下面的方法来进行设置。

01 启动 Excel 并打开工作表，双击图表中纵坐标轴打开“设置坐标轴格式”窗格。在窗格中单击“坐标轴选项”按钮，打开“数字”设置栏。在“类别”列表中选择“数字”选项，在“格式代码”文本框中输入格式代码“#,##0;-#,##0;”，即在原格式代码后添加一个分号“;”，单击“添加”按钮将其添加到“类型”列表中，如图 13.87 所示。

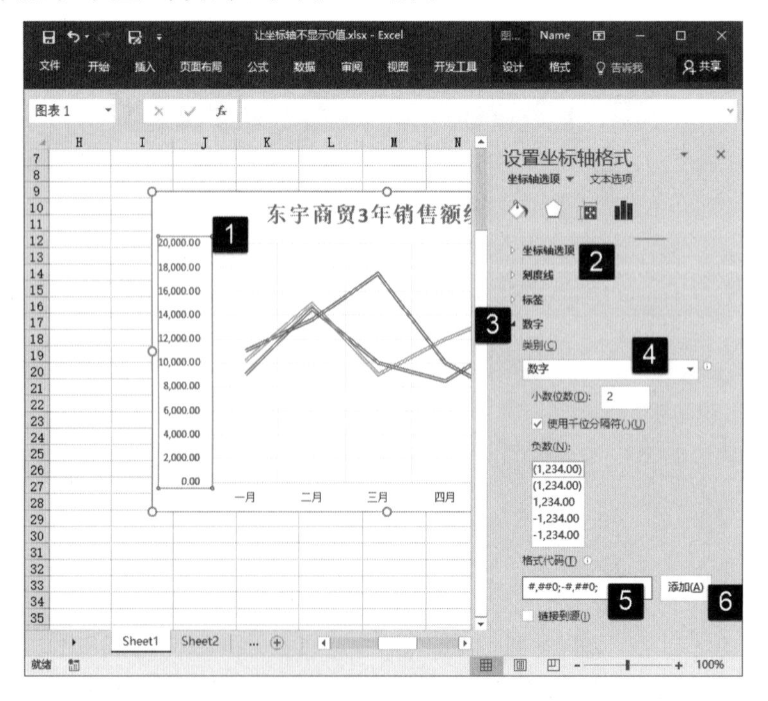

图 13.87　设置格式代码

02 添加格式代码后，选择的纵坐标轴上不再显示“0”刻度值，如图 13.88 所示。

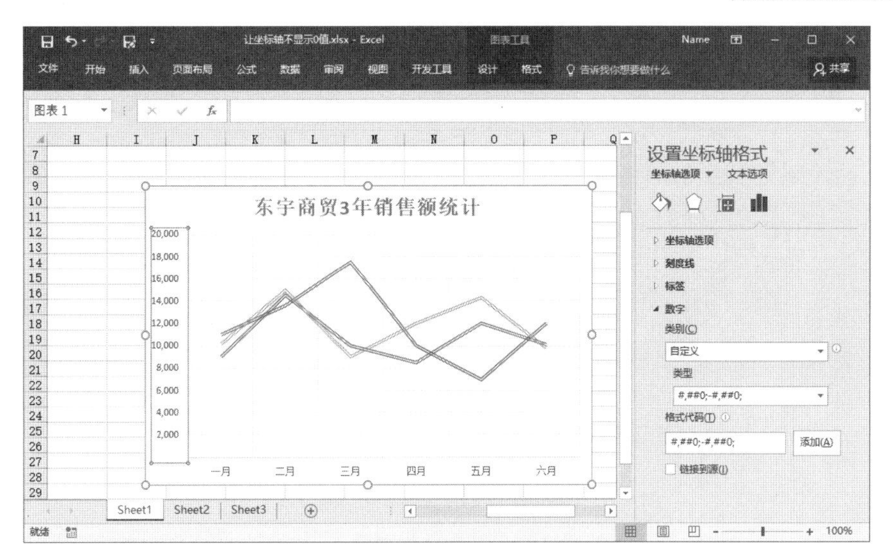

图 13.88　纵坐标轴上不再显示“0”值

13.6.3　使用视图管理器控制图表中显示的数据

Excel 的视图管理器能够对图表进行控制，如果使用视图管理器管理工作表中不同的单元格区域，就可以在图表中显示某个视图的单元格区域数据，其他的数据将会隐藏。这样就可以获得可控制的动态图表效果，下面介绍具体的操作方法。

01 在“视图”选项卡的“工作簿视图”组中单击“自定义视图”按钮打开“视图管理器”对话框，在对话框中单击“添加”按钮，如图 13.89 所示。此时将打开“添加视图”对话框，在对话框的“名称”栏中输入视图名称后单击“确定”按钮关闭对话框，如图 13.90 所示。

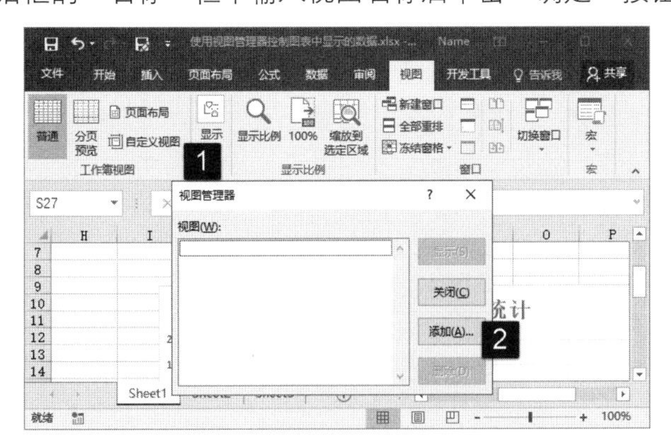

图 13.89　打开“视图管理器”对话框

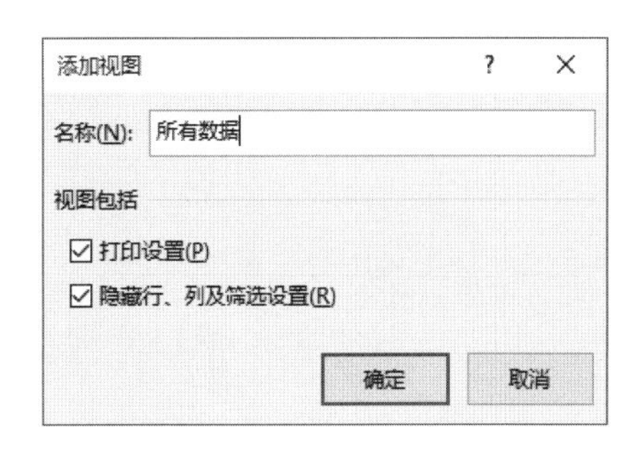

图 13.90　“添加视图”对话框

02 在工作表中选择第 4 行至第 7 行，右击，在快捷菜单中选择“隐藏”命令隐藏这些行，只让一月和二月的数据显示出来。再次打开“视图管理器”对话框进行添加视图的操作。这里，在“添加视图”对话框中将视图的名称定义为“一月和二月数据”，如图 13.91 所示。使用相同的方法，在隐藏连续 2 个月的行后定义视图。

03 当需要查看不同的图表数据时，只需要在“视图”选项卡中单击“自定义视图”按钮打开“视图管理器”对话框，在对话框的“视图”列表中选择对应的视图后单击“显示”按钮即可，如图 13.92 所示。

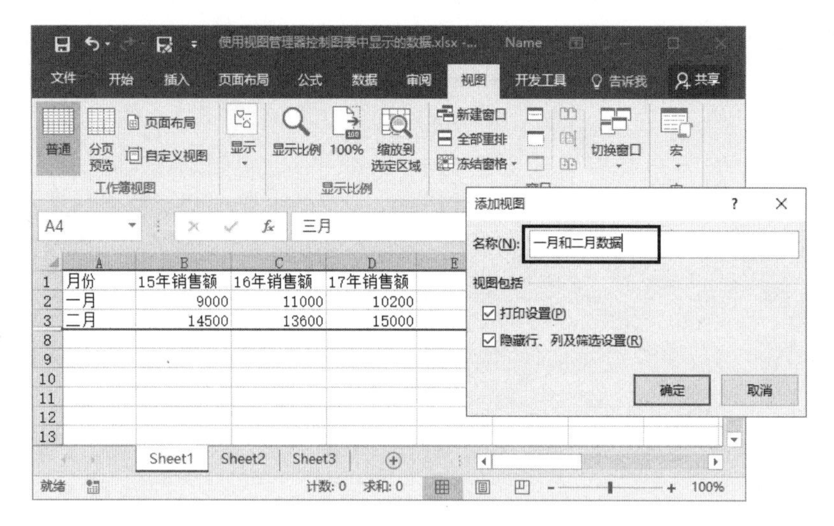

图 13.91　添加视图

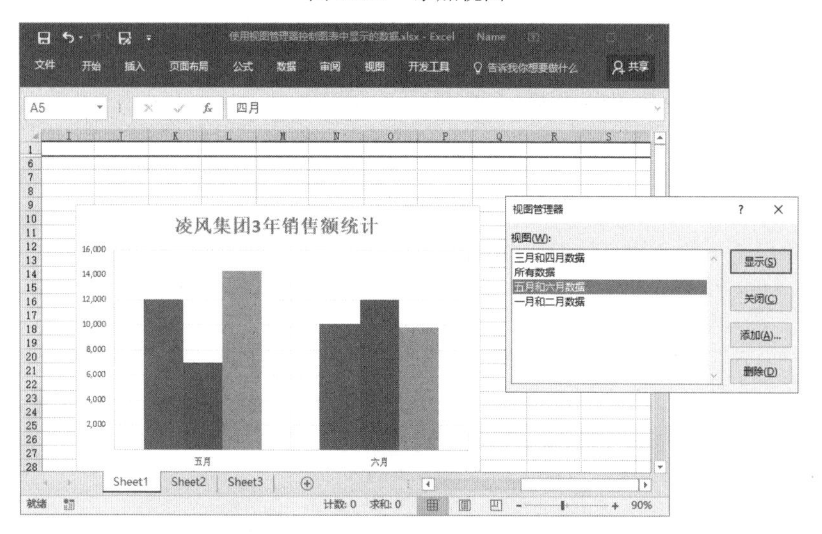

图 13.92　选择需要显示的图表数据

第 14 章 分析和处理数据

Excel 具有强大的数据分析和处理能力，使用 Excel 来对各种数据进行分析，能够快捷高效地获得需要的结果。在 Excel 中，数据的排序、数据的筛选和对数据进行分类汇总等是常用的分析和管理数据的方法。本章将对 Excel 中分析和处理数据的方法和技巧进行介绍。

14.1 数据排序

数据排序是数据分析中的一种常见操作，Excel 提供了排序功能，能够按文本、数据、日期和时间等对数据进行升序或降序排序。下面从单列排序、多列排序和自定义排序这 3 个方面来介绍对数据进行排序的方法。

14.1.1 单列和多列排序

Excel 中对数据进行排序，分为单列排序和多列排序这 2 种方式。所谓的单列排序，指的是只针对单元格所在的列中的数据进行排序，其他列的数据的排列顺序不随着发生改变。多列排序则是在对某一列数据进行排序时，其他列中对应数据的排列顺序也会随着改变。下面分别介绍单列排序和多列排序的实现方式。

（1）在工作表中选择作为排序依据的列中的任意一个单元格，在“开始”选项卡的“编辑”组中单击“排序和筛选”按钮。在打开的列表中选择“升序”或“降序”选项，如图 14.1 所示。工作表中的数据按照该列数据的升序或降序排列。

图 14.1　对数据进行排序

（2）如果选择作为排序依据的数据所在的列，在按照上面方法进行排序时，Excel 将打开“排序提醒”对话框，如图 14.2 所示。如果选择“扩展选定区域”选项，则工作表中数据都将按照选定列数据的排列顺序重新进行排列。如果选择“以当前选定区域排序”选项，Excel 将只对当前选定区域的数据进行排序，其他数据的排列顺序不会随着改变。

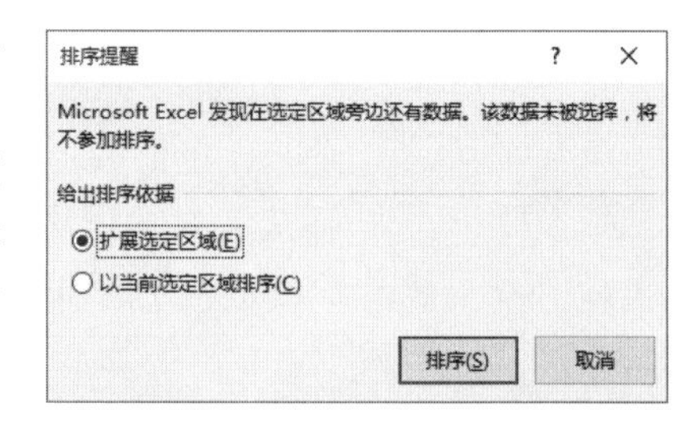

图 14.2　“排序提醒”对话框

14.1.2　自定义排序序列

在进行数据的排序操作时，Excel 默认的排序方式可能无法满足要求，此时可以通过自定义排序序列来对数据进行排序。下面介绍具体的操作方法。

01 在工作表中任意选取一个单元格。在“开始”选项卡的“编辑”组中单击“排序和筛选”按钮，在打开的下拉列表中选择“自定义排序”选项，如图 14.3 所示。

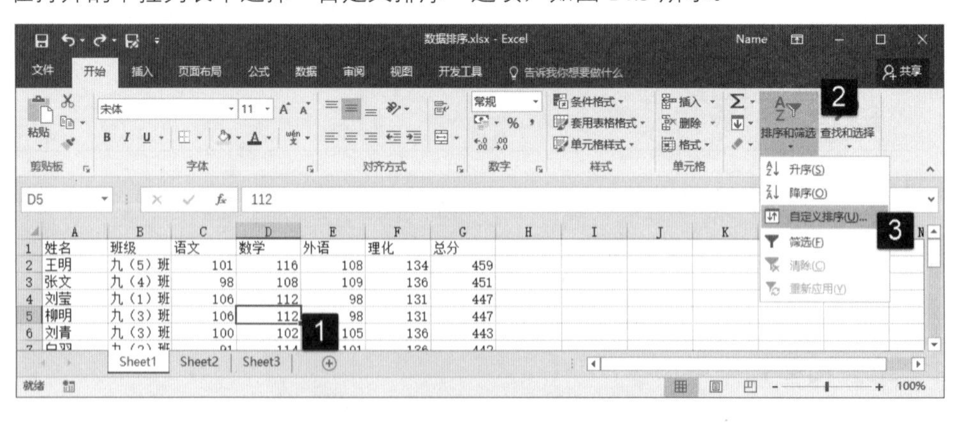

图 14.3　选择“自定义排序”选项

02 此时将打开“排序”对话框，在“次序”下拉列表中选择“自定义序列”选项。此时将打开“自定义序列”对话框，在“自定义序列”列表中选择“新序列”选项，在右侧的“输入序列”文本框中输入自定义序列。完成输入后单击“添加”按钮将其添加到自定义列表中，如图 14.4 所示。

03 单击“确定”按钮关闭“自定义序列”对话框，自定义序列将显示在“次序”列表中。将“主要关键字”设置为“班级”。完成设置后单击“确定”按钮关闭对话框，如图 14.5 所示。工作表中的数据按照设置进行排序，如图 14.6 所示。

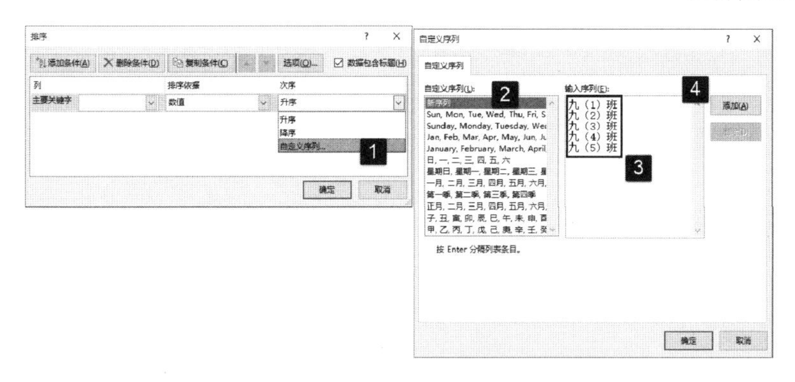

图 14.4　将序列添加到“自定义序列”列表中

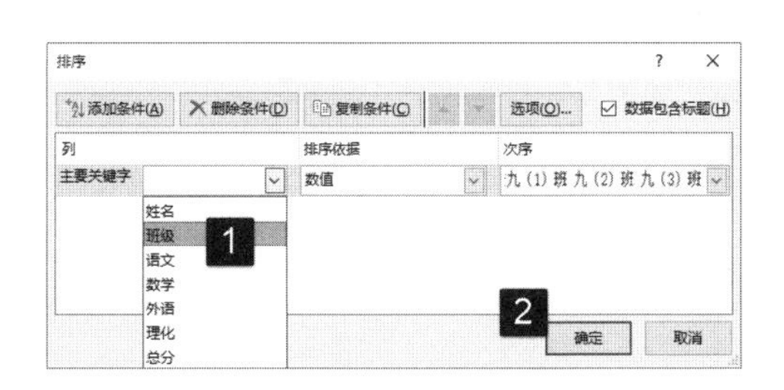

图 14.5　将“主要关键字”设置为“班级”

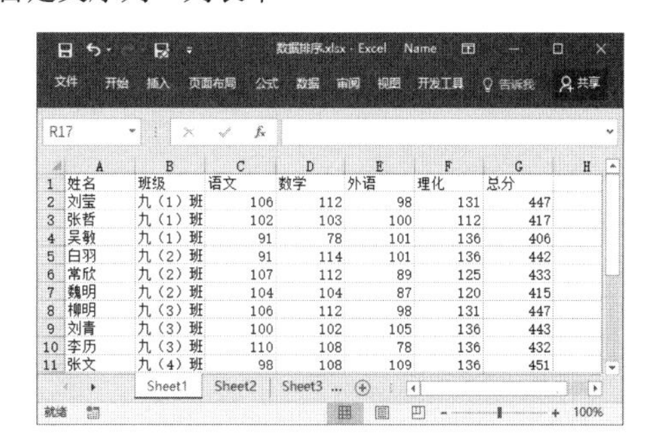

	A	B	C	D	E	F	G
1	姓名	班级	语文	数学	外语	理化	总分
2	刘莹	九（1）班	106	112	98	131	447
3	张哲	九（1）班	102	103	100	112	417
4	吴敏	九（1）班	91	78	101	136	406
5	白羽	九（2）班	91	114	101	136	442
6	常欣	九（2）班	107	112	89	125	433
7	魏明	九（2）班	104	104	87	120	415
8	柳明	九（3）班	106	112	98	131	447
9	刘青	九（3）班	100	102	105	136	443
10	李历	九（3）班	110	108	78	136	432
11	张文	九（4）班	98	108	109	136	451

图 14.6　数据按照设置排序

14.2　数据筛选

数据筛选可以查找和使用表格中的数据，从这些数据中选出满足条件的数据使其显示出来，而其他不符合条件的数据则会隐藏。数据筛选功能是数据分析中常用的一个功能，下面对其在工作表中的应用进行介绍。

14.2.1　自动筛选

在对工作表中数据进行筛选时，如果只是需要显示满足给定条件的数据，可以使用 Excel 的自动筛选功能，具体的操作步骤如下所示。

01 选择工作表中任一个单元格，在“开始”选项卡的“编辑”组中单击“排序和筛选”按钮。在打开的列表中选择“筛选”选项，如图 14.7 所示。

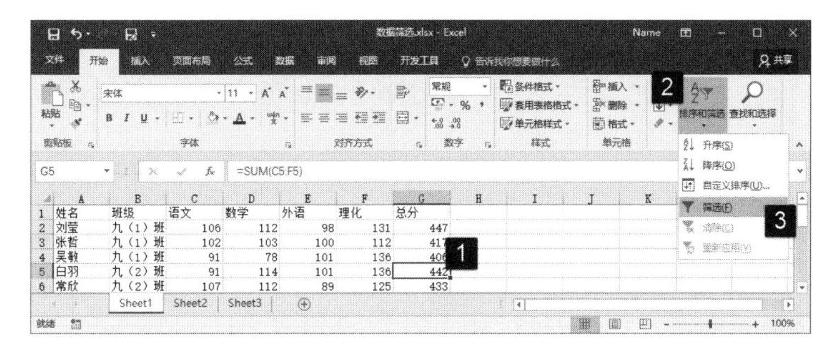

图 14.7　选择“筛选”选项

02 在表头的每个单元格右侧都将出现一个下三角按钮，例如，这里需要筛选出某个班级的学生成绩，可以单击“班级”单元格上的下三角按钮，在打开的列表中取消“全选”复选框的勾选，勾选需要显示的班级选项。单击“确定”按钮，如图 14.8 所示。选择班级学生的成绩数据被筛选出来，如图 14.9 所示。

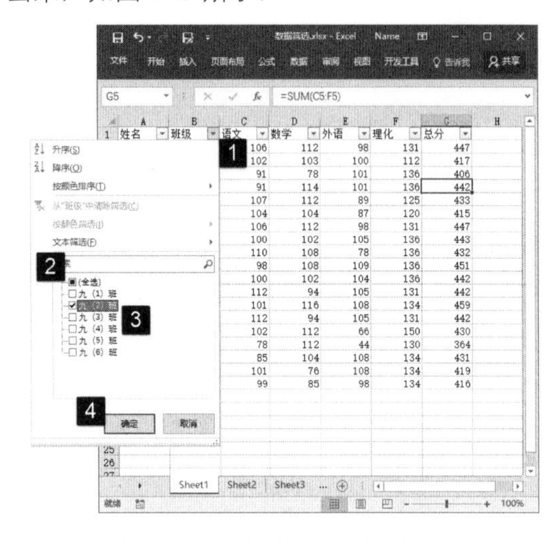

图 14.8　选择需要显示的项目

图 14.9　显示筛选结果

14.2.2　自定义筛选

在对数据进行筛选时，很多时候需要设置多个条件来进行筛选，此时可以通过“自定义自动筛选条件”对话框来自定义筛选条件，从而获得精确的筛选结果。下面以从学生成绩表中筛选出总分最大的 5 个学生为例来介绍自定义筛选的方法。

01 在工作表中单击“总分”单元格上的下三角按钮，在打开的列表中选择“数字筛选”选项。在下将列表中选择“前 10 项”选项，如图 14.10 所示。

图 14.10　选择“前 10 项”选项

02 此时将打开“自动筛选前 10 个”对话框，在对话框中间的微调框中输入数值 5。单击“确定”按钮关闭对话框，如图 14.11 所示。工作表中总分最大的 5 个被筛选出来，如图 14.12 所示。

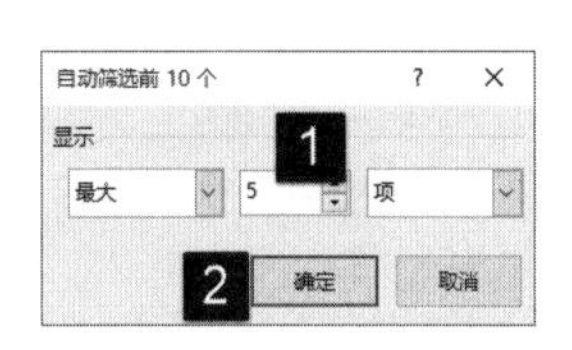

图 14.11　“自动筛选前 10 个”对话框

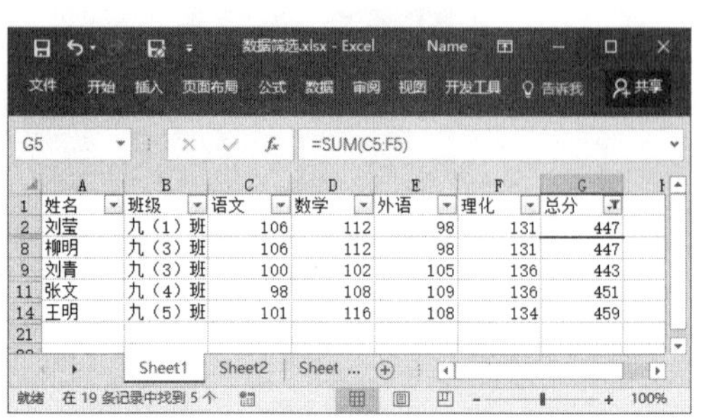

图 14.12　筛选出总分最大的前 5 个

14.2.3 高级筛选

相对于自动筛选和自定义筛选，如果需要按照复制条件对数据进行筛选，这就是高级筛选了。高级筛选要求在工作表中的一个区域中存放筛选条件，Excel 将根据这些条件来进行筛选。

01 在当前工作表的空白单元格中输入筛选条件，如图 14.13 所示。

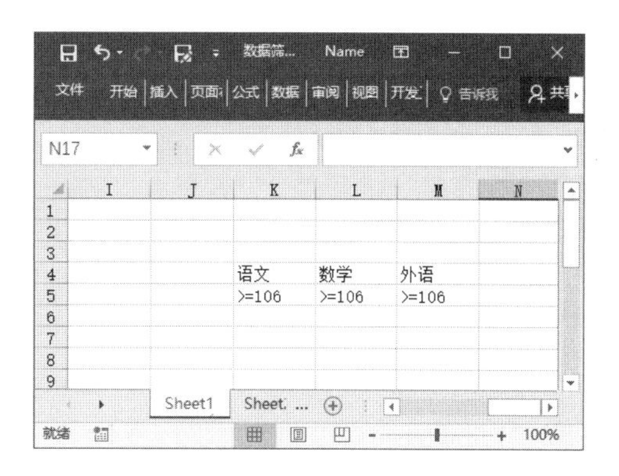

图 14.13 输入筛选条

02 打开“数据”选项卡，在“排序和筛选”组中单击“高级”按钮打开“高级筛选”对话框。在对话框中首先选择筛选结果的放置方式，这里选择“将筛选结果复制到其他位置”选项使筛选结果放置到指定的单元格区域中。在“条件区域”文本框中输入条件所在的单元格区域，在“复制到”文本框中输入放置筛选结果的单元格区域地址，如图 14.14 所示。

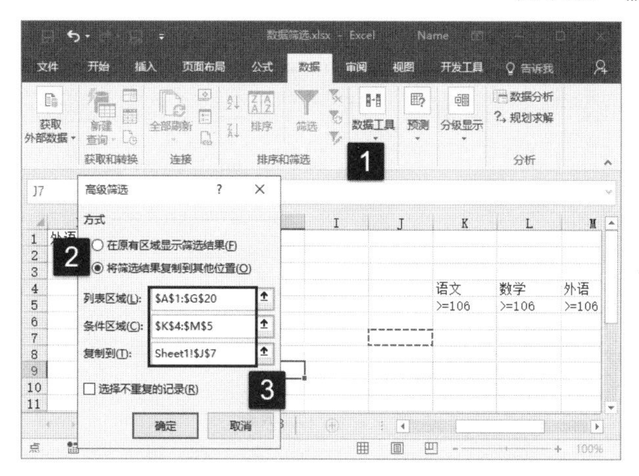

图 14.14 “高级筛选条件”对话框中的设置

03 完成设置后单击“确定”按钮关闭对话框，符合条件的数据放置到指定的单元格区域中，如图 14.15 所示。

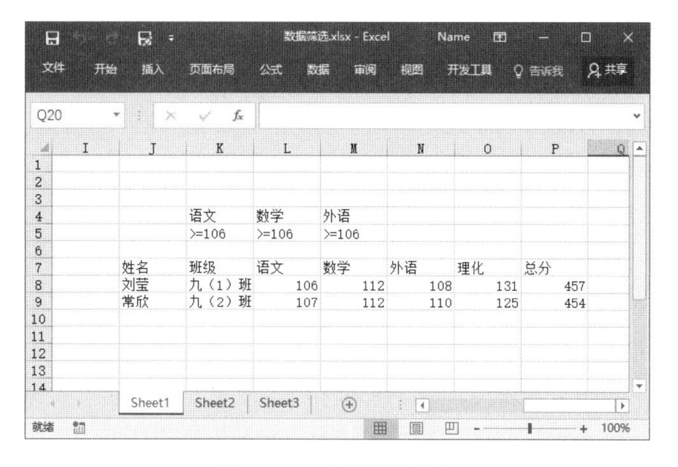

图 14.15 获得筛选结果

14.3 分类汇总和合并计算

分类汇总和合并计算是数据分析的 2 个重要的方式，使用它们能够方便地满足专业数据分析的要求，使数据的特性变得明晰。下面介绍分类汇总和合并计算的知识。

14.3.1 分类汇总

分类汇总是利用汇总函数对同一类别中的数据进行计算以得到统计结果。在进行分类汇总后，工作表中将可以分节显示汇总的结果。在 Excel 中，用户能够根据字段名来创建数据组并进行分类汇总。下面介绍在工作表中插入分类汇总的方法。

01 打开需要创建分类汇总的工作表，选择工作表中的某列数据，例如，这里“申请部门”所在的列。在“数据”选项卡的“排序和筛选”组中单击“降序”按钮。此时 Excel 2016 会给出“排序提醒”对话框让用户选择排序依据，这里直接单击“排序”按钮关闭对话框即可实现排序，如图 14.16 所示。

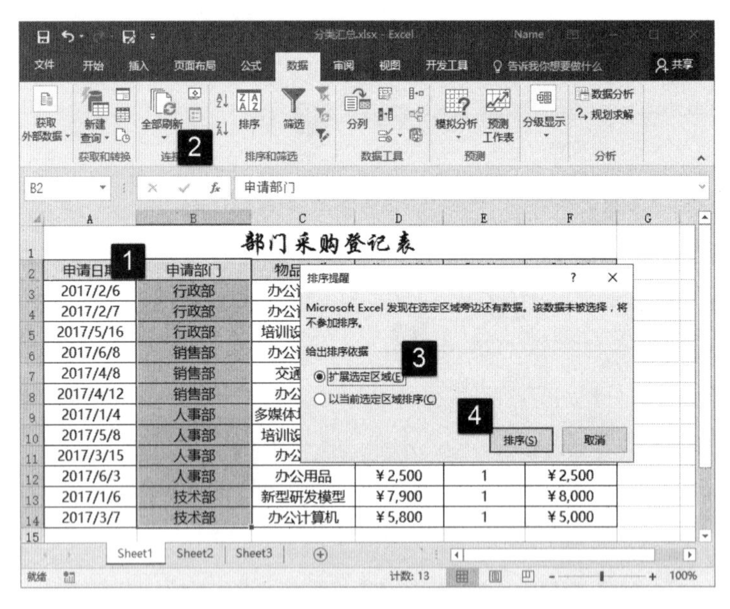

图 14.16　对数据进行排序

02 在工作表中选择任意一个单元格，在功能区的“数据”选项卡的“分级显示”组中单击“分类汇总”按钮。此时将打开“分类汇总”对话框，在对话框的“分类字段”下拉列表中选择“申请部门”选项，表示按照申请部门进行分类汇总。在“汇总方式”下拉列表中选择“求和”选项将汇总方式设置为求和。在“选定汇总项”列表中勾选“采购金额”复选框，将采购金额数据作为汇总对象。完成设置后单击“确定”按钮，如图 14.17 所示。在工作表中创建分类汇总，如图 14.18 所示。

提 示

在添加分类汇总后，会在最下方显示总计行。总计是从明细数据派生而来，而不是从分类汇总的值中得来的。如，以平均值来进行汇总，总计行将能显示所有明细的平均值，而不是分类汇总行的平均值。

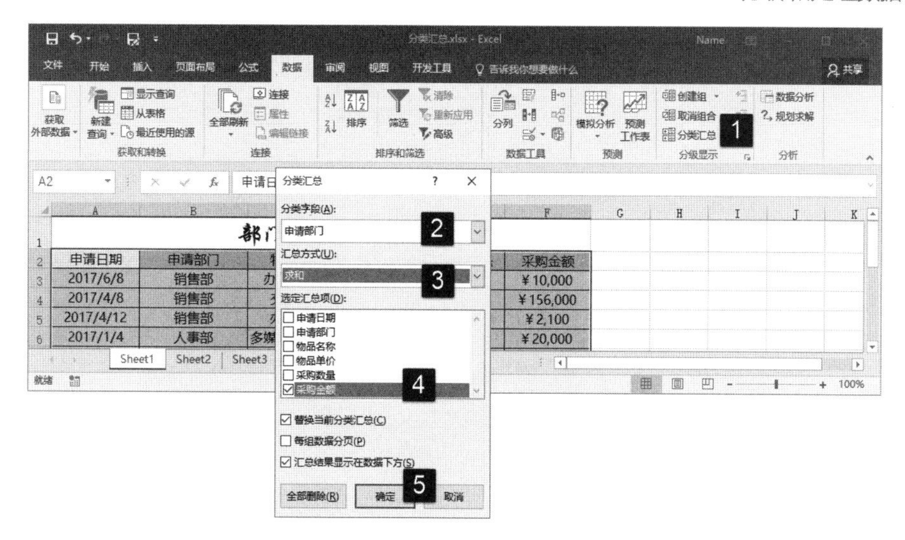

图 14.17 “分类汇总”对话框

部门采购登记表

申请日期	申请部门	物品名称	物品单价	采购数量	采购金额
2017/6/8	销售部	办公计算机	¥6,800	2	¥10,000
2017/4/8	销售部	交通工具	¥17,800	1	¥156,000
2017/4/12	销售部	办公用品	¥2,100	1	¥2,100
	销售部 汇总				¥168,100
2017/1/4	人事部	多媒体培训设备	¥31,500	1	¥20,000
2017/5/8	人事部	培训设备配件	¥9,800	1	¥6,000
2017/3/15	人事部	办公用品	¥1,500	1	¥1,500
2017/6/3	人事部	办公用品	¥2,500	1	¥2,500
	人事部 汇总				¥30,000
2017/1/6	技术部	新型研发模型	¥7,900	1	¥8,000
2017/3/7	技术部	办公计算机	¥5,800	1	¥5,000
	技术部 汇总				¥13,000
2017/2/6	行政部	办公计算机	¥6,500	2	¥10,000
2017/2/7	行政部	办公计算机	¥6,400	1	¥6,000
2017/5/16	行政部	培训设备配件	¥2,100	1	¥2,100
	行政部 汇总				¥18,100
	总计				¥229,200

图 14.18 创建分类汇总

14.3.2 合并计算

利用 Excel 的合并计算功能，可以将多个工作表中数据进行计算汇总。在进行合并计算时，计算结果所在的工作表称为“目标工作表”，接受合并数据区域称为“源区域”。下面介绍合并计算的操作过程。

01 启动 Excel 并打开工作表，该工作簿中包含 4 个工作表，前 3 个工作表是各个分店周销售情况统计表，现在需要在“本月合计”工作表中对数据进行合计。这里，首先打开“本月合计”工作表，选择其中的 B3 单元格。在“数据”选项卡的“数据工具”组中单击“合并计算”按钮打开“合并计算”对话框，如图 14.19 所示。

02 在“合并计算”对话框中将“函数”设置为“求和”，在“引用位置”文本框中输入一分店数据区域的单元格地址，单击“添加”按钮将其添加到“所有引用位置”列表中，如图 14.20 所示。

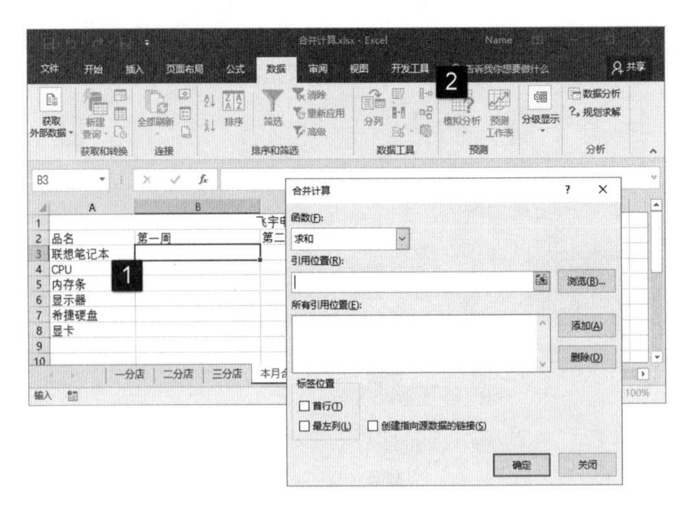

图 14.19　打开“合并计算”对话框

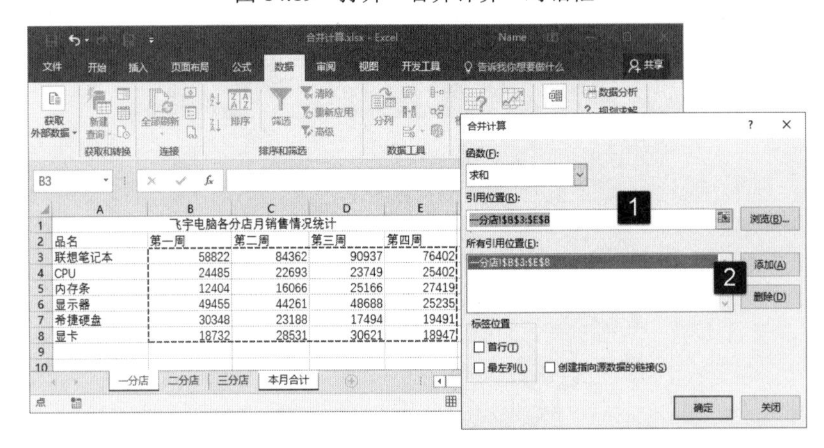

图 14.20　添加引用位置

03 依次将其他 2 个分店的数据区域地址添加到“所有引用位置”列表中，完成后单击“确定”按钮关闭对话框，如图 14.21 所示。此时将获得需要的统计结果，如图 14.22 所示。

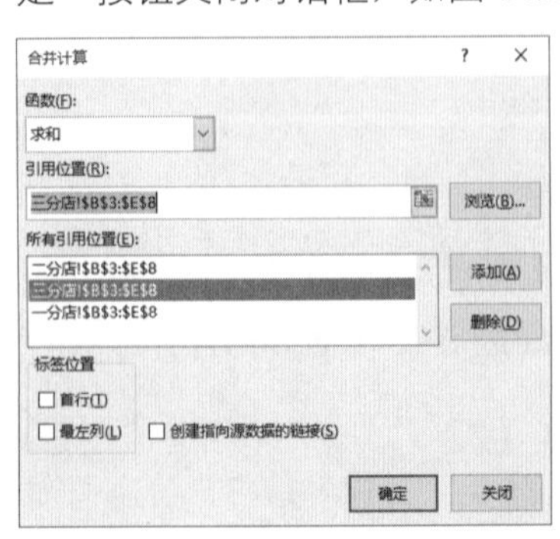

图 14.21　添加所有引用位置

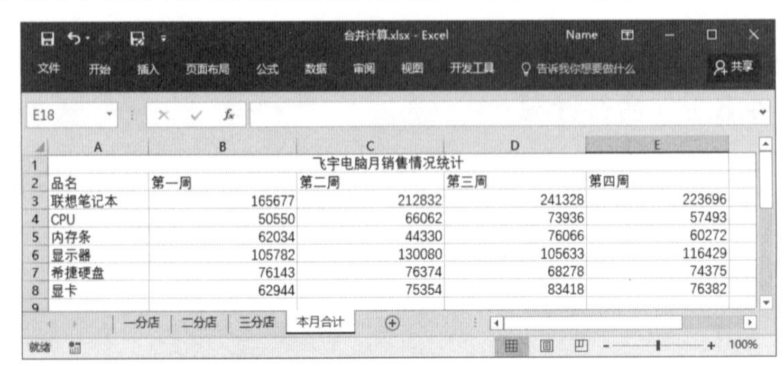

图 14.22　获得需要的统计结果

14.4　数据透视表和数据透视图

使用数据透视表可以全面对数据清单进行重新组织以统计数据。数据透视表是一种对大量数据进行快速汇总和建立交叉列表的交互式表格，其可以转换行和列以显示源数据的不同汇总结果，还可以显示不同页面以实现对数据的筛选，同时可以根据用户的需要显示数据区域中的明细数据。数据透视图则是数据透视表的另一种表现形式。

14.4.1 创建数据透视表

数据透视表是一种交叉制表的交互式 Excel 报表，用来创建数据透视表的源数据区域可以是工作表中的数据清单，也可以是导入的外部数据。下面将介绍使用工作表中的数据来创建数据透视的操作方法。

01 启动 Excel 并打开工作表，在工作表中选择任意一个单元格。在“插入”选项卡的“表格”组中单击“数据透视表”按钮打开“创建数据透视表”对话框，在对话框中单击“确定”按钮关闭对话框，如图 14.23 所示。

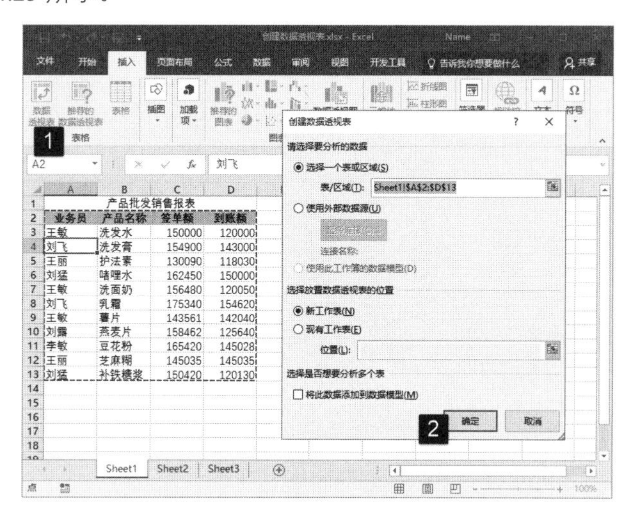

图 14.23　打开“创建数据透视表”对话框

02 此时在 Excel 程序窗口的右侧将打开“数据透视表字段”窗格，在“选择要添加到报表的字段”列表中勾选“业务员”“产品名称”和“到账额”复选框。将这 3 个选项用鼠标分别拖放到“行”“列”和“值”列表，如图 14.24 所示。

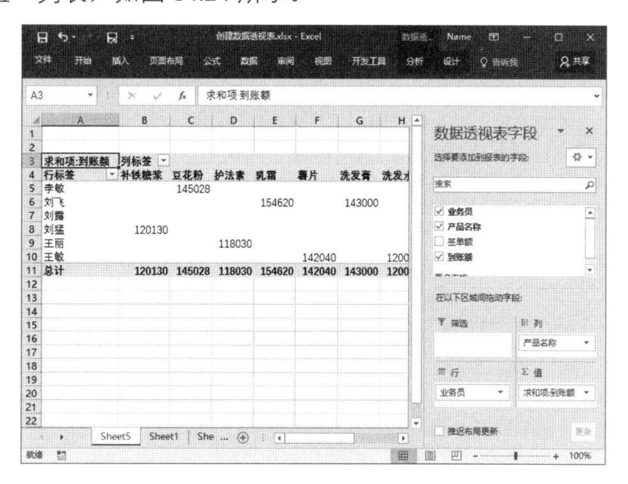

图 14.24　选择相应的选项并放置到列表中

03 单击“行标签”旁的下三角按钮，在打开的列表中取消对“全选”复选框的勾选，勾选“刘飞”选项后单击“确定”按钮，如图 14.25 所示。此时将能够筛选出该业务员的销售数据，如图 14.26 所示。

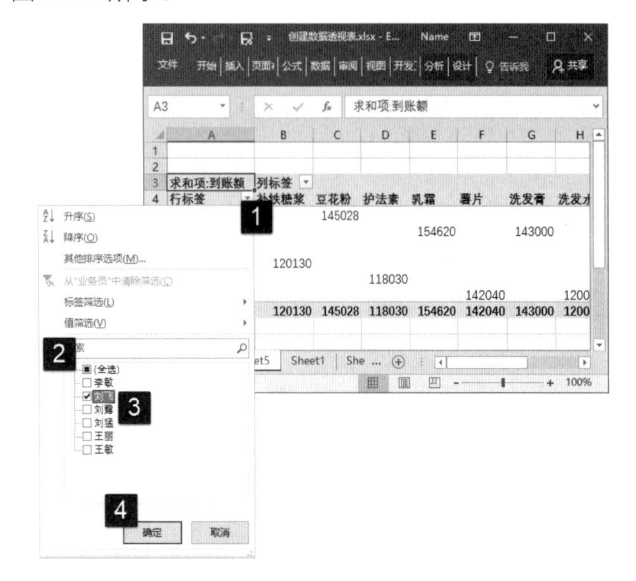

图 14.25 对数据进行筛选

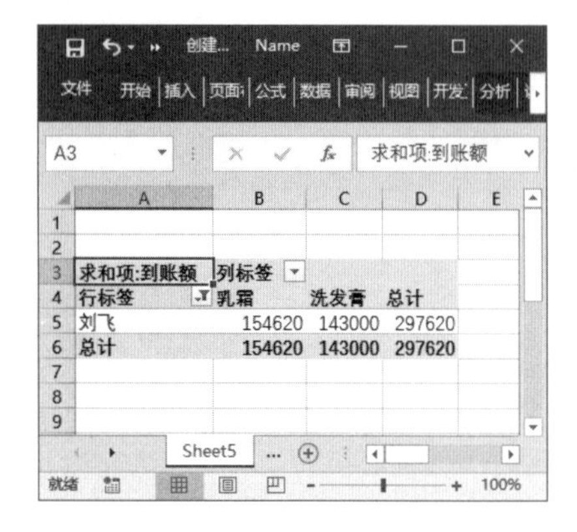

图 14.26 获得筛选结果

提 示

数据透视表包括 4 个区域，数值区域用于显示汇总数值数据，行标签区域用于将字段显示为报表侧面的行，列标签区域用于将字段显示为报表顶部的列。报表筛选区域用于基于报表筛选中的选定项来筛选整个报表。在创建数据透视表时，需要在“数据透视表字段列表”窗格中将字段添加到这些区域的列表中。

14.4.2 编辑数据透视表

在完成数据透视表的创建后，用户可以对数据透视表进行一系列的编辑操作，如选择和移动数据透视表、重命名数据透视表和更改数据透视表的数据源等操作。

1. 移动数据透视表

对于创建完成的数据透视表，有时需要将数据透视表移动到其他位置。移动数据透视表可以使用下面的步骤来进行操作。

01 打开创建的数据透视表，在“分析”选项卡的“操作”组中单击“移动数据透视表”按钮打开“移动数据透视表”对话框，在对话框中选择放置数据透视表的位置。如果选择“现有工作表”选项，则需要在“位置”文本框中输入位置地址，如图 14.27 所示。

02 完成设置后单击“确定”按钮关闭“移动数据透视表”对话框，数据透视表被移动到指定的位置，如图 14.28 所示。

2. 重命名数据透视表

在 Excel 中创建的数据透视表默认的名称是“数据透视表 1”“数据透视表 2”和“数据透视表 3”等，实际上用户可以根据需要对数据透视表重新命名，使其便于识别。

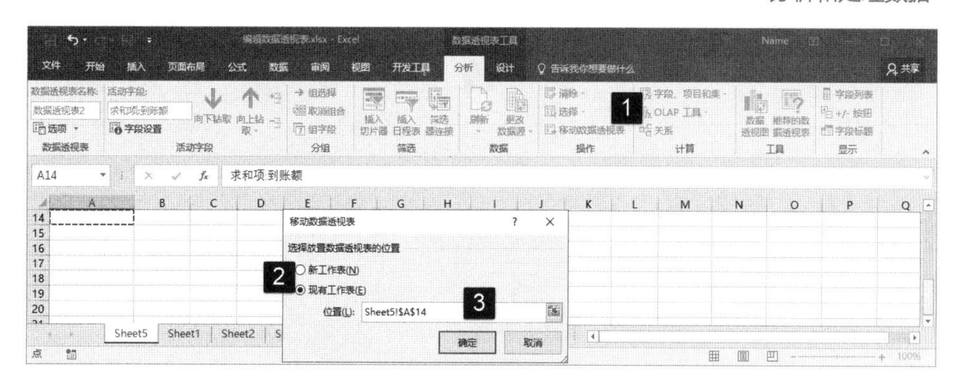

图 14.27　打开“移动数据透视表”对话框

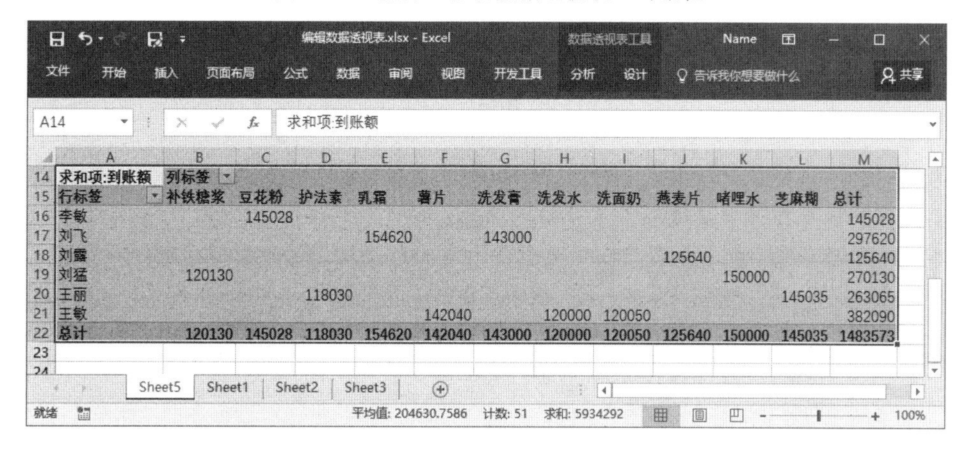

图 14.28　数据透视表被移动到指定的位置

（1）打开数据透视表，在“分析”选项卡的“数据透视表”组中的“数据透视表名称”文本框中输入数据透视表名称。按 Enter 键确认输入，即可对数据透视表更名，如图 14.29 所示。

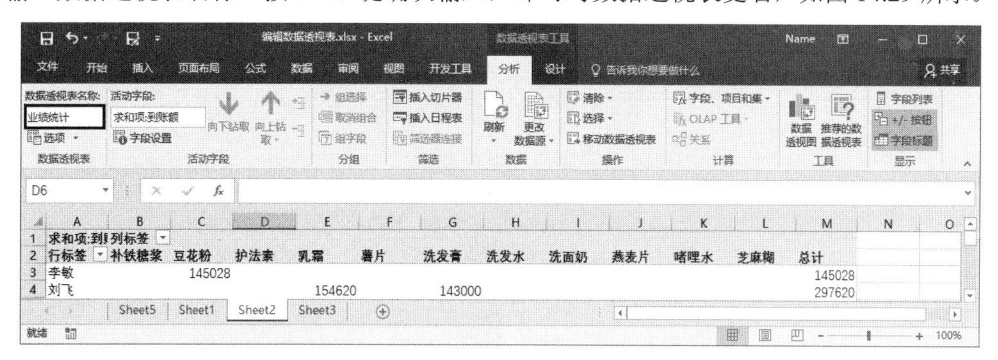

图 14.29　在“数据透视表名称”文本框中更名

（2）在“分析”选项卡的“数据透视表”组中单击“选项”按钮打开“数据透视表选项”对话框，在“数据透视表名称”文本框中输入数据透视表名称，单击“确定”按钮关闭对话框，即可对数据透视表更名，如图 14.30 所示。

3．更改数据源

在数据透视表数据源区域中添加了数据后，如果需要将这些数据添加到数据透视表中，可以通过更改数据源来实现。

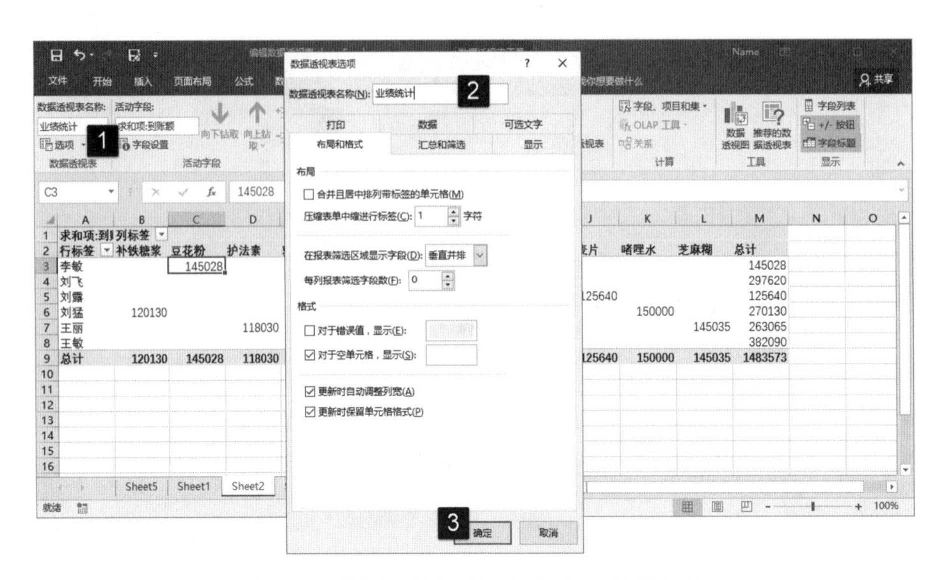

图 14.30　使用“数据透视表选项”对话框更名

01 选择数据透视表中任意一个单元格，在“分析”选项卡的“数据”组中单击“更改数据源”按钮，如图 14.31 所示。

图 14.31　单击“更改数据源”按钮

02 此时将打开“移动数据透视表”对话框，在“表/区域”文本框中输入数据源所在的单元格区域。单击“确定”按钮关闭对话框，如图 14.32 所示。这样，新数据就会添加到数据透视表中。

图 14.32　“移动数据透视表”对话框

14.4.3　设置数据透视表中数据的汇总方式

创建数据透视表时，默认情况下将值生成一种分类汇总，但是在很多时候需要对数据进行多个计算汇总，以从不同的角度对数据进行分析。此时就需要对值字段进行多种方式的计算，下面介绍具体的操作方法。

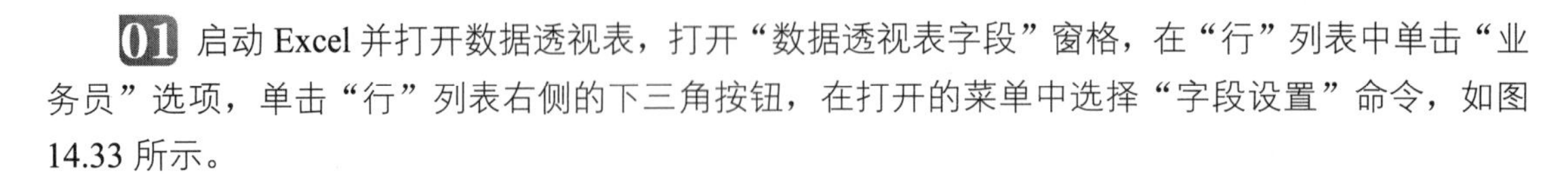

01 启动 Excel 并打开数据透视表，打开“数据透视表字段”窗格，在“行”列表中单击“业务员”选项，单击“行”列表右侧的下三角按钮，在打开的菜单中选择“字段设置”命令，如图 14.33 所示。

02 此时将打开“字段设置”对话框，在“自定义名称”文本框中输入字段名称，在“分类汇总”栏中选择“自定义”单选按钮。在“选择一个或多个函数”列表中按 Ctrl 键单击相应的选项选择多个需要使用的函数，完成设置后单击“确定”按钮关闭对话框，如图 14.34 所示。在数据透视表中将能够按照业务员获得需要的统计数据。

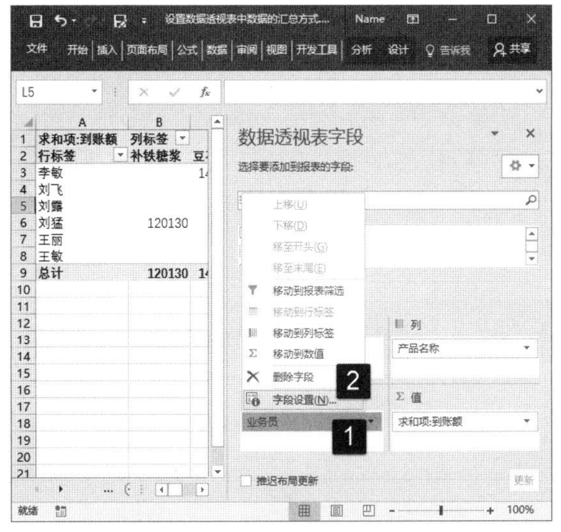

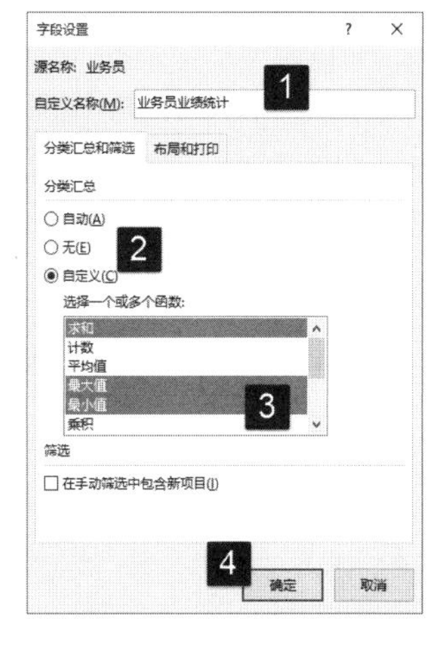

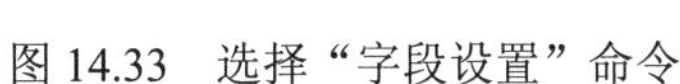

图 14.33 选择“字段设置”命令　　图 14.34 “字段设置”对话框

提示　在“字段设置”对话框中，默认情况下“分类汇总”栏会选择“自动”单选按钮，此时使用的是分类汇总方式。如果选择“无”单选按钮，则将取消创建数据透视表时的默认的分类汇总统计方式。选择“自定义”方式则可以使用函数来进行诸如计数、求平均值或求最大值等 11 种汇总方式。

14.4.4 创建数据透视图

数据透视图是另一种数据表现形式，与数据透视表不同之处在于其可以选择表现数据的图形，能够更加直观形象地表现数据的特性。

01 启动 Excel 并打开作为数据源的工作表，选择数据区域中的任意一个单元格。在“插入”选项卡的“图表”组中单击“数据透视图”按钮上的下三角按钮，在打开的菜单中选择“数据透视图”命令，如图 14.35 所示。

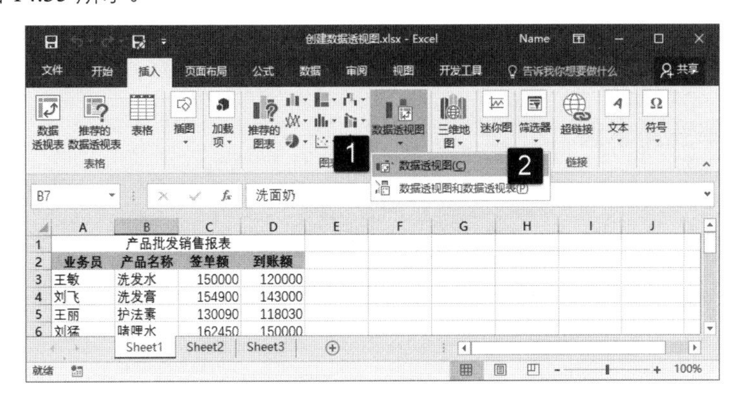

图 14.35 选择“数据透视图”命令

02 此时将打开“创建数据透视图”对话框，在“选择放置数据透视图的位置”项中选择“新工作表”单选按钮，在“表/区域”文本框中使用默认单元格区域，即当前工作表的数据区域。单击“确定”按钮关闭对话框，如图14.36所示。

03 在出现的“数据透视图字段”窗格中，在“选择要添加到报表的字段”列表中选择相应的复选框选择需要添加的字段，同时在窗格下的区域中拖动字段设置数据透视图的布局。此时即可在工作表中创建需要的数据透视图，如图14.37所示。

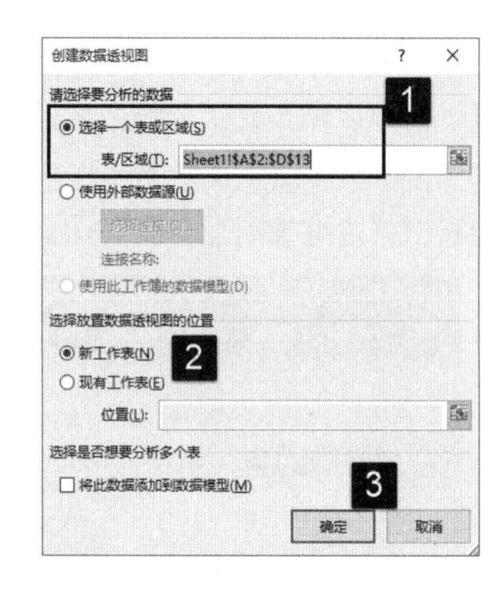

图 14.36　“创建数据透视图”对话框

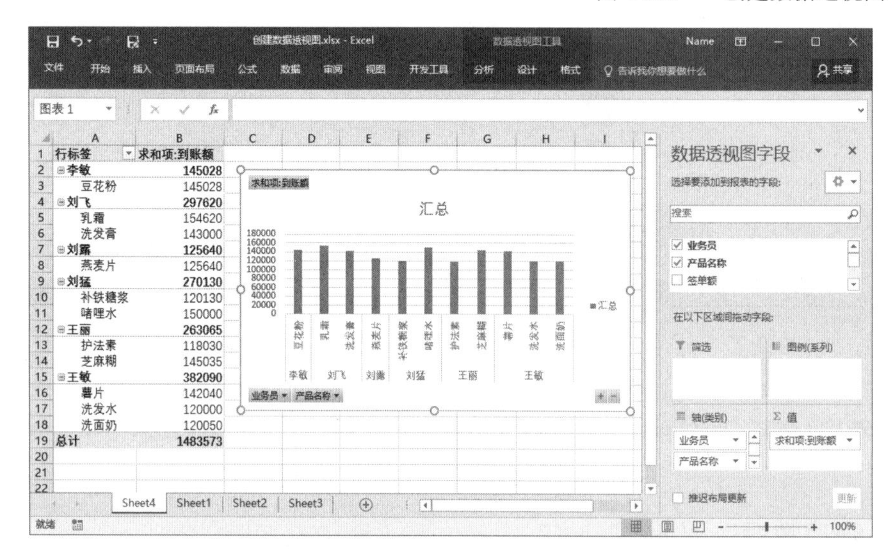

图 14.37　创建数据透视图

14.5　使用数据分析工具

Excel 不仅仅是一款电子表格制作工具，其还是一种功能强大的数据分析工具。Excel 向用户提供了多种分析数据、制作报表、数据运算、工程规划和财政预算等多方面的分析工具，用户可以直接使用这些工具，为各类专业人员进行数据统计和分析提供了便利。

14.5.1　使用单变量求解

使用单变量求解就是通过计算寻求公式中的特定的解，使用单变量求解能够通过调整可变单元格中数据，按照给定的公式来获得满足目标单元格中的目标值。例如，公司固定预算为140000元，培训费等项目费用是固定值，要满足预算总额则差旅费应该最大能为多少。下面使用单变量求解来解决这个问题。

01 打开工作簿，创建工作表，在工作表中输入数据，同时在B10单元格中输入公式计算费用总和，如图14.38所示。

02 在“数据”选项卡的“数据工具”组中单击“模拟分析”按钮，在打开的下拉列表中选择“单变量求解”命令，如图 14.39 所示。

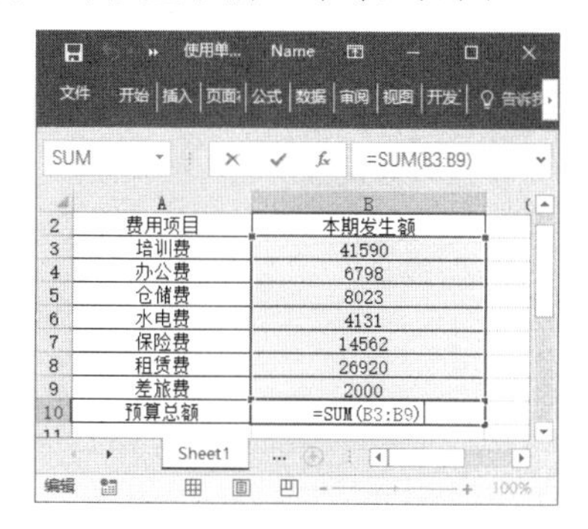

图 14.38　创建工作表

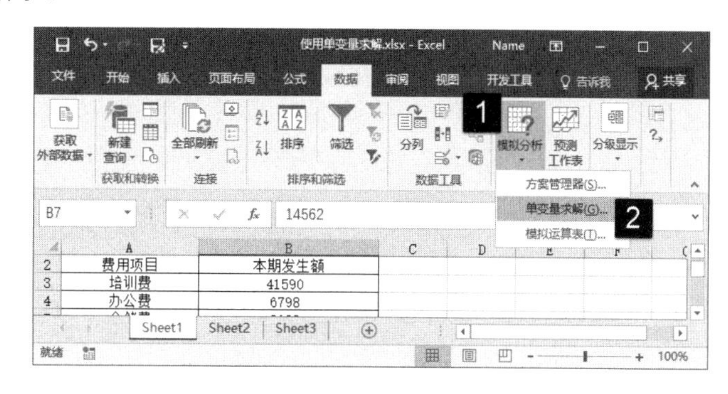

图 14.39　选择“单变量求解”命令

03 此时将打开“单变量求解”对话框，在对话框中的“目标单元格”和“可变单元格”文本框中输入单元格引用地址，在“目标值”文本框中输入求解的目标值，如图 14.40 所示。完成设置后单击“确定”按钮关闭对话框。

04 此时 Excel 2016 给出“单变量求解状态”对话框，对话框中显示求解的结果，如图 14.41 所示。单击“确定”按钮关闭“单变量求解状态”对话框完成本实例的制作。

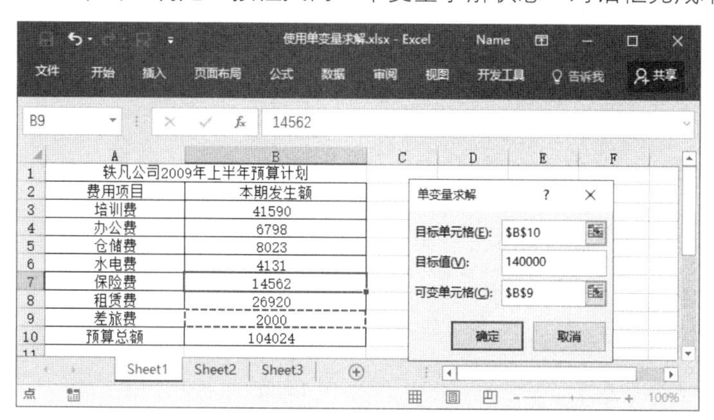

图 14.40　“单变量求解”对话框的设置

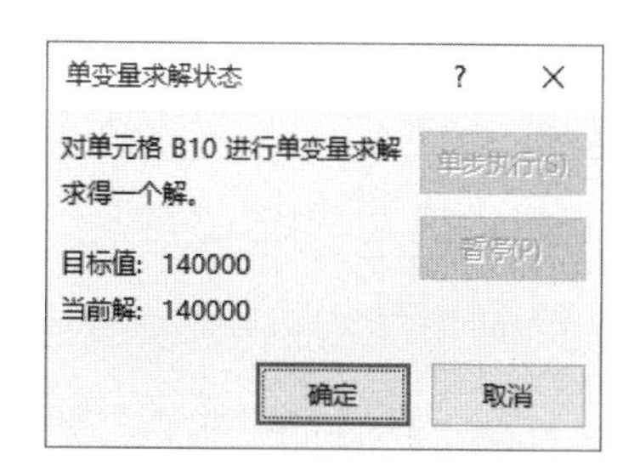

图 14.41　显示求解结果

14.5.2　使用模拟运算表

模拟运算表是进行预测分析的一种工具，它可以显示工作表中一个或多个数据变量的变化对计算结果的影响，求得某一过程中可能发生的数值变化，同时将这一变化列在表中以便于比较。运算表根据需要观察的数据变量的多少的不同，可以分为单变量数据表和多变量数据表这 2 种形式。下面以创建多变量数据表为例来介绍在工作表中使用模拟运算表的方法，本例数据表用于预测不同销售金额和不同的提成比率所对应的提成金额，创建的是一个有 2 个变量的模拟运算表。

01 创建一个新的工作表，在工作表输入数据。在工作表的 B9 单元格中输入提成额的计算公式“=$B$2*$B$3”，如图 14.42 所示。

02 在 B10:B23 单元格区域中输入提成比率。选择创建运算表的单元格区域，在“数据”选项卡的“数据工具”组中单击“模拟分析”按钮，在下拉列表中选择“模拟运算表”命令，如图 14.43 所示。

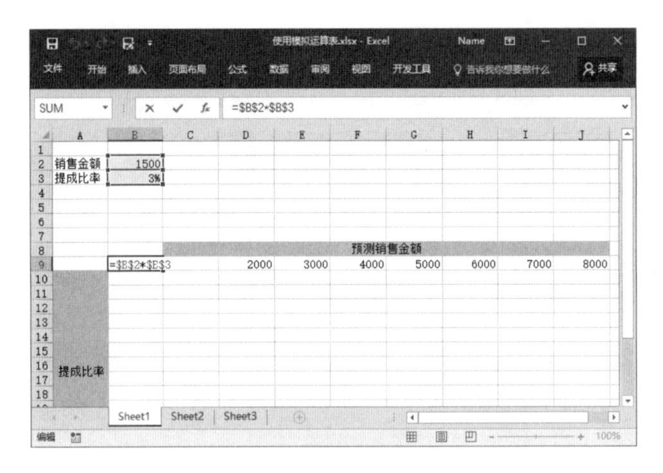

图 14.42　创建工作表并输入公式

03 此时将打开“模拟运算表”对话框，在对话框的“输入引用行的单元格”文本框中输入销售金额值所在单元格地址“$B$2”，在“输入引用列的单元格”中输入提成比率值所在单元格的地址“$B$3”，如图 14.44 所示。完成单元格的引用后，单击“确定”按钮关闭对话框。

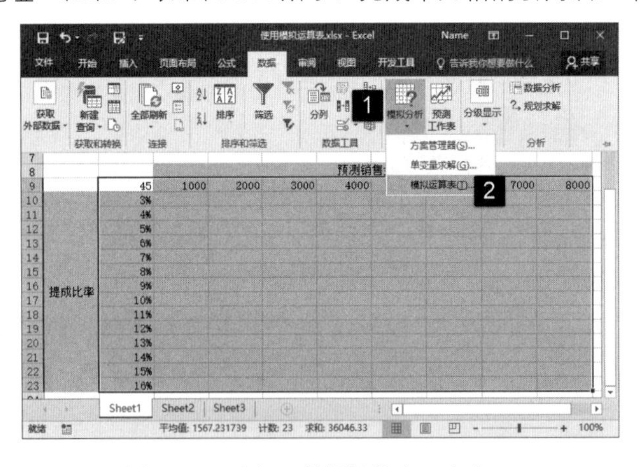

图 14.43　选择“模拟运算表”命令

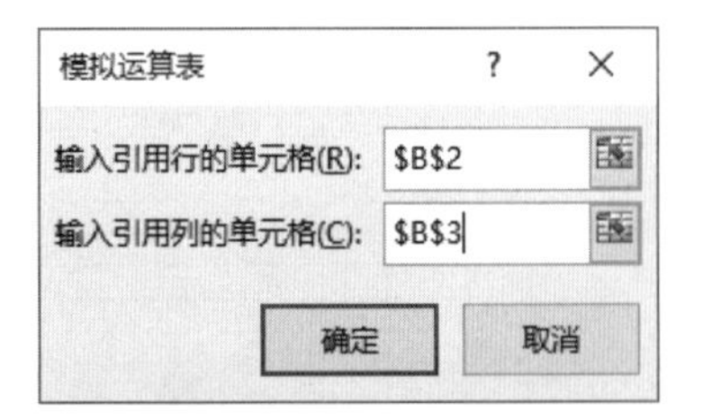

图 14.44　指定引用单元格

04 此时工作表中插入数据表，通过该数据表将能查看不同的销售金额和不同提成比率下对应的提成金额，如图 14.45 所示。

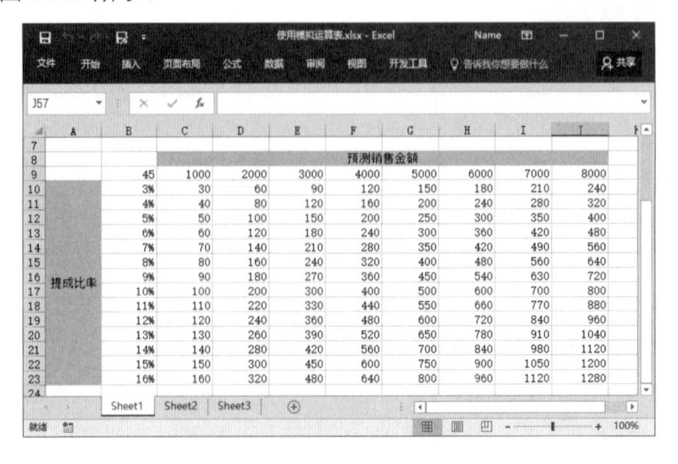

	预测销售金额							
45	1000	2000	3000	4000	5000	6000	7000	8000
3%	30	60	90	120	150	180	210	240
4%	40	80	120	160	200	240	280	320
5%	50	100	150	200	250	300	350	400
6%	60	120	180	240	300	360	420	480
7%	70	140	210	280	350	420	490	560
8%	80	160	240	320	400	480	560	640
9%	90	180	270	360	450	540	630	720
10%	100	200	300	400	500	600	700	800
11%	110	220	330	440	550	660	770	880
12%	120	240	360	480	600	720	840	960
13%	130	260	390	520	650	780	910	1040
14%	140	280	420	560	700	840	980	1120
15%	150	300	450	600	750	900	1050	1200
16%	160	320	480	640	800	960	1120	1280

图 14.45　创建模拟运算表

提 示

模拟运算表中数据是存放在数组中的，表中的单个或部分数据是无法删除的。要想删除数据表中的数据只能选择所有数据后再按 Delete 键才能删除。

14.5.3 使用方案

Excel 2016 中的方案管理器能够帮助用户创建和管理方案。使用方案，用户能够方便地进行假设，为多个变量存储输入值的不同组合，同时为这些组合命名。下面介绍以使用方案管理器来对销售利润进行预测为例，介绍方案管理器的使用方法。

01 启动 Excel，在工作表中输入数据。在工作表的 B10 单元格中输入计算商品利润的公式，如图 14.46 所示。向右复制公式，得到各个商品的利润值。在 B11 单元格中输入商品总利润的计算公式，如图 14.47 所示。完成公式输入后按 Enter 键获得计算结果。

图 14.46 计算商品利润

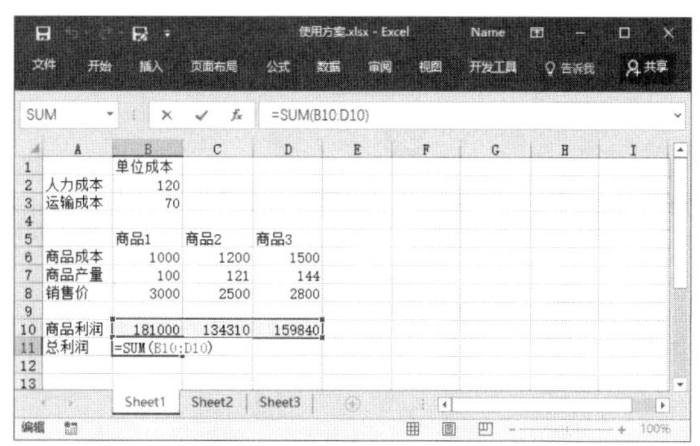

图 14.47 计算商品总利润

02 在“数据”选项卡的“数据分析”组中单击“模拟分析”按钮，在打开的下拉列表中选择“方案管理器”命令，如图 14.48 所示。

03 在打开的“方案管理器”中单击“添加”按钮，此时将打开“编辑方案”对话框，在“方案名”文本框中输入当前方案名称，在“可变单元格”文本框中输入可变单元格地址。这里，以人力成本和运输成本值作为预测时的可变值，如图 14.49 所示。

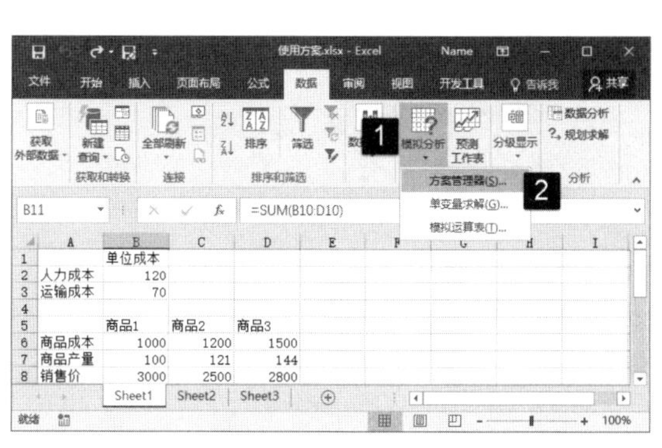

图 14.48 选择“方案管理器”命令

图 14.49 添加第一个方案

04 单击“确定”按钮关闭“编辑方案”对话框，在打开的“方案变量值”对话框中输入此方案中的人力成本和运输成本的值。完成设置后单击“确定”按钮关闭对话框，如图 14.50 所示。当前方案被添加到“方案管理器”对话框中。

05 在“方案管理器”对话框中单击“添加”按钮，按照步骤 3 的过程添加其他方案，这里另外添加 2 个方案。在“方案管理器”中的“方案”列表中选择某个方案选项，单击“显示”按钮将显示该方案的结果。本例在工作表中将显示当前方案的人力成本和运输成本的值，并显示该方案获得的总利润，如图 14.51 所示。

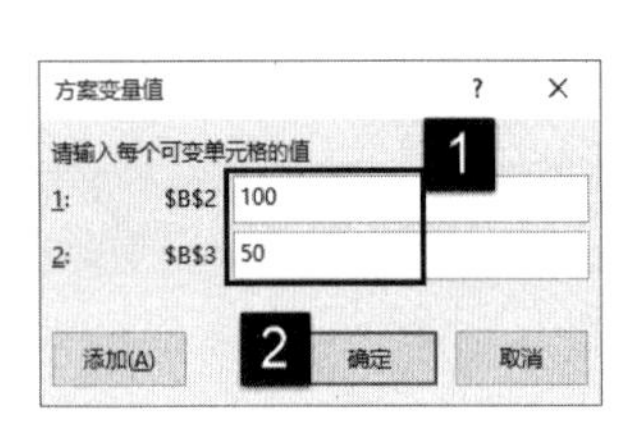

图 14.50　方案添加到列表中

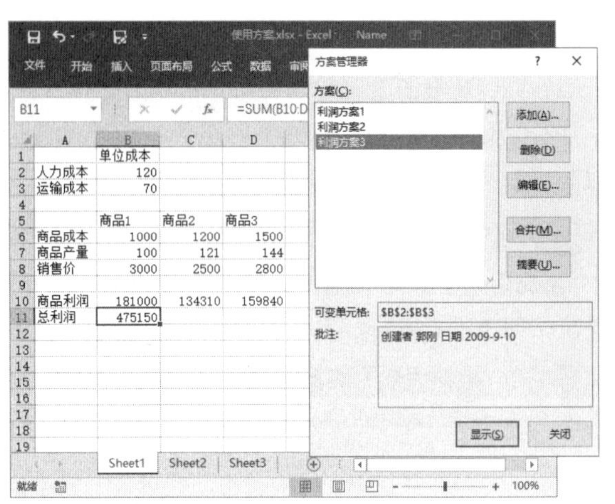

图 14.51　显示方案

06 在“方案管理器”中单击“摘要”按钮，将打开“方案摘要”对话框。在对话框中选择创建摘要报表的类型，如这里选择默认的“方案摘要”单选按钮，完成设置后单击“确定”按钮关闭“方案摘要”对话框，如图 14.52 所示。此时工作簿中将创建一个名为“方案摘要”的工作表，如图 14.53 所示。

图 14.52　“方案摘要”对话框

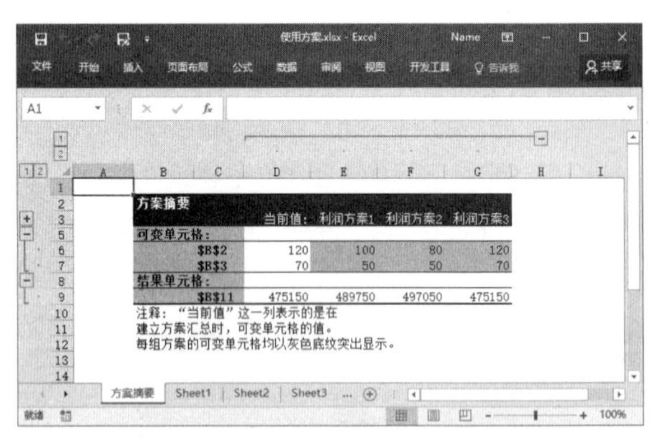

图 14.53　生成方案摘要

提　示

方案创建后可以对方案名、可变单元格和方案变量值进行修改，操作方法是：在“方案管理器”中的“方案”列表中选择某个方案，单击“编辑”按钮将打开“编辑方案”对话框，使用与创建方案相同的步骤进行操作即可。另外，单击“方案管理器”中的“删除”按钮将能够删除当前选择的方案。

14.6　本章拓展

下面介绍本章的 3 个拓展实例。

14.6.1 使用通配符筛选文本

在对数据表中的数据进行筛选时，有时需要筛选出指定形式或包含特定字符的数据记录。此时，可以使用 Excel 的“自定义自动筛选方式”功能和通配符来快速实现操作。下面介绍具体的操作方法。

01 启动 Excel 并打开工作表，在工作表中选择需要进行筛选操作的数据区域。在“数据”选项卡的“排序和筛选”组中单击“筛选”按钮进入自动筛选状态。单击“姓名”列标题右侧的下三角按钮，在打开的下拉列表中选择“文本筛选”选项，在下级列表中选择“自定义筛选”命令，如图 14.54 所示。

02 此时将打开“自定义自动筛选方式”对话框，在“姓名”栏的第一个下拉列表中选择“等于”选项，在第二个下拉列表框中输入文本“王*”，如图 14.55 所示。

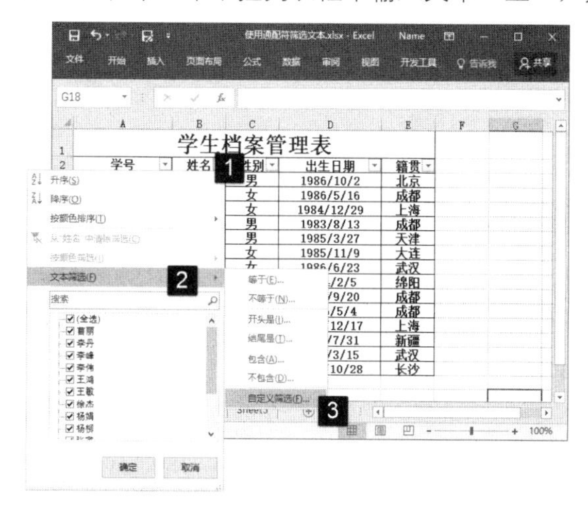

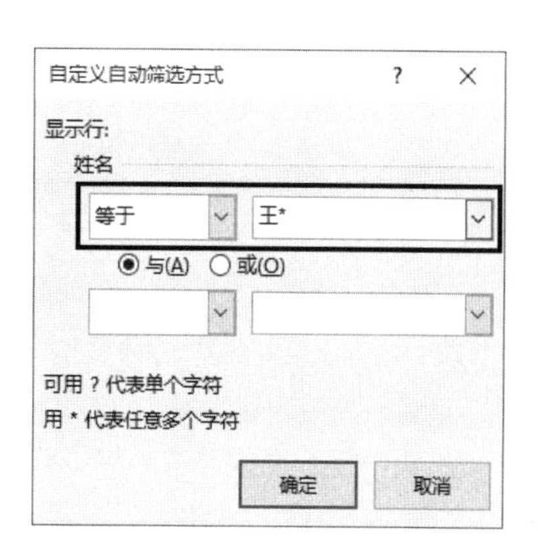

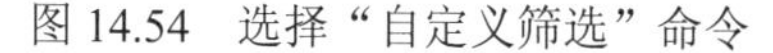

图 14.54 选择“自定义筛选”命令

图 14.55 “自定义自动筛选方式”对话框

提 示

在“自定义自动筛选方式”对话框中，给出了通配符“? ”和“*”的含义。如果在筛选数据时需要获得包含“? ”或“*”的数据，只需要在“? ”或“*”前加上“~”即可。

03 单击“确定”按钮关闭“自定义自动筛选方式”对话框，工作表中将显示筛选结果。此时的筛选结果是以“王”为姓的所有学生信息，如图 14.56 所示。

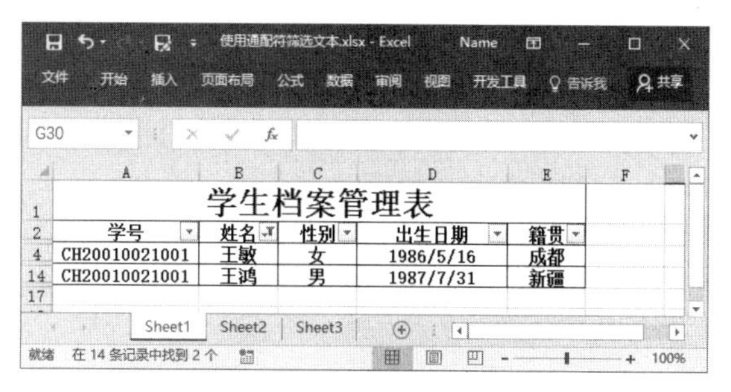

图 14.56 显示筛选结果

提 示

单击“姓名”列标题右侧的下三角按钮，在打开下拉列表中选择“文本筛选”选项，在打开的下级列表中选择“开头是”选项。此时将同样打开“自定义自动筛选方式”对话框，此时只需要输入姓，无须输入通配符，即可实现本实例的效果。

14.6.2 分类汇总的嵌套

在对一个字段的数据进行分类汇总后，再对该数据表的另一个字段进行分类汇总，这即构成了分类汇总的嵌套。嵌套分类汇总是一种多级的分类汇总，下面介绍创建嵌套分类汇总和查看嵌套分类汇总明细的方法。

01 打开已经插入分类汇总的工作表，单击数据区域中的任意一个单元格。在“数据”选项卡的“分级显示”组中单击“分类汇总”按钮，如图 14.57 所示。

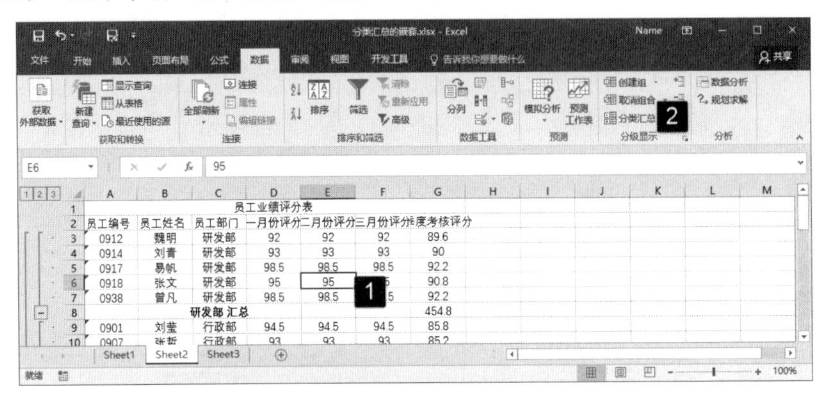

图 14.57 单击“分类汇总”按钮

02 在“分类汇总”对话框的“分类字段”下拉列表中选择“员工部门”，在“汇总方式”下拉列表中选择“平均值”，在“选定汇总项”列表中勾选“季度考核评分”复选框，取消对“替换当前分类汇总”复选框的勾选。完成设置后单击“确定”按钮关闭“分类汇总”对话框，如图 14.58 所示。

如果需要删除创建的分类汇总，可以在“分类汇总”对话框中单击“全部删除”按钮。这里要注意，在删除分类汇总时，Excel 还会删除与分类汇总一起插入工作表的分级显示和分页符。

03 此时工作表插入嵌套分类汇总，单击工作表左上角的分级显示数据按钮将能够对多级数据汇总进行分级显示，以便于快速查看数据。例如，需要查看分类汇总表中前三级的数据，可以单击按钮3，如图 14.59 所示。

图 14.58 “分类汇总”对话框的设置

图 14.59 查看前三级数据

04 在分类汇总表中如果需要显示明细数据，可以单击工作表左侧的“显示明细数据”按钮⊞，将显示明细数据。单击工作表左侧的“隐藏明细数据”按钮⊟可以隐藏显示的明细数据，如图 14.60 所示。

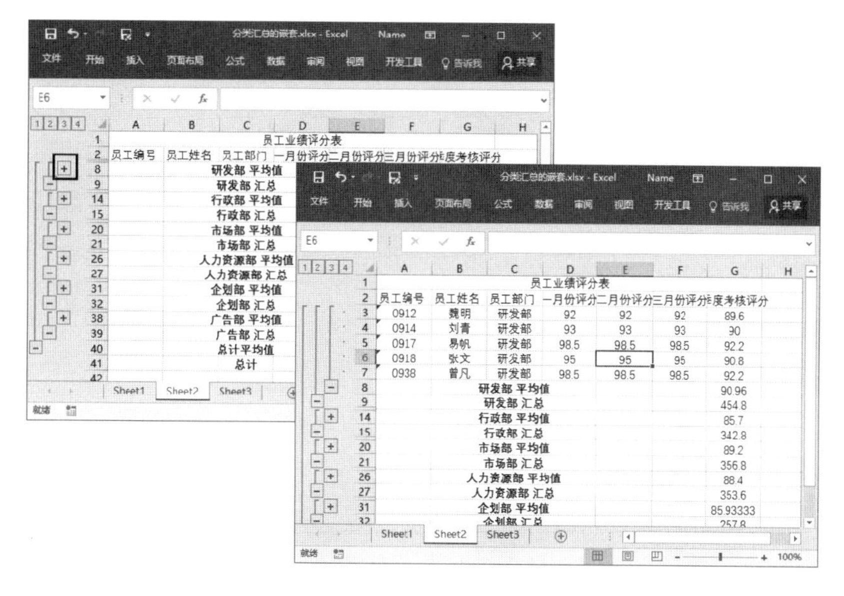

图 14.60 查看明细数据

提 示

在“数据”选项卡的“分级显示”组中单击“显示明细数据”按钮和“隐藏明细数据”按钮也可以实现对明细数据的显示或隐藏操作。

14.6.3 在数据透视表中添加计算字段

计算字段是使用数据透视表中的字段同其他内容经过计算后得到的，如果用户需要在数据透视表中自定义计算公式以计算数据，可以通过添加计算字段来实现。下面介绍具体的操作方法。

01 选择数据透视表中任意一个单元格，在“分析”选项卡中单击“计算”组中的“字段、项目和集合”按钮。在打开的下拉列表中选择“计算字段”命令，如图 14.61 所示。

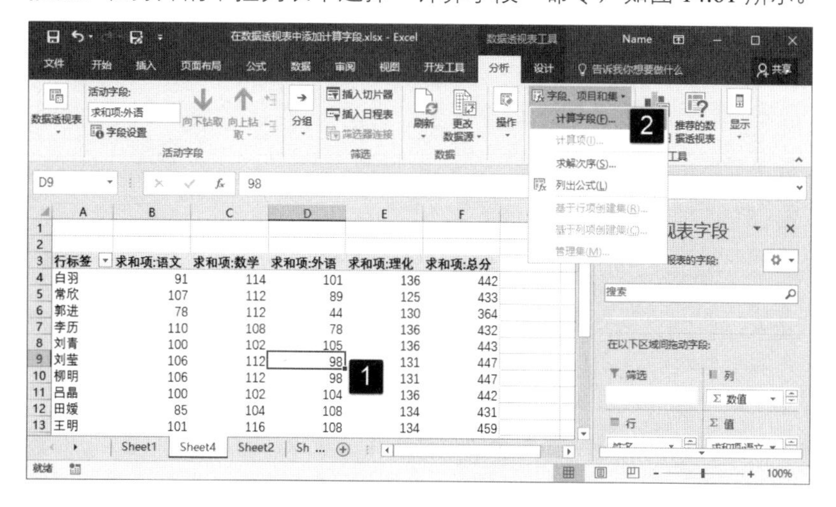

图 14.61 选择“计算字段”命令

02 此时将打开“插入计算字段”对话框，在对话框的“名称”文本框中输入字段的名称。在“公式”文本框中输入计算公式，单击“添加”按钮该字段被添加到对话框的“字段”列表中，如图 14.62 所示。

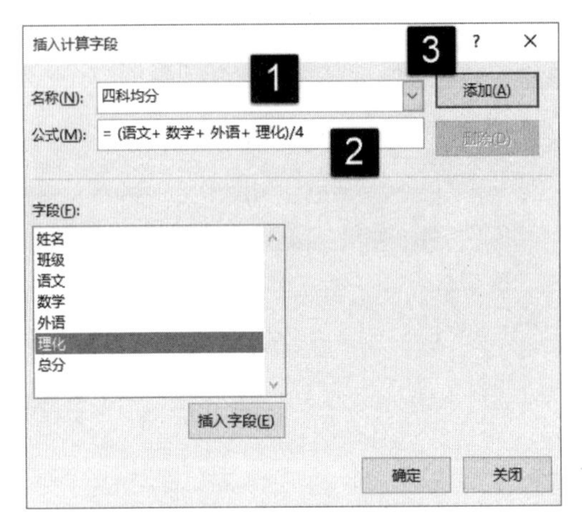

图 14.62 “插入计算字段”对话框

在编写公式时，在“字段”列表中双击某个字段名称，该名称将会被插入到“公式”文本框中。

03 单击“确定”按钮关闭“插入计算字段”对话框，计算字段被添加到数据透视表中。数据透视表中显示使用公式计算出来的结果，如图 14.63 所示。

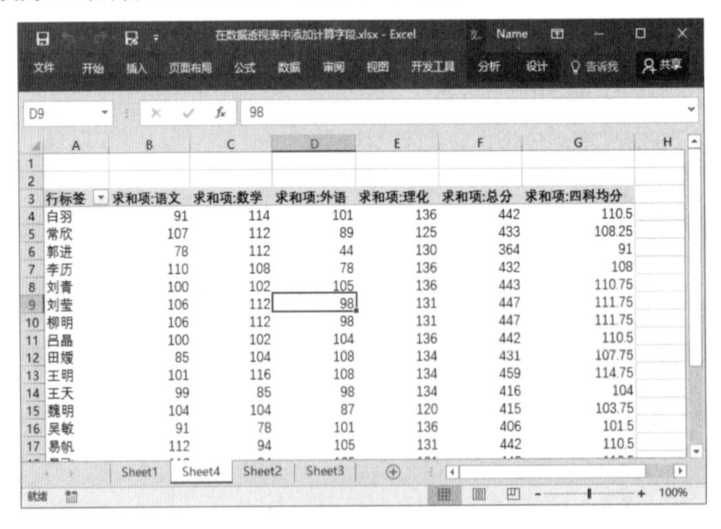

行标签	求和项:语文	求和项:数学	求和项:外语	求和项:理化	求和项:总分	求和项:四科均分
白羽	91	114	101	136	442	110.5
常欣	107	112	89	125	433	108.25
郭进	78	112	44	130	364	91
李历	110	108	78	136	432	108
刘青	100	102	105	136	443	110.75
刘莹	106	112	98	131	447	111.75
柳明	106	112	98	131	447	111.75
吕晶	100	102	104	136	442	110.5
田媛	85	104	108	134	431	107.75
王明	101	116	108	134	459	114.75
王天	99	85	98	134	416	104
魏明	104	104	87	120	415	103.75
吴敏	91	78	101	136	406	101.5
易帆	112	94	105	131	442	110.5

图 14.63 计算字段被添加到数据透视表中

在数据透视表中如果要清除某个字段的数据，一种方法是在“选择要添加到报表的字段”列表中取消对该字段的勾选。另一种方法是在数据透视表中选择字段中任意一个数据单元格，在“数据透视表工具”的“选项”选项卡中，单击“操作”组中的“清除”按钮，在打开的菜单中选择“全部清除”命令。

第 15 章

工作表的打印输出

在完成工作表数据的分析处理后，数据需要交付他人分享。分享数据，包括将工作表打印、使工作簿文件共享以及发布到 Internet 等方面的内容。其中，最常见的就是将工作表打印出来，本章将介绍工作表打印的有关知识。

15.1 工作表的页面设置

在打印工作表之前，需要对打印的页面进行设置，如设置页边距、纸张方向和大小以及打印的区域等。这些问题可以通过页面设置来实现，下面介绍页面设置的有关知识。

15.1.1 设置页边距和纸张方向

设置页边距指的是设置需要打印内容距离页面上、下、左和右边界的距离，纸张方向指的是纸张是横向还是纵向的。对页边距和纸张方向的设置可以通过“页面设置”对话框或功能区中的命令按钮来实现。

（1）在“页面布局”选项卡的“页面设置”组中单击“页边距”按钮，在打开的列表中选择相应的选项可以对页面边距进行设置，如图 15.1 所示。同样的，单击“纸张方向”按钮，在打开的列表中选择相应的选项可以设置纸张方向。

（2）在“页边距”列表中选择“自定义边距”选项打开“页面设置”对话框的“页边距”选项卡，在该选项卡的“左”“右”“上”和“下”微调框中输入数值可以对页边距进行自定义，如图 15.2 所示。

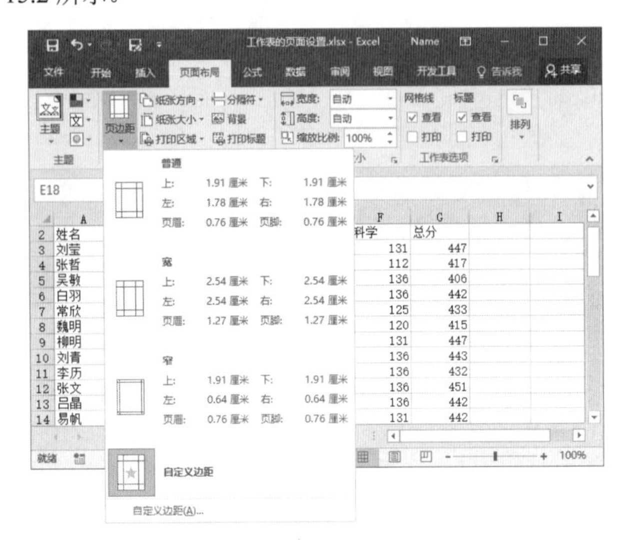

图 15.1　设置页边距

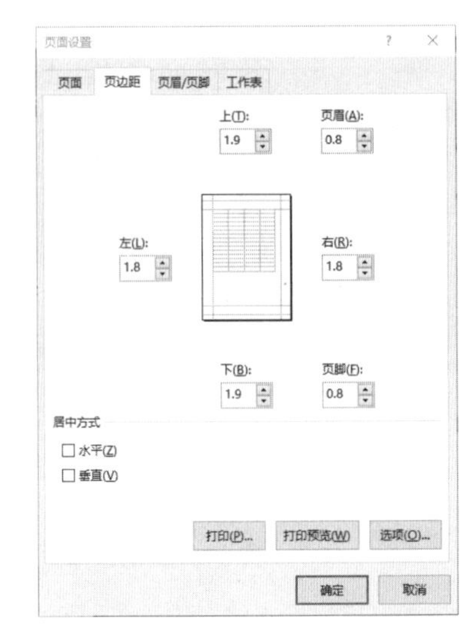

图 15.2　在“页边距”选项卡中设置页边距

提 示

在“居中方式”栏中勾选“水平”复选框，工作表将在页面中水平居中，勾选“垂直”复选框，工作表将在垂直方向上居中。如果同时勾选这 2 个复选框，则工作表将位于页面的中间位置。

15.1.2　设置纸张大小

在对工作表进行打印时，需要设置纸张大小以适应当前打印机的纸张类型。纸张大小的设置可以使用下面的方法来进行操作。

（1）在“页面布局”选项卡的“页面设置”组中单击“纸张大小”按钮，在打开的列表中选择相应的选项即可设置纸张大小，如图 15.3 所示。

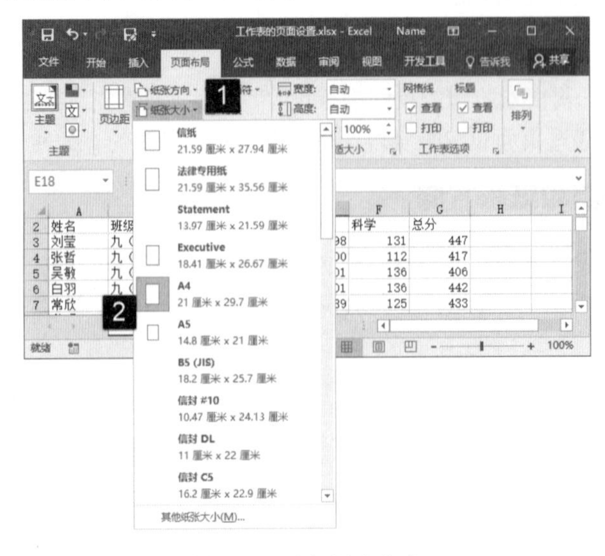

图 15.3　选择纸张大小

（2）在“纸张大小”列表中选择“其他纸张大小”选项将打开“页面设置”对话框的“页面”选项卡，可以设置方向、纸张大小和打印质量等，如图 15.4 所示。

图 15.4　“页面设置”对话框的“页面”选项卡

15.1.3　设置打印区域

在打印工作表时，如果用户只需要打印工作表中某个区域而不是全部数据区域，可以通过设置选择需要打印的单元格区域，具体的设置方法如下所示。

01 在工作表中选择需要打印的数据所在的单元格区域，在“页面布局”选项卡的“页面设置”组中单击“打印区域”按钮。在打开的列表中选择“设置打印区域”选项，如图 15.5 所示。

图 15.5　选择“设置打印区域”选项

02 此时打印区域将被虚线框框起来，如图 15.6 所示。在“打印区域”列表中选择“取消打印区域”选项将取消设置的打印区域。

	A	B	C	D	E	F	G
10	刘青	九（3）班	100	102	105	136	443
11	李历	九（3）班	110	108	78	136	432
12	张文	九（4）班	98	108	109	136	451
13	吕晶	九（4）班	100	102	104	136	442
14	易帆	九（4）班	112	94	105	131	442
15	王明	九（5）班	101	116	108	134	459
16	易飞	九（5）班	112	94	105	131	442
17	张天	九（5）班	102	112	66	150	430
18	郭进	九（5）班	78	112	44	130	364
19	田媛	九（6）班	85	104	108	134	431

图 15.6　打印区域被虚线框框起来

15.1.4 设置打印标题

如果要打印的工作表有多页，那么通常会希望在每一页的顶端处都显示表格的标题或表头字段，这样能够使工作表显得更加清晰明了。

01 在“页面布局”选项卡的“页面设置”组中单击“打印标题”按钮，如图 15.7 所示。

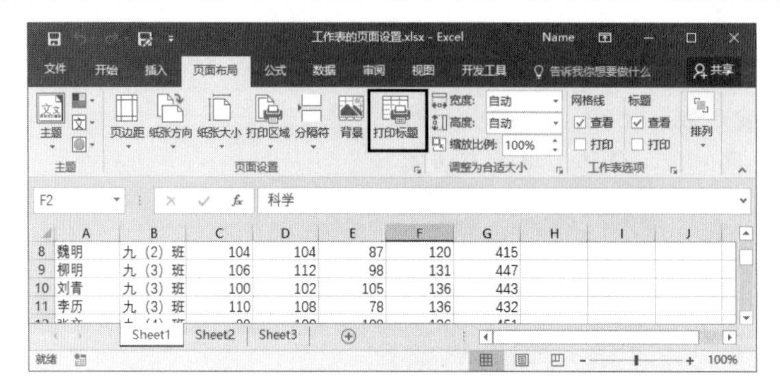

图 15.7　单击“打印标题”按钮

02 此时将打开“页面设置”对话框，在对话框的“工作表”选项卡中对“打印区域”和“顶端标题行”进行设置，完成设置后单击“确定”按钮关闭对话框，如图 15.8 所示。

图 15.8　“工作表”选项卡中的设置

15.2 分页打印

工作表中内容很多时，往往需要分为多页来进行打印。分页打印时主要需要考虑 2 个方面的问题，一个就是在哪个位置分页，一个就是怎样标示各个分页。

15.2.1 使用分页符

在打印工作表中数据时，如果数据很多，就需要将数据分别置于不同的页面中来进行打印。在默认情况下，Excel 能够根据用户设置的纸张大小来自动进行分页。如果用户需要根据实际情况来进行分页，就需要使用分页符。

01 在数据区域中选择单元格，打开“页面布局”选项卡，在“页面设置”组中单击“分隔符”按钮。在打开的列表中选择“插入分页符”选项，如图 15.9 所示。

02 工作表中被插入分页符，如图 15.10 所示。

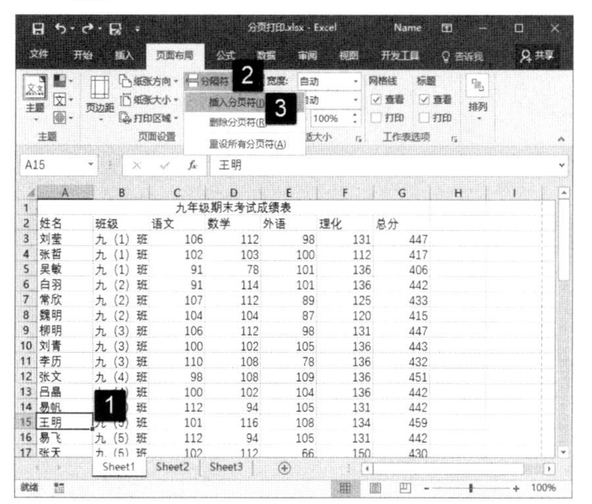

图 15.9　选择“插入分页符”选项

图 15.10　插入分页符

提　示

在“分隔符”列表中选择“删除分页符”选项将能够删除工作表中插入的所有分页符。

15.2.2　使用页眉和页脚

页眉是出现在打印页面顶部的内容，页脚则是出现在打印页面底部的内容。页眉和页脚在多页面的工作表中常用于标示页码、提示打印时间和显示内容提示等。

01 打开“页面设置”对话框的“页眉/页脚”选项卡，在“页眉”列表中选择相应的选项指定页眉的内容，在“页脚”列表中选择相应的选项指定页脚的内容，如图 15.11 所示。

02 单击“自定义页眉”按钮将打开“页眉”对话框，在对话框的“左”、“中”和“右”文本框中单击放置插入点光标，单击对话框中的相应按钮可以向文本框中添加相应的内容，如图 15.12 所示。完成设置后单击“确定”按钮关闭对话框完成页眉的自定义。

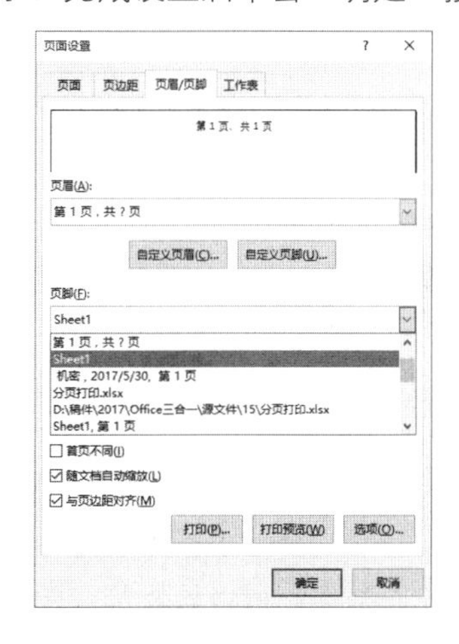

图 15.11　指定页眉和页脚内容

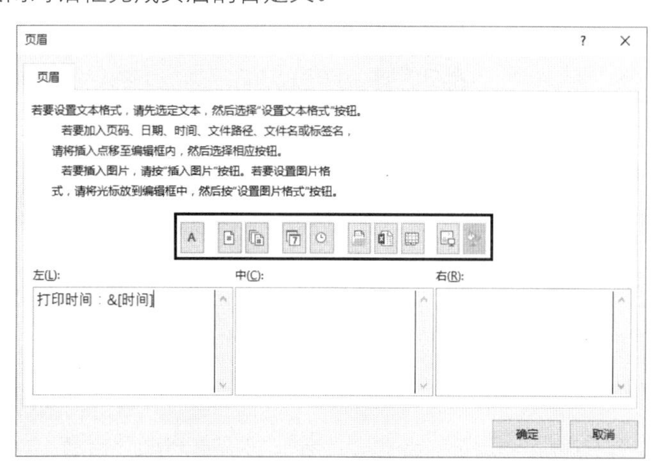

图 15.12　“页眉”对话框

15.3 打印输出工作表

在完成工作表的创建和相关设置后，就可以进行工作表的打印。在连接了打印机后，使用 Excel 用户可以十分方便地实现表格数据的打印。

15.3.1 打印预览

对工作表的打印进行设置后，为了能够在打印前了解打印的最终效果，需要对打印的内容进行预览。如果预览效果不满意，用户还可以重新对打印进行设置。在 Excel 中，打印预览可以采用下面的方法来实现。

（1）在使用“页面设置”对话框对页面进行设置时，可以直接单击对话框中的“打印预览”按钮来预览设置效果，如图 15.13 所示。

图 15.13　单击“打印预览”按钮

（2）打开 Excel“文件”窗口，在左侧列表中选择“打印”选项。此时在窗口右侧将出现预览效果，如图 15.14 所示。

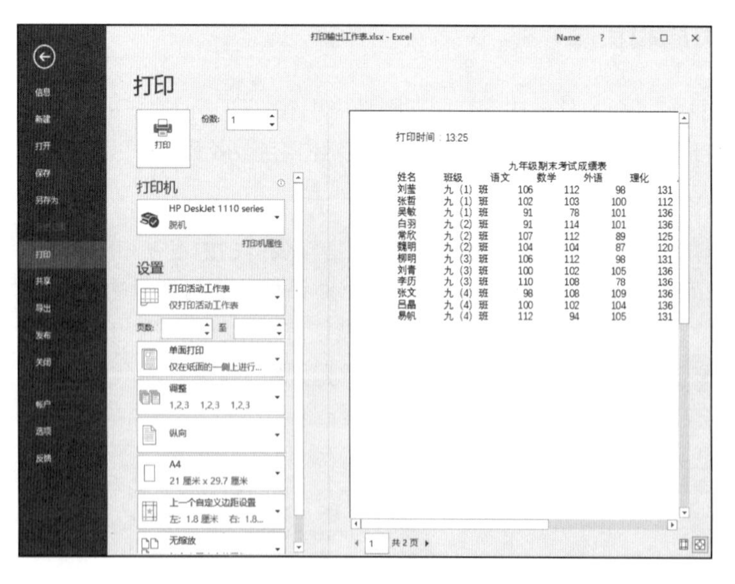

图 15.14　在“文件”窗口中显示预览效果

15.3.2 设置打印起始页

对于多页的工作表，用户还可以通过设置打印的起始页来选择打印工作表中的哪些页，具体的操作方法如下所示。

（1）在“文件”窗口中，在“设置”栏的“页数”微调框中输入数值，可以设置打印的起始页和终止页，如图 15.15 所示。

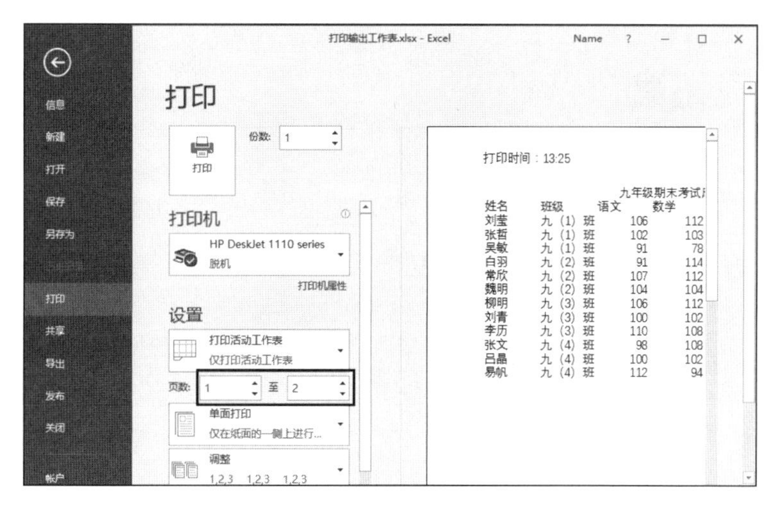

图 15.15　在“文件”窗口中设置打印的起始页和终止页

（2）在“页面设置”对话框的“页面”选项卡中，在“起始页码”文本框中输入数值可以指定打印的起始页，如图 15.16 所示。

图 15.16　指定打印的起始页

15.3.3　设置打印份数

默认情况下，工作表将只打印一份。如果需要将工作表打印多份，一种方式是对工作表进行重复打印。实际上，可以通过设置来实现一次操作完成多份打印的操作。具体的操作步骤如下所示。

在“文件”窗口中，选择“打印”选项，在“打印”栏的“份数”微调框中输入数值即可指定当前工作表的打印份数，如图 15.17 所示。完成设置后单击“打印”按钮进行打印即可。

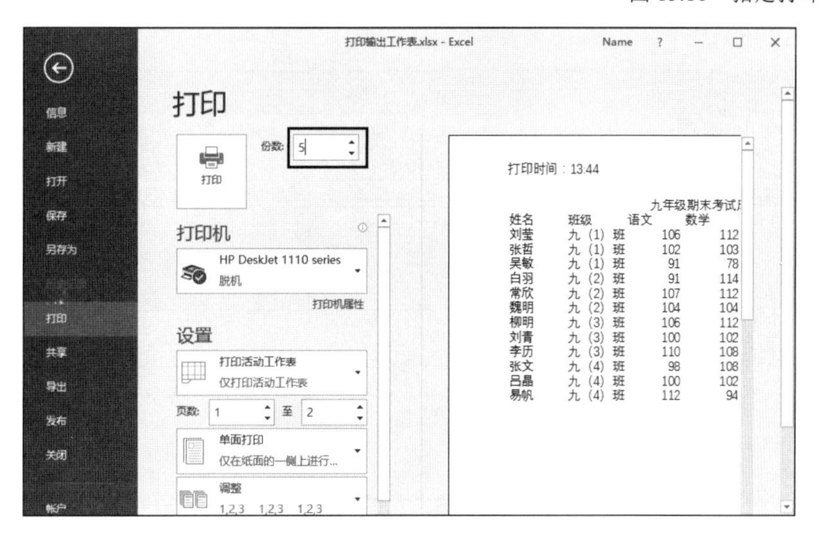

图 15.17　在“文件”窗口中指定打印份数

15.4 本章拓展

下面介绍本章的 3 个拓展技巧。

15.4.1 一次打印工作簿中所有工作表

一个工作簿中往往包含多个工作表，如果一个一个地打印，则效率很低。实际上，用户可以将工作簿中所有工作表一次性地打印出来，下面介绍具体的操作方法。

01 启动 Excel 打开工作簿文件，在“文件”窗口中选择“打印”选项，在“设置”下拉列表中选择“打印整个工作簿”选项，如图 15.18 所示。

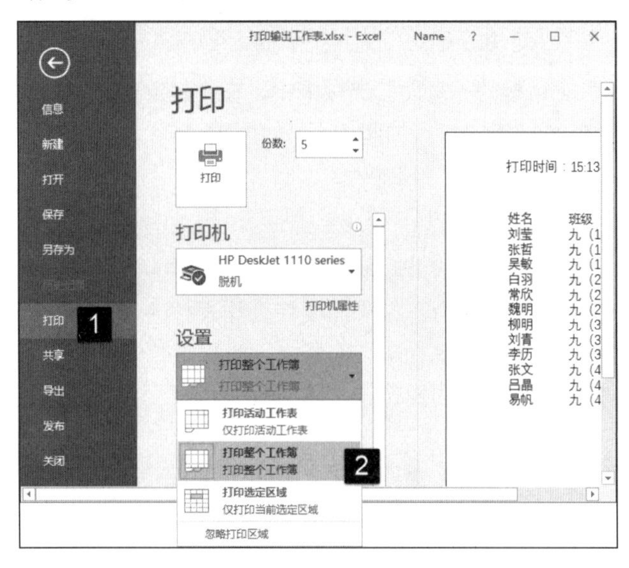

图 15.18 选择“打印整个工作簿”选项

02 此时，在预览窗口下方将显示打印的页数，单击“打印”按钮即可将所有的工作表打印出来，如图 15.19 所示。

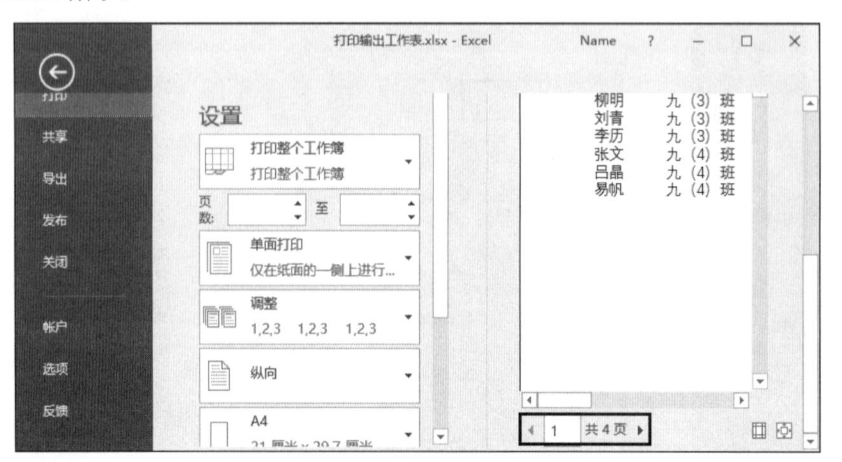

图 15.19 单击“打印”按钮

15.4.2 手动调整页边距

在“页面布局”选项卡的“页面设置”组中单击“页边距”按钮，在打开的下拉列表中选择“自定义页边距”命令可以打开“页面设置”对话框的“页边距”选项卡，通过调整上下和左右微调框的值来设置页面边距。这种方法的缺点是设置的页边距效果不能直观地看到，下面介绍一个可以调整页边距的直观方法。

01 启动 Excel，打开需要打印的工作表。在“文件”窗口中选择“打印”选项，单击打印预览框下的“显示边距”按钮显示页边距，如图 15.20 所示。

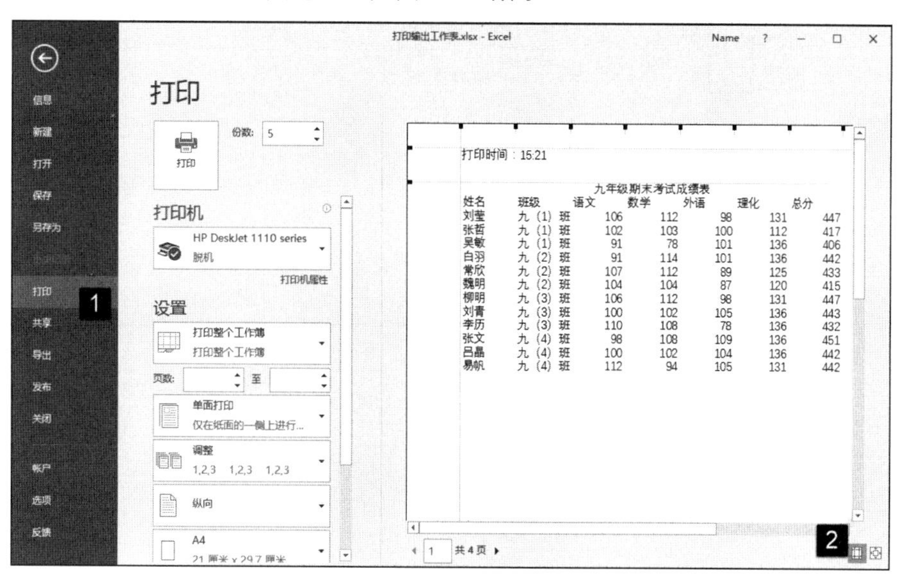

图 15.20　显示页边距

02 此时在打印预览区中会出现很多的控制点，使用鼠标拖动这些控制点可以快速调整页边距的大小，调整页边距后的打印效果也将在预览区中实时显示，如图 15.21 所示。

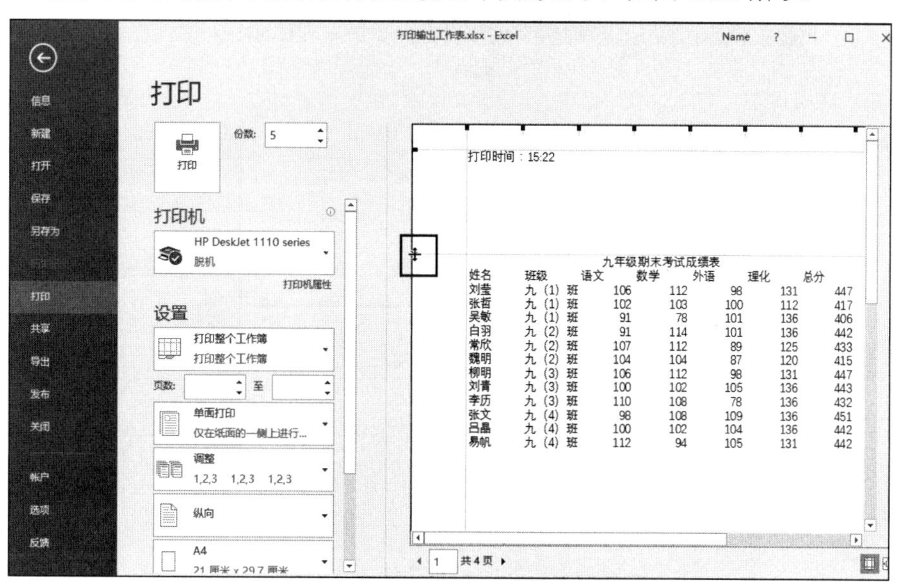

图 15.21　拖动控制点调整页边距

15.4.3 对分页进行快速调整

使用分页符可以获取分页打印的效果，在创建分页符的工作表中调整分页符的位置可以将工作表分配到不同的页中打印。下面介绍一种快捷调整分页符的方法。

01 启动 Excel，打开工作表。在“视图”选项卡的“工作簿视图”组中单击“分页预览”按钮切换到分页预览视图，如图 15.22 所示。

	A	B	C	D	E	F	G
1	九年级期末考试成绩表						
2	姓名	班级	语文	数学	外语	理化	总分
3	刘莹	九（1）班	106	112	98	131	447
4	张哲	九（1）班	102	103	100	112	417
5	吴敏	九（1）班	91	78	101	136	406
6	白羽	九（2）班	91	114	101	136	442
7	常欣	九（2）班	107	112	89	125	433
8	魏明	九（2）班	104	104	87	120	415
9	柳明	九（3）班	106	112	98	131	447
10	刘青	九（3）班	100	102	105	136	443
11	李历	九（3）班	110	108	78	136	432
12	张文	九（4）班	98	108	109	136	451

图 15.22 单击“分页视图”按钮

02 此时工作表中页面边界将以边框的形式显示，使用鼠标拖动外侧边框可以调整打印区域，从而实现对分页的调整，如图 15.23 所示。

打印输出工作表.xlsx - Excel

文件 开始 插入 页面布局 公式 数据 审阅 视图 开发工具 告诉我 共享

A11 李历

第 1 页

	A	B	C	D	E	F	G
2	姓名	班级	语文	数学	外语	理化	总分
3	刘莹	九（1）班	106	112	98	131	447
4	张哲	九（1）班	102	103	100	112	417
5	吴敏	九（1）班	91	78	101	136	406
6	白羽	九（2）班	91	114	101	136	442
7	常欣	九（2）班	107	112	89	125	433
8	魏明	九（2）班	104	104	87	120	415
9	柳明	九（3）班	106	112	98	131	447
10	刘青	九（3）班	100	102	105	136	443
11	李历	九（3）班	110	108	78	136	432
12	张文	九（4）班	98	108	109	136	451
13	吕晶	九（4）班	100	102	104	136	442
14	易帆	九（4）班	112	94	105	131	442
15	王明	九（5）班	101	116	108	134	459
16	易飞	九（5）班	112	94	105	131	442
17	张天	九（5）班	102	112	66	150	430
18	郭进	九（5）班	78	112	44	130	364

Sheet1 Sheet2 Sheet ... 就绪 90%

图 15.23 拖动蓝色边框调整分页

第 4 篇

Office 2016之PowerPoint篇

第 16 章

初步构建 PPT 演示文稿

PowerPoint（简称 PPT）是 Office 办公套装软件中的一个重要组成部分，其主要用于设计和制作信息展示领域内的各种演示文稿。PowerPoint 功能强大、技术先进且易于操作，因此其在众多领域得到广泛应用。本章将对 PowerPoint 2016 的演示文稿的创建、幻灯片的操作、占位符的使用以及演示文稿的保存和输出进行介绍。

16.1　创建演示文稿

制作演示文稿的第一步就是创建演示文稿，根据不同的应用场合，在 PowerPoint 中可以有多种创建演示文稿的方法。下面对创建演示文稿的不同方法进行介绍。

16.1.1　创建空白演示文稿

新建 PowerPoint 空白演示文稿默认的文件名为“演示文稿 1”，其扩展名为.pptx。创建空白演示文稿可以使用下面介绍的方法。

（1）启动 PowerPoint 2016，在打开的窗口中单击“空白演示文稿”选项，如图 16.1 所示。这样就可以创建一个空白演示文稿。

（2）在当前演示文稿中如果需要创建一个新的空白演示文稿，可以首先将“新建”命令按钮添加到快速访问工具栏中，如图 16.2 所示。然后单击添加的“新建”按钮可以直接创建一个新的空白演示文稿。

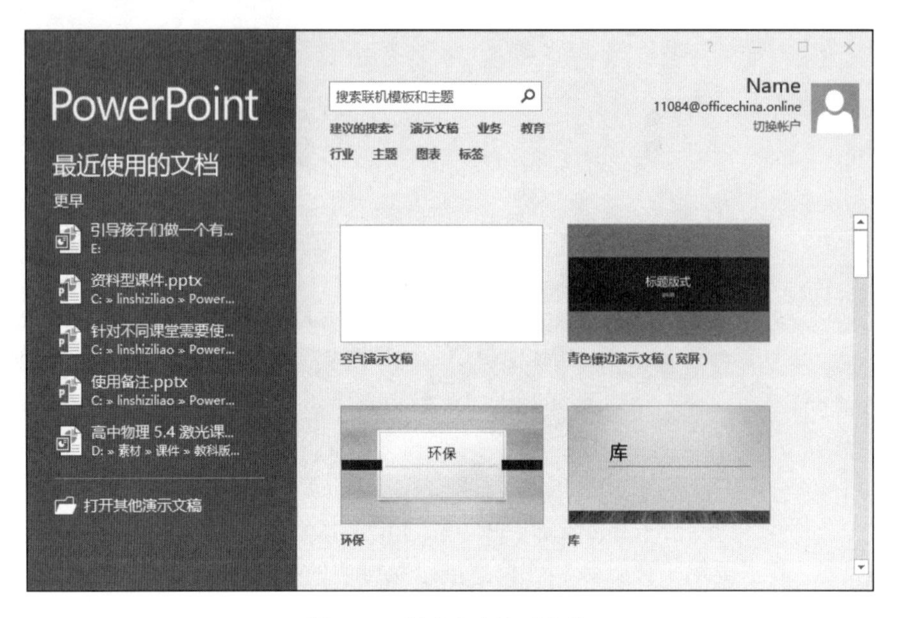

图 16.1　创建空白演示文稿

图 16.2　在快速访问工具栏中添加“新建”按钮

16.1.2　使用模板创建演示文稿

在创建演示文稿时，可以利用模板快速创建适用于各种场合的演示文稿，免去设计演示文稿的麻烦，提高工作效率。

（1）启动 PowerPoint 2016，在打开的程序窗口中单击需要使用的演示文稿选项，即可创建基于该模板的演示文稿，如图 16.3 所示。

（2）在对演示文稿进行编辑处理时，打开“文件”窗口。在窗口左侧列表中选择“新建”选项，在右侧的列表中选择演示文稿选项即可创建以此为模板的新演示文稿，如图 16.4 所示。

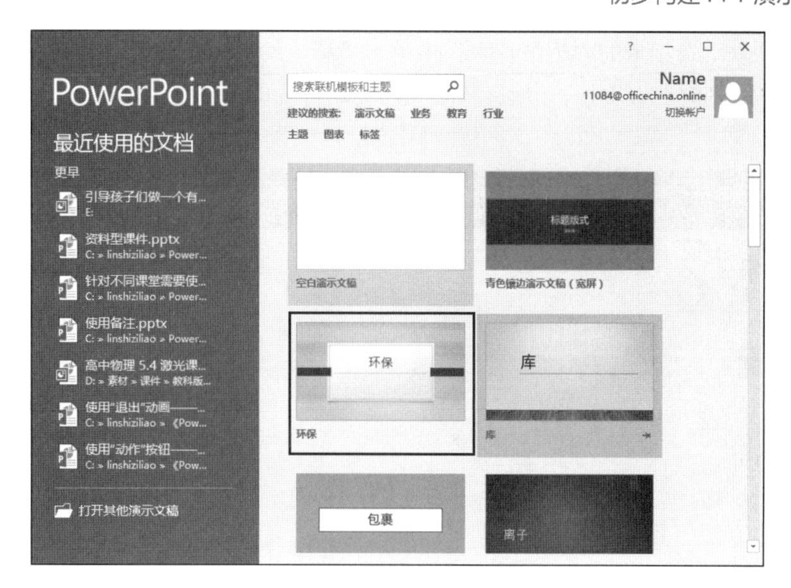

图 16.3　单击演示文稿选项

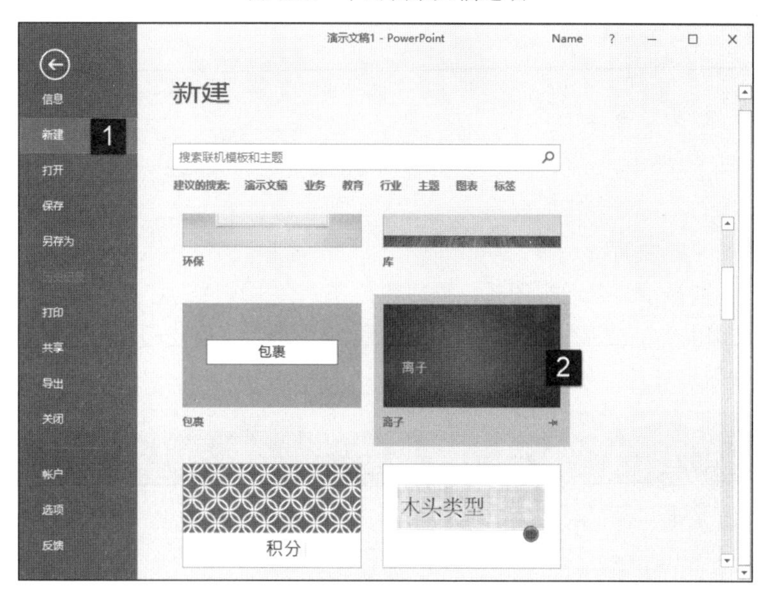

图 16.4　新建演示文稿

16.2　操作幻灯片

一个演示文稿是由若干张幻灯片构成的，如果将演示文稿比喻为一本书，幻灯片则是这本书中的页面。对演示文稿的操作，实际上就是对幻灯片的操作。下面介绍对演示文稿中幻灯片进行操作的技巧。

16.2.1　添加和删除幻灯片

在制作演示文稿时，幻灯片不够就需要向演示文稿中添加幻灯片，幻灯片有多余的就需要将其删除。幻灯片的添加和删除，可以使用下面介绍的方法来进行操作。

（1）在“插入”选项卡的“幻灯片”组中单击“新建幻灯片”按钮上的下三角按钮，在打开的列表中将列出不同布局的幻灯片，选择需要使用的幻灯片即可将该类幻灯片添加到演示文稿中，如图 16.5 所示。

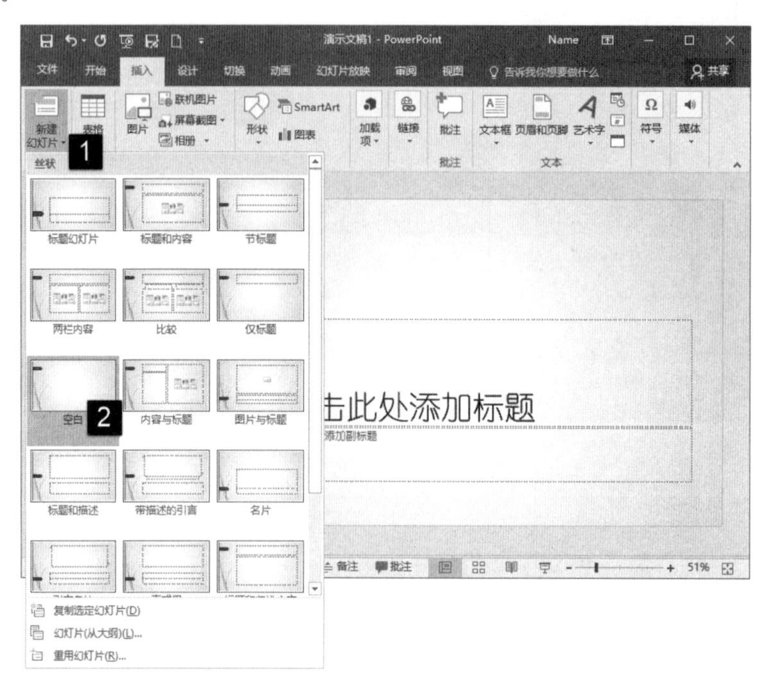

图 16.5　插入新幻灯片

（2）当演示文稿显示为普通视图时，程序窗口左侧会出现“幻灯片”窗格，窗格中列出了演示文稿中的所有幻灯片。右击某张幻灯片，在快捷菜单中选择“新建幻灯片”命令，在右击的幻灯片下将会插入一张新幻灯片，如图 16.6 所示。

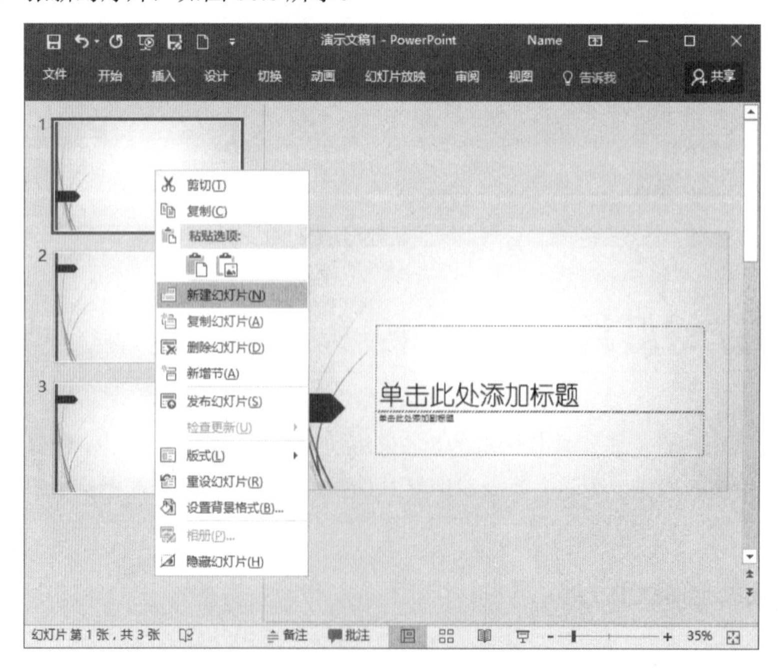

图 16.6　选择“新建幻灯片”命令

16.2.2　复制和移动幻灯片

幻灯片的复制和移动是幻灯片的基本操作，幻灯片的复制除了传统的复制、剪切和粘贴操作之外，还有下面的这些操作方法。

（1）在“幻灯片”窗格中右击需要复制的幻灯片，在打开的快捷菜单中选择“复制幻灯片”命令，如图 16.7 所示。当前幻灯片将会复制到下方。

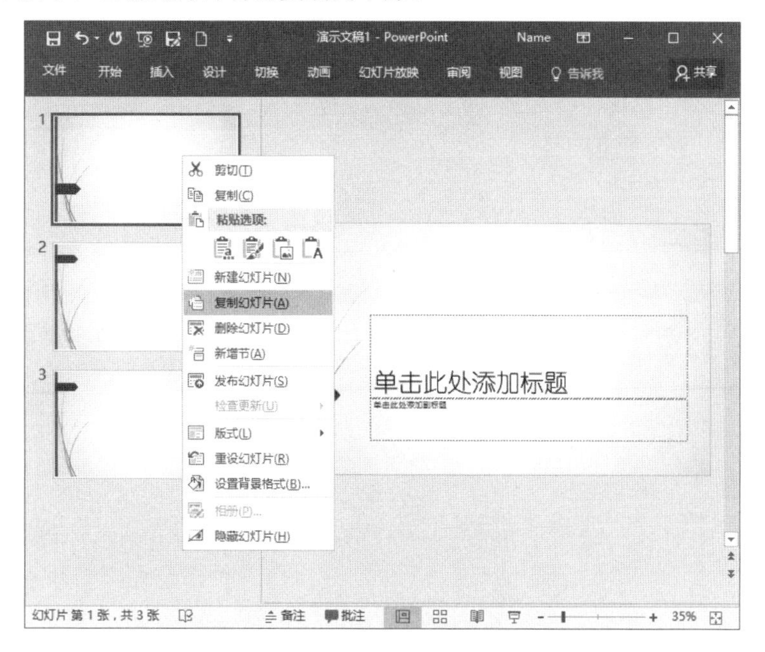

图 16.7　选择“复制幻灯片”命令

（2）在“幻灯片”窗格中使用鼠标将幻灯片拖放到需要的位置，可以移动幻灯片，如图 16.8 所示。

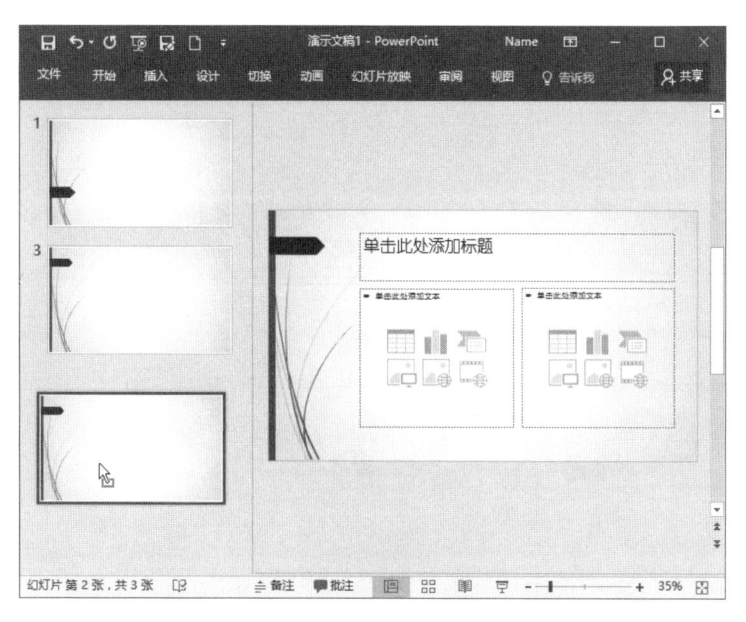

图 16.8　移动幻灯片

16.2.3 更改幻灯片版式

在向演示文稿中添加幻灯片时，可以添加各种版式的幻灯片。如果添加的幻灯片版式不符合要求，可以更改幻灯片的版式。

01 在“幻灯片”窗格中选择需要更换版式的幻灯片，在“开始”选项卡的“幻灯片”组中单击“幻灯片版式”按钮，在打开的列表中选择需要使用的幻灯片版式，如图 16.9 所示。当前选择幻灯片版式即可更换为指定版式。

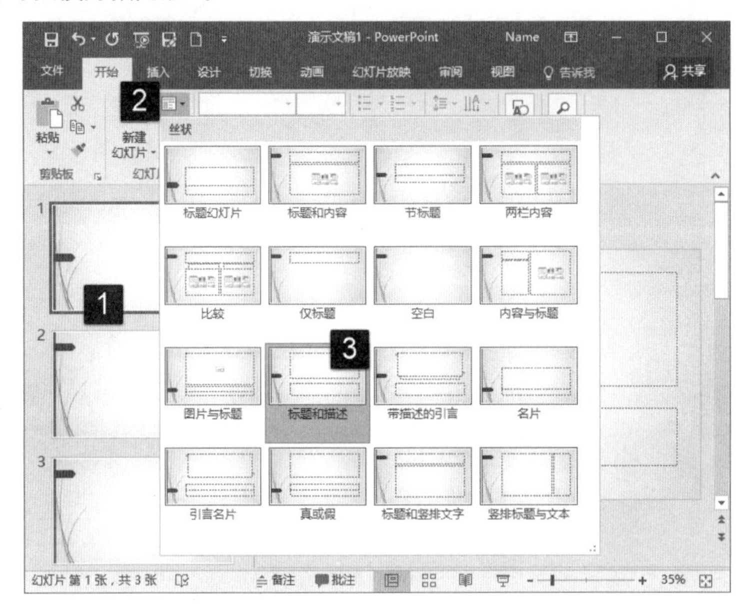

图 16.9 更改幻灯片版式

02 在“幻灯片”窗格中右击需要更改版式的幻灯片，在快捷菜单中选择“版式”命令，在下级列表中选择需要使用的幻灯片版式即可更改该幻灯片的版式，如图 16.10 所示。

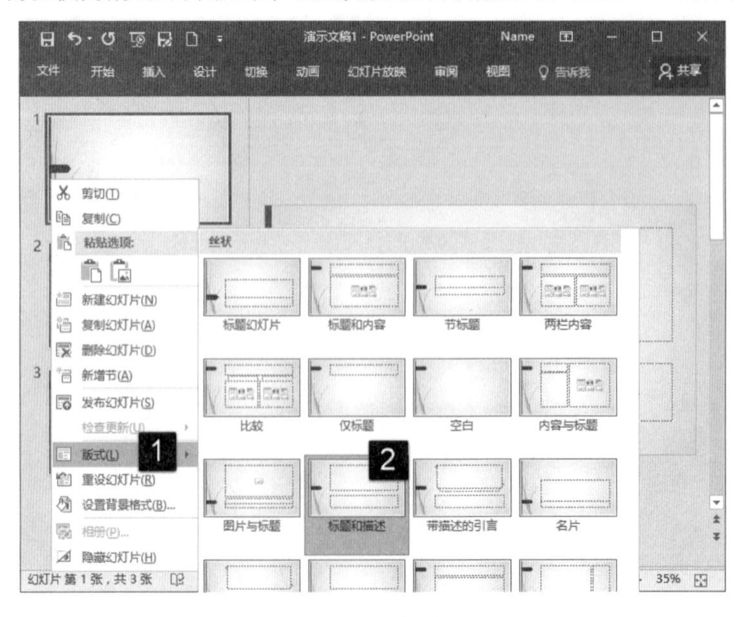

图 16.10 选择版式选项

16.2.4　在幻灯片中使用内容占位符

在向演示文稿中添加幻灯片时，除了空白幻灯片之外，幻灯片中都有占位符。占位符是各种内容的容器，使用占位符可以方便地控制占位符各种内容的位置，从而提高幻灯片制作的效率。PowerPoint 演示文稿中常用的对象，如图片、图表和文字等都可以使用对应的占位符来放置。作为对象的容器，将内容插入到占位符中是十分简单的，下面介绍具体的操作方法。

01 对于幻灯片中的文字占位符，占位符中具有提示文字。在占位符中单击放置插入点光标，即可在其中输入文字，如图 16.11 所示。

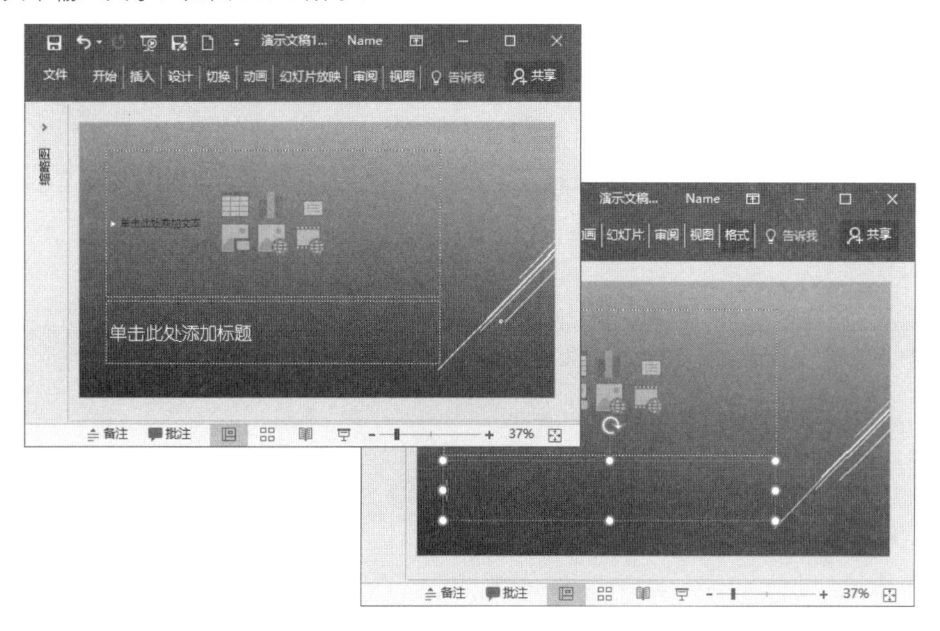

图 16.11　在文字占位符中输入文字

02 在幻灯片中单击占位符，如这里单击图片占位符，如图 16.12 所示。此时将打开“插入图片”对话框，在对话框中选择需要使用的图片后单击“插入”按钮，如图 16.13 所示。选择图片即可插入到占位符中，如图 16.14 所示。

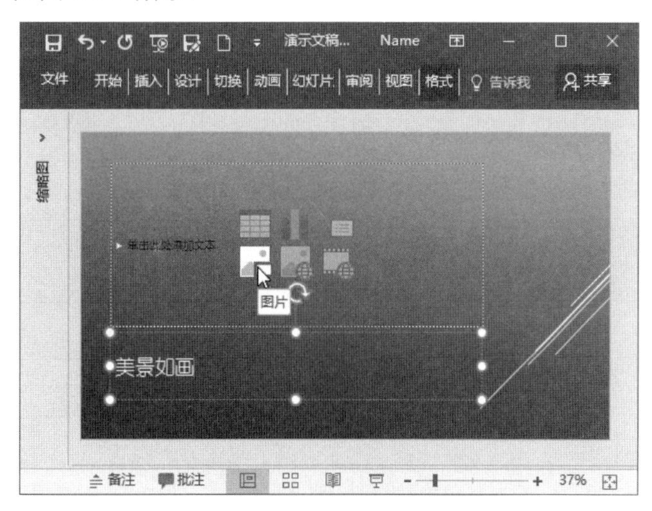

图 16.12　单击“图片”占位符

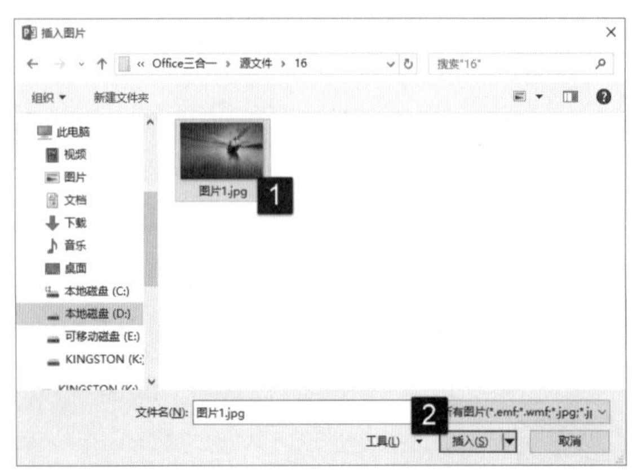

图 16.13 “插入图片”对话框

图 16.14 在占位符中插入图片

16.3 演示文稿的保存和输出

在完成演示文稿编辑和制作后，需要将演示文稿保存。在某些应用场合，还需要将演示文稿打印出来。下面介绍演示文稿保存和输出的方法。

16.3.1 保存演示文稿

在对演示文稿进行编辑后，需要将其保存以便于传播。演示文稿的保存和其他的 Office 文档的保存方式一样，也是通过相应命令来进行的。

（1）在 PowerPoint 2016 程序窗口中打开“文件”窗口，在左侧列表中选择“另存为”选项。在中间的“另存为”列表中单击“浏览”按钮打开“另存为”对话框，在对话框中选择保存文件的文件夹，指定文件保存的名称后单击“保存”按钮即可保存文档，如图 16.15 所示。

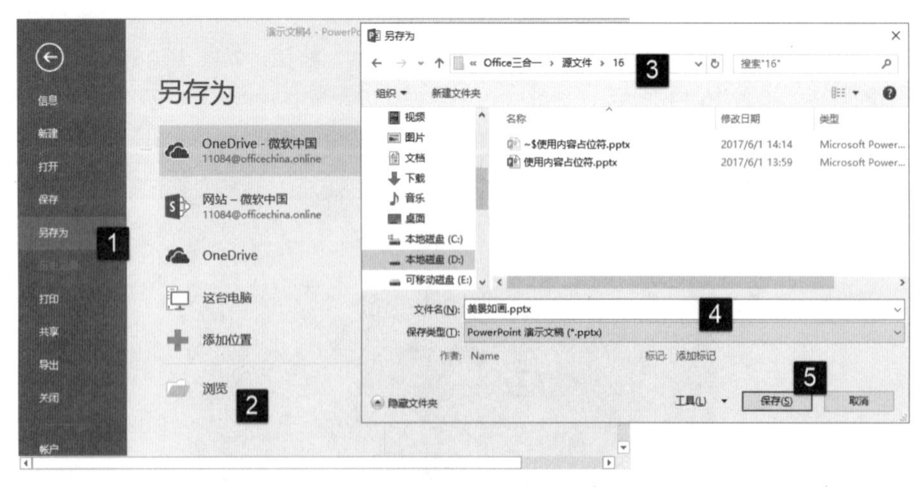

图 16.15 保存演示文稿

（2）在“文件”窗口中选择“另存为”选项，在“另存为”列表中选择“这台电脑”选项。在右侧将会出现本地电脑的“我的文档”|“文档”文件夹内的所有文件夹，设置保存文件名并选择需要保存的文件夹后，单击“保存”按钮即可将文档保存到该文件夹中，如图 16.16 所示。

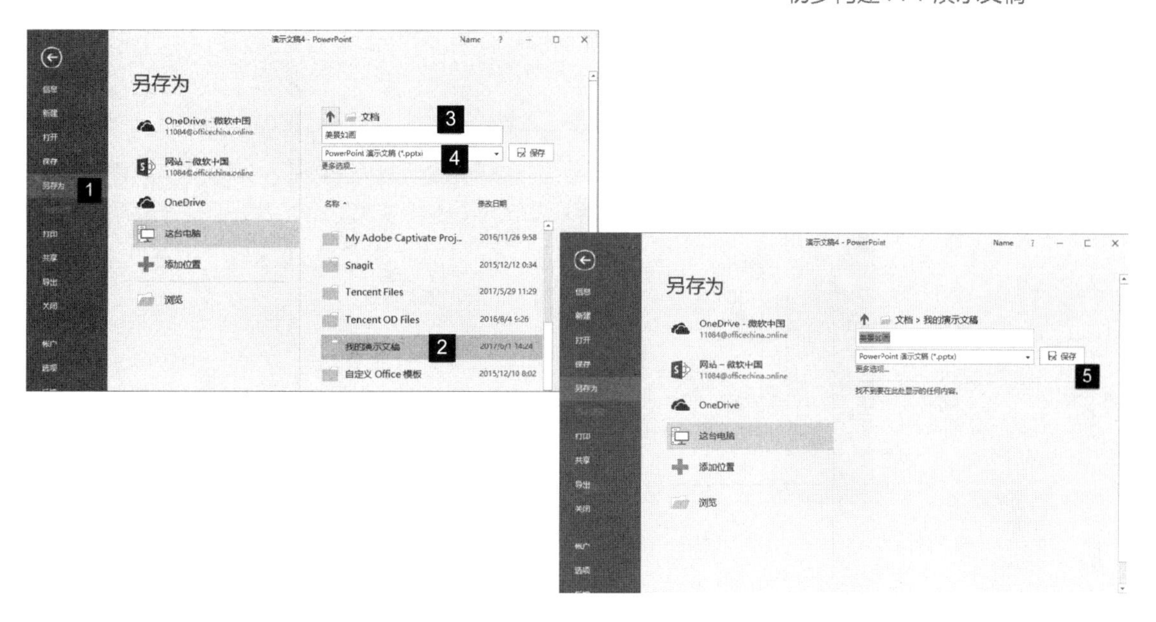

图 16.16　将文档保存到指定的文件夹中

16.3.2　打印演示文稿

使用 PowerPoint 可以将制作完成的演示文稿使用打印机打印出来。在打印时，可以对演示文稿进行页面设置并对打印效果进行预览，就像打印普通 Word 文稿一样。

01 在 PowerPoint 2016 中打开需要打印的演示文稿，打开“文件”窗口，在窗口左侧选择“打印”选项。单击“打印机属性”选项打开打印机属性对话框。在对话框的“打印快捷方式”选项卡中对纸张类型、打印质量和每张纸打印的页数等进行设置，如图 16.17 所示。

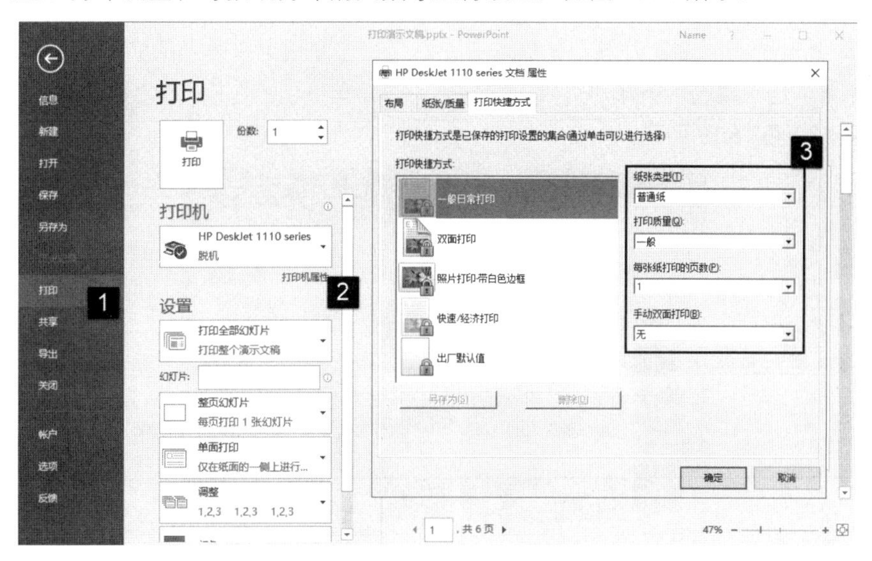

图 16.17　设置打印机属性

02 在“设置”栏各个下拉列表中选择相应的选项对打印的范围、打印的方式、幻灯片打印的顺序和是否进行彩色打印等进行设置，如图 16.18 所示。完成后设置后单击“打印”按钮即可进行演示文稿的打印。

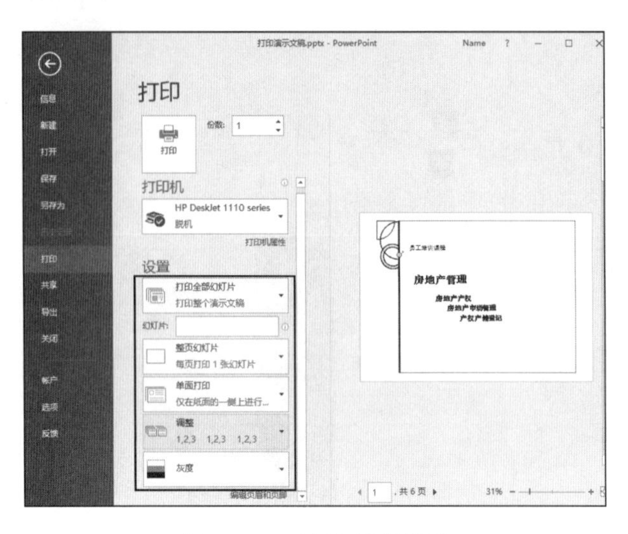

图 16.18　对打印进行设置

16.4　本章拓展

下面介绍本章的 3 个拓展应用。

16.4.1　重复使用幻灯片

在制作演示文稿时，对于类似的演示文稿，有时可以反复使用其中相类似的幻灯片。这样在新幻灯片中不需要再对幻灯片进行重复制作，只需要对已有幻灯片进行修改，从而能够大大提高制作效率。下面介绍在演示文稿中重复使用幻灯片的方法。

01 启动 PowerPoint 并打开演示文稿，在“幻灯片”窗格中单击选择幻灯片。在“开始”选项卡的“幻灯片”组中单击“新建幻灯片”按钮上的下三角按钮，在打开的下拉列表中选择“重用幻灯片”选项，如图 16.19 所示。

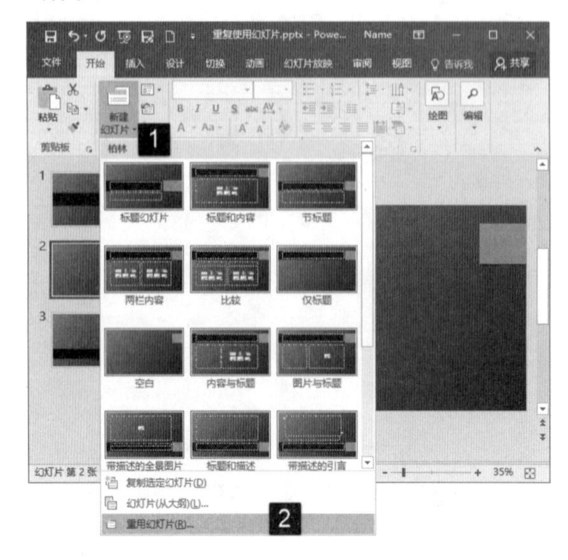

图 16.19　选择“重用幻灯片”选项

02 此时将打开“重用幻灯片”窗格，单击窗格中的“浏览”按钮，在打开的菜单中选择“浏览文件”命令。此时将打开“浏览”对话框，在对话框中选择需要使用的幻灯片的演示文稿后单击“打开”按钮，如图 16.20 所示。

图 16.20　选择演示文稿文件

提　示

在“重用幻灯片”窗格中单击“浏览”按钮，选择菜单中“浏览幻灯片库”命令将打开“选择幻灯片库”对话框，在该对话框中将打开 PowerPoint 默认的幻灯片库文件夹“C:\Users\Administrator\AppData\Roaming\Microsoft\PowerPoint\我的幻灯片库”，用户可以选择使用该文件夹中的幻灯片。

03 此时在“重用幻灯片”窗格中将列出演示文稿中的所有幻灯片，勾选窗格底部的“保留源格式”复选框，将鼠标指针放置到窗格的幻灯片缩览图上，将能够显示该幻灯片内容大纲，如图 16.21 所示。单击“重用幻灯片”窗格中的幻灯片缩览图，即可将其插入到演示文稿中。

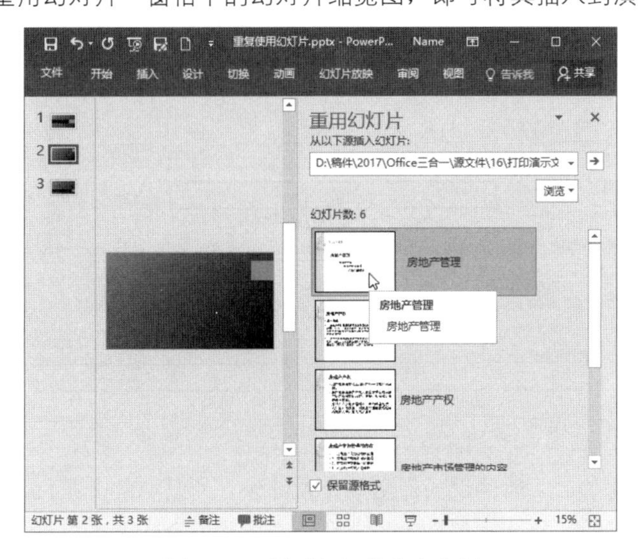

图 16.21　显示幻灯片内容大纲

16.4.2 设置演示文稿的自动保存

PowerPoint 提供了自动保存演示文稿的功能，在设定的时间间隔内 PowerPoint 会对正在制作的演示文稿进行自动保存。当 PowerPoint 意外退出后，在下次启动 PowerPoint 时，用户能够打开自动保存的演示文稿恢复被中断的操作，从而尽可能地避免不必要的损失。下面介绍 PowerPoint 的这种“保存自动恢复”功能的设置步骤。

01 在 PowerPoint 2016 的“文件”窗口左侧列表中单击“选项”选项，如图 16.22 所示。

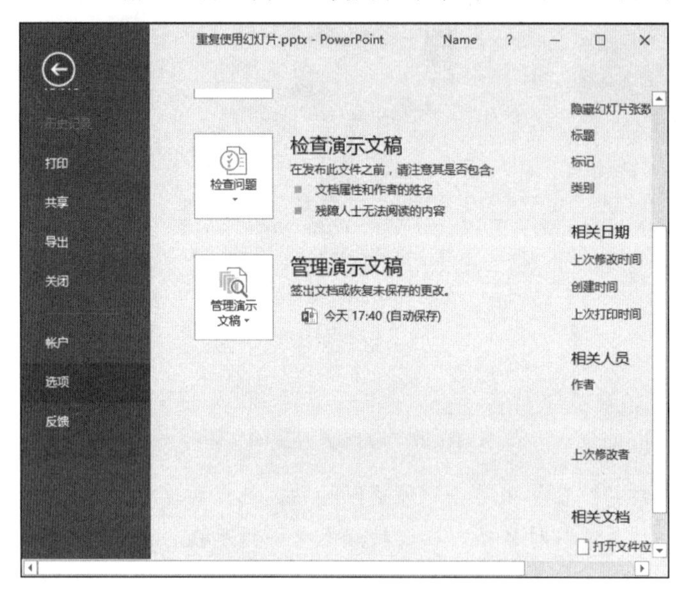

图 16.22 选择“选项”选项

02 此时可打开“PowerPoint 选项”对话框。在对话框左侧选择“保存”选项，勾选“保存自动恢复信息时间间隔”复选框，并在其后的微调框中输入数值设置自动保存的时间间隔，如图 16.23 所示，单击“确定”按钮关闭对话框即可完成设置。

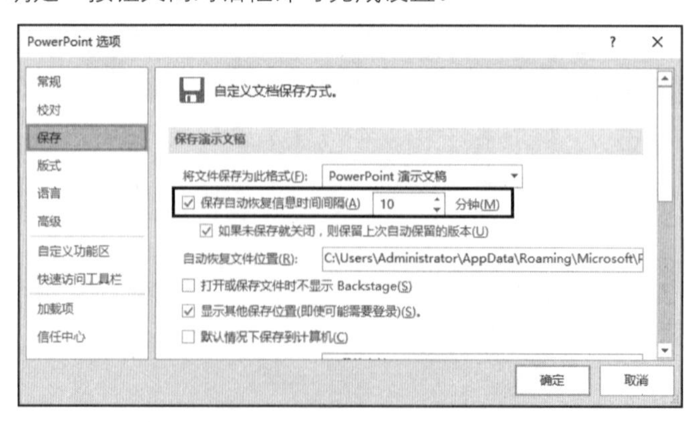

图 16.23 “PowerPoint 选项”对话框

提 示

保存自动恢复的时间间隔设置得越短，文件保存的频率就会越快，这样可以大大降低文件信息丢失的可能性。但过短的自动保存间隔，会降低文档编辑的效率，用户应该根据实际情况来进行设置。

16.4.3 更改演示文稿的格式

PowerPoint 2016 创建的演示文稿并不具有向下兼容性，其保存的文件类型是一种扩展名为*.pptx 的文件，PowerPoint 2007 之前版本的 PowerPoint 是无法打开这种格式的文件的。如果你的演示文稿需要在 PowerPoint 2007 或更低版本的 PowerPoint 上打开，就需要将文档保存为*.ppt 格式。下面介绍具体的操作方法。

01 打开演示文稿，在“文件”窗口左侧列表中选择“另存为”选项，在中间的“另存为”栏中选择“这台电脑”选项。在右侧“文件格式”列表中选择需要的文件格式，如图 16.24 所示。单击“保存”按钮即可将文档保存为选择的格式。

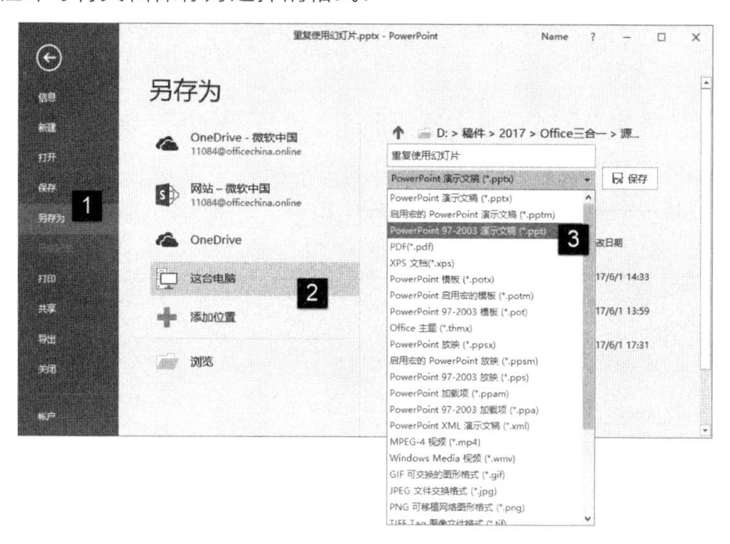

图 16.24 选择文件保存的格式

02 在保存文档时，打开“另存为”对话框。在“保存类型”列表中选择需要保存的文档类型，如图 16.25 所示，单击“保存”按钮即可将文档保存为指定格式的文档。

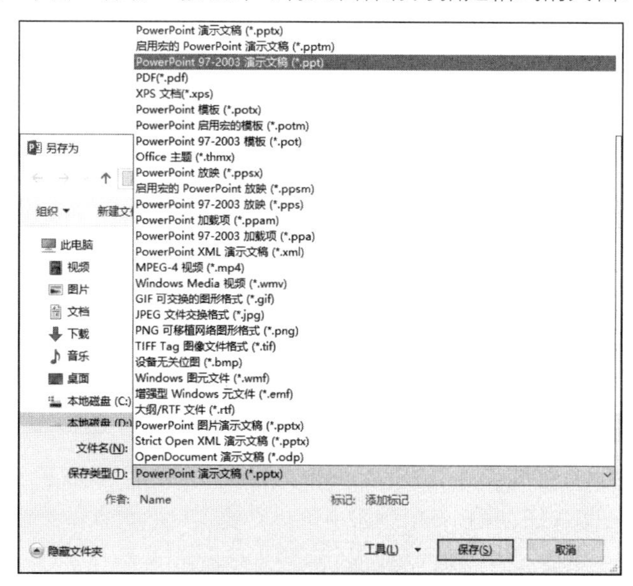

图 16.25 在“保存类型”对话框中选择文档类型

第 17 章

幻灯片的灵魂——文字

文字是传递信息的重要形式，也是 PowerPoint 演示文稿的内容主体。在演示文稿中，文本不仅仅可以传递信息，更可以作为一种画面元素来美化幻灯片。本章将介绍在幻灯片中使用文字以及美化文字的方法和技巧。

17.1 使用文本框

在幻灯片中使用文字，首先需要将文字插入到幻灯片中。在幻灯片中插入文字除了上一章介绍的可以使用文本占位符之外，常用的方法就是使用文本框。

17.1.1 在幻灯片中插入文本

使用文本占位符能方便地插入文本，实际上文本占位符就是一种带有默认位置和默认文字格式的文本框。如果需要在幻灯片中灵活使用文字，使用文本框是一种最为方便快捷的方式。在幻灯片中使用文本框插入文本，可以使用下面的方法来进行操作。

01 在演示文稿中选择需要插入文字的幻灯片，打开“插入”选项卡。在“文本”组中单击“文本框”按钮上的下三角按钮，在打开的列表中选择需要使用的文本框类型。例如，这里选择“横排文本框”选项在幻灯片中插入横排文本框，如图 17.1 所示。

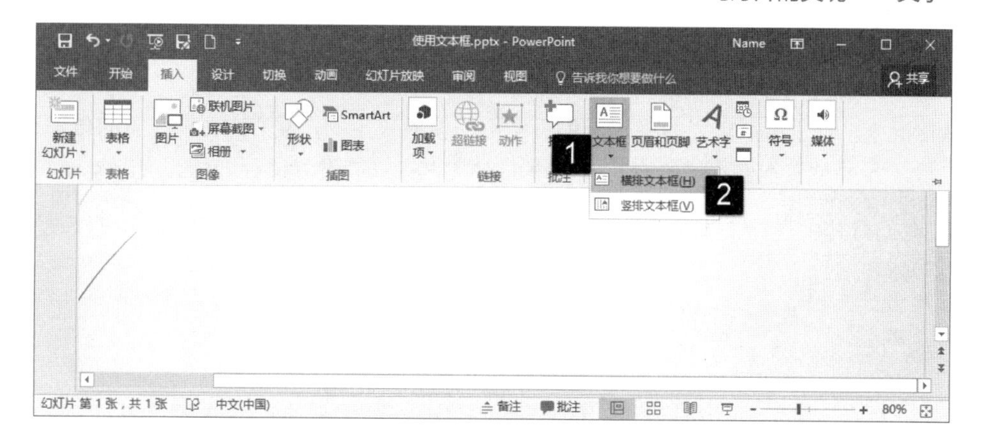

图 17.1　选择“横排文本框”选项

02 在幻灯片中单击即可创建一个横排文本框，插入点光标位于文本框中，此时即可输入文本，如图 17.2 所示。在输入文本时，文本框的宽度会随着文本的输入自动增加。如果需要换行，可以按 Enter 键来手动换行。

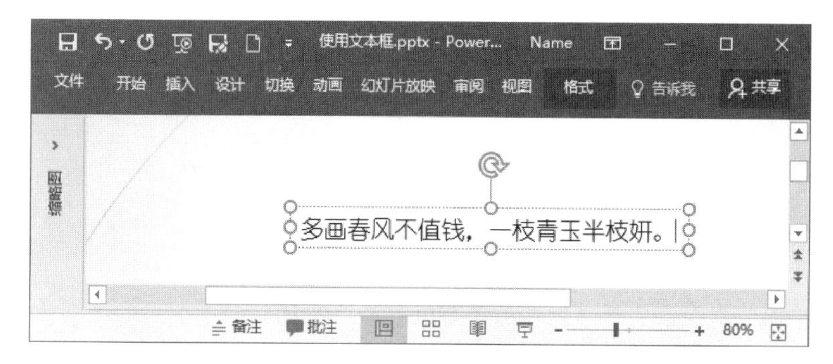

图 17.2　在文本框中输入文本

03 如果在幻灯片中拖动鼠标绘制一个文本框，在输入文字时，文本框的宽度是固定的，不会随着文字的输入自动加宽。此时在文本框中文字会根据文本框的宽度自动换行，如图 17.3 所示。

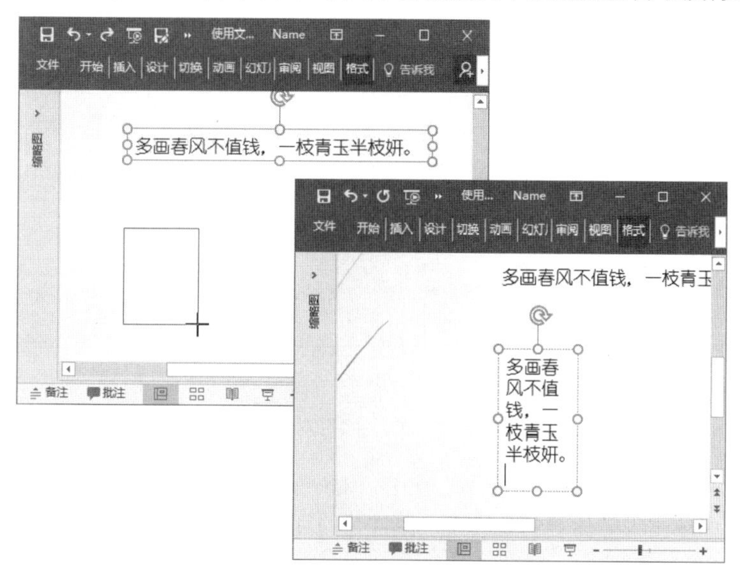

图 17.3　绘制文本框并输入文字

17.1.2 文本格式的设置

默认情况下，幻灯片中文字的格式是由所运用的模板决定的，为了让文本信息的传递更加符合用户的要求，需要对文本格式进行自定义。下面对文本格式的设置进行介绍。

（1）在幻灯片中选择文本框，在“开始”选项卡的字体组中使用相应的命令可以设置文本框中文字的字体和字号，为文字添加加粗、斜体和阴影等效果，如图 17.4 所示。

图 17.4　设置文字格式

（2）在“字体”组中单击“字体”按钮可以打开“字体”对话框中的“字体”选项卡，在该选项卡中可以对文字的格式进行设置，如图 17.5 所示。

图 17.5　“字体”对话框

打开“字体”对话框的“字符间距”选项卡，对字符间距进行调整，如图 17.6 所示。

在“字体”组中单击“字体颜色”按钮，在打开的列表中选择需要的颜色选项可以更改文本框中文字的颜色，如图 17.7 所示。

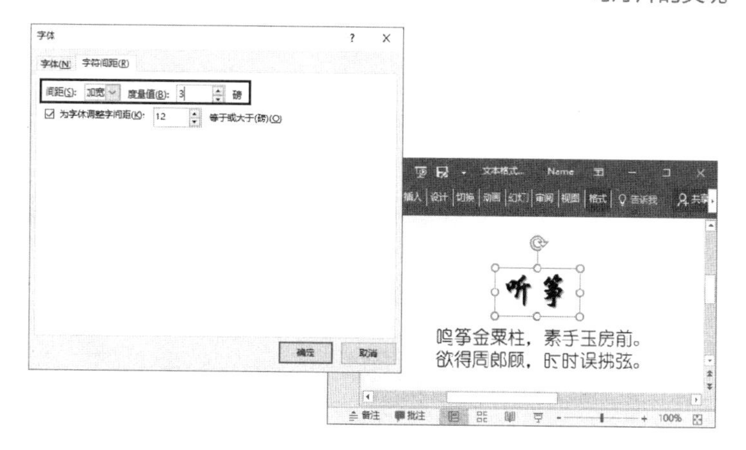

图 17.6　调整字符间距

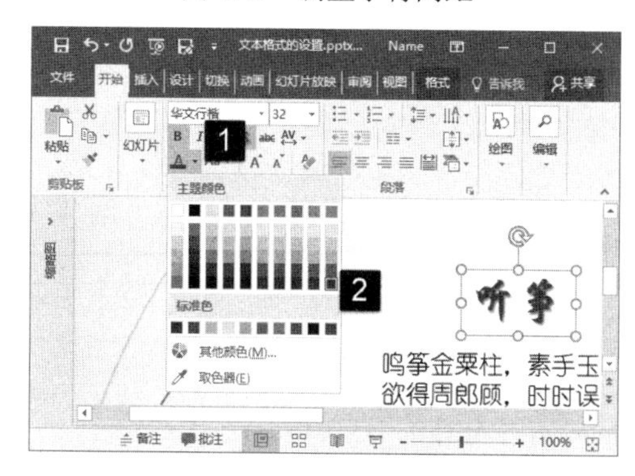

图 17.7　更改文字颜色

17.1.3　段落格式的设置

在幻灯片中，除了需要对文字的格式进行设置之外，对于大段文字还需要设置段落格式。设置段落格式包括调整文本的对齐方式、更改文字排列方向和调整行间距等。下面对文本框中文本段落格式设置方法进行介绍。

01 选择文本框，在“开始”选项卡的“段落”组中单击相应的按钮可以设置文字在文本框中的对齐方式。例如，这里单击“居中”按钮使文本居中对齐，如图 17.8 所示。

02 在“段落”组中单击“文字方向”按钮，在打开的列表中选择“竖排”选项，可以将文本框中的文字由横排变为竖排，如图 17.9 所示。

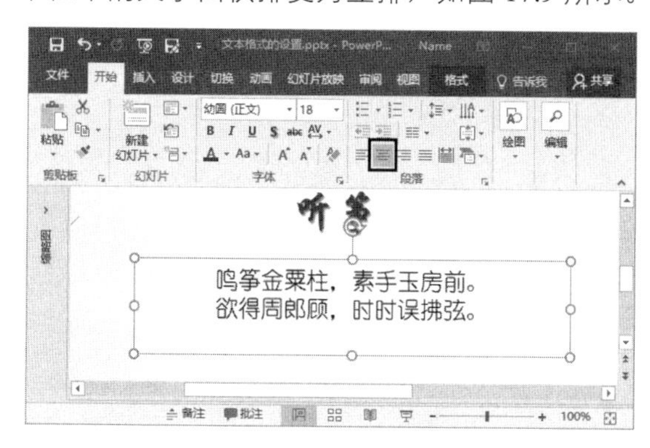

图 17.8　文本在文本框中居中对齐

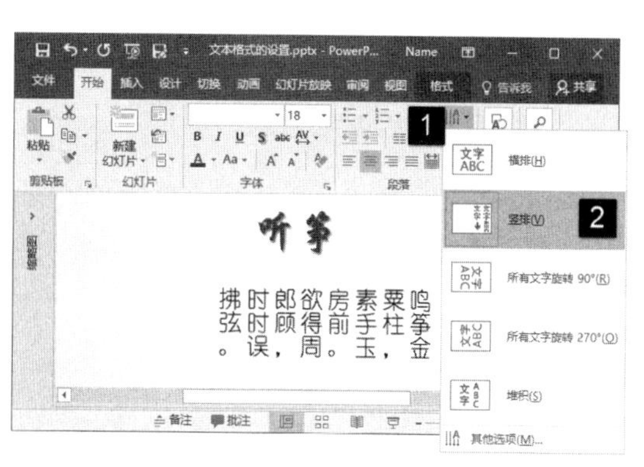

图 17.9　将文字变为竖排

03 选择文本框，在“段落”组中单击“添加或删除栏”按钮，在打开的列表中选择分栏数选项。例如，这里选择“两列”选项，如图 17.10 所示。此时文本框中文字会分为 2 栏，拖动文本框上控制柄调整文本框大小使文本按内容分 2 栏放置，如图 17.11 所示。

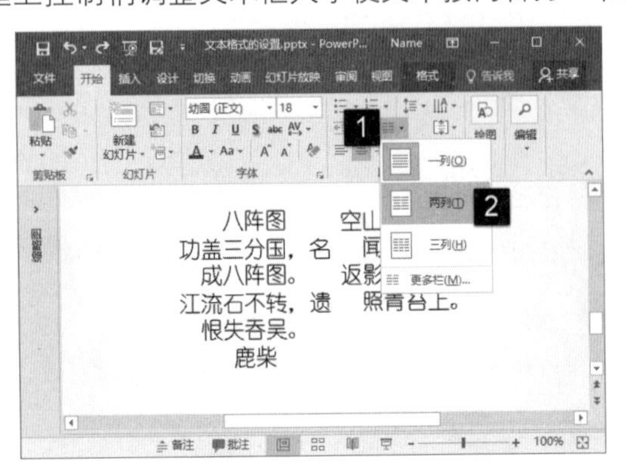

图 17.10　选择“两列”选项

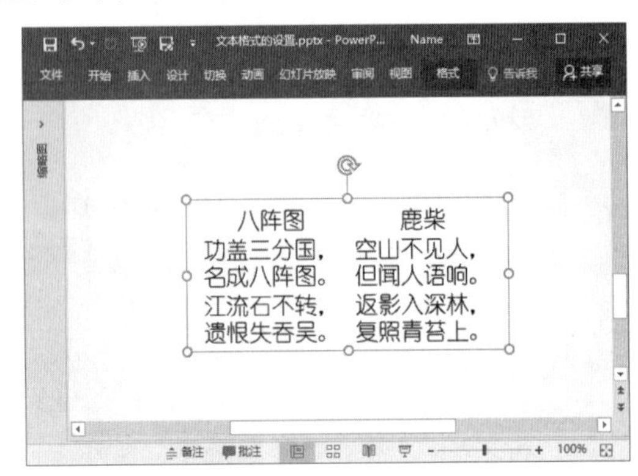

图 17.11　使文本按内容分 2 栏放置

17.2　特殊字符的输入

不同的应用场合，在幻灯片中需要输入的文字会不相同。在一些特殊的场合，需要特殊的符号。本节将重点介绍在幻灯片中插入特殊符号的方法。

17.2.1　输入特殊符号

在使用 PowerPoint 制作演示文稿时，输入特殊的符号并不是难事，这些符号包括数学符号、单位符号、数字序号和拼音等。下面以在幻灯片中插入汉语拼音为例来介绍输入特殊符号的方法。

01 在幻灯片中创建一个文本框，在其中输入字母“y”和“u”，将输入点光标放置在两个字母中间。在“插入”选项卡中的“符号”组中单击“符号”按钮，此时将打开“符号”对话框，在“字体”列表中选择需要使用的字体，在对话框的列表中找到需要使用的带音调的拼音字符。单击“插入”按钮，如图 17.12 所示。

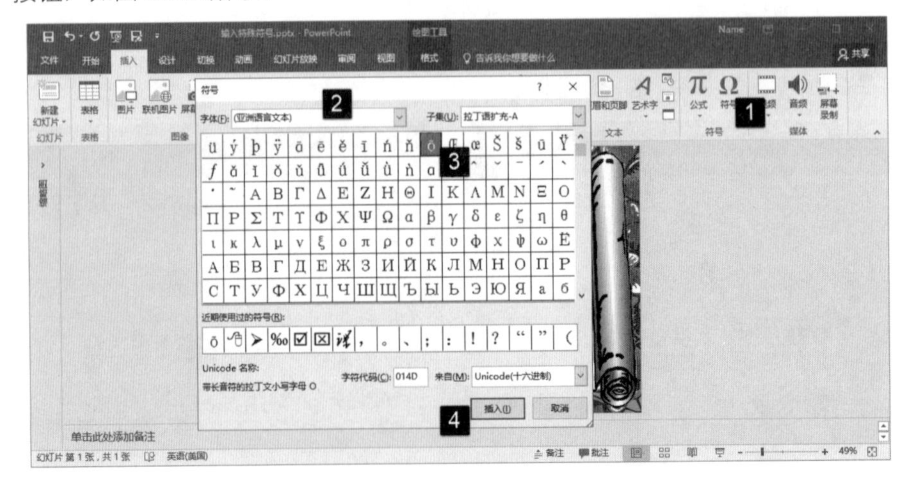

图 17.12　打开“字符”对话框

02 选择的符号被插入到输入点光标处。设置文本框中文字的样式，获得文字拼音标注，如图 17.13 所示。

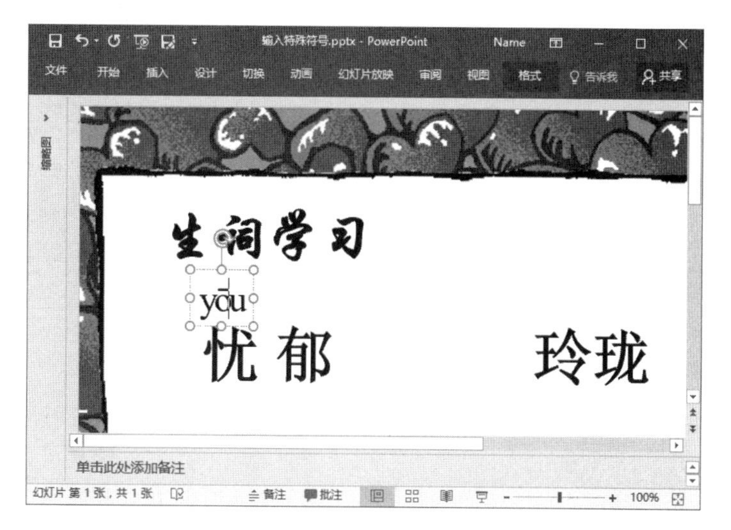

图 17.13　为文字添加注音

17.2.2　添加项目符号和编号

在段落中加入项目符号和编号，能够使幻灯片中的文本更有条理，同时能使文本富有层次感，便于观众理解。项目符号和编号都是以段落为单位的，它们的添加方法也基本相同，下面以向文本框中添加自定义项目符号为例来介绍添加项目符号的操作方法。

01 在幻灯片中创建文本框，在“开始”选项卡的“段落”组中单击“项目符号”按钮旁的下三角按钮，在打开的列表中选择“项目符号和编号”选项，如图 17.14 所示。

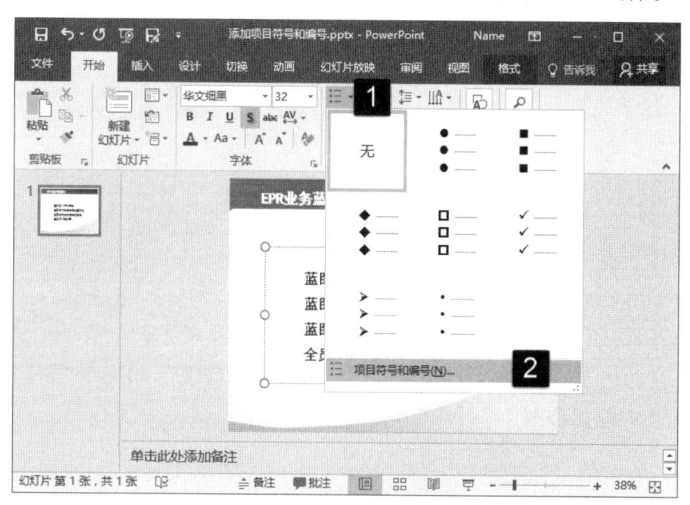

图 17.14　选择“项目符号和编号”选项

02 在打开的“项目符号和编号”对话框中可直接单击列表中的选项将其应用到段落中。这里，单击“自定义”按钮可以打开“符号”对话框，在该对话框的“字体”下拉列表中选择一种带有符号的字体，该字体所对应的列表中选择需要使用的符号，如图 17.15 所示。

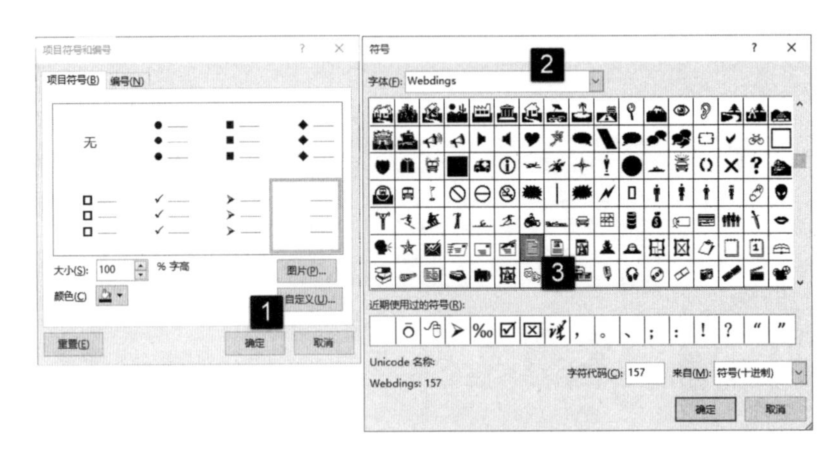

图 17.15 选择项目符号

提 示

在“项目符号和编号”对话框的“项目符号”选项卡中选择项目符号后，“大小”和“颜色”设置项将可用。在“大小”增量框中输入数值可以设置项目符号的大小，这里数值表示符号占文字高度的百分比。单击“颜色”按钮可打开颜色列表，设置项目符号的颜色。

03 单击“确定”按钮关闭“符号”对话框，接着关闭“项目符号和编号”对话框，项目符号被添加到当前的段落中。为所有的段落添加项目符号，获得的段落效果如图 17.16 所示。

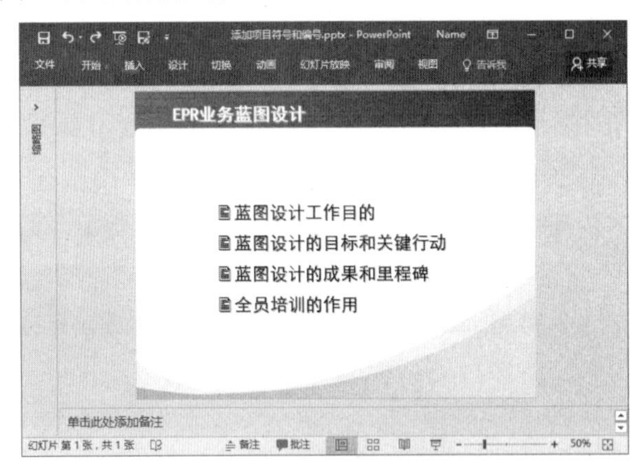

图 17.16 添加项目符号

提 示

在文本框中为某一段添加段落符号后，将输入点光标放置于该段文字的末尾，按 Delete 键删除段落末尾的回车符，使下一段文字变为此段文字的一部分，然后按 Enter 键将文字重新分为一段，此时新段落中将自动添加当前段落相同的项目符号，并具有与当前段落相同的段落样式。

17.3 文字的美化

艺术字功能是 PowerPoint 的一项强大的特色功能，使用该功能可以快速更改文字的外观，使文字具有各种特殊效果。使用艺术字是演示文稿中对文字进行美化的一种重要的手段，下面介绍艺术字的使用技巧。

17.3.1 创建艺术字

在演示文稿中使用艺术字，可以美化幻灯片、增强视觉效果。在 PowerPoint 演示文稿中使用艺术字，并不需要用户花很多时间来进行设计制作，PowerPoint 2016 已经提供各类大量的内置艺术字样式供用户直接使用。在幻灯片中创建艺术字，可以按照下面的步骤来进行操作。

01 启动 PowerPoint 并打开文档，在“插入”选项卡中单击“艺术字”按钮，在打开的下拉列表中选择需要使用的艺术字样式，如图 17.17 所示。

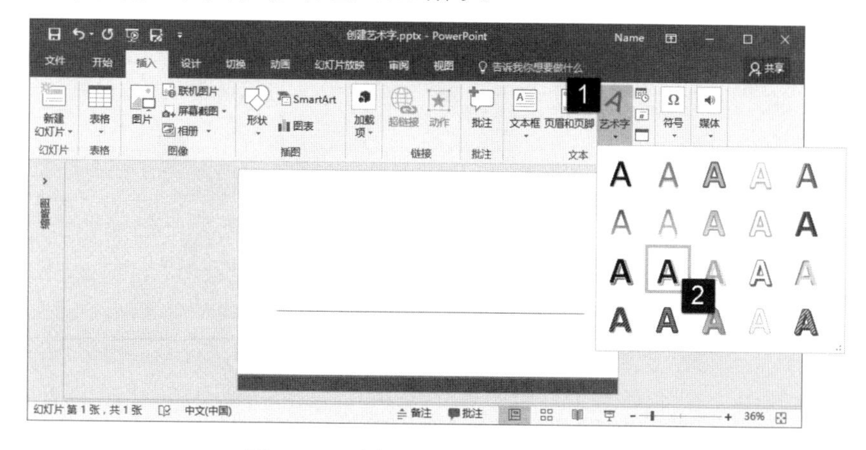

图 17.17　选择需要使用的艺术字样式

02 此时，在幻灯片中将插入艺术字文本框，在文本框中输入文字，即可获得需要的艺术字效果，如图 17.18 所示。

03 选择艺术字文本框，使用“格式”选项卡中的命令可以对艺术字的样式进行设置。例如，这里更改艺术字样式，如图 17.19 所示。

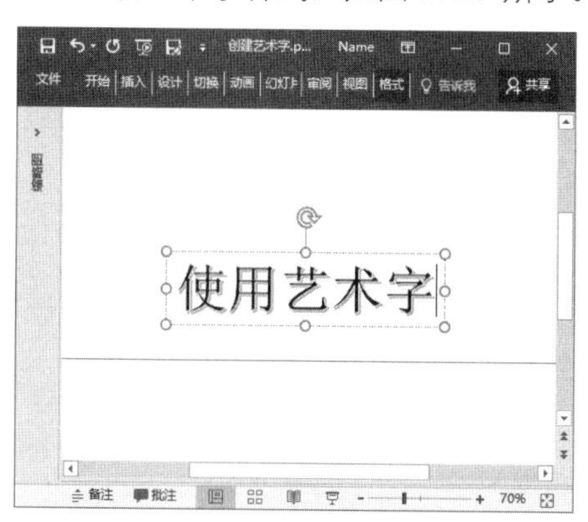

图 17.18　在文本框中输入文字

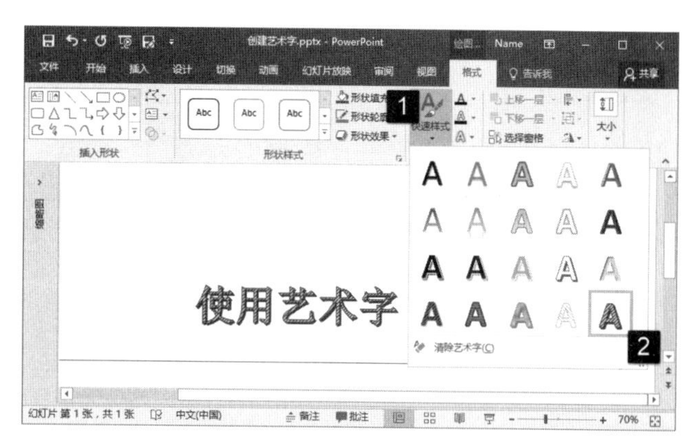

图 17.19　更改艺术字样式

17.3.2 变形文字

对于幻灯片中的艺术字，使用 PowerPoint 可以对艺术字的外观样式进行设置，如设置艺术字文字填充颜色、轮廓颜色和文本框的填充颜色等，同时可以对艺术字添加阴影效果、映像效果、发光效果和三维效果等特效。在这些特效中，一个比较有特色的效果就是文字变形效果。下面介绍这种特效的应用方法。

01 选择艺术字文本框，在“格式”选项卡的“艺术字”样式组中单击“文字效果”按钮。在打开的列表中选择“转换”选项，在下级列表中选择相应的选项即可将该变形样式应用于文字，如图 17.20 所示。

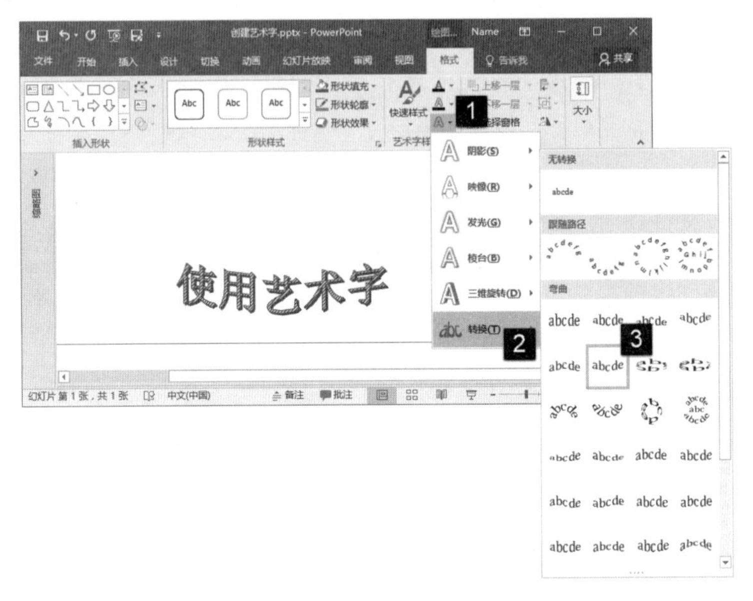

图 17.20　选择变形选项应用于文字

02 对文字应用变形效果后，在文本框上会出现变形效果控制柄。拖动控制柄可以对文字的变形效果进行调整，如图 17.21 所示。

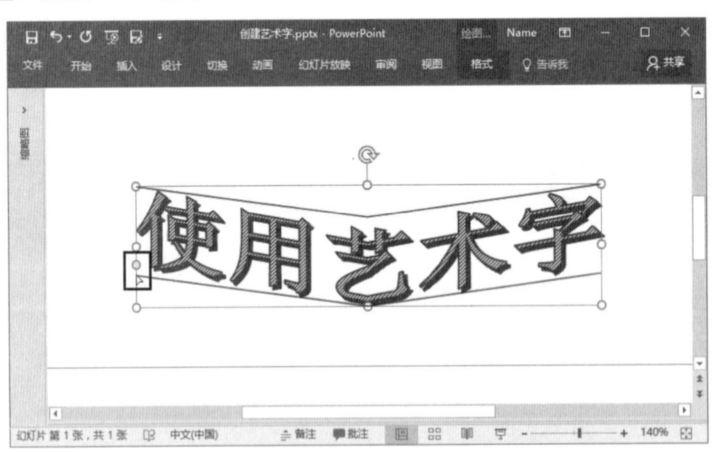

图 17.21　拖动控制柄调整变形效果

提 示

如果需要取消文字的变形效果，可在“转换”列表中选择“无转换”栏中的“无转换”选项即可。

17.4　本章拓展

下面介绍本章的 3 个拓展实例。

17.4.1 快速替换字体

在演示文稿中，对文字进行编辑时有时需要将演示文稿中某种文字字体替换为另一种字体。手动寻找文字并更改它们的字体操作效率较低。下面介绍一种快速替换字体的方法。

01 在“开始”菜单的“编辑”组中单击“替换”按钮上的下三角按钮，在打开的列表中选择“替换字体”选项，如图17.22所示。

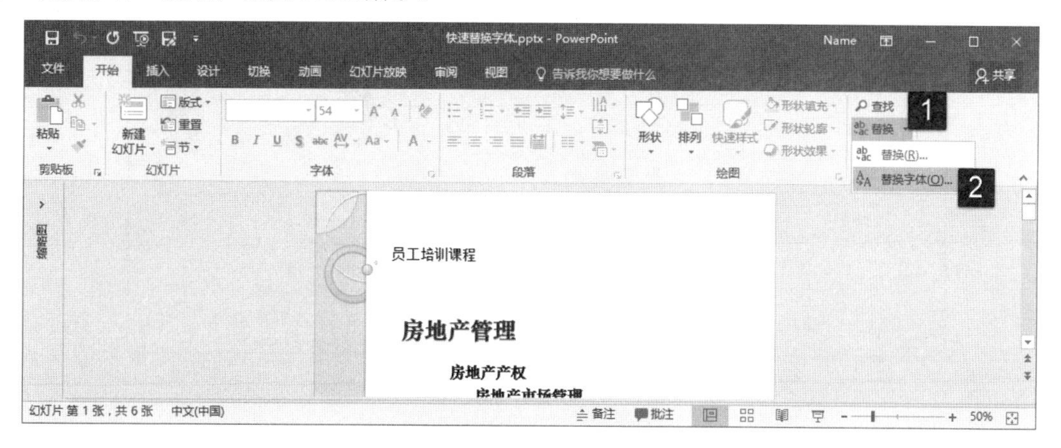

图17.22 选择“替换字体”选项

02 此时将打开“替换字体”对话框，在对话框的“替换”列表中选择演示文稿中需要替换的字体，在“替换为”列表中选择用于替换的字体。单击“替换”按钮，如图17.23所示。演示文稿中“替换”列表中选择的字体将全部被“替换为”列表中指定的字体。

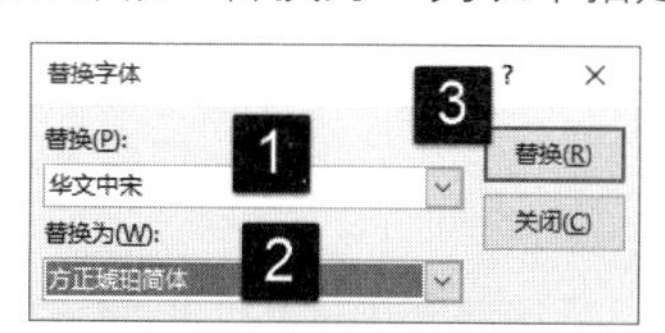

图17.23 “替换字体”对话框

17.4.2 设置文字的三维效果

三维立体文字是一种常见的文字效果，使用立体文字可以获得很好的视觉效果。实际上，艺术字样式库中的艺术字很多都具有三维效果，同时用户也可以根据需要来对文字进行设置，创造需要的三维文字效果。下面对文字三维效果的操作方法进行介绍。

01 选择艺术字文本框后，在“格式”选项卡的“艺术字样式”组中单击“设置文本效果格式：文本框”按钮打开“设置形状格式”窗格。选择“文本选项”选项，单击“文字效果”按钮，展开“三维格式”设置栏，首先在“顶部棱台”列表中选择相应的选项设置顶部棱台的形状，设置“宽度”和“高度”值，如图17.24所示。对底部棱台效果进行设置，如图17.25所示。

02 在“设置形状格式”窗格的“材料”下拉列表中选择相应的选项设置三维对象的表面材料效果，如图17.26所示。设置三维对象的照明效果，如图17.27所示。在“设置形状格式”窗格中展开“三维旋转”设置栏，设置文字三维旋转角度，如图17.28所示。

图 17.24　设置顶部棱台形状

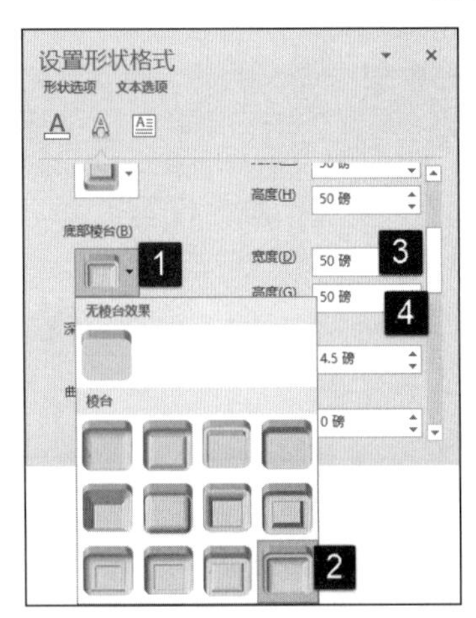

图 17.25　设置底部棱台效果

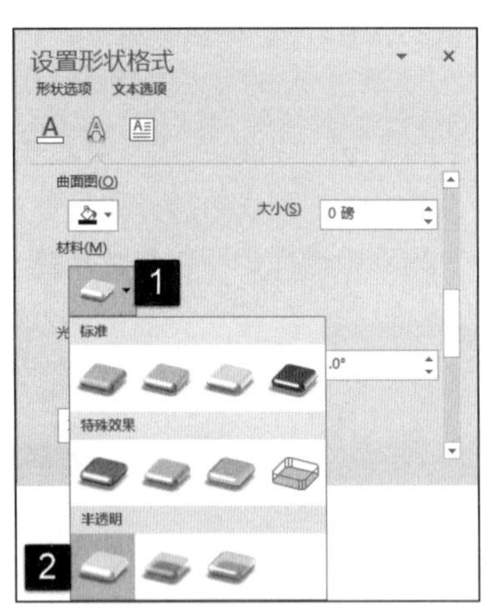

图 17.26　设置表面的材料效果

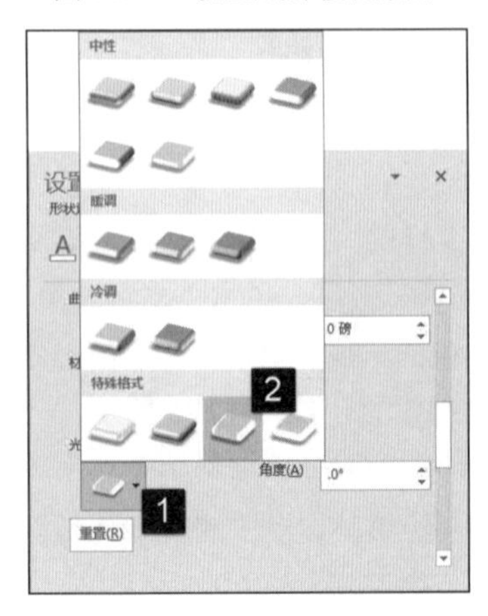

图 17.27　设置照明效果

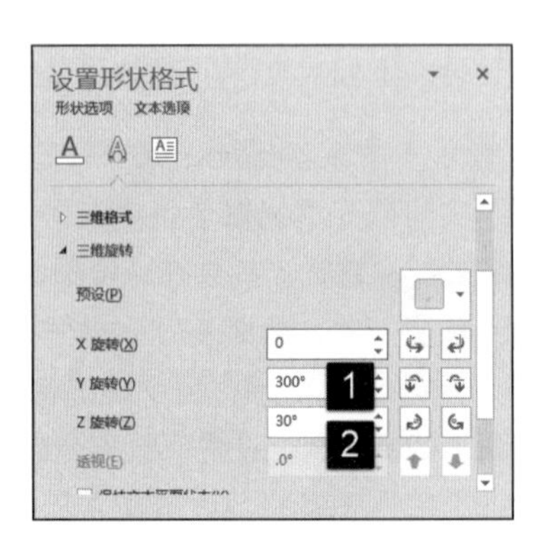

图 17.28　设置三维旋转效果

03 在“设置形状格式”窗格中打开“阴影”设置栏，在右侧的“预设”下拉列表中选择需要使用的阴影样式，拖动滑块调整“距离”值，完成设置后的文字效果，如图 17.29 所示。

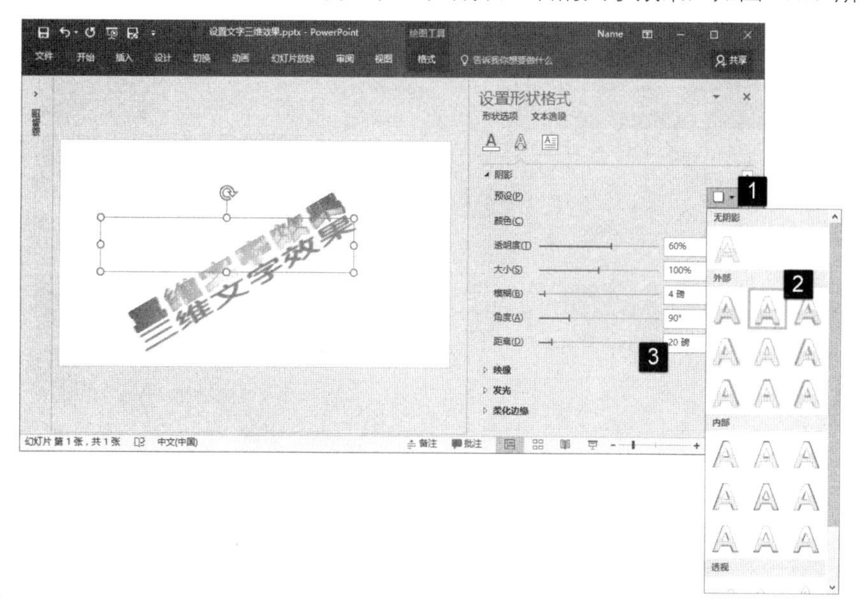

图 17.29　添加阴影效果后的文字效果

17.4.3　为文字添加纹理

PowerPoint 为文字提供了不同的填充方式，包括纯色填充、渐变填充和图片或纹理填充等。PowerPoint 为方便用户创建各种纹理效果，内置了木纹、花岗石和布纹等常用的纹理图片，用户可以直接使用。在创建三维效果后使用纹理填充，能够创建很多需要专业图像制作软件才能创建的效果。下面以创建木纹雕刻字效果为例，来介绍具体的操作方法。

01 创建三维文字，这里设置文字的“顶部棱台”效果和“底部棱台”效果，如图 17.30 所示。

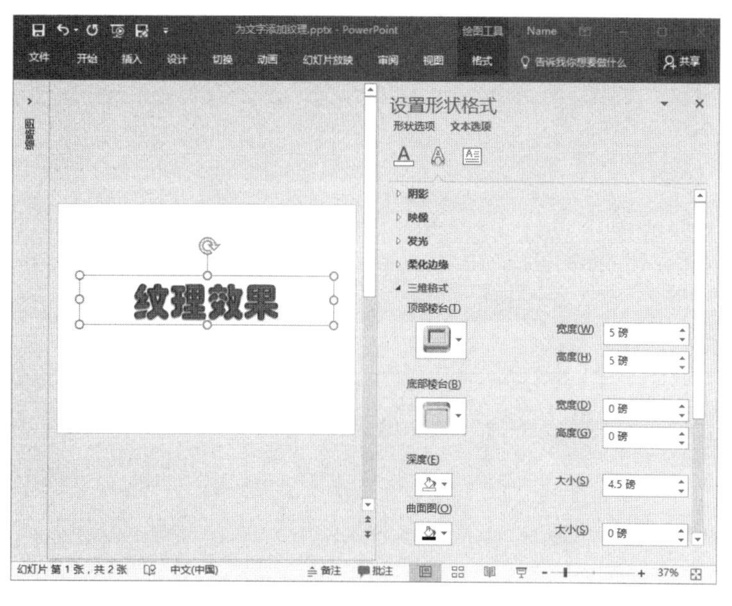

图 17.30　设置艺术字的三维格式

02 在“设置形状格式”窗格中单击“文本填充与轮廓”按钮，在“文本填充”栏中选择“图片或纹理填充”单选按钮。在“纹理”列表中选择“栎木”内置纹理应用到文字。此时获得的栎木文字效果如图 17.31 所示。

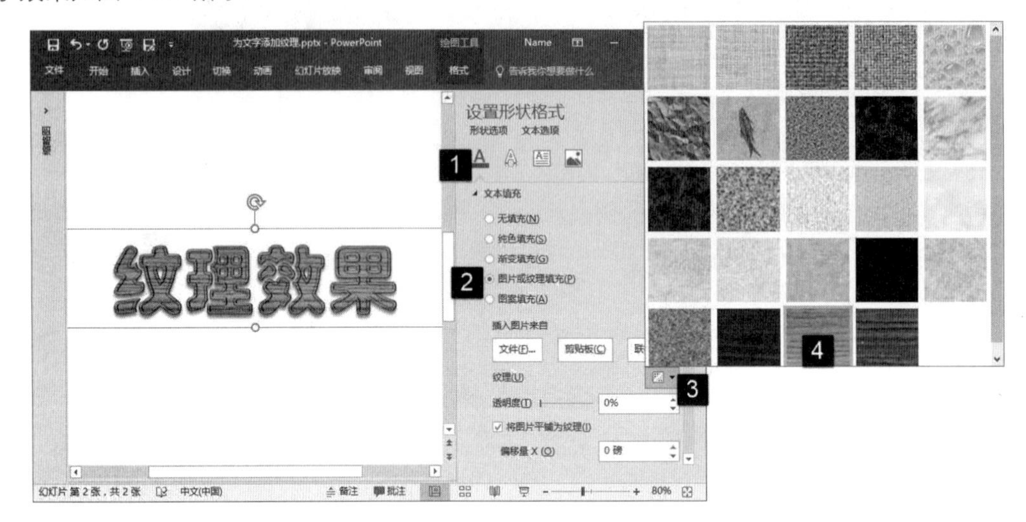

图 17.31　为文字添加纹理填充效果

第 18 章

设计幻灯片版式

母版实际上是一种特殊的幻灯片，这种幻灯片是演示文稿的一个重要组成部分。母版保存了满足不同需要的幻灯片的版面信息和组成元素的样式信息，这些信息都是已经在母版中设置好的。使用时，无须对幻灯片进行再设置，只需在相应的位置输入需要的内容即可。灵活地使用母版，能够有效地避免重复操作，提高工作效率。更为重要的是，使用母版能够使演示文稿的幻灯片具有统一的样式和风格。本章将介绍设计幻灯片版式和主题应用的相关知识。

18.1 使用幻灯片母版

幻灯片的版式指的是各种对象在幻灯片页面中的排列和组合方式，制作演示文稿时，为了获得好的演示效果，需要安排幻灯片的版式布局。安排版式布局的一种高效的方法就是设置幻灯片母版，本节将对幻灯片母版的结构、版式设置和使用进行介绍。

18.1.1 幻灯片母版的结构

默认情况下，PowerPoint 幻灯片母版由一个主母版和 11 个幻灯片版式母版构成，其中主母版的格式决定了所有版式母版的基本格式，其他的母版根据用途的不同而具有不同的结构布局。

幻灯片母版默认状态下包含 5 个区域，它们分别是标题区、对象区、日期区、页眉页脚区和数字区，如图 18.1 所示。这些区域实际上是占位符，具有设定好的样式，用户使用时只需向其中输入需要的内容即可。

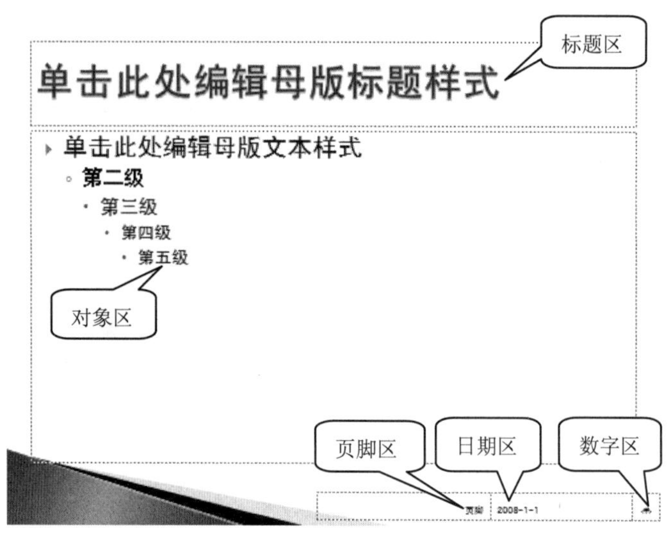

图 18.1　幻灯片母版的结构

幻灯片母版可以控制除标题幻灯片外的大多数幻灯片，使它们具有相同的版面设置、相同的文字格式和位置、相同的项目符号和编号以及相同的配色方案等。母版中，各个区域的作用介绍如下：

- 标题区：用于放置演示文稿的所有幻灯片的标题文字。
- 对象区：用于放置幻灯片中所有的对象和文字
- 日期区：给演示文稿中的每一张幻灯片自动添加日期。
- 页眉和页脚区：用于给演示文稿的幻灯片添加页眉和页脚。
- 数字区：给演示文稿的每一张幻灯片自动添加编号。

18.1.2　幻灯片母版的版式设置

在制作演示文稿时，可以通过对幻灯片母版进行设置来使演示文稿中各个幻灯片的风格保持一致。下面介绍对幻灯片母版版式进行设置的相关知识。

1. 设置幻灯片母版背景

幻灯片母版的背景设置和幻灯片背景设置相类似，其包括颜色填充和图片填充等方式。下面介绍具体的操作方法。

01 在“视图”选项卡的“幻灯片母版”组中单击“幻灯片母版”按钮进入幻灯片母版视图，如图 18.2 所示。

02 此时将打开“幻灯片母版”视图，左侧窗格中列出了不同版式的母版幻灯片，将鼠标放置于这些幻灯片上可以看到母版版式的提示信息。在左侧的窗格中选择“Office 主题幻灯片母版”幻灯片，在“幻灯片母版”选项卡的“背景”组中单击“背景样式”按钮。在打开的列表中选择相应的选项对幻灯片应用预设背景样式，如图 18.3 所示。

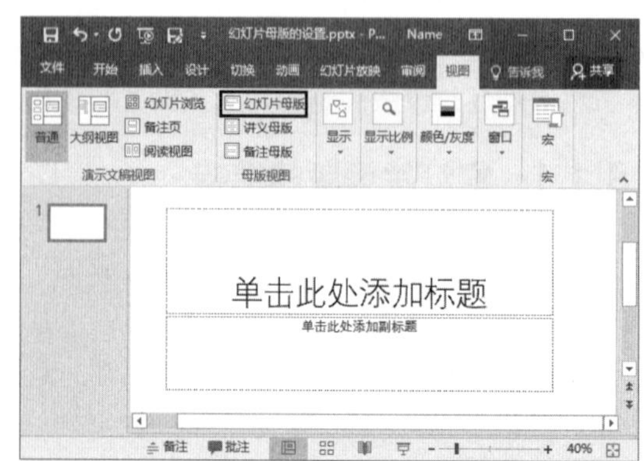

图 18.2　单击“幻灯片母版”按钮

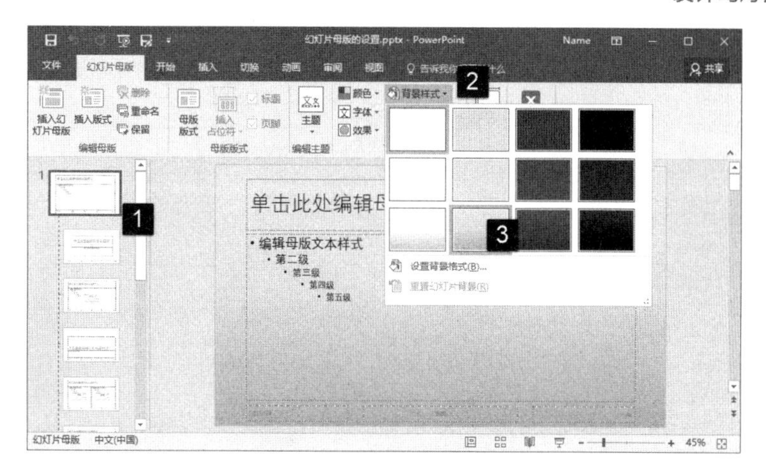

图 18.3　应用预设背景样式

03 在“背景格式”列表中选择“设置背景格式”选项将打开“设置背景格式”窗格，使用该窗格可以对背景进行颜色填充、渐变填充、图片或纹理填充和图案填充。例如，这里在窗格中选择“渐变填充”选项，对渐变类型、方向、角度和颜色等进行设置，实现对背景的渐变填充，如图 18.4 所示。

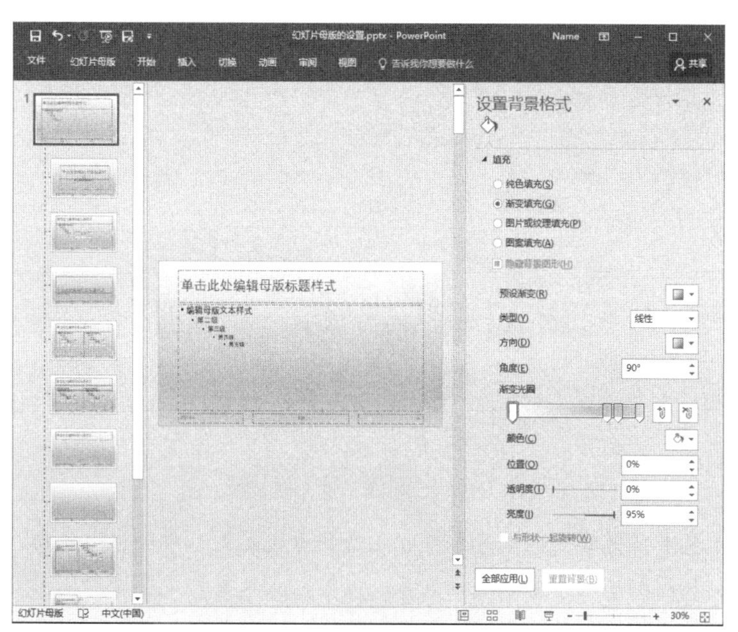

图 18.4　对背景应用渐变填充

2．设置标题和正文格式

一般情况下，演示文稿中的正文和标题的格式是固定搭配的。除特殊情况外，演示文稿的幻灯片中标题和文字格式搭配要统一。在幻灯片母版中可以采用下面的方式来设置标题和正文格式，以保证幻灯片风格的一致。

01 进入“幻灯片母版”视图，选择“Office 主题幻灯片母版”幻灯片。在“幻灯片母版”选项卡的“背景”组中单击“字体”按钮，在打开的列表中选择预设的字体选项即可对标题和正文字体进行设置，如图 18.5 所示。

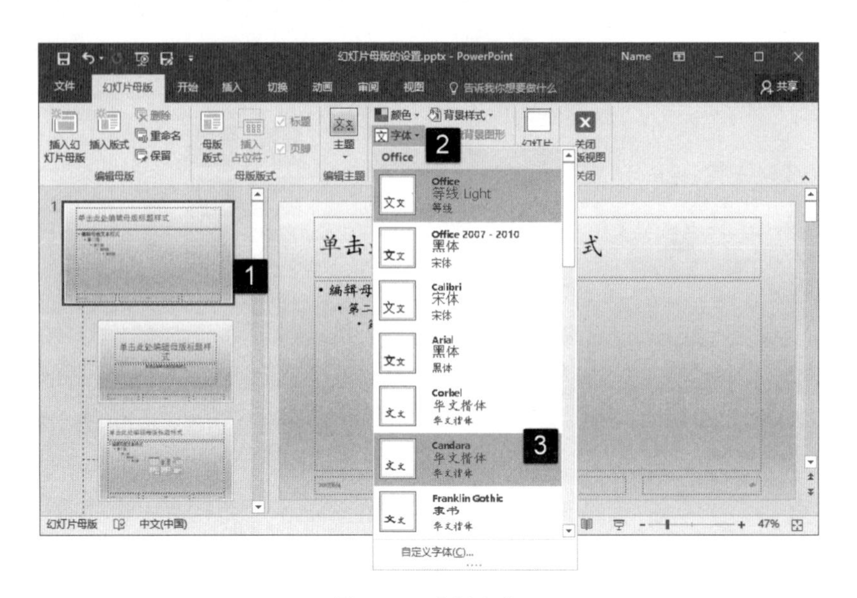

图 18.5　选择字体

02 在“字体”列表中选择“自定义字体”选项将打开“新建主题字体”对话框，在对话框的“名称”文本框中输入主题字体名称，在“标题字体（中文）”和“正文字体（中文）”列表中选择需要使用的字体。完成设置后单击“保存”按钮即可将自定义主题字体保存，如图 18.6 所示。

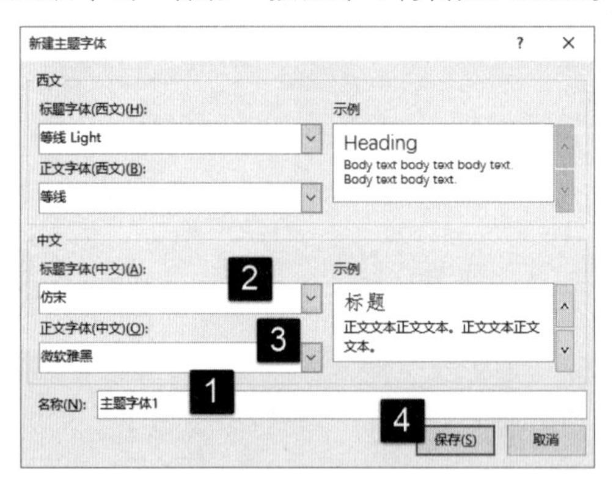

图 18.6　“新建字体”对话框

提　示

对文字颜色和段落格式的设置，可以在选择母版幻灯片中的占位符后，打开“开始”选项卡，使用其中的命令来进行设置。另外，如果要为文字添加阴影效果、映像效果和三维效果等特殊效果，也可以右击文本占位符后选择快捷菜单中的“设置形状格式”命令打开“设置形状格式”窗格来进行设置。

3. 设置页眉和页脚

在默认情况下，母版幻灯片下方有 3 个并排的文本框，分别代表日期、页脚和幻灯片的页码，用户可以根据需要对这些内容进行操作，以创建符合要求的幻灯片母版。

01 选择“Office 主题幻灯片母版”幻灯片，在“幻灯片母版”选项卡的“母版版式”组中单击“母版版式”按钮打开“占位符”对话框。在对话框中取消对应的占位符复选框的勾选，占位符将不在母版中显示，如图 18.7 所示。

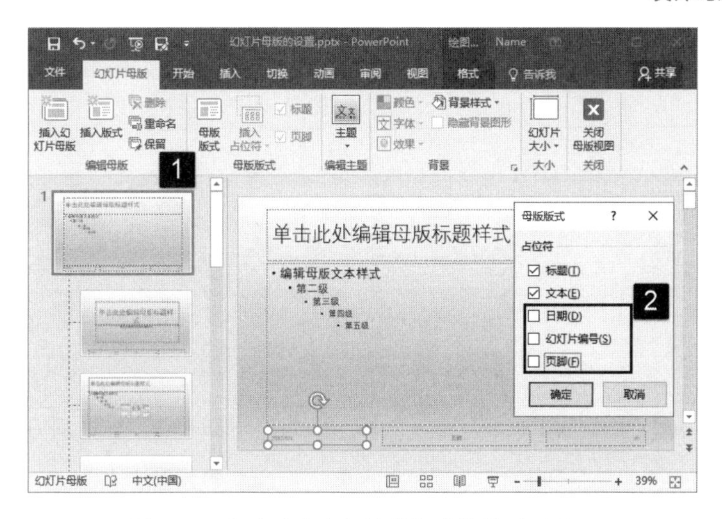

图 18.7　取消对应占位符的勾选使其不再显示

02 选择“Office 主题幻灯片母版”，在功能区中的“插入”选项卡中单击“页眉和页脚”按钮打开“页眉和页脚”对话框。在对话框的“幻灯片”选项卡中选择相应的内容可以在幻灯片中添加日期和时间、幻灯片编号和页脚内容，同时对这些内容进行设置。例如，为幻灯片添加可自动更新的日期内容，如图 18.8 所示。单击“全部应用”按钮，设置的内容添加到所有的母版幻灯片中。

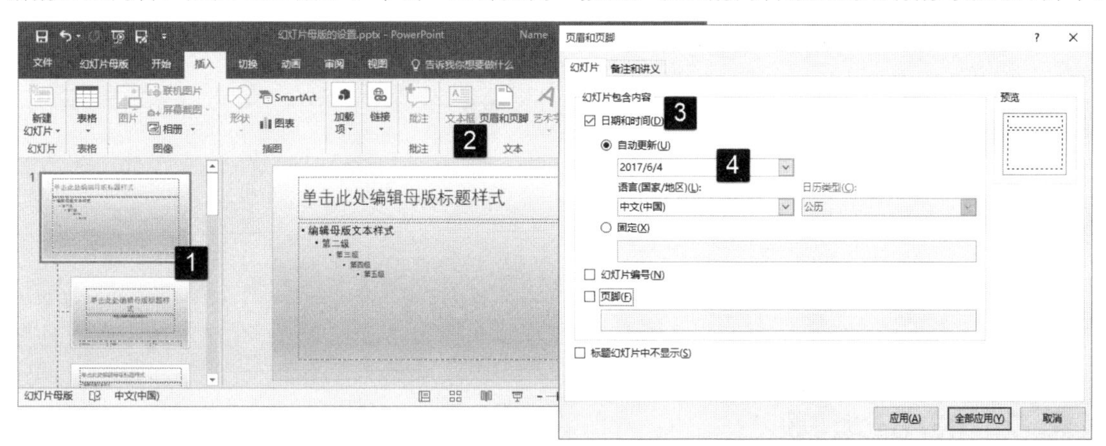

图 18.8　添加日期

页眉和页脚文字可以直接在母版的占位符中输入。如果演示文稿中不需要页眉页脚、时间或编号的显示，也可在选择占位符后按 Delete 键将其直接删除。

18.1.3　操作幻灯片母版

在幻灯片母版视图中，可以对幻灯片母版进行添加、删除和重命名等操作，本节将介绍具体的操作方法。

01 在“幻灯片母版”选项卡的“编辑母版”组中单击“插入幻灯片母版”按钮可添加一套新的母版，如图 18.9 所示。

02 单击“插入版式”按钮，可以添加一个新的母版幻灯片，如图 18.10 所示。使用这张母版幻灯片可创建用户自己的自定义版式。

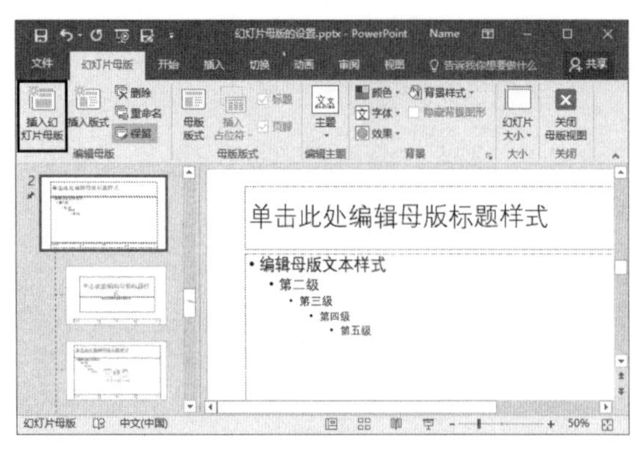

图 18.9　添加一套新的母版

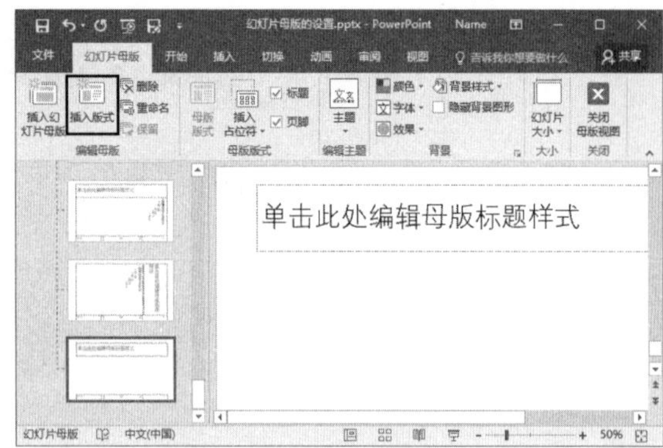

图 18.10　添加新的版式

03 选择需要重命名的母版幻灯片，单击“编辑母版”组中的“重命名”按钮打开“重命名版式”对话框。在对话框中的“版式名称”文本框中输入版式名称，单击“重命名”按钮关闭“重命名版式”对话框，完成对母版的命名，如图 18.11 所示。

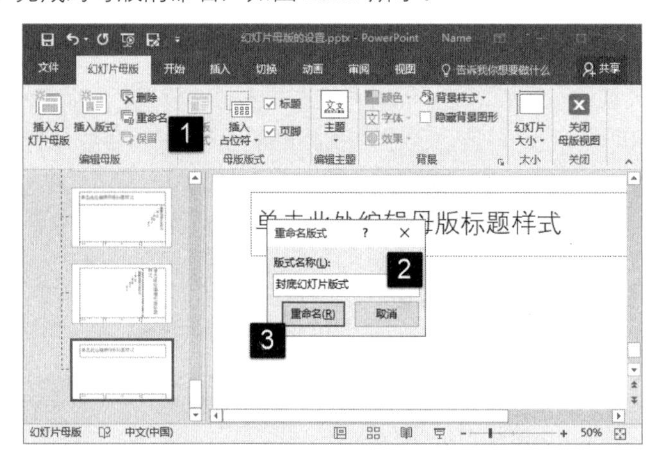

图 18.11　母版重命名

18.2　应用主题

PowerPoint 2016 提供了丰富的内置主题样式，用户可以根据需要使用不同的主题来设计自己的演示文稿。这些主题具有设置好的颜色、字体样式和对象的颜色样式，可直接应用于幻灯片中，使你的演示文稿获得某种特定风格的视觉效果。同时，用户也可以根据需要对主题进行自定义，本节将介绍使用这些主题来美化演示文稿的方法。

18.2.1　使用主题

PowerPoint 2016 为用户创建演示文稿提供了各种风格的内置主题，这些主题使用了专业的设计背景，并有与之相配的字体和配色方案。使用这些内置主题可以使你方便而快捷地获得美观的演示文稿，而不必再在颜色搭配、字体的选择和背景设计等方面花费时间。即使你是一个平面设计方面的外行，也能通过内置主题的使用制作出精美的幻灯片。

01 启动 PowerPoint 2016，打开演示文稿。在“设计”选项卡的“主题”组中打开“主题”列表，在列表中选择需要的主题将其应用于演示文稿，如图 18.12 所示。

图 18.12 选择需要的内置主题

02 在“主题”列表中选择“浏览主题”选项将打开“选择主题或主题文档”对话框，选择主题文件后单击“应用”按钮，如图 18.13 所示，该主题即可应用于当前演示文稿。

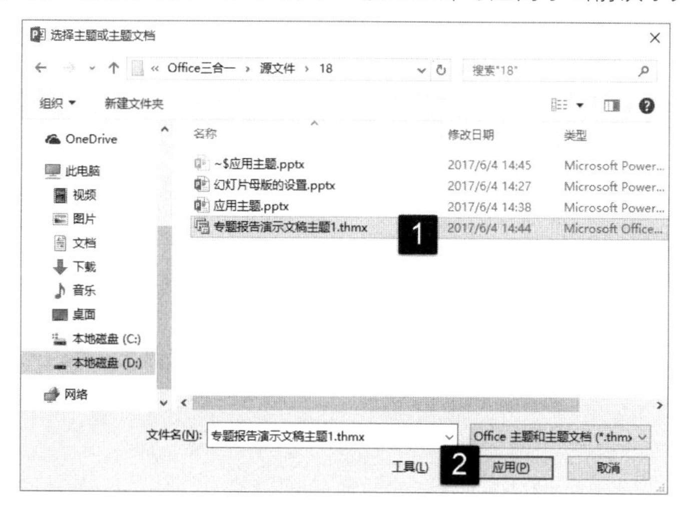

图 18.13 “选择主题或主题文档”对话框

18.2.2 自定义主题

内置主题使用方便，但并不是所有主题提供的样式外观均能满足演示的要求，这时用户可以对使用的内置主题进行自定义。主题的自定义包括：主题中对象颜色的设置、主题中文字字体的设置、主题中特殊效果的设置和主题中背景样式的设置。

01 在“设计”选项卡的“变体”列表中选择“颜色”选项，在下级列表中选择相应的选项可对演示文稿应用预设的主题颜色，如图 18.14 所示。

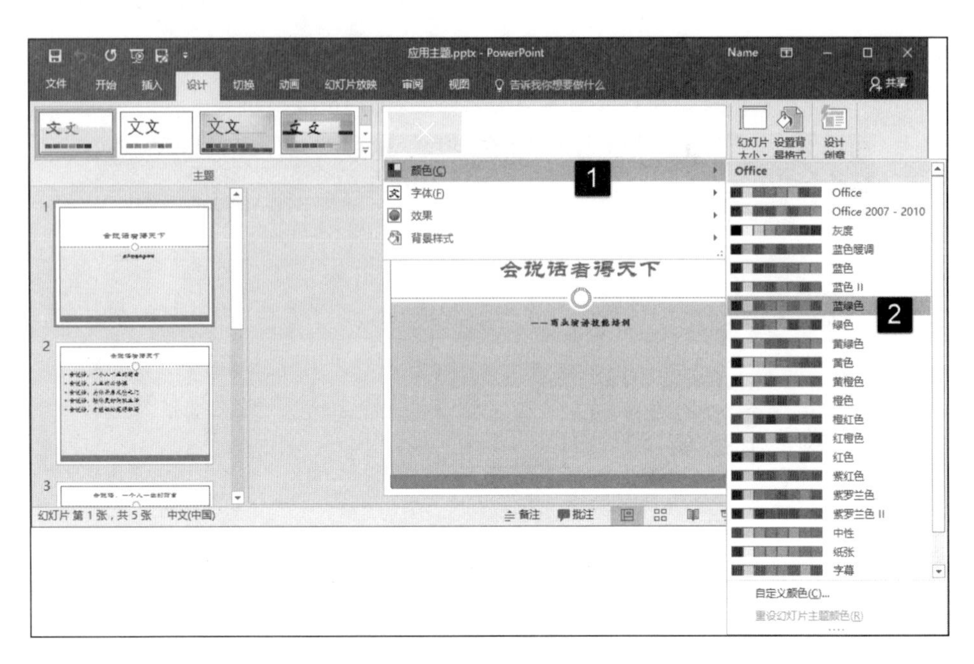

图 18.14　应用预设主题颜色

02 在“变体”列表中选择“字体”选项，在下级列表中选择具体字体选项更改主题中标题和文字内容的字体，如图 18.15 所示。

图 18.15　更改字体

03 在“变体”列表中选择“背景格式”选项，在下级列表中选择相应的选项设置背景格式，如图 18.16 所示。

04 在完成当前演示文稿中使用的主题的设置后，在“主题”列表中选择“保存当前主题”选项打开“保存当前主题”对话框。在对话框中完成保存文件夹和文件名的设置后单击“保存”按钮将其保存，如图 18.17 所示。当再次需要使用该主题时，只需要按照上一节介绍的方法应用该主题就可以了。

图 18.16　设置背景格式

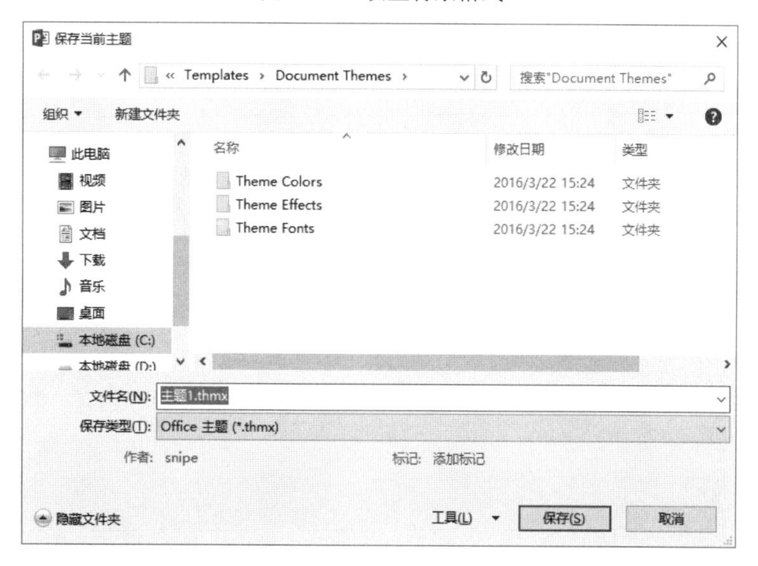

图 18.17　“保存当前主题”对话框

18.3　本章拓展

下面介绍本章的 3 个拓展实例。

18.3.1　在母版中添加占位符

自定义母版，其中最重要的工作就是设计母版的版式结构，不可避免地需要向母版幻灯片中添加各种占位符。向母版中添加占位符，可以按照下面的步骤来进行操作。

01 进入“幻灯片母版”视图，在左侧窗格中选择需要添加占位符的幻灯片，在“幻灯片母版”选项卡的“母版版式”组中单击“插入占位符”按钮，在打开的列表中选择需要插入母版的占位符，如图 18.18 所示。

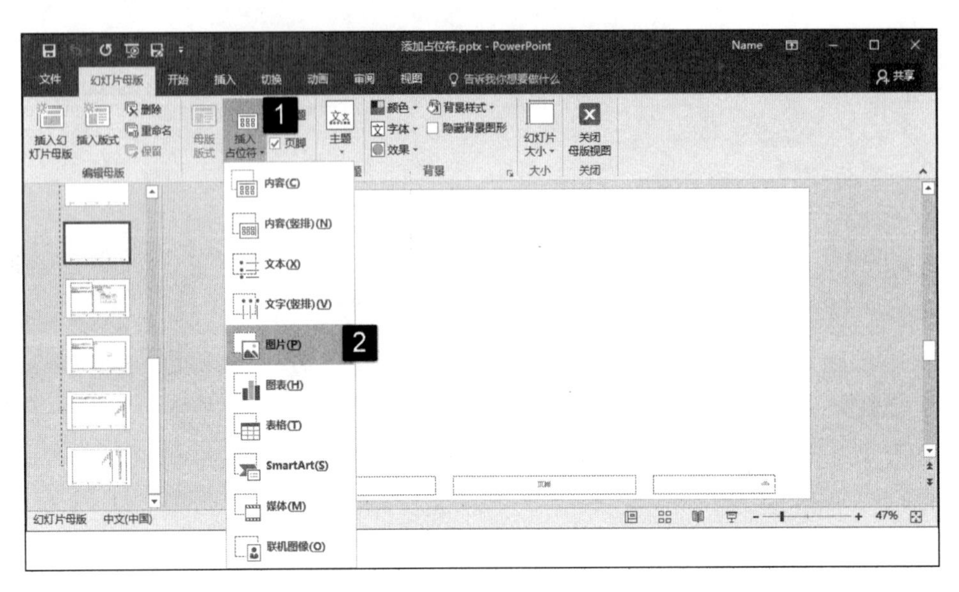

图 18.18　选择插入占位符

02 拖动鼠标在幻灯片中绘制占位符，占位符即可插入到幻灯片中。此时，拖动占位符可以调整其在幻灯片中的位置。拖动占位符上的控制柄可以调整占位符的大小，如图 18.19 所示。

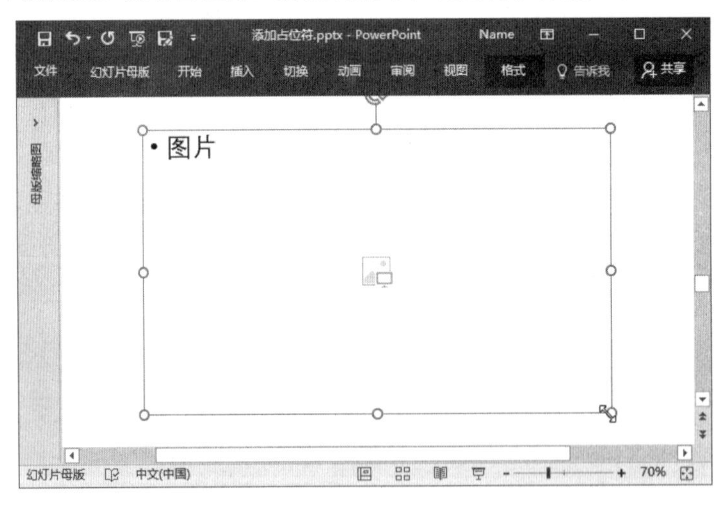

图 18.19　调整占位符的大小

18.3.2　固定位置的 LOGO

在制作商业演示文稿时，经常会在演示文稿中用到机构的 Logo。一般情况下，Logo 是一个图片，这个图片需要在每一个幻灯片的固定位置出现。如果一张一张地插入幻灯片，则费时费力。利用母版，可以方便快速地完成 Logo 图片的插入，使其以相同的样式出现在每一张幻灯片中。

01 打开“幻灯片母版”视图，选择幻灯片母版。在“插入”选项卡的“图像”组中单击“图片”按钮，在打开的“插入图片”对话框中选择需要使用的图片，单击“插入”按钮将其插入到母版幻灯片中，如图 18.20 所示。

02 拖动图片框调整图片在幻灯片中的位置，拖动图片框上的控制柄调整图片的大小，如图 18.21 所示。大小和位置调整合适后即完成这个 Logo 的添加。

图 18.20　在母版幻灯片中插入图片

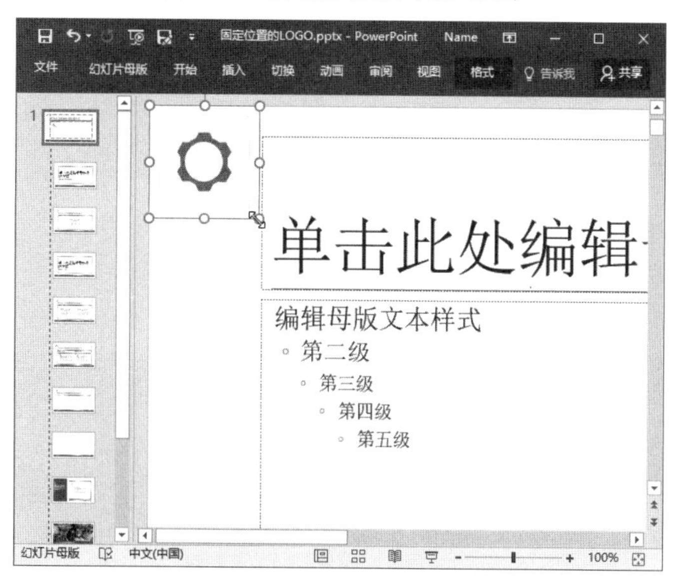

图 18.21　调整图片大小和位置

18.3.3　创建主题颜色

PowerPoint 预设主题颜色使用起来确实方便，但有时颜色方案并不能满足演示文稿的需要，此时可以对主题颜色进行自定义。

01 在“设计”选项卡的“主题”组的“变体”列表中选择“颜色”选项，在下级列表中选择“自定义颜色”选项，如图 18.22 所示。

02 此时将打开“新建主题颜色”对话框，在该对话框中可以对主题的配色方案进行逐项修改设置，如图 18.23 所示。完成设置后单击“保存”按钮保存新建的主题颜色，该主题颜色即可在演示文稿中使用。

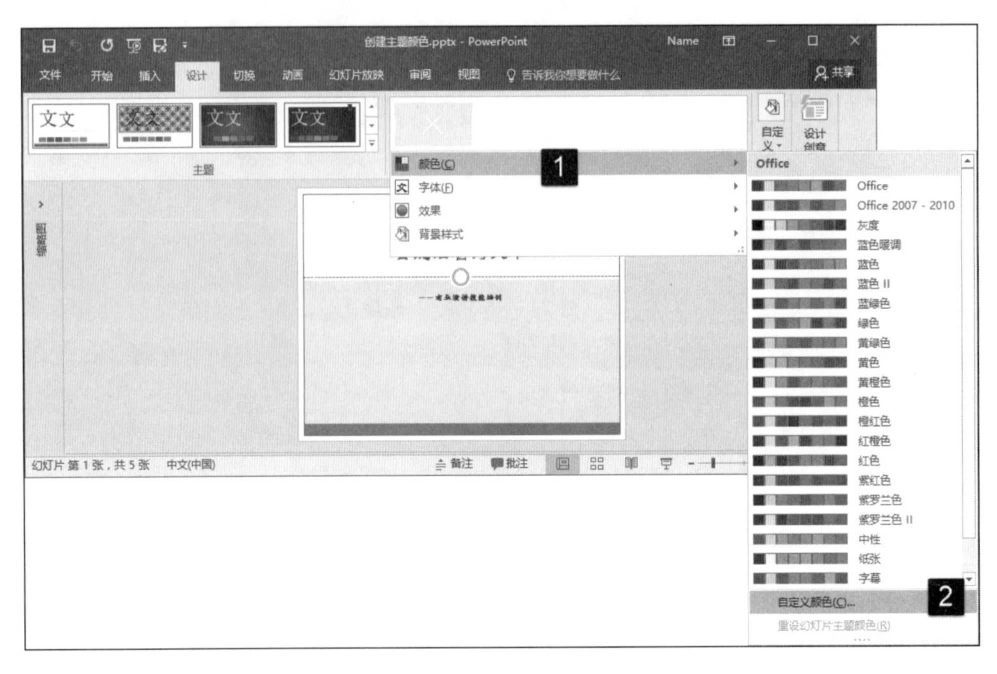

图 18.22　选择“自定义颜色”选项

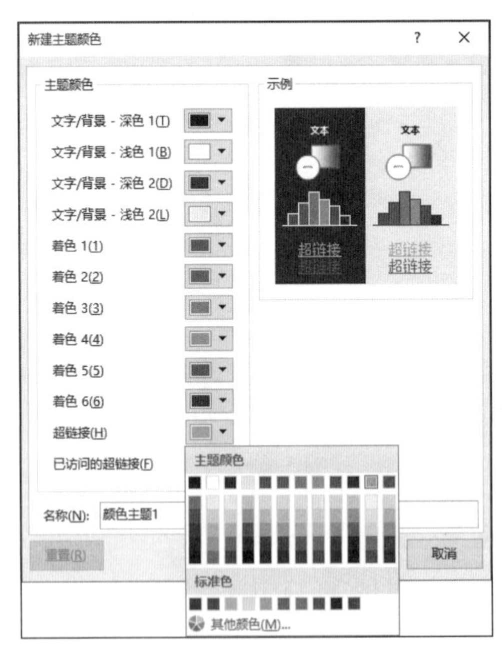

图 18.23　“新建主题颜色”对话框

提 示

在自定义主题颜色时，可以先在“颜色”列表中选择一款与需要的颜色样式相似的内置颜色样式，然后再在“新建主题颜色”对话框在中对某些项目的颜色进行修改，这样能使颜色的配置操作变得简单。

第 19 章

演示文稿中的图形和图片

使用 PowerPoint 制作演示文稿时，幻灯片中经常需要使用图形来突出有关内容。PowerPoint 提供了形状绘制工具，允许用户在幻灯片中绘制矢量图形。同时，图文并茂是使用演示文稿来传达信息的基本要求，PowerPoint 对插入到幻灯片中的图片提供了简单实用的处理工具，帮助非专业人士对图片进行专业设置。本章将介绍在演示文稿中使用图形和图片的相关知识。

19.1 在幻灯片中绘制图形

绘制形状是 PowerPoint 的一项特色功能，使用形状工具可以为幻灯片添加各种线、框和图形等元素。同时，用户可以根据需要对绘制的图形进行修改。本节将介绍 PowerPoint 中图形绘制和修改的方法。

19.1.1 绘制图形对象

PowerPoint 可以在幻灯片中绘制各种常用的图形，这些图形称为自选图形。下面介绍在幻灯片中插入这些自选图形的方法。

01 打开“插入”选项卡，在“插图”组中单击“形状”按钮。在打开的列表中选择需要绘制的形状。鼠标光标变为十字形，在幻灯片中拖动鼠标即可绘制出选择的图形，如图 19.1 所示。

02 在“形状”列表中选择“直线”选项，在幻灯片中单击，按住鼠标左键移动鼠标拉长一条直线。在终点位置释放鼠标按键即可绘制出一条直线，如图 19.2 所示。

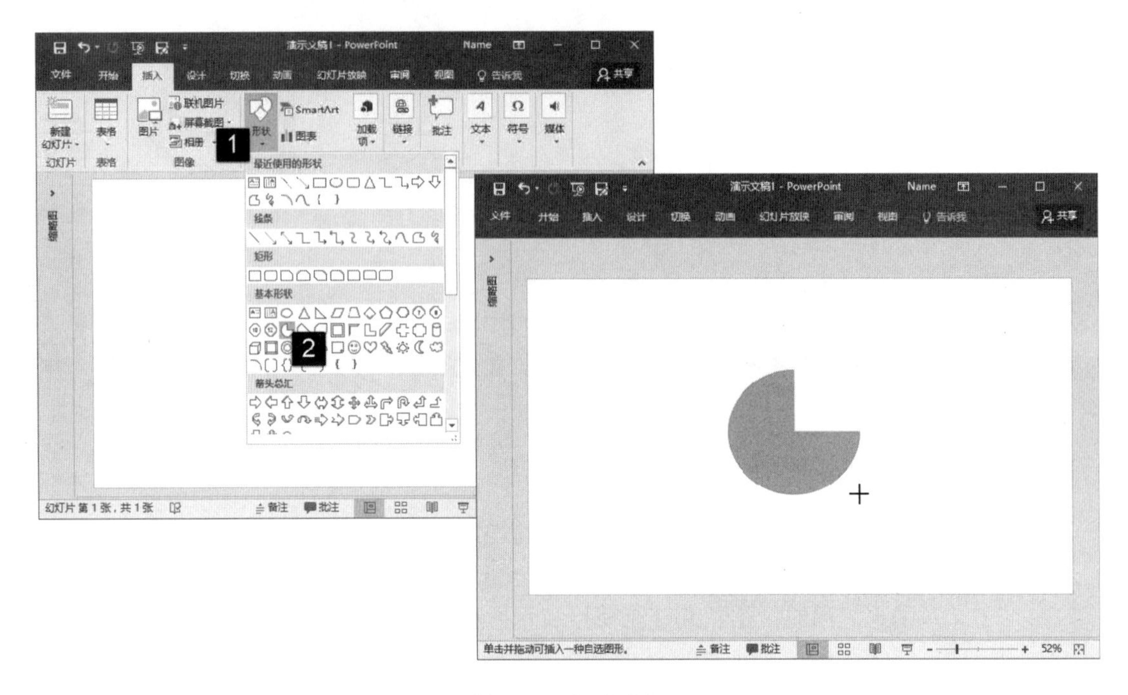

图 19.1　绘制形状

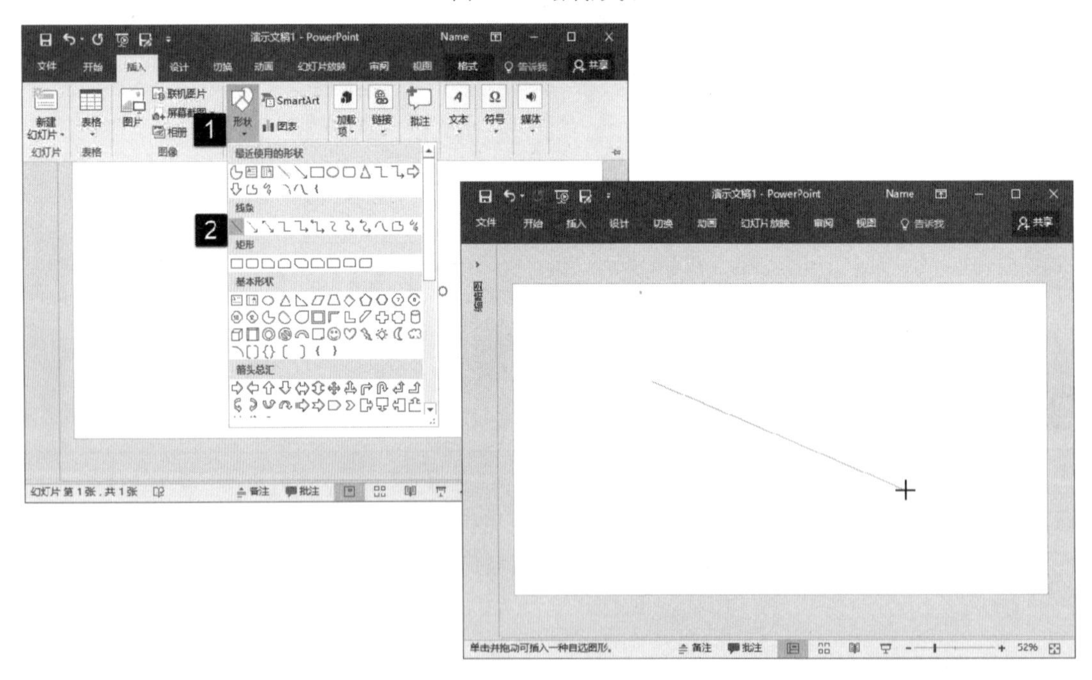

图 19.2　绘制直线

03 在“形状”列表中选择“曲线”选项，在幻灯片中单击创建绘制曲线的起点，移动鼠标拉长线条，在需要拐弯的位置单击后移动鼠标即可拉出弯曲的曲线，如图 19.3 所示。完成曲线的绘制后，在终点处双击获得曲线。

04 在“形状”列表中选择“任意多边形”选项，在幻灯片中单击创建图形起点。移动鼠标，在需要拐弯的位置单击后再移动鼠标即可获得一条折线。依次绘制折线，将鼠标指针移到起点位置图形封闭，如图 19.4 所示。双击完成后获得一个封闭多边形。

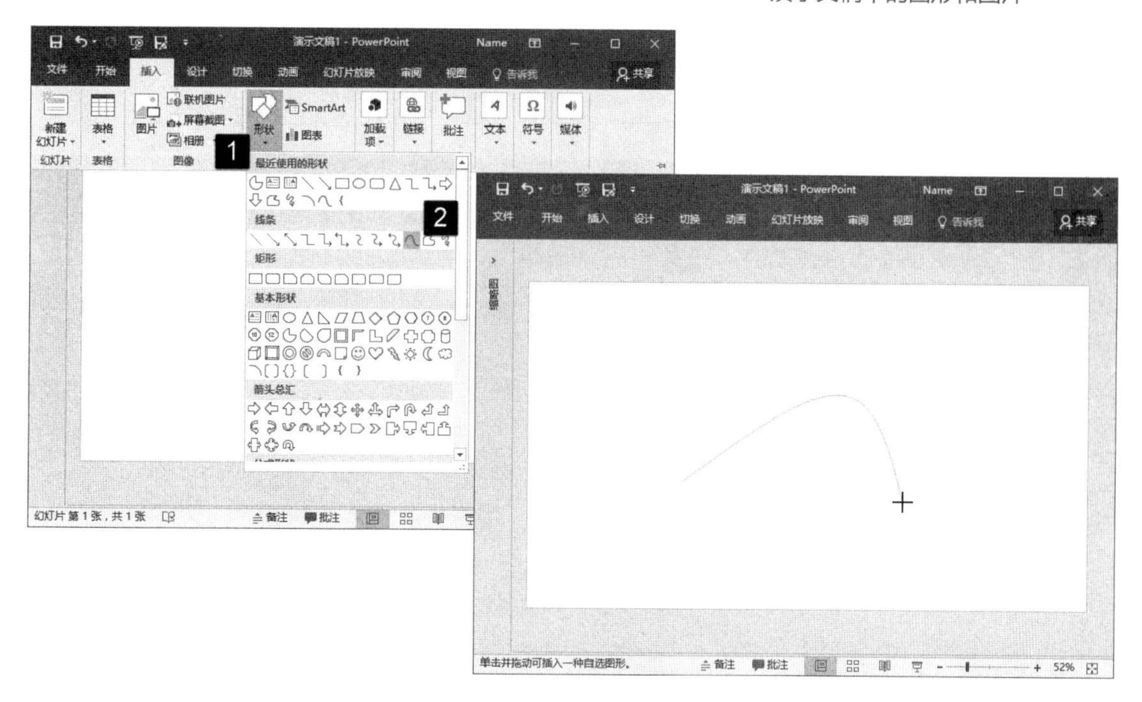

图 19.3　绘制曲线

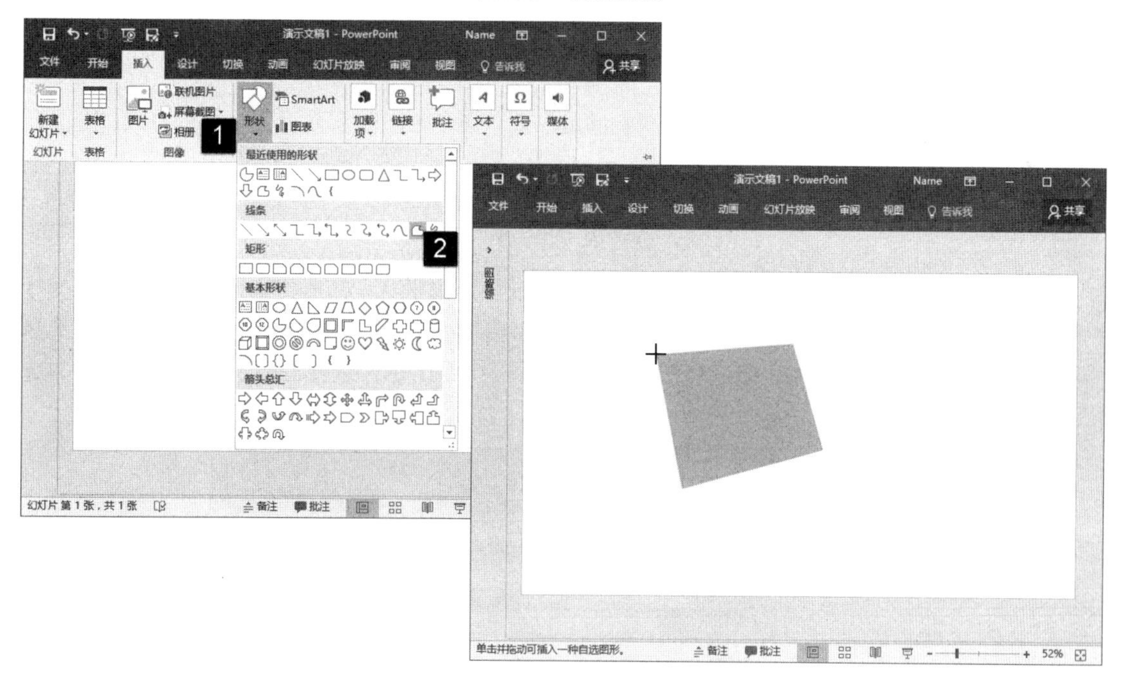

图 19.4　获得封闭图形

05 在“形状”列表中选择“自由曲线”选项，鼠标指针变为铅笔状。按住鼠标左键移动鼠标，随着鼠标移动将绘制出线条，如图 19.5 所示。在绘制的终点位置释放鼠标按键即可获得一条曲线。

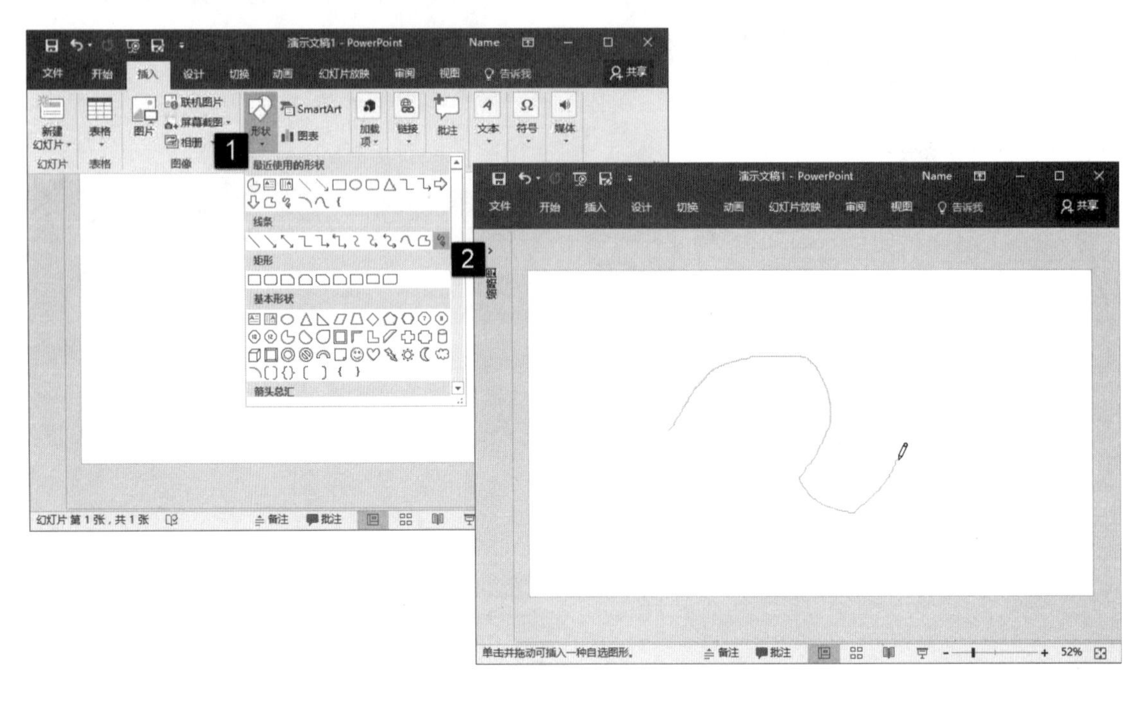

图 19.5　绘制自由曲线

19.1.2　修改图形对象

在绘制复杂图形时，图形往往不能一次就满足需要，很多时候都需要对图形进行修改。下面介绍更改图形形状和对编辑图形形状的方法。

1. 更改图形形状

在幻灯片中添加了图形对象后，可以根据需要更改图形的形状。具体的操作方法是：选择幻灯片中的图形，在“格式”选项卡的“插入形状”组中单击“编辑形状”按钮。在打开的列表中选择“更改形状”选项，在下级列表中选择形状选项，如图 19.6 所示。选择图形的形状即可更改为选择形状。

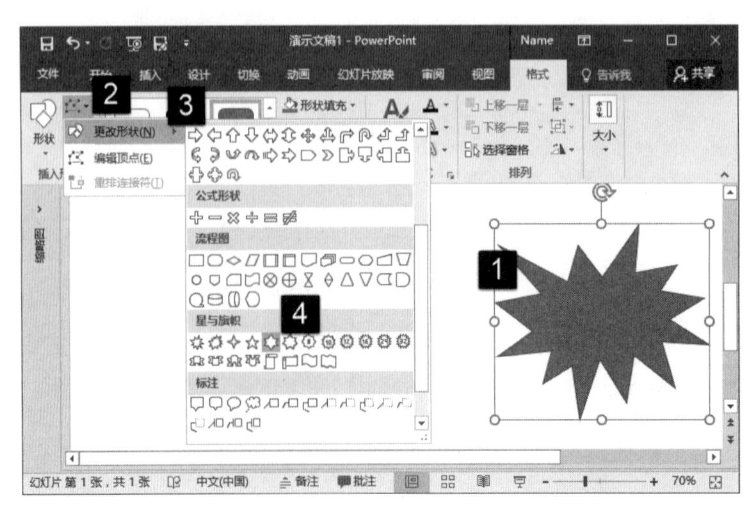

图 19.6　选择形状选项

2. 编辑顶点

在绘制图形时，可以先绘制基本形状，然后通过修改编辑顶点的方式来更改图形的形状，这样就可以获得在“形状”列表中没有的图形。

01 选择幻灯片中的图形，在“格式”选项卡的“插入形状”组中单击“编辑形状”按钮。在打开的列表中选择“编辑顶点”选项，如图 19.7 所示。

02 此时图形进入顶点编辑状态，图形上出现顶点。使用鼠标拖动这些顶点就可以改变图形的形状，如图 19.8 所示。

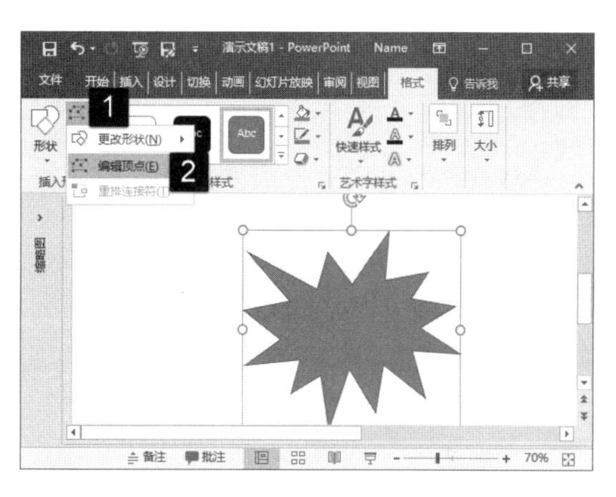

图 19.7 选择“编辑顶点”选项

03 拖动顶点两侧出现的方块控制柄，拉出方向线。调整方向线的长度和方向可以更改线条的弯曲弧度和弯曲方向，如图 19.9 所示。

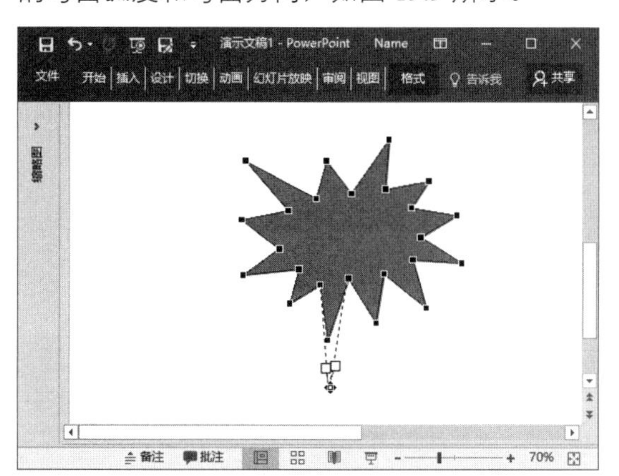

图 19.8 拖动顶点更改图形形状

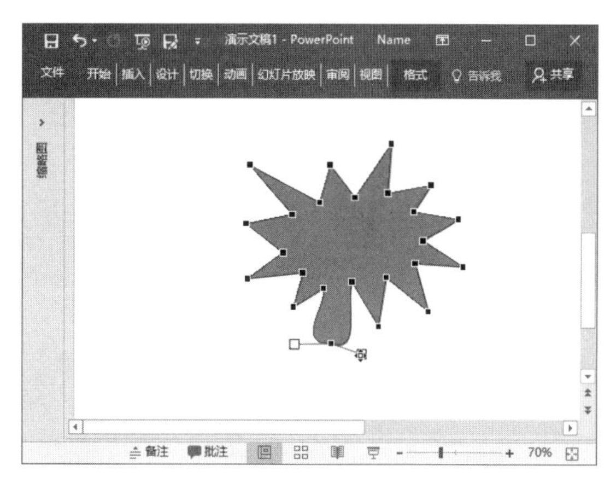

图 19.9 更改后

提 示

PowerPoint 的顶点分为平滑顶点、直线点和角部顶点 3 种。平滑顶点两侧的曲线在平滑顶点处平滑过渡，在拖动方向线改变长度时，顶点两侧方向线始终是直线且长度保持相等。角部顶点的方向线成一定的夹角，拖动控制柄可以分别调整方向线的长度和夹角。直线点两侧的方向线成一条直线，拖动控制柄时，顶点两侧的方向线将一直保持直线，但方向线的长度可以不同。

19.2 设置图形样式

在 PowerPoint 幻灯片中绘制图形时，PowerPoint 会赋予绘制图形默认的外观样式。因此，在完成图形绘制后，往往需要对图形的样式进行重新设置，使其符合实际的需求。

19.2.1 设置线条样式

PowerPoint 中能够创建各种直线和曲线，可以对线条的样式进行设置。线条样式的设置包括设置线条的颜色和线型以及为线条添加阴影效果和三维旋转效果等。下面就来具体介绍线条设置的有关知识。

01 在幻灯片中选择绘制的线条，在“格式”选项卡的“形状样式”列表中选择需要的内置线条样式将其应用到直线，如图 19.10 所示。

02 单击“形状样式”组中的“设置形状格式”按钮打开“设置形状格式”窗格，在“线条”设置栏中选择“实线”选项将线条指定为实现，设置线条的颜色和宽度，如图 19.11 所示。设置短划线类型，如图 19.12 所示。

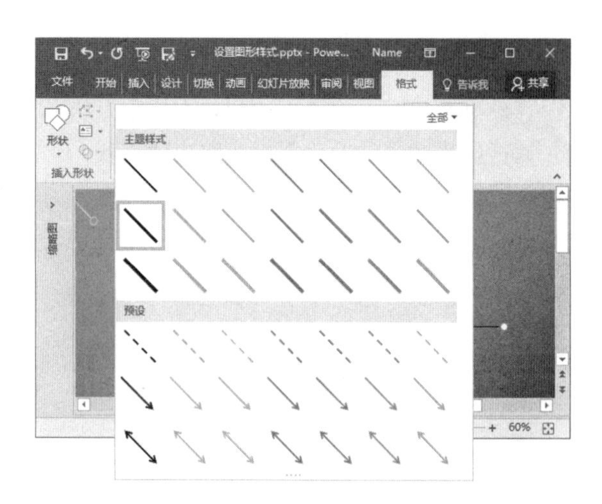

图 19.10　应用内置样式

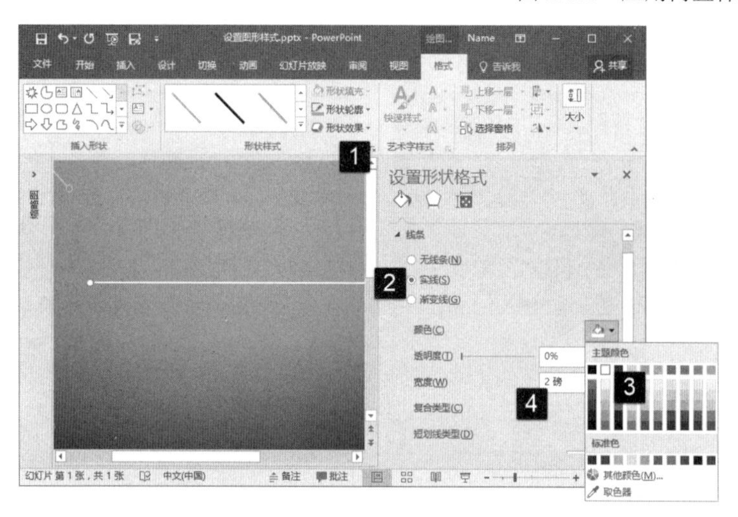

图 19.11　设置线条颜色和宽度

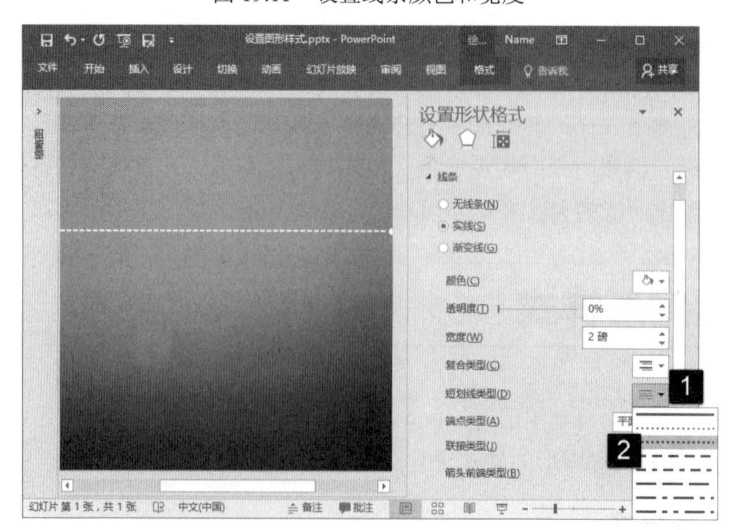

图 19.12　设置短划线类型

03 设置箭头前端类型和前端大小，如图 19.13 所示。制作完成后的线条效果，如图 19.14 所示。

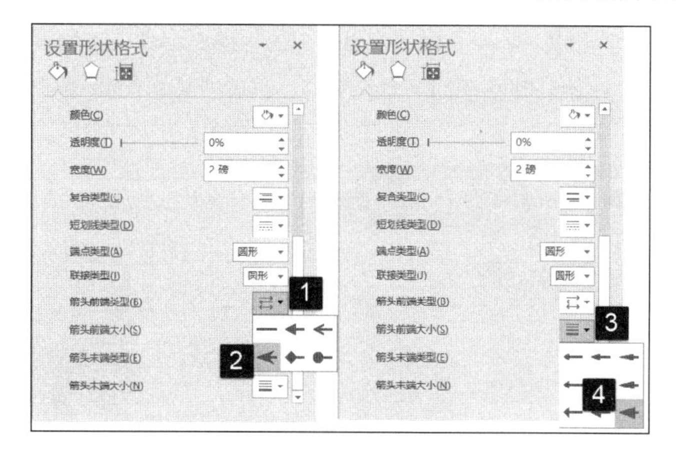

图 19.13　设置箭头前端类型和大小

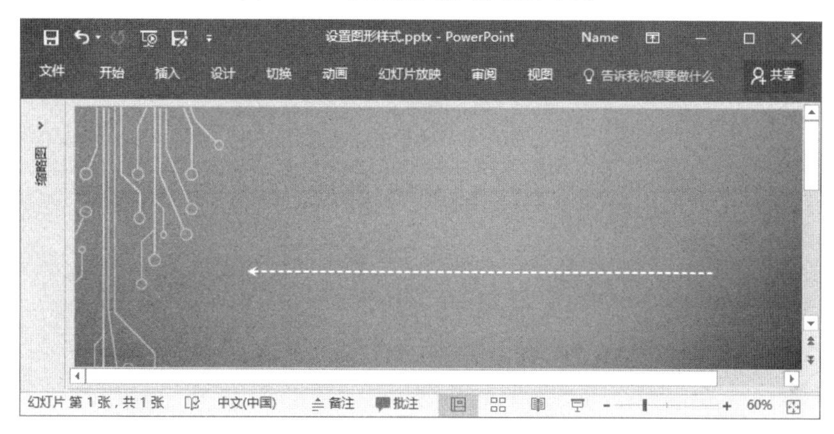

图 19.14　完成设置后的线条效果

19.2.2　图形的填充和组合

图形的填充是指在一个封闭图形中加入填充效果，加入的“填充物”可以是某种单色或渐变色，也可以是纹理或图片。同时，在 PowerPoint 中，复杂图形的获得往往是基本图形对象经过一定的排列和组合而获得的。本节将以制作一个水晶球为例，来介绍渐变填充效果的设置和对象组合的方法。

01 在幻灯片中绘制一个圆形，在“格式”选项卡的“形状样式”组中单击“设置形状格式”按钮打开“设置形状格式”窗格。在“填充”设置栏中选择“渐变填充”选项对图形应用渐变填充，在“渐变光圈”中选择渐变光圈后，单击“删除渐变光圈”可将其删除，如图 19.15 所示。这里将多余渐变光圈删除，只保留开始和结尾处的 2 个渐变光圈。

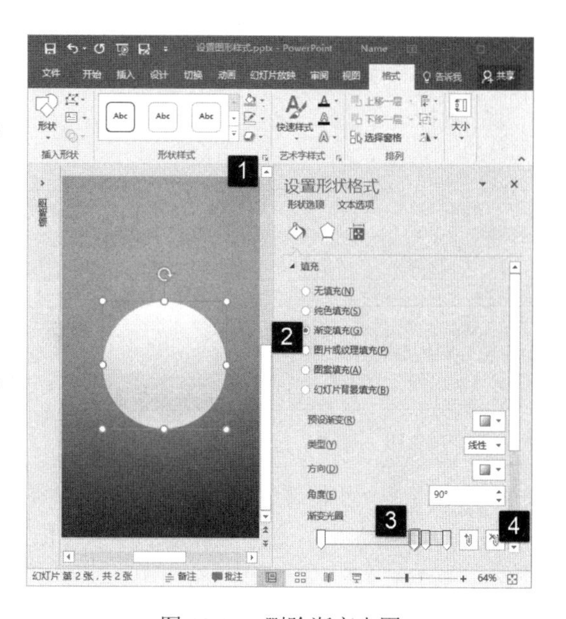

图 19.15　删除渐变光圈

02 选择第一个渐变光圈，单击“颜色”按钮上的下三角按钮，在打开的列表中选择“其他颜色”选项，如图 19.16 所示。在打开的“颜色”对话框的“红色”“绿色”和“蓝色”微调框中输入数值设置颜色，如图 19.17 所示。完成设置后单击“确定”按钮关闭对话框。

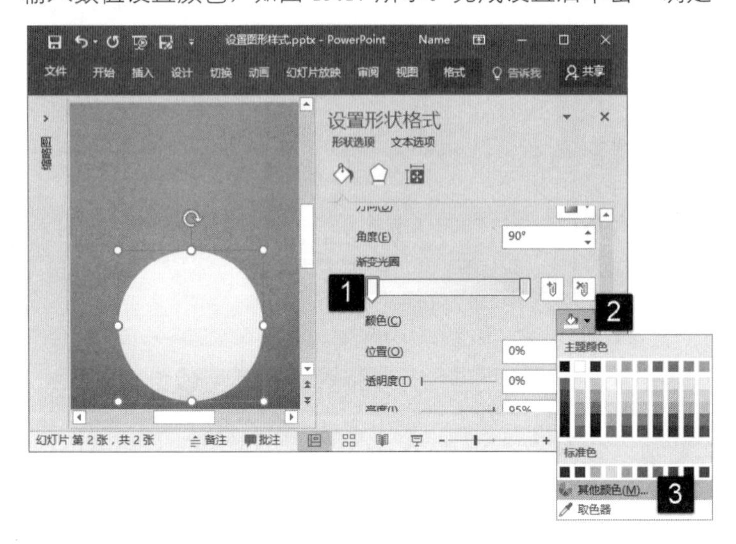

图 19.16　选择“其他颜色选项”

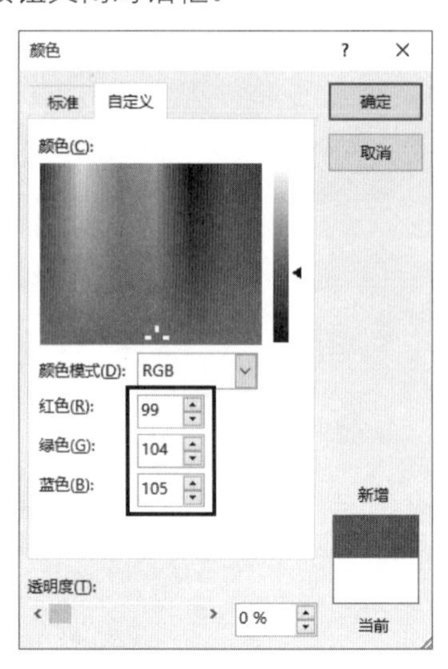

图 19.17　设置颜色

03 复制当前的圆形，拉动边框上的控制柄将其变为一个椭圆。在“设置形状格式”窗格中设置图形的渐变样式。设置第二个光圈的“位置”和“透明度”。这里，需要将第一个光圈的颜色设置为白色，第二个光圈的颜色值为：R:214，G:225，B:256，如图 19.18 所示。

04 将椭圆复制一个，将其设置为圆形，同时对其填充效果进行设置。这里设置第二个光圈的“位置”和“透明度”，如图 19.19 所示。同时对两个光圈的颜色进行设置，第一个光圈的颜色值为：R:170，G:178，B:179。第二个光圈的颜色值为：R:214，G:225，B:226，如图 19.19 所示。

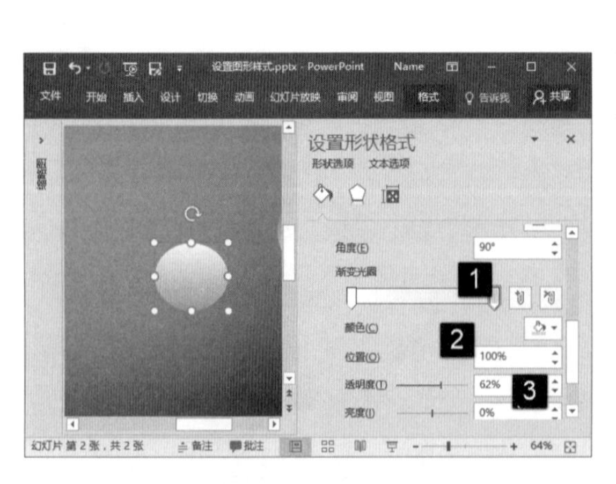

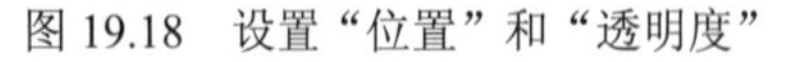
图 19.18　设置“位置”和“透明度”

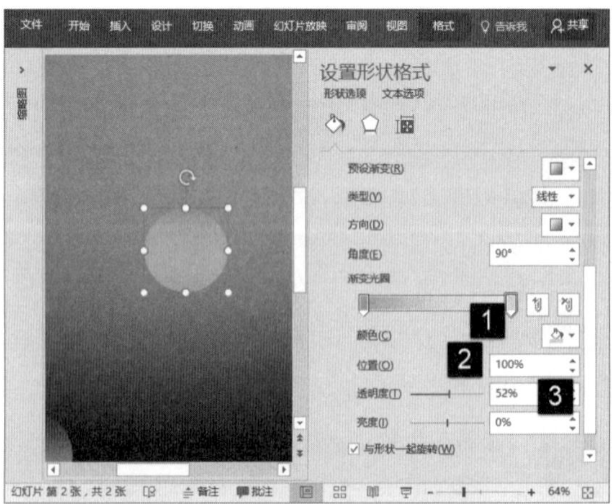

图 19.19　对第二个光圈进行设置

05 将上一步创建的圆形复制一个，设置图形的渐变填充效果。设置 2 个光圈的“颜色”和“透明度”。这里，第一个光圈的颜色值为：R:214，G:225，B:226。第二个光圈颜色值设为：R:241，G:245，B:245。此时获得的圆形的填充效果，如图 19.20 所示。

06 在幻灯片中按住 Shift 键依次单击图形同时选择它们，在“格式”选项卡的排列组中单击“对齐”按钮，在打开的列表中首先选择“水平居中”选项使选择图形水平居中对齐。再次在“对齐”列表中选择“垂直居中”选项使选择图形垂直居中对齐。这样，选择图形将实现中心对齐，如图 19.21 所示。拖动椭圆图形将其适当上移使其位于图形的上部。

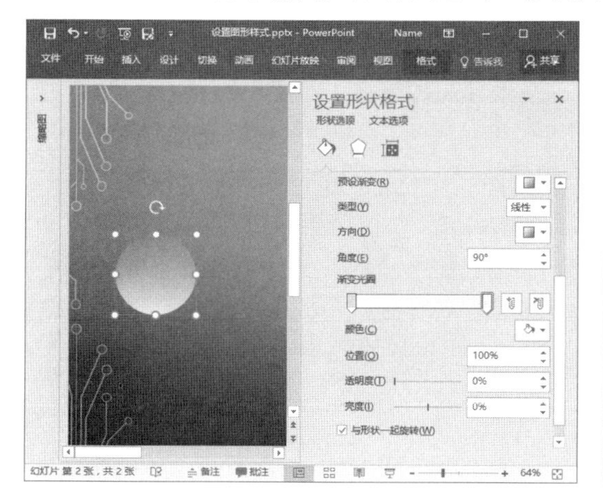

图 19.20　设置“颜色”和“透明度”值

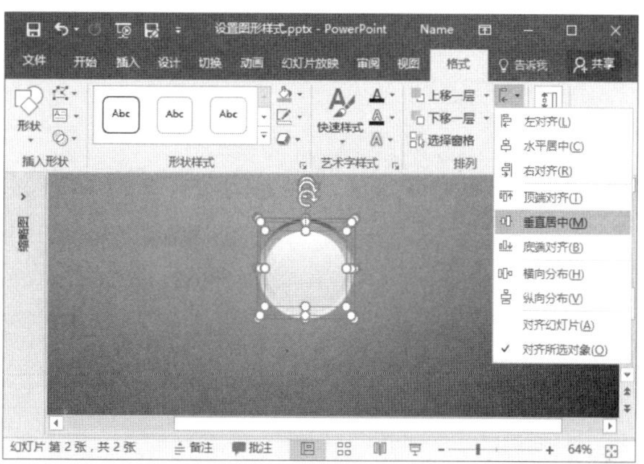

图 19.21　使图像中心对齐

提 示

PowerPoint 的对齐功能能够方便地使选择的对象精确对齐。PowerPoint 还提供了使对象均匀分布的方法，使用菜单中的“横向分布”命令和“纵向分布”命令能够使选择对象在水平方向上和垂直方向上均匀分布。当选择“对齐”菜单中的“相对于幻灯片”命令时，选择的对象将以幻灯片为标准对齐。

07 选择所有的图形，在“格式”选项卡的“排列”组中单击“组合”按钮，在打开的列表中选择“组合”命令，如图 19.22 所示。图形组合为一个对象，如图 19.23 所示。

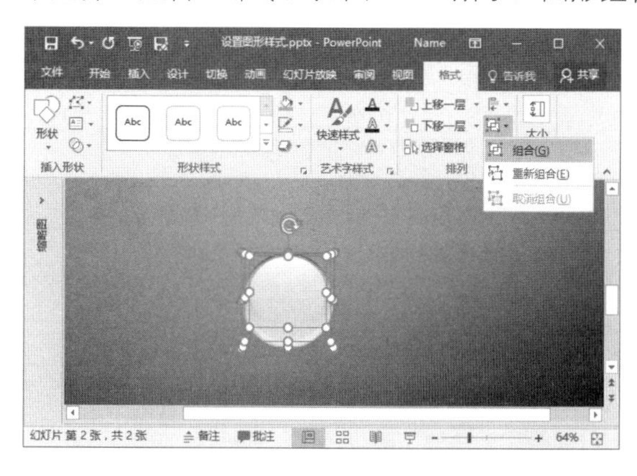

图 19.22　选择“组合”选项

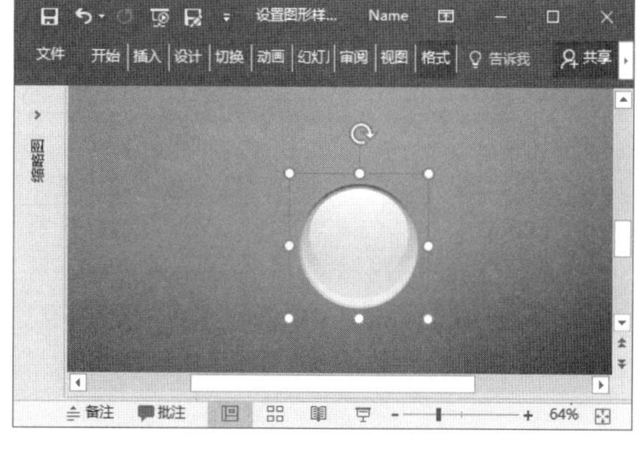

图 19.23　图形组合为一个对象

提 示

将多个对象组合在一起，在进行处理时能够作为单个的对象来进行处理，进行的编辑修改将影响到组中所有对象，而不必再进行重复的操作。已经成组的对象还可以与其他对象再次组合。单击“组合”菜单中的“取消组合”命令，组合对象将分解为各个构成对象，而单击“重新组合”命令则能将它们重新组合起来。

19.2.3　对图形应用特效

PowerPoint 为对象提供了大量的外观效果，如阴影、映像、三维格式和三维旋转等，使用这些特效能够增强图形对象效果，模拟现实中的某些场景。本节将以制造一个悬浮箭头为例来介绍对图形应用特效的设置方法。

01 在幻灯片中绘制图形，打开该图形的“设置形状格式”窗格。在“三维格式”设置栏中首先设置“顶部棱台”形状，然后设置“顶部棱台”的宽度和高度以及“深度”的“大小”值，如图 19.24 所示。

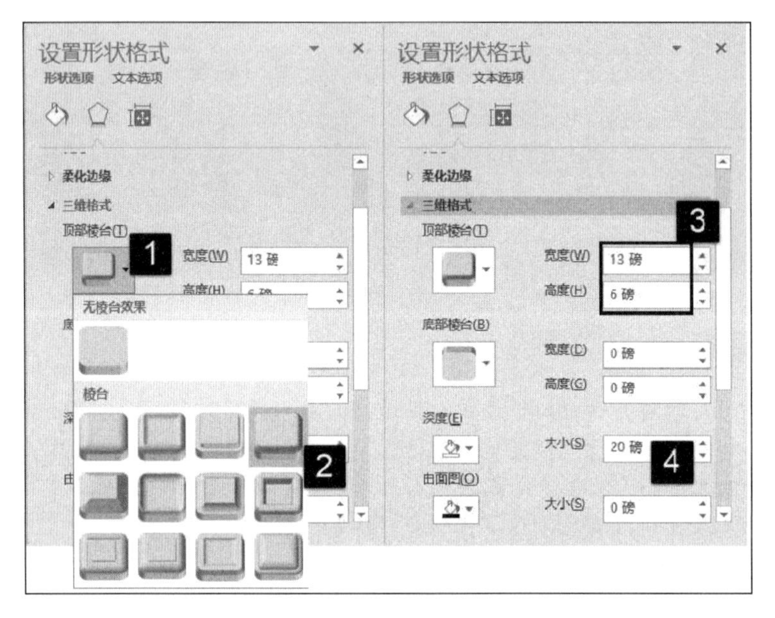

图 19.24 设置三维格式

02 展开“三维旋转”设置栏，在“Y 旋转”文本框中输入数值使图形沿 Y 轴旋转，此时即可得到一个平放的箭头，如图 19.25 所示。

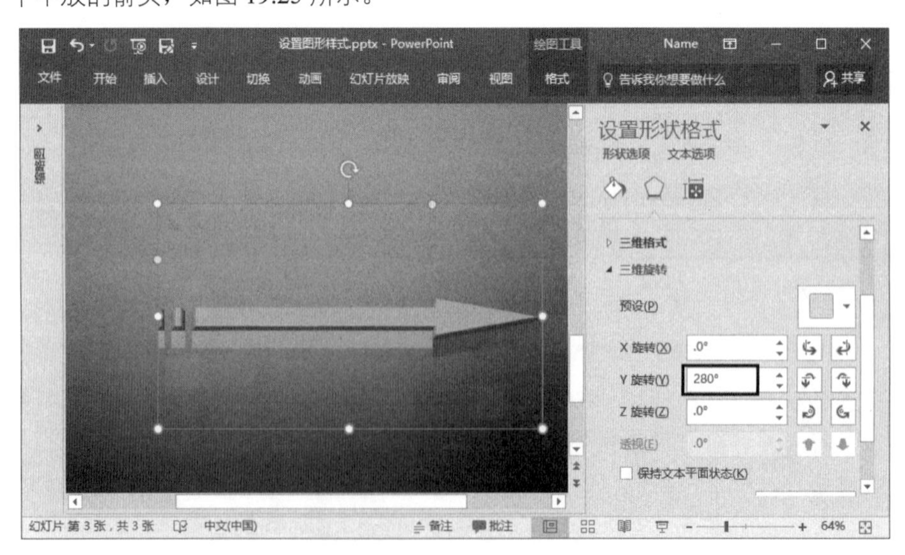

图 19.25 获得平放的箭头

03 展开“阴影”设置栏，对图形应用 PowerPoint 的预设阴影效果，如图 19.26 所示。设置阴影的“大小”“模糊”“角度”和“距离”值，即可获得一个悬浮箭头效果，如图 19.27 所示。

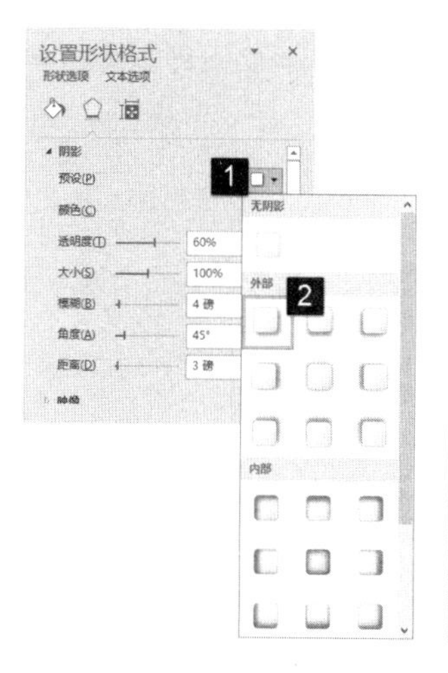

图 19.26　对图形应用阴影效果

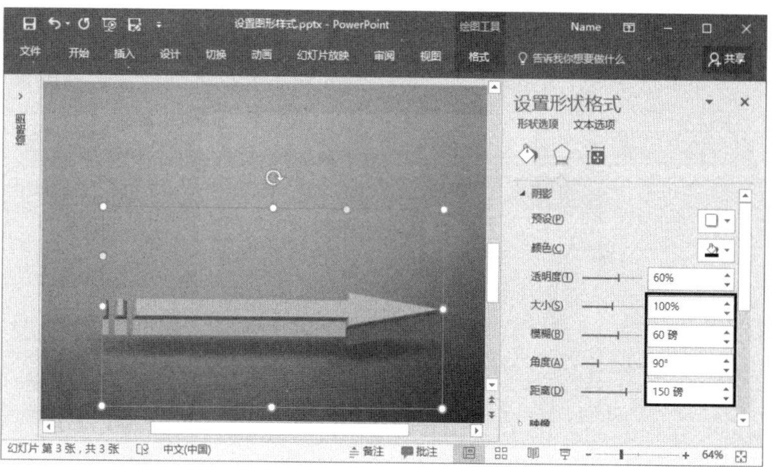

图 19.27　获得悬浮箭头效果

19.3　在幻灯片中使用图片

图片是演示文稿中的一个重要元素，在幻灯片中使用图片能够更好地展示内容，美化演示文稿。本节将介绍在幻灯片中使用图片的技巧。

19.3.1　插入图片

PowerPoint 可以在幻灯片中插入来自本地计算机和网络的图片，当前常用格式的图片均可以插入到幻灯片中。在 PowerPoint 2016 中，可以直接插入本地图片和联机图片，下面介绍具体的操作方法。

01 在“插入”选项卡的“图像”组中单击“图片”按钮打开“插入图片”对话框，在对话框中选择需要插入的图片，单击“插入”按钮，如图 19.28 所示，选择图片即可插入到幻灯片中。

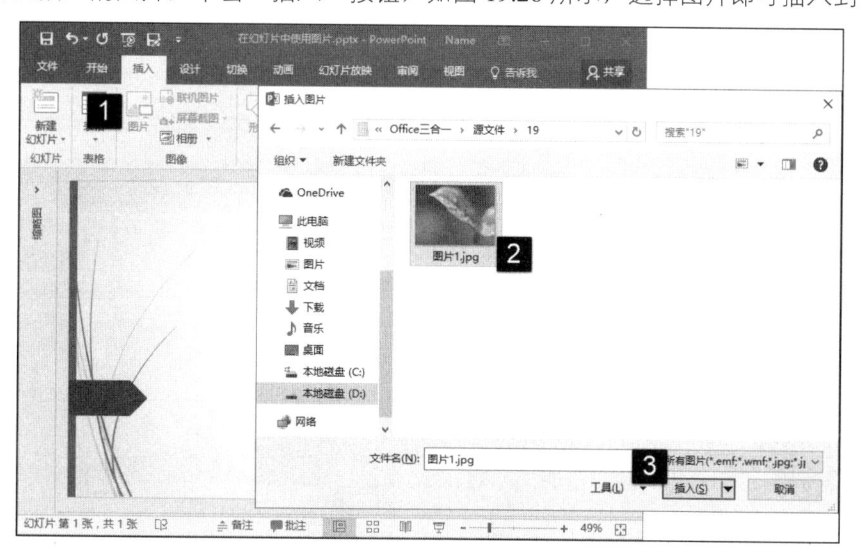

图 19.28　插入图片

02 在“插入”选项卡的“图像”组中单击“联机图片”按钮打开“插入图片”对话框，在对话框中单击“必应图像搜索”选项，如图 19.29 所示。在打开对话框的搜索框中输入搜索关键字，单击 Search 按钮。对话框中显示网络搜索结果，选择需要使用的图片，单击“插入”按钮，如图 19.30 所示，该图片即会自动下载并插入到当前幻灯片中。

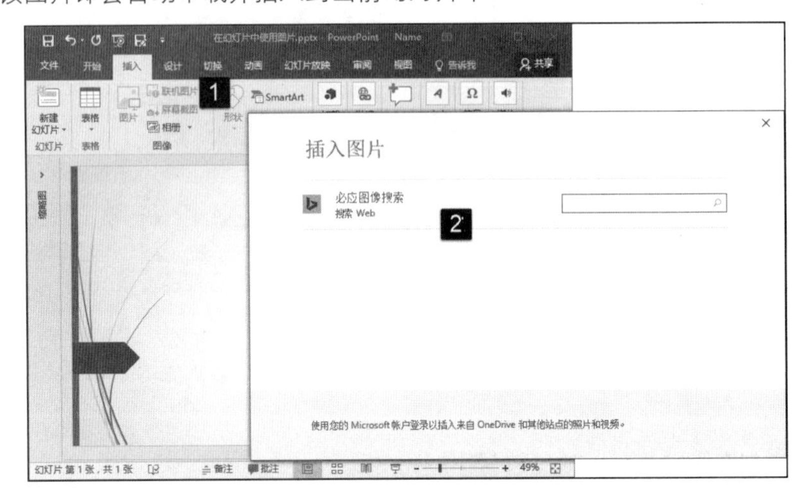

图 19.29　打开“插入图片”对话框

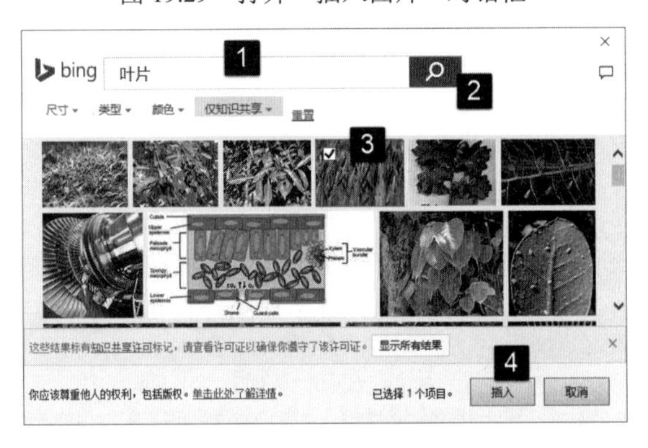

图 19.30　使用网上搜索到的图片

19.3.2　调整图片的大小和位置

将图片插入到幻灯片后，图片将保持其原始的大小。此时需要对图片的大小和在幻灯片中的位置进行设置。

01 选择幻灯片中的图片，拖动图片边框上的控制柄能够调整图片的大小。如果需要精确调整图片的大小，可以在“格式”选项卡的“大小”组的“形状高度”和“形状宽度”微调框中输入数值来调整图片的大小，如图 19.31 所示。

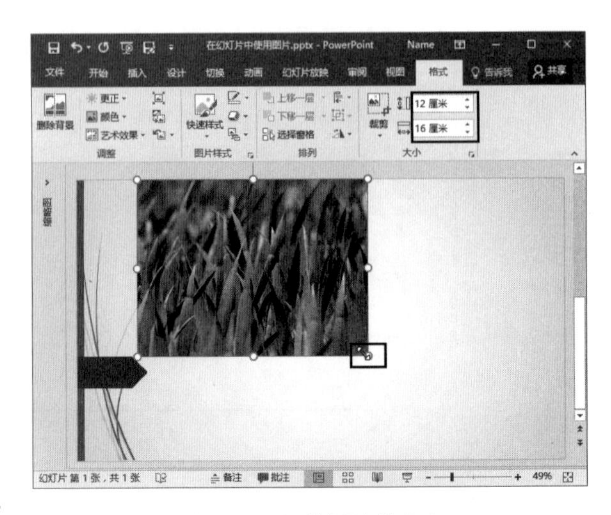

图 19.31　调整图片的大小

02 在“格式”选项卡的“大小”组中单击“大小和位置”按钮打开“设置图片格式”窗格。在“位置”栏中设置“水平位置”

和“垂直位置”的值，如图 19.32 所示，这样可以精确设置图片在幻灯片中的位置。

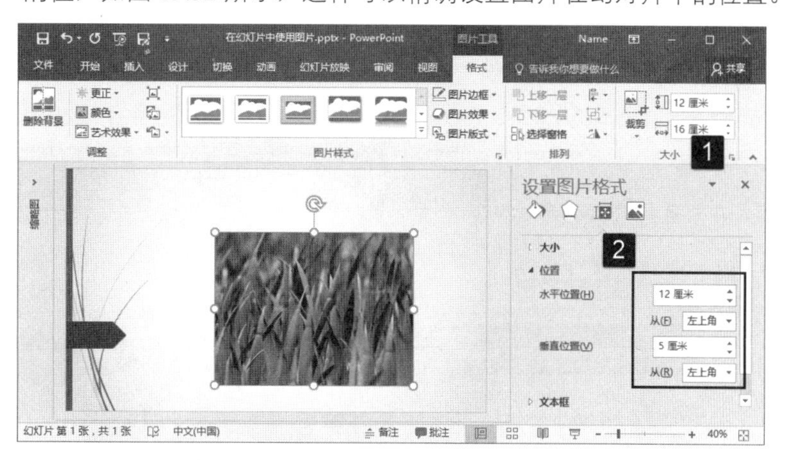

图 19.32　设置图片在幻灯片中的位置

19.4　编辑处理图片

PowerPoint 虽然不是专业的图像编辑软件，但其对图片的处理功能一点都不弱，而且具有比专业图形处理软件操作简单的特点。对于插入幻灯片中的图片，用户能够使用 PowerPoint 提供的工具方便快捷地进行调整图片色调和设置图片样式等操作。

19.4.1　调整图片的色调

在幻灯片中插入图片后，可以使用 PowerPoint 提供的工具对图片的色调进行调整，如调整图片亮度、对比度和饱和度等。

01 在幻灯片中选择图片，在“格式”选项卡的“调整”组中单击“更正”按钮。在打开的列表中的“亮度/对比度”栏中选择一个选项，该选项对应的亮度和对比度设置即可应用于图片，如图 19.33 所示。

图 19.33　设置亮度和对比度

02 单击“调整”组中的“颜色”按钮，在打开的列表中选择对应设置栏中的选项，可以应用预设值调整图片的饱和度、色调和色彩，如图 19.34 所示。在“颜色”列表中选择“其他变体”选项，在下级列表中的“主题颜色”列表中选择颜色选项可以将该颜色应用于图片，更改图片的整体色彩，如图 19.35 所示。

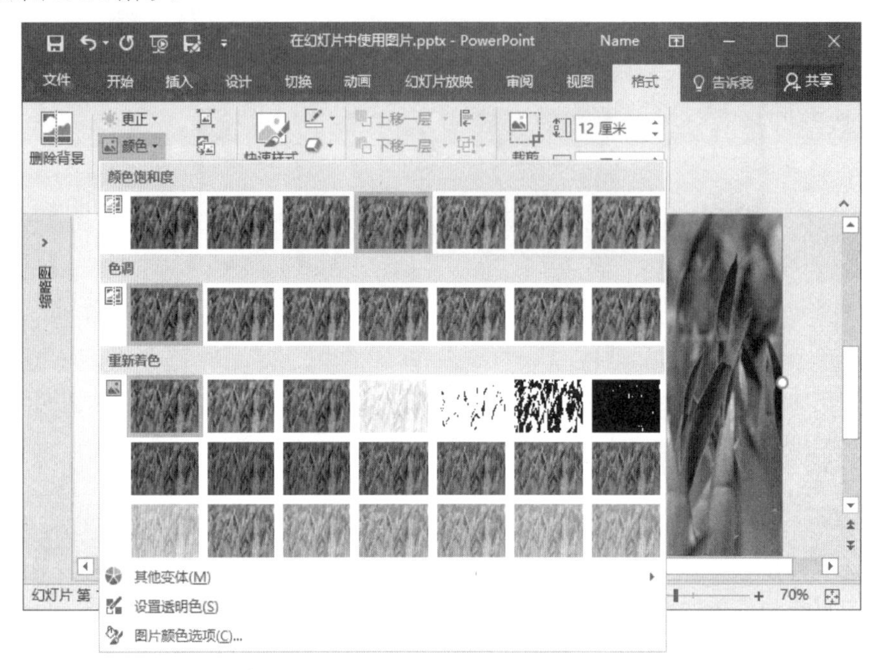

图 19.34 “颜色”列表

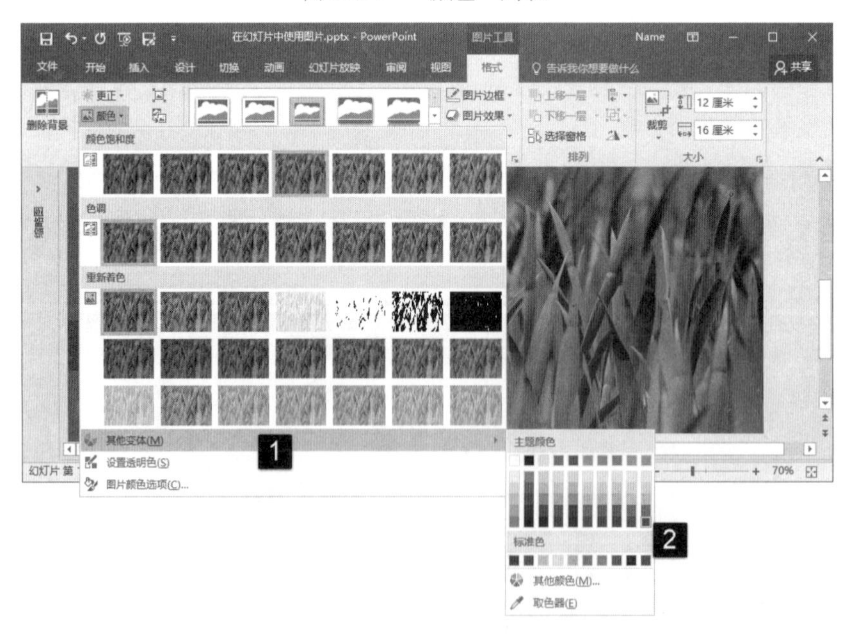

图 19.35 在“其他变体”列表中选择颜色

03 在“颜色”列表中选择“图片颜色选项”选项将打开“设置图片格式”窗格，使用该窗格可以通过调整“图片更正”和“图片颜色”栏中的参数来对图片的色彩进行调整，如图 19.36 所示。

图 19.36　在“设置图片格式”窗格中对色彩参数进行调整

19.4.2　设置图片样式

与插入幻灯片中的图形一样，图片同样可以设置其样式，如为图片添加阴影效果、发光效果和三维效果等特效。下面介绍设置图片样式的具体操作方法。

01 在幻灯片中选择图片，在“格式”选项卡的“图片样式”列表中选择样式选项。对应的预设样式将应用于图片，如图 19.37 所示。

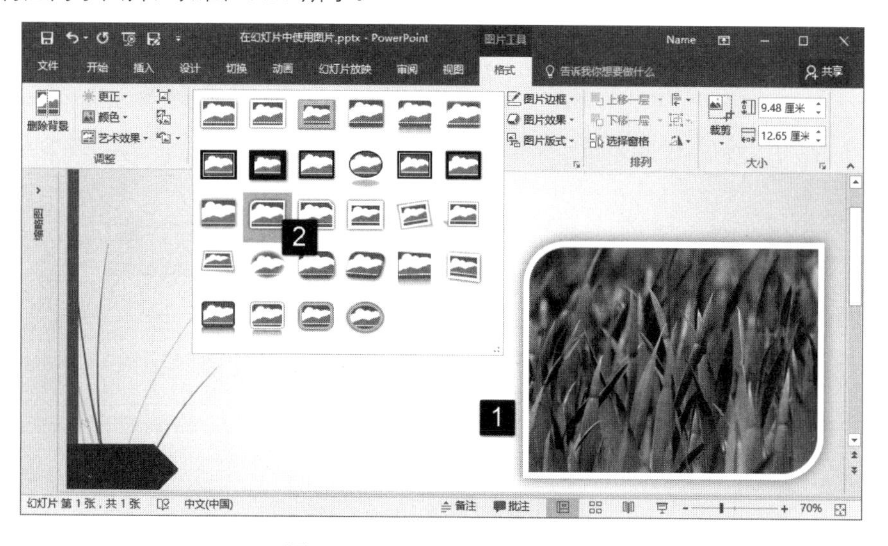

图 19.37　对图片应用预设样式

02 在“图片样式”组中单击“图片边框”按钮，在打开列表的“主题颜色”列表中选择颜色选项设置边框颜色。在“粗细”列表中选择预设的宽度值设置图片边框的宽度，如图 19.38 所示。

03 在“图片样式”组中单击“图片效果”按钮，在列表中选择相应的选项可以为图片添加特效。例如，这里选择“映像”选项，在其下级列表中选择相应的选项应用预设映像效果，如图 19.39 所示。

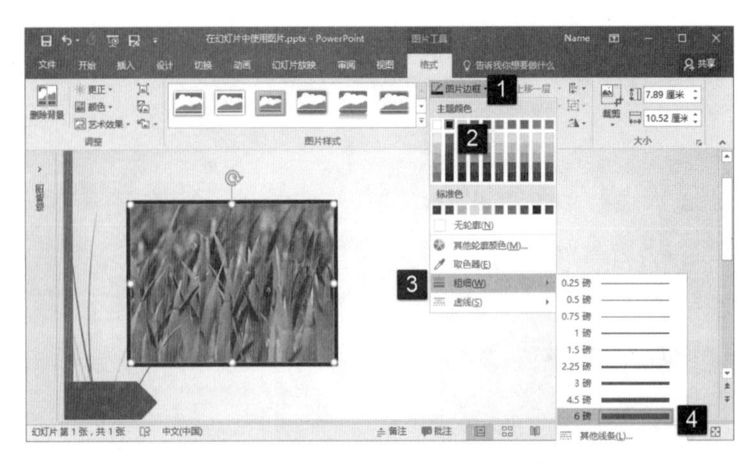

图 19.38　设置图片边框

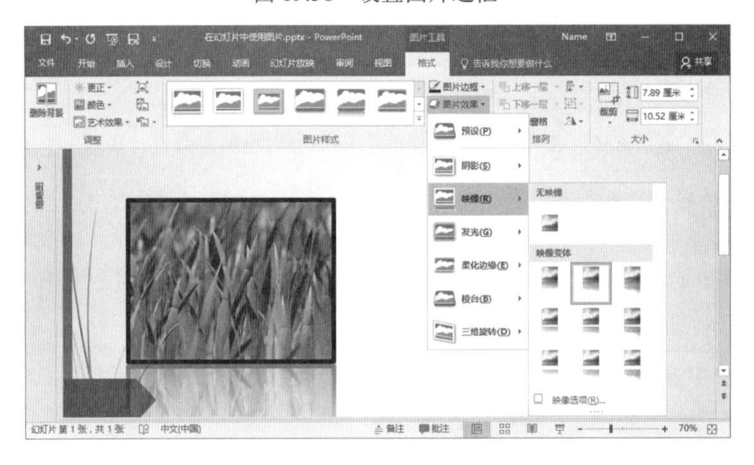

图 19.39　对图片应用映像效果

04 右击图片，选择快捷菜单中的“设置图片格式”命令打开“设置图片格式”窗格，使用该窗格可以通过对参数进行设置来自定义图片样式。例如，这里对图片的三维旋转效果进行设置，如图 19.40 所示。

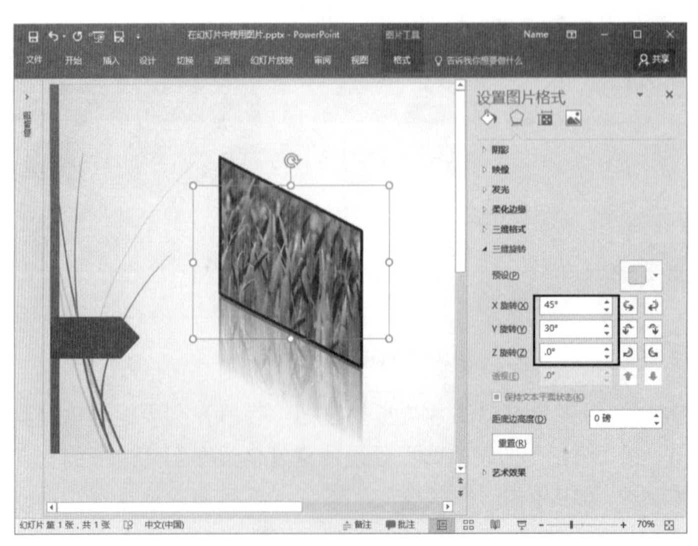

图 19.40　对图片的三维旋转效果进行设置

19.5 特殊的图形——SmartArt 图形

使用插图有助于记忆和理解，对于普通的 PowerPoint 用户来说，在幻灯片中创建专业插图是很困难的。从 Office 2007 开始，PowerPoint 引入了 SmartArt 图形，用户只需要轻点几下鼠标就能够创建高水准的插图。

19.5.1 创建 SmartArt 图形

PowerPoint 内置的 SmartArt 图形包括列表、流程、循环、层次结构、关系、矩阵、棱锥图和图片共 8 个主要类别，每个类别有多种不同的图形标识信息方式。下面将介绍 SmartArt 图形的创建和演示设置的方法。

01 启动 PowerPoint 2016 并打开幻灯片，在“插入”选项卡的“插图”组中单击“SmartArt”按钮打开“选择 SmartArt 图形”对话框，在对话框左侧列表中选择需要使用的 SmartArt 图形类别，在右侧选择需要使用的图形，如图 19.41 所示。单击“确定”按钮在幻灯片中插入 SmartArt 图形。

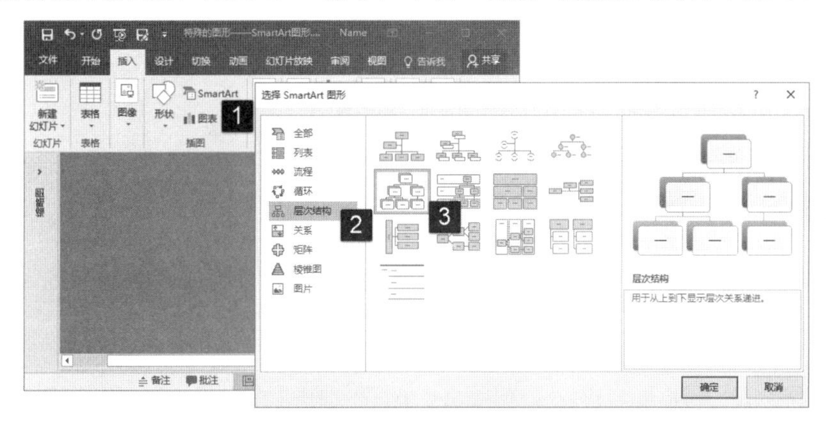

图 19.41 “选择 SmartArt 图形”对话框

02 在 SmartArt 图形对象的文本框中单击放置插入点光标，此时即可在文本框中直接输入文字。单击 SmartArt 图形框左侧边框上的 › 按钮将打开“文本窗格”，在该窗格中将能输入文本，如图 19.42 所示。

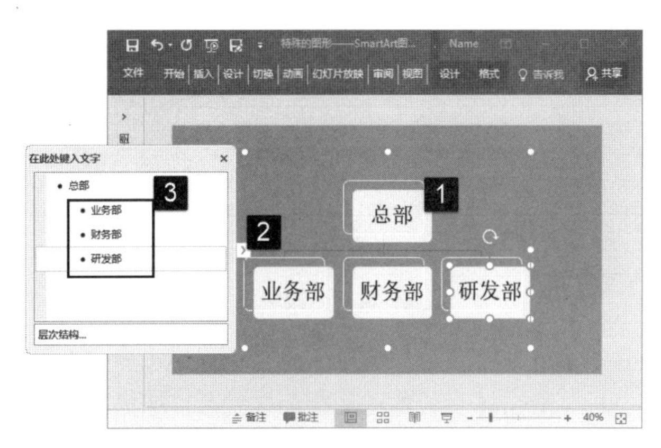

图 19.42 在 SmartArt 图形中输入文字

提 示

在“文本窗格”中完成某项文字输入后，按 Enter 键将能够添加一个新行，新行对应 SmartArt 图形中的一个同级项目。在 SmartArt 图形中选择一个具体的图形按 Delete 键将删除该项目。

19.5.2 设计 SmartArt 图形

完成 SmartArt 图形的创建后，可以对图形的外观样式进行设计。下面介绍具体的操作方法。

01 选择 SmartArt 图形，在“设计”选项卡的“设计”组的“SmartArt 样式”列表中选择相应的选项更改图形样式，如图 19.43 所示。

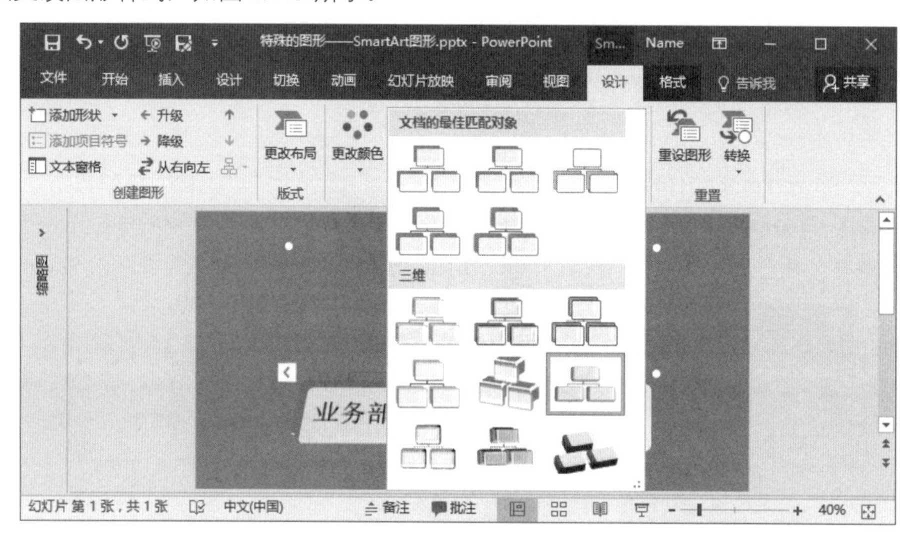

图 19.43 设置外观样式

02 在“设计”选项卡的“版式”列表中选择相应的选项设置图形的版式，如图 19.44 所示。

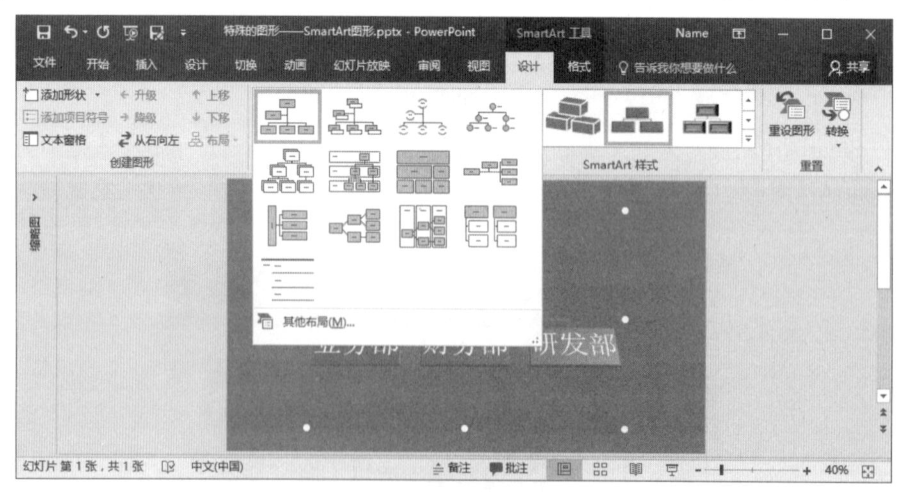

图 19.44 更改版式

03 选择 SmartArt 图形后，在“设计”选项卡的“SmartArt 样式”组中单击“更改颜色”按钮，打开的列表中将列出 PowerPoint 预设的图形颜色样式后，选择需要的选项即可将该颜色样式应用于 SmartArt 图形，如图 19.45 所示。

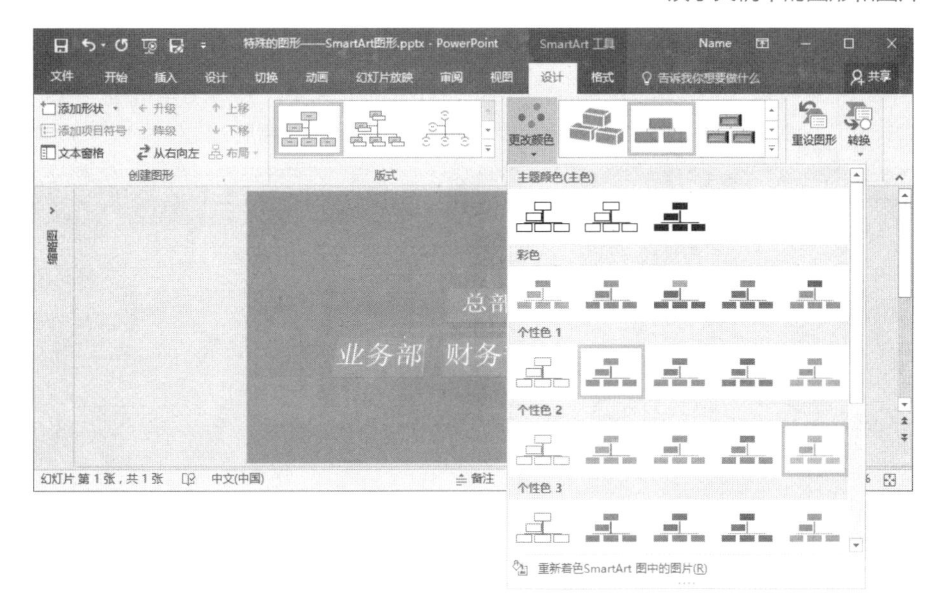

图 19.45　设置图形演示

04 在“格式”选项卡的“艺术字样式”列表中选择相应的选项更改图形中文字的外观，对文字应用预设艺术字效果，如图 19.46 所示。

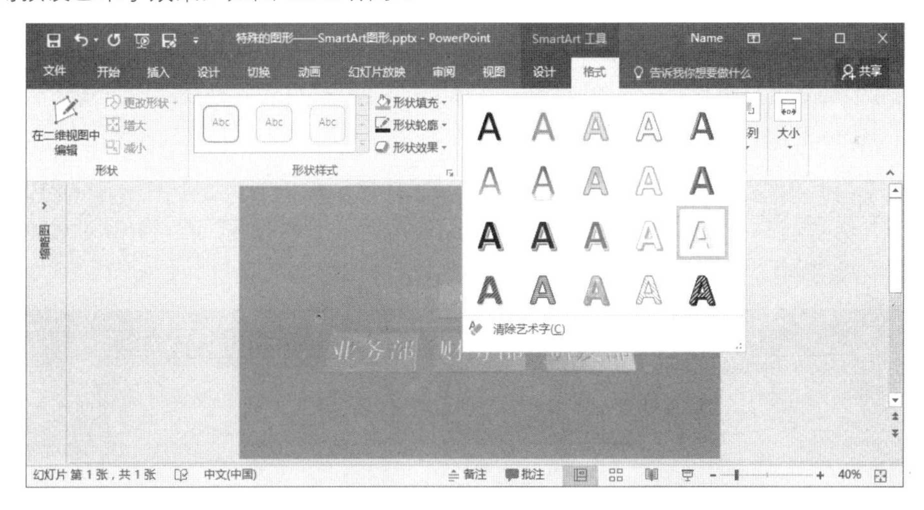

图 19.46　更改文字样式

19.6　本章拓展

下面介绍本章的 3 个拓展实例。

19.6.1　对象的层叠关系

在 PowerPoint 中，对象的层叠关系是以创建的先后顺序进行排列的，即后创建的对象在先创建的对象的上方。层叠关系决定了对象相互重叠放置时的遮盖关系，上层的对象将遮盖下层对象，如图 19.47 所示。

要改变图形间的层级关系，如将上层图形移到下层。可以选择图形，在“格式”选项卡的“排列”组中单击“下移一层”按钮上的下三角按钮，在打开的列表中选择“下移一层”选项，对象的层级会下降一层。此时幻灯片中的 2 个图形的遮盖关系，如图 19.48 所示。

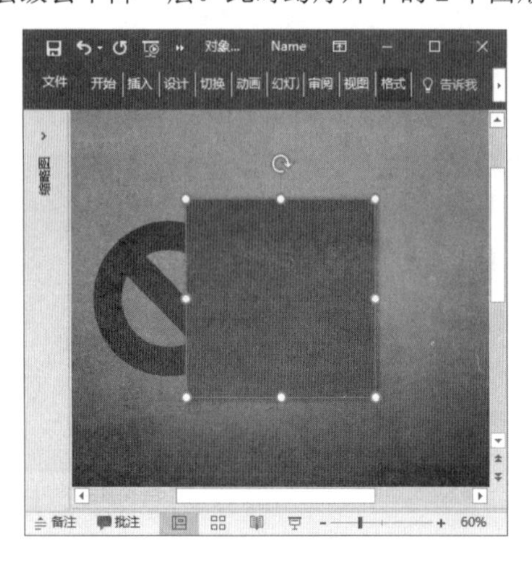

图 19.47　上层的图形遮盖下层图形

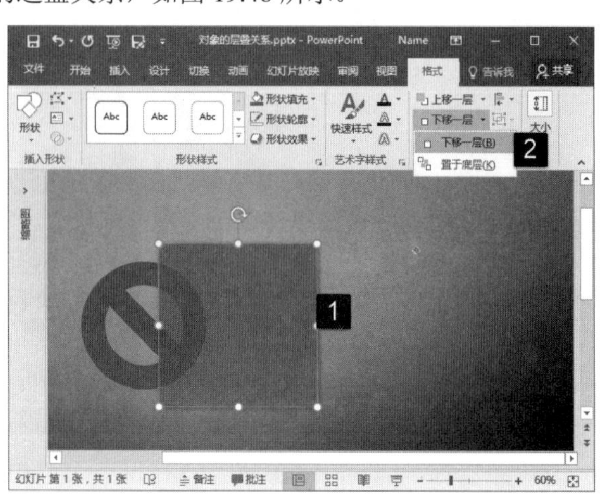

图 19.48　设置图形的层叠关系

19.6.2　图形的运算

在专业绘图软件中，有一种形状编辑方式，称为布尔运算。布尔运算能够实现图形的相加和相减，就像普通的数字运算那样。在绘图时使用布尔运算，能够获得使用常规绘图方式无法获得的图形。从 PowerPoint 2010 开始，PowerPoint 提供了布尔运算功能，下面对该功能的运用进行介绍。

01 在幻灯片中将 2 个图形按照需要叠放在一起，使用鼠标框选这 2 个图形，如图 19.49 所示。

02 在“格式”选项卡的“插入形状”组中单击“合并形状”按钮，在打开的列表中选择“组合”选项。2 个图形完成组合，如图 19.50 所示。

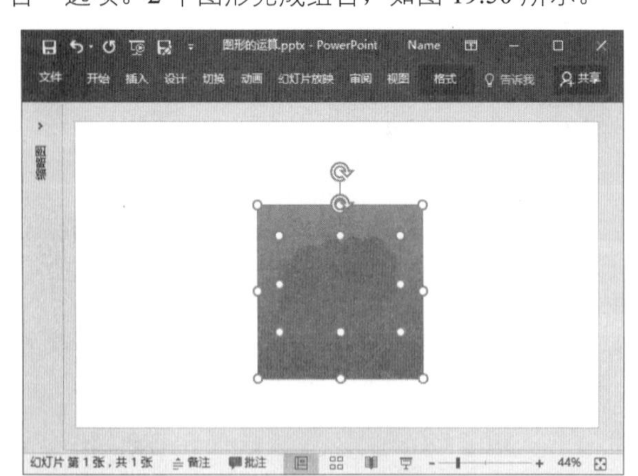

图 19.49　将 2 个图形叠放在一起

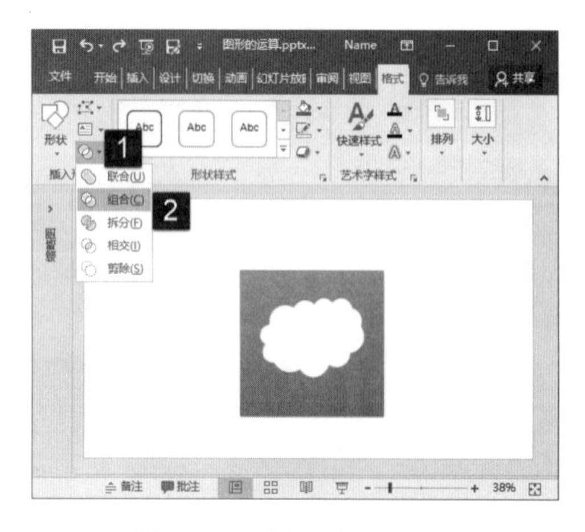

图 19.50　选择“组合”选项

在 PowerPoint 中的布尔运算一共有 5 个，它们分别是联合、组合、拆分、相交和剪除。联合是将 2 个图形相加为一个图形。组合是将 2 个图形相交部分从原图形中剪切出去。相交是将 2 个图形相交的部分保留下来，不相交部分删除。剪切是用一个形状去减去另一个形状，只保留 2 个图形相交的部分。

19.6.3　设置图片的形状

插入到幻灯片中的图片，一般都是圆形的。实际上，在幻灯片中图片的形状是可以更改的。下面介绍具体的操作方法。

01 在幻灯片中选择图片，在“格式”选项卡的“大小”组中单击“裁剪”按钮，在下拉列表中选择“裁剪为形状”选项，在打开的列表中选择需要使用的图形，如图 19.51 所示。

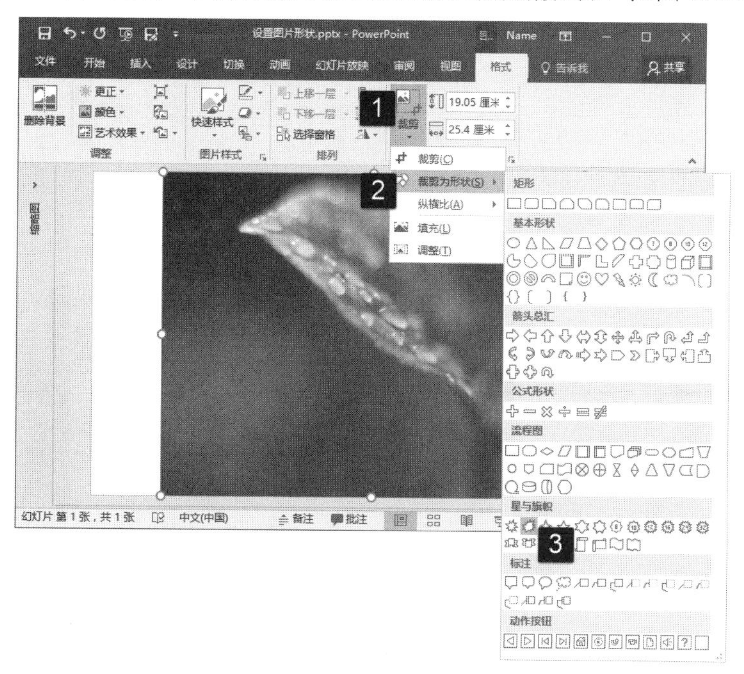

图 19.51　选择图形

02 此时图片将按照选择的形状进行裁剪，如图 19.52 所示。

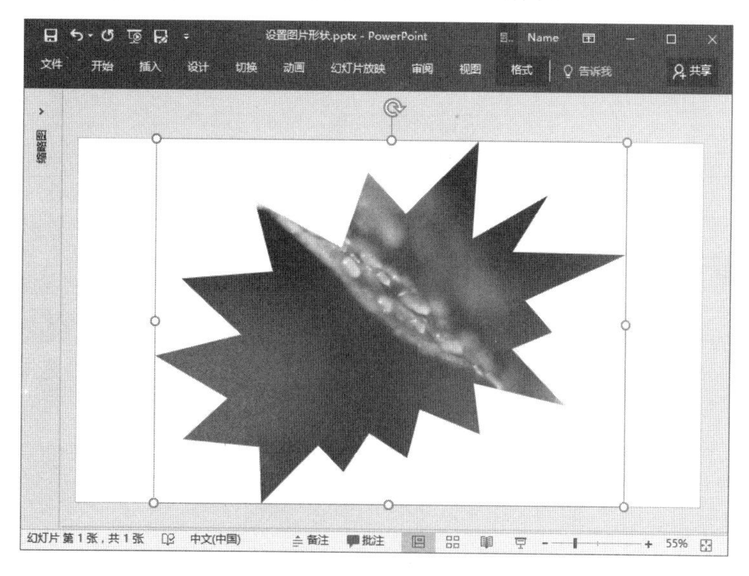

图 19.52　图片按照选择的形状裁剪

第 20 章

让 PPT 更直观——表格和图表

在演示文稿中，经常需要展示不同的数据和逻辑关系，如果仅仅使用文字则显得苍白无力。使用表格和图表，能够有效地将数据直观化，使数据易于理解。本章将介绍在 PowerPoint 幻灯片中使用表格和图表的知识。

20.1 在幻灯片中使用表格

表格是数据的一种展现方式，在商务类的演示文稿中经常使用。表格的操作比较简单，下面介绍在幻灯片中使用表格的有关知识。

20.1.1 创建表格

在演示文稿中创建表格和在 Word 文档中创建表格的方法是一样的，同样可以使用“插入”选项卡“表格”组中的“插入表格”和“绘制表格”命令来直接插入表格或手动绘制表格。下面将只介绍直接在幻灯片中创建 Excel 数据表格的方法。

01 打开“插入”选项卡，在“表格”组中单击“表格”按钮，在打开的列表中选择“Excel 电子表格”选项，如图 20.1 所示。

02 此时在 PowerPoint 幻灯片中将新建一个 Excel 表格，该工作表处于激活状态。同时，操作界面变为 Excel 的操作界面，如图 20.2 所示。在工作表中输入数据，完成后在工作表外单击即可退出工作表编辑状态回到 PowerPoint 界面。

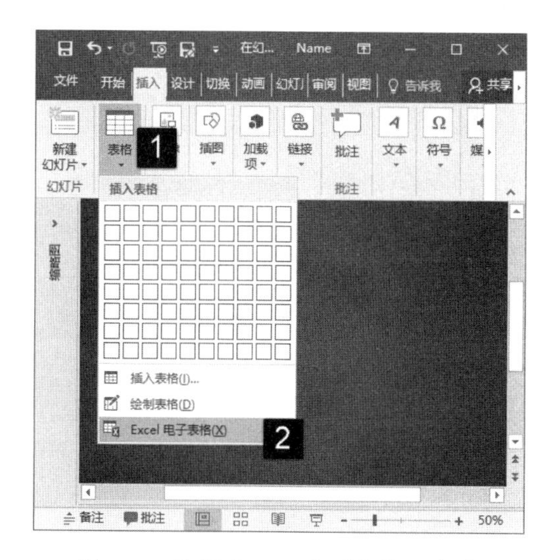

图 20.1　选择“Excel 电子表格”选项

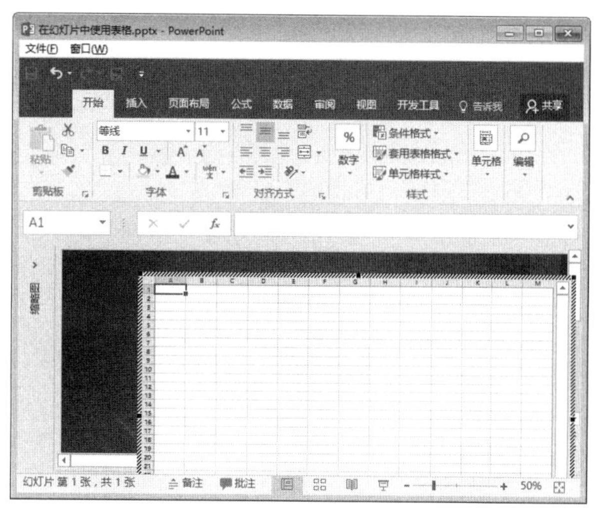

图 20.2　Excel 工作界面

20.1.2　表格的美化

幻灯片是用来展示信息的，美观的表格能够为幻灯片增色不少。下面介绍美化幻灯片中表格的方法。

01 选择幻灯片中的图表，在“设计”选项卡中打开的“表格样式”组中选择预设的表格样式应用于表格，如图 20.3 所示。

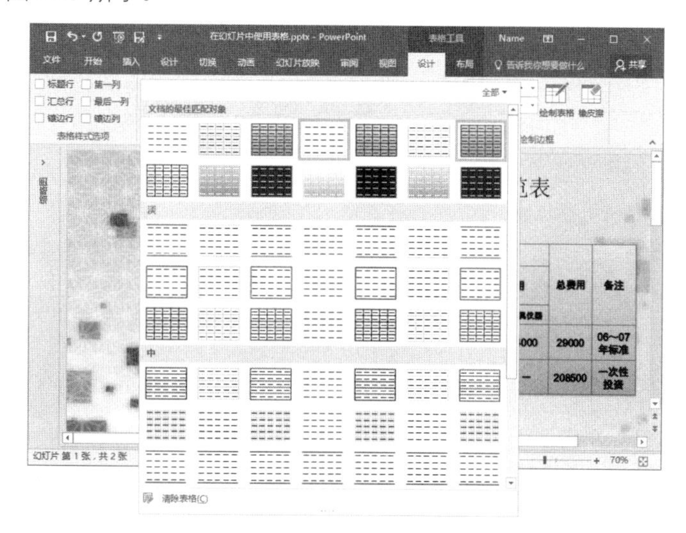

图 20.3　选择预设的表格样式应用于表格

02 选择整个表格或某个单元格，在“设计”选项卡的“表格样式”组中单击“边框”按钮上的下三角按钮，在打开的列表中选择相应的选项可以对边框进行设置，如图 20.4 所示。

03 单击“底纹”按钮上的下三角按钮，在打开的列表中选择相应的选项可以对单元格的背景进行设置。这里选择“表格背景”选项，在打开列表中选择颜色选项可以设置表格的背景填充颜色，如图 20.5 所示。

04 选择表格后在“设计”选项卡中单击“快速样式”按钮，在打开的列表中选择预设样式选项可以对表格中的文字应用艺术字效果，如图 20.6 所示。

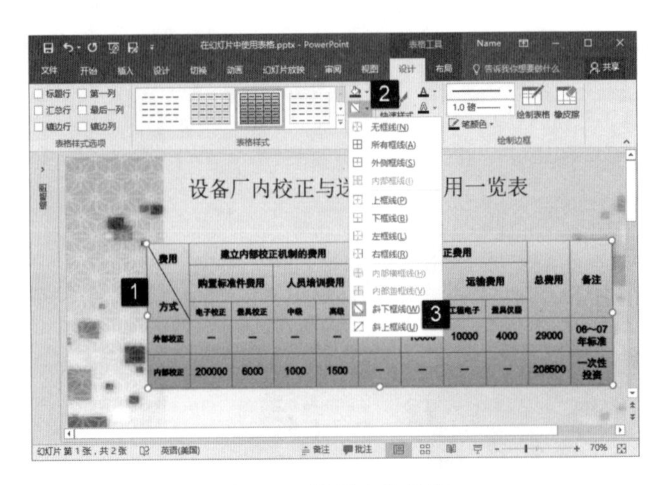

图 20.4　设置表格边框

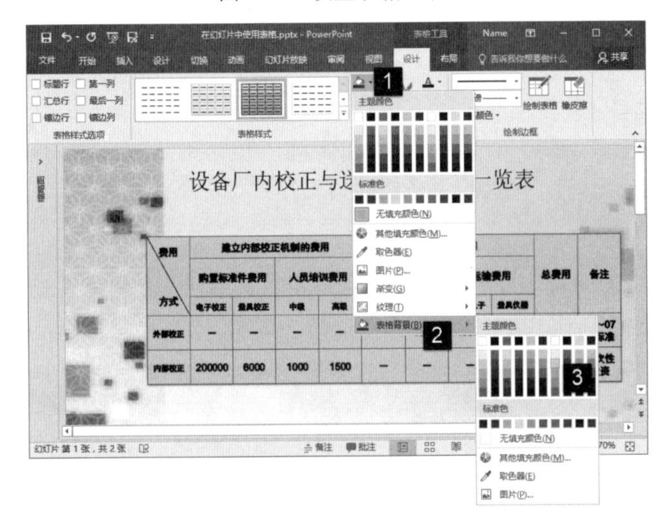

图 20.5　设置表格的背景填充颜色

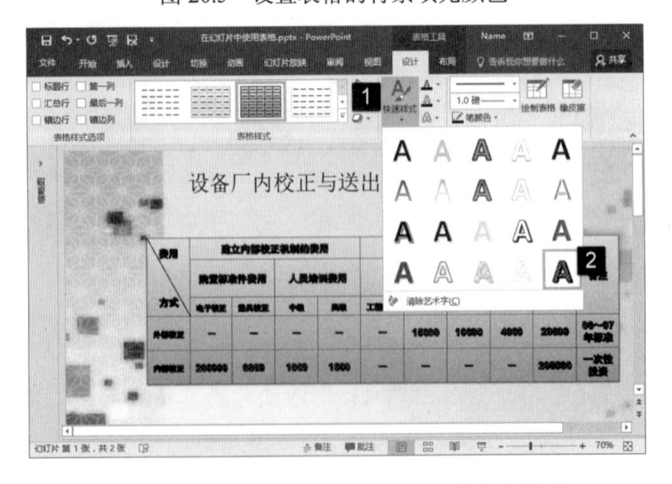

图 20.6　对表格中的文字应用预设艺术字效果

05 在“设计”选项卡的“表格样式”组中单击“效果”按钮，在打开的列表中选择相应的选项可以为表格设置特殊效果。例如，这里选择“单元格凹凸效果”选项，在下拉列表中选择相应的选项可以为表格中单元格添加凹凸效果，如图 20.7 所示。

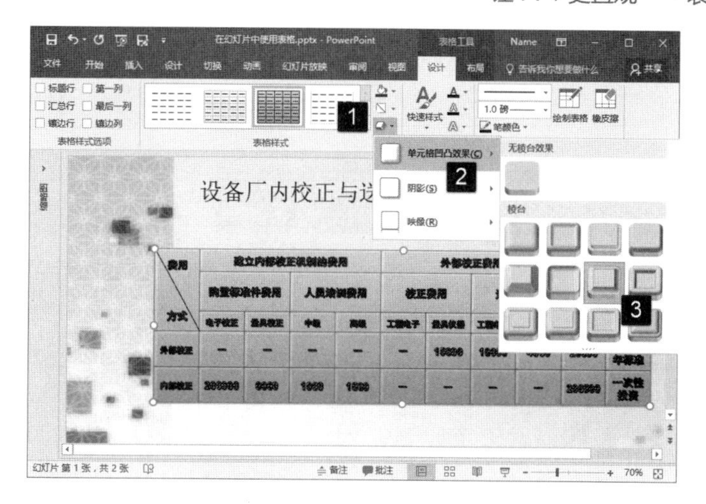

图 20.7　为单元格添加凹凸效果

20.2　在幻灯片中使用图表

在 PowerPoint 中，用户不仅可以以表格的形式来呈现数据，还可以使用图表来直观形象地展示数据。PowerPoint 具有强大的图表制作功能，下面介绍使用图表的有关知识。

20.2.1　创建图表

在幻灯片中创建图表时需要进行选择合适图表类型、输入数据和图表名称等操作，下面介绍具体的操作方法。

01 启动 PowerPoint 2016 并打开需要添加图表的幻灯片，在“插入”选项卡的“插图”组中单击“图表”按钮，如图 20.8 所示。此时将打开“插入图表”对话框，在对话框左侧列表中选择需要使用的图表类别，在右侧选择需要使用的图表。例如，这里选择“三维簇状柱形图”，完成后设置单击“确定”按钮关闭对话框，如图 20.8 所示。

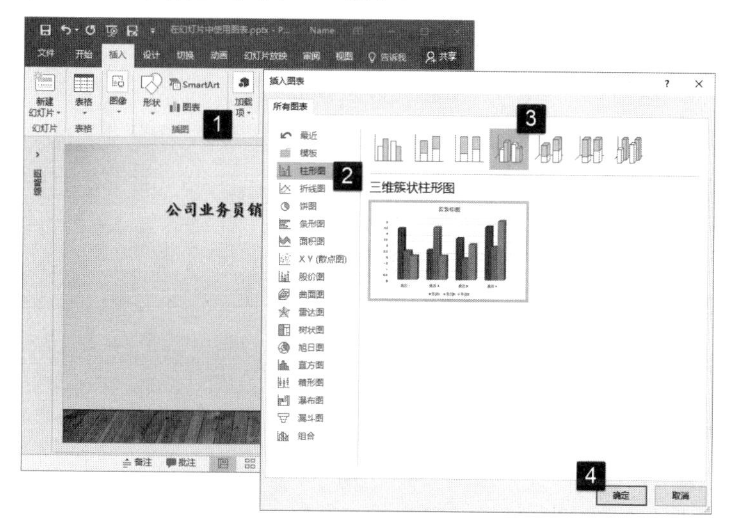

图 20.8　选择图表类型

02 此时幻灯片中插入图表，同时 PowerPoint 将打开 Excel 程序窗口。在 Excel 工作表中更改类别和系列 1 的值，将不需要的系列 2 和系列 3 数据删除，如图 20.9 所示。关闭 Excel 程序窗口即可得到需要的图表。

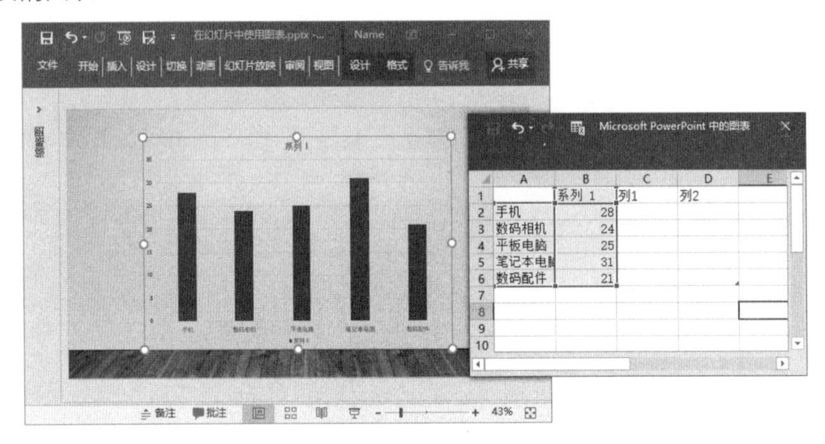

图 20.9　插入图表并打开 Excel 程序窗口

20.2.2　美化图表

在幻灯片中添加图表后，需要根据幻灯片的应用场合对图表的外观进行设置。下面介绍设置图表外观的操作方法。

01 拖动图表框可以在幻灯片中移动图表，拖动图表框上的控制柄能够改变图表的大小。单击图表框上的“图表元素”按钮，在打开的列表中勾选某个选项可以使该元素在图表中显示，取消某个选项的勾选可以使该元素在图表中不显示。例如，这里取消对图表标题复选框的勾选，图表中将不再显示图表标题，如图 20.10 所示。

02 右击图表中的图标系列，选择快捷菜单中的“设置数据系列格式”命令打开“设置数据系列格式”窗格，在“系列选项”设置栏中更改“分类间距”的值可以改变数据系列的大小，如图 20.11 所示。

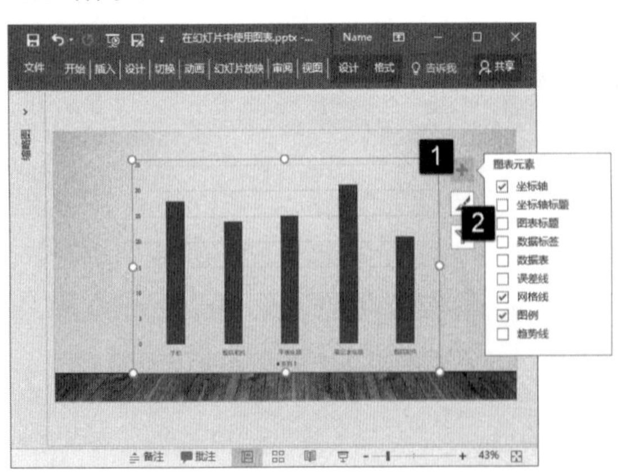

图 20.10　取消图表标题的显示

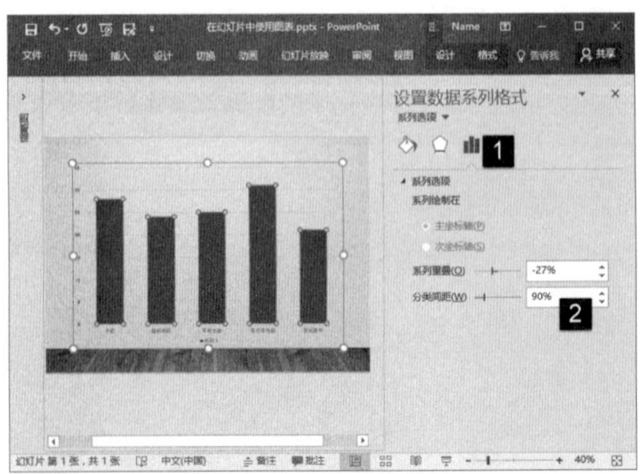

图 20.11　更改“分类间距”的值

03 对数据系列应用渐变填充，如图 20.12 所示。选择图表，为图表区添加阴影效果，如图 20.13 所示。对图表中的文字应用艺术字效果，如图 20.14 所示。

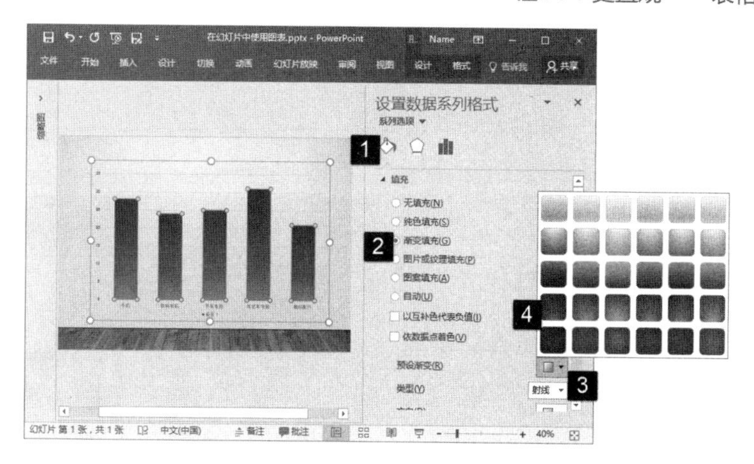

图 20.12　对数据系列应用渐变填充

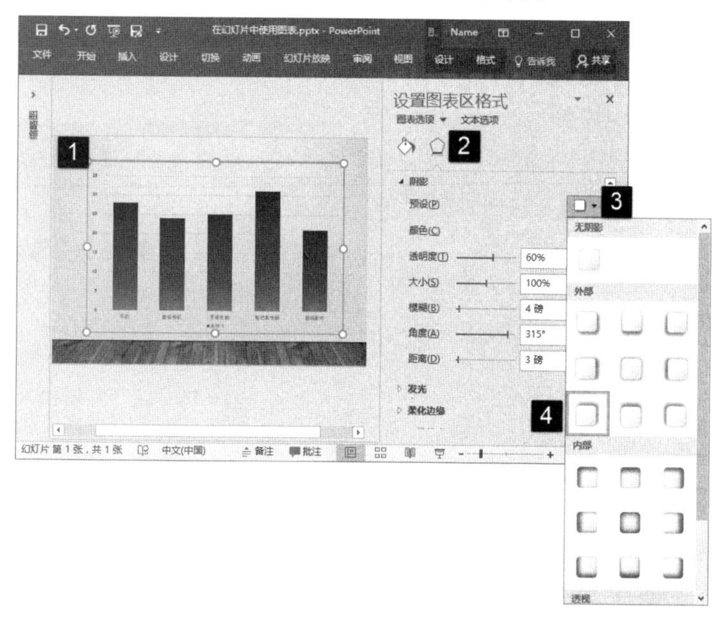

图 20.13　为图表区添加阴影效果

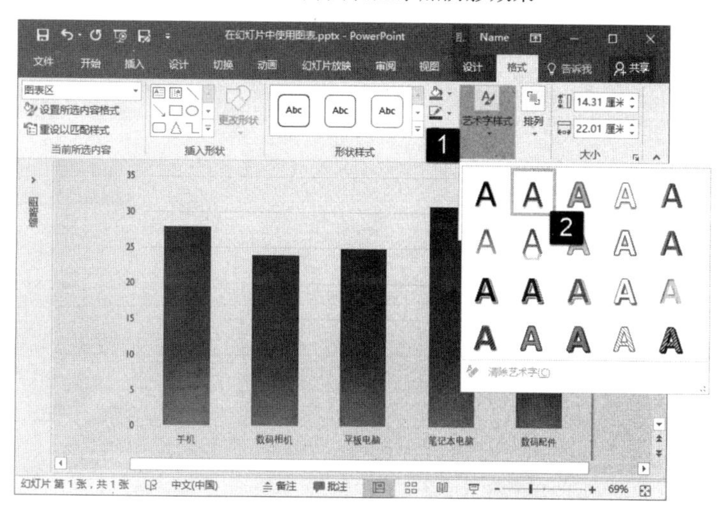

图 20.14　对图表中的文字应用艺术字效果

20.3 本章拓展

下面介绍本章的3个拓展实例。

20.3.1 使用占位符添加表格

占位符是对象的容器，其同样包含能够创建表格的表格占位符。使用表格占位符能够方便地创建表格。

01 启动 PowerPoint，在“开始”选项卡的“幻灯片”组中单击“新建幻灯片”按钮上的下三角按钮，在打开的列表中选择一个包含表格占位符的幻灯片，如图 20.15 所示。

02 在插入的幻灯片中单击“插入表格”按钮打开“插入表格”对话框，在对话框中设置表格的列数和行数。完成设置后单击“确定”按钮关闭对话框，如图 20.16 所示。幻灯片中插入表格，如图 20.17 所示。

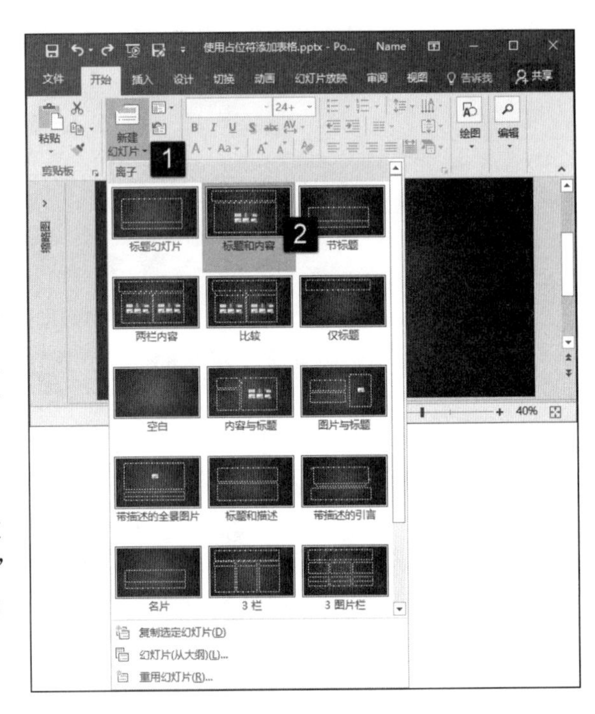

图 20.15　选择需要插入的幻灯片

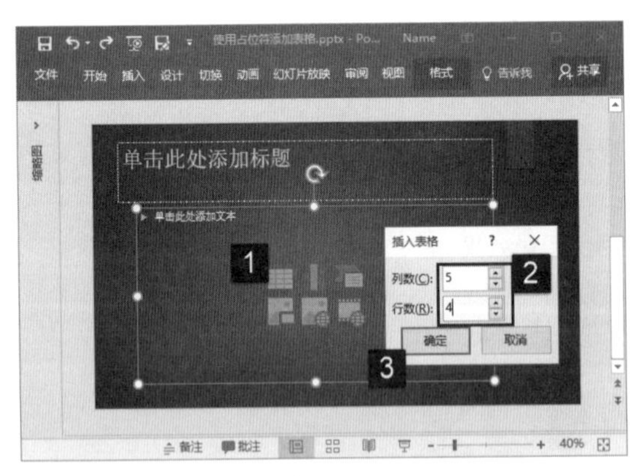

图 20.16　打开“插入表格”对话框

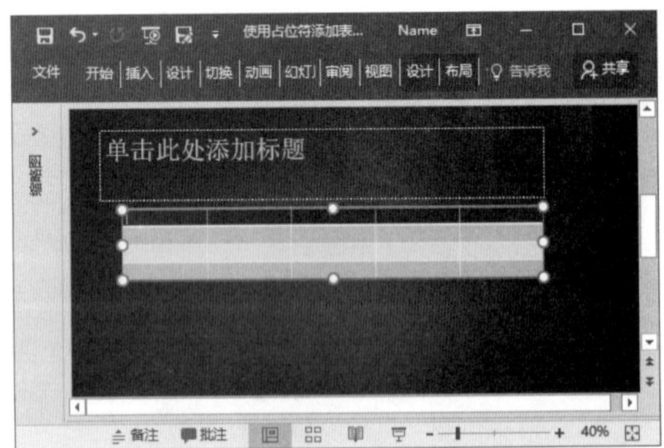

图 20.17　幻灯片中插入表格

20.3.2 在图表中添加数据

在完成图表的制作后，有时需要对图表进行修改，如向图表中添加数据。添加数据的操作实际上很简单，下面介绍具体的操作方法。

01 打开包含图表的幻灯片，右击图表，选择快捷菜单中的“编辑数据”命令，在下级菜单中选择“编辑数据”命令即可打开 Excel 程序窗口，在工作表中输入新数据，表示数据区域边框会自动扩展框住新添加的数据，新数据会自动添加到图表中，如图 20.18 所示。

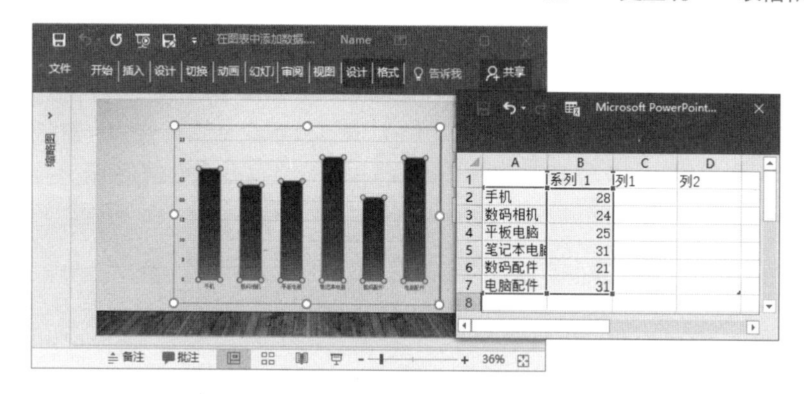

图 20.18　添加一行新数据

02 在工作表中添加一列新数据，拖动蓝色框上的控制柄使蓝色框框住新添加的数据，该数据将添加到图表中，如图 20.19 所示。

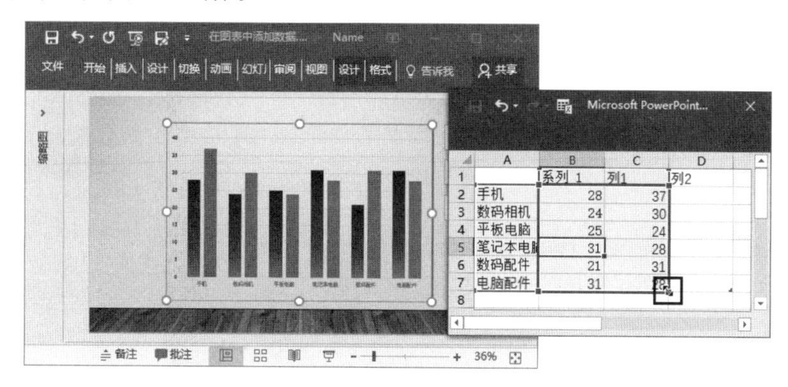

图 20.19　添加一列数据

20.3.3　更改三维柱形图的形状

三维柱形图是一种很常见的立体图表类型，在创建图表时，柱形图只有三维簇状柱形图、三维堆积柱形图、三维百分比堆积柱形图和三维柱形图这几种类型。这几种类型的柱形图，数据系列的形状都是方形立柱，如图 20.20 所示。

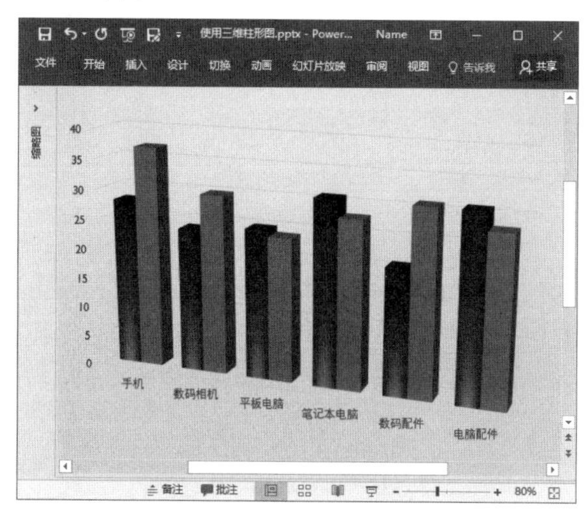

图 20.20　三维柱形图

如果要创建数据系列的形状是圆柱体或圆锥体的三维图表，则可以通过在创建常规三维柱形图后对形状进行更改来获得。具体的操作方法是：在创建三维柱形图后，右击需要更改形状的数据系列，选择快捷菜单中的“设置数据系列格式”命令打开“设置数据系列格式”窗格。在窗格的“系列选项”设置栏中选择柱体的形状即可更改数据系列的形状，如图 20.21 所示。

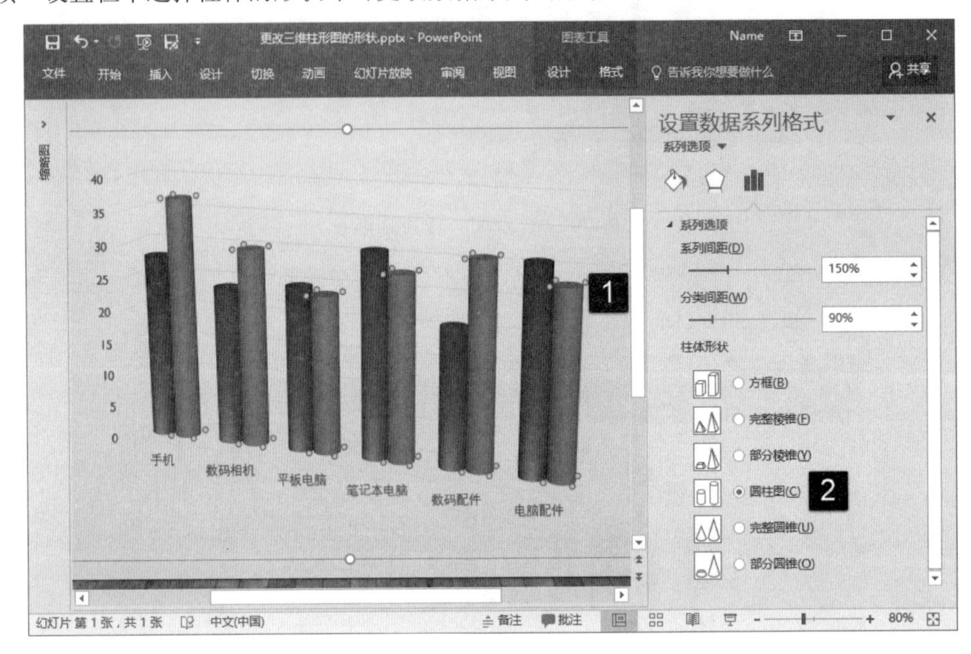

图 20.21　更改数据系列形状

第 21 章

使用声音和视频

声音和视频是多媒体演示文稿中的重要元素，声音可以传递信息，渲染演示氛围。视频则可以让空泛的信息视觉化。本章将介绍在幻灯片中使用声音和视频的有关知识。

21.1 在幻灯片中使用声音

在幻灯片中用户可以插入声音以增加信息传递的途径，使用 PowerPoint 可以向幻灯片中插入多种类型的声音，同时可以对插入的声音进行设置并控制其播放。

21.1.1 插入声音

在 PowerPoint 2016 中，可以插入本地计算机上的声音，也可以录制声音以插入幻灯片中。下面介绍在幻灯片中插入这 2 种声音的具体操作方法。

1. 插入本地声音

这里，本地声音指的是保存于当前计算机上的声音文件。PowerPoint 2016 提供了对大多数常见格式的声音文件的支持，如 MP3 文件、WAV 文件、WMA 文件以及 MIDI 文件等，这些格式的声音文件都可以在幻灯片中直接插入使用。

01 打开演示文稿，选择需要插入声音的幻灯片。在“插入”选项卡的“媒体”组中单击“音频”按钮，在打开的列表中选择“PC 上的音频”选项，如图 21.1 所示。

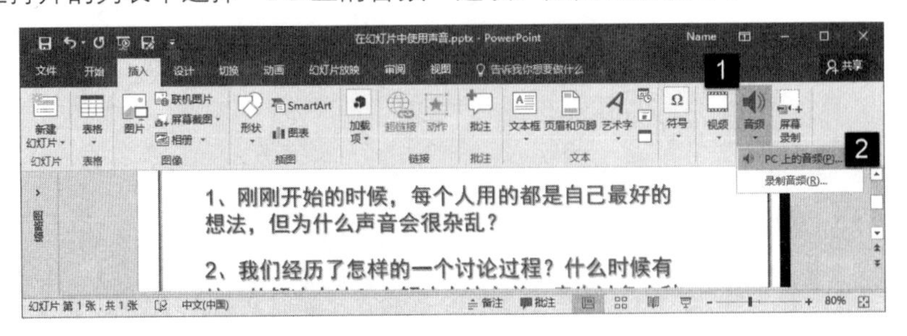

图 21.1 选择“PC 上的音频”选项

02 此时将打开“插入音频”对话框，在对话框中选择需要插入的声音文件后单击“插入”按钮，如图 21.2 所示。此时，声音文件被插入幻灯片中，在幻灯片中出现声音图标和播放控制栏，如图 21.3 所示。

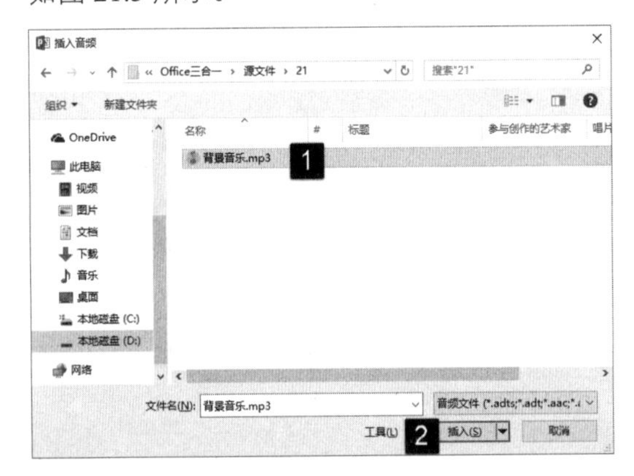

图 21.2 选择需要插入的声音文件

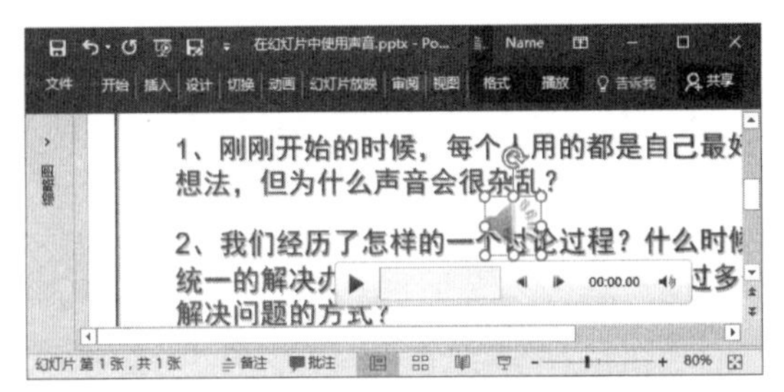

图 21.3 幻灯片中出现声音图标

提 示

要删除插入到幻灯片中的声音，只需要选择“声音”图标后按 Delete 键删除该图标即可。

2. 插入旁白

在制作演示文稿时，有时需要在幻灯片中添加旁白。制作旁白时，用户可以使用 PowerPoint 来自行录制。本节将介绍使用 PowerPoint 来录制声音的方法。

01 选择幻灯片，在功能区的“插入”选项卡中单击“音频”按钮上的下三角按钮，在打开的下拉列表中选择“录制音频”选项，如图 21.4 所示。

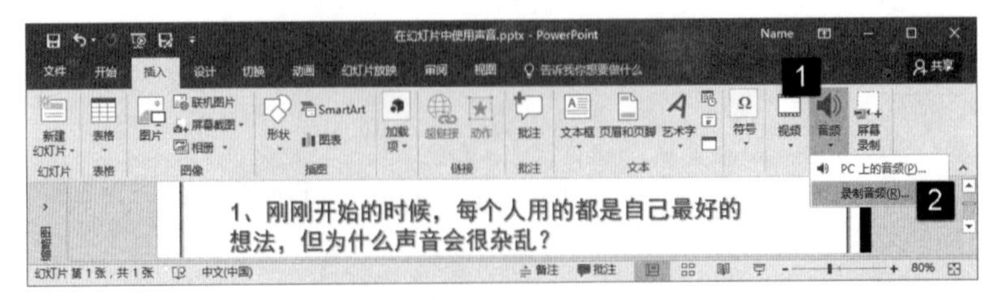

图 21.4 选择“录制音频”选项

02 此时将打开“录制声音”对话框，在“名称”文本框中输入录制声音的名称，单击“录音”按钮即可开始录音。录音时，对话框不会显示波形，但会显示声音的长度，完成录制后单击“停止”按钮停止声音的录制，单击“确定”按钮关闭对话框，录制的声音插入幻灯片中，如图 21.5 所示。

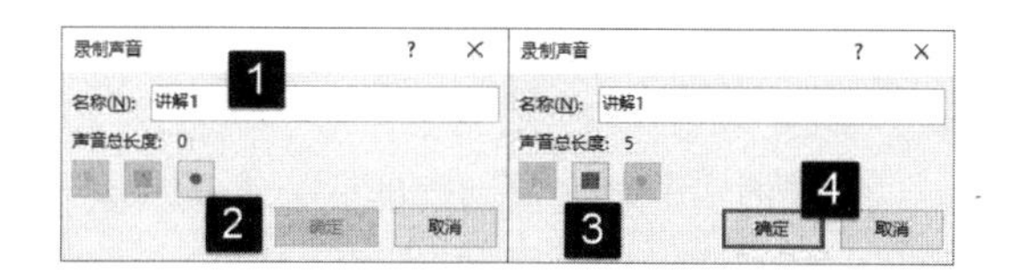

图 21.5　录制旁白

21.1.2　控制声音播放

在 PowerPoint 2016 中，插入幻灯片的声音是可以对播放进行设置的，如设置其播放音量、播放的进度和声音播放的开始方式等。下面介绍具体的操作方法。

01 PowerPoint 2016 为声音的播放提供了一个浮动控制栏，将鼠标放置到控制栏上的“静音/取消静音”按钮上将会出现一个滚动条，拖动滚动条上的滑块将能够对播放音量进行调整，如图 21.6 所示。

02 单击“向前移动 0.25 秒”或“向后移动 0.25 秒”按钮，将能够使播放进度前移 0.25 秒或后移 0.25 秒。在浮动控制栏的声音播放进度条上单击，可以将播放进度移动到当前单击处，声音从进度条的位置继续播放，如图 21.7 所示。

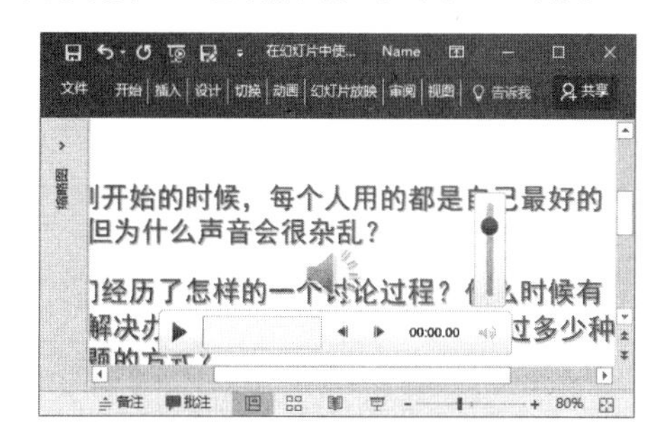

图 21.6　调整播放音量

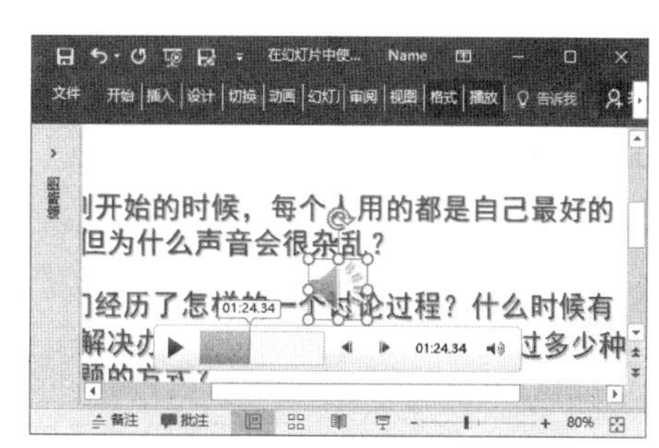

图 21.7　移动播放进度条调整播放进度

03 选择幻灯片中的音频图标，单击功能区中的“播放”标签，在“音频选项”组中的“开始”下拉列表中选择相应的选项设置声音开始的方式。这里有“自动”和“单击时”2 个选项供选择。在“播放”选项卡的“音频样式”组中单击“在后台播放”按钮，此时，“音频选项”组中的“跨幻灯片播放”复选框、“循环播放，直到停止”复选框和“放映时隐藏”复选框同时被选择，如图 21.8 所示。

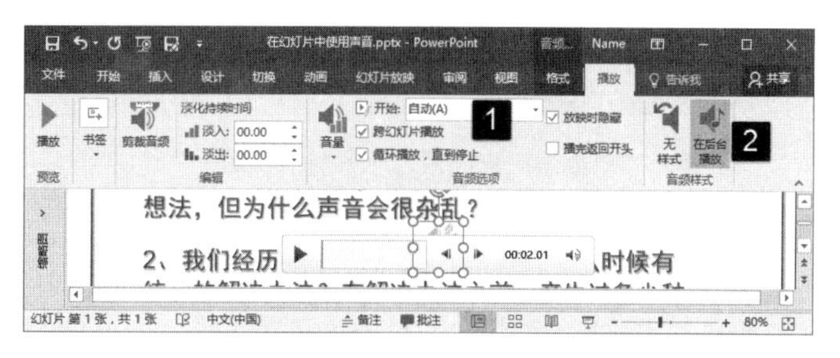

图 21.8　单击“在后台播放”按钮

勾选“音频选项”中的“循环播放，直到停止”复选框，音乐将在整个演示文本的播放过程中一直播放。勾选“放映时隐藏”复选框时，幻灯片播放时将不会显示音频图标。勾选“播完返回开头”复选框，声音播放完成后将返回到开头，而不是停在末尾。

21.1.3 声音的编辑

PowerPoint 2016 提供了对声音的编辑功能，用户能够为声音添加淡入淡出效果、对声音进行剪辑以及为声音添加书签。下面介绍对声音进行编辑的操作技巧。

01 在幻灯片中选择“声音”图标后，在“播放”选项卡的“编辑”组中的“淡入”和“淡出”微调框中分别输入时间值，可以在声音开始播放和结束时添加淡入淡出效果，此时输入的时间值表示淡入淡出效果持续的时间，如图 21.9 所示。

02 在“编辑”组中单击“剪辑音频”按钮打开“剪裁音频”对话框。在对话框中拖动绿色的“起始时间”滑块和“终止时间滑块”设置音频的开始时间和终止时间，单击“确定”按钮后，滑块之间的音频将保留，而滑块之外的音频将被裁剪掉，如图 21.10 所示。

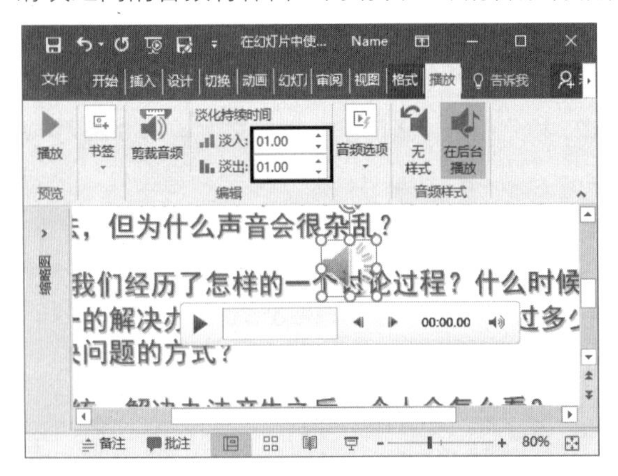

图 21.9　添加淡入淡出效果

图 21.10　裁剪声音

03 在声音播放时，在“书签”组中单击“添加书签”按钮可以在当前播放位置添加一个书签，如图 21.11 所示。在播放进度条上选择书签，单击“删除书签”命令将删除选择的书签。

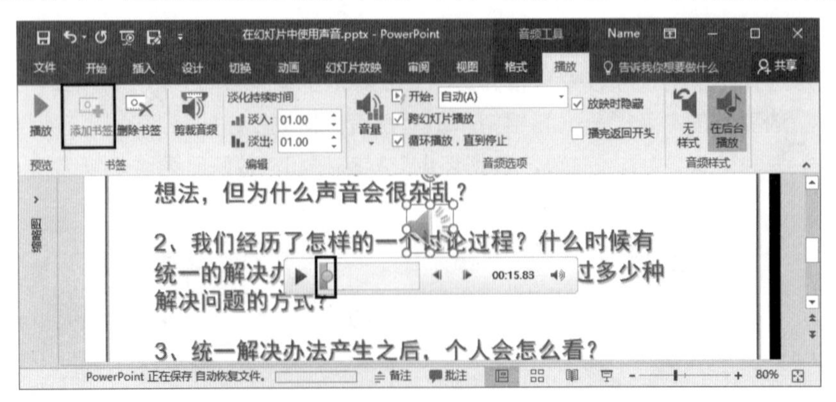

图 21.11　添加书签

书签可以帮助用户在音频播放时快速定位播放位置，按 Alt+Home 键，播放进度将能跳转到下一个书签处；按 Alt+End 键，播放进度将跳转到上一个书签处。

21.2　在幻灯片中使用视频

在 PowerPoint 幻灯片中是可以加入视频的，视频是图形、图像和文字等媒体对象的一种有效补充，能够扩展幻灯片所要表达的内容，增强演示文稿的视觉吸引力。

21.2.1　插入视频

PowerPoint 2016 允许在幻灯片中插入本地视频和来自于网络的视频。下面以插入本地视频为例来介绍在幻灯片中添加视频对象的方法。

01 启动 PowerPoint 2016 并打开演示文稿，选择幻灯片，在“插入”选项卡的“媒体”组中单击“视频”按钮，在打开的列表中选择“PC 上的视频”命令，如图 21.12 所示。

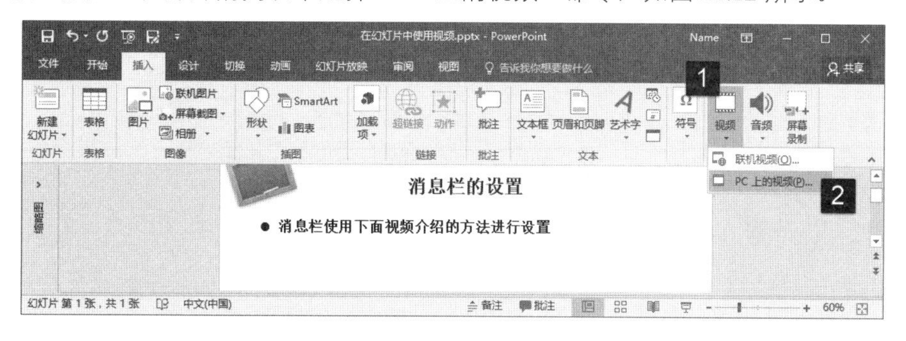

图 21.12　选择“PC 上的视频”选项

02 此时将打开“插入视频文件”对话框，在对话框中选择需要插入幻灯片的视频文件，单击“插入”按钮即可将选择的视频插入到幻灯片，如图 21.13 所示。

图 21.13　“插入视频文件”对话框

21.2.2　对视频进行设置

在幻灯片中插入视频后，对视频播放进行控制的方法与声音播放的控制相同。插入幻灯片中的视频，可以对视频显示的大小、视频的外观样式和色调等进行设置。

01 插入幻灯片中的视频，可以使用鼠标拖动边框上的控制柄来调整视频播放窗口的大小。也可以在“格式”选项卡“大小”组的“视频高度”和“视频宽度”微调框中输入数值来设置视频播放窗口的大小，如图 21.14 所示。

02 在“格式”选项卡的“视频样式”列表中选择相应的选项，可以对视频应用预设的外观样式，如图 21.15 所示。

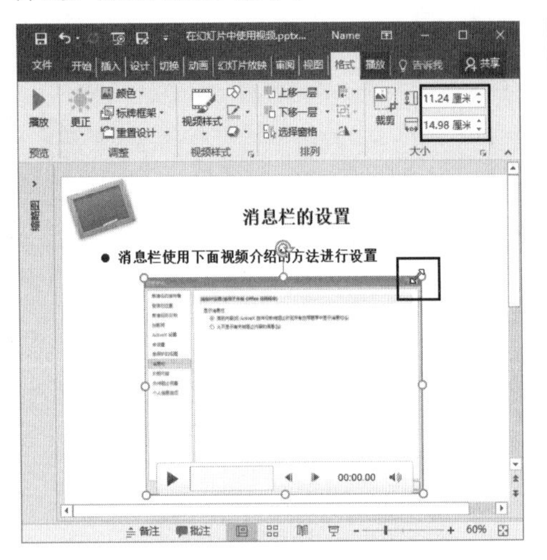

图 21.14 调整视频播放窗口的大小

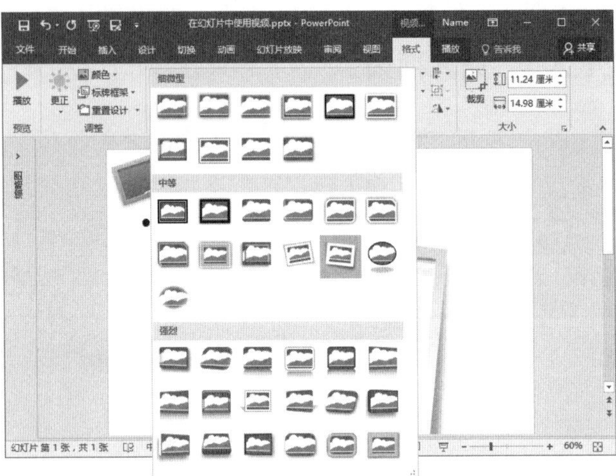

图 21.15 对视频应用预设样式

03 单击“视频样式”组中的“视频形状”按钮，在打开的下拉列表中选择形状选项，此时视频将在指定的形状中进行播放，如图 21.16 所示。

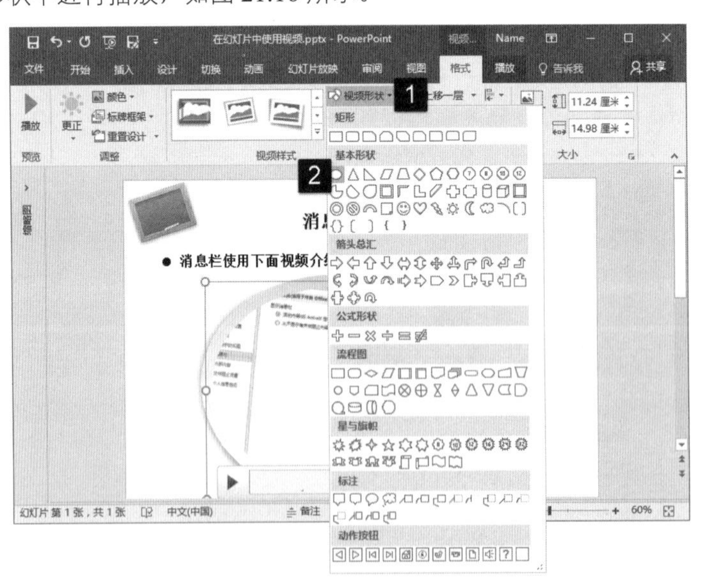

图 21.16 设置视频播放的形状

04 在“调整”组中单击“颜色”按钮，在打开的下拉列表中单击相应的选项，可将该预设颜色效果应用到视频，如图 21.17 所示。

05 在“调整”组中单击“更正”按钮，在“亮度和对比度”栏中单击相应的选项，可以将视频的亮度和对比度更改为此预设值。选择“视频更正选项”选项将打开“设置视频格式”窗格，在窗格中可以对视频的亮度和对比度进行调整，如图 21.18 所示。

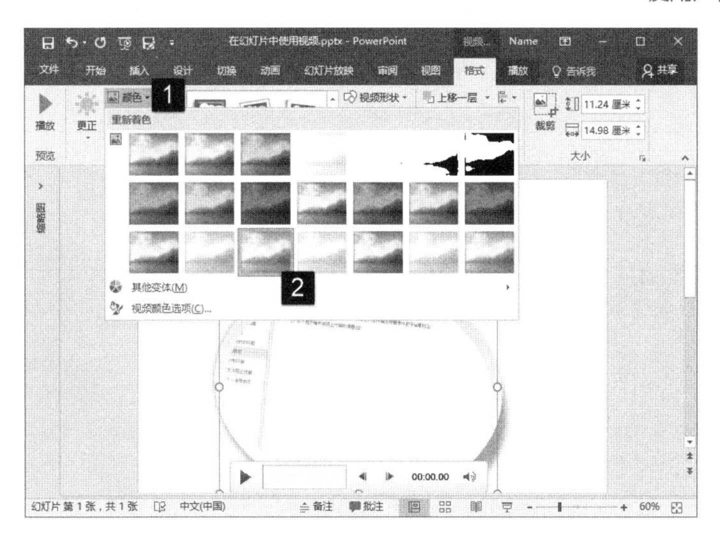

图 21.17　对视频应用颜色效果

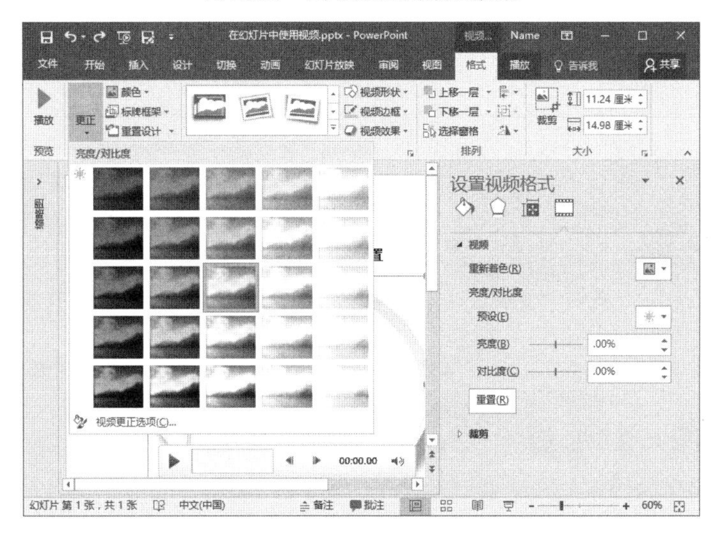

图 21.18　设置视频的亮度和对比度

21.3　本章拓展

下面介绍本章的 3 个拓展实例。

21.3.1　设置声音图标

在幻灯片中插入音频后，幻灯片中会显示一个音频图标，在默认情况下，该图标显示为喇叭形。有时候，为了美化幻灯片，需要将音频图标更换为需要的图片。下面介绍在幻灯片中更改音频图标的方法。

01 启动 PowerPoint 2016 并打开演示文稿，在幻灯片中选择音频图标。在“格式”选项卡的“调整”组中单击“更改图片”按钮，此时将打开“插入图片”对话框，单击“来自文件”选项的“浏览”按钮，如图 21.19 所示。

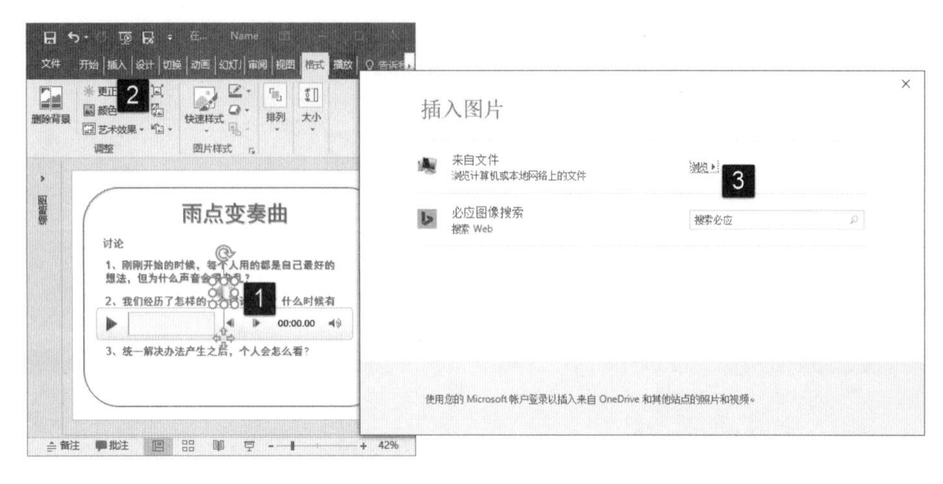

图 21.19　单击“插入图片”对话框中的“浏览”按钮

02 此时将打开“插入图片”对话框，在对话框中选择需要使用的图片文件后单击“插入”按钮，如图 21.20 所示。此时，声音图标更换为指定的图片，如图 21.21 所示。

图 21.20　选择需要使用的图片

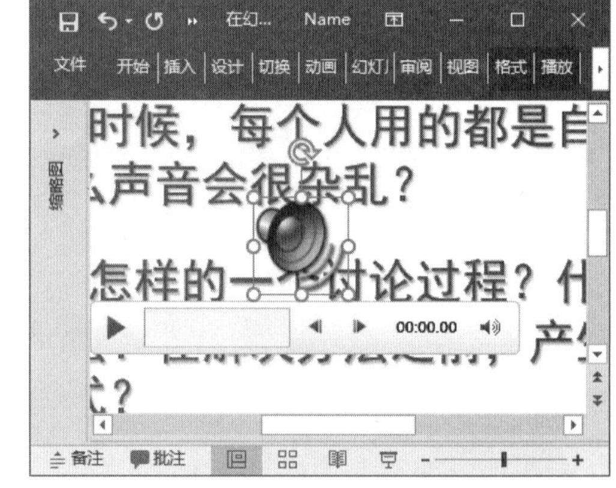

图 21.21　音频图标更换为指定的图片

提示

这里，用户可以使用“格式”选项卡中的命令设置音频图标的样式，就像设置图片样式那样，如为图标添加阴影、边框或添加艺术效果等。

21.3.2　录制屏幕

PowerPoint 2016 具有屏幕录制功能，使用该功能能够录制屏幕上指定区域的操作，录制的操作视频将能够直接插入到幻灯片中。

01 在 PowerPoint 2016 中创建演示文稿后，打开“插入”选项卡，在“媒体”组中单击“屏幕录制”按钮，如图 21.22 所示。

02 此时在屏幕的顶端将出现录屏工具栏，在工具栏中单击“选择区域”按钮，拖动鼠标在屏幕上绘制矩形录屏区域，如图 21.23 所示。

提示

在录屏工具栏中按下“声音”按钮，在录屏时将同时录制声音，这对于需要录制操作讲解的场合十分重要。按下“录制指针”按钮，在录屏时将录制鼠标指针的动作。

图 21.22　单击“屏幕录制”按钮

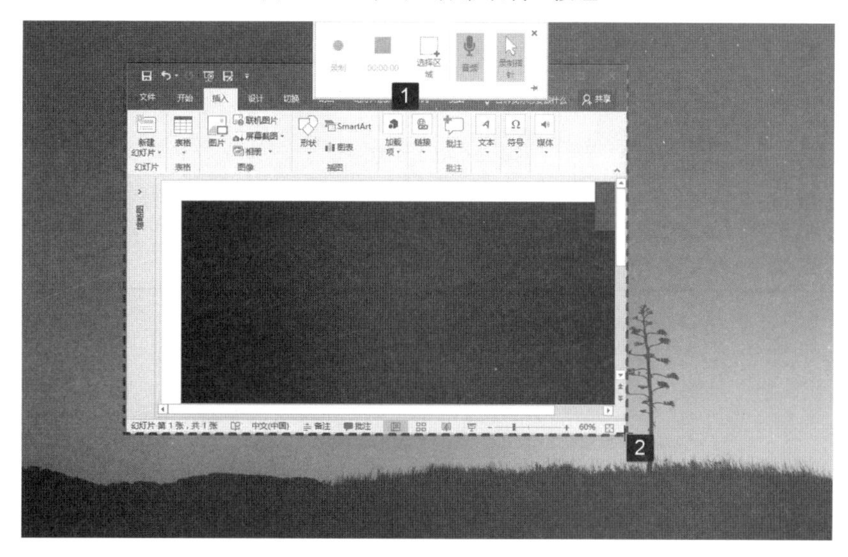

图 21.23　绘制矩形录屏区域

03 完成录屏区域的设置后，单击“录制”按钮开始录屏，此时录屏区域中的操作将被录制下来。完成录制后，按键盘上的 Win+Shift+Q 键将退出屏幕录制，录屏视频将直接插入到当前幻灯片中，如图 21.24 所示。

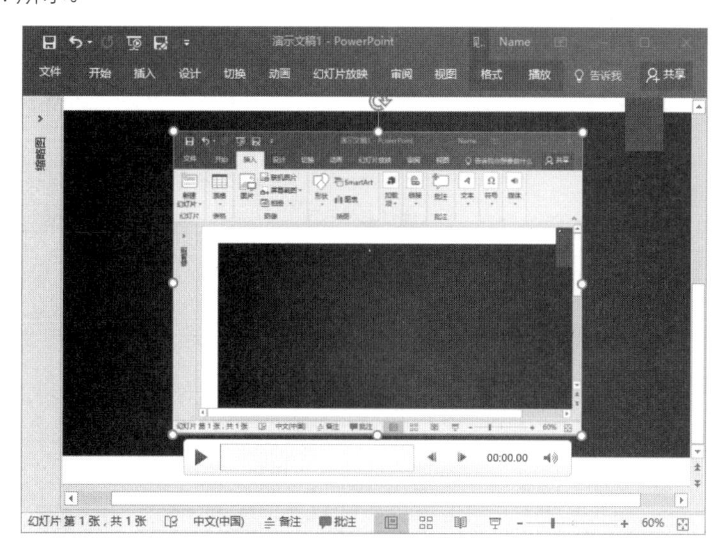

图 21.24　录屏视频直接插入到幻灯片中

21.3.3 为视频添加标牌框架

幻灯片中插入的视频，在开始播放前一般显示视频的第一帧。实际上，用户可以为幻灯片中的视频添加预览图片，使幻灯片中的视频在播放前显示该图片。在 PowerPoint 2013 中，这样的图片可以来自外部的图片文件，也可以使用视频某一帧的画面。下面介绍为视频添加标牌框架的具体的操作方法。

01 在幻灯片中选择视频，在“格式”选项卡的“调整”组中单击“标牌框架”按钮，在打开的下拉列表中选择“文件中的图像”命令，如图 21.25 所示。

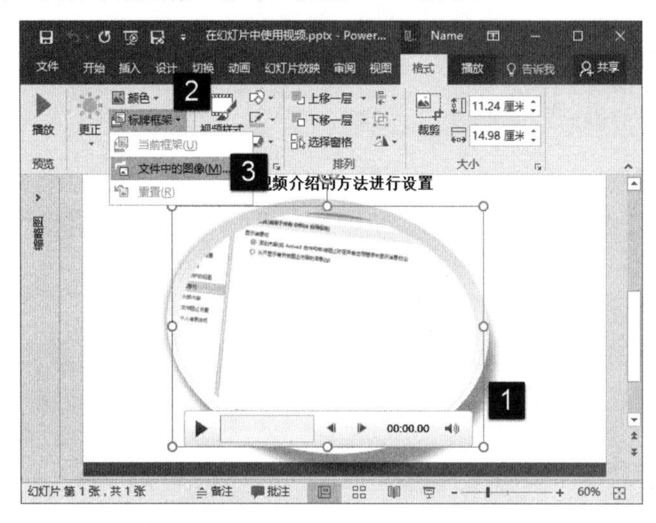

图 21.25 选择“文件中的图像”命令

02 此时将打开“插入图片”对话框，在对话框中单击“来自文件”按钮，在打开的“插入图片”对话框中选择需要使用的图片文件，单击“插入”按钮插入该图片，如图 21.26 所示。视频中将显示指定的图像，如图 21.27 所示。

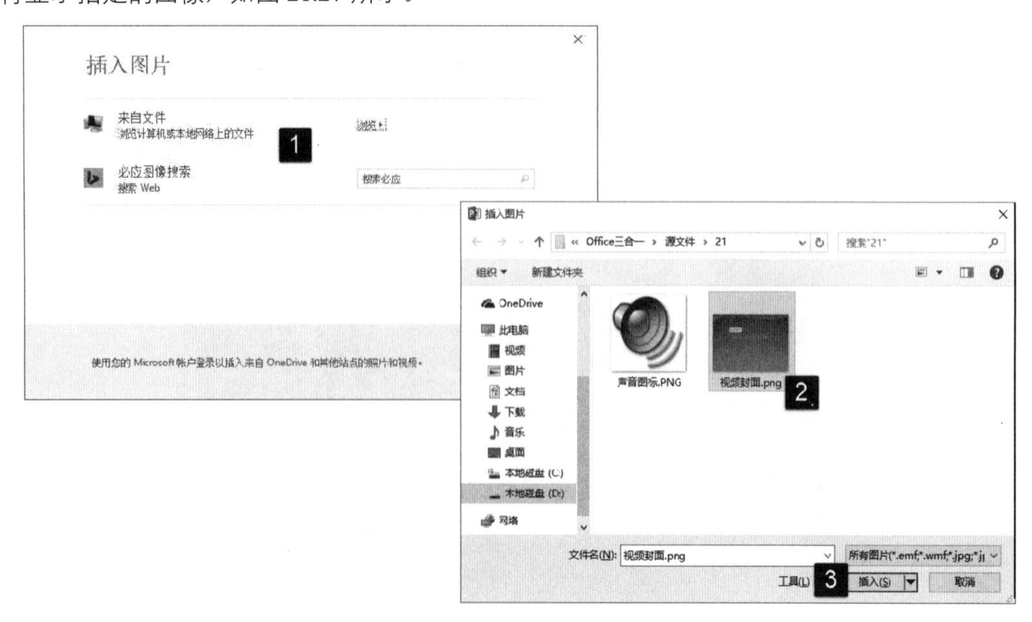

图 21.26 选择需要使用的图片文件

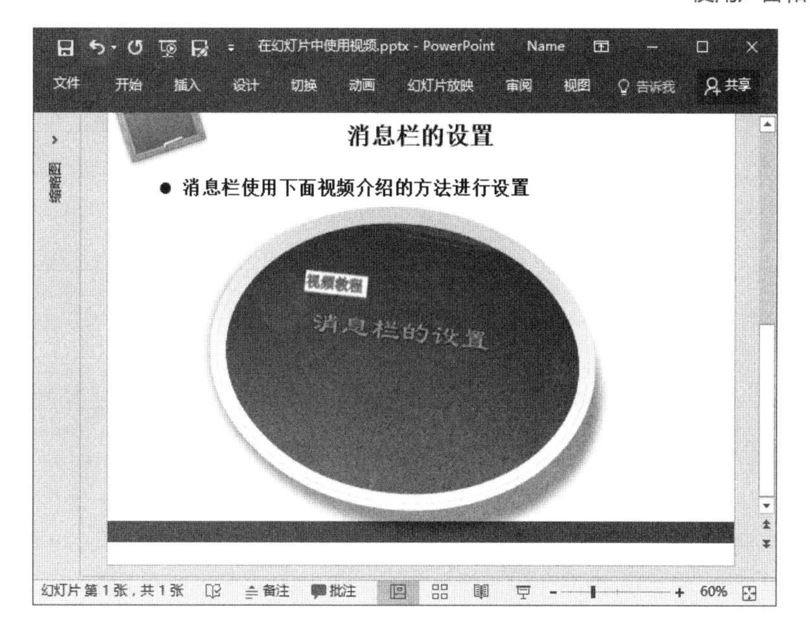

图 21.27 视频中显示图片

提 示

如果对视频的设置不满意，可以在“格式”选项卡中单击“重置设置”按钮，则对视频颜色、亮度的调整以及样式的设置等都将取消，视频恢复到初始状态。

第22章 让幻灯片动起来——幻灯片中的动画

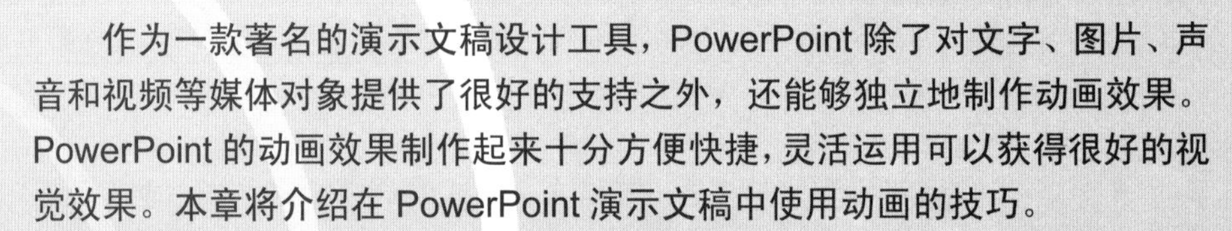

作为一款著名的演示文稿设计工具，PowerPoint 除了对文字、图片、声音和视频等媒体对象提供了很好的支持之外，还能够独立地制作动画效果。PowerPoint 的动画效果制作起来十分方便快捷，灵活运用可以获得很好的视觉效果。本章将介绍在 PowerPoint 演示文稿中使用动画的技巧。

22.1 幻灯片的切换效果

切换效果是幻灯片之间的一种特殊动画效果，它决定了一张幻灯片放映完成后，将以何种方式进入下一张幻灯片的放映。在 PowerPoint 2016 中，用户能够方便地创建幻灯片切换动画效果，同时可以对切换效果进行设置。

22.1.1 为幻灯片添加切换效果

切换效果是一种针对幻灯片中所有对象的动画效果，在 PowerPoint 2016 中可以方便地在 2 张幻灯片之间添加切换动画效果。

01 启动 PowerPoint 并打开演示文稿，选择需要添加切换效果的幻灯片，在“切换”选项卡的“切换到此幻灯片”组中单击“其他”按钮，在打开的下拉列表中选择切换效果选项将其应用到幻灯片中，如图 22.1 所示。

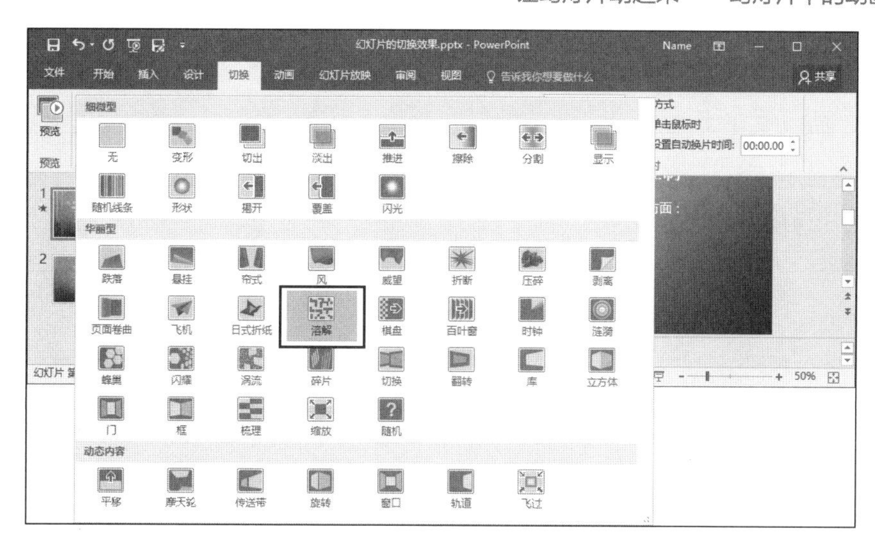

图 22.1　选择幻灯片切换效果

02 此时幻灯片添加切换效果，在“切换”选项卡中单击“预览”按钮即可预览动画效果，如图 22.2 所示。

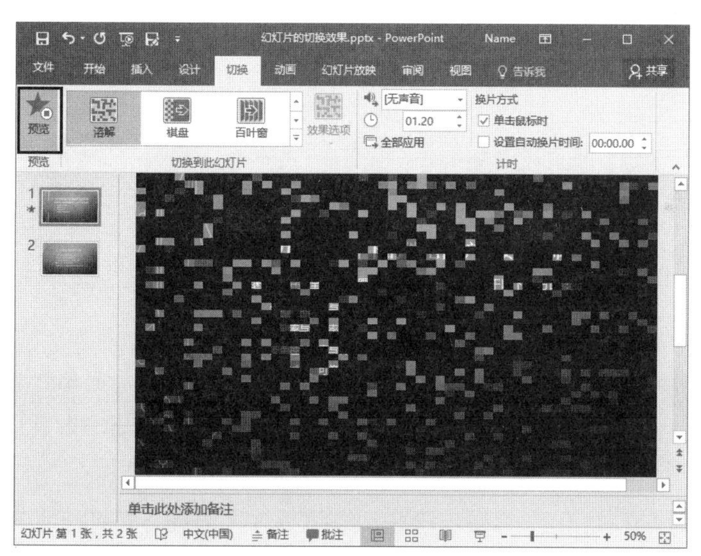

图 22.2　预览动画效果

提　示

当为幻灯片添加切换效果后，“幻灯片”窗格的幻灯片缩览图上将会出现“播放动画”按钮★，单击该按钮也能够预览幻灯片切换效果。如果要取消添加的切换效果，可以再次单击“其他”按钮，在列表中选择“无”选项。

22.1.2　设置幻灯片切换效果

在为幻灯片添加切换效果后，可以对幻灯片的切换效果进行设置，如制定动画开始方式和设置动画的持续时间等。

01 选择添加了切换动画效果的幻灯片，在“切换”选项卡的“持续时间”微调框中输入数值，可以设置切换动画的持续时间，如图 22.3 所示。

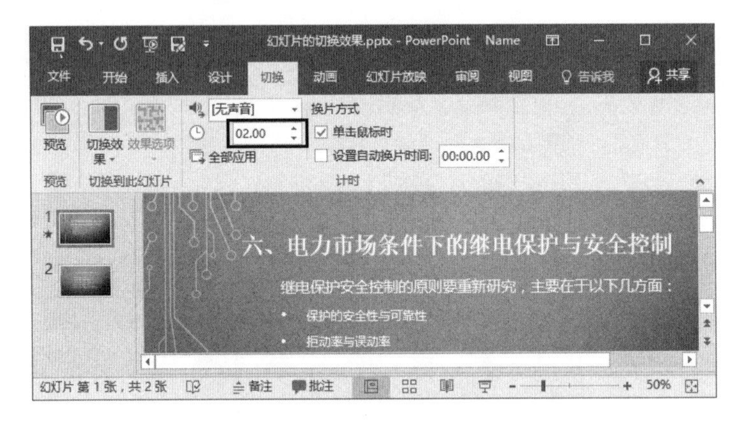

图 22.3　设置切换效果持续时间

02 勾选“设置自动换片时间”复选框，在其后的微调框中输入切换时间值，如图 22.4 所示。此时，在放映幻灯片时，指定时间之后将自动切换到下一张幻灯片。

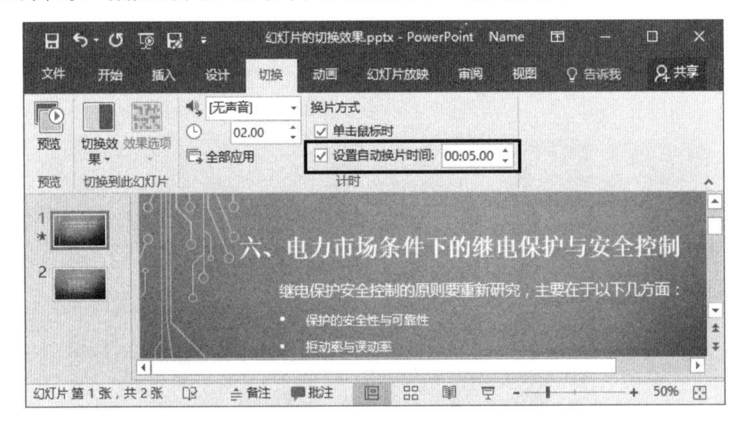

图 22.4　设置切换时间

提　示

在为一张幻灯片添加切换效果后，如果需要演示文稿中所有的幻灯片都具有这样切换效果，可以单击“全部应用”按钮。勾选“单击鼠标时”复选框，则在幻灯片放映时，单击将能够使幻灯片切换到下一张。

03 选择添加了切换效果的幻灯片，单击“效果选项”按钮，在打开的下拉列表选择相应的选项可以对切换动画效果进行设置，如图 22.5 所示。

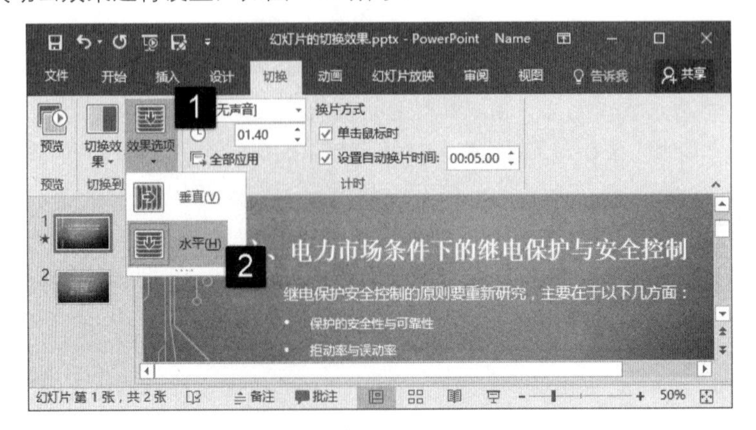

图 22.5　设置效果选项

22.2 在幻灯片中创建动画

动画是 PowerPoint 的一项重要功能，也是使用较为频繁的一项功能。使用动画能够使幻灯片中对象产生动态效果，增强幻灯片的画面感，模拟某些动作，让演示的内容更加直观且吸引人。本节将介绍在幻灯片中添加动画并对动画效果进行设置的方法。

22.2.1 使用预设动画效果

在 PowerPoint 幻灯片中添加动画效果十分简单，一般满足要求的动画效果的创建都可以直接使用 PowerPoint 提供的预设动画效果来实现，而无须掌握专业动画制作知识。

01 打开演示文稿，在幻灯片中选择需要添加动画效果的对象，如当前幻灯片中的文本框，在功能区的“动画”选项卡中单击“动画”组的“动画样式”列表中直接选择预设动画应用到选择的对象，如图 22.6 所示。

02 如果在“动画样式”列表中没有满意的动画效果，可以选择列表下的命令选项，如这里选择“更多进入效果”选项，此时打开“更改进入效果”对话框，在对话框的列表中选择需要使用的动画选项，单击“确定”按钮，如图 22.7 所示，选择的动画效果即可应用于选择的对象。

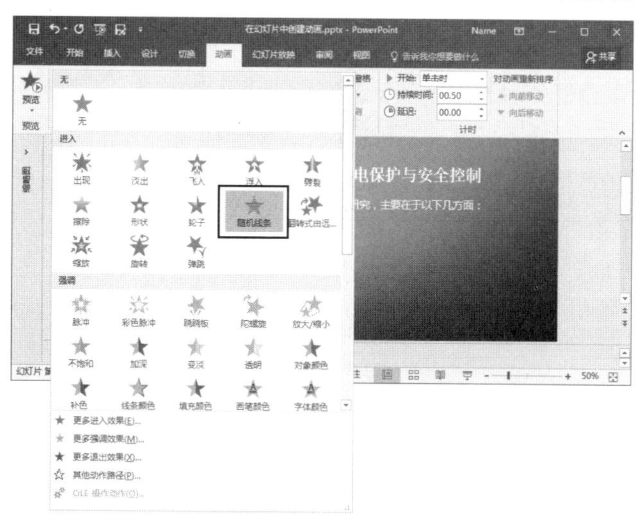

图 22.6　应用预设动画效果

图 22.7　“添加动画效果”对话框

22.2.2 设置动画效果

在为对象添加动画后，按照默认参数运行的动画效果往往无法达到满意的效果，此时就需要对动画进行设置，如设置动画开始播放的时间、调整动画速度以及更改动画效果等。下面介绍对动画效果进行设置的具体操作方法。

01 在幻灯片中选择添加动画效果的对象，单击“动画”组中的“效果选项”按钮，在打开的下拉列表中单击相应的选项可以对动画的运行效果进行修改，如图 22.8 所示。

02 在“计时”组中单击“开始”下拉列表上的下三角按钮，在打开的下拉列表中选择动画开始播放的方式，如图 22.9 所示。

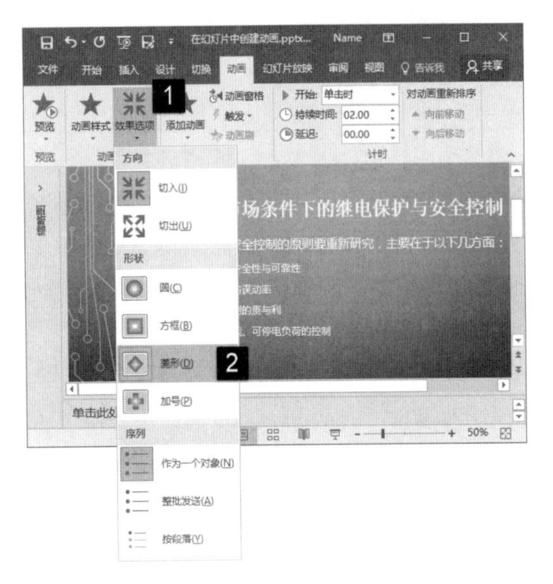

图 22.8　设置“动画选项”

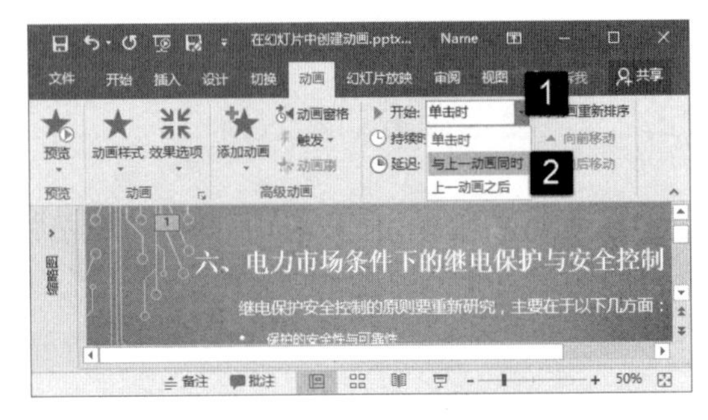

图 22.9　选择动画开始播放的方式

提示：这里“开始”下拉列表框中的选项用于设置动画开始播放的时间。选择“单击时”选项，只有在单击鼠标时动画才会开始播放。选择“与上一个动画同时”选项，则动画会与上一个动画同时开始。选择“上一动画之后”选项，则动画会在上一个动画完成后开始。

03 在“计时”组的“持续时间”微调框中输入时间值可以设置动画的延续时间，时间的长短决定了动画演示的速度。在“延迟”微调框中输入数值可以设置动画延迟时间，如图 22.10 所示。

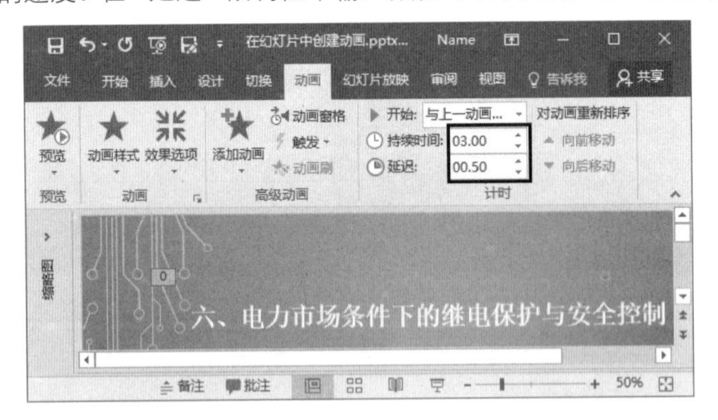

图 22.10　设置动画的持续时间和延迟时间

22.3　常见幻灯片动画效果

PowerPoint 的动画效果根据其功能分为进入动画效果、退出动画效果、强调动画效果和路径动画效果，灵活应用这些基本动画效果，可以在幻灯片中创建各种复杂动画，满足各种场合的动画创建需要。

22.3.1 对象的进入动画效果

对象进入动画效果指的是对象从无到有出现在幻灯片中的动态过程，其包括擦除、淡出、劈裂、飞入、内向溶解和展开等多种动画效果。

01 选择需要添加动画效果的对象，打开“更改进入效果”对话框，在对话框中选择需要使用的进入动画效果，如图 22.11 所示。

02 在“动画”选项卡的“高级动画”组中单击“动画窗格”按钮打开“动画窗格”列表，动画窗格列表中列出添加的动画效果。单击该动画效果右侧的下三角按钮，在打开的列表中选择“效果选项”选项，如图 22.12 所示。

图 22.11 “更改进入效果”对话框

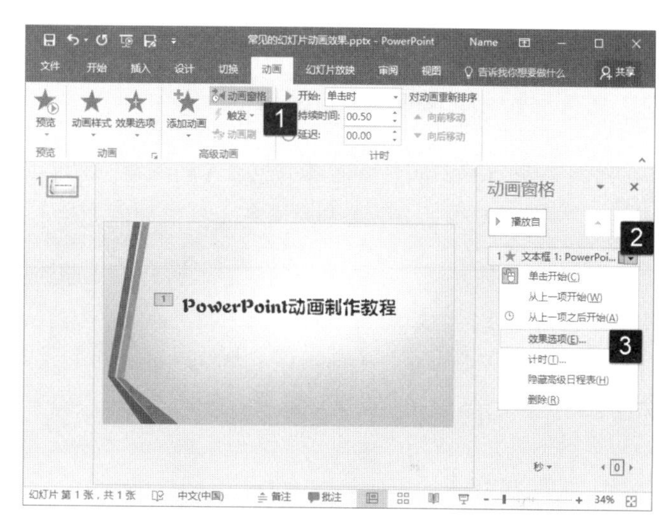

图 22.12 选择“效果选项”选项

03 此时将打开该动画的效果设置对话框，在对话框的“效果”选项卡中可以对动画效果进行设置。例如，这里在“声音”列表中选择相应的选项设置伴随动画出现的声音，如图 22.13 所示。

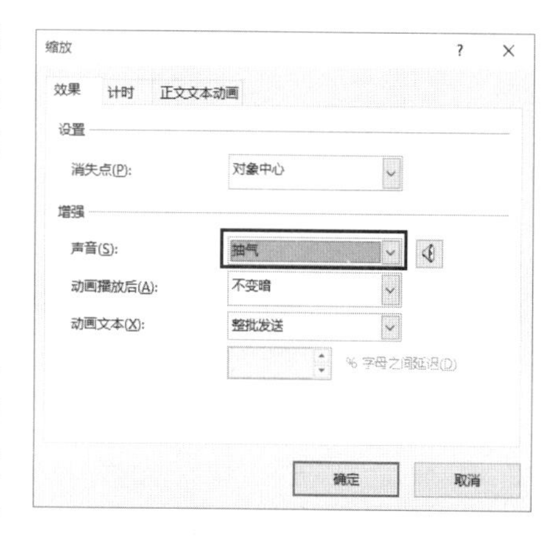

图 22.13 动画的效果对话框

22.3.2 对象的退出动画效果

与进入动画相反，对象的退出动画是幻灯片中的对象从有到无逐渐消失的动态过程。退出动画是多个对象之间自然衔接过度时需要的动画，其包括百叶窗退出动画、菱形退出动画、棋盘退出动画和十字形扩展退出动画等多种动画效果。

01 选择需要添加动画效果的对象，打开“更改退出效果”对话框，在对话框中选择需要使用的退出动画效果，如图 22.14 所示。

02 在“动画窗格”中单击该动画效果右侧的下三角按钮，在打开的列表中选择“效果选项”选项，打开该动画的效果设置对话框，在对话框的“效果”选项卡中可以对动画效果进行设置。在“计时”选项卡中可以对动画的开始方式、延迟时间、播放速度和动画重复次数进行设置，如图 22.15 所示。

图 22.14 “更改退出效果”对话框

图 22.15 动画效果设置对话框中的“计时”选项卡

22.3.3 对象的强调动画效果

为了使幻灯片中的对象能够引起观众的注意，可以为对象添加强调动画效果。这样，在幻灯片放映时，添加了强调动画效果的对象会发生诸如放大缩小、忽明忽暗和旋转等外观和色彩上的变化。

01 选择需要添加动画效果的对象，打开“更改强调效果”对话框，在对话框中选择需要使用的强调动画效果，如图 22.16 所示。

02 在“动画窗格”中单击该动画效果右侧的下三角按钮，在打开的列表中选择“效果选项”选项，打开该动画的效果设置对话框，在对话框的“效果”选项卡中可以对动画效果进行设置，例如，这里是对文字应用“波浪形”动画效果，将“动画文本”设置为“按字/词”，文字以字为单位动画，如图 22.17 所示。

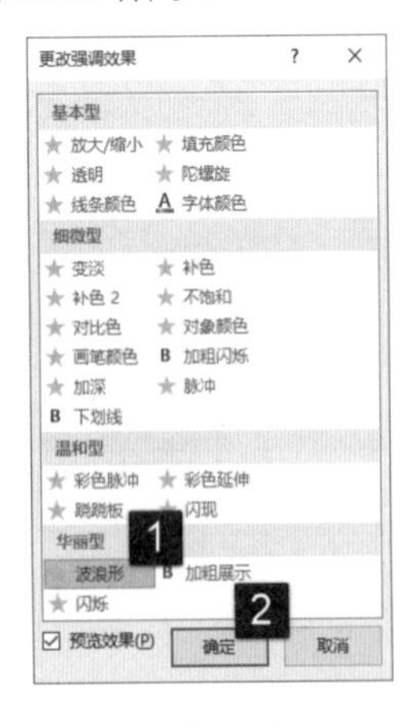

图 22.16 “更改强调效果”对话框

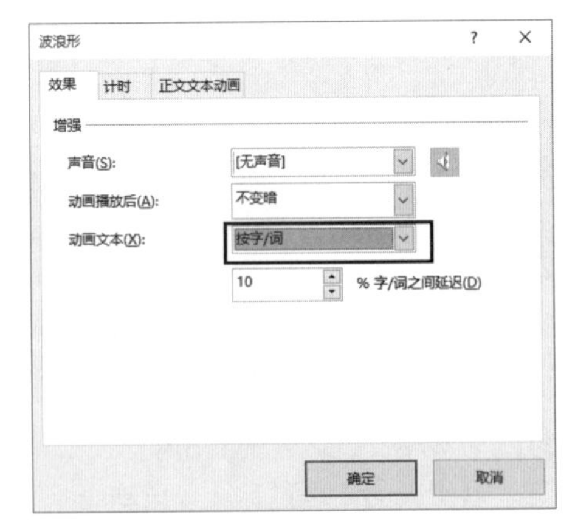

图 22.17 设置“动画文本”

22.3.4 对象的路径动画效果

路径动画效果可以使对象在幻灯片中沿着某个路径运动，这种动画效果展示对象在幻灯片中位置改变的过程，让对象在幻灯片中真正动起来。

01 在幻灯片中选择对象，在“动画样式”列表的“动作路径”栏中选择预设选项即可应用该动画效果，如图 22.18 所示。选择“其他动作路径”选项将打开“更改动作路径”对话框，对话框中列出了大量的预设动画路径供用户选择使用，如图 22.19 所示。

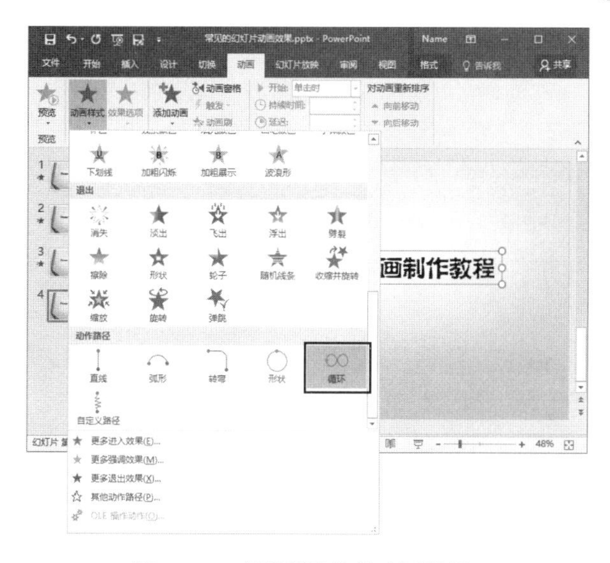

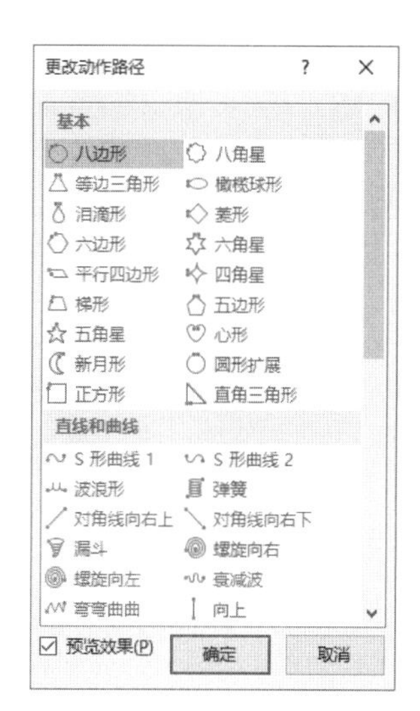

图 22.18　应用预设路径动画效果

图 22.19　“更改动作路径”对话框

02 在“动画样式”列表的“动作路径”栏中选择“自定义路径”选项，在幻灯片中可以使用鼠标绘制对象的移动路径，如图 22.20 所示。这里，单击确定路径的起点，在绘制路径过程中单击确定路径更改方向的位置，双击将完成路径的绘制。

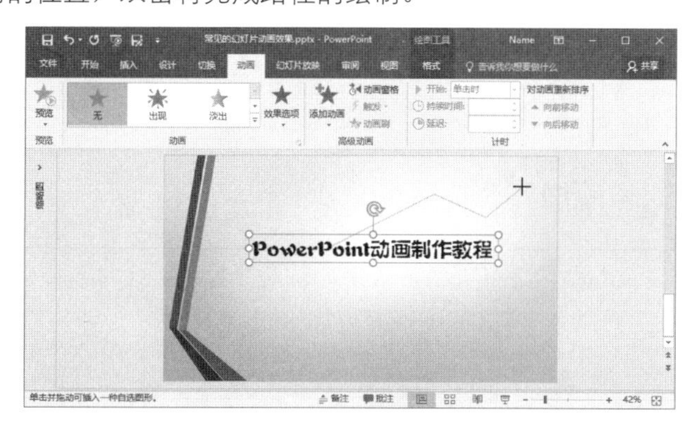

图 22.20　绘制移动路径

03 完成路径的绘制后，路径被带有控制柄的边框包围，拖动边框可以改变路径在幻灯片中的位置。拖动边框上的控制柄可以改变路径的高度和宽度，如图 22.21 所示。

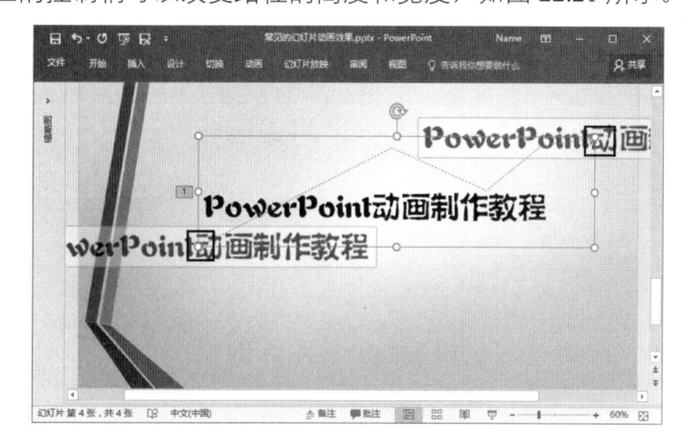

图 22.21　路径被带有控制柄的边框包围

04 右击路径，选择快捷菜单中的“编辑顶点”命令进入顶点编辑状态。此时路径可以像绘制的曲线那样来改变路径的形状。例如，拖动顶点两侧的控制柄来改变路径曲线的形状，如图 22.22 所示。右击路径，选择快捷菜单中的“退出编辑顶点”命令退出顶点编辑状态。

图 22.22　改变路径形状

22.4　本章拓展

下面介绍关于动画制作的 3 个拓展知识。

22.4.1　为同一个对象添加多个动画

要表现某个对象的复杂的动作，一个动画效果显然是不够的，此时需要对这个对象应用多个动画效果。要实现对象动画的叠加，可以使用下面方法来进行制作。

01 在该幻灯片中选择需要添加动画的对象，首先为其添加第一个动画效果，如图 22.23 所示。

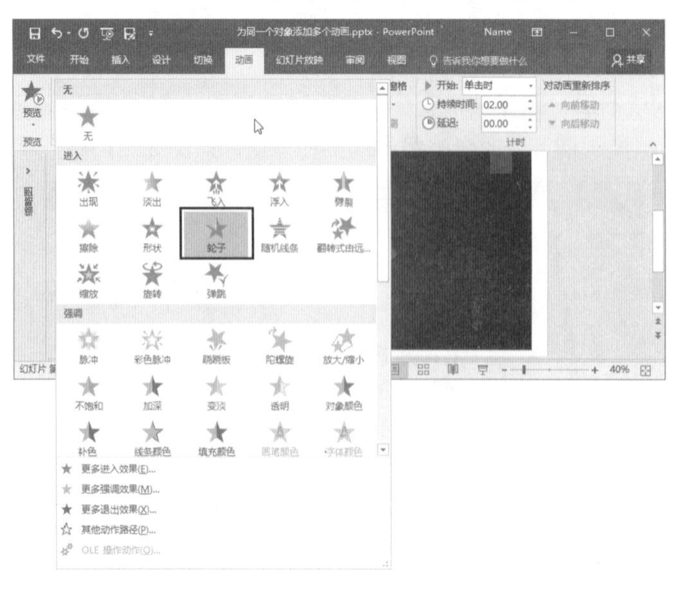

图 22.23　添加第一个动画效果

02 在该对象被选择的情况下，单击“添加动画”按钮，在打开的下拉列表中选择需要添加的动画效果将其赋予对象，如图 22.24 所示。在“开始”下拉列表中，将该动画效果的开始时间设置为“上一动画之后”，如图 22.25 所示。这样，2 段动画将会依次连续播放。

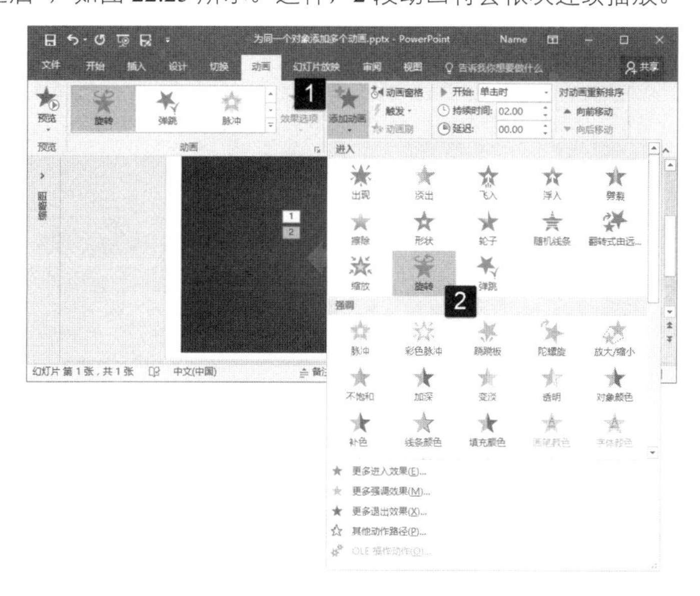

图 22.24 添加第二个动画效果

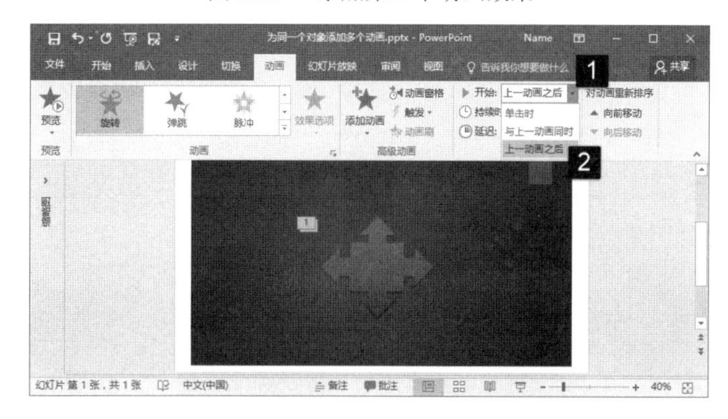

图 22.25 设置第二个动画的开始时间

22.4.2 实现不间断的动画

默认情况下，插入幻灯片中的动画播放一次即结束。有时候，需要在当前幻灯片中不间断播放动画，直到切换到下一张幻灯片。下面介绍实现这种动画效果的操作方法。

01 启动 PowerPoint 并打开文档。在文档中选择需要对动画效果进行设置的对象，打开“动画窗格”，在窗格中单击动画选项右侧的下三角按钮。在打开的下拉列表中选择“计时”命令，如图 22.26 所示。

02 此时将打开一个名为“陀螺旋”的对话框，该对话框用于对“陀螺旋”动画的效果和计时进行设置。在“计时”选项卡的“重复”下拉列表中选择“直到幻灯片末尾”选项，如图 22.27 所示。单击“确定”按钮关闭该对话框，在幻灯片放映时，该动画将一直播放直到切换到下一张幻灯片。

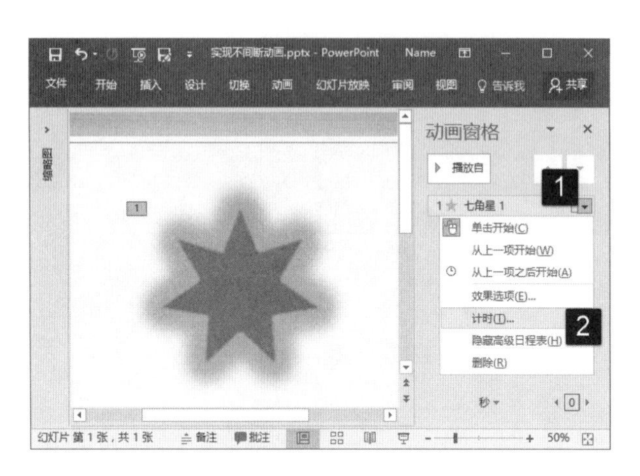

图 22.26　选择“计时”命令

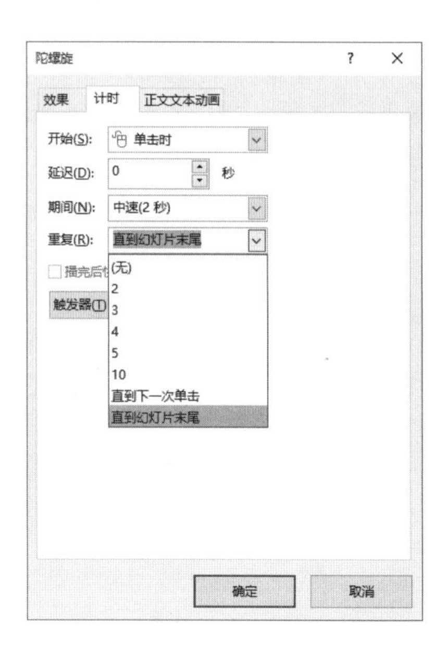

图 22.27　在“重复”下拉列表中选择“直到幻灯片末尾”选项

22.4.3　使用动画窗格

在 PowerPoint 中，使用“动画窗格”能够对幻灯片中对象的动画效果进行设置，这包括播放动画、设置动画播放顺序和调整动画播放的时长等操作。下面将介绍具体的操作方法。

01 在“动画”选项卡的“高级动画”组中单击“动画窗格”按钮打开“动画窗格”。在动画窗格中按照动画的播放顺序列出了当前幻灯片中的所有动画效果，单击窗格中的“全部播放”按钮将能够播放幻灯片中的动画，如图 22.28 所示。

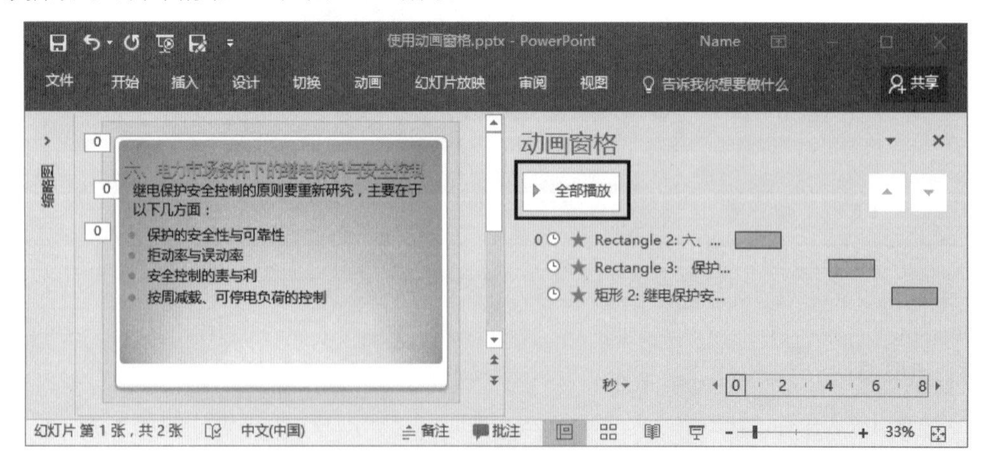

图 22.28　单击“播放”按钮播放动画

02 在“动画窗格”中拖动动画选项可以改变其在列表中的位置，这位置决定了动画在幻灯片中的播放的顺序，如图 22.29 所示。

03 使用鼠标拖动时间条左右两侧的边框可以改变时间条的长度，长度的改变意味着动画播放时长的改变，如图 22.30 所示。将鼠标放置到时间条上，将会得到动画开始和结束的时间，拖动时间条改变其位置将能够改变动画开始的延迟时间，如图 22.31 所示。

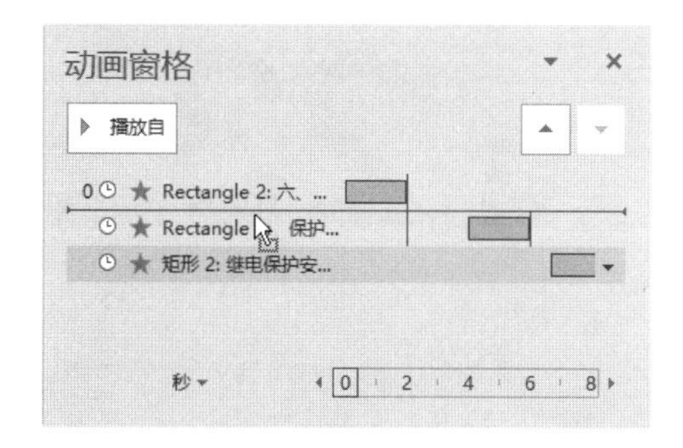

图 22.29　改变动画播放顺序

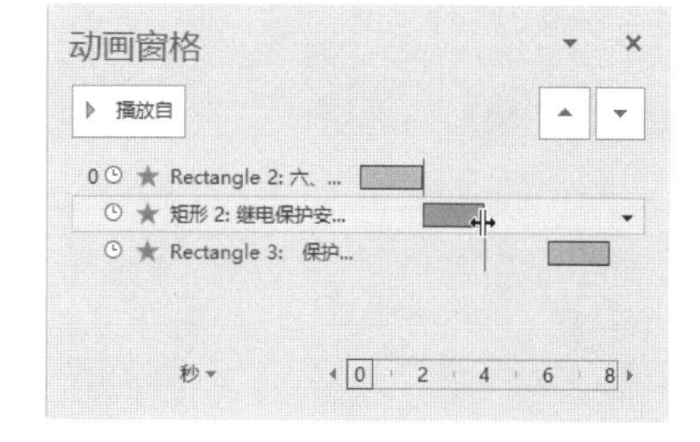

图 22.30　设置动画播放时长

如果希望动画窗格中不显示时间条，可以在窗格中选择一个动画选项，单击其右侧出现的下三角按钮▼，在打开的下拉列表中选择“隐藏高级日程表”命令。反之，当高级日程表被隐藏时，选择“显示高级日程表”命令可以使其重新显示。

04 单击“动画窗格”底部的“秒”按钮，在下拉列表中选择相应的选项可以设置窗格中的时间条的显示进行放大或缩小，以方便对动画播放时间进行设置，如图 22.32 所示。

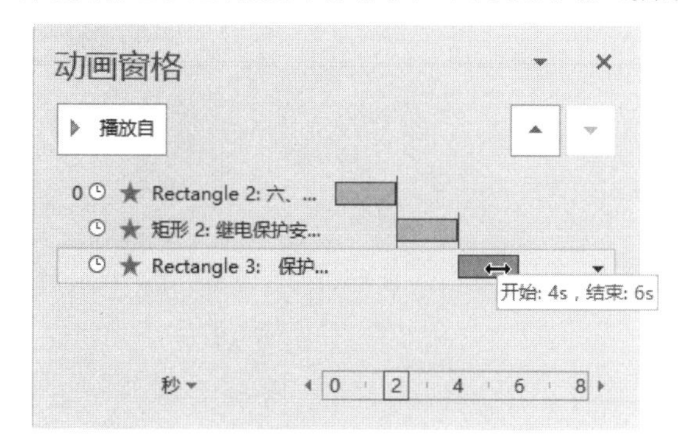

图 22.31　设置动画开始的延迟时间

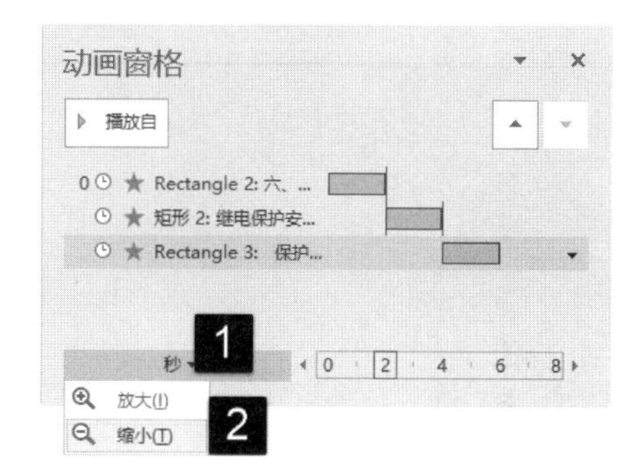

图 22.32　对时间条的显示进行放大或缩小

第 23 章 PPT 的放映管理

制作演示文稿的目的就是为了放映，放映演示文稿的方法很多，用户可以根据需要选择演示文稿的放映方式、设置放映速度，从而保证播放过程流畅自然，使演示文稿真正成为演讲者传递信息的好助手。

23.1 控制放映流程

演示文稿设计得好不好，其中一个重要的标准就是演讲者是否能够方便地播放，进行实时控制。下面将介绍在 PowerPoint 中对放映流程进行控制的方法。

23.1.1 从头开始放映幻灯片

在放映演示文稿时，最常用的方式就是直接播放演示文稿。PowerPoint 中控制演示文稿播放的开始一般有下面 2 种操作方法。

01 启动 PowerPoint 并打开演示文稿，打开“幻灯片放映”选项卡，在“开始放映幻灯片”组中单击“从头开始”按钮，如图 23.1 所示，演示文稿将从第一张幻灯片开始放映。

02 在演示文稿中选择一张幻灯片，在“开始放映幻灯片”组中单击“从当前幻灯片开始”按钮，如图 23.2 所示，演示文稿将从当前选择的幻灯片开始放映。

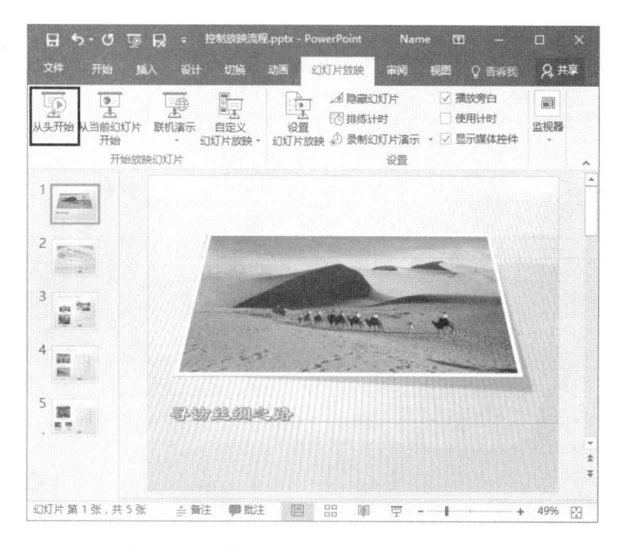

图 23.1　单击“从头开始放映”按钮

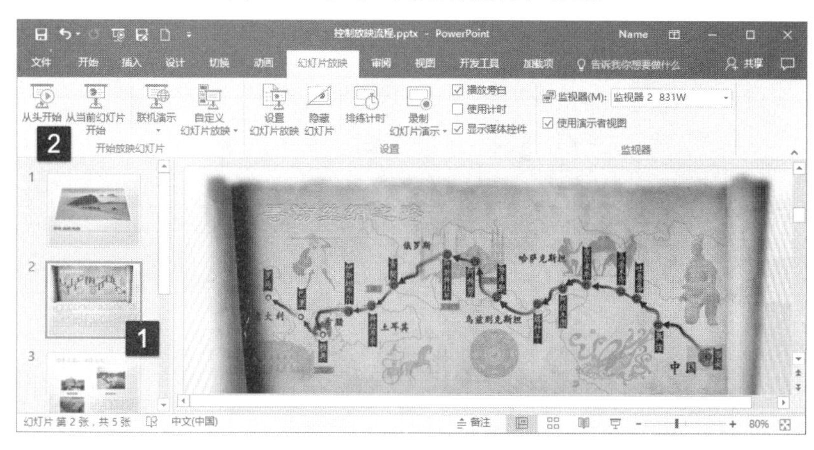

图 23.2　单击“从当前幻灯片开始”按钮

提 示

打开演示文稿后，按 F5 键将从头开始放映演示文稿，按 Shift+F5 键将从当前选择的幻灯片开始放映演示文稿。

23.1.2　为对象添加超链接

在演示文稿中，超链接是指向特定目标的一种连接方式，使用它可以实现幻灯片放映时向特定页面的跳转。在 PowerPoint 中，超链接是实现播放控制的一种方式，可以添加超链接的对象包括文本、图形、图像以及图表等对象。

01 选择需要添加超链接的幻灯片，在幻灯片中的地图上西安的位置绘制一个无边框的矩形。在“设置形状格式”对话框中将图形的透明度设置为 100%，使其下面的地图完全显示。在“插入”选项卡的“链接”组中单击“超链接”按钮，如图 23.3 所示。

02 此时将打开“插入超链接”对话框，在对话框左侧的“链接到”栏中选择超链接的目标类型，如这里选择“本文档中的位置”选项指定链接目标为当前文档中的幻灯片，在“请选择文档中的位置”栏中选择链接的目标幻灯片，此时在对话框右侧的“幻灯片预览”栏中可以看到选择幻灯片的预览，完成设置后单击“确定”按钮，如图 23.4 所示。

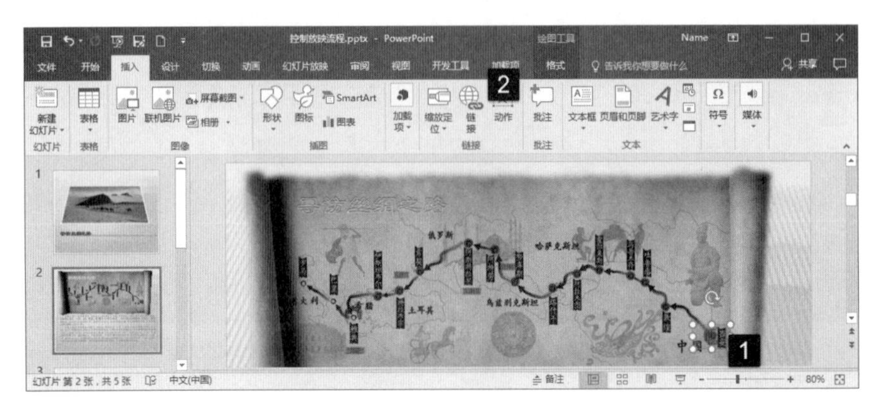

图 23.3　单击“超链接”按钮

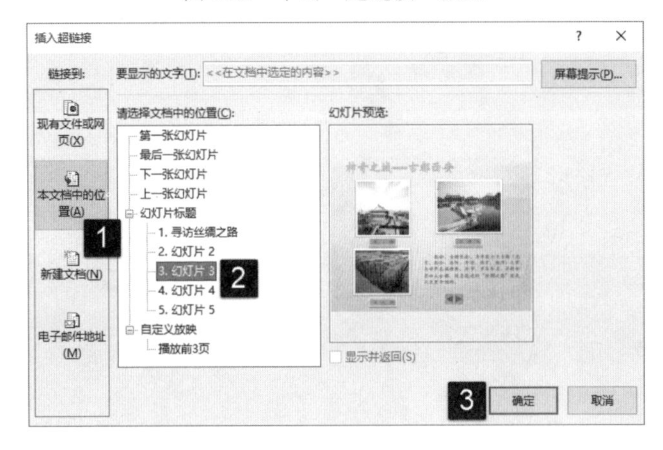

图 23.4　“插入超链接”对话框

提 示

在幻灯片中右击需要添加超链接的对象，单击上下文菜单中的“超链接”命令也可打开“插入超链接”对话框。

03 为对象添加超链接后，在放映幻灯片时，将鼠标指针放置于地图上的文字“西安”上时，鼠标指针变为手形，如图 23.5 所示，此时单击即可切换到链接指定的幻灯片。

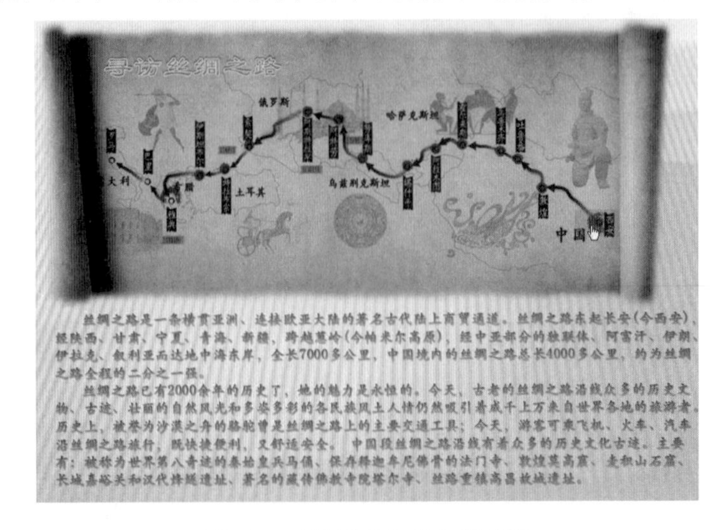

图 23.5　幻灯片放映时的超链接

只有插入幻灯片中的对象才能被添加超链接，备注和讲义等内容是不能添加超链接的。添加或修改超链接一般在普通视图中进行，在大纲视图中只能对文字添加超链接。

23.1.3 使用动作按钮

PowerPoint 提供了一组动作按钮，这些动作按钮带有预设的链接动作，可以直接添加到幻灯片中而无须进行设置，幻灯片放映时能实现诸如幻灯片间的跳转、播放声音或影片以及激活另一个外部应用程序等操作。下面介绍动作按钮的使用方法。

01 打开需要添加动作按钮的幻灯片，在“插入”选项卡中单击“形状”按钮，在打开的下拉列表中选择“动作按钮”栏中的需要的动作按钮，如图 23.6 所示。拖动鼠标在幻灯片中绘制该动作按钮。

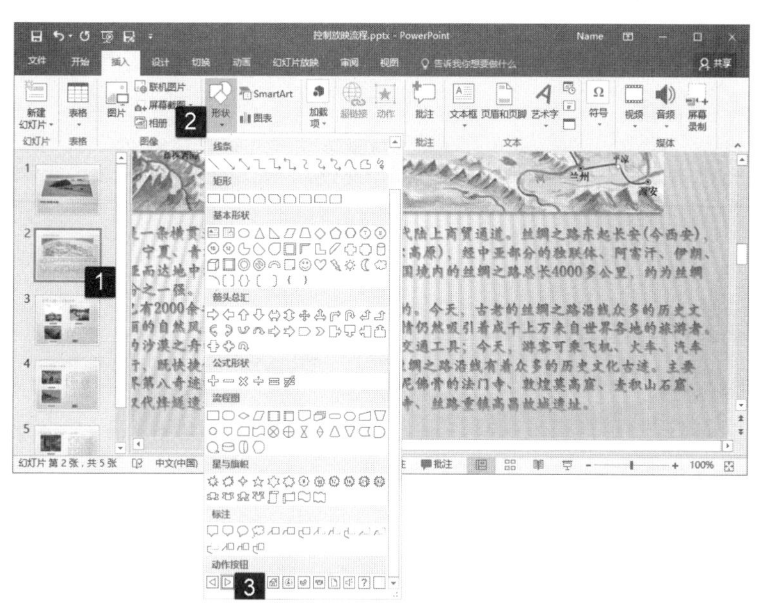

图 23.6　选择动作按钮

02 完成按钮绘制后，PowerPoint 会自动打开“操作设置”对话框。不同的动作按钮，单击鼠标时的默认动作是不同的，如这里使用的按钮的默认动作是链接到下一张幻灯片，如图 23.7 所示。如果不需要对按钮的设置进行编辑修改，可直接单击“确定”按钮关闭对话框，即可实现动作按钮的添加。

图 23.7　“操作设置”对话框

PowerPoint 自带的动作按钮能够实现常用的幻灯片导航操作，这些按钮包括“后退或前一项”按钮、“前进或下一项”按钮、“开始”按钮和“结束”按钮等，将鼠标放置在列表中的按钮选项上将显示按钮提示信息，了解按钮的基本功能。

03 在幻灯片中选择对象，在“插入”选项卡的“链接”组中单击“动作”按钮将打开“操作设置”对话框。在对话框的“单击鼠标”选项卡中选择“超链接到”选项，列表中选择链接目标，如图 23.8 所示。完成设置后单击“确定”按钮关闭对话框，该对象即成为一个具有超链接功能的动作按钮。

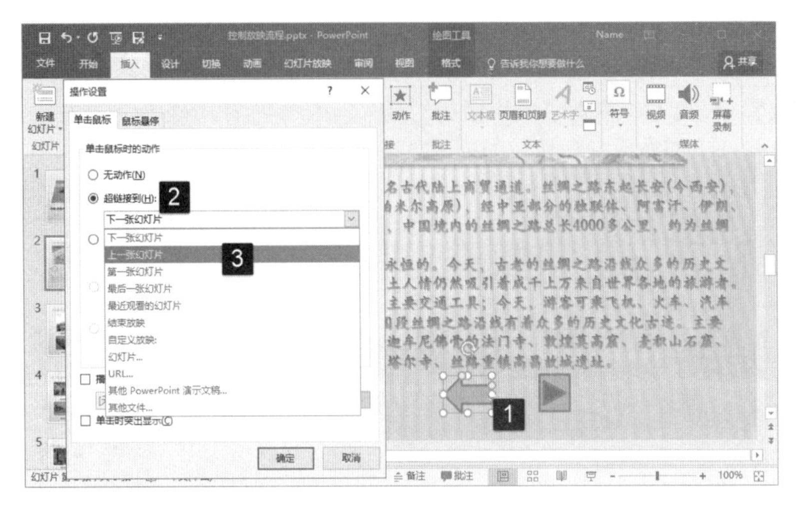

图 23.8　设置操作动作

23.2　幻灯片的放映设置

在放映演示文稿之前，可以根据放映环境和演讲者演示的需要对演示文稿的放映进行设置，下面将介绍幻灯片放映设置的方法。

23.2.1　设置幻灯片放映

在放映演示文稿前，根据放映场合的需要，可以对幻灯片的放映进行设置。这里的设置主要包括幻灯片放映的类型、指定需要放映的幻灯片以及幻灯片是否循环播放等内容。下面介绍循环放映演示文稿中部分幻灯片的设置方法。

01 打开演示文稿，在“幻灯片放映”选项卡中单击“设置”组中的“设置幻灯片放映”按钮，如图 23.9 所示。

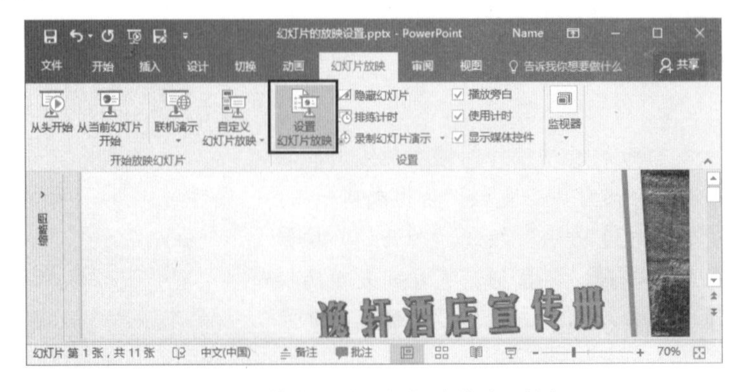

图 23.9　单击“设置幻灯片放映”按钮

02 此时将打开“设置放映方式”对话框，在对话框中对演示文稿的放映方式进行设置。这里，勾选“循环放映，按 Esc 键终止”复选框使幻灯片能够循环放映，在“放映幻灯片”栏中设置放映演示文稿的第 1 张至第 3 张幻灯片，完成设置后单击“确定”按钮关闭对话框，如图 23.10 所示。

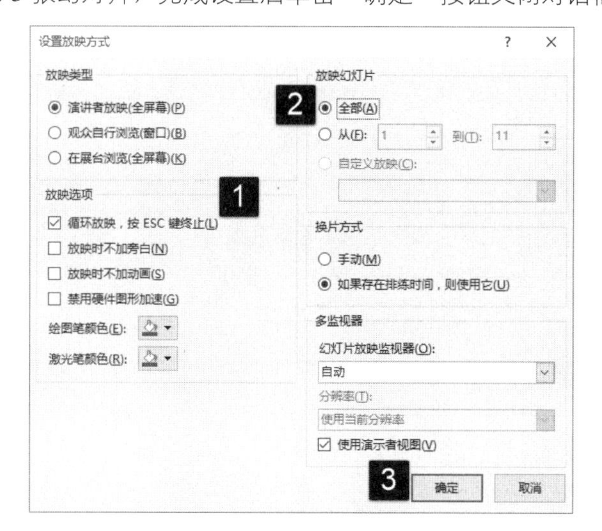

图 23.10　设置放映方式

这里，“演讲者放映（全屏幕）”是默认的放映方式，在观众面前全屏幕演示幻灯片，演讲者对演示文稿的放映过程有完全的控制权。“观众自行浏览（窗口）”方式让观众在带有导航菜单或按钮的标准窗口中通过滚动条、方向键或控制按钮来自行控制浏览演示内容。“在展台浏览（全屏幕）”方式是观众手动切换或通过设置好的排练计时时间来自动切换幻灯片，此时观众只能通过鼠标选择屏幕对象，不能对演示文稿进行修改，演示文稿循环播放。

23.2.2　设置排列时间

当演示文稿需要自动播放时，往往需要精确设定每张幻灯片在屏幕上的停留时间，PowerPoint 提供的“排练计时”功能能够方便地实现这种时间设定。通过使用排练计时能够对演示文稿的放映过程进行预演排练，在排练过程中 PowerPoint 将自动记录每张幻灯片的放映时间，演讲者可通过显示的累计时间了解整个演示文稿的放映时间。保存排练计时后，在播放该演示文稿时，将能够以此时间实现幻灯片的自动切换。下面介绍具体的操作方法。

01 打开演示文稿，在功能区的“幻灯片放映”选项卡中单击“设置”组的“排练计时”按钮，如图 23.11 所示。

02 此时幻灯片将进行播放，在播放时将会出现一个“录制”浮动工具栏，工具栏中显示当前放映时间和总放映时间。根据放映操作需要切换幻灯片，切换到新的幻灯片时，“录制”工具栏将重新开始计时，总放映时间将继续计时。在“录制”浮动工具栏中单击“下一项”按钮将能够切换到下一张幻灯片，如图 23.12 所示。如果需要计时暂停，可以单击工具栏中的“暂停”按钮。此时 PowerPoint 会给出提示对话框，单击“继续录制”按钮将能够重新开始计时，如图 23.13 所示。

在“录制”浮动工具栏中单击“循环”按钮，可以重新开始记录当前幻灯片的放映时间。

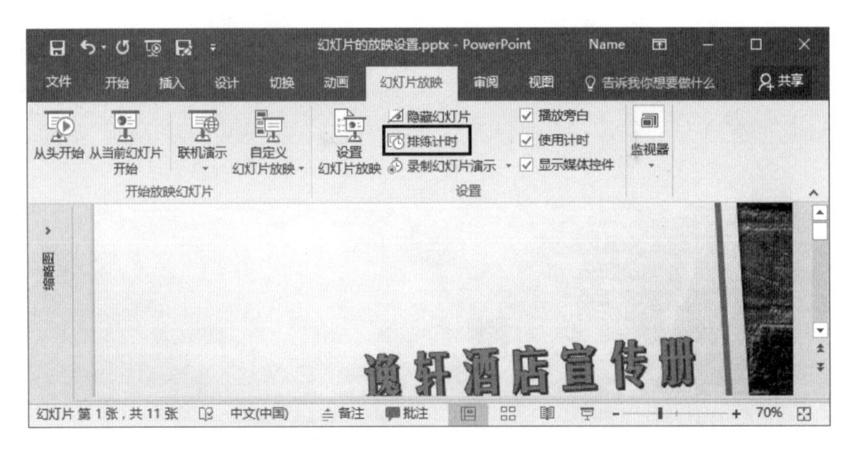

图 23.11　单击“排练计时”按钮

图 23.12　单击“下一项”按钮切换到下一张幻灯片

03 逐个完成每张幻灯片排练计时，退出幻灯片放映状态。此时 PowerPoint 给出提示对话框，提示是否保存排练时间，如图 23.14 所示。单击“是”按钮保存排练时间。切换到幻灯片浏览视图模式下，每张幻灯片左下角将会出现幻灯片播放需要的时间。

图 23.13　暂停计时

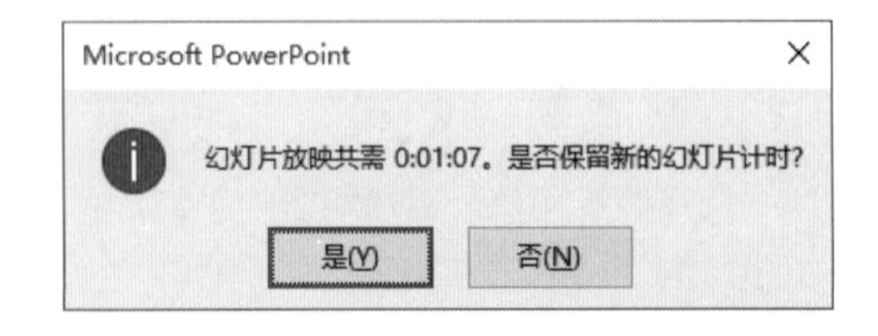

图 23.14　PowerPoint 提示对话框

提　示

在“设置放映方式”对话框中的“换片方式”栏中选择“如果存在排练时间，则使用它”单选按钮，在“放映类型”栏中同样选项“演讲者放映（全屏）”单选按钮。在幻灯片放映时，既可以使用手动控制幻灯片放映，且排练计时可以发挥作用。

04 在幻灯片浏览视图模式下，选择某一张幻灯片，在功能区中打开“切换”选项卡，在“计时”组中勾选“设置自动换片时间”复选框，并在其后的微调框中输入时间值。该幻灯片的排练计时时间将更改为当前的输入值，如图 23.15 所示。

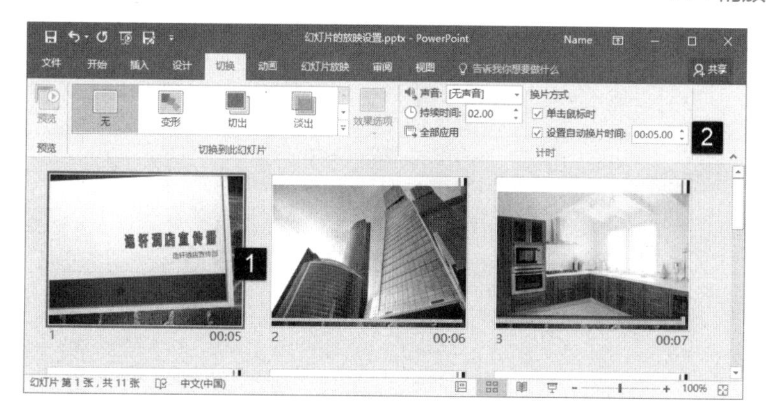

图 23.15　修改排练计时时间

除了通过排练计时来确定幻灯片的切换时间之外，如果用户知道每张幻灯片的切换时间或者对每张幻灯片的放映时间有明确的要求，可以按照这里的方法，直接设置“设置自动换片时间”的时间值。如果所有的幻灯片的播放时间都相同，可以在设置一张幻灯片的时间值后，单击“全部应用”按钮将这个设置应用到所有幻灯片中。

23.2.3　为放映添加旁白

在进行演讲时，如果需要为每张幻灯片添加讲解，可以使用 PowerPoint 2013 自带的录制旁白的功能，在放映排练的同时录制旁白声音。在录制完成后保存旁白声音即可。录制旁白常用于自动放映的演示文稿，如展会上自动放映的宣传资料、Web 上的自动放映演示文稿或某些需要特定的个人解说的演示文稿等。下面介绍具体的操作过程。

01 启动 PowerPoint 并打开演示文稿，在“幻灯片放映”选项卡中单击“录制幻灯片演示”按钮上的下三角按钮，选择“从头开始录制”命令，如图 23.16 所示。PowerPoint 给出“录制幻灯片演示”对话框，在对话框中勾选相应的复选框选择需要录制的内容。单击“开始录制”按钮开始录制操作，如图 23.17 所示。

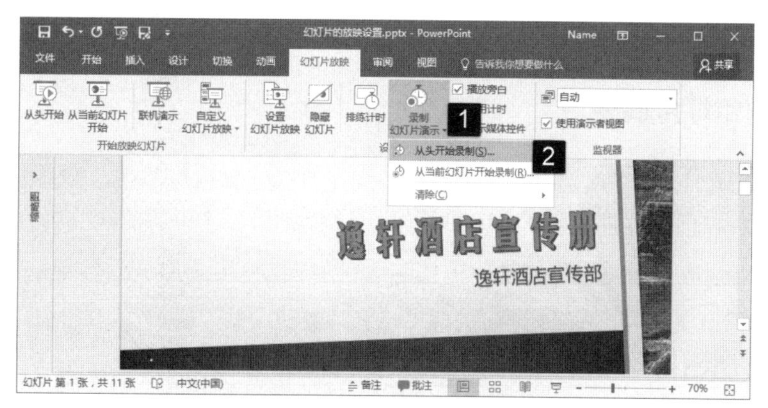

图 23.16　单击“从头开始录制”选项

02 此时幻灯片进入全屏状态开始放映，PowerPoint 将录制演示者通过话筒读出旁白内容。完成一张幻灯片旁白的录制后，切换到下一张幻灯片接着进行录制。录制完成后，按 Esc 键退出幻灯片放映状态。切换普通视图，选择幻灯片中的声音图标，如图 23.18 所示。单击浮动控制栏上的“播放”按钮即可预览旁白的录制效果。

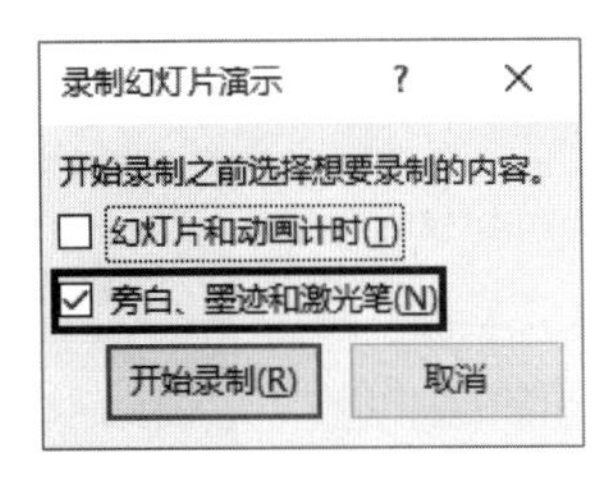

图 23.17 “录制幻灯片演示”对话框

图 23.18 选择声音图标出现浮动控制栏

在“录制幻灯片演示”下拉列表中选择“清除”命令，在下级列表中选择“清除当前幻灯片中的旁白”命令，可以清除当前幻灯片中的旁白；如果选择“清除所有幻灯片中的旁白”命令，将清除演示文稿中所有幻灯片中的旁白；如果选择“清除当前幻灯片中的计时”命令，将清除当前幻灯片录制的放映计时；如果选择“清除所有幻灯片中的计时”命令，将清除演示文稿中所有幻灯片的放映计时。

23.3 放映时的操作

演示文稿在放映时，演讲者可以方便地对放映进行控制，同时还能放映时在换名上进行标注。下面介绍演示文稿放映时演讲者需要掌握的操作技巧。

23.3.1 控制幻灯片放映

在放映演示文稿时，有多种方法可以实现幻灯片的切换，如鼠标单击、按空格键和按 Enter 键等。实际上，在放映时还可以使用一些针对所有演示文稿都可以实现的放映控制方法，下面对这些方法进行介绍。

01 在放映演示文稿时，按 F1 键将打开“幻灯片放映帮助”对话框，对话框中详细列出了幻灯片放映操作的详细说明，如图 23.19 所示。

在播放演示文稿时，按 A 或 = 键将隐藏屏幕上的鼠标光标，再次按这 2 个键中某一个键将能够重新显示鼠标光标。

02 在放映演示文稿时，将鼠标放置到屏幕的左下角会出现一排透明的播放控制按钮，单击相应的按钮能够实现对幻灯片切换的控制，如图 23.20 所示。

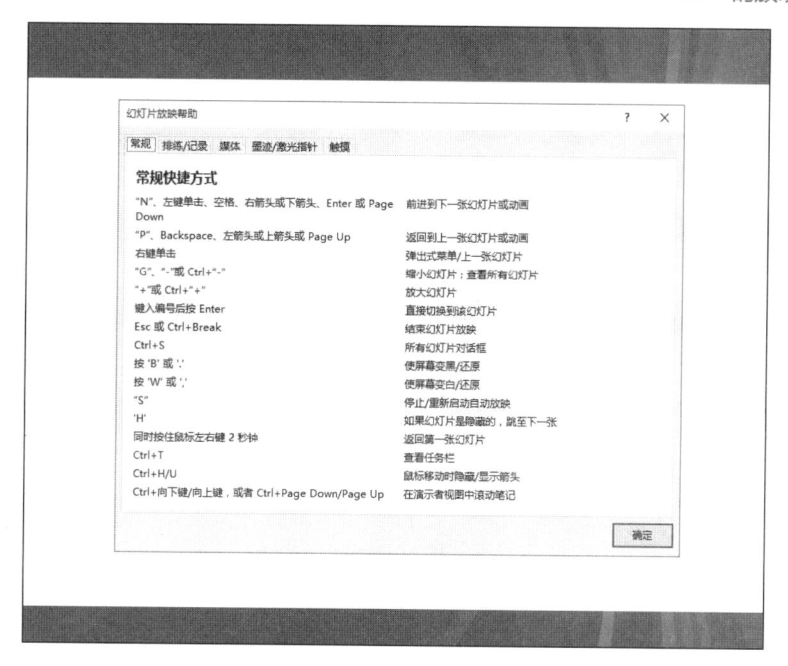

图 23.19 “幻灯片放映帮助”对话框

03 在放映演示文稿时，在当前放映的幻灯片上右击，选择快捷菜单中的“查看所有幻灯片”命令。此时屏幕上将显示当前演示文稿中幻灯片的缩览图，单击某个缩览图将跳转到该幻灯片进行播放，如图 23.21 所示。

图 23.20 单击控制按钮控制幻灯片播放

图 23.21 显示演示文稿中幻灯片的缩览图

提 示

在演示文稿放映时，按 B 或“.”键将能够使正在播放的幻灯片显示为黑屏，再按该键将能够退出黑屏状态。按 W 或“,”键将能够使演示文稿显示为一张空白画面，再次按该键将能够返回重新播放。

04 在当前放映的幻灯片中右击，选择快捷菜单中的“放大”命令，此时鼠标指针变为放大镜形 ，同时鼠标指针周围出现一个白色的矩形框。将该矩形框移到幻灯片中需要的位置后单击，幻灯片中该矩形框区域将被放大。此时的鼠标指针变为手形 ，按住左键拖动鼠标将能够在屏幕上移动幻灯片以显示需要的内容，如图 23.22 所示，按 Esc 键将取消幻灯片放大状态。

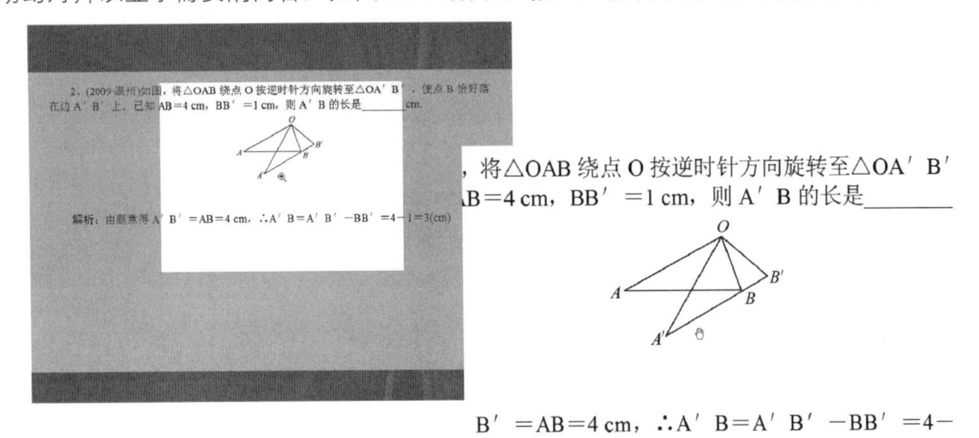

图 23.22　矩形框内的内容被放大

23.3.2　对内容进行圈点

在进行讲解时，当遇到重点问题或需要观众特别关注的问题，往往需要进行圈点。PowerPoint 2016 提供了画笔功能来帮助用户在放映的幻灯片上进行这样的勾画，这种画笔能够根据需要设置笔尖的大小、形状和颜色，同时勾画的内容还可以被擦除和保存。下面介绍具体的操作方法。

01 打开演示文稿后开始放映演示文稿。在幻灯片中右击，在打开的快捷菜单中选择“指针选项”命令，在下级列表中选择笔尖类型，如图 23.23 所示。

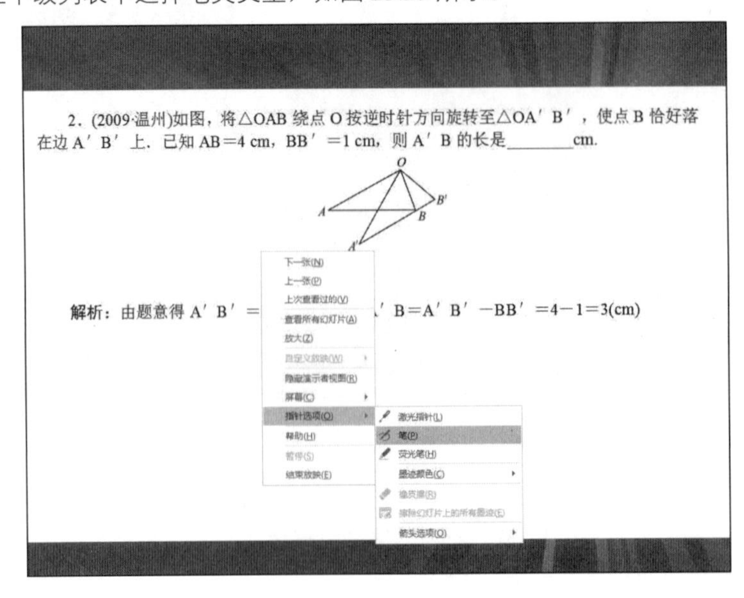

图 23.23　设置笔尖类型

02 在幻灯片中右击，在打开的快捷菜单中选择“指针选项”命令，在下级列表中选择“墨迹颜色”命令，在打开的颜色列表中选择颜色选项设置墨迹颜色，如图 23.24 所示。

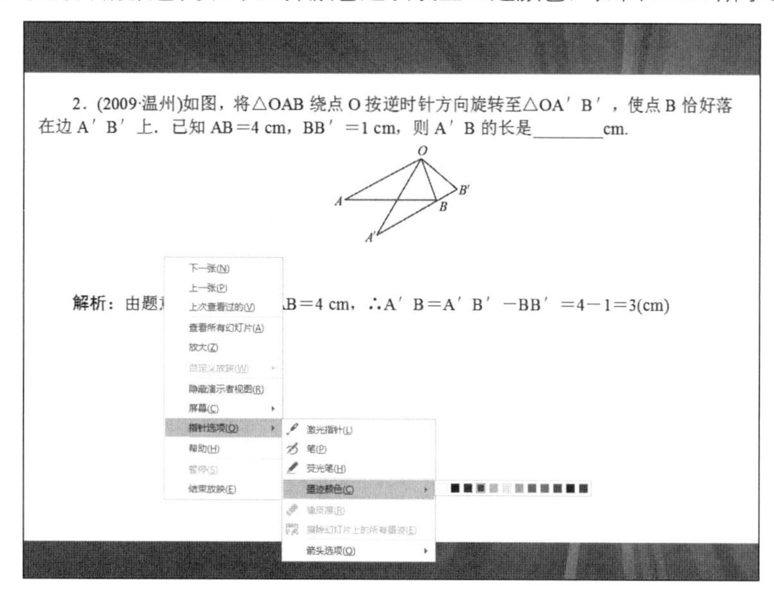

图 23.24 设置墨迹颜色

03 完成设置后，在幻灯片中按照左键移动鼠标即可绘制线条对幻灯片中的重点内容进行勾画，如图 23.25 所示。

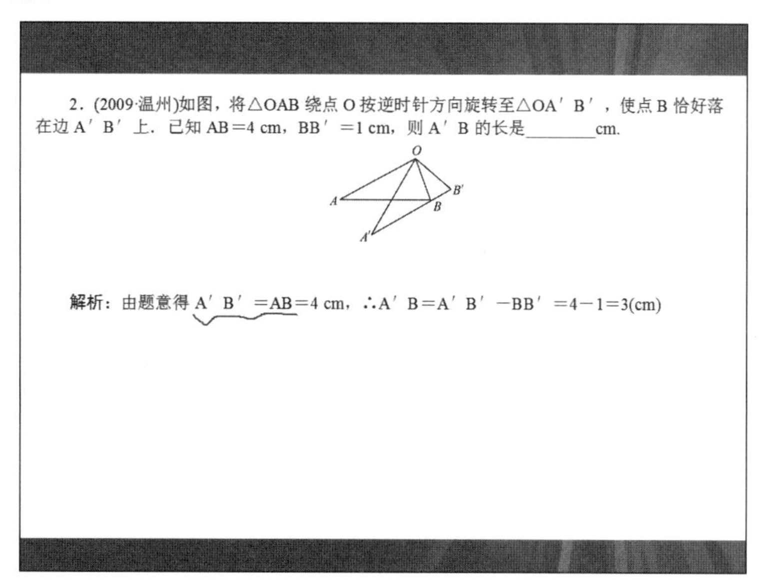

图 23.25 在幻灯片中进行勾画

04 在幻灯片中右击，选择快捷菜单中的“指针选项”命令，在下级列表中选择“橡皮擦”选项。在创建的墨迹上单击可将绘制的墨迹擦除，如图 23.26 所示。完成墨迹的擦除后，按 Esc 键取消橡皮擦的使用。

提示

如果需要删除屏幕上所有添加的墨迹，可以在幻灯片中右击，选择快捷菜单中的“指针选项”命令，在打开的下级列表中选择“删除幻灯片上所有墨迹”命令。

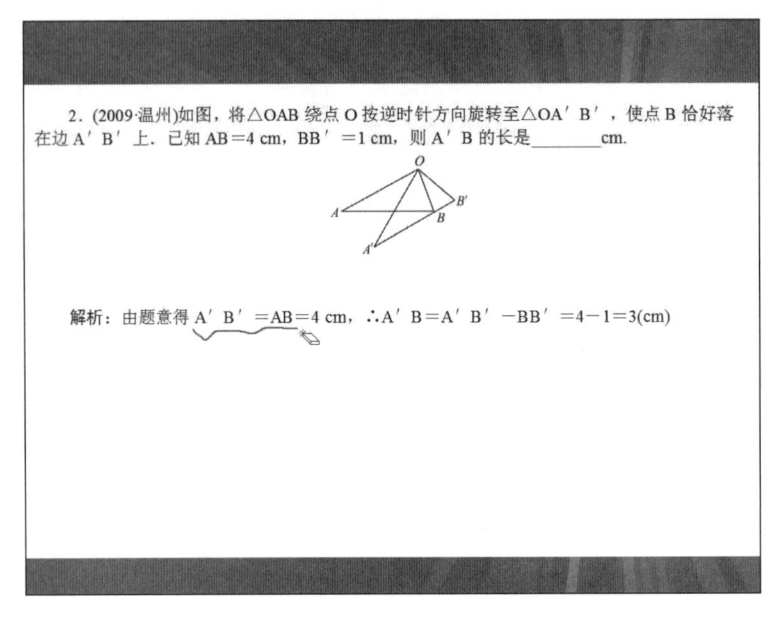

图 23.26　擦除墨迹

05 按 Esc 键退出幻灯片放映状态，PowerPoint 2013 提示是否保存墨迹，如果不需要保存，单击“放弃”按钮，如图 23.27 所示

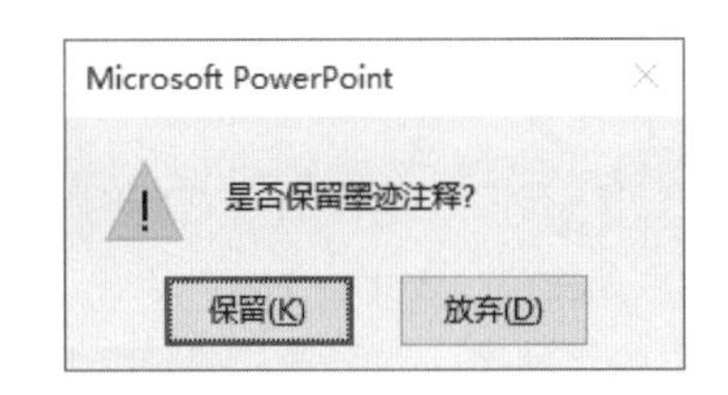

图 23.27　放弃墨迹的保存

23.3.3　使用演示者视图

在进行商业报告时，制作完成的演示文稿需要通过投影仪的设备来进行放映。在幻灯片放映时，通常情况下用户计算机屏幕显示的内容和有播放设备播放的内容是同步的，这也就意味着在幻灯片放映模式下添加的备注内容是无法在幻灯片放映时看到的。实际上，如果你使用的是笔记本电脑，完全可以使用 PowerPoint 的双屏放映功能来实现演示文稿的双屏播放。在双屏播放方式下，你的计算机上将能显示备注、幻灯片预览图和常用的播放按钮，而投影设备上将只会显示幻灯片的内容，这极大地方便了你对放映的操控。

01 启动 PowerPoint 并打开演示文稿，在“幻灯片放映”选项卡的“监视器”组中单击“监视器”下拉列表框，列表中将列出可用的监视器。选择用于放映幻灯片的监视器，勾选“使用演示者视图”复选框，如图 23.28 所示。

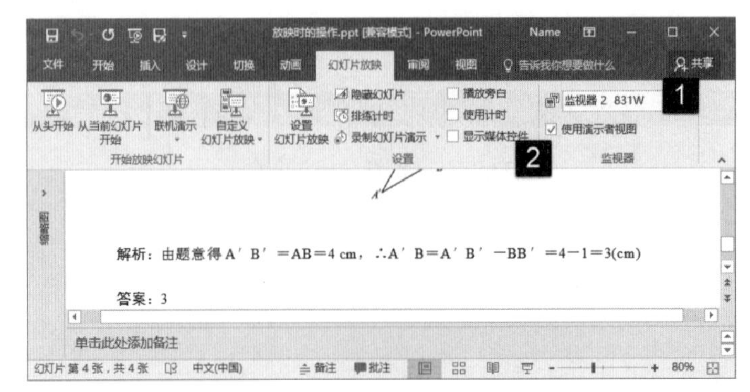

图 23.28　勾选“使用演示者视图”复选框

02 按 F5 键开始播放幻灯片，此时选择的监视器将全屏幕显示幻灯片的内容，而计算机屏幕上将显示 PowerPoint 演示者视图。在该视图中可以看到幻灯片的备注、播放时间和幻灯片预览图等。通过使用控制台上的命令可以方便地实现幻灯片放映的控制，如图 23.29 所示。

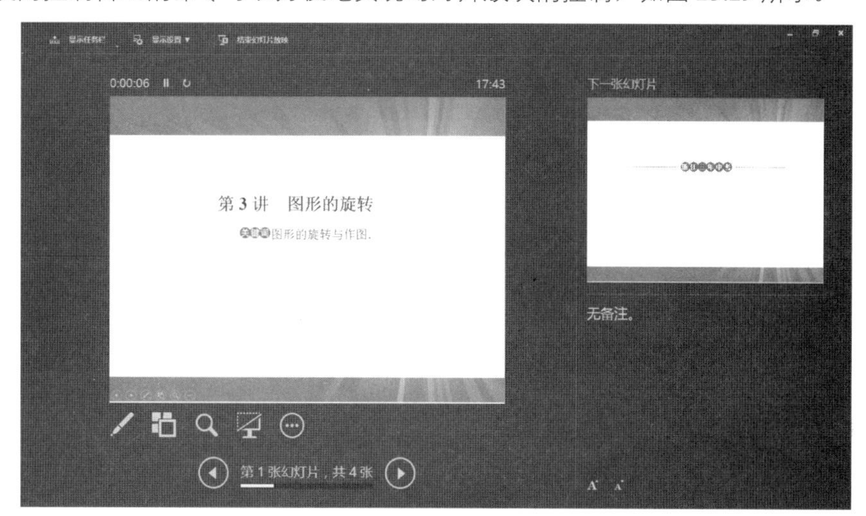

图 23.29　演示者视图

23.4　本章拓展

下面介绍本章的 3 个拓展应用。

23.4.1　隐藏和显示幻灯片

在放映演示文稿时，有时需要只放映其中的某几张幻灯片，而另外的幻灯片不放映。此时，可以将不需要放映的幻灯片设置为隐藏，在放映时这样的幻灯片将不会放映。下面介绍具体的操作方法。

01 启动 PowerPoint 并打开演示文稿，在“幻灯片窗格”中选择幻灯片，在“幻灯片放映”选项卡的“设置”组中单击“隐藏幻灯片”按钮，如图 23.30 所示。此时，选择的幻灯片在放映演示文稿时将会被隐藏，即该幻灯片不会被播放。

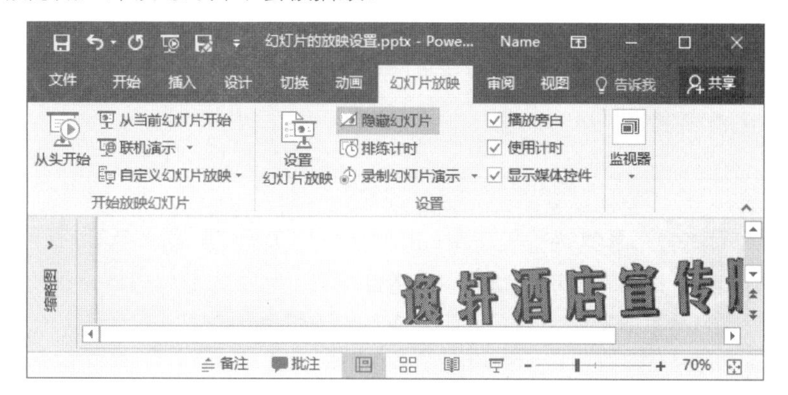

图 23.30　隐藏幻灯片

02 当“隐藏幻灯片”按钮处于按下状态时，“幻灯片窗格”中该幻灯片编号被划掉表示演示文稿中有幻灯片处于隐藏状态；如果要取消这种状态，可以直接单击该按钮取消其按下状态，如图23.31 所示。

图 23.31　幻灯片编号被划掉

23.4.2　创建幻灯片放映方案

对于经常需要展示的演示文稿，可能会因为观众的不同而需要放映演示文稿的不同内容。此时，如果针对每一类用户都单独制作一份演示文稿则显得过于烦琐。在 PowerPoint 中，可以通过设置放映方案来对同一套演示文稿设置多种放映方案，这样可以针对不同的观众需求，使用不同的放映方案放映特定的演示内容。下面介绍在同一个演示文稿中设置放映方案的方法。

01 打开演示文稿，在“幻灯片放映”选项卡的“开始放映幻灯片”组中单击“自定义幻灯片放映”按钮，在打开的下拉列表中选择“自定义放映”命令，如图 23.32 所示。

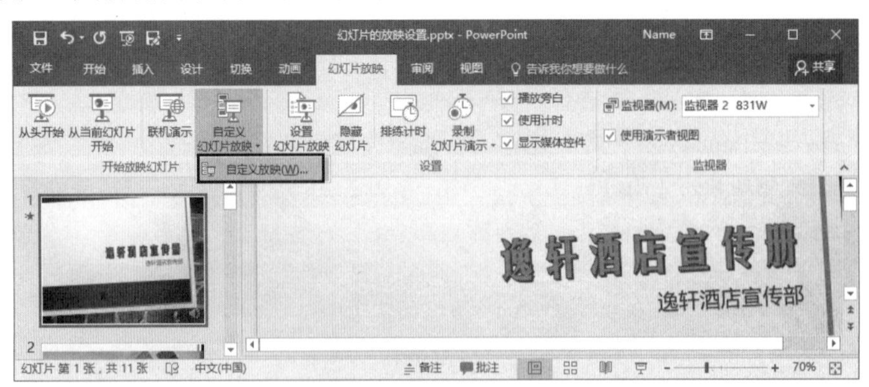

图 23.32　选择“自定义放映”命令

02 此时将打开“自定义放映”对话框，在对话框中单击“新建”按钮打开“定义自定义放映”对话框。在对话框的“幻灯片放映名称”文本框中输入自定义放映名称，在“在演示文稿中的幻灯片”列表中选择需要放映的幻灯片，单击“添加”按钮将其添加到右侧的“在自定义放映中的幻灯片”列表中，如图 23.33 所示。完成设置后单击“确定”按钮关闭“定义自定义放映”对话框将自定义放映方案添加到“自定义放映”对话框的列表中。

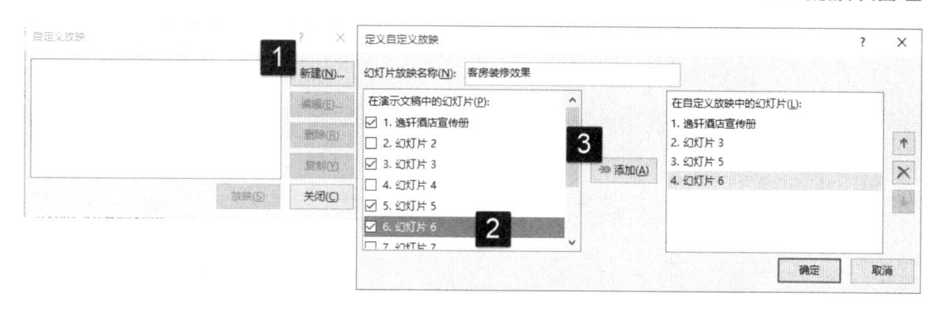

图 23.33　创建自定义放映方案

提 示

这里，在“在自定义放映中的幻灯片”栏中选择幻灯片，单击列表右侧的按钮↑或↓，可以将幻灯片在列表中的位置上移或下移，这个位置决定了幻灯片播放的顺序。单击列表右侧的按钮✕可以将选择的幻灯片从列表中删除。

03 完成方案定义后，单击“关闭”按钮关闭对话框。单击“自定义幻灯片放映”按钮，在打开的列表中将出现刚才创建的放映方案，选择该选项即可按照设置进行放映，如图 23.34 所示。

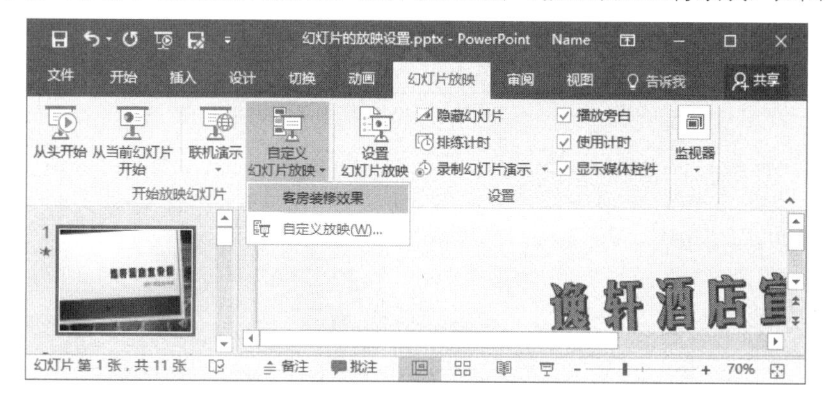

图 23.34　选择自定义放映方案

23.4.3　输出自动放映文件

自动放映的演示文稿是一种扩展名为 ppsx 的文件，双击该文件将自动进入幻灯片放映状态而无须启动 PowerPoint 工作界面，这样可以避免每次打开 PowerPoint 的麻烦，也可以在没有安装 PowerPoint 的计算机上放映演示文稿。下面介绍将演示文稿保存为自动放映文件的方法。

01 打开演示文稿，在“文件”窗口左侧的列表中选择“另存为”选项。在打开的“另存为”栏中选择“浏览”选项，如图 23.35 所示。

02 此时将打开“另存为”对话框，在对话框中选择文件保存的位置，在“保存类型”下拉列表中选择“PowerPoint 放映（*.ppsx）”选项，如图 23.36 所示。

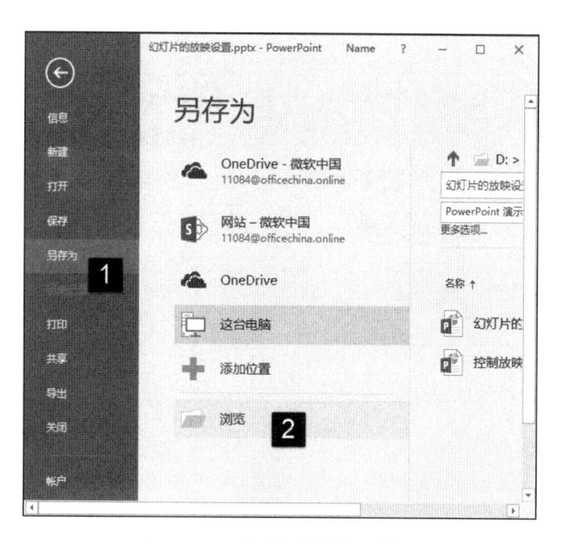

图 23.35　选择“浏览”按钮

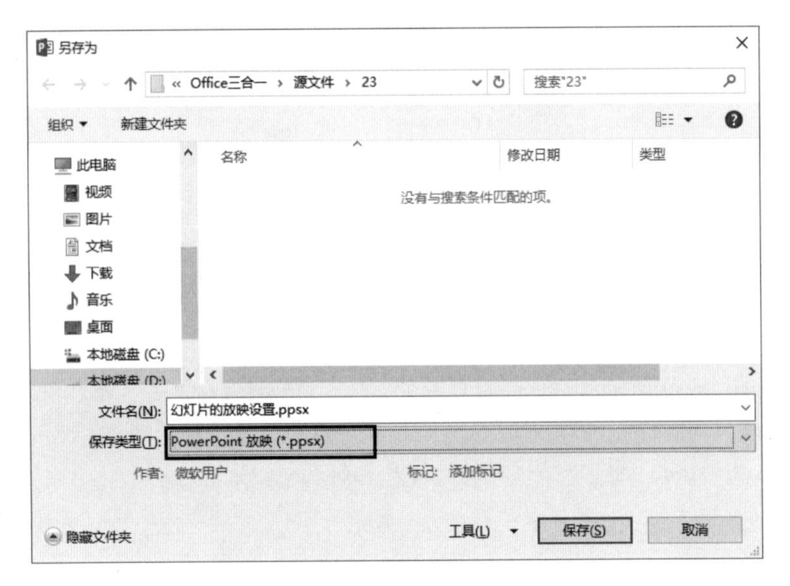

图 23.36 “另存为”对话框中的设置

03 此时 PowerPoint 将演示文稿保存为自动播放文件，以后要播放该演示文稿，只需要在 Windows 资源管理器中双击得到的 ppsx 文件，演示文稿即会开始播放，如图 23.37 所示。

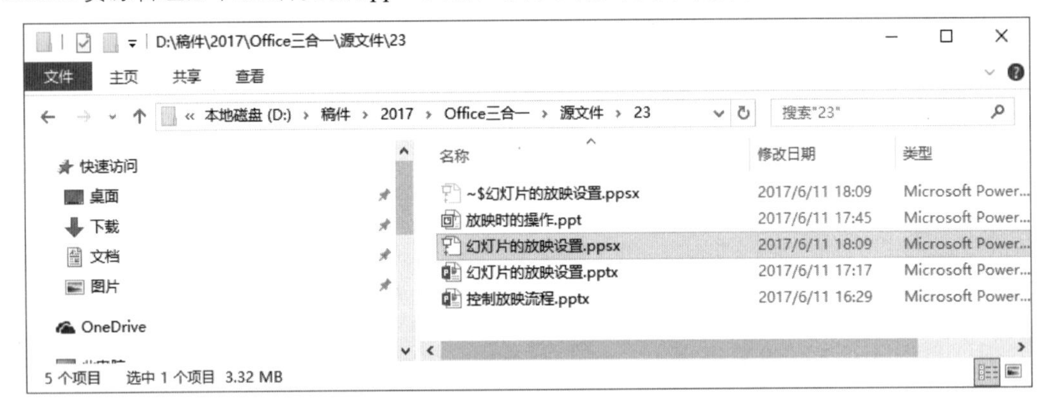

图 23.37 双击 ppsx 文件播放演示文稿

提 示

在将演示文稿复制到其他计算机上进行放映时，即使计算机上安装了 PowerPoint，也应该注意将与演示文稿链接在一起的文件，如声音文件和视频文件等一起复制过去。同时要注意保持这些文件与演示文稿在一个文件夹下，否则这些链接内容可能无法正常显示。

第 5 篇

Office 2016之实例篇

第 24 章

Word 2016 案例实战——制作企业文件模板

一个企业需要各种应用场合的文件，这类文件具有一定的格式和相应的标准，为了方便使用，需要制作针对应用的模板文件。本章将介绍一个企业文件模板的制作过程。

24.1 案例描述

在介绍本章案例之前，首先介绍案例的制作思路和相应的技术要点。

24.1.1 案例制作思路

企业内部的文件根据形成作用的领域，可以分为通用文件和专用文件这 2 类。通用文件是指那些在企业中普遍使用的文件，专用文件则是指在一定专业范围内使用的文件。这类文件往往具有特定的格式要求，这些格式要求是统一的、一致的并具有标准的，如具有相同的页眉和页脚内容、统一的背景和相同的装饰以及相同的字体和文本样式等。

对于这类文件，可以将相同的元素放置到模板文件中，那么在每次使用时，只需要直接使用模板，而不再需要花时间去对样式进行设置，这不仅仅可以提高工作效率，而且能够保证文件的正式和统一。

本章介绍一个公司内部文件模板的制作过程，该文件模板使用 Word 来进行制作。文件将包括带有装饰功能的页眉和页脚，在页眉区包括公司 LOGO、公司名称以及“内部文件”标签。同时文件内容区带有其标示作用的图片水印，内容区放置文本容器以实现文件内容的输入。

24.1.2　案例技术要点

本案例的制作流程，如图 24.1 所示。

本案例涉及以下技术要点：

- Word 模板文件的创建和属性设置
- 图形的绘制
- 文本框的创建和修饰
- 图片的插入和编辑
- 水印的添加
- 格式文本的使用

图 24.1　本案例制作流程

24.2　案例制作过程

下面介绍本案例的制作过程。

24.2.1　创建模板文件

制作企业文件，首先需要新建一个模板文件。为了方便用户了解其用途，可以添加属性信息对文档进行注释说明。下面介绍具体的制作方法。

01 新建 Word 文档，在“文件”窗口左侧列表中选择“另存为”选项，在“另存为”列表中选择“浏览”选项打开“另存为”对话框。在对话框中选择文件保存的位置和设置文件名，将文件保存类型设置为“Word 模板（*.dot）”，如图 24.2 所示。完成后设置以后单击“保存”按钮保存文档。

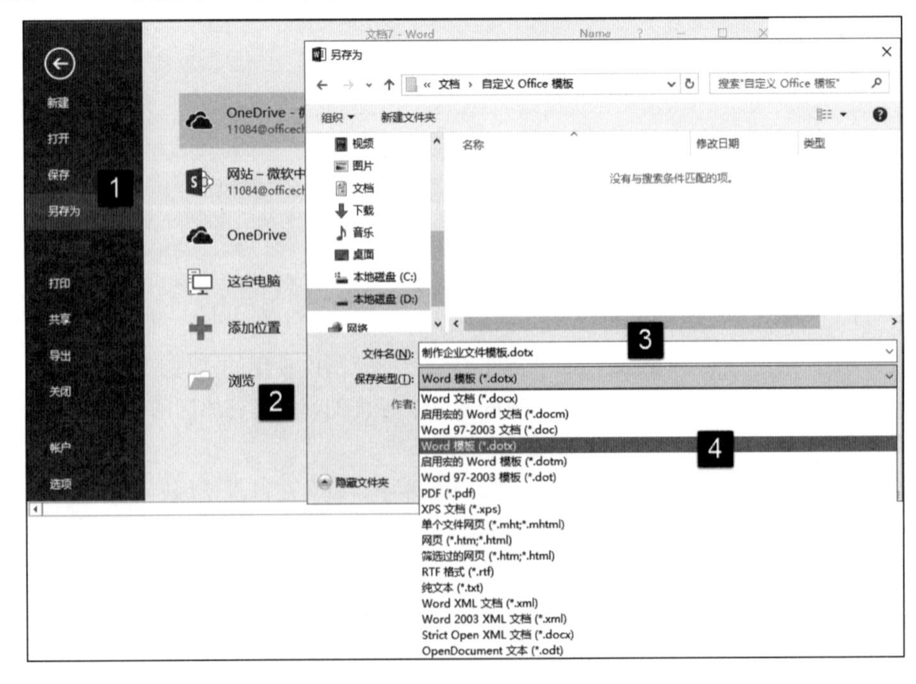

图 24.2　文档保存为模板文件

02 在“文件”窗口左侧列表中选择“信息”选项，在窗口右侧对文档属性进行设置。这里在“属性”栏中添加“备注”信息，如图 24.3 所示。

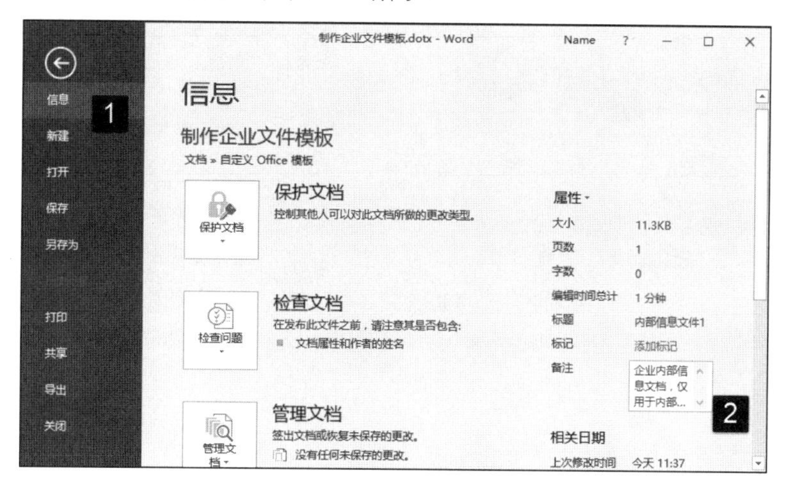

图 24.3　添加“备注”信息

24.2.2　制作页眉和页脚

为了让所有的文件具有固定的公司标识，可以为模板文件添加页眉内容。同时，在文档页脚区添加页码。下面介绍具体的制作过程。

01 进入页眉编辑状态，使用 Word 的“曲线”绘图工具绘制封闭图形。拖动边框上控制柄调整图形大小使其占据页眉区，对图形应用形状样式，如图 24.4 所示。

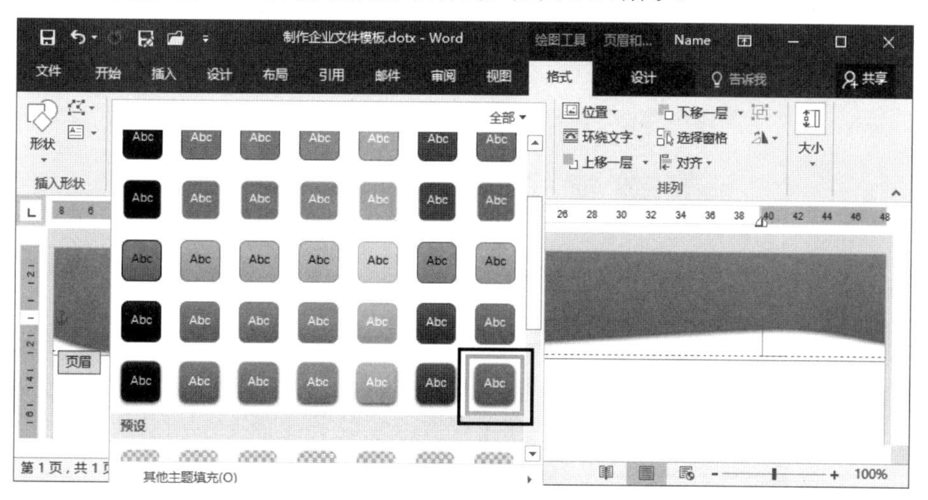

图 24.4　设置图形样式

02 在文档中插入公司徽标图片，单击图片上的“布局选项”按钮，在打开的列表中选择“浮于文字上方”选项，如图 24.5 所示。

03 选择图片后，在“格式”选项卡的“调整”组中单击“删除背景”按钮对图片的背景色进行删除。这里由于图片背景色比较单纯，只需要调整图片上的控制柄使背景消除区域变为整个图片。单击“保留更改”按钮即可完成图片背景的消除，如图 24.6 所示。

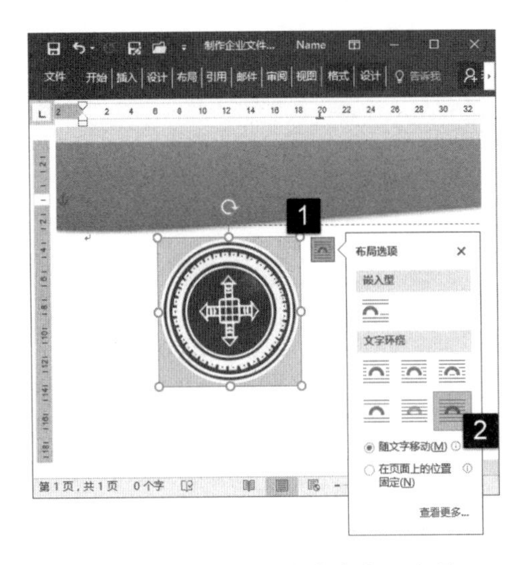

图 24.5　选择“浮于文字上方”选项

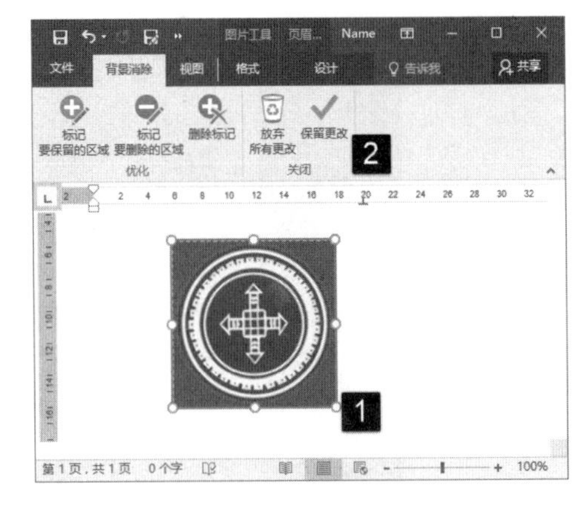

图 24.6　消除图片背景

04 对图片进行重新着色，使其颜色与页眉背景颜色一致，如图 24.7 所示。将图片放置到页眉区的左侧，调整其大小和位置。使用文本框工具创建企业名称文字，设置文档字体、大小和颜色。在文字之间绘制一条直线作为分隔线，调整对象之间的位置，如图 24.8 所示。

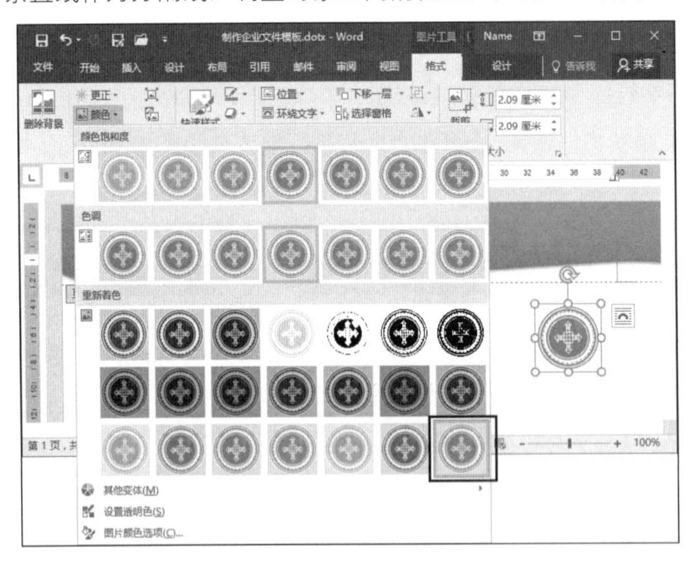

图 24.7　对图片重新着色

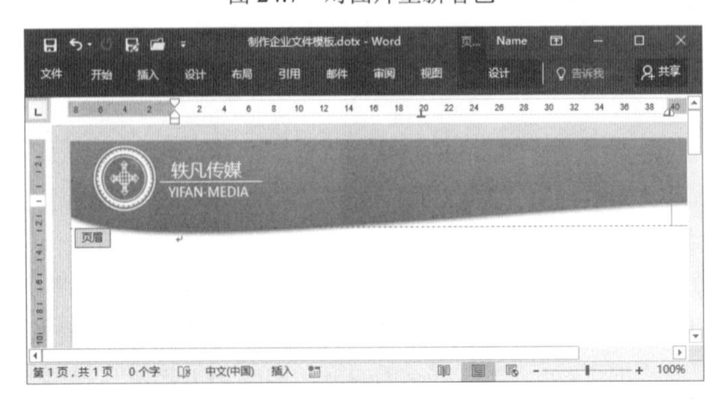

图 24.8　创建文字和分隔线

05 使用文本框创建标签文字，设置文字字体和大小，设置文本框填充色和边框的宽度以及颜色。调整文本框的大小，旋转之后放置到页眉区的右侧，如图 24.9 所示。

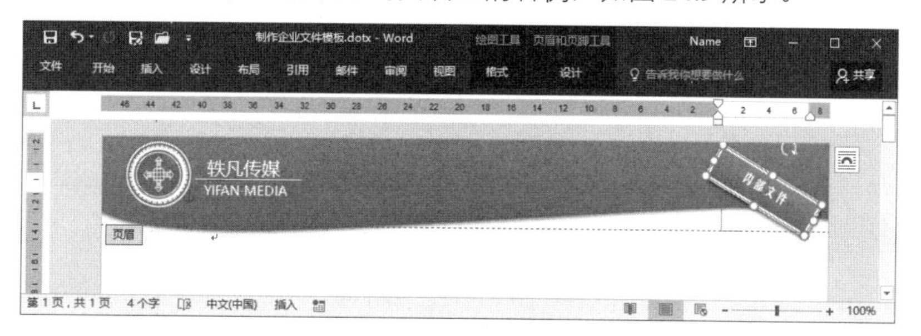

图 24.9　放置标签文字

06 在页脚区域绘制一个占据整个页脚区域的矩形，对其应用和页眉区图形一样的图形样式。在页脚区域绘制一个圆角矩形，右击图形，在快捷菜单中选择“添加文字”命令将插入点光标放置到图形中。在“插入”选项卡的“页眉和页脚”组中单击“页码”按钮，在打开的列表中选择“当前位置”选项。在下级列表的“X/Y”栏中选择相应的选项插入页码，如图 24.10 所示。

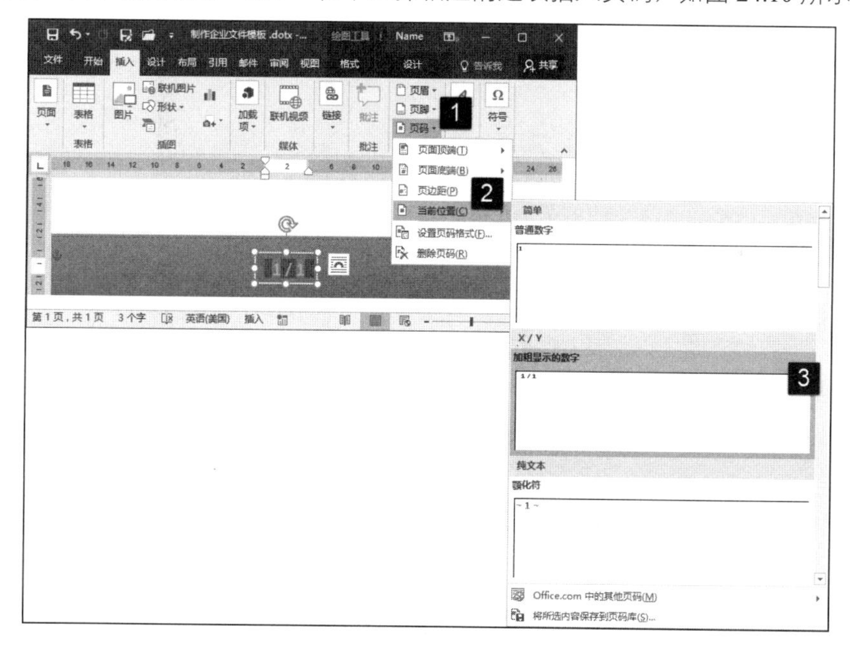

图 24.10　插入页码

24.2.3　在页面中添加内容

对于企业内部文件，需要在页面中显示代表公司的图案水印。同时，添加文本内容控件，设置文本格式后，用户就可以直接在其中输入固定格式的文字了。

01 在“设计”选项卡的“页面背景”组中单击“水印”按钮，在打开的列表中选择“自定义水印”选项打开“水印”对话框。在对话框中单击“图片水印”单选按钮，单击“选择图片”按钮打开“插入图片”对话框。在对话框中选择“来自文件”选项，如图 24.11 所示。

02 此时将打开“插入图片”对话框，在对话框中选择需要使用的文件后单击“插入”按钮，如图 24.12 所示，此时水印图片即可插入到页面中。

图 24.11　选择“来自文件”选项

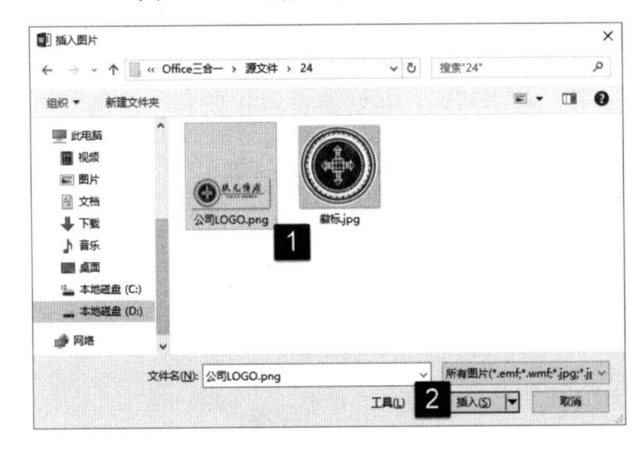

图 24.12　“插入图片”对话框

03 打开“Word 选项”对话框，在左侧列表中选择“自定义功能区”选项，在最右侧列表中勾选“开发工具”选项，单击“确定”按钮关闭对话框，将该选项卡添加到功能区中，如图 24.13 所示。

图 24.13　添加“开发工具”选项卡

04 打开“开发工具”选项卡，在“控件”中单击“设计模式”按钮进入设计模式。单击“格式内容文本控件”按钮在文档中添加控件，在控件中输入提示文章，如图 24.14 所示。选择控件后设置控件中文字的字体和大小，使其在文档中居中放置。

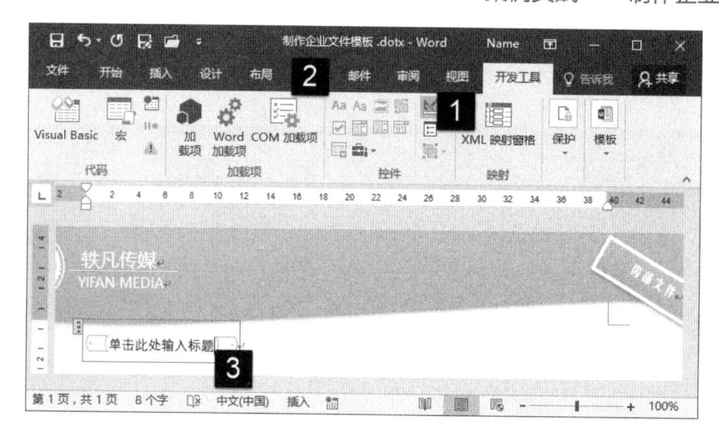

图 24.14　在页面中添加控件

05 继续在页面中添加一个“格式内容文本控件”作为正文文本控件，输入提示文字并设置文字格式。取消设计模式并保存完成本案例的制作，如图 24.15 所示。

图 24.15　插入正文控件后的效果

24.3　案例制作拓展

下面介绍本章的 2 个拓展技巧。

24.3.1　为标题文字添加分隔线

为了美化文档，突出标题文字，可以在标题文字下加上一条分隔线。添加分隔线除了可以使用 Word 自带的直线工具来绘制之外，还可以使用下面介绍的方法来进行操作。

01 进入设计模式后选择控件，打开“开始”选择卡，在“段落”组中单击“边框”按钮上的下三角按钮。在打开的列表中选择“边框和底纹”选项打开“边框和底纹”对话框。在对话框中首先选择“段落”选项，在“设置”栏中选择“自定义”选项。设置线条样式、颜色和宽度，单击“下框线”按钮，如图 24.16 所示。

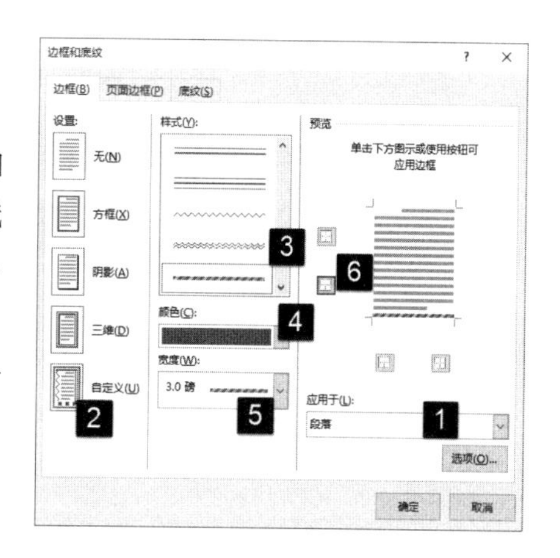

图 24.16　“边框和底纹”对话框

02 单击“确定”按钮关闭“边框和底纹”对话框，退出设计模式。标题下方添加分隔线后的效果，如图 24.17 所示。

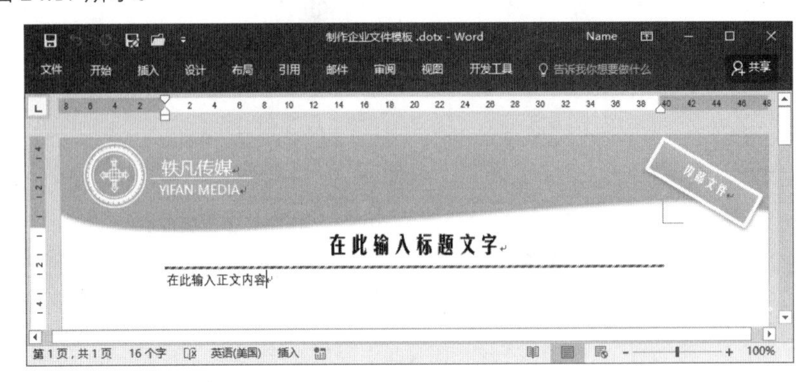

图 24.17　添加分隔线后的效果

24.3.2　添加日期控件

对于企业内部文件，往往需要在文件中显示文件发布的日期。这里可以在模板中添加日期控件以帮助用户方便地选择日期。

01 在“开发工具”选项卡的“控件”组中单击“日期选取器内容控件”在文档中插入该控件，如图 24.18 所示。

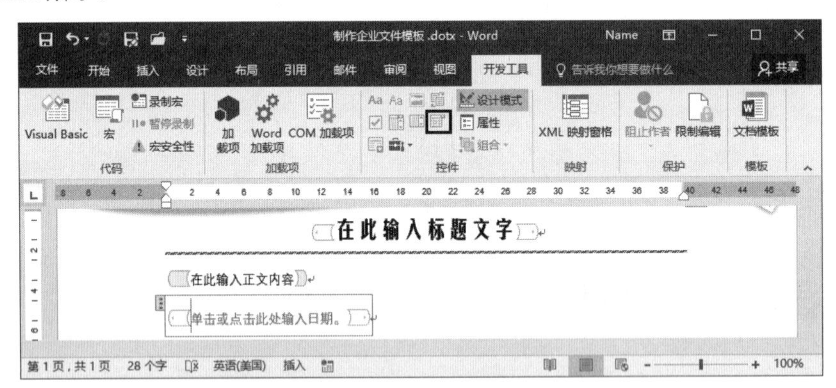

图 24.18　插入“日期选取器内容控件”

02 设置控件在文档中的位置，并对文字的字体和大小进行设置，如图 24.19 所示。

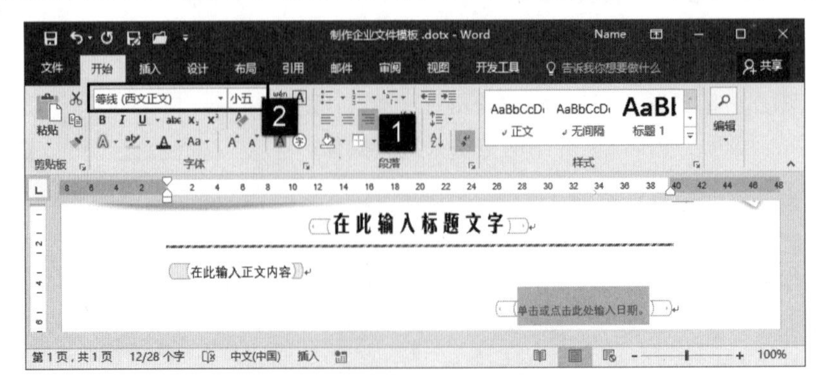

图 24.19　对控件进行设置

24.3.3 对模板进行保护

用户在使用模板时，应该是只能对特定的内容进行编辑修改，不能影响模板的整体结构。此时，需要对模板进行保护。

01 打开“文件”窗口，在左侧列表中选择“信息”选项，单击中间列表中的“保护文档”按钮，在打开的列表中选择“限制编辑”选项，如图 24.20 所示。

02 在打开的“限制编辑”窗格中勾选“仅允许在文档中进行此类型编辑”复选框，选择文档中的标题控件，在“例外项”栏中勾选“每个人”复选框指定例外项，如图 24.21 所示。

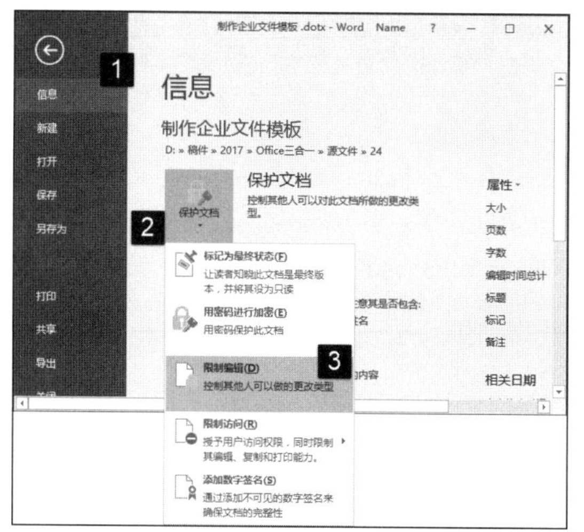

图 24.20 选择“限制编辑”选项

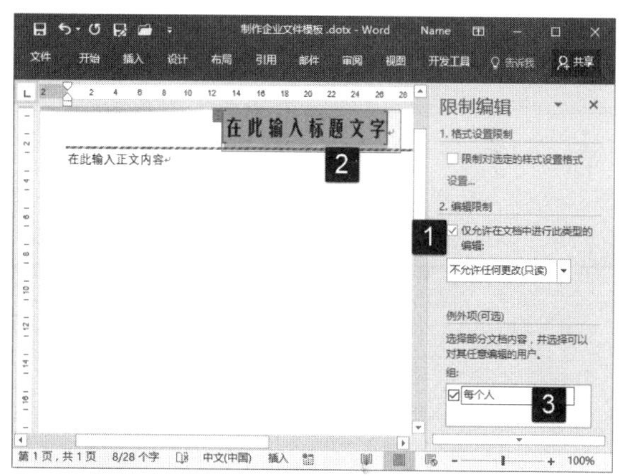

图 24.21 设置“限制编辑”

03 分别选择其他 2 个控件后勾选“每个人”复选框，单击“是，启动强制保护”按钮打开“启动强制保护”对话框。在对话框中选择“密码”作为保护方式，同时输入密码，如图 24.22 所示。单击“确定”按钮关闭对话框，完成对模板的保护设置。

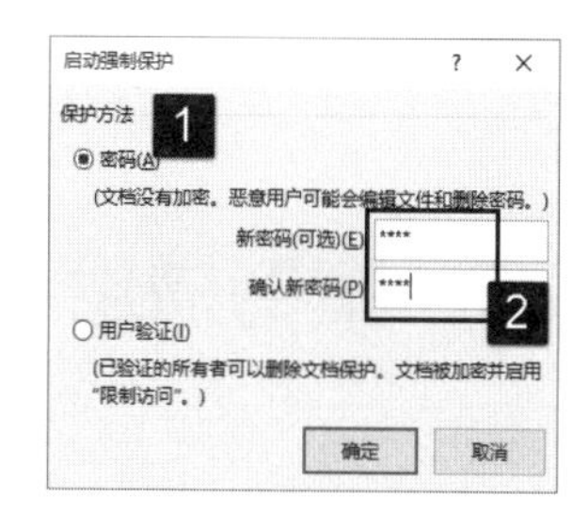

图 24.22 “启动强制保护”对话框

第 25 章 Excel 2016 案例实战——客户信息管理系统

Excel 并非只是一个数据分析处理软件，其功能强大，使用它还可以方便地实现交互式数据处理。下面通过一个案例来介绍 Excel 交互能力的应用技巧。

25.1 案例描述

在介绍本章案例之前，首先介绍案例的制作思路和相应的技术要点。

25.1.1 案例制作思路

在企业中，对客户信息的管理是十分重要的。客户信息的管理不仅仅是需要以表格的形式来放置客户信息数据，更重要的是对这些数据进行管理，如数据的录入、查询和编辑修改等。面对大量数据，使用简单的 Excel 表格来进行管理显然不够方便，此时可以利用 Excel 制作一个管理系统来快速实现对相关数据的查询和操作。

本章介绍一个简单的企业客户信息管理系统，其主要用于客户信息的快速录入。本案例将用户数据放置到一个名为“客户信息总表”的 Excel 工作表中，为了方便信息录入，制作一个名为“客户信息”的工作表。“客户信息”工作表设计为表单的形式，用户可以在其中填写客户信息。在“客户信息表”的工作表中添加“录入数据”和“清除数据”按钮，利用 Excel 的宏来实现数据录入和清除功能。

25.1.2 案例技术要点

本案例的制作流程，如图 25.1 所示。

本案例涉及以下技术要点：

- 单元格数据有效性的设置
- Excel 公式的使用
- 录制宏
- 编辑宏命令
- 命令按钮的使用

图 25.1 本案例制作流程

25.2 案例制作过程

下面介绍本案例的制作过程。

25.2.1 创建表格

客户管理系统需要客户信息载体，这里的载体是一个 Excel 表格。同时，对信息进行录入时需要操作界面，这个操作界面同样是建立在一个 Excel 工作表中。

01 新建 Excel 文档，在工作表的第一行输入相关字段，修改工作表名称。对该工作表的第一行和第二行套用表格格式，如图 25.2 所示。

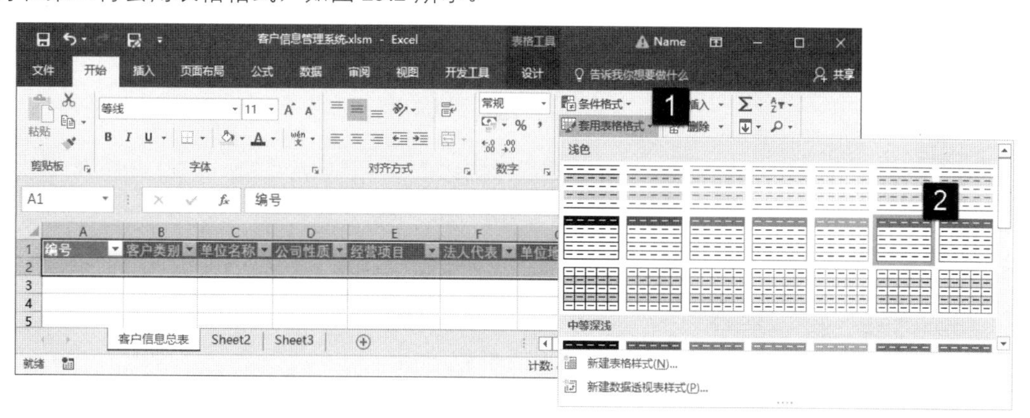

图 25.2 创建工作表并套用工作表格式

02 在“公式”的“定义名称”组中单击“名称管理器”按钮打开“名称管理器”对话框，单击“编辑”按钮打开“编辑名称”对话框。在对话框中对名称进行设置后单击“确定”按钮关闭该对话框，如图 25.3 所示。完成设置后单击“关闭”按钮关闭“名称管理器”对话框。

03 将 Sheet2 工作表更名为“客户信息表”，在工作表中制作表格结构、添加文字并进行相应的装饰。选择“客户类别”栏右侧的单元格，在“数据”选项卡的“数据工具”组中单击“数据验证”按钮打开“数据验证”对话框。在对话框中设置数据有效性，如图 25.4 所示。设置“公司性质”栏右侧单元格的数据有效性，如图 25.5 所示。设置用于输入邮政编码的单元格的数据有效性，如图 25.6 所示。

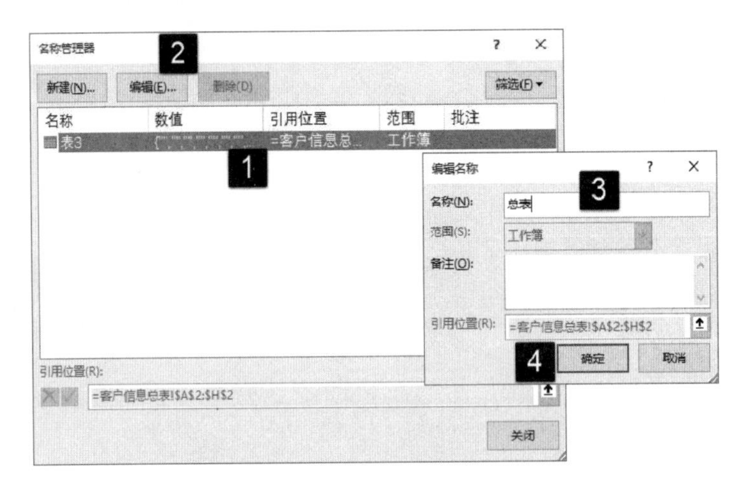

图 25.3　定义名称

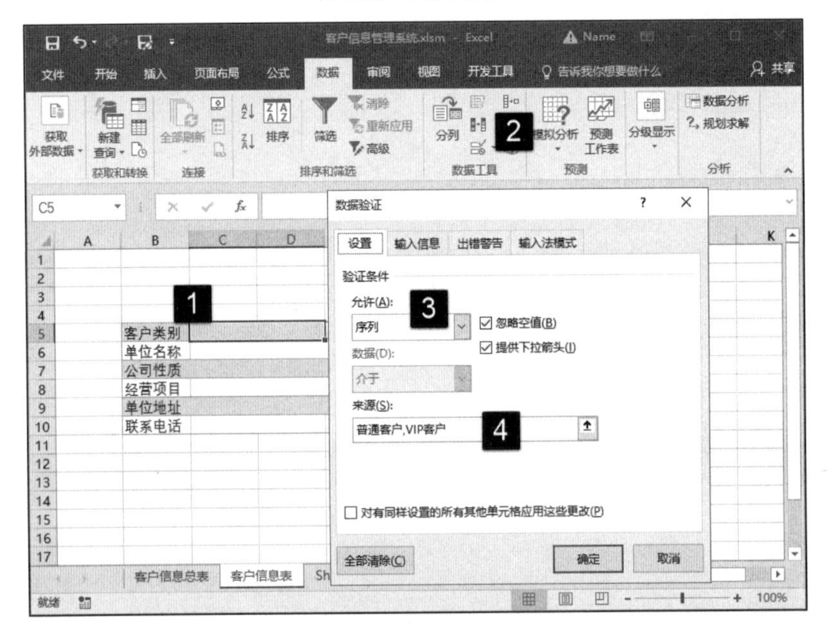

图 25.4　设置数据有效性

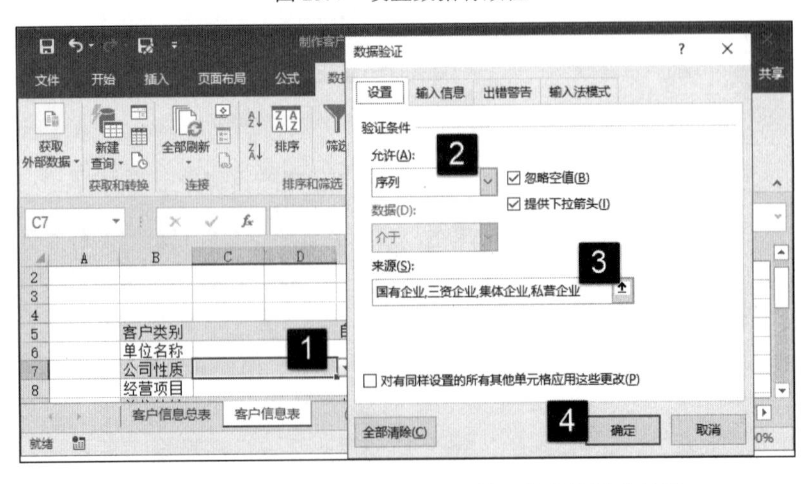

图 25.5　设置“公司性质”栏右侧单元格的数据有效性

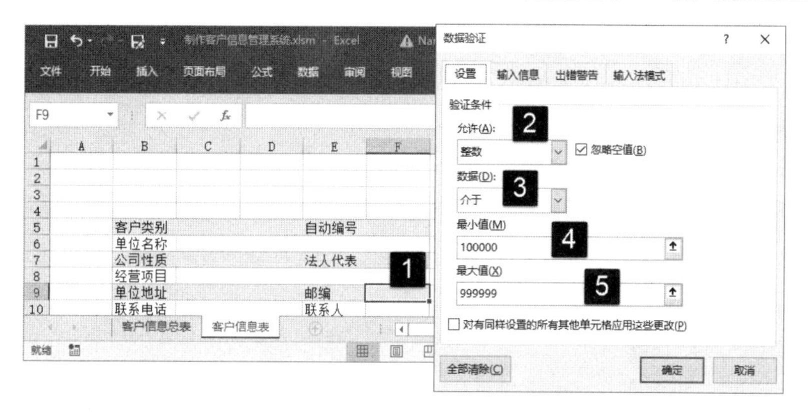

图 25.6　设置用于输入邮政编码单元格的数据有效性

04 在 F5 单元格中输入公式“=COUNT(总表[编号])+1”，该公式能够使该单元格中能够根据“客户信息总表”中数据的数量来自动进行编号，如图 25.7 所示。

图 25.7　输入公式实现自动编号

05 在 B12 单元格中输入公式“=IF(AND(C5<>"",C6<>"",C7<>"",F7<>"",C8<>"",C9<>"",F9<>"",C10<>"",F10<>""),"客户信息填写完整！","客户信息填写不完整！")”，该公式将能够检测表格中输入的数据是否完整，如图 25.8 所示。

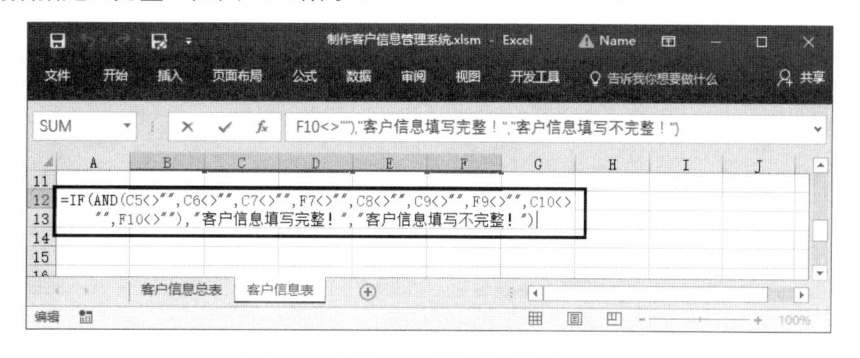

图 25.8　输入公式检测表格的完整性

25.2.2　录制和编辑宏

在完成表格制作后，利用宏命令来对数据的输入进行检查，同时通过录制宏功能将录入数据的过程保存为宏命令。要实现对已经录入的数据进行清空，同样可以通过录制宏来获得宏。最后，为了防止数据输入不完整，将输入的数据写入“客户信息总表”，需要对宏命令进行修改，为其添加判断语句。

01 在表中的单元格中输入示例数据，单击状态栏中的“录制宏”按钮。在打开的“录制宏”对话框中设置宏名称。单击“确定”按钮后关闭对话框开始宏的录制，如图 25.9 所示。这里将该表中每一栏的数据依次复制粘贴到“客户信息总表”的对应单元格中，粘贴时只粘贴数据。完成后再次单击“录制宏”按钮停止宏的录制。

02 再次单击“录制宏”按钮打开“录制宏”对话框，设置宏名后单击“确定”按钮关闭对话框，如图 25.10 所示。在“客户信息表”工作表中删除单元格中输入的数据，完成后操作后再次单击“录制宏”按钮停止宏录制。

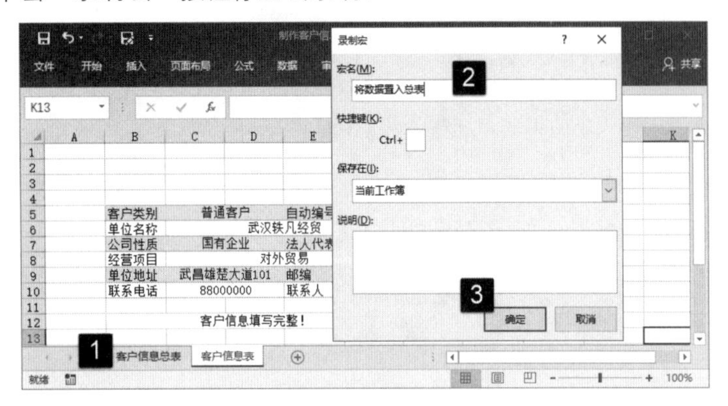

图 25.9　打开“录制宏”对话框

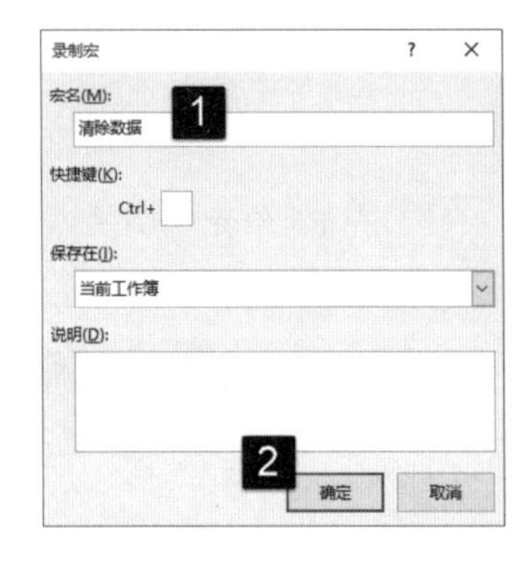

图 25.10　设置宏名

03 在“开发工具”选项卡的“代码”组中单击“Visual Basic”按钮打开“Visual Basic”程序窗口，在宏代码的开始处添加一个 IF 语句，在代码的结尾处添加 Else 语句块，如图 25.11 所示。这里，代码对 B12 中文字进行判断，如果是文字“客户信息完整”，则执行宏代码将填入的数据复制到总表中对应的位置。否则，将执行 MsgBox 函数弹出一个提示对话框，对数据输入不完整给出提示。

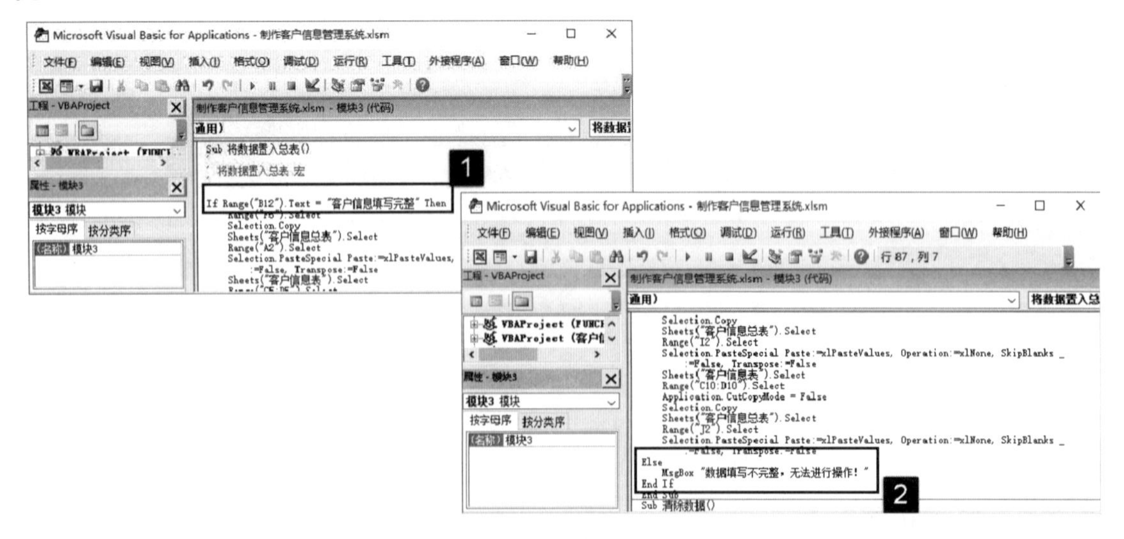

图 25.11　添加宏代码

25.2.3　添加命令按钮

在完成宏的录制和编辑后，可以向工作表中添加按钮，利用按钮来控制代码的运行。下面介绍具体的操作方法。

01 在“开发工具”选项卡的“控件”组中单击“插入”按钮，在打开的列表中选择“按钮（窗体控件）”选项，如图 25.12 所示。

02 拖动鼠标在工作表中绘制按钮控件，此时将打开“指定宏”对话框，在对话框中选择宏后单击“确定”按钮为按钮指定宏，如图 25.13 所示。

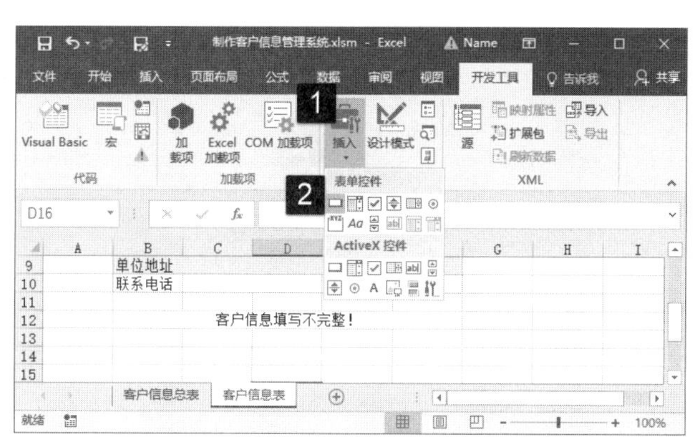
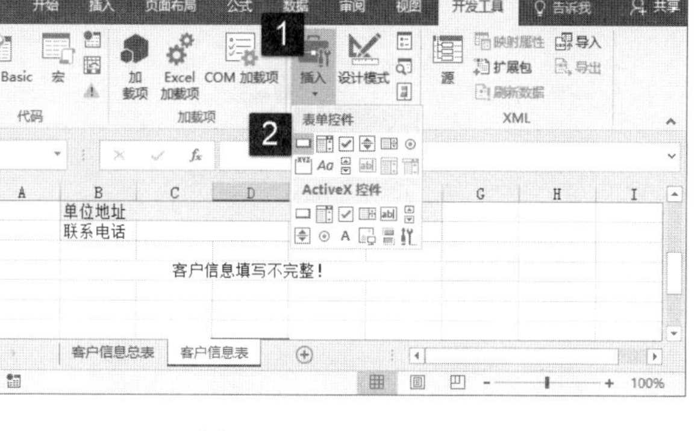

图 25.12 选择控件

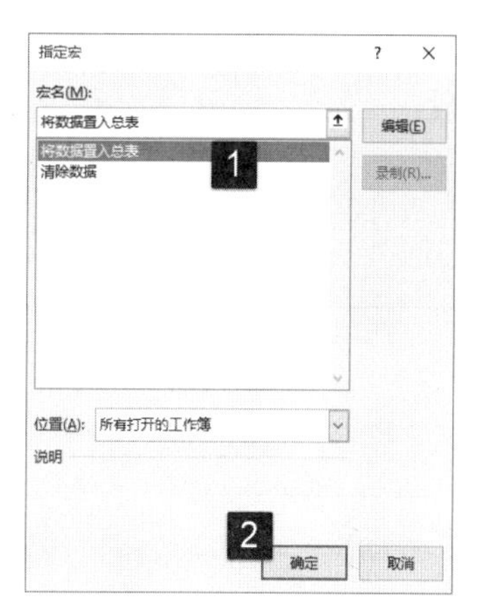

图 25.13 “指定宏”对话框

03 右击按钮，选择快捷菜单中的“编辑文字”命令，插入点光标放置到按钮上。输入按钮上显示的文字，如图 25.14 所示。

04 使用相同的方法添加第 2 个按钮，为按钮指定宏为“清除数据”宏，更改按钮上显示的文字，如图 25.15 所示。至此，本案例制作完成。

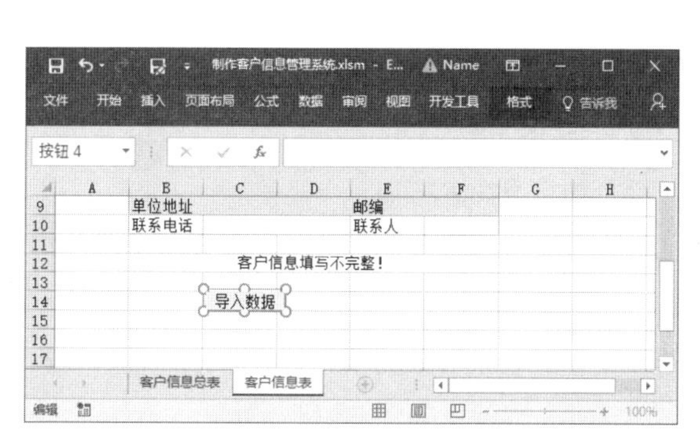

图 25.14 输入文字

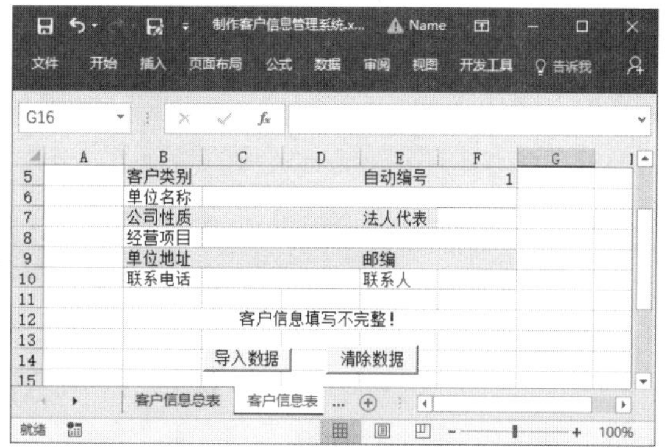

图 25.15 添加第 2 个按钮

25.3 案例拓展

下面介绍本章的 2 个拓展技巧。

25.3.1 用快捷键启动宏

在本案例中，使用按钮控件来控制宏的运行。实际上，为了提高录入效率，可以为各个按钮添加快捷键，通过按快捷键来让宏执行。

01 在“开发工具”选项卡的“代码”组中单击“宏”按钮打开“宏”对话框，在对话框的“宏名”列表中选择需要执行的宏，单击“选项”按钮，如图 25.16 所示。

图 25.16　单击“宏”对话框中的“选项”按钮

02 此时将打开“宏选项”对话框，将插入点光标放置到“快捷键”文本框中后按键盘上的键，如这里的“q”键，如图 25.17 所示。单击“确定”按钮关闭“宏选项”对话框后关闭“宏”对话框，则按快捷键 Ctrl+Q 将启动宏。

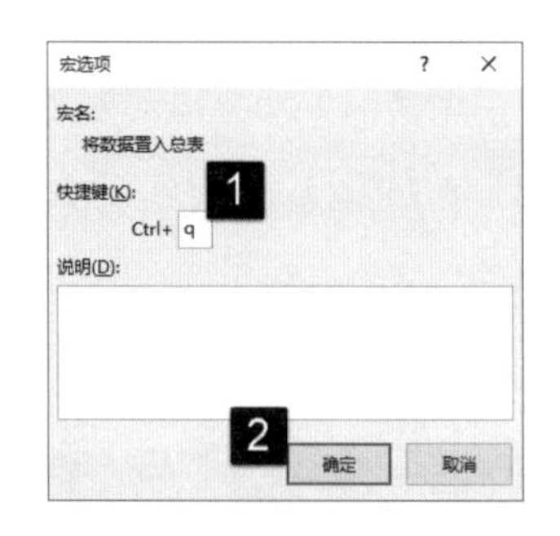

图 25.17　设置快捷键

25.3.2　使用组合框来进行选择

组合框是一个下拉列表框，用户可以在获得的列表中选择项目，选择的项目将出现在上方的文本框中。当需要选择的项目较多时，使用选项按钮来进行选择就不合适了，此时可以使用“组合框”控件来进行选择。下面以使用“组合框”控件来选择图表中需要显示的数据为例来介绍该控件的具体使用方法。

01 首先在工作表的 O4 和 O5 单元格中输入选项文字。在“开发工具”选项卡的“控件”组中单击“插入”按钮，在列表中选择“组合框（窗体控件）”选项，如图 25.18 所示。

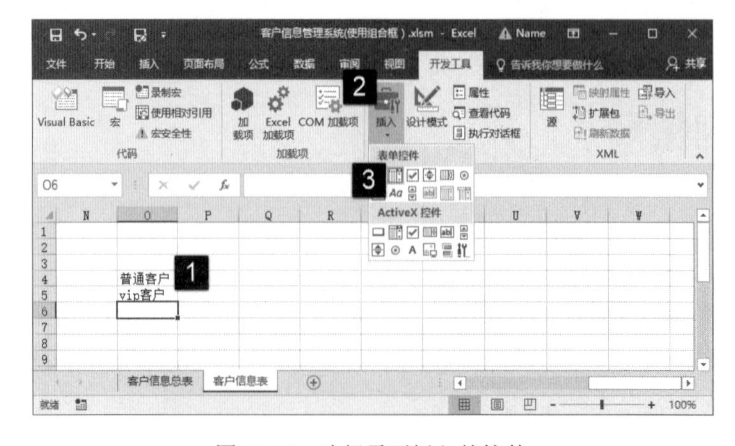

图 25.18　选择需要插入的控件

02 拖动鼠标在工作表中绘制控件，右击绘制的控件，选择快捷菜单中的“设置控件格式”命令打开“设置控件格式”对话框。在对话框的“控制”选项卡中对相关参数进行设置。完成设置后单击“确定”按钮关闭对话框，如图 25.19 所示。

03 单击控件将获得一个下拉列表，在列表中列出了在“设置控件格式”对话框的“数据源”文本框中指定的单元格中的内容。选择某个选项后，在“单元格链接”文本框中指定的单元格中将显示选项在列表中的编号，如图 25.20 所示。

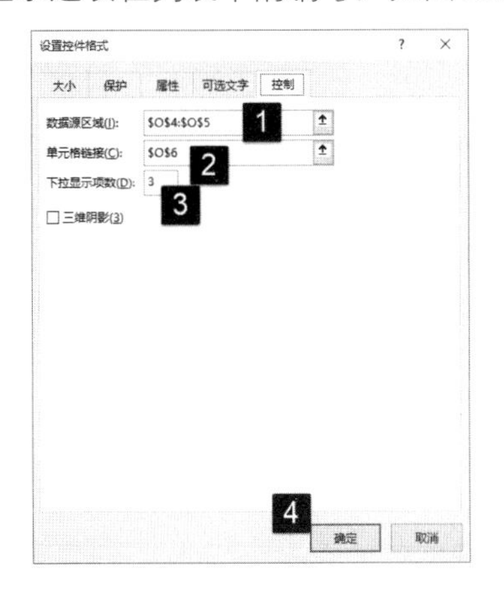

图 25.19 “设置控件格式”对话框

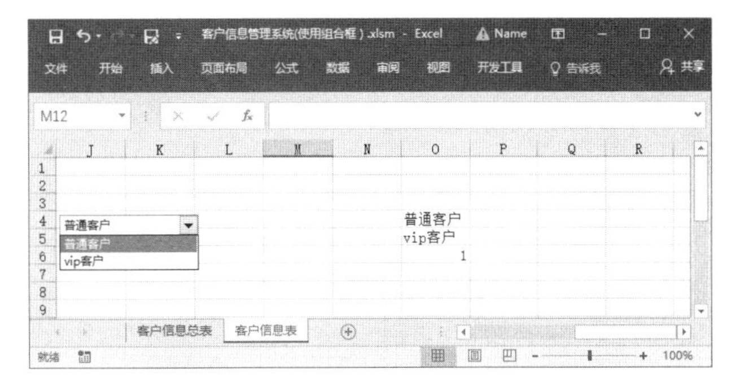

图 25.20 指定单元格中显示选项对应编号

04 选择需要填写“客户类别”的单元格，在编辑栏中输入公式“=IF(O6=1,"普通客户",IF(O6=2,"vip 客户"))”，如图 25.21 所示。该公式用于判断组合框中选择的是哪个选项，根据选项编号在单元格中填写对应的文字。

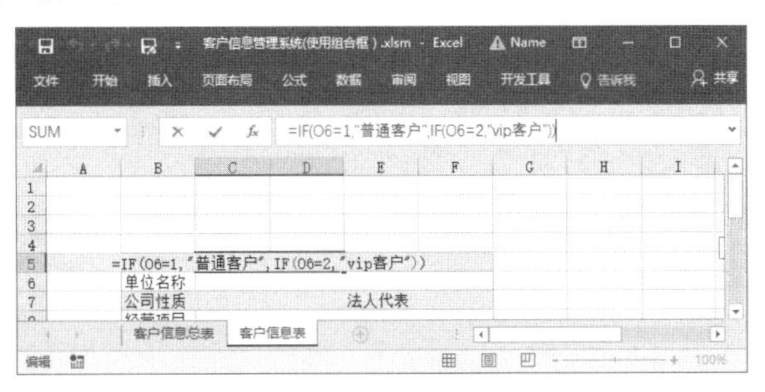

图 25.21 在编辑栏中输入公式

05 如果不希望用户更改该单元格的内容，可以将控件拖放过来，拖动控件上的控制柄调整控件大小，使其正好覆盖单元格，如图 25.22 所示。使用相同的方法为填写“公司性质”的单元格添加控件，控件添加完成后本例制作完成。

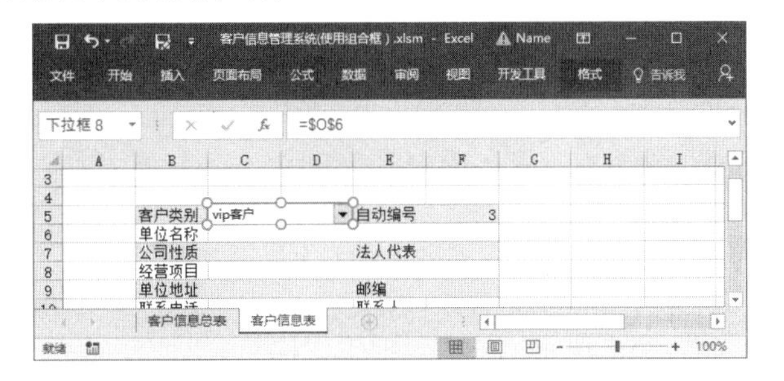

图 25.22 用控件覆盖单元格

第 26 章 PowerPoint 2016 案例实战——年终总结演示文稿

PowerPoint 是制作各类演示文稿的利器，灵活使用它能够制作出专业的演示文稿，为演讲和获得增色不少。本案例将介绍一个年终总结演示文稿的制作过程。

26.1 案例描述

在介绍本章案例之前，首先介绍案例的制作思路和相应的技术要点。

26.1.1 案例制作思路

在企业的各种会议中，经常需要使用演示文稿将会议的主要内容展示出来。这类演示文稿除了需要具有专业性之外，还需要具有吸引力，这样才能有效地展示相关主题，快捷传递关键信息。

本章介绍一个年终总结演示文稿的制作，这个演示文稿主要用于展示年终总结报告的相关要点内容。为了使展示内容能够具有吸引力，在幻灯片中为展示内容的出现添加动画效果，利用动画效果使画面不至于呆板，同时也利于发言者根据需要控制内容的显示。

26.1.2 案例技术要点

本案例的制作流程，如图 26.1 所示。

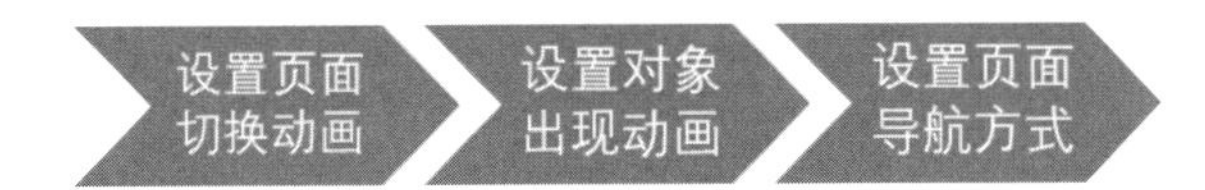

图 26.1　本案例制作流程

本案例涉及以下技术要点：

- 幻灯片切换动画的使用
- 为对象添加进入动画效果
- 添加路径动画并对动画路径进行编辑
- 同时为多个对象添加对象并进行设置
- 实现 2 个动画的同步

26.2　案例制作过程

下面介绍本案例的制作过程。

26.2.1　为幻灯片添加切换动画

在制作演示文稿时，为了增强分享效果，可以为幻灯片添加切换动画效果，使幻灯片的转换自然流畅。

01 新建演示文稿，在演示文稿中加入幻灯片并在幻灯片中添加演示的内容。在幻灯片窗格中选择第一张幻灯片，在“切换”选项卡的“切换到此幻灯片”组的列表中选择需要应用的切换动画应用于当前幻灯片，如图 26.2 所示。

02 在“计时”组的“持续时间”微调框中输入数值设置动画的持续时间，勾选“单击鼠标时”复选框使发言者单击鼠标实现换片，如图 26.3 所示。依次选择其他的幻灯片，为它们添加转场效果。

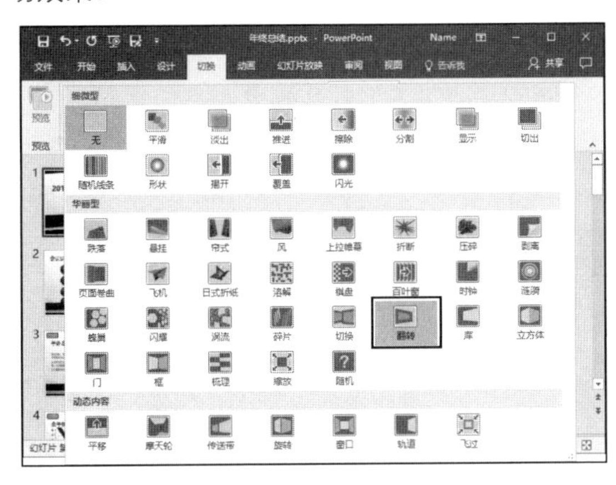

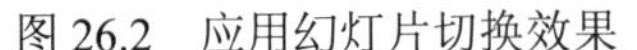

图 26.2　应用幻灯片切换效果

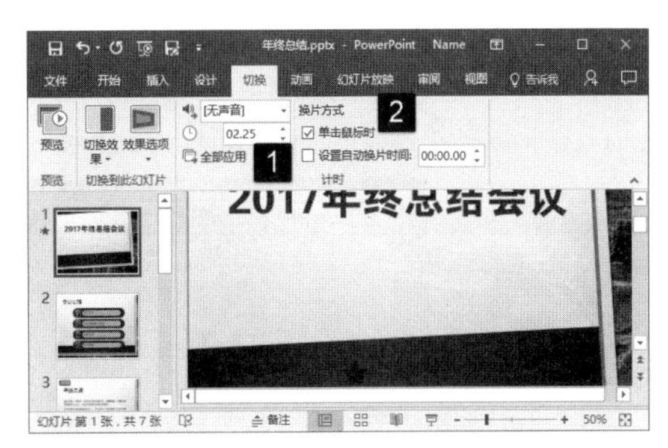

图 26.3　“计时”组中的设置

26.2.2　为对象添加动画效果

幻灯片中存在着大量的视觉内容，如文字、图形和图片等。在同一张幻灯片中，很多时候这些内容需要根据发言者发言的顺序依次出现。发言者要实现对演示内容的控制，可以通过为内容对象添加动画效果来实现。同时，为内容对象添加动画效果也能有效地增强演示文稿的视觉效果。

01 选择“目录页”幻灯片，在幻灯片中框选所有的目录幻灯片，在“动画”选项卡的“动画”组列表中选择一个“浮入”选项进入动画应用于选择的对象，如图 26.4 所示。在“效果选项”列表中选择相应的选项设置动画运动方向，同时设置动画的开始方式和持续时间，如图 26.5 所示。

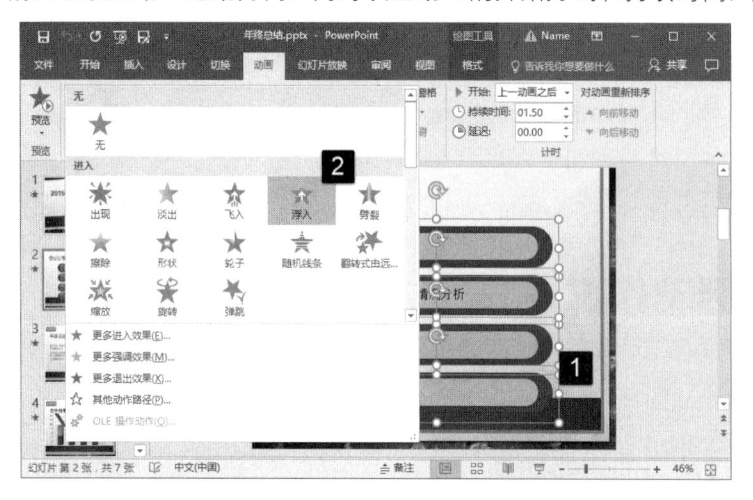

图 26.4　对选择的对象应用动画效果

图 26.5　对动画进行设置

02 选择“年终总结”幻灯片，在文本框中选择第一段文字，为其添加“形状”进入动画效果，如图 26.6 所示。为该文本框中的第二段文字添加相同的“进入”动画效果，分别单击动画标签选择动画，设置动画的开始方式。这里将 2 段动画的“开始”均设置为“上一动画之后”，并为它们设置相同的“持续时间”，如图 26.7 所示。

图 26.6　选择文字后添加动画效果

03 将幻灯片中的图片放置到幻灯片的外部，为其添加“自定义路径”动画，如图 26.8 所示。首先在幻灯片中创建大致的图片运动路径，右击绘制完成的路径后选择快捷菜单中的“编辑顶点”命令进入路径的顶点编辑状态。对路径的形状进行调整，如图 26.9 所示。退出路径编辑状态后对动画的“开始”和“持续时间”进行设置，如图 26.10 所示。

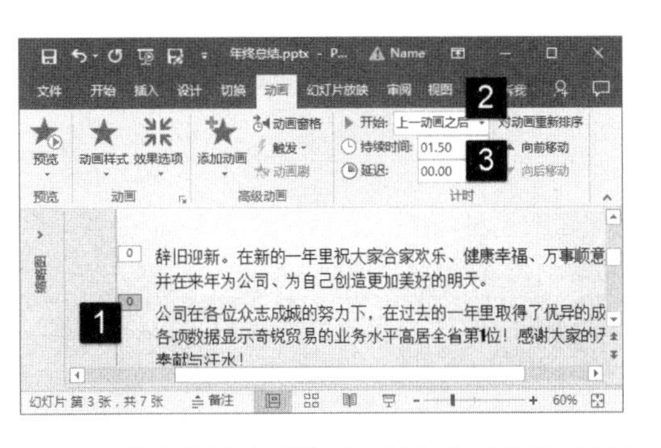

图 26.7　分别设置动画的“开始”和“持续时间”

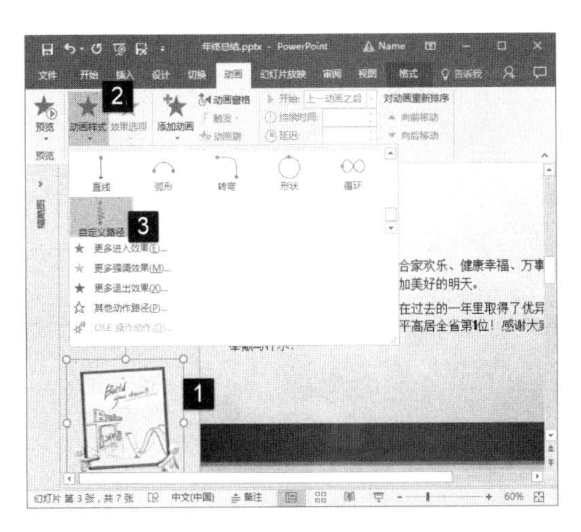

图 26.8　添加“自定义路径”动画

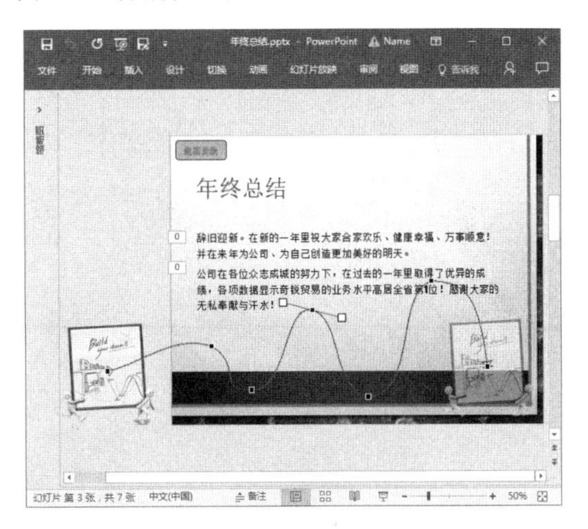

图 26.9　调整运动路径

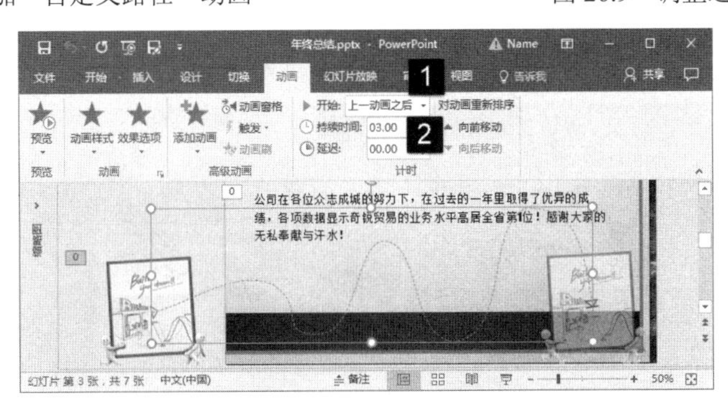

图 26.10　设置路径动画的“开始”和“持续时间”

04 选择“表彰先进”幻灯片，同时选择幻灯片中所有的人名文本框，为它们添加“弹跳”进入动画效果。选择第一个动画，将“开始”设置为“单击时”，按住 Shift 键单击其他文本框将它们选择，将“开始”设置为“上一动画后”，如图 26.11 所示。

05 打开“会议结束”幻灯片，选择幻灯片中的文本框，为其添加“擦除”进入动画效果，在“效果选项”列表中选择“自顶部”选项设置擦除动画方向。将“开始”设置为“上一动画之后”，将“持续时间”设置为 1.5 秒，将“延迟”设置为 0.25 秒，如图 26.12 所示。

06 为一个卷轴添加“直线”路径动画，在“效果选项”列表中选择“下”选项设置运动方向。将“开始”设置为“与上一动画同时”，将“持续时间”设置为 2 秒。拖动路径上的控制调整路径使其终点为条幅的底部，如图 26.13 所示。至此本案例制作完成。

图 26.11　添加动画并分别进行设置

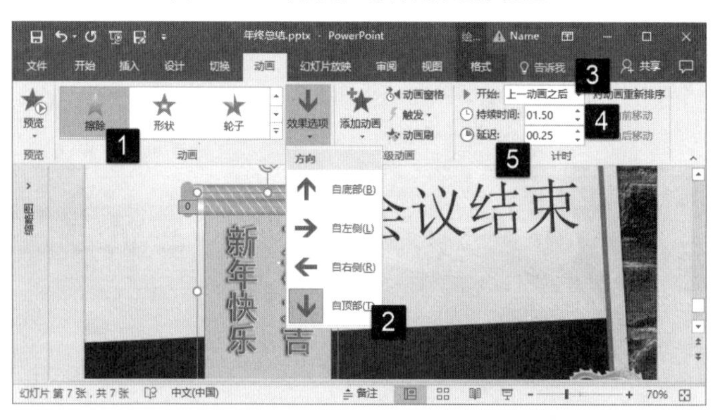

图 26.12　设置“擦除”进入动画效果

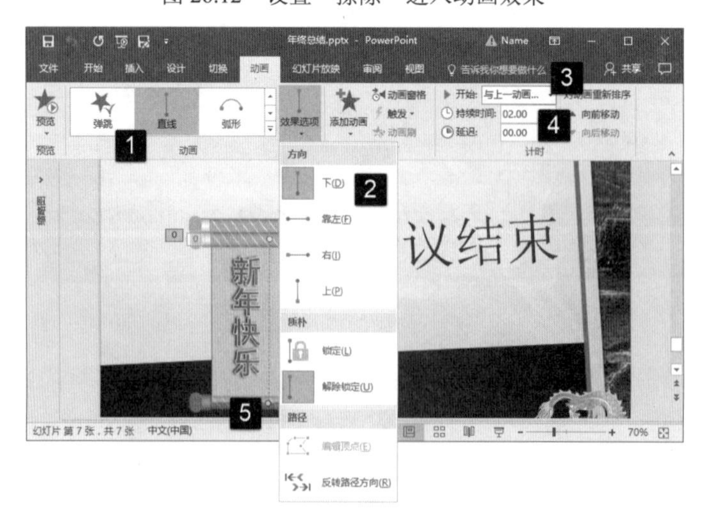

图 26.13　添加路径动画并对动画进行设置

26.3　案例拓展

下面介绍本章的 2 个拓展技巧。

26.3.1 在演示文稿中实现导航

演示文稿在播放时，一般是按幻灯片的排列顺序依次进行播放。本案例中存在着目录页，因此可以为目录页中的目录项添加超链接功能，使发言者能够通过单击目录项快速跳转到指定的页面。同时，可以在每个页面中添加跳转按钮，使发言者从每个页面均可以重新回到目录页。

01 选择“目录页”中的一个目录项，在“插入”选项卡的“链接”组中单击“超链接”按钮打开“操作设置”对话框。在对话框中选择“超链接到”选项，在其下拉列表中选择“幻灯片”。此时将打开“超链接到幻灯片”对话框，在对话框的“幻灯片标题”列表中选择链接的目标幻灯片，如图 26.14 所示。完成设置后分别单击“确定”按钮关闭对话框，使用相同的方法为其他的目录项添加超链接。

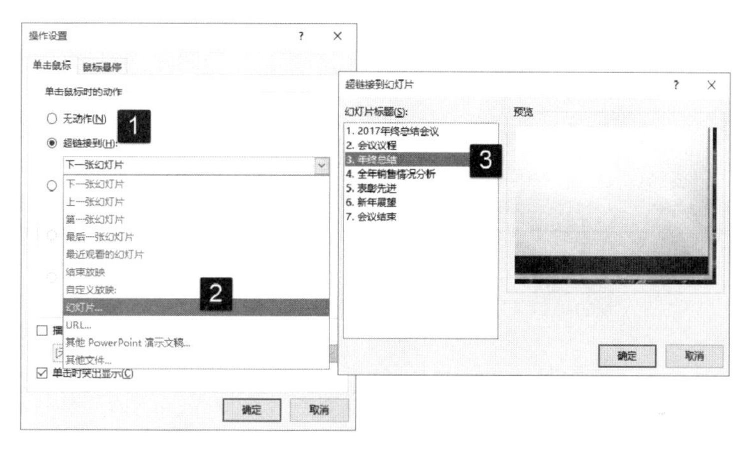

图 26.14 指定链接目标幻灯片

02 在内容幻灯片中添加一个文本框，输入文字并设置样式。选择文本框后在“插入”选项卡的“链接”组中单击“超链接”按钮打开“插入超链接”对话框。在对话框的“链接到”列表中选择“本文档中的位置”选项，在“请选择文档中的位置”列表中选择目录页幻灯片，如图 26.15 所示。完成设置后单击“确定”按钮关闭对话框完成超链接的添加。如果需要每一张幻灯片均能够直接返回目录页，只需要将这个文本框复制到各个幻灯片中即可。

图 26.15 插入超链接

26.3.2 为图表中的单个元素添加动画效果

图表是演示文稿中直观展示数据中有效的方式，很多时候，为了增强效果，突出图表中的数据系列，需要为图表中单个数据系列添加动画效果。下面介绍具体的制作方法。

01 选择幻灯片中的图表，为其添加“擦除”进入动画效果，对动画的“开始”“持续时间”进行设置，如图 26.16 所示。

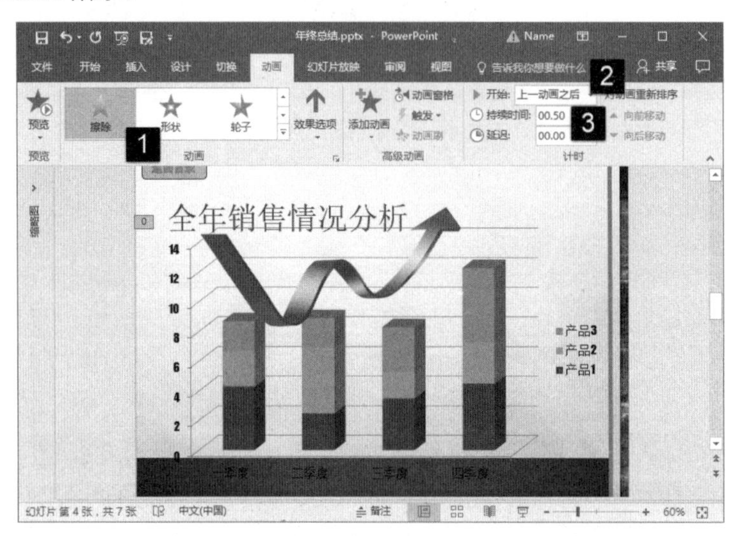

图 26.16　添加动画并对其进行设置

02 默认情况下，动画将作用于整个图表。如果需要为单个数据系列添加动画，使其依次出现，可以单击“效果选项”按钮，在打开的列表中选择“按系列”选项，如图 26.17 所示，动画将由作用于整个图表变为依次作用于各个数据系列。

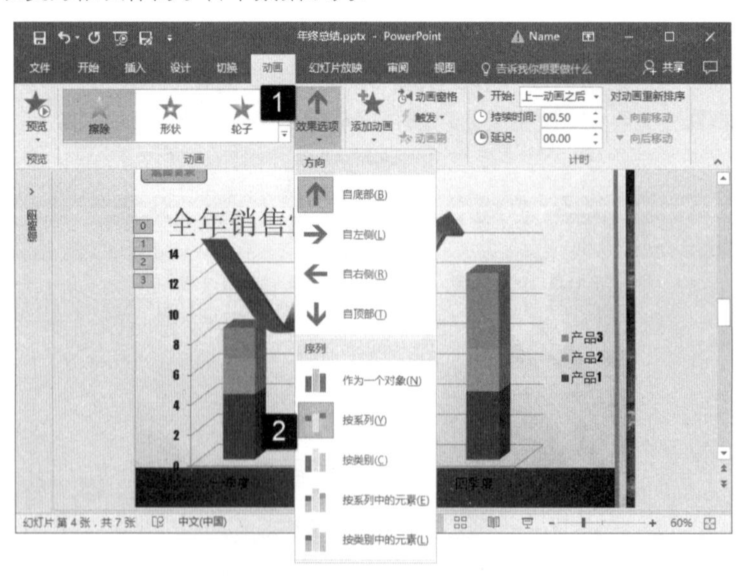

图 26.17　选择“按系列”选项项